AF234341

Le programme des Eurocodes structuraux comprend les normes suivantes, chacune étant en général constituée d'un certain nombre de parties :

EN 1990 Eurocode 0 : Bases de calcul des structures
EN 1991 Eurocode 1 : Actions sur les structures
EN 1992 Eurocode 2 : Calcul des structures en béton
EN 1993 Eurocode 3 : Calcul des structures en acier
EN 1994 Eurocode 4 : Calcul des structures mixtes acier-béton
EN 1995 Eurocode 5 : Calcul des structures en bois
EN 1996 Eurocode 6 : Calcul des structures en maçonnerie
EN 1997 Eurocode 7 : Calcul géotechnique
EN 1998 Eurocode 8 : Calcul des structures pour leur résistance aux séismes
EN 1999 Eurocode 9 : Calcul des structures en aluminium

Les normes Eurocodes reconnaissent la responsabilité des autorités réglementaires dans chaque État membre et ont sauvegardé le droit de celles-ci de déterminer, au niveau national, des valeurs relatives aux questions réglementaires de sécurité, là où ces valeurs continuent à différer d'un État à un autre.

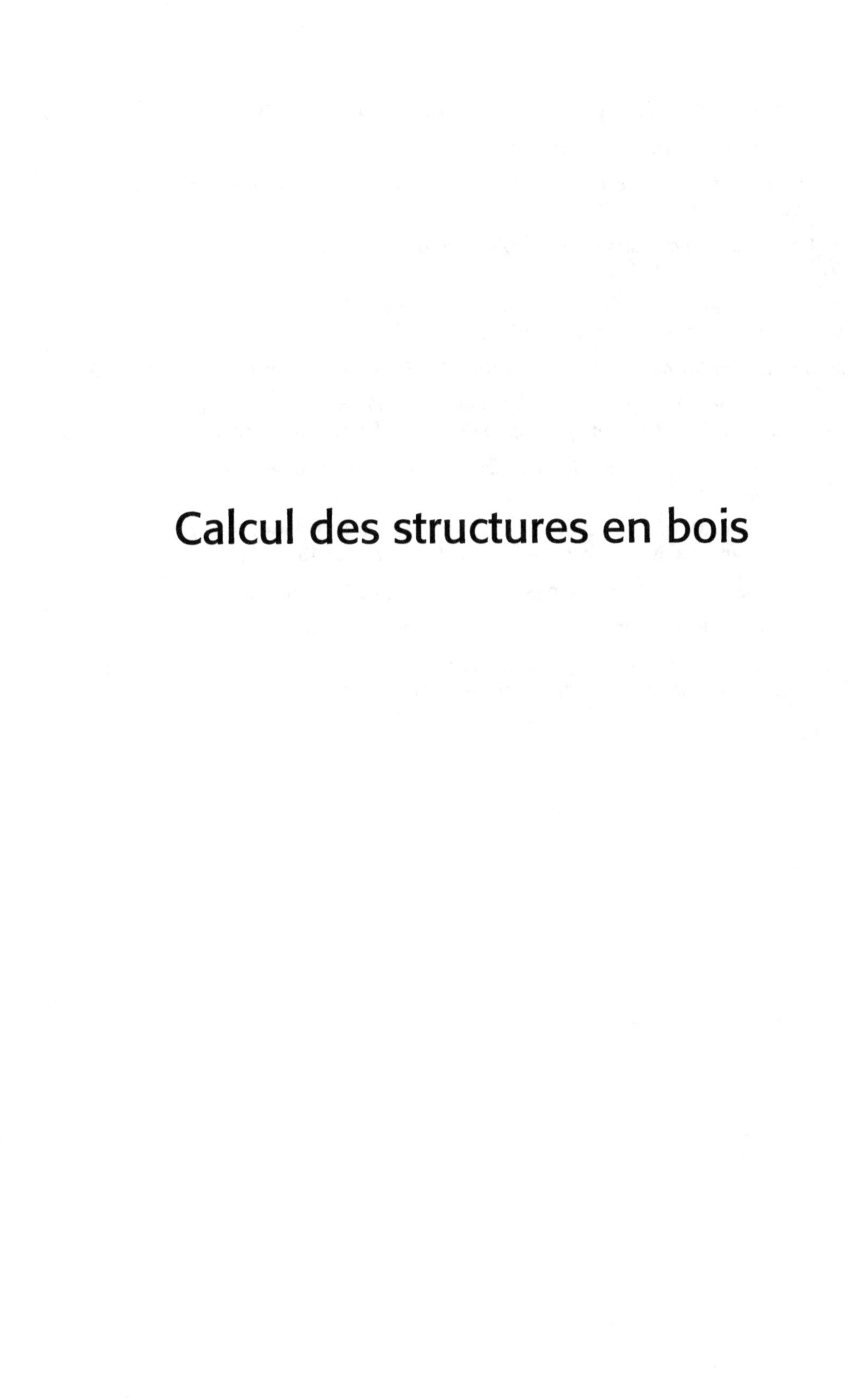

Calcul des structures en bois

Yves Benoit
Bernard Legrand
Vincent Tastet

Calcul des structures en bois

Guide d'application
des Eurocodes 5 (Structures bois)
et 8 (Séismes)

EYROLLES

ÉDITIONS

ÉDITIONS EYROLLES
61, bd Saint-Germain
75240 Paris Cedex 05
www.editions-eyrolles.com

AFNOR ÉDITIONS
11, rue Francis-de-Pressensé
93571 La Plaine Saint-Denis Cedex
www.boutique-livres.afnor.org

Du même auteur (aux éditions Eyrolles)

La maison à ossature bois par les schémas. Manuel de construction visuel, 368 p.
Guide des essences de bois. 84 essences : les choisir, les reconnaître, les utiliser, 3ᵉ éd.
160 p.
Le grand livre de la machine à bois combinée, coll. « Le geste et l'outil », 352 p.
Les parquets, 160 p.
Travailler le bois avec une machine combinée, 160 p.
Mieux utiliser sa machine à bois combinée, 176 p.

Avec Thierry Paradis, *Construction de maison à ossature bois*, coédition Eyrolles/FCBA,
4ᵉ éd., 352 p.
Avec Bernard Legrand et Vincent Tastet, *Dimensionner les barres et les assemblages en
bois, Guide d'application de l'Eurocode 5 à l'usage des artisans*, coédition Eyrolles/Afnor,
coll. « Eurocode », 256 p.
Avec Danièle Dirol, *Le coffret de reconnaissance de bois de France* (dont un livre de
56 pages), coédition Eyrolles/FCBA

© Afnor et Groupe Eyrolles, 2014
ISBN Afnor : 978-2-12-272131-5
ISBN Eyrolles : 978-2-212-13996-9

Sommaire

2   Vérifier les sections 53

3 Vérifier les assemblages par contact direct, ou à entaille, vérifier la section du bois autour de l'assemblage

4 Assemblages par tiges 193

5   Assemblages par pointes et agrafes

7   Assemblages par tire-fonds, anneaux et crampons ... 321

8   Composant et assembleur.. 345

9 Justification des structures au feu

10 Effet du séisme sur les structures 423

11 Tableaux de synthèse

Les auteurs

Yves Benoit est professeur au lycée des métiers du bâtiment à Felletin, dans la Creuse, et dispense des cours en BTS « systèmes constructifs bois et habitat ». Il est l'auteur de plusieurs ouvrages aux Éditions Eyrolles dont *Construction de maisons à ossature bois* (4ᵉ édition), *Le guide des essences de bois* et *La maison à ossature bois par les schémas.*

Bernard Legrand, ancien élève de l'ENS Cachan, est agrégé de génie civil. Il enseigne au lycée des métiers Le Garros à Auch en BTS « systèmes constructifs bois et habitat » en formation initiale et par apprentissage ainsi qu'en formation pour adultes. Il intervient dans des actions menées par la plate-forme technologique bois de Midi-Pyrénées. Il a participé au jury de l'agrégation interne de génie civil et a un groupe de travail sur les structures bois au sein du CNDB.

Vincent Tastet est enseignant en construction bois en BTS « systèmes constructifs bois et habitat » au lycée Haroun Tazieff de Saint-Paul-lès-Dax et responsable de la plate-forme techno-logique Aquitaine Bois. Cette plate-forme accompagne techniquement les entreprises dans leurs projets de développement de construction bois.

Remerciements

Les auteurs tiennent à remercier les industriels qui ont permis de compléter cet ouvrage avec de nombreuses photographies : Leduc SA, Maisons Bois Cruard, Simpson Strong-Tie, Charpentes Fournier, Homag France SA, ainsi que FCBA (Forêt, cellulose, bois-construction, ameublement) et le Comité national pour le développement du bois (CNDB).

Introduction

Le principal objectif des eurocodes est de favoriser les échanges entre les pays européens et d'harmoniser les méthodes de calculs des structures. Cette approche donne au bois un niveau de caractérisation et donc de fiabilité comparable aux autres matériaux. Le programme des eurocodes est pratiquement terminé, les textes sont techniquement stabilisés et plusieurs pays les appliquent déjà. La grande majorité des textes constituant les eurocodes et leurs annexes nationales sont disponibles. L'eurocode 5 se substitue aux règles CB 71 d'où la nécessité de la formation pour s'adapter à ces changements. Les conséquences opérationnelles sont importantes et impliquent pour tous les professionnels une appropriation approfondie des nouvelles méthodes de calcul des structures.

Le premier chapitre présente les éléments des eurocodes 0 et 1 nécessaires à l'application des règles de l'eurocode 5, telles que la détermination des actions appliquées à la structure (charges d'exploitation, de neige et de vent). Cette nouvelle édition aborde en outre le calcul des effets du vent sur les structures. Les conditions de vérifications, les états limites, les combinaisons d'actions appliquées aux structures et les valeurs limites de flèches sont également exposés, et les nouvelles valeurs des résistances du bois sont précisées. Puis des graphiques accompagnés d'exemples permettent de visualiser les principales différences entre une justification du critère sécurité des règles CB 71 et des états limites ultimes de l'eurocode 5.

Le deuxième chapitre présente une étude de l'ensemble des sollicitations, de la plus simple, comme la traction, à la plus complexe, comme la flexion déviée avec compression et risque de flambage. Ces sollicitations sont exposées pour les poutres droites, mais aussi pour les poutres courbes et à inertie variable. Les différents critères d'instabilité (flambement et déversement) sont étudiés.

Les chapitres trois à sept, qui constituent la plus importante partie de l'ouvrage, concernent les assemblages. La méthode de justification des embrèvements et tenon-mortaise est décrite, puis sont abordés les assemblages par tiges tels que les pointes, agrafes, boulons, broches et tire-fonds, avec les possibilités de renforts, crampons et anneaux. Nouveauté par rapport aux règles CB 71, les risques de rupture de bloc et de rupture par fendage sont aussi décrits.

Le huitième chapitre propose la justification de sous-ensembles comme un mur à ossature bois de type plate-forme, une couronne de boulons, des poteaux moisés.

Le neuvième porte sur la vérification des structures au feu et le dixième précise comment évaluer les effets du séisme sur une structure bois.

Le dernier chapitre constitue un dossier technique qui rassemble l'ensemble des données nécessaires à la justification aux eurocodes 5. Il est enrichi de nombreuses courbes permettant de faciliter le calcul des différents coefficients (hauteur, flambage, déversement, entaillage…) pour pré-dimensionner les ouvrages.

Tous les points définis du premier au dixième chapitre sont illustrés par de nombreuses applications résolues. Plus de 40 propositions d'exemples de résolutions et justifications sont présentés pour faciliter l'acquisition de l'eurocode 5.

1   Pour aborder l'eurocode 5

La première partie de ce chapitre permet de situer l'eurocode 5 dans l'ensemble des textes réglementaires. La deuxième partie concerne les actions appliquées à la structure, et en particulier le calcul des charges d'exploitation et de neige pour un bâtiment courant. Les conditions de vérifications, les états limites, les combinaisons d'actions appliquées aux structures, les valeurs des résistances du bois et les valeurs limites de flèches sont ensuite précisés. Dans la dernière partie, des graphiques accompagnés d'exemples permettent de visualiser les principales différences entre une justification du critère sécurité des Règles CB 71 et des états limites ultimes de l'eurocode 5.

Remarque

Bon nombre de formules mathématiques de cet ouvrage sont référencées conformément à l'eurocode 5 : (numéro de chapitre. numéro de la formule). Par exemple, (6.1) renvoie à la formule 1 du chapitre 6 de l'eurocode 5.

1.   Organisation des eurocodes

Les principaux objectifs des eurocodes sont de favoriser les échanges entre les pays européens et d'harmoniser les méthodes de calculs des structures. Le statut de normes européennes (EN) des eurocodes les relie avec toutes les directives du Conseil et/ou décisions de la Commission traitant de normes européennes comme la directive du Conseil 89/106 CEE sur les produits de la construction. Cette directive concerne le marquage CE.

Pour être vendus en Europe, tous les produits de construction doivent obligatoirement être munis du marquage CE attestant de leur conformité aux spécifications techniques imposées par la directive. L'industriel qui ne s'y conforme pas risque le retrait de ses produits du marché européen ; les dérives et les abus peuvent avoir des conséquences sur le plan pénal.

Dans le domaine des produits de construction, les exigences essentielles visent à garantir que les ouvrages auxquels ces produits sont intégrés, à condition que ces ouvrages soient convenablement conçus et construits, répondent à des prescriptions de sécurité, de résistance, de protection de l'environnement et d'économie d'énergie. Contrairement aux autres directives, les exigences essentielles portent sur les ouvrages et non sur les produits, d'où le recours à des textes de transposition (les eurocodes par exemple) pour établir les spécifications techniques détaillées auxquelles les produits devront se conformer.

Le programme des eurocodes structuraux comprend les normes suivantes :

- EN 1990, eurocode 0 : Bases de calcul des structures
- EN 1991, eurocode 1 : Actions sur les structures
- EN 1992, eurocode 2 : Calcul des structures en béton
- EN 1993, eurocode 3 : Calcul des structures en acier
- EN 1994, eurocode 4 : Calcul des structures mixtes acier-béton
- EN 1995, eurocode 5 : Calcul des structures en bois
- EN 1996, eurocode 6 : Calcul des structures en maçonnerie

   – EN 1997, eurocode 7 : Calcul géotechnique
   – EN 1998, eurocode 8 : Calcul des structures pour leur résistance aux séismes
   – EN 1999, eurocode 9 : Calcul des structures en aluminium

Une Annexe nationale peut venir compléter les eurocodes. Elle contient des informations sur les paramètres laissés en attente tels que :

- des valeurs et/ou des classes là où des alternatives figurent dans l'eurocode, par exemple des valeurs de flèches admissibles ;

- des valeurs à utiliser lorsqu'il n'y a qu'un symbole dans l'eurocode ;

- des données climatiques comme les cartes neige et vent ;

- des procédures à utiliser là où des procédures alternatives sont données dans l'eurocode ;

- des procédures sur l'usage des annexes informatives ;

- des références à des informations complémentaires non contradictoires pour aider l'utilisateur à appliquer l'eurocode.

Chaque eurocode est référencé par un numéro de norme européenne (EN), par exemple EN 1995 pour l'eurocode 5, EN 1998 pour l'eurocode 8. Attention, 1998 ne représente pas l'année de validation de la norme. Lorsque l'année de publication de l'eurocode est ajoutée, elle est précisée à la fin de l'indice, séparée de celle-ci par un double-point ou des parenthèses : EN 1995-1-1 : 2005 (eurocode 5 publié en 2005).

Les eurocodes sont généralement constitués de plusieurs parties. Ils sont référencés par un numéro composé. L'EN 1995-1-2 renvoie à l'eurocode 5 – Conception et calcul des structures en bois – Partie 1-2 : Généralités (partie 1) – Calcul des structures au feu (section 2). L'EN 1995-1-1 renvoie à l'eurocode 5 – Conception et calcul des structures en bois – Partie 1-1 : Généralités (partie 1) – Règles communes et règles pour les bâtiments (section 1).

L'EN $1995 - 1 - 2$

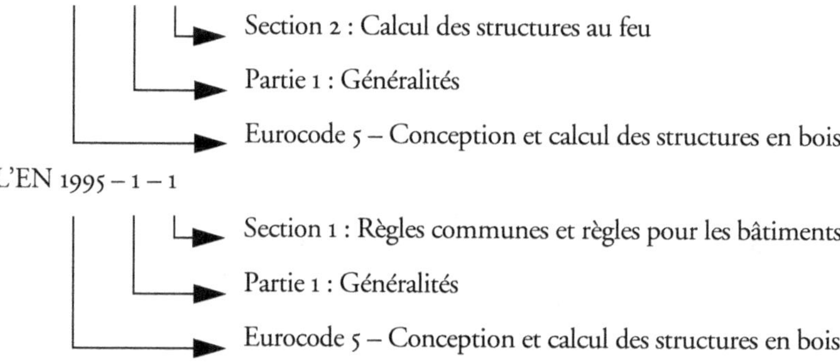

    Section 2 : Calcul des structures au feu

    Partie 1 : Généralités

    Eurocode 5 – Conception et calcul des structures en bois

L'EN $1995 - 1 - 1$

    Section 1 : Règles communes et règles pour les bâtiments

    Partie 1 : Généralités

    Eurocode 5 – Conception et calcul des structures en bois

2.   Les actions appliquées aux structures

Les actions sont un ensemble de forces appliquées à la structure. Le poids propre d'une structure sera une action permanente nommée G. Les charges d'exploitation et les effets de la neige et du vent seront des actions variables nommées Q. Le feu, les chocs de véhicules, le risque d'explosions, la remontée exceptionnelle de la nappe phréatique sont des exemples d'actions accidentelles nommées A. Enfin, le risque de tremblement de terre est pris en compte par les actions sismiques nommées A_E. Le tableau 1 associe les textes réglementaires aux différents types d'actions.

Tableau 1 : textes réglementaires des différents types d'actions

Symbole	Type	Désignation		Norme – règlement
G	Actions permanentes	Poids propre de la structure		NF EN 1991-1-1 de mars 2003
		Poids propre des équipements		–
Q	Actions variables	Charges d'exploitation	Q	NF EN 1991-1-1 de mars 2003
		Charges climatiques de neige	S	NF EN 1991-1-3 de mars 2007
		Charges climatiques de vent	W	NF EN 1991-1-4 de novembre 2005 ou NF EN 1991-4 ou DTU P 06-002 d'avril 2000 x 1.2 en période transitoire
A	Actions accidentelles	Explosions, chocs		–
		Actions sismiques	A_E	NF EN 1998 (toutes les parties)

2.1 Actions permanentes G

Les actions permanentes sont essentiellement composées du poids propre de la structure et d'éventuels équipements fixes. Leur valeur est définie dans les tableaux 19 et 20 pour le bois massif et le bois lamellé-collé. Le poids des autres matériaux est défini dans l'eurocode 1-1-1 et les annexes nationales.

2.2 Actions variables Q

Les actions variables sont essentiellement composées des charges d'exploitation et des actions climatiques. Leur valeur est définie dans les pages suivantes pour les applications les plus courantes. L'eurocode 1 et les annexes nationales permettent de déterminer les valeurs des charges variables pour les bâtiments particuliers.

2.2.1 Charges d'exploitation

Les principales charges d'exploitation sont définies dans le tableau 2.

Tableau 2 : valeurs des charges d'exploitation en fonction de l'usage du bâtiment

Catégorie	q_k (kN/m²)	Q_k (kN)
A Logement		
Plancher	1,5	2
Balcon	2,5	2
Escalier	3,5	2
B Bureau		
Bureau	2,5	4
C Locaux publics		
C1 Locaux avec tables (écoles, restaurants, etc.)	2,5	3
C2 Locaux avec sièges fixes (théâtres, cinémas, etc.)	4	4
C3 Locaux sans obstacles à la circulation (musées, salles d'exposition, etc.)	4	4
C4 Locaux pour activités physiques (dancings, salles de gymnastique, etc.)	5	7
C5 Locaux susceptibles d'être surpeuplés (salles de concert, terrasses, etc.)	5	4.5

Tableau 2 : valeurs des charges d'exploitation en fonction de l'usage du bâtiment *(suite)*

D Commerces		
D1 Commerces de détail courants	5	5
D2 Grands magasins	5	7
E Aires de stockage et locaux industriels		
E1 Surfaces de stockage (entrepôts, bibliothèques…)	7,5	7
E2 Usage industriel	Cf. CCTP	
H Toitures		
Si pente $\leq$ 15 % + étanchéité	0,8*	1.5
Autres toitures	0	1.5
I Toitures accessibles		
Pour les usages des catégories A à D	Charges identiques à la catégorie de l'usage	
Si aménagement paysager	$\geq$ 3	
q : charge uniformément répartie		
Q : charge ponctuelle		
(*) q_k sur une surface rectangulaire projetée (A x B) de 10 m^2 tel que 0.5 A/B $\leq$ 2.		

Remarques

La vérification doit être effectuée soit avec la charge uniformément répartie, soit avec la charge concentrée.

Pour les catégories A, B C3 et D1, q_k peut être minoré par $\alpha = 0.77 + A_0/A \leq 1$ avec $A_0 = 3.5$ m^2 (c'est intéressant à partir de 15.2 m^2).

Les équipements lourds (aquariums de grande capacité, cuisines de collectivité, matériels médicaux, chaufferies, etc.) ne sont pas pris en compte dans les charges indiquées dans le tableau. Le Cahier des clauses administratives et particulières (CCTP) doit les préciser.

Les charges d'exploitation sur toiture ne sont pas à cumuler avec les actions de la neige ou du vent.

▶ Cloisons

Lorsque le plancher permet une distribution latérale des charges, le poids propre des cloisons peut-être pris en compte par une charge uniformément répartie q_k à ajouter aux charges d'exploitation.

Poids propre (par mètre de longueur de cloison)	Charge répartie « équivalente »
$\leq$ 1,0 kN/m	0,5 kN/m^2
$\leq$ 2,0 kN/m	0,8 kN/m^2
$\leq$ 3,0 kN/m	1,2 kN/m^2

Pour les cloisons plus lourdes, il faut effectuer un calcul prenant en compte l'emplacement et l'orientation des cloison.

2.2.2 Charges de neige

L'eurocode 1991-1-3 permet de déterminer les valeurs des charges variables pour de nombreux types de bâtiments. Lorsque la toiture est simplement composée de deux versants, la charge de neige sur la toiture est donnée par la formule :

$s = \mu_{i(\alpha)} \cdot c_e \cdot s_k + s_1$

$\mu_{i(\alpha)}$ est le coefficient de forme appliqué à la charge de neige. Il dépend du type de toiture, de la pente du versant et de la redistribution de la neige par le vent

C_e est le coefficient d'exposition.

s_k est la valeur caractéristique de la charge de neige sur le sol. Elle dépend de la région et de l'altitude du bâtiment.

s_1 est une charge supplémentaire pour les faibles pentes de 0,2 kN/m² (clause 5.2(6) de l'annexe NF EN 1991-1-3/NA).

En situation accidentelle, la formule devient :

$s = \mu_{i(\alpha)} \cdot c_e \cdot s_{Ad} + S_1$

s_{Ad} est la valeur accidentelle de la charge de neige sur le sol.

▶ Charge de neige sur le sol s_k

La charge de neige sur le sol est donnée par la carte de France de la figure 1.

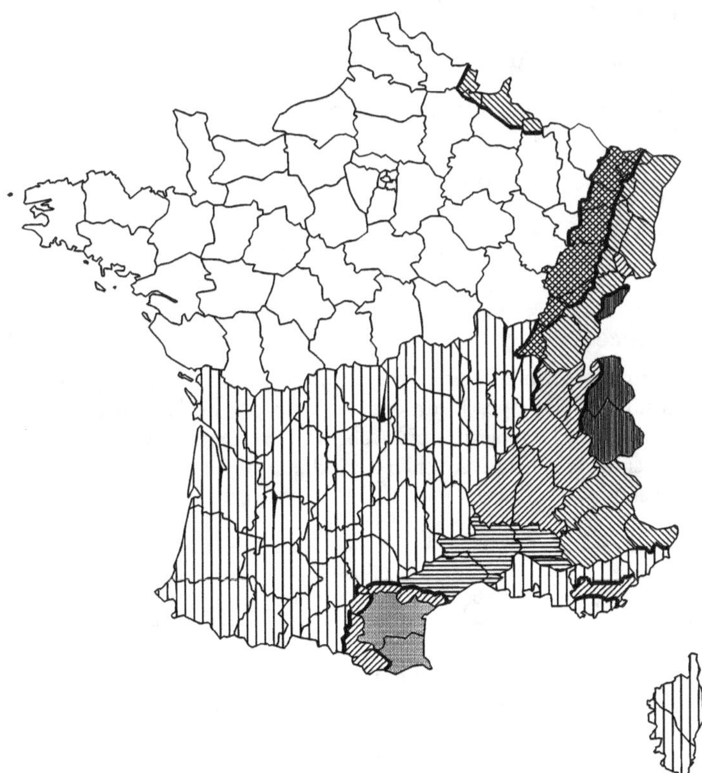

Figure 1 : répartition des différentes zones de neige en France

Le tableau 3 mentionne les valeurs caractéristiques de charge neige au sol (s_{k200}) pour une altitude inférieure ou égale à 200 m et dans la deuxième ligne les valeurs de charge neige accidentelle qui, elles, sont indépendantes de l'altitude.

Tableau 3 : valeurs de charge neige pour une altitude inférieure ou égale à 200 m et valeurs de charge neige accidentelle

Régions :	A1	A2	B1	B2	C1	C2	D	E
Valeur caractéristique (S_k) de la charge de neige sur le sol à une altitude inférieure à 200 m :	0,45	0,45	0,55	0,55	0,65	0,65	0,90	1,40
Valeur de calcul (S_{Ad}) de la charge exceptionnelle de neige sur le sol :	—	1,00	1,00	1,35	—	1,35	1,80	—
Loi de variation de la charge caractéristique pour une altitude supérieure à 200 :	Δs_1							Δs_2

La charge de neige sur le sol à une altitude A (en m) est déterminée par le calcul.

Pour toutes les zones, sauf le Jura et le nord des Alpes :

- $s_k = s_{k200} + \dfrac{A}{1\,000} - 0{,}20$ pour 200 m < A < 500 m ;

- $s_k = s_{k200} + \dfrac{1{,}5\,A}{1\,000} - 0{,}45$ pour 500 m < A < 1 000 m ;

- $s_k = s_{k200} + \dfrac{3{,}5\,A}{1\,000} - 2{,}45$ pour 1 000 m < A < 2 000 m.

- Pour le Jura et le Nord des Alpes :

- $s_k = s_{k200} + \dfrac{1{,}5\,A}{1\,000} - 0{,}30$ pour 200 m < A < 500 m ;

- $s_k = s_{k200} + \dfrac{3{,}5\,A}{1\,000} - 1{,}3$ pour 500 m < A < 1 000 m ;

- $s_k = s_{k200} + \dfrac{7\,A}{1\,000} - 4{,}80$ pour 1 000 m < A < 2 000 m.

▶ Coefficient de forme μ_i

Le coefficient de forme μ_i permet de prendre en compte l'influence du type de toit et l'effet du vent sur la répartition de la neige. L'eurocode 1991-1-3 précise la valeur du coefficient pour l'ensemble des applications. Le tableau 4 et le schéma 1 précisent le coefficient pour une toiture sans dispositif de retenue de la neige. Le schéma 2 indique la répartition de la neige sans accumulation pour 1 ou 2 versants.

Tableau 4 : calcul des coefficients μ_i pour une toiture à un ou deux versants sans dispositif de retenue de la neige

Angle du toit (degré)	$0 < \alpha \le 30$	$30 < \alpha \le 60$	$\alpha \ge 60$
μ_1 (toiture à 1 ou 2 versants)	0,8	0,8(60 - α)/30*	0
μ_2 (toiture à versants multiples)	0,8 + (0,8α/30)	1,6	—
* μ_1 ne sera pas diminué s'il y a des éléments qui empêchent la neige de glisser (barres à neige, acrotères, etc.).			

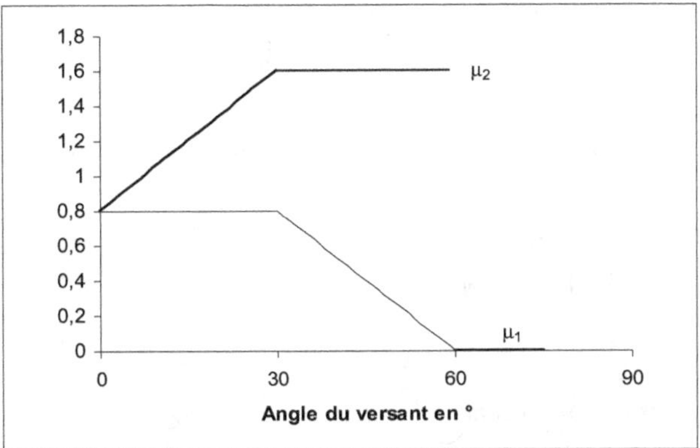

Schéma 1 : courbes des coefficients μ_i pour une toiture à deux versants sans dispositif de retenue de la neige

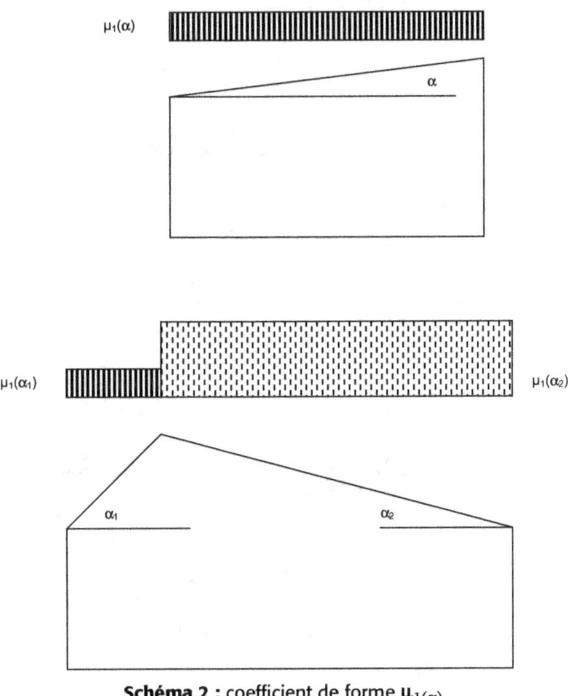

Schéma 2 : coefficient de forme $\mu_{1(\alpha)}$

2.2.3 Effets du vent

Les effets du vent sont définis dans l'eurocode NF EN 1991-1-1-4 et dans l'Annexe nationale NF EN 1991-1-1-4/NA. Pendant une période de transition, notamment pour les bâtiments complexes et/ou les terrains accidentés, il est possible de conserver les Règles NV 65 en augmentant de 20 % les valeurs normales obtenues.

Ce chapitre propose de déterminer les effets du vent pour un bâtiment de base rectangulaire, sur un terrain plat (pente inférieure à 5 %), sans autre bâtiment de grande hauteur (supérieure à 30 m) dont la proximité pourrait aggraver les effets du vent (4.3.4.(1) NA) et sans variation d'altitude marquée sur un rayon de 1 km (coefficient d'orographie est égal à 1).

Pour évaluer les effets du vent, il faut déterminer et calculer :

- la vitesse de référence du vent (qui dépend de la région) ;
- la rugosité du sol ;
- l'orographie du terrain (négligé dans ce chapitre, étude pour un terrain plat) ;
- la hauteur de référence du bâtiment ;
- la pression dynamique de pointe ;
- les coefficients de pression extérieurs et intérieurs ;
- l'action du vent sur la structure.

► 2.2.3.1 Vitesse de référence du vent

La valeur de base de la vitesse de référence du vent représente la vitesse moyenne sur une période de 10 minutes à 10 mètres au-dessus d'un terrain de catégorie II (rase campagne). Elle dépend du département où est situé le bâtiment. L'Annexe nationale précise les affectations par canton lorsqu'un département est découpé en plusieurs régions.

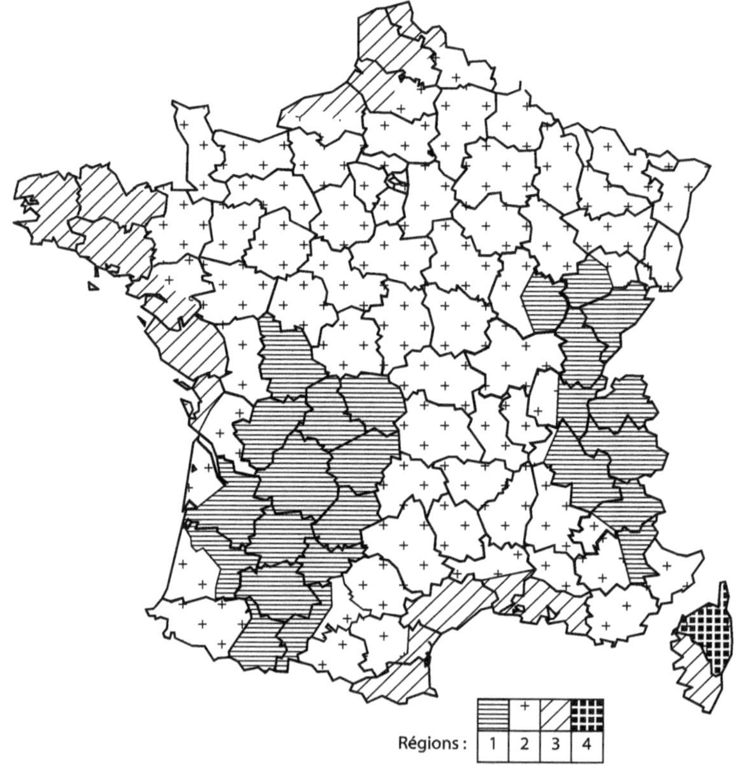

Figure 2 : carte des régions

Tableau 5 : valeurs de base de la vitesse de référence : $V_{b,0}$

Régions	France métropolitaine				DOM	
	1	**2**	**3**	**4**	**Guyane**	**Guadeloupe, Martinique, Réunion (Mayotte)**
Vitesse de base $v_{b,0}$ en (m/s)	22	24	26	28	17	34

Le calcul de la vitesse de référence est : v_b à 10 mètres. Elle est alors donnée par (en m/s) :

$$v_b = C_{dir}\, C_{saison}\, v_{b,o}$$

v_b : vitesse de référence à 10 mètres en m/s.

C_{dir} : coefficient de direction, égal à 1 par défaut. L'Annexe nationale permet de diminuer la vitesse de référence en fonction de la direction du vent (4.2.(2) note 2 NA).

C_{saison} : coefficient de saison, égal à 1 par défaut. Il peut permettre de diminuer la vitesse de référence lorsque la durée concernée (justification pendant la période de chantier par exemple) est entièrement incluse dans la période d'avril à septembre.

Dans la majorité des applications : $v_b = v_{b,0}$

▶ 2.2.3.2 Rugosité du sol

La vitesse du vent est fortement influencée par les irrégularités du sol surtout pour les bâtiments de hauteur inférieure à 20 m.

La catégorie de rugosité du sol doit être précisée dans le CCTP pour chaque direction du vent. Cette étape est délicate car la vitesse du vent peut varier de plus de 30 % entre deux catégories pour une même hauteur de bâtiment.

Le tableau 6 définit cinq catégories de rugosité. z_0 est la longueur de la rugosité et z_{min} la hauteur minimum de la couche.

Tableau 6 : définition des catégories

	Catégorie de rugosité	z_0 (m)	z_{min} (m)
0	Mer ou zone côtière exposée au vent ; lacs et plans d'eau parcourus par le vent sur une distance d'au moins 5 km	0,005	1
II	Rase campagne, avec ou non quelques obstacles isolés (arbres, bâtiments…) séparés les uns des autres de plus de 40 fois leur hauteur	0,05	2
IIIa	Campagne avec des haies, bocage, vignoble, habitat dispersé	0,20	5
IIIb	Zones habitées ou industrielles, bocage dense, vergers	0,5	9
IV	Zones urbaines dont au moins 15 % de la surface sont recouverts de bâtiments dont la hauteur moyenne est supérieure à 15 m, forêts	1,0	15

Les photographies 1 à 9 donnent des exemples de catégories de rugosité de terrain.

© AFNOR

Photographie 1 : rugosité 0 (mer) et IV (ville)

© AFNOR

Photographie 2 : rugosité II (rase campagne, aéroport)

© AFNOR

Photographie 3 : rugosité II (rase campagne)

© AFNOR

Photographie 4 : rugosité IIIa (campagne avec des haies, bocage...)

Photographie 5 : rugosité IIIb (bocage dense)

Photographie 6 : rugosité IIIb (zone industrielle)

Photographie 7 : rugosité IV (ville)

Photographie 8 : rugosité IV (ville)

© AFNOR

Photographie 9 : rugosité IV (forêt)

Pour chaque direction du vent, le terrain est observé sur un angle de 30° et sur un rayon dépendant de la hauteur de la construction.

$R = 23.h^{1,2}$ avec $R \geq \ddot{Y}$ 300 m ; (h et R en m)

▶ 2.2.3.3 Vent moyen $V_m(z)$

La vitesse moyenne du vent à une hauteur z au-dessus du sol est :

$v_m(z) = c_r(z).c_o(z).v_b$

$v_m(z)$: vitesse moyenne à la hauteur z au dessus du sol en m

$c_r(z)$: coefficient de rugosité

$c_o(z)$: coefficient orographique (généralement égal à 1)

v_b : vitesse de référence en m/s

Hauteur de référence du bâtiment (z_e)

La pression dynamique de pointe $q_p(z)$ exercée par le vent est directement liée à la hauteur du point le plus élevé de la surface étudiée (par exemple, le faîtage pour une toiture ou un mur pignon et la sablière pour un mur de long pan).

Lorsqu'un mur est plus haut que large, il est possible de considérer une hauteur inférieure pour la partie basse.

Mur de hauteur inférieure à la largeur (h ≤ b) : z = h

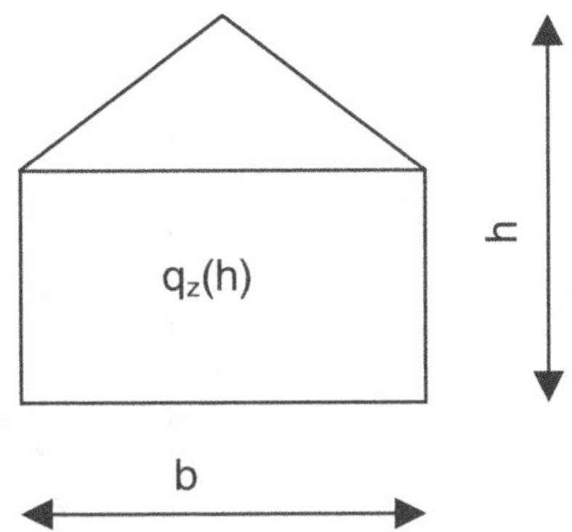

Schéma 3 : mur de hauteur inférieure à la largeur

Mur de hauteur supérieure à la largeur (b < h < 2b) : z = h

- $q_p(b)$ jusqu'à une hauteur $z = b$.
- $q_p(h)$ au-dessus.

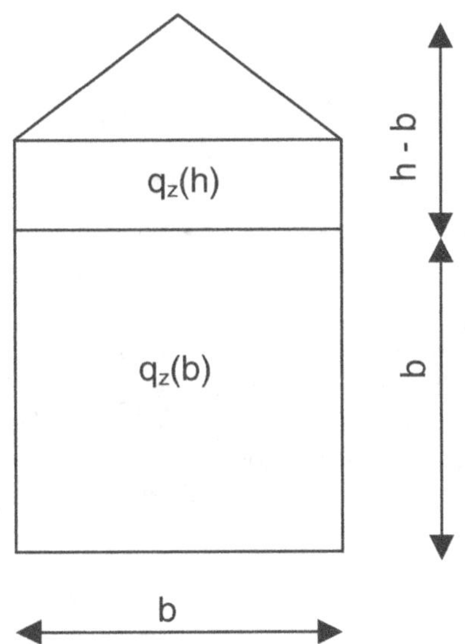

Schéma 4 : mur de hauteur supérieure à la largeur

Mur de hauteur supérieure à deux largeurs (h > 2b) : z = h

$q_p(b)$ jusqu'à une hauteur $z = b$
Interpolation (ou par paliers par simplification) pour une hauteur $b < z < h - b$
$q_p(h)$ au-dessus

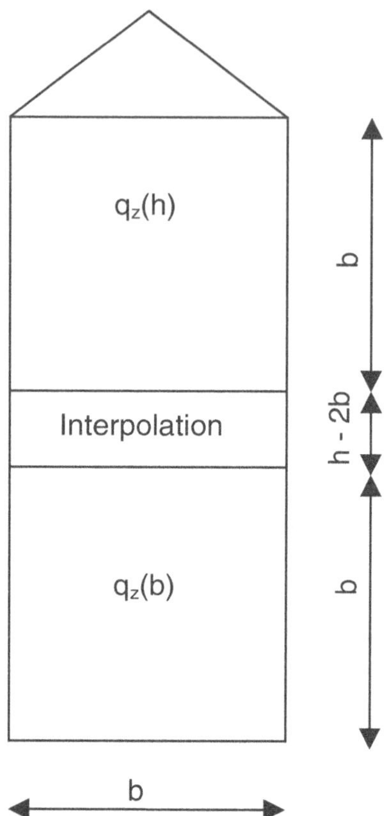

Schéma 5 : mur de hauteur supérieure à la largeur

▶ 2.2.3.4 Pression dynamique de pointe

La pression dynamique de pointe est déterminée à partir de nombreux facteurs tels que le facteur de terrain, le coefficient de rugosité, le coefficient d'horographie (égal à 1 dans ce chapitre), la vitesse moyenne du vent, de l'intensité de turbulence, de la densité de l'air…

Les courbes 1 à 4 permettent de définir la pression dynamique de pointe en fonction de la hauteur de référence, de la catégorie de rugosité pour un coefficient d'horographie égal à 1.

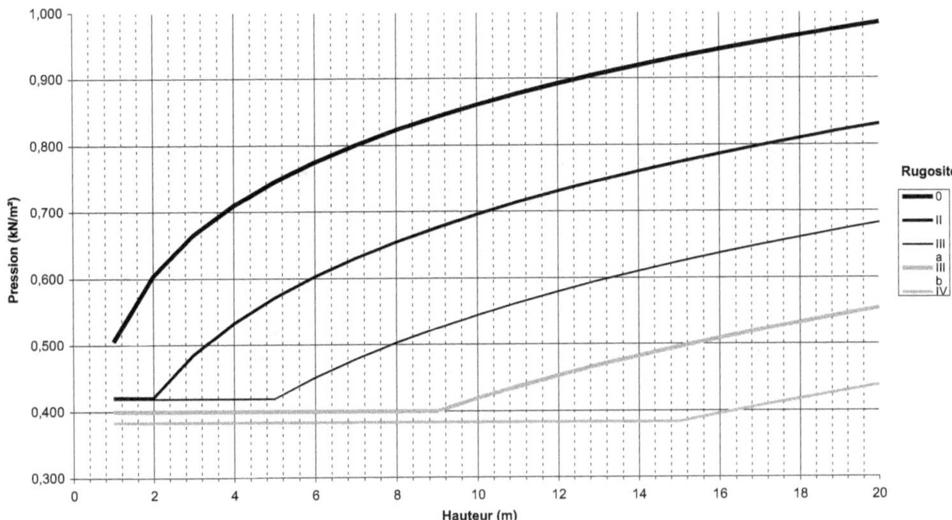

Courbe 1 : pression dynamique de pointe pour la région 1

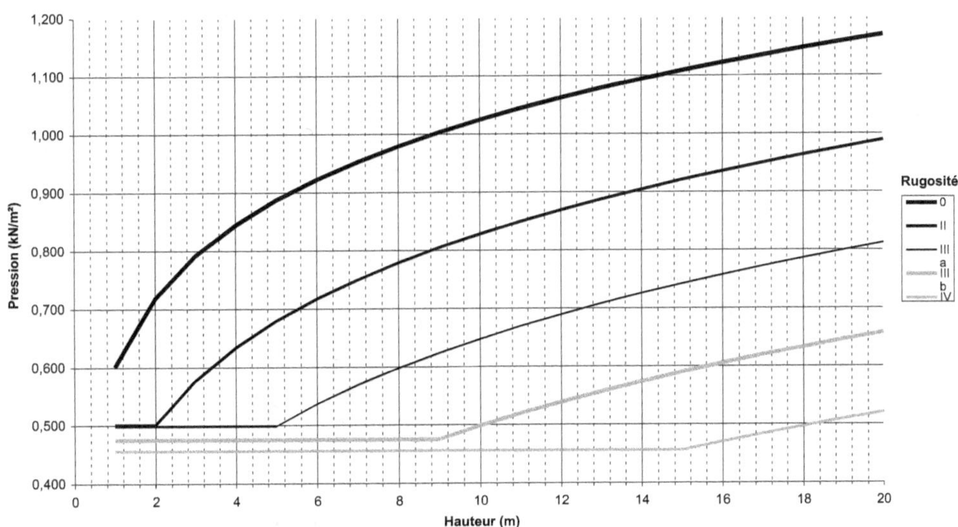

Courbe 2 : pression dynamique de pointe pour la région 2

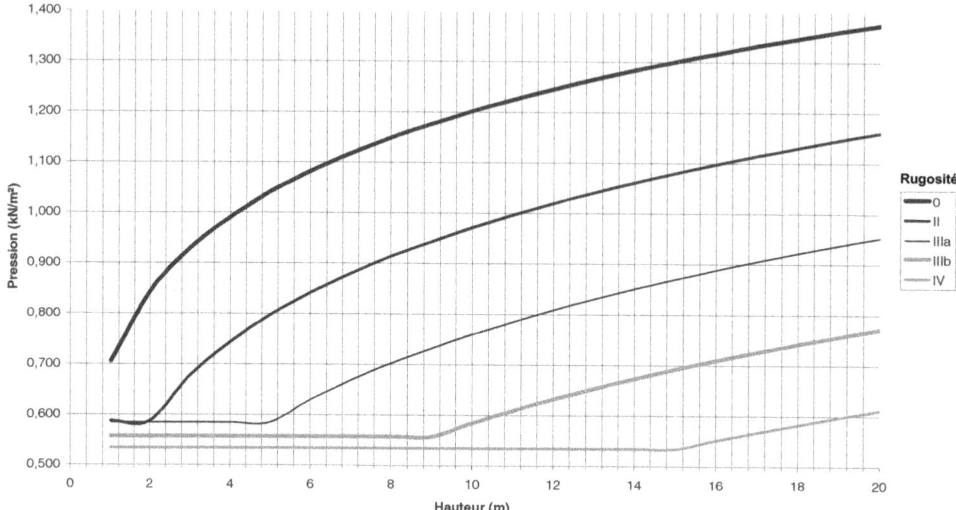

Courbe 3 : pression dynamique de pointe pour la région 3

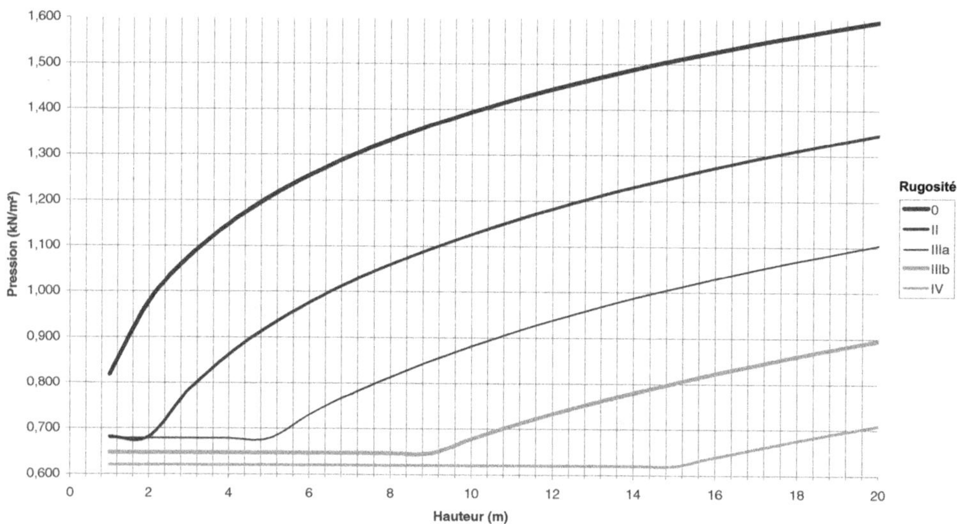

Courbe 4 : pression dynamique de pointe pour la région 4

▶ 2.2.3.5 Coefficients de pression extérieure sur les murs verticaux des bâtiments de base rectangulaire

La justification de la structure porteuse des bâtiments s'effectue sur la base des coefficients $C_{pe,10}$ lorsque les éléments reprennent l'action du vent sur une surface supérieure ou égale à 10 m² (portiques par exemple). Les coefficients $C_{pe,1}$ sont employés pour justifier des éléments isolés qui reprennent l'action du vent sur une surface inférieure ou égale à 1 m². Lorsque l'élément à justifier reprend une surface comprise entre 1 et 10 m² (pannes par exemple), il faut réaliser une interpolation logarithmique :

$$C_{pe,A} = C_{pe,1} - (C_{pe,1} - C_{pe,10})\log_{10}A$$

$C_{pe,A}$: coefficients de pression extérieure pour une surface s comprise entre 1 et 10 m²

A : surface reprise par l'élément justifié, comprise entre 1 et 10 m²

$C_{pe,1}$: coefficients de pression extérieure pour une surface de 1 m²

$C_{pe,10}$: coefficients de pression extérieure pour une surface de 10 m²

La répartition des coefficients de pression est précisée dans les schémas 6 à 9.

b : dimension perpendiculaire au vent

d : dimension parallèle au vent

e : min (b, 2h)

D : paroi au vent

E : paroi sous le vent

A, B et C : parois parallèles au vent

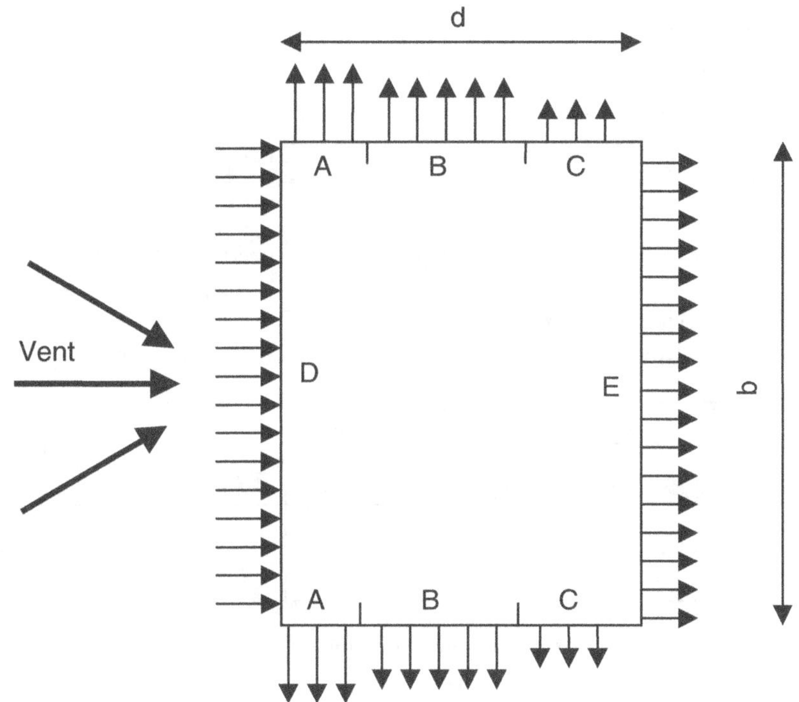

Schéma 6 : répartition des coefficients de pression (vue en plan)

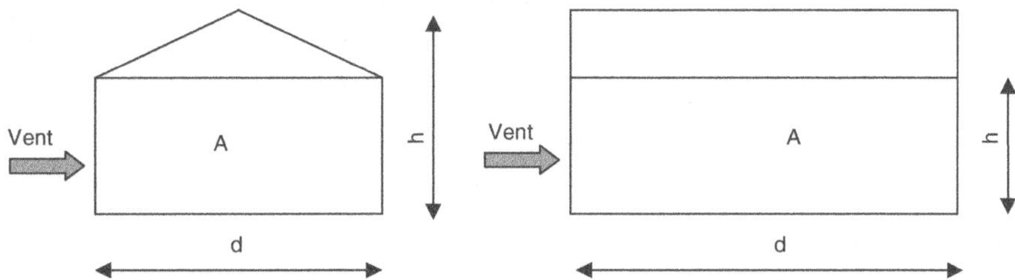

Schéma 7 : répartition des coefficients de pression lorsque e ≥ 5d

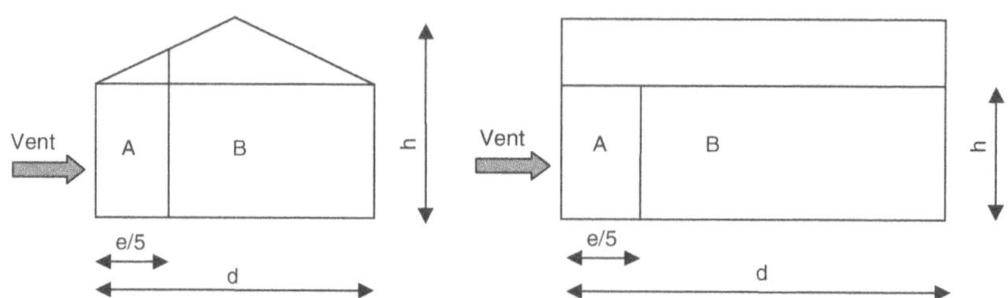

Schéma 8 : répartition des coefficients de pression lorsque $d < e \leq 5d$

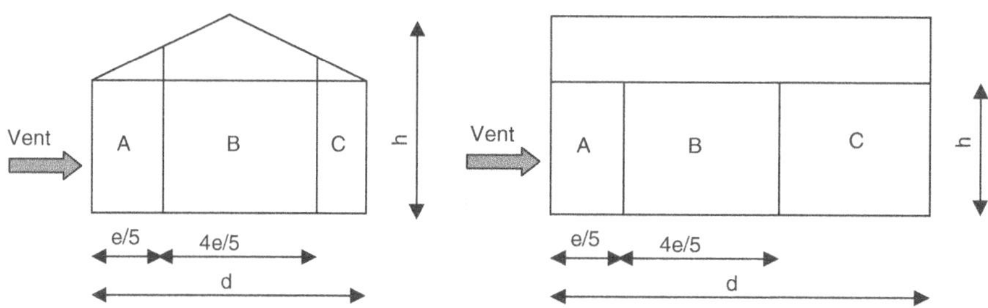

Schéma 9 : répartition des coefficients de pression lorsque $e < d$

La valeur des coefficients est précisée dans le tableau 7.

La hauteur h à considérer varie en fonction de la hatuer du pignon ou du mur.

Tableau 7 : valeur des coefficients de pression extérieure sur les murs verticaux des bâtiments de base rectangulaire

Zone	A		B		C		D		E	
h/d	$C_{pe,10}$	$C_{pe,1}$	$C_{pe,10}$	$C_{pe,1}$	$C_{pe,10}$	$C_{pe,1}$	$C_{pe,10}$	$C_{pe,1}$	$C_{pe,10}$	$C_{pe,1}$
5							+ 0,8		− 0,7	
1	− 1,2	− 1,4	− 0,8	− 1,1	− 0,5			+ 1	− 0,5	
0,25							+ 0,7		− 0,3	

Les coefficients de pression avec un rapport h/d intermédiaire seront calculés avec une interpolation linéaire.

▶ 2.2.3.6 Toiture à deux versants : coefficients de pression extérieure

Ce chapitre présente les coefficients des toitures à deux versants symétrique ou asymétrique. Les autres types de toitures sont précisés dans l'eurocode NF EN 1991-1-1-4 et dans l'Annexe nationale NF EN 1991-1-1-4/NA.

La hauteur de référence est la hauteur du faîtage (h).

La répartition des coefficients de pression est précisée dans les schémas 10 et 11.

b : dimension perpendiculaire au vent

d : dimension parallèle au vent

e : min (b, 2h)

F : zone frontale extérieure au vent

G : zone frontale centrale au vent

H : zone jouxtant le faîtage au vent

J : zone jouxtant le faîtage sous le vent

I : zone arrière sous le vent

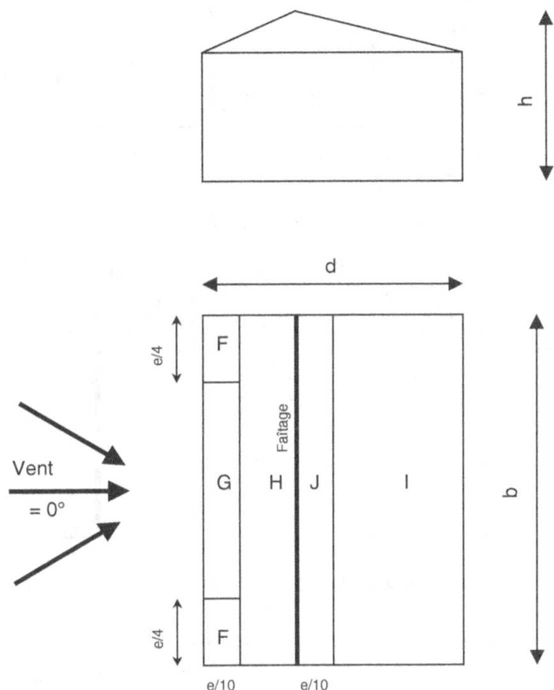

Schéma 10 : répartition des coefficients de pression lorsque le vent est perpendiculaire au long pan ($\theta = 0°$)

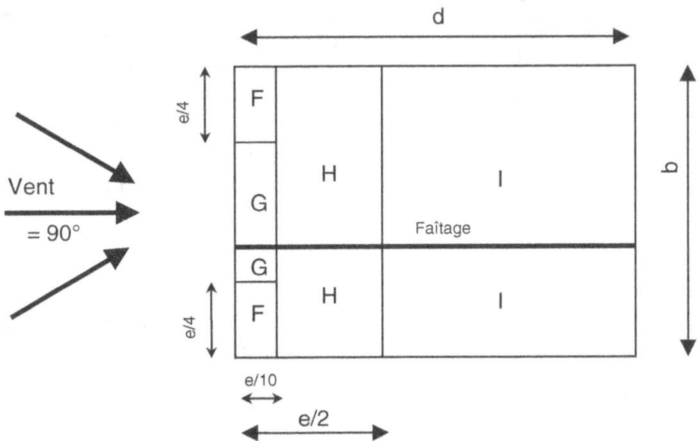

Schéma 11 : répartition des coefficients de pression lorsque le vent est perpendiculaire au pignon ($\theta = 90°$)

Tableau 8 : valeur des coefficients de pression extérieure sur les versants de toitures à deux versants

<table>
<tr><td rowspan="3">Angle de pente α</td><td colspan="10">Direction du vent θ = 0° (long pan)</td></tr>
<tr><td colspan="2">F</td><td colspan="2">G</td><td colspan="2">H</td><td colspan="2">I</td><td colspan="2">J</td></tr>
<tr><td>$C_{pe,10}$</td><td>$C_{pe,1}$</td><td>$C_{pe,10}$</td><td>$C_{pe,1}$</td><td>$C_{pe,10}$</td><td>$C_{pe,1}$</td><td>$C_{pe,10}$</td><td>$C_{pe,1}$</td><td>$C_{pe,10}$</td><td>$C_{pe,1}$</td></tr>
<tr><td rowspan="2">5°</td><td>− 1,7</td><td>− 2,5</td><td>− 1,2</td><td>− 2,0</td><td>− 0,6</td><td>− 1,2</td><td colspan="2" rowspan="2">− 0,6</td><td colspan="2">+ 0,2</td></tr>
<tr><td colspan="6">0,0</td><td colspan="2">− 0,6</td></tr>
<tr><td rowspan="2">15°</td><td>− 0,9</td><td>− 2,0</td><td>− 0,8</td><td>− 1,5</td><td colspan="2">− 0,3</td><td colspan="2">− 0,4</td><td>− 1,0</td><td>− 1,5</td></tr>
<tr><td colspan="6">+ 0,2</td><td colspan="4">0,0</td></tr>
<tr><td rowspan="2">30°</td><td>− 0,5</td><td>− 1,5</td><td>− 0,5</td><td>− 1,5</td><td colspan="2">− 0,2</td><td colspan="2">− 0,4</td><td colspan="2">− 0,5</td></tr>
<tr><td colspan="4">+ 0,7</td><td colspan="2">+ 0,4</td><td colspan="4">0,0</td></tr>
<tr><td rowspan="2">45°</td><td colspan="6">0,0</td><td colspan="2">− 0,2</td><td colspan="2">− 0,3</td></tr>
<tr><td colspan="4">+ 0,7</td><td colspan="2">+ 0,6</td><td colspan="4">0,0</td></tr>
<tr><td>60°</td><td colspan="6">+ 0,7</td><td colspan="2" rowspan="2">− 0,2</td><td colspan="2" rowspan="2">− 0,3</td></tr>
<tr><td>75°</td><td colspan="6">+ 0,8</td></tr>
</table>

<table>
<tr><td rowspan="3">Angle de pente α</td><td colspan="9">Direction du vent θ = 90° (pignon)</td></tr>
<tr><td colspan="2">F</td><td colspan="2">G</td><td colspan="2">H</td><td colspan="2">I</td><td rowspan="8"></td></tr>
<tr><td>$C_{pe,10}$</td><td>$C_{pe,1}$</td><td>$C_{pe,10}$</td><td>$C_{pe,1}$</td><td>$C_{pe,10}$</td><td>$C_{pe,1}$</td><td>$C_{pe,10}$</td><td>$C_{pe,1}$</td></tr>
<tr><td>5°</td><td>− 1,6</td><td>− 2,2</td><td rowspan="2">− 1,3</td><td rowspan="6">− 2,0</td><td>− 0,7</td><td rowspan="4">− 1,2</td><td colspan="2">− 0,6</td></tr>
<tr><td>15°</td><td>− 1,3</td><td>− 2,0</td><td>− 0,6</td><td colspan="2" rowspan="5">− 0,5</td></tr>
<tr><td>30°</td><td rowspan="4">− 1,1</td><td rowspan="4">− 1,5</td><td rowspan="2">− 1,4</td><td>− 0,8</td></tr>
<tr><td>45°</td><td>− 0,9</td></tr>
<tr><td>60°</td><td rowspan="2">− 1,2</td><td rowspan="2">− 0,8</td><td rowspan="2">− 1,0</td></tr>
<tr><td>75°</td></tr>
</table>

La valeur des coefficients est précisée dans le tableau 8. Les coefficients de pression avec un angle intermédiaire seront calculés avec une interpolation linéaire.

Lorsque l'élément à justifier reprend une surface comprise entre 1 et 10 m², il faut réaliser une interpolation logarithmique similaire au cas des murs verticaux (voir paragraphe 2.2.3.5).

Il peut exister quatre cas de l'action du vent pour une direction de vent :

	Versant au vent	Versant sous le vent
Cas 1	Succion	Succion
Cas 2	Succion	Pression
Cas 3	Pression	Succion
Cas 4	Pression	Pression

▶ 2.2.3.7 Coefficients de pression intérieure

Lorsque le bâtiment est fermé, le coefficient de pression intérieure C_{pi} est égal à + 0,2 ou − 0,3.

▶ 2.2.3.8 Action du vent sur la structure

La valeur de calcul de la pression provoquée par le vent sur les parois W, pour toutes les directions du vent, est le produit de la pression dynamique de pointe par le résultat de la soustraction du coefficient de pression intérieure au coefficient de pression extérieure :

$$W(z_e) = W_e - W_i = q_p(z_e).(C_{pe} - C_{pi})$$

▶ 2.2.3.9 Application résolue

Recherche des efforts exercés par le vent sur une maison à ossature bois. Les hypothèses sont :

- construction située en bord de mer en région 3 (cas non couvert par le DTU 31.2) ;
- rugosité du terrain de catégorie 0 ;
- terrain plat (coefficient d'horographie $C_0(z) = 1$) ;
- maison rectangulaire de 10 m (long pan) par 8 m (pignon) avec une hauteur de 2,7 m à l'égout et 3,9 m au faîtage (pente de 30 %).

Pour évaluer les effets du vent, il faut déterminer et calculer :

- la vitesse de référence du vent (qui dépend de la région) ;
- la rugosité du sol ;
- l'horographie du terrain (coefficient égal à 1, étude pour un terrain plat) ;
- la hauteur de référence du bâtiment ;
- la pression dynamique de pointe ;
- les coefficients de pression extérieurs et intérieurs ;
- l'action du vent sur la structure.

Vitesse de référence du vent ($v_{b,0}$)

La construction est située en région 3. La vitesse de base est donc de 26 m/s. Les coefficients de direction et de saison sont égaux à 1. La vitesse de référence est donc identique.

$$\boxed{V_b = 26 \text{ m/s}}$$

Rugosité du so

La construction est située en bord de mer, la rugosité du terrain est de catégorie 0.

Hauteur de référence du bâtiment (z)

La hauteur du bâtiment est inférieure à la largeur (3,9 m < 8), la hauteur de référence sera égale à la hauteur du mur et à la hauteur du pignon.

z_{mur}	2,7 m
z_{pignon}	3,9 m

Pression dynamique de pointe

La pression dynamique de pointe est déterminée par la courbe 5 en fonction de la hauteur de référence, de la catégorie de rugosité pour un coefficient d'horographie égal à 1.

Pression dynamique de pointe sur le long pan

- Hauteur de référence : 2,7 m.
- Catégorie de rugosité : 0.

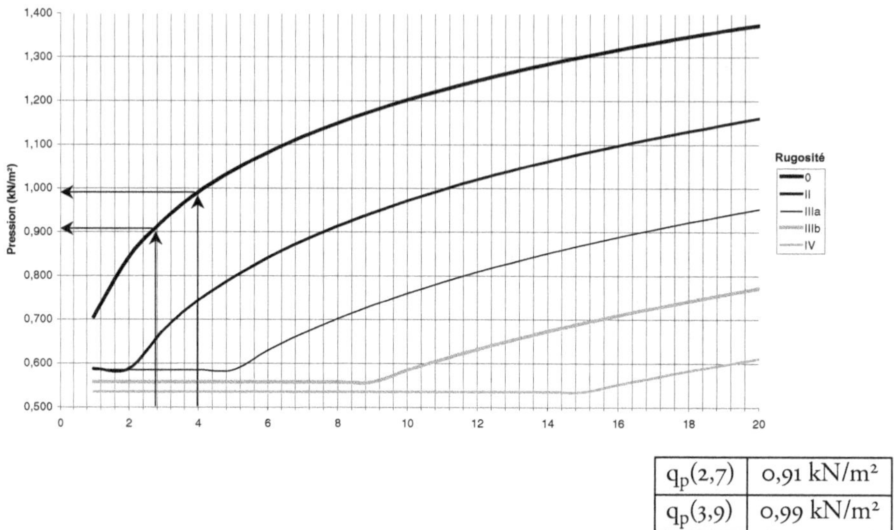

$q_p(2,7)$	0,91 kN/m²
$q_p(3,9)$	0,99 kN/m²

Courbe 5 : pression dynamique de pointe pour la région 3

Coefficients de pression extérieure sur les murs verticaux des bâtiments de base rectangulaire

Action sur le long pan

b = 10 m, dimension perpendiculaire au vent

d = 8 m, dimension parallèle au vent

h = 2,7 m, hauteur du long pan

e = min (b ; 2h) = min (10 ; 2 × 2,7) = 5,4

h/d = 2,7/8 = 0,34

D = paroi au vent

E = paroi sous le vent

A, B et C = parois parallèles au vent

La répartition de l'action du vent est définie par le schéma 12 car e < d, (5,4 < 8).

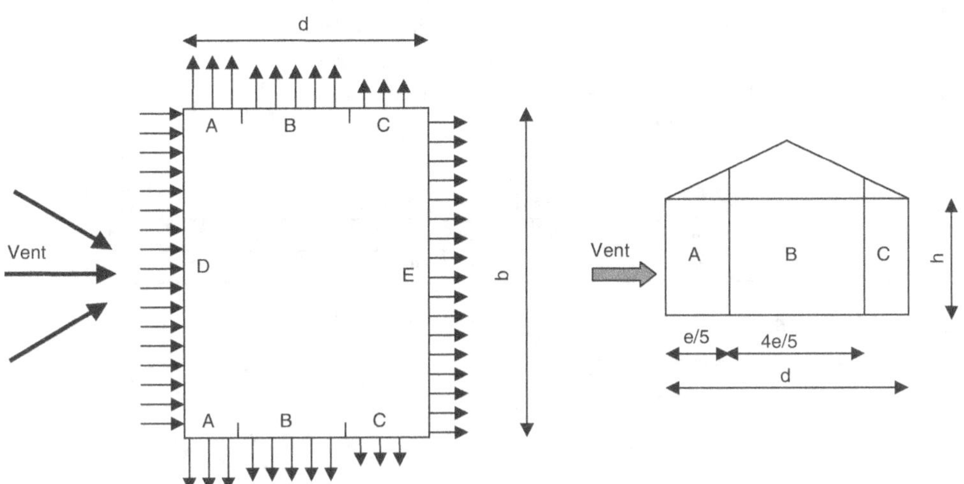

Schéma 12 : répartition des coefficients de pression lorsque e < d

La valeur des coefficients est précisée dans le tableau 9.

Tableau 9 : valeur des coefficients de pression extérieure sur les murs verticaux des bâtiments de base rectangulaire

Zone	A		B		C		D		E	
h/d	$C_{pe,10}$	$C_{pe,1}$	$C_{pe,10}$	$C_{pe,1}$	$C_{pe,10}$	$C_{pe,1}$	$C_{pe,10}$	$C_{pe,1}$	$C_{pe,10}$	$C_{pe,1}$
5	$-1,2$	$-1,4$	$-0,8$	$-1,1$	$-0,5$	$-0,5$	$+0,8$	$+1$	$-0,7$	$-0,7$
1	$-1,2$	$-1,4$	$-0,8$	$-1,1$	$-0,5$	$-0,5$	$+0,8$	$+1$	$-0,5$	$-0,5$
0,25	$-1,2$	$-1,4$	$-0,8$	$-1,1$	$-0,5$	$-0,5$	$+0,7$	$+1$	$-0,3$	$-0,3$
0,34	$-1,2$	$-1,4$	$-0,8$	$-1,1$	$-0,5$	$-0,5$	$+0,712$	$+1$	$-0,324$	$-0,324$

Les coefficients de pression avec un rapport h/d = 0,34 seront calculés avec une interpolation linéaire.

Exemple pour h/d = 0,34 dans la zone E

$$E_{0,34} = \frac{E_1 - E_{0,25}}{1 - 0,25} \, 0,34 + E_1 - \frac{E_1 - E_{0,25}}{1 - 0,25}$$

$$E_{0,34} = E_1 + \frac{E_1 - E_{0,25}}{1 - 0,25} \, (0,34 - 1)$$

$$E_{0,34} = -0,5 + \frac{-0,5 + 0,3}{1 - 0,25} \, (0,34 - 1) = -0,324$$

Interpolation des $C_{pe,i}$ en fonction de la surface

Surface de la zone D = E = $10 \times 2,7 = 27$ m² > 10 m², pas d'interpolation

Surface de la zone A = $5,4/5 \times 2,7 + ((5,4/5)^2 \times 0,3)0,5 = 3,09$ m², interpolation nécessaire

Surface de la zone C = $(8 - 5,4) \times 2,7 + ((8 - 5,4)^2 \times 0,3)0,5 = 8,03$ m², interpolation nécessaire

Surface de la zone B = $8 \times 2,7 + 8 (4 \times 0,3 \times 0,5) - 3,09 - 8,03 = 15,28$ m², pas d'interpolation

Zone A

$$C_{pe,A} = C_{pe,1} - (C_{pe,1} - C_{pe,10})\log_{10}A$$

$C_{pe,A}$: coefficients de pression extérieure pour une surface s comprise entre 1 et 10 m²

A : surface reprise par l'élément justifié, comprise entre 1 et 10 m²

$C_{pe,1}$: coefficients de pression extérieure pour une surface de 1 m²

$C_{pe,10}$: coefficients de pression extérieure pour une surface de 10 m²

$C_{pe,3,09} = -1,4 - (-1,4 + 1,2)\log_{10}(3,09) = -1,30$

Zone C : $C_{pe,8,03} = C_{pe,10} = C_{pe,1} = -0,5$

Zone	A	B	C	D	E
h/d	$C_{pe,2,916}$	$C_{pe,10}$	$C_{pe,8,03}$	$C_{pe,10}$	$C_{pe,10}$
0,34	$-1,30$	$-0,8$	$-0,5$	0,712	$-0,324$

Action sur le pignon

b = 8 m, dimension perpendiculaire au vent

d = 10 m, dimension parallèle au vent

h = 3,9 m, hauteur du pignon

e = min (b ; 2h) = min (8 ; 2 × 3,9) = 7,8

h/d = 3,9/10 = 0,39

D = paroi au vent

E = paroi sous le vent

A, B et C = parois parallèles au vent

La répartition de l'action du vent est définie par le schéma 13 car e < d, (7,8 < 10)

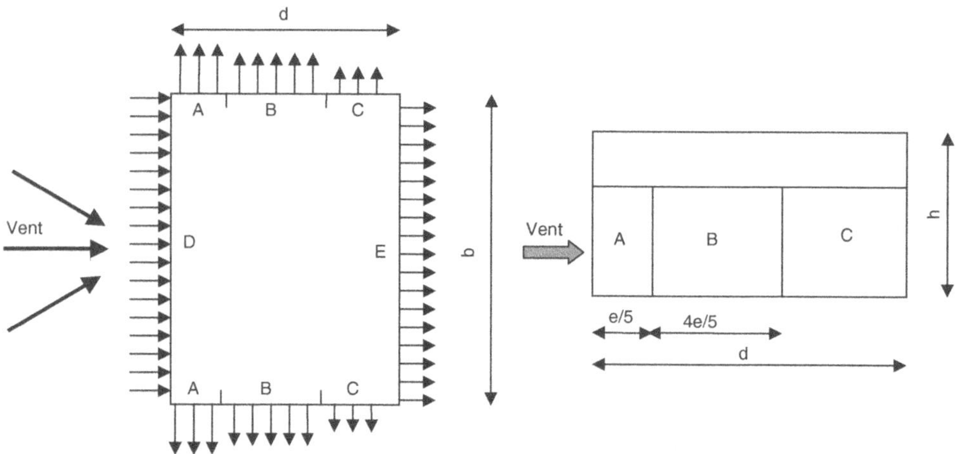

Schéma 13 : répartition des coefficients de pression lorsque e < d

La valeur des coefficients est précisée dans le tableau 10.

Tableau 10 : valeur des coefficients de pression extérieure sur les murs verticaux des bâtiments de base rectangulaire

Zone	A		B		C		D		E	
h/d	$C_{pe,10}$	$C_{pe,1}$	$C_{pe,10}$	$C_{pe,1}$	$C_{pe,10}$	$C_{pe,1}$	$C_{pe,10}$	$C_{pe,1}$	$C_{pe,10}$	$C_{pe,1}$
5	$-1,2$	$-1,4$	$-0,8$	$-1,1$	$-0,5$	$-0,5$	$+0,8$	$+1$	$-0,7$	$-0,7$
1	$-1,2$	$-1,4$	$-0,8$	$-1,1$	$-0,5$	$-0,5$	$+0,8$	$+1$	$-0,5$	$-0,5$
0,25	$-1,2$	$-1,4$	$-0,8$	$-1,1$	$-0,5$	$-0,5$	$+0,7$	$+1$	$-0,3$	$-0,3$
0,39	$-1,20$	$-1,40$	$-0,80$	$-1,10$	$-0,50$	$-0,50$	0,72	1,00	$-0,34$	$-0,34$

Les coefficients de pression avec un rapport h/d = 0,39 seront calculés avec une interpolation linéaire.

Exemple pour h/d = 0,39 dans la zone E

$$E_{0,39} = \frac{E_1 - E_{0,25}}{1 - 0,25} \, 0,39 + E_1 - \frac{E_1 - E_{0,25}}{1 - 0,25}$$

$$E_{0,39} = E_1 + \frac{E_1 - E_{0,25}}{1 - 0,25} \, (0,39 - 1)$$

$$E_{0,39} = -0,5 + \frac{-0,5 + 0,3}{1 - 0,25} \, (0,39 - 1) = -0,34$$

Interpolation des $C_{pe,i}$ en fonction de la surface

Surface de la zone D = E = $8 \times 2,7 + (8 \times 1,2)0,5 = 26,4$ m² > 10 m², pas d'interpolation

Surface de la zone A = $7,8/5 \times 2,7 = 4,212$ m², interpolation nécessaire

Surface de la zone B = $7,8 \times 4/5 \times 2,7 = 16,85$ m² > 10 m², pas d'interpolation

Surface de la zone C = $(8 - 7,8) \times 2,7 = 0,54$ m² < 1 m², pas d'interpolation

Zone A

$$C_{pe,A} = C_{pe,1} - (C_{pe,1} - C_{pe,10})\log_{10}A$$

$C_{pe,A}$: coefficients de pression extérieure pour une surface s comprise entre 1 et 10 m²

A : surface reprise par l'élément justifié, comprise entre 1 et 10 m²

$C_{pe,1}$: coefficients de pression extérieure pour une surface de 1 m²

$C_{pe,10}$: coefficients de pression extérieure pour une surface de 10 m²

$$C_{pe,4,212} = -1,4 - (-1,4 + 1,2)\log_{10}(4,212) = -1,275$$

Zone	A	B	C	D	E
h/d	$C_{pe,4,212}$	$C_{pe,10}$	$C_{pe,1}$	$C_{pe,10}$	$C_{pe,10}$
0,39	−1,275	−0,8	−0,5	0,72	−0,34

Coefficients de pression extérieure sur une toiture à deux versants

Vent perpendiculaire au long pan ($\theta = 0°$)

b = 10 m, dimension perpendiculaire au vent

d = 8 m, dimension parallèle au vent

h = 3,9 m, hauteur au faîtage

e = min (b ; 2h) = min (10 ; 2 × 3,9) = 7,8

F, G, H = toiture au vent

J, I = toiture sous le vent

Pente de 30 %, $\alpha = 16,7°$

La répartition de l'action du vent est définie par le schéma 14.

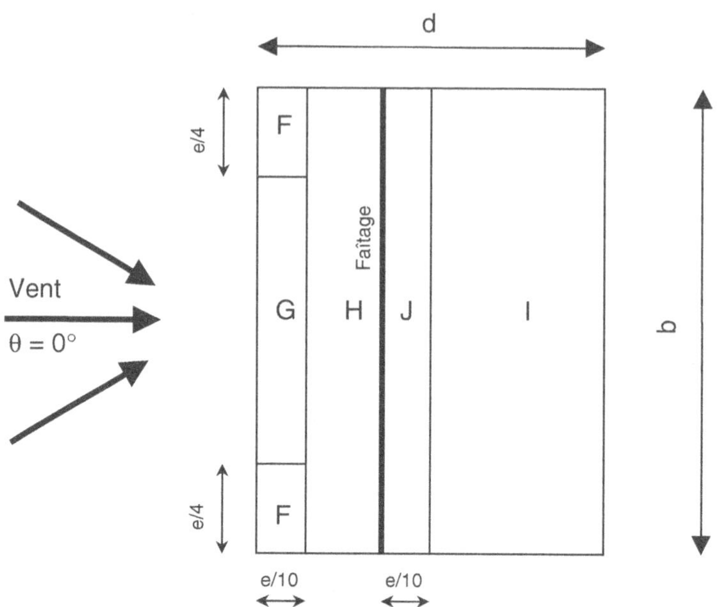

Schéma 14 : répartition des coefficients de pression lorsque le vent est perpendiculaire au long pan (θ = 0°)

La valeur des coefficients est précisée dans le tableau 11. Les coefficients de pression avec un angle intermédiaire seront calculés avec une interpolation linéaire.

Exemple pour $\alpha_{16,7}$ dans la zone F

$$F_{16,7} = -0,9 + [-0,5 - (-0,9)] \cdot \frac{16,7 - 15}{30 - 15} = -0,854$$

Tableau 11 : valeur des coefficients de pression extérieure sur les versants de toitures à deux versants

Angle de pente α	Direction du vent θ = 0° (long pan)									
	F		G		H		I		J	
	$C_{pe,10}$	$C_{pe,1}$	$C_{pe,10}$	$C_{pe,1}$	$C_{pe,10}$	$C_{pe,1}$	$C_{pe,10}$	$C_{pe,1}$	$C_{pe,10}$	$C_{pe,1}$
15°	− 0,9	− 2,0	− 0,8	− 1,5	− 0,3	− 0,3	− 0,4	− 0,4	− 1,0	− 1,5
	+ 0,2	+ 0,2	+ 0,2	+ 0,2	+ 0,2	+ 0,2	0,0	0,0	0,0	0,0
30°	− 0,5	− 1,5	− 0,5	− 1,5	− 0,2	− 0,2	− 0,4	− 0,4	− 0,5	− 0,5
	+ 0,7	+ 0,7	+ 0,7	+ 0,7	+ 0,4	+ 0,4	0,0	0,0	0,0	0,0
16,7°	− 0,85	− 1,94	− 0,77	− 1,50	− 0,29	− 0,29	− 0,40	− 0,40	− 0,94	− 1,39
	0,26	0,26	0,26	0,26	0,22	0,22	0,00	0,00	0,00	0,00

▶ Interpolation des $C_{pe,i}$ en fonction de la surface

Surface de la zone F = 7,8/4 × 7,8/10 = 1,52 m², interpolation nécessaire

Surface de la zone G = 7,8/10 × 10 − 2 × 1,52 = 4,76 m², interpolation nécessaire

Surface de la zone H = (8/2 − 7,8/10) × 10 = 32,2 m² > 10 m², pas d'interpolation

Surface de la zone I = (8/2 − 7,8/10) × 10 = 32,2 m² > 10 m², pas d'interpolation

Surface de la zone J = 7,8/10 × 10 = 7,8 m², interpolation nécessaire

Remarque

Attention, par simplification, la surface retenue est la surface horizontale au lieu de considérer la surface en rampant.

Exemple pour la zone F

$$C_{pe,A} = C_{pe,1} - (C_{pe,1} - C_{pe,10})\log_{10}A$$

$C_{pe,A}$: coefficients de pression extérieure pour une surface s comprise entre 1 et 10 m²

A : surface reprise par l'élément justifié, comprise entre 1 et 10 m²

$C_{pe,1}$: coefficients de pression extérieure pour une surface de 1 m²

$C_{pe,10}$: coefficients de pression extérieure pour une surface de 10 m²

$$C_{pe,1,52} = -1,94 - (-1,94 + 0,85)\log_{10}(1,52) = -1,75$$

Zone	F	G	H	I	J
	$C_{pe,1,52}$	$C_{pe,4,76}$	$C_{pe,10}$	$C_{pe,10}$	$C_{pe,7,8}$
Succions	− 1,75	− 1,00	− 0,29	− 0,40	− 0,99
Pression	0,26	0,26	0,22	0,00	0,00

Il peut exister quatre cas de l'action du vent pour une direction de vent :

	Versant au vent	Versant sous le vent
Cas 1	Succion	Succion
Cas 2	Succion	Pression
Cas 3	Pression	Succion
Cas 4	Pression	Pression

Vent perpendiculaire au pignon ($\theta = 90°$)

b = 8 m, dimension perpendiculaire au vent

d = 10 m, dimension parallèle au vent

h = 3,9 m, hauteur au faîtage

e = min (b ; 2h) = min (8 ; 2 × 3,9) = 7,8

F, G, H = toiture au vent

J, I = toiture sous le vent

Pente de 30 %, $\alpha = 16,7°$

La répartition de l'action du vent est définie par le schéma 15.

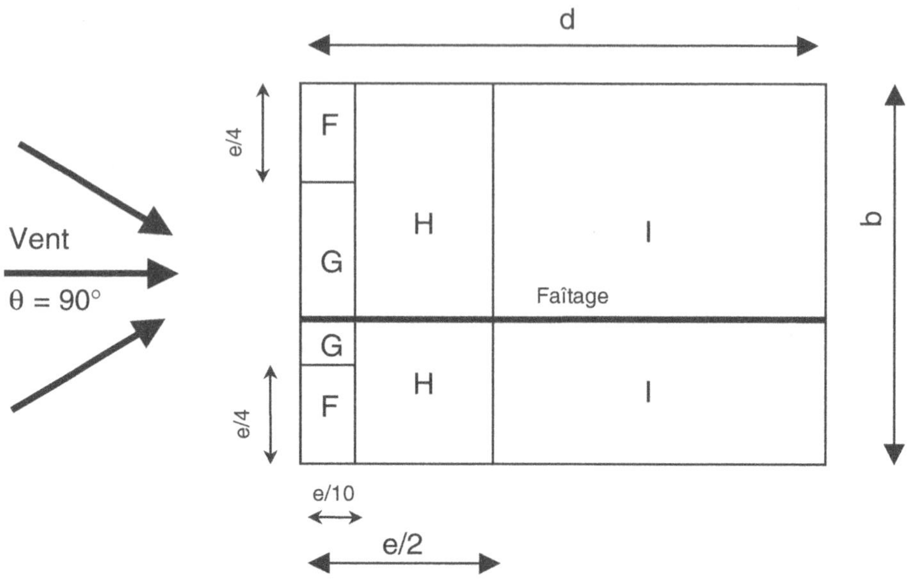

Schéma 15 : répartition des coefficients de pression lorsque le vent est perpendiculaire au long pan ($\theta = 0°$)

La valeur des coefficients est précisée dans le tableau 12. Les coefficients de pression avec un angle intermédiaire seront calculés avec une interpolation linéaire.

Exemple pour $_{16,7}$ dans la zone F

$$F_{16,7} = -1,3 + [-1,1 - (-1,3)] \cdot \frac{16,7 - 15}{30 - 15} = -1,28$$

Tableau 12 : valeur des coefficients de pression extérieure sur les versants de toitures à deux versants

Angle de pente α	Direction du vent $\theta = 90°$ (pignon)							
	F		G		H		I	
	$C_{pe,10}$	$C_{pe,1}$	$C_{pe,10}$	$C_{pe,1}$	$C_{pe,10}$	$C_{pe,1}$	$C_{pe,10}$	$C_{pe,1}$
15°	− 1,3	− 2,0	− 1,3	− 2,0	− 0,6	− 1,2	− 0,5	− 0,5
30°	− 1,1	− 1,5	− 1,4	− 2,0	− 0,8	− 1,2	− 0,5	− 0,5
16,7°	− 1,28	− 1,94	− 1,31	− 2,00	− 0,62	− 1,20	− 0,50	− 0,50

▶ Interpolation des $C_{pe,i}$ en fonction de la surface

Surface de la zone F = 7,8/4 × 7,8/10 = 1,52 m², interpolation nécessaire
Surface de la zone G = 7,8/10 × 8/2 − 1,52 = 1,6 m², interpolation nécessaire
Surface de la zone H = (7,8/2 − 7,8/10)8/2 = 12,48 m² > 10 m², pas d'interpolation
Surface de la zone I = (10 − 7,8/2)8/2 = 24,4 m² > 10 m², pas d'interpolation

Remarque

Par simplification, la surface retenue est la surface horizontale.

Exemple pour la zone F
$C_{pe,A} = C_{pe,1} - (C_{pe,1} - C_{pe,10})\log_{10}A$
$C_{pe,A}$: coefficients de pression extérieure pour une surface s comprise entre 1 et 10 m²
A : surface reprise par l'élément justifié, comprise entre 1 et 10 m²

$C_{pe,1}$: coefficients de pression extérieure pour une surface de 1 m²
$C_{pe,10}$: coefficients de pression extérieure pour une surface de 10 m²
$C_{pe,1,52} = -1,94 - (-1,94 + 1,28)\log_{10}(1,52) = -1,82$

Zone	F	G	H	I
	$C_{pe,1,52}$	$C_{pe,1,6}$	$C_{pe,10}$	$C_{pe,10}$
Succions	− 1,82	− 1,53	− 0,62	− 0,50

La totalité de la toiture est en dépression. Il existe donc un seul cas :

	Versant au vent	Versant sous le vent
Cas 1	Succion	Succion

Coefficients de pression intérieure

Lorsque le bâtiment est fermé le coefficient de pression intérieure C_{pi} est égal à + 0,2 ou − 0,3.

Action du vent sur la structure

La valeur de calcul de la pression provoquée par le vent sur les parois W, pour toutes les directions du vent, est le produit de la pression dynamique de pointe par la soustraction du coefficient de pression extérieure et intérieure :

$W(z_e) = W_e - W_i = q_p(z_e).(C_{pe} - C_{pi})$

Action sur les murs (vent perpendiculaire au long pan, $\theta = 0°$)

$q_p(2,7)$	0,91 kN/m²

W : pressions sur les surfaces en kN/m²

Zone	A	B	C	D	E
h/d = 0,34	$C_{pe,2,916} = -1,3$	$C_{pe,10} = -0,8$	$C_{pe,8,03} = -0,5$	$C_{pe,10} = 0,712$	$C_{pe,10} = -0,324$
cpi : − 0,3	− 0,910	− 0,455	− 0,182	0,921	− 0,022
cpi : + 0,2	− 1,365	− 0,910	− 0,637	0,466	− 0,477

Exemple pour la zone A :
$W(cpi : -0,3) = 0,91 \times [-1,3 - (-0,3)] = -0,91$ kN/m²
$W(cpi : +0,2) = 0,91 \times [-1,3 - (+0,2)] = -1,365$ kN/m²

Action sur le pignon

$q_p(3,9)$	0,99 kN/m²

W : pressions sur les surfaces en kN/m²

ZONE	A	B	C	D	E
h/d = 0,39	$C_{pe,4,212} = -1,275$	$C_{pe,10} = -0,8$	$C_{pe,1} = -0,5$	$C_{pe,10} = 0,72$	$C_{pe,10} = -0,34$
W(cpi : − 0,3)	− 0,965	− 0,495	− 0,198	1,01	− 0,04
W(cpi : + 0,2)	− 1,460	− 0,990	− 0,693	0,515	− 0,535

Exemple pour la zone A :
$W(cpi : -0,3) = 0,99 \times (-1,275 + 0,3) = -0,965$ kN/m²
$W(cpi : +0,2) = 0,99 \times (-1,275 - 0,2) = -1,460$ kN/m²

Action sur la toiture avec un vent perpendiculaire au long pan ($\theta = 0°$)

$q_p(3,9)$	0,99 kN/m²

Zone	F	G	H	I	J
	$C_{pe,1,52}$	$C_{pe,4,76}$	$C_{pe,10}$	$C_{pe,10}$	$C_{pe,7,8}$
Succions	− 1,75	− 1	− 0,29	− 0,4	− 0,99
W(cpi : − 0,3) en kN/m²	− 1,436	− 0,693	0,010	− 0,099	− 0,683
W(cpi : + 0,2) en kN/m²	− 1,931	− 1,188	− 0,485	− 0,594	− 1,178
Pression	0,26	0,26	0,22	0	0
W(cpi : − 0,3) en kN/m²	0,554	0,554	0,515	0,297	0,297
W(cpi : + 0,2) en kN/m²	0,059	0,059	0,020	− 0,198	− 0,198

Exemple pour la zone F en pression :
$W(cpi : − 0,3) = 0,99 \times (0,26 + 0,3) = 0,554$ kN/m²
$W(cpi : + 0,2) = 0,99 \times (0,26 − 0,2) = 0,059$ kN/m²

Action sur la toiture avec un vent perpendiculaire au pignon ($\theta = 90°$)

$q_p(3,9)$	0,99 kN/m²

Zone	F	G	H	I
	$C_{pe,1,52}$	$C_{pe,1,6}$	$C_{pe,10}$	$C_{pe,10}$
Succions	− 1,82	− 1,53	− 0,62	− 0,50
W(cpi : − 0,3) en kN/m²	− 1,505	− 1,218	− 0,317	− 0,198
W(cpi : + 0,2) en kN/m²	− 2,000	− 1,713	− 0,812	− 0,693

Exemple pour la zone F :
$W(cpi : − 0,3) = 0,99 \times (− 1,82 + 0,3) = − 1,505$ kN/m²
$W(cpi : + 0,2) = 0,99 \times (− 1,82 − 0,2) = − 2,000$ kN/m²

Exemples d'exploitation des actions du vent

Pression totale exercée par le vent sur le long pan (D)
$W(z_{e,D}) = 0,921 \times 10 \times 8 = 73,7$ kN
$W(z_{e,D}) = 73,7$ kN

Effort de soulèvement d'un chevron porteur

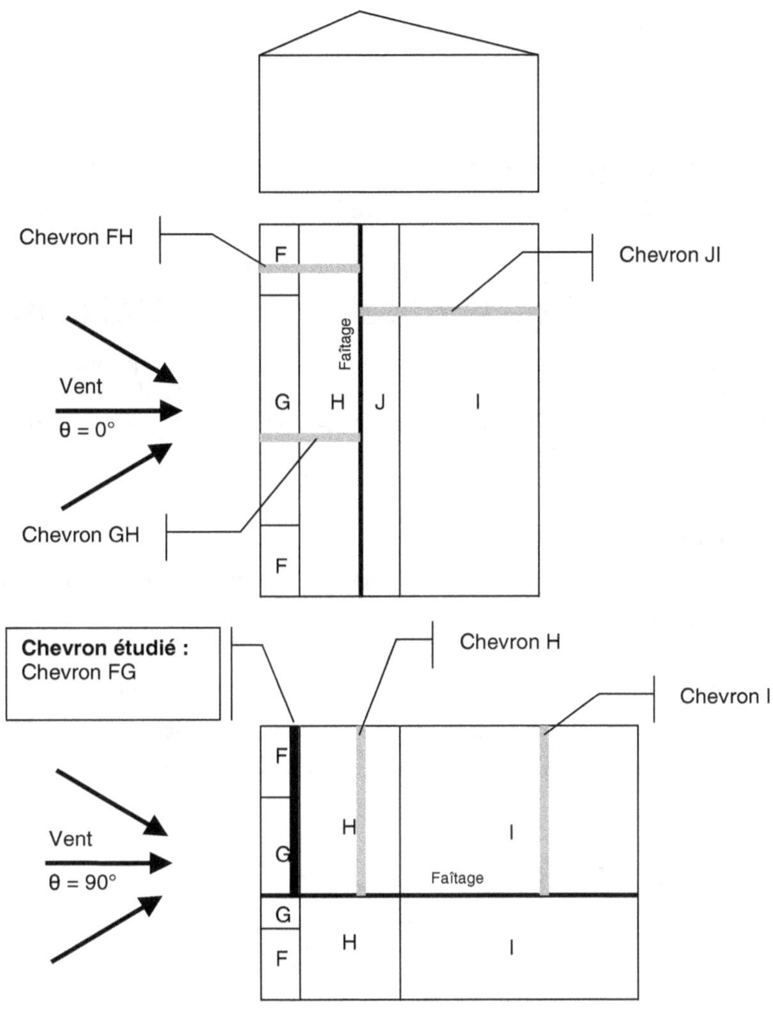

Schéma 16 : situation des chevrons

Longueur : $4/\cos(16,7) = 4,176$ m

Entraxe : 0,5 m

Direction la plus défavorable : vent perpendiculaire au pignon ($\theta = 90°$)

Surface reprise par le chevron dans la zone F $= 7,8/4/\cos(16,7) \times 0,5 = 4,07$ m^2

Surface reprise par le chevron dans la zone G $= (8/2 - 7,8/4)/\cos(16,7) \times 0,5 = 1,07$ m^2

$C_{pe,F,4,07} = C_{pe,1} - (C_{pe,1} - C_{pe,10})\log_{10}A = -1,94 - (-1,94 + 1,28)\log_{10}(4,07) = -1,54$

$C_{pe,G,1,07} = C_{pe,G,1} = -2$

De 0 à 2 m :

$W(Z_{e,D}) = q(Z_e) \times (C_{pe} - C_{pi}) \times \text{entraxe} = 0,99 \times (-1,54 - 0,2) \times 0,5 = 0,861$ kN/m

$W(Z_{e,D}) = 0,861$ kN/m

De 2 à 4,17 m :

$W(Z_{e,D}) = q(Ze) \times (C_{pe} - C_{pi}) \times \text{entraxe} = 0,99 \times (-2 - 0,2) \times 0,5 = 1,861$ kN/m

$\boxed{W(Z_{e,D}) = 1,861 \text{ kN/m}}$

2.3 Actions accidentelles A_{Ed}

Les actions accidentelles sont de plusieurs natures. Le feu est traité dans l'eurocode 1 parties 1-2 et 2-2. Les risques de chocs et d'explosion sont précisés dans l'eurocode 1 parties 1-7 et 2-7. La neige accidentelle est définie dans l'eurocode 1 parties 1-3 et 2-3.

2.4 Actions sismiques S

Les actions sismiques sont déterminées dans l'eurocode 8.

3. Conditions de vérifications : les états limites

Une structure doit être vérifiée pour assurer pendant toute sa durée d'exploitation la sécurité des personnes et permettre une utilisation conforme à sa destination. Elle doit résister à toutes les actions et influences (humidité) susceptibles d'intervenir pendant sa réalisation (montage sur le chantier) et sa durée d'utilisation.

3.1 État limite ultime (ELU)

Cet état limite vise à assurer la sécurité des personnes et de la structure. On distingue trois ELU :

- STR : vérification de la résistance et des déformations des différentes parties de la structure (schéma 17) ;
- EQU : vérification des risques de perte d'équilibre statique (schéma 18) ;
- GEO : vérification du non-dépassement de la résistance du sol (schéma 19).

L'état limite ultime est dépassé lorsqu'il y a effondrement ou ruine du matériau.

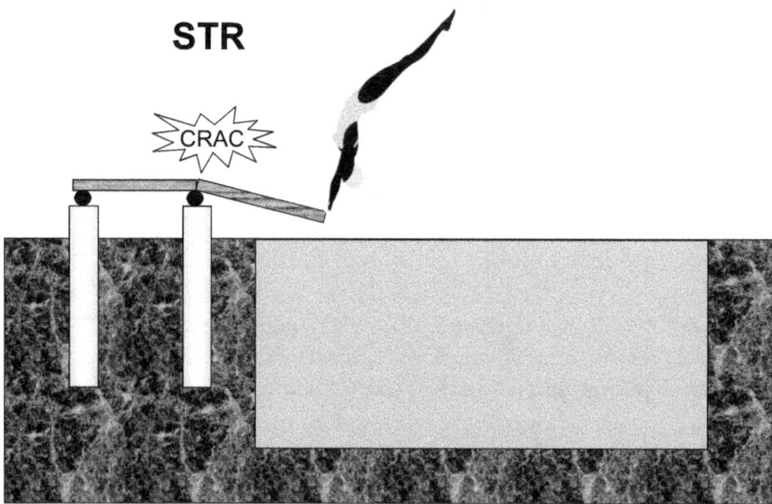

Schéma 17 : la très grande majorité des vérifications aux états limites ultimes (ELU) concerne la vérification de la résistance, nommée STR

EQU

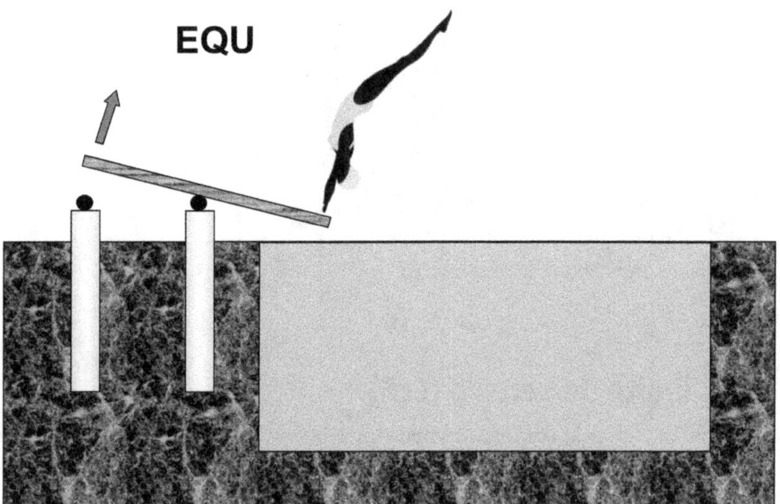

Schéma 18 : les risques de perte d'équilibre statique sont nommés EQU, l'état limite à vérifier sera l'état limite ultime (ELU)

GEO

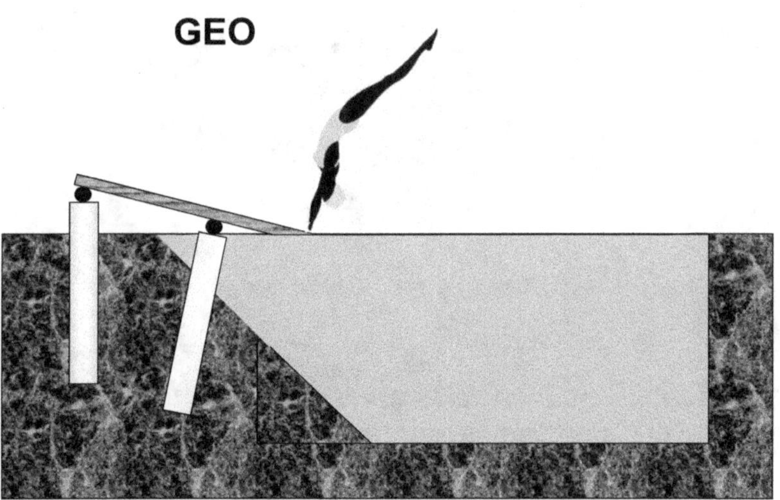

Schéma 19 : les fondations doivent être vérifiées aux états limites ultimes (ELU) ; ce cas est très rare car, en France, les fondations ne sont généralement pas en bois

La sollicitation doit être inférieure ou égale à la résistance : sollicitation $\leq$ résistance.

Il faut vérifier que la valeur de calcul de la force interne, du moment ou de la contrainte induite par les actions appliquées à la structure reste inférieure ou égale à la valeur de calcul de la résistance correspondante.

Les effets des actions doivent rester inférieurs aux résistances de calcul : $Ed \leq Rd$.

Ed est l'effet déterminé à partir des actions (force interne, moment ou contrainte).

Rd est la valeur de calcul de la résistance déterminée de la structure, exprimée pour une contrainte avec les annotations de l'eurocode :

$$\sigma_d\ (F_k, \gamma_F, \psi_i) \leq f_d\ (f_k, 1/\gamma_M, k_{mod})$$

σ_d	contrainte induite par les actions
F_k	actions caractéristiques (G, Q, S, W, etc.)
γ_F	coefficient partiel normal de l'action
ψ_i	coefficient de combinaison des actions
f_d	contrainte de résistance calculée
f_k	résistance caractéristique du matériau
γ_M	coefficient partiel normal du matériau
k_{mod}	coefficient modificatif

3.2   État limite de service (ELS)

Cet état limite vise à assurer le confort des personnes (vibrations) et à limiter les déformations. L'état limite de service est dépassé lorsque les déformations maximales sont dépassées.

Photographie 1 : pour la majorité des poutres en bois, le critère le plus défavorable sera déterminé lors de la vérification de la déformation lors de l'état limite de service (ELS)

Il faut vérifier que la flèche provoquée par les actions appliquées à la structure reste inférieure ou égale à la flèche limite.

Exemple : $W_{net,fin} \leq W_{verticale\ ou\ horizontale\ limite}$

$W_{net,fin}$ est la flèche provoquée par les actions appliquées à la structure.

$W_{verticale\ ou\ horizontale\ limite}$ est la flèche limite

4. Combinaisons d'actions appliquées aux structures

Il faut vérifier la fiabilité structurale pour un état limite sous l'effet simultané de différentes actions. Une combinaison correspond à un chargement calculé en effectuant la somme des actions retenues pondérées par les différents coefficients.

On distinguera des combinaisons pour les ELU pour :

- la résistance de la structure (STR) ;
- la vérification de l'équilibre (soulèvement) (EQU) ;
- la vérification des situations accidentelles en STR et en EQU.

D'une manière usuelle, on peut caractériser les combinaisons de la manière qui suit.

4.1 État limite ultime

Pour les combinaisons SRT et EQU (sauf ELU STR et EQU en situation accidentelle) :

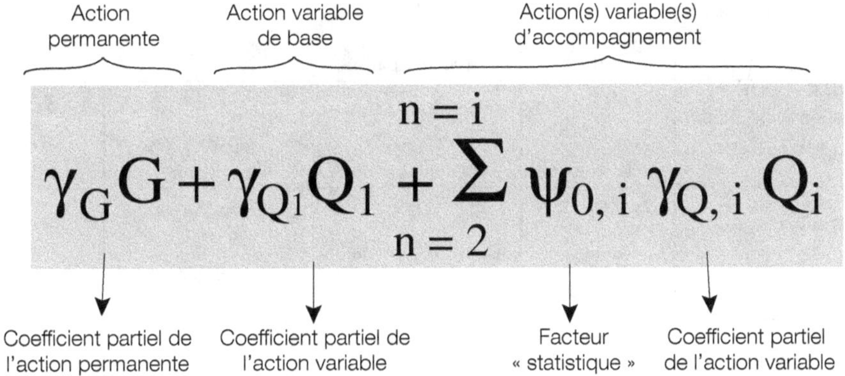

4.2 ELS

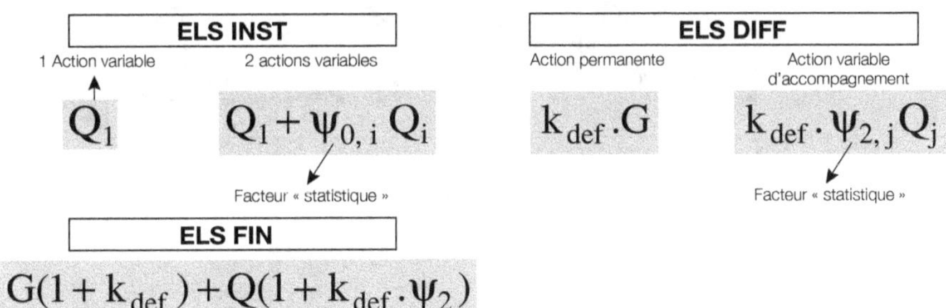

4.3   Composantes des combinaisons

4.3.1   Convention

L'écriture des combinaisons d'actions est définie dans le tableau 13 La valeur des effets ou des sollicitations servant de base à la justification de la structure provient du chargement correspondant à chacune des combinaisons.

Tableau 13 : combinaisons de sollicitations en fonction de l'approche effectuée

État limite vérifié	Action permanente (G_k)	Action variable de base $(Q_{k,1})$	Actions variables d'accompagnement $(Q_{k,1})$	Action accidentelle $(\gamma_A A_k)$
ELU (STR : résistance de la structure)	$\gamma_{G,sup}\, G_k$	$\gamma_{Q,1}\, Q_{k,1}$	$\psi_{0,i}\, \gamma_{Q,i}\, Q_{k,i}$	
Exemple :	Poids de la structure	Neige	Vent (pression*)	
ELU (STR : résistance de la structure au soulèvement)	$\gamma_{G,inf}\, G_k$	$\gamma_{Q,1}\, Q_{k,1}$		
Exemple :	Poids de la structure	Vent (dépression*)		
ELU (EQU : risque de soulèvement au vent)	$\gamma_{G,inf}\, G_k$	$\gamma_{Q,1} Q_{k,1}$		
Exemple :	Poids de la structure	Vent (dépression*)		
ELU (STR et EQU en situation accidentelle)	G_k	$\psi_{2,1}\, Q_{k,1}, \psi_{1,1}\, Q_{k,1}$	$\psi_{2,i}\, Q_{k,i}$	$\gamma_A A_{dk}$
Exemple :	Poids de la structure	Charge d'exploitation	Vent (pression*)	Neige accidentelle
ELS (INST) caractéristique	G_k	$Q_{k,1}$	$\psi_{0,i} Q_{k,i}$	
Exemple :	Poids de la structure	Charge d'exploitation (exemple : comble habitable)	Neige	
ELS (DIF) quasi permanente	G_k	$\psi_{2,1}\, Q_{k,i}$		
Exemple :	Poids de la structure	Charge d'exploitation		

Tableau 14 : valeurs des coefficients partiels

Coefficients partiels en fonction du type d'action	Bâtiment usuel
Durée indicative d'utilisation du bâtiment	50 ans
Action permanente (STR) : $\gamma_{G,sup}$	1,35
Action permanente (STR) : $\gamma_{G,inf}$	1
Action permanente (EQU) : $\gamma_{G,inf}$	0,9
Action variable (STR) : γ_Q	1,5

Tableau 15 : valeurs des facteurs ψ_i

Action Variable	ψ_0 action variable d'accompagnement	ψ_1 Combinaison accidentelle (incendie)	ψ_2 Fluage et Combinaison accidentelle
Charges d'exploitation des bâtiments			
Catégorie A : habitations résidentielles	0,7	0,5	0,3
Catégorie B : bureaux	0,7	0,5	0,3
Catégorie C : lieux de réunion	0,7	0,7	0,6
Catégorie D : commerce	0,7	0,7	0,6
Catégorie E : stockaqe	1	0,9	0,8
Catégorie H : toits	0	0	0
Charges de neige			
Altitude > 1 000 m	0,7	0,5	0,2
Altitude ≤ 1 000 m	0,5	0,3	0
Action du vent			
	0,6	0,2	0

Les facteurs ψ_i reflètent la probabilité que les actions se produisent simultanément.

Tableau 16 : exemples de situations illustrant des combinaisons d'actions variables

Valeur représentative des actions variables	Exemples
$\Psi_0 Q_k$ est une valeur de combinaison lorsqu'il y a simultanément deux actions variables	Forte précipitation de neige et tempête simultanée
$\Psi_1 Q_k$ est une valeur fréquente qui, statistiquement, se produira 1 % de la durée de vie du bâtiment (eurocode 0 ; EN 1990 – 4.1.3 note 1)	Neige accidentelle (précipitation exceptionnelle), charge d'exploitation importante
$\Psi_2 Q_k$ est une valeur quasi permanente qui, statistiquement, se produira 50 % de la durée de vie du bâtiment	Partie permanente des charges d'exploitation

4.3.2   Applications résolues

▶ Combinaisons d'actions pour justifier la structure d'un plancher d'un local d'habitation

Tableau 17 : charge de structure et d'exploitation avec G = 0,3 kN/m² et Q = 1,5 kN/m²

État limite vérifié	Combinaison d'actions (Q : action variable)	Valeur des coefficients	Application numérique (kN/m²)
ELU (STR)	$\gamma_{G,sup} G$	1,35 G	0,405
ELU (STR)	$\gamma_{G,sup} G + \gamma_Q Q$	1,35 G + 1,5 Q	2,655
ELS INST(Q)	Q	Q	1,5
ELS (DIF)	$G + \psi_2 Q$	G + 0,3 Q	0,75

▶ Combinaisons d'actions pour justifier la structure d'un plancher d'un local de stockage d'un magasin

Tableau 18 : charge de structure et d'exploitation (long terme) avec G = 0,4 kN/m² et Q = 3 kN/m²

État limite vérifié	Combinaison d'actions (Q : action variable)	Valeur des coefficients	Application numérique (kN/m²)
ELU (STR)	$\gamma_{G,sup} G$	1,35 G	0,54
ELU (STR)	$\gamma_{G,sup} G + \gamma_Q Q$	1,35 G + 1,5 Q	5,04
ELS INST(Q)	Q	Q	3
ELS (DIF)	$G + \psi_2 Q$	G + 0,8 Q	2,8

5. Classes de résistance du bois massif et du bois lamellé-collé

Le matériau bois présente de grandes variations de résistance et d'élasticité. Cette variabilité se retrouve d'une essence à l'autre mais également à l'intérieur d'un même arbre. Lorsque l'on réalise des essais, la majorité des échantillons auront une résistance proche de la résistance moyenne. Plus on s'en écartera, moins il y aura d'échantillons. Ces résultats sont reportés sur une courbe pour former une courbe de Gauss (schéma 20). Cette propriété permet de calculer une valeur de résistance mécanique afin que 95 % des échantillons aient une résistance supérieure à cette valeur calculée et que 5 % des échantillons aient une résistance inférieure à cette valeur calculée. Cette valeur est nommée valeur caractéristique (schéma 21). C'est une différence fondamentale entre l'eurocode 5 et les Règles CB 71. Pour l'eurocode 5, la valeur caractéristique résulte d'une recherche statistique ; par contre, pour les Règles CB 71, tout reposait sur la valeur admissible (contrainte lors de la rupture divisée par un coefficient de sécurité).

Il est fréquent de constater pour une même essence des variations de résistance allant de 1 à 10. Le classement de structure du bois permet de diminuer l'amplitude de cette variation. Les bois sont classés en catégories de résistance par un classement visuel (EN 518, NF B 52001) ou par un classement machine (EN 519). Actuellement, le classement le plus utilisé est le classement visuel ; toutefois, il sera certainement remplacé par le classement mécanique qui est plus objectif mais pour le moment plus coûteux.

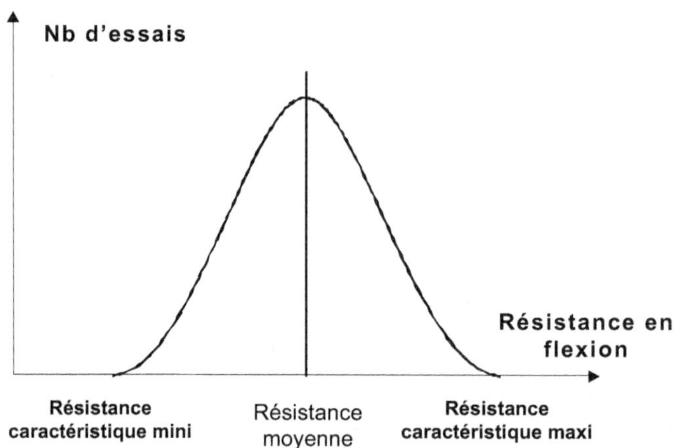

Schéma 20 : la variation de la résistance mécanique du bois est représentée par une courbe de Gauss

On retiendra pour chaque catégorie issue du classement des valeurs caractéristiques. On la nomme « résistance au fractile de 5 % ». Elles représentent par catégorie de bois une limite inférieure assurant que 95 % des bois auront une contrainte de rupture en flexion supérieure ou égale à la valeur de la classe. Par exemple, dans la classe de résineux C24, 95 % des bois de cette catégorie ont une résistance à la rupture en flexion à 24 MPa.

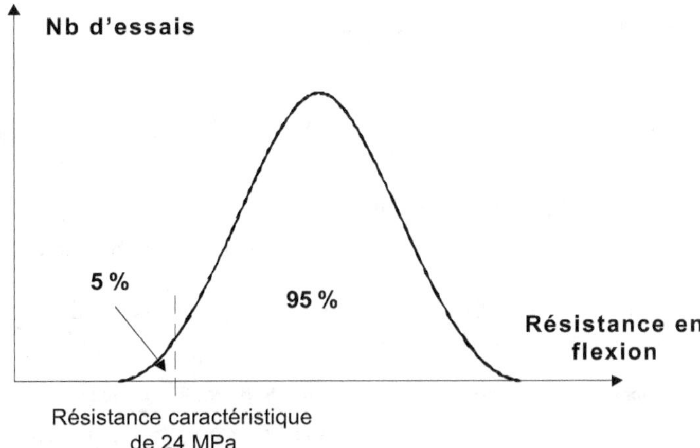

Schéma 21 : dans la classe de résineux C24, 95 % des bois de cette catégorie ont une résistance à la rupture en flexion supérieure ou égale à 24 MPa

Les produits industriels de structure comme le bois lamellé-collé, le lamibois (LVL, *Laminated Veneer Lumber*) et autres poutres reconstituées (le LSL, *Laminated Strand Lumber*, le PSL, *Parallel Strand Lumber*, etc.) ont souvent une résistance moyenne légèrement inférieure à celle du bois massif. Toutefois, la fabrication industrielle élimine de nombreuses singularités (nœuds, pente de fil importante, fentes…) et homogénéise le matériau. La dispersion de la résistance sera donc plus faible et la valeur caractéristique au fractile 5 % supérieure à celle du bois massif. L'eurocode 5 permet de prendre en compte cette propriété.

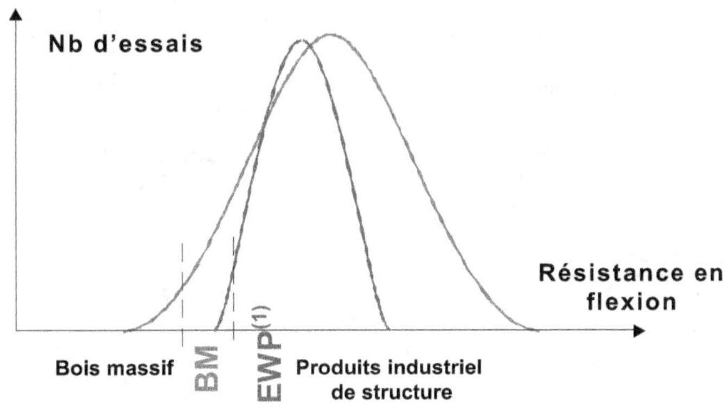

(1) Engineering Wood Product

Schéma 22 : les produits industriels de structure ont une dispersion plus faible et une valeur caractéristique au fractile 5 % plus importante que le bois massif même si leur résistance moyenne est légèrement inférieure

La notation des valeurs caractéristiques est la suivante. Classement de structure :

- C24 est un bois résineux (C) de 24 MPa de contrainte caractéristique de flexion ;
- D40 est un bois feuillu (D) de 40 MPa de contrainte caractéristique de flexion ;
- GL28h est un bois lamellé-collé (GL) homogène (h) de 28 MPa de contrainte caractéristique de flexion, les lamelles ont la même qualité sur toute la hauteur de la poutre ;

- GL32c est un bois lamellé-collé (GL) combiné (c) de 32 MPa de contrainte caractéristique de flexion, les lamelles sont d'une qualité supérieure dans les parties haute et basse de la poutre (p 21).

Contrainte caractéristique :

$f_{t,90,k}$ est une contrainte (f) de traction (t), perpendiculaire au fil du bois (90°), caractéristique (k).

Module d'élasticité :

- $E_{0,mean}$ est un module d'élasticité (E), parallèle au fil du bois (0°), moyen (mean) ;
- $E_{0,05}$ est un module d'élasticité (E), parallèle au fil du bois (0°), au fractile 5 % ou au 5e pourcentile.

Les tableaux 19 à 22 précisent les valeurs caractéristiques du bois massif et du bois lamellé-collé (NF EN 338 - Bois de structure – Classes de résistance).

Tableau 19 : valeurs caractéristiques des bois massifs résineux

Symbole	Désignation	Unité	C14	C16	C18	C22	C24	C27	C30	C35	C40
$f_{m,k}$	Contrainte de flexion	N/mm²	14	16	18	22	24	27	30	35	40
$f_{t,0,k}$	Contrainte de traction axiale	N/mm²	8	10	11	13	14	16	18	21	24
$f_{t,90,k}$	Contrainte de traction perpendiculaire	N/mm²	0,4	0,4	0,4	0,4	0,4	0,4	0,4	0,4	0,4
$f_{c,0,k}$	Contrainte de compression axiale	N/mm²	16	17	18	20	21	22	23	25	26
$f_{c,90,k}$	Contrainte de compression perpendiculaire	N/mm²	2,0	2,2	2,2	2,4	2,5	2,6	2,7	2,8	2,9
$f_{v,k}$	Contrainte de cisaillement	N/mm²	3,0	3,2	3,4	3,8	4,0	4,0	4,0	4,0	4,0
$E_{0,mean}$	Module moyen axial	kN/mm²	7	8	9	10	11	11,5	12	13	14
$E_{0,05}$	Module axial au 5e pourcentile	kN/mm²	4,7	5,4	6,0	6,7	7,4	7,7	8,0	8,7	9,4
$E_{90,mean}$	Module moyen transversal	kN/mm²	0,23	0,27	0,30	0,33	0,37	0,38	0,40	0,43	0,47
G_{mean}	Module de cisaillement	kN/mm²	0,44	0,50	0,56	0,63	0,69	0,72	0,75	0,81	0,88
ρ_k	Masse volumique caractéristique	kg/m³	290	310	320	340	350	370	380	400	420
ρ_{meam}	Masse volumique moyenne	kg/m³	350	370	380	410	420	450	460	480	500

Tableau 20 : valeurs caractéristiques des bois massifs feuillus

Symbole	Désignation	Unité	D30	D35	D40	D50	D60	D70
$f_{m,k}$	Contrainte de flexion	N/mm²	30	35	40	50	60	70
$f_{t,0,k}$	Contrainte de traction axiale	N/mm²	18	21	24	30	36	42
$f_{t,90,k}$	Contrainte de traction perpendiculaire	N/mm²	0,6	0,6	0,6	0,6	0,6	0,6
$f_{c,0,k}$	Contrainte de compression axiale	N/mm²	23	25	26	29	32	34
$f_{c,90,k}$	Contrainte de compression perpendiculaire	N/mm²	8,0	8,4	8,8	9,7	10,5	13,5
$f_{v,k}$	Contrainte de cisaillement	N/mm²	3,0	3,4	3,8	4,6	5,3	6,0
$E_{0,mean}$	Module moyen axial	kN/mm²	10	10	11	14	17	20
$E_{0,05}$	Module axial au 5e pourcentile	kN/mm²	8,0	8,7	9,4	11,8	14,3	16,8
$E_{90,mean}$	Module moyen transversal	kN/mm²	0,64	0,69	0,75	0,93	1,13	1,33
G_{mean}	Module de cisaillement	kN/mm²	0,60	0,65	0,70	0,88	1,06	1,25
ρ_k	Masse volumique caractéristique	kg/m³	530	560	590	650	700	900
ρ_{meam}	Masse volumique moyenne	kg/m³	640	670	700	780	840	1080

Tableau 21 : valeurs caractéristiques des bois lamellés

Propriété	Symbole	GL 20h	GL 22h	GL 24h	GL 26h	GL 28h	GL 30h	GL 32h
				Classe de résistance au sol				
Résistance à la flexion	$f_{m,g,k}$	20	22	24	26	28	30	32
Résistance à la traction	$f_{t,0,g,k}$	16	17,6	19,2	20,8	22,4	24	25,6
Résistance à la compression	$f_{t,90,g,k}$	0,5						
Résistance à la compression	$f_{c,0,g,k}$	20	22	24	26	28	30	32
	$f_{c,90,g,k}$	2,5						
Résistance au cisaillement (cisaillement et torsion)	$f_{v,g,k}$	3,5						
Résistance au cisaillement roulant	$f_{r,g,k}$	1,2						
Module d'élasticité	$E_{0,g,moyen}$	8 400	10 500	11 500	12 100	12 600	13 600	14 200
	$E_{0,g,05}$	7 000	8 800	9 600	10 100	10 500	11 300	11 800
	$E_{90,g,moyen}$	300						
	$E_{90,g,05}$	250						
Module de cisaillement	$G_{g,moyen}$	650						
	$G_{g,05}$	540						
Module de cisaillement roulant	$G_{r,g,moyen}$	65						
	$G_{r,g,05}$	54						
Masse volumique	$\rho_{g,k}$	340	370	385	405	425	430	440
	$\rho_{g,moyen}$	370	410	420	445	460	480	490

Le classement des lamelles constituant les poutres en bois lamellé-collé est précisé dans le tableau 22.

Tableau 22 : classement des lamelles constituant les poutres en bois lamellé-collé combiné

Classe du bois lamellé-collé	GL 36	GL 32	GL 28	GL 24
Bois des lamelles de lamellé-collé homogène	C40	C35	C 30	C24
Bois des lamelles de lamellé-collé panaché ou combiné Bois des lamelles extérieures Bois des lamelles intérieures sur deux tiers de la hauteur	– 	C40 C30	C30 C24	C24 C18

6. Recherche des valeurs des résistances du bois

La résistance du bois et des produits dérivés est liée à leur humidité moyenne, à la durée d'application des charges et à la grande dispersion des caractéristiques mécaniques.

6.1 Facteur k_{mod} (modificatif)

La résistance d'un bois (à l'intérieur d'une même classe de résistance) est influencée par deux paramètres :

• la durée d'application des chargements ;

• l'humidité moyenne du bois lorsqu'il est mis en œuvre.

En effet, un bois sec supportant une charge de courte durée sera plus résistant qu'un bois humide supportant une charge sur une longue période. Ces deux caractères permettent de définir le facteur k_{mod} (modificatif).

Le facteur k_{mod} doit être sélectionné en fonction de la charge la plus courte. Si une combinaison de charge comprend des charges de structure et des charges d'exploitation, le facteur k_{mod} sera sélectionné en fonction des charges d'exploitation.

Les tableaux 23 et 24 mentionnent la valeur du k_{mod} en fonction de la durée de la charge et de la classe de service.

Tableau 23 : valeur de k_{mod} du bois massif, du lamellé-collé, du lamibois (LVL) et du contreplaqué

Durée de chargement		Classe de service		
Classe de durée	Type de charge	1 Hbois < 13% (local chauffé)	2 13 % < Hbois < 20 % (sous abris)	3 Hbois > 20 % (extérieur)
permanente (> 10 ans)	Charge de structure	0,6	0,6	0,5
long terme (6 mois à 10 ans)	Stockage	0,7	0,7	0,55
moyen terme (1 semaine à 6 mois)	Charges d'exploitation Neige Altitude > 1 000 m	0,8	0,8	0,65
court terme (< 1 semaine)	Neige Altitude ≥ 1 000 m	0,9	0,9	0,7
Instantanée	Vent Situation accidentelle Neige exceptionnelle	1,1	1,1	0,9

Les matériaux doivent être conforme aux normes suivantes :

- bois massif : NF EN 14081-1 de mai 2006 ;
- bois lamellé : NF EN 14080 de décembre 2005 ;
- lamibois (LVL) : NF EN 14374 de mars 2005, NF EN 14279 de juin 2005 ;
- contreplaqué : NF EN 636 de décembre 2003.

Tableau 24 : valeur du k_{mod} des panneaux de particules et panneaux de fibres

Matériau	Norme	Classe de service	Action permanente	Action long terme	Action moyen terme	Action court terme	Action instantanée
OSB	EN 300						
	OSB/2	1	0,30	0,45	0,65	0,85	1,10
	OSB/3, OSB/4	1	0,40	0,50	0,70	0,90	1,10
	OSB/3, OSB/4	2	0,30	0,40	0,55	0,70	0,90
Panneau de particules	EN 312						
	Type P4, Type P5	1	0,30	0,45	0,65	0,85	1,10
	Type P5	2	0,20	0,30	0,45	0,60	0,80
	Type P6, Type P7	1	0,40	0,50	0,70	0,90	1,10
	Type P7	2	0,30	0,40	0,55	0,70	0,90
Panneau de fibres, dur	EN 622-2						
	HB.LA, HB.HLA ou 2	1	0,30	0,45	0,65	0,85	1,10
	HB.HLA1 ou 2	2	0,20	0,30	0,45	0,60	0,80
Panneau de fibres, semi-dur	EN 622-3						
	MBH.LA1 ou 2	1	0,20	0,40	0,60	0,80	1,10
	MBH.HLS1 ou 2	1	0,20	0,40	0,60	0,80	1,10
	MBH.HLS1 ou 2	2	—	—	—	0,45	0,80
Panneau de fibres, MDF	EN 622-5						
	MDF.LA, MDF.HLS	1	0,20	0,40	0,60	0,80	1,10
	MDF.HLS	2	—	—	—	0,45	0,80

L'OSB doit être conforme à la norme NF EN 300 d'octobre 2006.

6.2 Coefficient γ_M

La dispersion des caractéristiques mécaniques du métal est plus faible que la dispersion des produits dérivés du bois, qui elle-même est plus faible que la dispersion du bois massif. Le coefficient γ_M (matériau) diminue la résistance des matériaux. Le tableau 25 indique la valeur du γ_M pour les principaux matériaux de structure.

Tableau 25 : valeur du γ_M en fonction de la dispersion du matériau

États limites ultimes		
Combinaisons fondamentales		
Matériaux	Bois	1,3
	Lamellé-collé	1,25
	Lamibois (LVL), OSB	1,2
Assemblages		1,3
Combinaisons accidentelles		1,0
États limites de service		1,0

6.3 Calcul de la résistance

La résistance de calcul se détermine par la formule suivante : par exemple, pour la résistance en flexion :

$$f_{m,d} = f_{m,k}\, \frac{k_{mod}}{\gamma_M}. \tag{2.14}$$

k_{mod} : coefficient modificatif en fonction de la charge de plus courte durée et de la classe de service (humidité du bois).

γ_M : coefficient partiel qui tient compte de la dispersion du matériau.

Remarque

Pour certaines applications, des coefficients complémentaires peuvent être appliqués comme le coefficient de hauteur, le coefficient d'effet système…

6.4 Applications résolues

6.4.1 Résistance en flexion d'une solive en résineux classé C24 supportant un plancher dans une maison (combinaison 1,35 G + 1,5 Q, classe de service 1)

$f_{m,k} = 24$ MPa : f est la résistance, m est la flexion, k est la valeur caractéristique, bois classé C24.

$k_{mod} = 0,8$: le chargement pris en compte est G permanent et Q exploitation, k_{mod} est fonction de la durée d'application de la charge de la plus courte exposition, ici la charge d'exploitation, moyen terme.

$\gamma_M = 1,3$: bois massif.

$$f_{m,d} = 24\, \frac{0,8}{1,3} \;;\; f_{m,d} = 14,7 \text{ MPa} \;;\; d \text{ est la valeur de calcul (déterminée).}$$

6.4.2 Résistance en flexion d'une solive en bois lamellé-collé classé GL28h supportant un plancher (combinaison 1,35 G + 1,5 Q, classe de service 1)

$f_{m,k}$ = 28 MPa : f est la résistance, m est la flexion, k est la valeur caractéristique, bois lamellé-collé classé GL28h.

k_{mod} = 0,7 : le chargement pris en compte est G permanent et Q exploitation (stockage), k_{mod} est fonction de la durée d'application de la charge de la plus courte exposition, ici la charge d'exploitation, long terme.

γ_M = 1,25 : bois lamellé-collé.

$$f_{m,d} = 28 \frac{0,7}{1,25} \; ; f_{m,d} = 15,6 \text{ MPa} ; \text{ d est la valeur de calcul (déterminée).}$$

6.4.3 Résistance en compression axiale d'un poteau en résineux classé C24 supportant une toiture de préau[1]

$f_{c,0,k}$ = 21 MPa : f est la résistance, c est la compression, k est la valeur caractéristique, bois classé C24.

k_{mod} = 0,9

γ_M = 1,3 : bois massif.

$$f_{c,0,d} = 21 \frac{0,9}{1,3} \; ; f_{c,0,d} = 14,5 \text{ MPa} ; \text{ d est la valeur de calcul (déterminée).}$$

6.4.4 Résistance en compression transversale d'une traverse d'un aménagement extérieur (combinaison 1,35 G, classe de service 3)

$f_{c,90,k}$ = 2,2 MPa : f est la résistance, c est la compression, 90 est la perpendiculaire, k est la valeur caractéristique, bois classé C18.

k_{mod} = 0,5

γ_M = 1,3 : bois massif.

$$f_{c,90,d} = 2,2 \frac{0,5}{1,3} \; ; f_{c,90,d} = 0,85 \text{ MPa} ; \text{ d est la valeur de calcul (déterminée).}$$

7. Valeurs limites de flèches

L'eurocode 5 distingue la flèche instantanée (W_{inst}), la flèche de fluage (W_{creep}), la contre-flèche (W_c), la flèche résultante finale ($W_{net,fin}$) et la flèche finale (W_{fin}).

La flèche instantanée (W_{inst}) est provoquée par l'ensemble des charges au moment de leur application.

La flèche de fluage (W_{creep}) correspond à l'amplification de la flèche due aux charges de longue durée. Le calcul des charges est réalisé à partir des combinaisons d'actions quasi permanentes (ELS_{diff}) Un coefficient multiplicatif k_{def} (dans le tableau 27) permet de tenir compte du fluage du bois en service.

La flèche finale (W_{fin}) est la somme de flèche instantanée (W_{inst}) et la flèche de fluage (W_{creep}) :
$W_{fin} = W_{inst} + W_{creep}$.

---

1. Classe de service 2, durée de chargement de court terme (neige).

La contre-flèche (W_c) peut être réalisée à l'atelier lors de la fabrication de la poutre, notamment les poutres en lamellé-collé. Elle permet d'augmenter sensiblement la valeur absolue de la déformation de la poutre tout en restant dans les limites réglementaires.

La flèche résultante finale ($W_{net,fin}$) est la flèche apparente totale mesurée sous la ligne des appuis. Elle est déterminée par la formule :

$$W_{net,fin}$$
$$= W_{fin} - W_c$$
$$= W_{inst} + W_{creep} - W_c \tag{7.2}$$

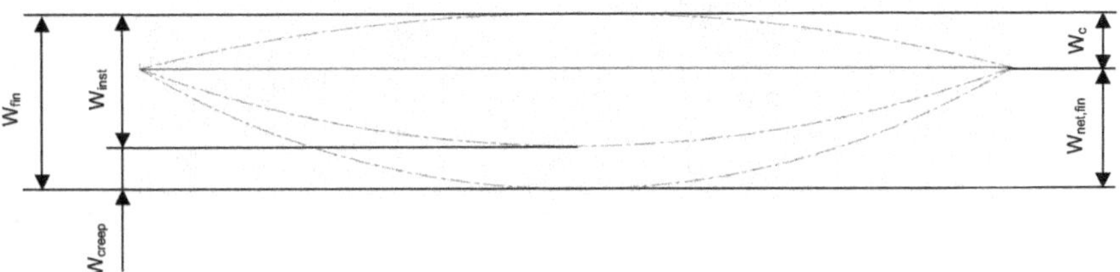

Schéma 22 bis : la flèche résultante finale ($W_{net,fin}$) est mesurée sous les appuis

7.1   Convention

Les valeurs de flèches proviennent de la norme NF EN 1995-1-1/NA, indice de classement : P21-711-1/NA.

Trois contraintes sont imposées : la flèche finale, la flèche instantanée sous charges variables ($W_{inst}(Q)$) et l'éventuelle contre-flèche (incluse dans W_{fin}). Le tableau 26 indique les valeurs de flèche conventionnelles. Ces valeurs sont des flèches relatives à la distance entre appuis. L/300 représente une flèche de 2 cm pour une poutre de 6 m entre appuis.

Tableau 26 : valeurs limites pour les flèches verticales et horizontales

	Bâtiments courants			Bâtiments agricoles et similaires		
	$W_{inst}(Q)$	$W_{net,fin}$	W_{fin}	$W_{inst}(Q)$	$W_{net,fin}$	W_{fin}
Chevrons	–	L/150	L/125	–	L/150	L/100
Éléments structuraux	L/300	L/200	L/125	L/200	L/150	L/100

Consoles et porte-à-faux : la valeur limite sera doublée. La valeur limite minimum est 5 mm.

Panneaux de planchers ou supports de toiture : $W_{net,fin} < L/250$.

Flèche horizontale : L/200 pour les éléments individuels soumis au vent. Pour les autres applications, elles sont identiques aux valeurs limites verticales des éléments structuraux.

Le tableau 19 permet de calculer l'influence du fluage sur la déformation. Il mentionne la valeur de k_{def} en fonction de l'humidité du bois. Ce critère est très important, car il peut varier de 0.6 à 2, voire 3 pour du bois dont l'humidité est supérieure à 20 %.

Tableau 27 : valeur de K_{def} (fluage)

Matériau	Norme	Classe de service		
		1	2	3
Bois massif	EN 14081-1	0,60	0,80	2,00
Bois lamellé collé	EN 14080	0,60	0,80	2,00
LVL	EN 14374, EN 14279	0,60	0,80	2,00
Contreplaqué	EN 636			
	Type EN 636-1	0,80	—	—
	Type EN 636-2	0,80	1,00	—
	Type EN 636-3	0,80	1,00	2,50
OSB	EN 300			
	OSB/2	2,25	—	—
	OSB/3, OSB/4	1,50	2,25	—
Panneau de particules	EN 312			
	Type P4	2,25	—	—
	Type P5	2,25	3,00	—
	Type P6	1,50	—	—
	Type P7	1,50	2,25	—
Panneau de fibres, dur	EN 622-2			
	HB.LA	2,25	—	—
	HB.HLA1, HB.HLA2	2,25	3,00	—
Panneau de fibres, semi-dur	EN 622-3			
	MBH.LA1, MBH.LA2	3,00	—	—
	MBH.HLS1, MBH.HLS2	3,00	4,00	—
Panneau de fibres, MDF	EN 622-5			
	MDF.LA	2,25	—	—
	MDF.HLS	2,25	3,00	—

Lorsque le bois massif est mis en œuvre à un taux d'humidité égal ou proche du point de saturation des fibres, et qu'il est susceptible de sécher sous charge, les valeurs de K_{def} sont augmentées de 1.

7.2   Applications résolues

Tableau 28 : valeurs limites de flèche et prise en compte du fluage (k_{def}) d'une solive en bois lamellé-collé d'un local d'habitation

$W_{net,fin}$:	L/200	W_{inst} :	L/300	K_{def} :	0,6

Vérification que les valeurs limites de flèches et de contre-flèches ne dépassent pas les valeurs de flèches calculées et fabriquées. Exemple, une poutre en bois lamellé-collé supporte une toiture terrasse accessible. La distance entre appuis est de 10 m. La contre-flèche est de 20 mm, la déformation instantanée sous charge variable est de 29 mm, la déformation instantanée sous charge permanente est de 16 mm et la déformation différée est de 23 mm.

Tableau 29 : Vérification des flèches

Flèches	flèches calculées	Valeurs limites de flèche	Critère vérifié
W_{inst}	29 mm	10 000/300 = 33,3 mm	Oui
$W_{net,fin}$	29 + 16 + 23 − 20 = 48 mm	10 000/200 = 50 mm	Oui
W_{fin}	29 + 16 + 23 = 68 mm	10 000/125 = 80 mm	Oui

La valeur limite de flèche doit rester inférieure ou égale à la flèche de calcul. L'état limite de service est respecté.

Remarque

Si la poutre n'avait pas de contre-flèche, $W_{net,fin}$ calculé (29 + 16 + 23 = 68 mm) serait supérieur à la valeur $W_{net,fin}$ limite (50 mm). L'état limite de service serait dépassé.

8.   Variations dimensionnelles

Les dimensions des sciages standardisés sont définies à une humidité de référence de 20 %. Lorsque le bois est mis en œuvre, son humidité varie. La section de calcul est donc différente de la section standardisée.

L'Annexe nationale précise que les dimensions de calculs doivent être rapportées à une humidité de 12 % pour toutes les classes de service. Le coefficient de variation dimensionnelle moyen pour les essences résineuses est de 0,25 % (β_{90}) par pourcentage de variation d'humidité. Le tableau 29 mentionne les principales sections de calcul à partir des sections standardisées.

Tableau 30 : principales sections de calcul à partir des sections standardisées

Section standard (à 20 % d'humidité)		Section de calcul (à 12 % d'humidité)	
38	100	37	98
38	125	37	122
38	150	37	147
50	100	49	98
50	125	49	122
50	150	49	147
50	175	49	171
50	200	49	196
50	225	49	220
63	100	61	98
63	125	61	122
63	150	61	147
63	175	61	171
75	150	73	147

75	175	73	171
75	200	73	196
75	225	73	220
100	200	98	196

Pour simplifier la forme des calculs, les applications résolues des chapitres suivants conservent les dimensions standards.

9. Différence entre le principe de justification du critère de sécurité des Règles CB 71 et des ELU de l'EC 5

9.1 Principe de vérification du critère résistance des Règles CB 71

Le critère résistance est vérifié si la contrainte admissible et la limite élastique ne sont pas dépassées sous, respectivement, les combinaisons du premier genre et du second genre.

Cette analyse de la sécurité d'un ouvrage, utilisée par les Règles CB 71, consiste à vérifier que la contrainte maximale dans la partie la plus sollicitée de la pièce ne dépasse pas une contrainte admissible $\overline{\sigma}$ obtenue en divisant la contrainte de rupture σ_{rup} moyenne du matériau par un coefficient de sécurité K_s fixé conventionnellement à 2,75 :

$$\sigma \leq \overline{\sigma} = \frac{\sigma_{rupt}}{K_s}$$

L'utilisation de la seule moyenne, sans tenir compte de la dispersion de la résistance du matériau, et l'utilisation du seul coefficient de sécurité K_s peuvent être affinées. Les matériaux reconstitués (bois lamellé-collé, lamibois, etc.) ont une dispersion plus faible que le bois massif. Ils sont plus fiables. Par ailleurs, de nombreux facteurs peuvent influencer le coefficient de sécurité. Il peut être différent en fonction de l'usage (salle de spectacle ou bâtiment à usage agricole), de la durée de la charge, des conditions climatiques (structure couverte ou à l'extérieur), etc.

Tableau 31 : vérification de la contrainte de flexion d'une solive en bois massif supportant une charge de structure de 400 N/m et une charge d'exploitation de 500 N/m

	Contrainte	Signification	Valeur (MPa)
Règle CB 71, premier genre	$\sigma_{f,rup}$	Contrainte de flexion provoquant la rupture de la pièce	31[1]
	$\overline{\sigma}_f$	Contrainte de flexion admissible : contrainte de flexion de rupture / coefficient de sécurité (2,75)	11,3[2]
	σ_f	Contrainte de flexion induite par la charge sous la combinaison S1 = G + 1,2 P (G charge permanente et P charge d'exploitation)	10
	Justification : $\sigma_f / \overline{\sigma}_f \leq 1$		0,89
Règle CB 71, second genre	L.e.	Limite élastique forfaitaire : $1,5 \times \overline{\sigma}_f$	16,95
	$\sigma_{f,s2}$	Contrainte de flexion induite par la charge sous la combinaison S2 = 1,1 G + 1,5 P	11,9
	Justification : $\dfrac{\sigma_{f,s2}}{\overline{\sigma}_f \times 1,5} \leq 1$		0,7

(1) Valeur moyenne de rupture définie pour l'exemple par la loi de Gauss avec une valeur caractéristique à 5 % de 24 MPa et un écart type de 4,2 MPa.
(2) La contrainte admissible réelle du C24 est de 11,5 MPa.

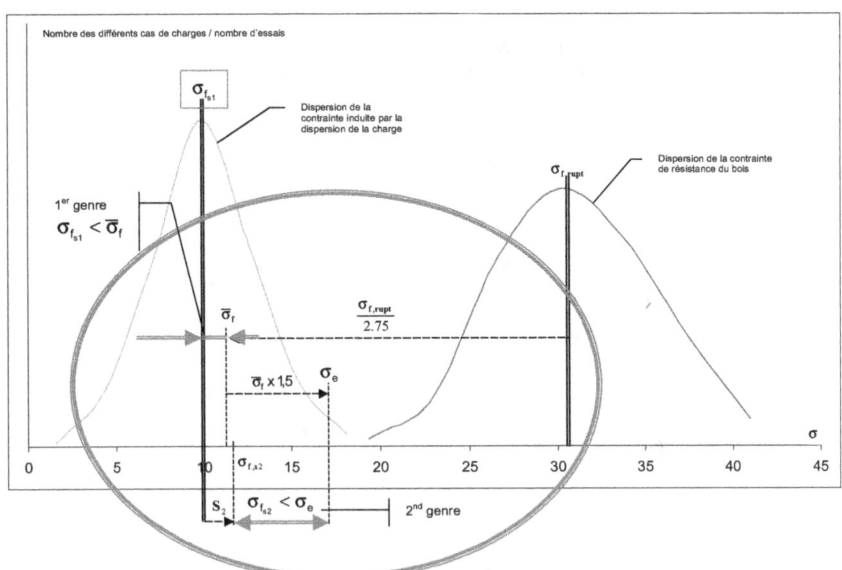

Schéma 23 : principes de justification du critère sécurité des Règles CB 71, vérifications de la contrainte de flexion

9.2 Principe de justification aux états limites ultimes des eurocodes 5

Il faut vérifier que les sollicitations induites par les actions appliquées à la structure restent inférieures ou égales à la valeur de calcul de la résistance de la structure.

$$Sd \leq Rd$$

Un exemple pour la vérification de la contrainte de flexion : $\sigma_{m,d}/f_{m,d} \leq 1$.

$\sigma_{m,d}$: contrainte de flexion induite par la charge.

$f_{m,d}$: contrainte de résistance en flexion. Elle dépend principalement de la contrainte caractéristique (95 % des pièces supporteront une contrainte supérieure à une valeur), mais aussi de la durée de la charge, de l'humidité de service de la structure, etc.

Tableau 32 : exemple (même application qu'avec les Règles CB 71) : vérification de la contrainte de flexion d'une solive en bois massif supportant une charge de structure de 400 N/m et une charge d'exploitation de 500 N/m

	Contrainte	Signification†	Valeur (MPa)
	$\sigma_{f,rup}$	Contrainte de flexion provoquant la rupture de la pièce	31*
	$f_{m,k}$	Contrainte caractéristique de résistance en flexion : 95 % des pièces supporteront une contrainte à 24 MPa	24
Eurocode 5, état limite ultime	$f_{m,d}$	Contrainte de résistance en flexion : $f_{m,k}\,\dfrac{k_{mod}}{\gamma_M}$; $24 \times \dfrac{0,8}{1,3}$ k_{mod} : coefficient modificatif en fonction de la charge de plus courte durée (la charge d'exploitation) et de la classe de service (humidité du bois) γ_M : coefficient partiel qui tient compte de la dispersion du matériau	14,8
	$\sigma_{m,d}$	Contrainte de flexion induite par la charge sous la combinaison S = 1,35 G + 1,5 Q (G charge permanente et Q charge d'exploitation) : coefficient partiel des charges γ_F	12,9
	Justification : $\sigma_{m,d}/f_{m,d} \leq 1$		0,87

Valeur moyenne de rupture définie pour l'exemple par la loi de Gauss avec une valeur caractéristique à 5 % de 24 MPa et un écart type de 4,2 MPa.

Remarque

Il ne faut pas tirer de conclusions hâtives de la comparaison des taux de travail CB 71 (89 et 70 %) et eurocode 5 (87 %). La diversité des variables prises en compte par l'eurocode 5 permet de « coller » au plus près à la réalité mécanique du bâtiment étudié.

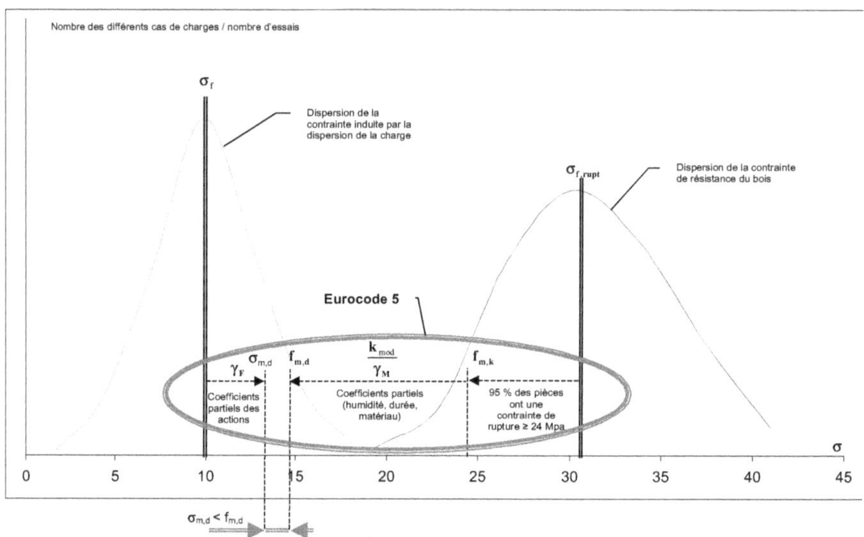

Schéma 24 : principes de justification des états limites ultimes des eurocodes 5, vérifications de la contrainte de flexion

9.3   Différence entre l'eurocode 5 et les Règles CB 71

L'eurocode 5 se différencie essentiellement des Règles CB 71 sur deux points :

- prise en compte de la dispersion du matériau avec les valeurs caractéristiques (schéma 24) ;
- emploi de nombreux coefficients partiels appliqués aux matériaux et aux actions sur la structure. Ils dépendent de la durée de l'action, de la dispersion des matériaux, des conditions climatiques autour de la structure, de l'usage et de la durée de vie du bâtiment, etc.

Ces éléments cherchent à cerner le risque avec plus de précision.

2   Vérifier les sections

1. La compression et la traction parallèle, perpendiculaire et d'un angle quelconque par rapport au fil du bois

1.1 Traction axiale

La traction axiale est une sollicitation fréquemment rencontrée dans les entraits, éléments de contreventement, membrure inférieure de poutre composite, etc.

1.1.1 Système

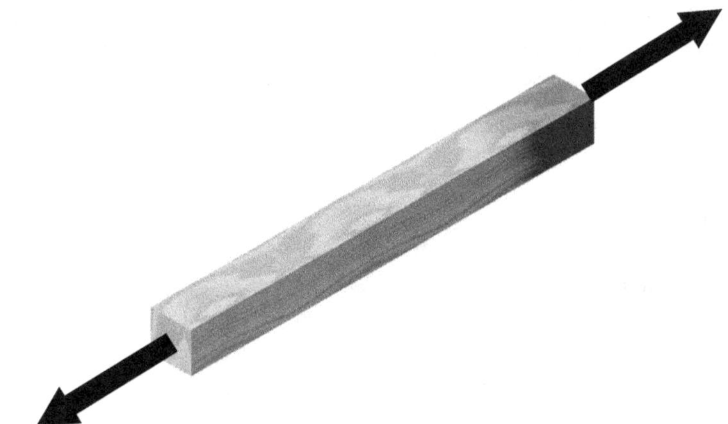

Schéma 1 : la traction axiale dans une barre est provoquée par deux forces de même direction et de sens opposé qui provoque l'allongement des fibres

1.1.2 Justification

La contrainte de traction axiale induite par la charge doit rester inférieure ou égale à la résistance en traction axiale calculée. Le taux de travail est le rapport de la contrainte induite sur la résistance calculée. Il doit être inférieur ou égal à 1. La justification avec le taux de travail permet d'identifier très rapidement les points sensibles d'un bâtiment lorsque ce taux est proche de 1.

$$\text{Taux de travail} = \frac{\sigma_{t,o,d}}{f_{t,o,d}} \leq 1 \qquad (6.1)$$

▶ **$\sigma_{t,0,d}$: contrainte de traction axiale induite par la combinaison d'actions des états limites ultimes en MPa**

$$\sigma_{t,o,d} = \frac{N}{A}$$

N : effort de traction en Newton.

A : aire de la pièce en mm².

▶ **$f_{t,0,d}$: résistance de traction axiale calculée en MPa**

$$f_{t,o,d} = f_{t,o,k} \cdot \frac{k_{mod}}{\gamma_M} \cdot k_h$$

$f_{t,o,d}$: contrainte de résistance en traction axiale en MPa.

$f_{t,o,k}$: contrainte caractéristique de résistance en traction axiale en MPa.

k_{mod} : coefficient modificatif en fonction de la charge de plus courte durée et de la classe de service.

γ_M : coefficient partiel qui tient compte de la dispersion du matériau.

k_h est détaillé ci-après.

k_h : coefficient de hauteur

Pour la traction, le coefficient de hauteur k_h s'applique aux sections rectangulaires pour des essences de masse volumique inférieure à 700 kg/m³. Il dépend de la plus grande dimension de la section transversale. Il majore les résistances pour les dimensions inférieures à 150 mm pour le bois massif et 600 mm pour le bois lamellé-collé. Le risque de défauts cachés dans la structure du bois est moins important pour les petites sections que pour les grandes sections.

Calcul du coefficient de hauteur pour du bois massif
Si h ≥ 150 mm, k_h = 1.
Si h ≤ 150 mm, k_h = min (1,3 ;(150/h)^{0,2}).
Avec h la plus grande dimension de la section de la pièce en mm. (3.1)

Calcul du coefficient de hauteur pour du bois lamellé-collé
Si h ≥ 600 mm, k_h = 1.
Si h ≤ 600 mm, k_h = min (1,1 ;(600/h)^{0,1}). (3.2)
Avec h la plus grande dimension de la section de la pièce en mm.

1.1.3   Applications résolues

▶ **Entrait d'une ferme industrielle**

Un entrait, ne supportant ni plancher ni plafond, travaille essentiellement en traction axiale. Il est justifié sous la combinaison d'action la plus défavorable, dans l'exemple 1,35 G + 1,5 S.

Photographie 1 : l'entrait de cette ferme travaille essentiellement en traction

Hypothèses

Pavillon, altitude < 1 000 m.

Charpente abritée mais non chauffée.

Effort de traction axiale avec la combinaison la plus défavorable : 10 kN.

Résineux classé C24 de 122 × 36 mm de section.

Calcul de la contrainte induite par la charge

$$\sigma_{t,o,d} = \frac{N}{A}$$

N : effort de traction axiale en Newton.

A : aire de la pièce en mm².

$$\sigma_{t,o,d} = \frac{10000}{122 \times 36}$$

$$\boxed{\sigma_{t,o,d} = 2.28 \text{ MPa}}$$

Calcul de la contrainte de résistance en traction axiale

$$f_{t,o,d} = f_{t,o,k} \frac{k_{mod}}{\gamma_M} \times k_h$$

$f_{t,o,d}$: contrainte de résistance en traction axiale en MPa.

$f_{t,o,k}$: contrainte caractéristique de résistance en traction axiale en MPa.

k_{mod} : coefficient modificatif en fonction de la charge de plus courte durée (la neige) et de la classe de service, charpente abritée, classe 2.

γ_M : coefficient partiel qui tient compte de la dispersion du matériau.

k_h : coefficient de hauteur ; $k_h = \min (1,3 \; ;(150/h)^{0,2}) = \min (1,3 \; ;(150/122)^{0,2}) = 1,04$.

$$f_{t,o,d} = 14 \frac{0,9}{1,3} \cdot 1,04$$

$$\boxed{f_{t,o,d} = 10,1 \text{ MPa}}$$

Justification

$$\text{Taux de travail} = \frac{\sigma_{t,o,d}}{f_{t,o,d}} \leq 1$$

$$= \frac{2,28}{10,1} \leq 1$$

$$\boxed{0,23 < 1}$$

▶ Élément de contreventement

Éléments d'une charpente en lamellé-collé travaillant en traction. Il est justifié pour cet exemple sous la combinaison d'action la plus défavorable, 1,5 W.

Hypothèses

Atelier de production.
Charpente abritée mais non chauffée.
Effort de traction axiale avec la combinaison la plus défavorable : 35 kN.
Bois lamellé-collé GL28h de 200 × 100 de section.

Calcul de la contrainte induite par la charge

$$\sigma_{t,o,d} = \frac{N}{A}$$

N : effort de traction axiale en Newton.

A : aire de la pièce en mm en déduisant le perçage pour un assemblage comportant deux files de boulons avec un perçage de 17 mm de diamètre.

$\sigma_{t,o,d}$: contrainte de traction axiale en MPa.

$$\sigma_{t,o,d} = \frac{35000}{(200 - 2 \times 17) \times 100}$$

$$\boxed{\sigma_{t,o,d} = 2,1 \text{ MPa}}$$

Calcul de la contrainte de résistance en traction axiale

$$f_{t,o,d} = f_{t,o,k} \frac{k_{mod}}{\gamma_M} \times k_h$$

$f_{t,o,d}$: contrainte de résistance en traction axiale en MPa.

$f_{t,o,k}$: contrainte caractéristique de résistance en traction axiale en MPa.

k_{mod} : coefficient modificatif en fonction de la charge de plus courte durée (le vent) et de la classe de service, charpente abritée, classe 2.

γ_M : coefficient partiel qui tient compte de la dispersion du matériau.

k_h : coefficient de hauteur ; $k_h = \min(1,1 ; (600/200)^{0,1}) = 1,1$.

$$f_{t,o,d} = 19,5 \frac{1,1}{1,25} \cdot 1,1$$

$$\boxed{f_{t,o,d} = 18,9 \text{ MPa}}$$

Justification

$$\text{Taux de travail} = \frac{\sigma_{t,o,d}}{f_{t,o,d}} \leq 1$$

$$= \frac{2,1}{18,9} \leq 1$$

$$\boxed{0,12 < 1}$$

1.2   Traction transversale, perpendiculaire aux fibres

La résistance du bois en traction transversale est nettement plus faible qu'en traction axiale. Pour du C24 par exemple, la traction axiale caractéristique est de 14 MPa, alors que la traction transversale caractéristique est de 0,5 MPa, soit 28 fois moins. Cette sollicitation se rencontre essentiellement dans les assemblages inclinés par rapport au fil, les angles de portiques en bois lamellé-collé et dans la partie basse des poutres courbes.

Photographie 2 : la justification de résistance de la traction transversale doit être réalisée dans les assemblages inclinés par rapport au fil, dans les angles de portiques en bois lamellé-collé et dans la partie basse des poutres courbes

1.3   Compression axiale avec risque de flambement

Les éléments sollicités en compression axiale sont généralement des poteaux, des montants de maison à ossature bois, des éléments de contreventement, etc.

1.3.1 Système

Schéma 2 : la compression axiale dans une barre est provoquée par deux forces de même direction et de sens opposé qui raccourcissent les fibres. Il est nécessaire d'analyser le risque de flambage dans les deux directions de la section (y et z) et de considérer le cas le plus défavorable.

1.3.2 Justification

La contrainte de compression axiale induite par la charge doit rester inférieure ou égale à la résistance de compression axiale calculée S'il y a un risque de flambement, la résistance de compression sera diminuée par le coefficient $k_{c,z}$ ou $k_{c,y}$.

$$\text{Taux de travail} = \frac{\sigma_{c,o,d}}{k_{c,z} \cdot f_{c,o,d}} \leq 1 \qquad \text{(issue de 6.35)}$$

▶ **$\sigma_{c,0,d}$: contrainte de compression axiale induite par la combinaison d'action des états limites ultimes en MPa**

$$\sigma_{c,o,d} = \frac{N}{A}$$

N : effort de compression en Newton.

A : aire de la pièce en mm².

▶ **$f_{c,0,d}$: résistance de compression axiale calculée en MPa**

$$f_{c,o,d} = f_{c,o,k}\, \frac{k_{mod}}{\gamma_M}$$

$f_{c,o,k}$: contrainte caractéristique de résistance en compression axiale en MPa.

k_{mod} : coefficient modificatif en fonction de la charge de plus courte durée et de la classe de service.

γ_M : coefficient partiel qui tient compte de la dispersion du matériau.

$k_{c,y}$ ou $k_{c,z}$ égal à 1 s'il n'y a pas de risque de flambement, sinon coefficient de flambement le plus défavorable, selon l'axe y ou z.

$$k_{c,y} = \frac{1}{(k_y + \sqrt{k_y^2 - \lambda_{rel,y}^2})}$$ (6.25 et 6.26)

$$k_y = 0,5\,[1 + \beta_c(\lambda_{rel,y} - 0,3) + \lambda_{rel,y}^2]$$ (6.27 et 6.28)

$\beta_c = 0.2$ pour le bois massif et 0,1 pour le bois lamellé-collé. (6.29)

Le coefficient $k_{c,z}$ se calcule sur le même principe, mais par rapport à l'axe z.

λ_{rel} : prise en compte du flambage d'une pièce rectangulaire avec la même longueur de flambement dans les deux directions de la section (y et z)

Risque de flambage si l'élancement relatif $\lambda_{rel,\,max} > 0,3$.

Le flambement correspond à l'instabilité d'une pièce soumise à de la compression axiale. Il y a risque de déplacement selon l'élancement minimum de la pièce. Une pièce rectangulaire présente deux directions principales d'inertie suivant les axes y et z. Sur le schéma 3, l'axe z est dans la même direction que la hauteur. Le risque de flambement sera plus important autour de cet axe, il correspond à l'axe de rotation si le poteau flambe (pour des liaisons identiques selon les axes y et z).

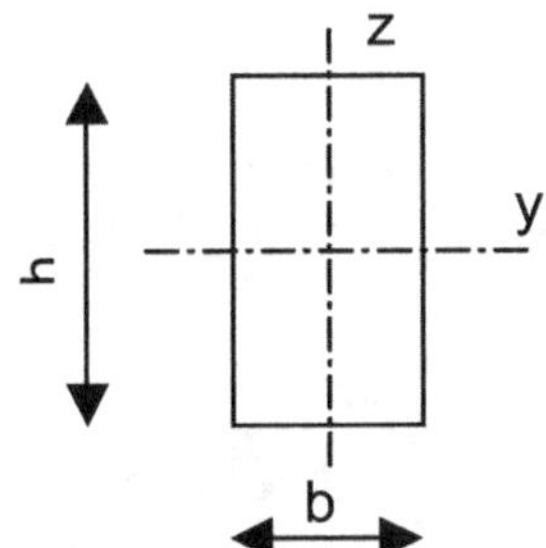

Schéma 3 : axes y et z de la section

$$\lambda_{rel,\,z} = \frac{\lambda_z}{\pi} \sqrt{\frac{f_{c,\,0,\,k}}{E_{0,05}}}$$ (6.21 et 6.22)

$\lambda_{rel,z}$: élancement relatif suivant l'axe z.

λ_z : élancement mécanique suivant l'axe z.

$f_{c,0,k}$: contrainte caractéristique de résistance en compression axiale en MPa.

$E_{0,05}$: module axial au 5e pourcentile en MPa (ou caractéristique).

Tableau 1 : influence des assemblages des extrémités sur la longueur de flambement

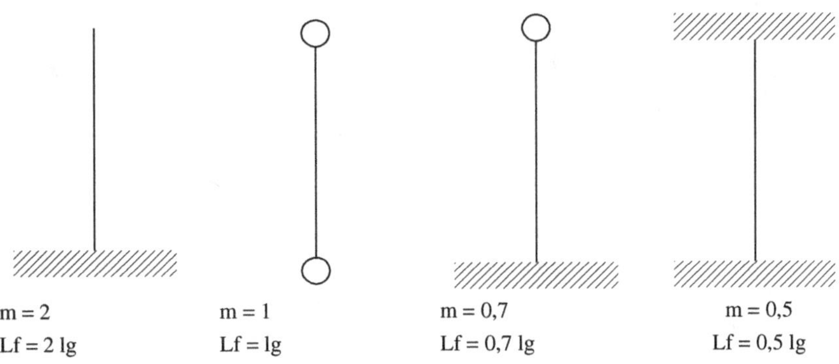

$$\lambda_z = \frac{m \cdot lg}{\sqrt{I_{Gz}/A}}$$

m : coefficient permettant de définir la longueur de flambement en fonction des liaisons aux extrémités de la barre (tableau 1)

L_g : longueur de la barre en mm.

$i = \sqrt{I_{Gz}/A}$, rayon de giration de la section, racine carrée du rapport de l'inertie

$\left(I_{Gz} = \dfrac{b^3 h}{12} \right)$ en mm⁴ sur l'aire de la section (A = bh) en mm².

Soit pour une section rectangulaire avec la hauteur suivant l'axe z :

$$\lambda_{max} = \lambda_z = \frac{m \cdot lg \cdot \sqrt{12}}{b} \quad \text{et} \quad \lambda_{rel,max} = \lambda_{rel,z} = \frac{m \cdot lg \cdot \sqrt{12}}{b \cdot \pi} \sqrt{\frac{f_{c,o,k}}{E_{o,o5}}}.$$

1.3.3   Applications résolues

▶ Poteau d'un préau

Ce poteau est sollicité en compression axiale sans dispositif de contre-flambement. Il faut calculer un coefficient qui diminue la résistance s'il y a un risque de flambement. Il est justifié sous la combinaison d'action la plus défavorable, dans l'exemple 1,35 G + 1,5 S.

Photographie 3 : la majorité des poteaux travaillent en compression axiale avec un risque de flambement

Hypothèses

Préau.

Le poteau de 3,20 m peut flamber librement dans les deux directions de la section.

Les assemblages des parties hautes et basses du poteau sont assimilés à des rotules (ferrures admettant une faible rotation).

Charpente abritée mais la partie basse du poteau est exposée aux intempéries.
Effort de compression avec la combinaison la plus défavorable : 20 kN.
Résineux classé C18 de 150 × 100 mm de section.

Risque de flambage si l'élancement relatif, $\lambda_{rel,\ max} > 0,3$

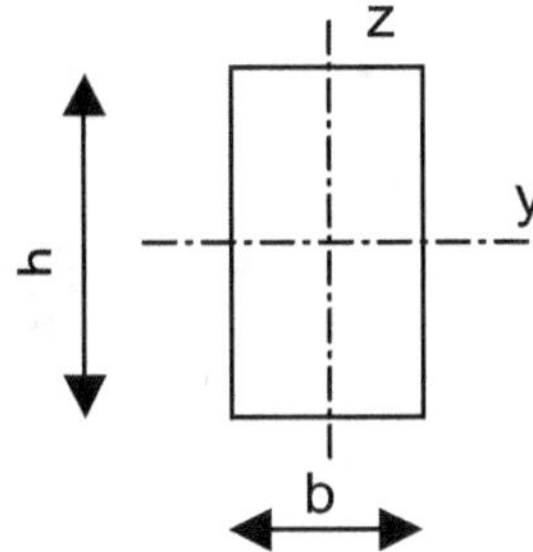

Schéma 4 : axes y et z de la section

L'élancement le plus important se calcule par rapport à l'axe z, car il sera l'axe de rotation si le poteau flambe.

$$\lambda_{rel} = \frac{m \cdot lg \cdot \sqrt{12}}{b \cdot \pi} \sqrt{\frac{f_{c,o,k}}{E_{o,o5}}}$$

λ_{rel} : élancement relatif.

$f_{c,o,k}$: contrainte caractéristique de résistance en compression axiale en MPa.

$E_{o,o5}$: module axial au 5e pourcentile en MPa (ou caractéristique).

m : coefficient permettant de tenir compte de l'incidence des liaisons aux extrémités de la barre sur la longueur de flambement (tableau 1).

lg : longueur de la barre en mm.

$$\lambda_{rel} = \frac{1 \cdot 3200 \cdot \sqrt{12}}{100 \cdot \pi} \sqrt{\frac{18}{6000}}$$

$$\boxed{\lambda_{rel} = 1,933}$$

Donc il y a risque de flambage car $\lambda_{rel,\ max} > 0,3$.
Calcul du coefficient $k_{c,z}$ réducteur de la résistance du bois :

$$k_{c,z} = \frac{1}{\left(k_z + \sqrt{k_z^{\,2} - \lambda_{rel}^{\,2}}\right)}$$

$$k_z = 0,5 \left[1 + \beta_c(\lambda_{rel} - 0,3) + \lambda_{rel}^{\,2}\right]$$

$\beta_c = 0,2$ pour le bois massif.

$$k_z = 0,5 \left[1 + 0,2(1,933 - 0,3) + 1,933^{2}\right]$$

$$k_z = 2,53$$

$$k_{c,z} = \frac{1}{\left(2,53 + \sqrt{2,53^2 - 1,933^2}\right)}$$

$$k_{c,z} = 0,24$$

Calcul de la contrainte induite par la charge

$$\sigma_{c,o,d} = \frac{N}{A}$$

N : effort de compression en Newton.

A : aire de la pièce en mm².

$\sigma_{c,o,d}$: contrainte de compression axiale en MPa.

$$\sigma_{c,o,d} = \frac{20000}{150 \times 100}$$

$$\sigma_{c,o,d} = 1,34 \text{ MPa}$$

Calcul de la contrainte de résistance en compression axiale

$$f_{c,o,d} = f_{c,o,k} \frac{k_{mod}}{\gamma_M}$$

$f_{c,o,d}$: contrainte de résistance en compression axiale en MPa.

$f_{c,o,k}$: contrainte caractéristique de résistance en compression axiale en MPa.

k_{mod} : coefficient modificatif en fonction de la charge de plus courte durée (la neige) et de la classe de service, élément exposé aux intempéries, classe 3.

γ_M : coefficient partiel qui tient compte de la dispersion du matériau.

$$f_{c,o,d} = 18 \frac{0,7}{1,3}$$

$$f_{c,o,d} = 9,7 \text{ MPa}$$

Justification

$$\text{Taux de travail} = \frac{\sigma_{c,o,d}}{k_{c,z} \cdot f_{c,o,d}} \leq 1$$

$$= \frac{1,34}{0,24 \times 9,7} \leq 1$$

$$\boxed{0,58 < 1}$$

▶ Poteau en bois lamellé-collé à inertie variable

Ce poteau travaille en compression axiale avec un dispositif de contre-flambement. La longueur de flambement et l'inertie de la pièce étant différente selon les deux axes, il faut déterminer l'élancement pour chaque direction pour sélectionner le plus grand élancement. Il est justifié sous la combinaison d'action la plus défavorable, dans l'exemple 1.35 G + 1.5 S.

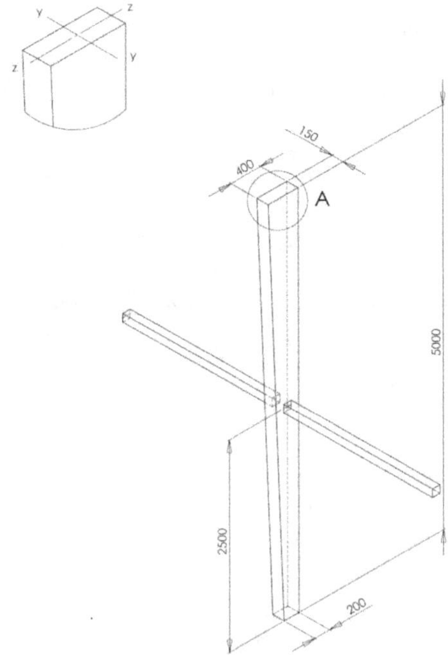

Schéma 5 : ce poteau est bloqué à mi-hauteur par un dispositif de contre-flambement dans le sens de l'épaisseur. Il faut calculer l'élancement suivant les deux axes de la section et retenir le plus grand.

Hypothèses

Atelier.

Charpente abritée mais non chauffée.

Le poteau peut flamber librement suivant la hauteur, mais le lien d'antiflambement suivant l'épaisseur constitue un point fixe à mi-hauteur.

L'assemblage du lien d'antiflambement et des parties hautes et basses du poteau sont assimilés à des rotules (ferrures admettant une rotation).

Effort de compression avec la combinaison la plus défavorable : 120 kN.

Résineux classé GL24h.

Poteau de 5 m de longueur.

Poteau de section de 200 × 150 mm en partie basse, et de 400 × 150 mm en partie haute.

Prise en compte du flambage d'une pièce rectangulaire de section variable avec une longueur de flambement différente dans les deux directions de la section (y et z).

Risque de flambage si l'élancement relatif $\lambda_{rel,\,max} > 0{,}3$.

$$\lambda_{rel} = \frac{\lambda_{max}}{\pi} \sqrt{\frac{f_{c,o,k}}{E_{o,o5}}}$$

λ_{rel} : élancement relatif.

λ_{max} : élancement mécanique le plus grand.

$f_{c,o,k}$: contrainte caractéristique de résistance en compression axiale en MPa.

$E_{o,o5}$: module axial au 5e pourcentile (ou caractéristique) en MPa.

Recherche de l'élancement mécanique le plus important

Élancement mécanique par rapport à l'axe z

$$\lambda_z = \frac{m \cdot lg_z}{\sqrt{I_{G,z}/A}} ,$$ soit pour une section rectangulaire $I_{G,z} = \dfrac{b^3 h}{12}$ et $A = bh$ donc

$$\lambda_z = \frac{m \cdot lg_z \cdot \sqrt{12}}{b} .$$

m : coefficient permettant de définir la longueur de flambement en fonction des liaisons aux extrémités de la barre.

lg_z : longueur de la barre pouvant flamber suivant l'axe z de la section en mm.

$$\lambda_z = \frac{1 \times 2500 \times \sqrt{12}}{150}$$

Remarque

Le dispositif d'antiflambement divise par deux la longueur de flambement.

$$\boxed{\lambda_z = 57{,}7}$$

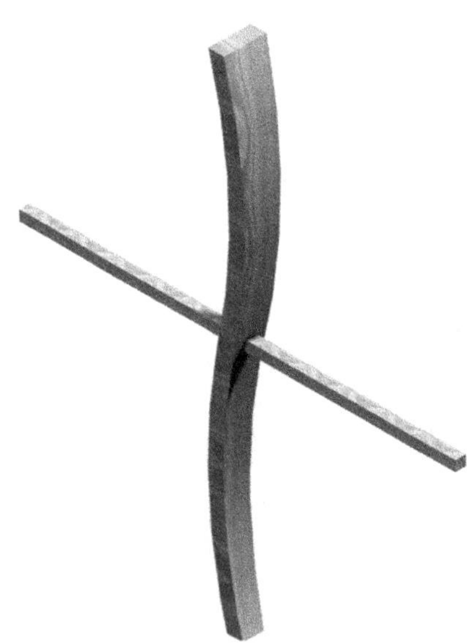

Schéma 6 : flambement selon (autour de) l'axe z

Élancement mécanique par rapport à l'axe y

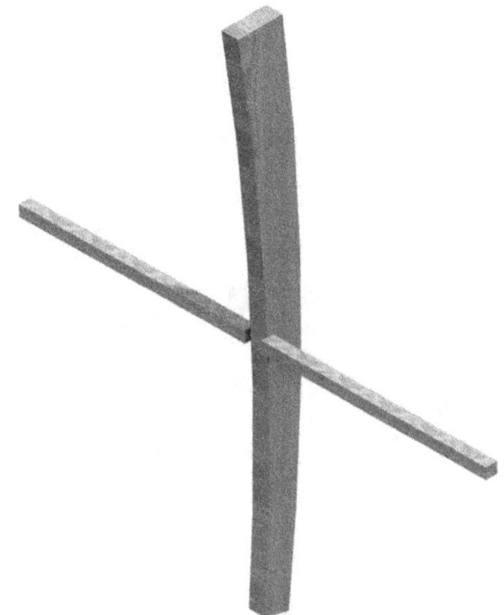

Schéma 7 : flambement selon l'axe y

Recherche de la hauteur h_y comprise entre h_0 et h_1 :

$\dfrac{h_0}{h_1} = \dfrac{200}{400} = 0,5 < 0,8$ (si h est supérieur à 0,8, prendre la hauteur moyenne h_{moy}).

Une méthode approchée[1] donne $h_y = \min\!\left(h_y\!\left(\dfrac{1}{3}\,lg_y\right); h_y\!\left(\dfrac{h_0}{h_1}\,lg_y\right)\right)$, avec lg_y la longueur de la barre pouvant flamber suivant l'axe y de la section en mm.

$h_y(x) = 200 + \tan\alpha \cdot x$

$h_y(x) = 200 + \dfrac{200}{5000} \cdot x$

$h_y(x) = 200 + 0,04 \cdot x$

$h_y = \min\!\left(200 + 0,04 \cdot \dfrac{1}{3}lg_y \; ; \; 200 + 0,04 \cdot \dfrac{h_0}{h_1}\,lg_y\right)$

$h_y = \min\!\left(200 + 0,04 \cdot \dfrac{1}{3}\,5000 \; ; \; 200 + 0,04 \cdot \dfrac{200}{400}\,5000\right)$

$h_y = \min(266;333)$

$h_y = 266 \text{ mm}$

---

1. Source : *Charpente en bois lamellé-collé, guide pratique*, Éditions Eyrolles, 1990.

$$\lambda_y = \frac{m \cdot lg_y}{\sqrt{I_{G,y}/A}} \text{, soit pour une section rectangulaire } I_{G,y} = \frac{bh_z^{\,3}}{12} \text{ et } A = bh_y \text{ donc}$$

$$\lambda_y = \frac{m \cdot lg_y \cdot \sqrt{12}}{h_y}.$$

$$\lambda_y = \frac{1 \times 5000 \times \sqrt{12}}{266}$$

$$\boxed{\lambda_y = 65,2}$$

L'élancement mécanique le plus important est λ_y.

$$\boxed{\lambda_{max} = 65,2}$$

Calcul de l'élancement relatif $\lambda_{rel,y}$:

$$\lambda_{rel,y} = \frac{\lambda_y}{\pi} \sqrt{\frac{f_{c,0,k}}{E_{0,05}}}$$

$$\lambda_{rel,y} = \frac{65,2}{\pi} \sqrt{\frac{24}{9400}}$$

$$\boxed{\lambda_{rel,y} = 1,047}$$

Calcul du coefficient $k_{c,y}$ réducteur de la résistance du bois :

$$k_{c,y} = \frac{1}{(k_y + \sqrt{k_y^{\,2} - \lambda_{rel,y}^{\,2}})}$$

$$k_y = 0,5 \left[1 + \beta_c(\lambda_{rel,y} - 0,3) + \lambda_{rel,y}^{\,2}\right]$$

$\beta_c = 0,1$ pour le bois lamellé-collé.

$$k_y = 0,5 \left[1 + 0,1(1,047 - 0,3) + 1,047^{2}\right]$$

$$\boxed{k_y = 1,086}$$

$$k_{c,y} = \frac{1}{(1,086 + \sqrt{1,086^{2} - 1,047^{2}})}$$

$$\boxed{k_{c,y} = 0,729}$$

Détermination du coefficient de flambement le plus défavorable avec la courbe

Selon z :

- longueur de flambement : 2 500 mm ;
- épaisseur : 150 mm ;
- lecture de $k_{c,z}$ sur la courbe du chapitre « Tableaux de synthèse » : 0,82.

Selon y :

- longueur de flambement : 5 000 mm ;
- hauteur équivalente h_y : 266 mm ;
- lecture de $k_{c,y}$ sur la courbe du chapitre « Tableaux de synthèse » : 0,73.

Le coefficient à retenir :

$$\boxed{k_{c,y} = 0{,}73}$$

Calcul de la contrainte induite par la charge

$$\sigma_{c,o,d} = \frac{N}{b \times h_y}$$

N : effort de compression en Newton.
b : épaisseur de la pièce en mm.
h_y : hauteur de la pièce calculée entre h_o (200 mm) et h_1 (400 mm) en mm.
$\sigma_{c,o,d}$: contrainte de compression axiale en MPa.

$$\sigma_{c,o,d} = \frac{120000}{266 \times 150}$$

$$\boxed{\sigma_{c,o,d} = 3 \text{ MPa}}$$

Calcul de la contrainte de résistance en compression axiale

$$f_{c,o,d} = f_{c,o,k} \frac{k_{mod}}{\gamma_M}$$

$f_{c,o,d}$: contrainte de résistance en compression axiale en MPa.
$f_{c,o,k}$: contrainte caractéristique de résistance en compression axiale en MPa.
k_{mod} : coefficient modificatif en fonction de la charge de plus courte durée (la neige) et de la classe de service, classe 2.
γ_M : coefficient partiel qui tient compte de la dispersion du matériau.

$$f_{c,o,d} = 24 \frac{0{,}9}{1{,}25}$$

$$\boxed{f_{c,o,d} = 17{,}2 \text{ MPa}}$$

Justification

$$\text{Taux de travail} = \frac{\sigma_{c,o,d}}{k_{c,y} \cdot f_{c,o,d}} \leq 1$$

$$= \frac{3}{0{,}729 \times 17{,}2}$$

$$\boxed{0{,}24 < 1}$$

1.4   Compression axiale des poteaux moisés

Voir chapitre 8 « Composant et assembleur », section 6 « Poteaux moisés ».

1.5   Compression avec flambement des structures assemblées[2]

Le risque de flambement est pris en compte par le coefficient minorant $k_{c,y}$ ou $k_{c,z}$. Son calcul est décrit au chapitre « compression axiale avec risque de flambement ». Le point délicat à déterminer est la longueur effective de flambement. Voici quelques exemples pour les structures courantes.

1.5.1   Les arcs à deux ou trois articulations

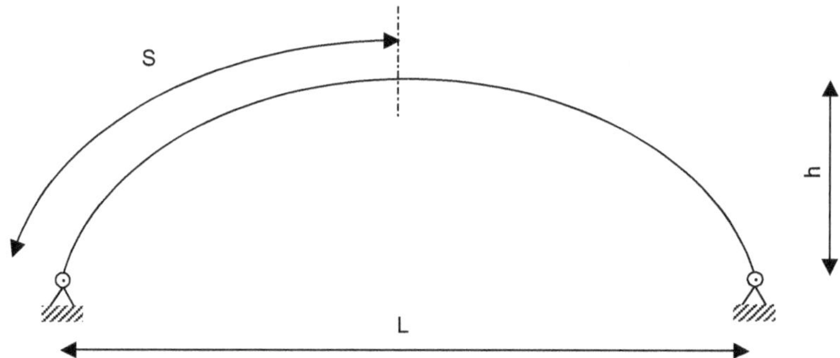

Schéma 8 : arcs à deux ou trois articulations

$$L_{ef} = 1{,}25 \cdot S$$

La longueur effective de flambement sera de 1,25 s : $L_{ef} = 1{,}25 \times S$.

Hypothèses :

- section constante ;
- rapport h/L compris entre 0,15 et 0,5.

1.5.2   Les portiques avec jambes de force

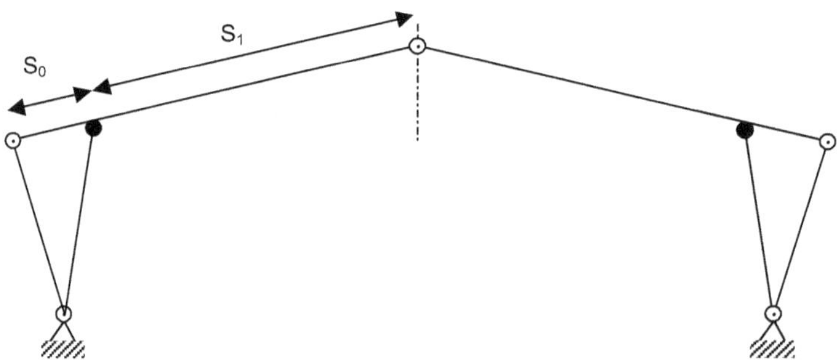

Schéma 9 : portiques avec jambes de force

$$L_{ef} = 2 \cdot S_1 + 0{,}7\, S_0$$

La longueur effective de flambement sera : $2\, s_1 + 0{,}7\, s_0$.

---

2.   Source : *Structures en bois aux états limites*, (tome 1), chapitre IV-7, Éditions Eyrolles, 1996.

1.5.3   Les portiques à deux ou trois articulations (inclinaison des poteaux < à 15°)

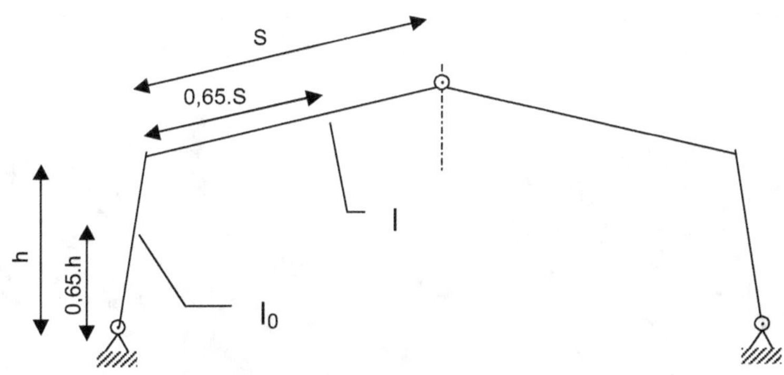

Schéma 10 : portiques à deux ou trois articulations

▶ **Longueur effective de flambement des poteaux**

$$l_{ef} = h\sqrt{4 + 3{,}2\,\frac{I \times S}{I_o \times h} + 10\,\frac{E_{0,mean} \times I}{h \times K_r}}$$

▶ **Longueur effective de flambement des arbalétriers**

$$l_{ef} = h\sqrt{4 + 3{,}2\,\frac{I \times S}{I_o \times h} + 10\,\frac{E_{0,mean} \times I}{h \times K_r}} \times \sqrt{\frac{I_o \times N}{I \times N_o}}$$

Avec, pour les poteaux et les arbalétriers :

- h : hauteur du poteau en mm ;
- S : longueur de l'arbalétrier en mm ;
- I : moment quadratique du poteau à $0{,}65 \cdot h$ en mm⁴ ;
- I_0 : moment quadratique de l'arbalétrier à $0{,}65 \cdot S$ en mm⁴ ;
- N : effort normal dans le poteau en N ;
- N_0 : effort normal dans l'arbalétrier en N ;
- Kr : rigidité rotationnelle en N · mm.

$$Kr = \sum_{i=1}^{n} K_u \times r_1^2$$

K_u : module de glissement d'un organe d'assemblage à l'ELU = 2/3 K_{ser} en N/mm.

r_i : rayon entre le centre de rotation de l'assemblage et un assembleur i en mm.

Remarque

En construction bois, il est difficile de considérer les assemblages encastrés comme parfaitement rigides, les rotations de ces assemblages encastrés modifient les déformations de la structure et les longueurs de flambement. La rigidité rotationnelle Kr introduite dans les formules représente le couple nécessaire pour engendrer une rotation d'un radian, elle est calculée à partir du module de glissement instantané Ku de chaque organe d'assemblage.

1.6 Compression transversale, perpendiculaire aux fibres

La compression transversale se rencontre lorsqu'une pièce de bois subit une action perpendiculaire aux fibres. Cette sollicitation est systématique au niveau des appuis d'une poutre et est fréquente dans certains assemblages tels que les montants et la traverse des panneaux d'une maison à ossature bois.

©Bernard Legrand

Photographie 4 : la compression transversale est systématique au niveau des appuis d'une poutre

1.6.1 Système

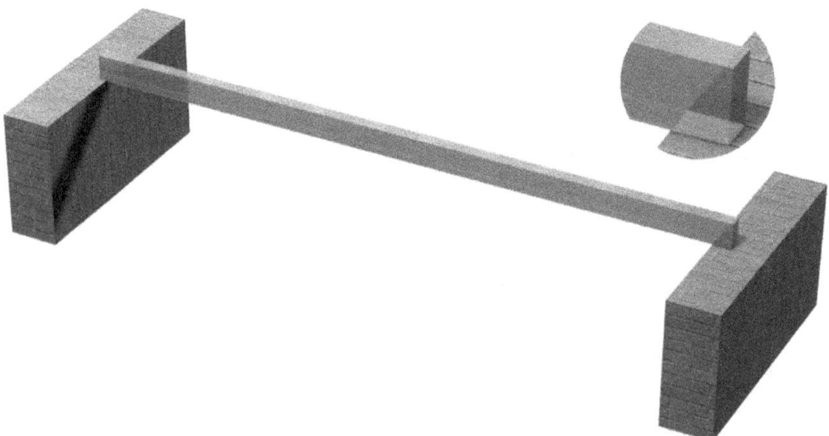

Schéma 11 : la réaction sous l'appui de la poutre provoque un effort perpendiculaire au fil. Ce type de force engendre une contrainte de compression transversale. Elle dépend de la valeur de l'effort, mais aussi de la surface de l'appui, c'est-à-dire de l'épaisseur de la poutre et de la longueur de l'appui (grisé sur le schéma). Un coefficient $k_{c,90}$ permet de majorer la contrainte de résistance pour certaines configurations de chargement.

1.6.2   Justification

La contrainte de compression transversale induite par la charge doit être inférieure ou égale à la contrainte de résistance de compression transversale calculée. Pour certaines configurations de chargement, la contrainte de résistance peut être augmentée du coefficient $k_{c,90}$.

$$\text{Taux de travail} = \frac{\sigma_{c,90,d}}{k_{c,90} \times f_{c,90,d}} \leq 1$$

▶ **$\sigma_{c,90,d}$: contrainte de compression transversale induite par la combinaison d'action des ELU en MPa**

$$\sigma_{c,90,d} = \frac{F_{c,90,d}}{\ell_{ef} \cdot b} \tag{6.4}$$

$F_{c,90,d}$: effort de compression en Newton.
b : épaisseur de la pièce en mm.
ℓ_{ef} : longueur efficace de l'appui de la pièce en mm
avec $\ell_{ef} = \ell + c_1 + c_2$,
c_1 : majoration coté gauche (a sur le schéma)
c_2 : majoration coté droit (ℓ_1 sur le schéma) de l'appui en mm
ℓ : longueur de l'appui en mm.

$$c_1 \text{ et } c_2 = \min\left\{ \begin{array}{l} 30 \\ a \\ \ell \\ 0{,}5\ell_1 \end{array} \right\}$$

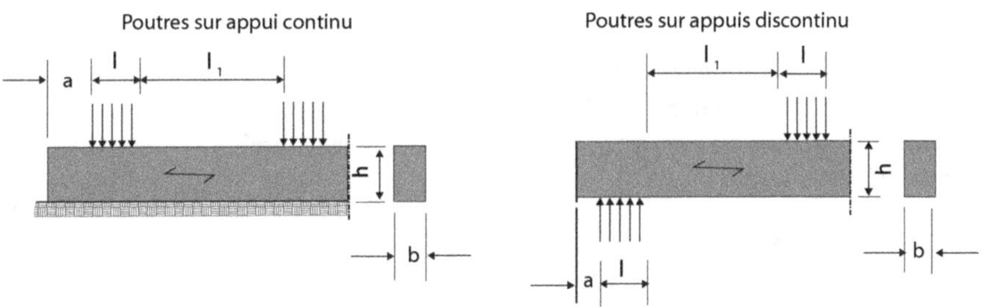

Schéma 12 : détermination de la longueur efficace de l'appui ℓ_{ef} et du coefficient $k_{c,90}$

Remarque

Pour une poutre sur appuis discontinue uniformément chargée est équivalente à une poutre sur appuis continu

▶ $k_{c,90}$: coefficient permettant de majorer la contrainte de résistance

Tableau 2 : valeur de $k_{c,90}$ lorsque $\ell_1 \geq$ à 2h et $\ell <$ 400 mm (schéma 12)

Type d'appui	Bois massif résineux	Bois lamellé-collé résineux
appuis continus	1,25	1,5
appuis discontinus	1,5	1,75

Remarque

$k_{c,90} = 1$ pour tous les autres cas.

▶ $f_{c,90,d}$: résistance de compression transversale calculée en MPa

$$f_{c,90,d} = f_{c,90,k}\ \frac{k_{mod}}{\gamma_M}$$

$f_{c,o,k}$: Contrainte caractéristique de résistance en compression transversale en MPa

k_{mod} : Coefficient modificatif en fonction de la charge de plus courte durée et de la classe de service.

γ_M : Coefficient partiel qui tient compte de la dispersion du matériau

1.6.3   Applications résolues

▶ Vérification de l'appui d'une poutre

Solive en bois massif de 75/200 classé C24.

Portée 4,5 m.

Entraxe de solive 0,5 m.

Classe de service 1 (local chauffé).

Charge de structure G = 0,5 kN/m².

Charge d'exploitation Q = 1,5 kN/m².

Combinaison ELU : C_{max} = 1,35 G + 1,5 Q.

Longueur de l'appui : 50 mm.

Vérifier la contrainte de compression transversale aux états limites ultimes (ELU) de l'appui d'une solive de plancher.

$$\text{Taux de travail} = \frac{\sigma_{c,90,d}}{k_{c,90} \times f_{c,90,d}} \leq 1$$

Calcul de la charge reprise

$G = 0,5 \times 0,5$
$\quad = 0,25 \text{ kN/m}$
$Q = 1,5 \times 0,5$
$\quad = 0,75 \text{ kN/m}$
$C_{max} = 1,35\ G + 1,5\ Q$
$\quad\quad = 1,35 \times 0,25 + 1,5 \times 0,75$
$\quad\quad = 1,463 \text{ kN/m}$
$F = qL/2$
$\quad = 1,463 \times 4,5/2$
$\quad = 3,292 \text{ kN}$

$\sigma_{sc,90,d}$: contrainte de compression transversale induite par la combinaison d'action des États Limites Ultimes en MPa.

$$\sigma_{c,90,d} = \frac{F_{c,90,d}}{\ell_{ef} \cdot b}$$

$F_{c,90,d}$: effort de compression, 3 292 N
b : épaisseur de la pièce 75 mm
ℓ_{ef} : longueur efficace de l'appui de la pièce 80 mm
avec $\ell_{ef} = \ell + c_1 + c_2$,
c_1 (*a* sur le schéma) et c_2 (ℓ_1 sur le schéma) les cotés gauche et droite de l'appui en mm et ℓ la longueur de l'appui en mm.

$$c_1 = \min\begin{cases} 30 \\ a = 0 \\ \ell = 50 \\ 0,5\ \ell_1 : \text{sans objet} \end{cases} = 0\ ,$$

Remarque

c_1, le coté gauche de l'appui est inexistant car la poutre ne dépasse pas de l'appui.

$$c_2 = \min\begin{cases} 30 \\ a : \text{sans objet} \\ \ell = 50 \\ 0,5\ \ell_1 = 0,5 \cdot 4500 \end{cases} = 30\ ,$$

ℓ, la longueur de l'appui, 50 mm

$\ell_{ef} = 50 + 0 + 30$

$$\sigma_{c,90,d} = \frac{3\ 656}{80 \cdot 75}$$

$$\boxed{\sigma_{c,90,d} = 0,61\ \textbf{MPa}}$$

$f_{c,90,d}$: résistance de compression transversale calculée en MPa

$$f_{c,90,d} = f_{c,90,k}\ \frac{k_{mod}}{\gamma_M}$$

$f_{c,90,k}$: Contrainte caractéristique de résistance en compression transversale en MPa
k_{mod} : Coefficient modificatif en fonction de la charge de plus courte durée (charge d'exploitation) et de la classe de service (local chauffé).
γ_M : Coefficient partiel qui tient compte de la dispersion du matériau

$$f_{c,90,d} = 2,5 \cdot \frac{0,8}{1,3}$$

$$\boxed{f_{c,90,d} = 1,54\ \textbf{MPa}}$$

$k_{c,90}$: coefficient permettant de majorer la contrainte de résistance

$\ell_1 = 4\ 500$ et $2h = 400$ donc $\ell_1 \geq$ à $2h$, l'appui est discontinu et la solive est en bois massif résineux

$$\boxed{k_{c,90} = 1,5}$$

Justification

$$\text{Taux de travail} = \frac{0,61}{1,5 \times 1,54} < 1$$

$$\boxed{0,27 < 1}$$

▶ Montant sur une traverse d'un panneau ossature bois (maison avec un niveau, construite à une altitude inférieure à 1 000 m)

Traverse basse en résineux classé C24, reposant sur une dalle en béton armé.

Zone non chauffée, classe de service 2.

Entraxe des montants de 600 mm.

Charge transmise par les montants : $G = 165$ daN ; $Q = 450$ daN ; $S = 100$ daN.

Combinaison ELU : $C_{max} = 1,35\ G + 1.5\ Q + 0,75\ S$ (remarque $\gamma_Q.\psi_0 = 1,5 \times 0,5 = 0,75$).

Section des montants et traverses : 120×45 mm.

Vérifier la contrainte de compression transversale aux ELU de l'appui du montant sur la traverse

$$\text{Taux de travail} = \frac{\sigma_{c,90,d}}{k_{c,90} \times f_{c,90,d}} \leq 1$$

Calcul de l'effort transmis par le montant

$$\begin{aligned}
C_{max} \ &= 1,35\ G + 1,5\ Q + 0,75\ S \\
&= 1,35 \times 1\ 650 + 1,5 \times 4\ 500 + 0,75 \times 1\ 000 \\
&= 9\ 728\ N
\end{aligned}$$

$\sigma_{c,90,d}$: contrainte de compression transversale induite par la combinaison d'action des États Limites Ultimes en MPa.

$$\sigma_{c,90,d} = \frac{F_{c,90,d}}{\ell_{ef} \cdot b}$$

$F_{c,90,d}$: effort de compression, $9\ 728$ N

b : la largeur du montant 120 mm

ℓ_{ef} : longueur efficace de l'appui de la pièce 75 mm

avec $\ell_{ef} = \ell + c_1 + c_2$,

c_1 (a sur le schéma) et c_2 (ℓ_1 sur le schéma) les cotés gauche et droite de l'appui en mm et ℓ la longueur de l'appui en mm.

$$c_1 = \min \begin{cases} 30 \\ a = 0 \\ \ell = 50 \\ 0{,}5\,\ell_1 : \text{sans objet} \end{cases} = 0\,,$$

Remarque

c_1, le coté gauche de l'appui est inexistant car le montant peut être sur une extrémité de la traverse basse.

$$c_2 = \min \begin{cases} 30 \\ a : \text{sans objet} \\ \ell = 45 \\ 0{,}5\,\ell_1 = 0{,}5 \cdot (600 - 45) = 277{,}5 \end{cases} = 30\,,$$

ℓ, la longueur de l'appui (la largeur du montant), 45 mm.

$\ell_{ef} = 45 + 0 + 30$

$$\sigma_{c,90,d} = \frac{9728}{75 \cdot 120}$$

$$\boxed{\sigma_{c,90,d} = 1{,}1\ \text{MPa}}$$

$f_{c,90,d}$: résistance de compression transversale calculée en MPa

$$f_{c,90,d} = f_{c,90,k}\,\frac{k_{mod}}{\gamma_M}$$

$f_{c,90,k}$: Contrainte caractéristique de résistance en compression transversale en MPa
k_{mod} : Coefficient modificatif en fonction de la charge de plus courte durée (charge d'exploitation) et de la classe de service (local chauffé).
γ_M : Coefficient partiel qui tient compte de la dispersion du matériau

$$f_{c,90,d} = 2{,}5 \cdot \frac{0{,}9}{1{,}3}$$

$$\boxed{f_{c,90,d} = 1{,}73\ \text{MPa}}$$

$k_{c,90}$: coefficient permettant de majorer la contrainte de résistance

$\ell_1 = 600 - 45 = 555$ et $2h = 90$ donc $\ell_1 \geq$ à $2h$, l'appui est continu et la traverse basse est en bois massif résineux

$$\boxed{k_{c,90} = 1{,}25}$$

Justification

$$\text{Taux de travail} = \frac{1{,}1}{1{,}25 \times 1{,}73} < 1$$

$$\boxed{0{,}51 < 1}$$

1.7 Compression oblique

La compression oblique se rencontre lorsqu'une pièce de bois reçoit une action inclinée par rapport aux fibres. Cette sollicitation est fréquente dans certains assemblages tels que les embrèvements, les liaisons arêtiers ou noues avec poteaux ou poinçon, les contrefiches…

Photographie 5 : l'arbalétrier et le poinçon provoquent de la compression oblique sur la contrefiche

1.7.1 Système

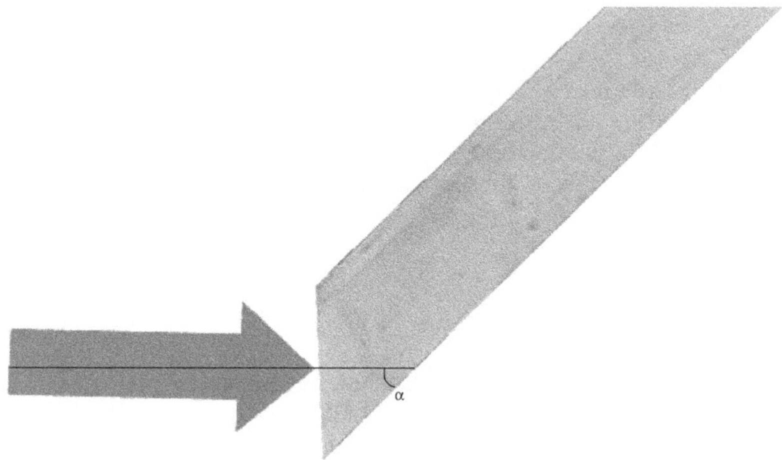

Photographie 6 : La partie basse de cette contrefiche a une coupe inclinée par rapport au fil (détail de la photographie ci-dessus). Elle reçoit une force provenant du poinçon perpendiculaire à la coupe, donc inclinée par rapport au fil. Cette force engendre une contrainte de compression inclinée. Elle dépend de la valeur de l'effort, mais aussi de la surface de l'appui, c'est-à-dire de l'épaisseur de la contrefiche et de la longueur de l'appui.

1.7.2   Justification

La contrainte de compression inclinée induite par la charge doit être inférieure ou égale à la résistance de compression inclinée de calcul. Cette dernière a une valeur comprise entre la contrainte de compression axiale et la contrainte de compression transversale. Elle est calculée par la formule de Hankinson.

$$\text{Taux de travail} = \frac{\sigma_{c,\alpha,d}}{f_{c,\alpha,d}} \leq 1$$

▶ **$\sigma_{c,\alpha,d}$: contrainte de compression inclinée induite par la combinaison d'action des ELU en MPa**

$$\sigma_{c,\alpha,d} = \frac{F}{bd}$$

F : effort de compression perpendiculaire à la surface d'appui en Newton.
b : épaisseur de la pièce en mm.
d : longueur de l'appui de la pièce en mm.

▶ **$f_{c,\alpha,d}$: résistance de compression inclinée calculée en MPa**

$$f_{c,\alpha,d} = \frac{f_{c,o,d}}{\dfrac{f_{c,o,d}}{k_{c,90} \times f_{c,90,d}}\sin^2\alpha + \cos^2\alpha}$$

$f_{c,o,d}$: contrainte de résistance calculée en compression axiale en MPa.

$f_{c,90,d}$: contrainte de résistance calculée en compression transversale en MPa.

$k_{c,90}$: coefficient permettant de majorer la contrainte de résistance pour certaines configurations de chargement.

α : angle entre l'effort et le fil du bois.

1.7.3   Application résolue

▶ **Arêtier sur poteau**

Poteau de 200 × 200 mm et arêtier de 150 × 450 mm en bois lamellé-collé classé GL28h.
Classe de service 1 (local chauffé).
Charge de structure reprise par le poteau G = 10 kN.
Charge climatique S = 20 kN.
Combinaison ELU : C_{max} = 1,35 G + 1,5 S.
Pente de l'arêtier : 35 % (α = 19.3°).
Longueur de l'appui de l'arêtier sur le poteau : 136 mm.

Photographie 7 : cet arêtier reçoit un effort du poteau sur une surface inclinée par rapport au fil du bois

$\sigma_{c,\alpha d}$: *contrainte de compression inclinée induite par la combinaison d'action des ELU en MPa*

$$\sigma_{c,\alpha,d} = \frac{F}{bd}$$

F : effort de compression perpendiculaire à la surface d'appui en Newton.

F = 1,35 × 10 + 1,5 × 20 = 43,5 kN

b : épaisseur de la pièce : 150 mm.

d : longueur de l'appui de la pièce : 136 mm.

$$\sigma_{c,\alpha,d} = \frac{43500}{150 \times 136}$$

$$\boxed{\sigma_{c,\alpha,d} = 2,13 \text{ MPa}}$$

$f_{c,90,d}$: *résistance de compression transversale calculée en MPa*

$$f_{c,90,d} = f_{c,90,k} \frac{k_{mod}}{\gamma_M}$$

$f_{c,90,k}$: contrainte caractéristique de résistance en compression transversale en MPa.

k_{mod} : coefficient modificatif en fonction de la charge de plus courte durée (neige) et de la classe de service (local chauffé).

γ_M : coefficient partiel qui tient compte de la dispersion du matériau.

$$f_{c,90,d} = 3 \cdot \frac{0,9}{1,25}$$

$$\boxed{f_{c,90,d} = 2,16 \text{ MPa}}$$

$k_{c,90}$ est égal à 1 car l'effort est situé à l'extrémité de l'arêtier.

Calcul de la contrainte de résistance en compression axiale

$$f_{c,o,d} = f_{c,o,k} \frac{k_{mod}}{\gamma_M}$$

$f_{c,o,d}$: contrainte de résistance en compression axiale en MPa.

$f_{c,o,k}$: contrainte caractéristique de résistance en compression axiale en MPa.

k_{mod} : coefficient modificatif en fonction de la charge de plus courte durée (la neige) et de la classe de service, élément en zone chauffée, classe 1.

γ_M : coefficient partiel qui tient compte de la dispersion du matériau.

$$f_{c,o,d} = 26,5 \frac{0,9}{1,25}$$

$$\boxed{f_{c,o,d} = 19 \ \text{MPa}}$$

$f_{c,\alpha,d}$: résistance de compression inclinée calculée en MPa

$$f_{c,\alpha,d} = \frac{f_{c,o,d}}{\dfrac{f_{c,o,d}}{k_{c,90} \times f_{c,90,d}} \sin^2\alpha + \cos^2\alpha}$$

$f_{c,o,d}$: contrainte de résistance calculée en compression axiale en MPa.

$f_{c,90,d}$: contrainte de résistance calculée en compression transversale en MPa.

$k_{c,90}$: coefficient permettant de majorer la contrainte de résistance pour certaines configurations de chargement. Dans cette configuration nous adopterons une attitude sécuritaire en prenant $k_{c,90} = 1$.

$$f_{c,a,d} = \frac{19}{\dfrac{19}{1 \times 2,16} \sin^2 70,7 + \cos^2 70,7}$$

$$\boxed{f_{c,\alpha,d} = 2,4 \ \text{MPa}}$$

Justification

$$\text{Taux de travail} = \frac{2,13}{2,4} < 1$$

$$\boxed{0,89 < 1}$$

2. La flexion simple des poutres droites

La flexion concerne de nombreuses pièces, telles que les solives, poutres maîtresses et tous autres éléments horizontaux. Cette sollicitation est la plus fréquemment rencontrée.

Les poutres travaillent en flexion simple lorsqu'elles se déforment dans un plan et lorsqu'elles ne subissent pas simultanément d'autres sollicitations, telles que la traction ou la compression.

La justification des poutres droites travaillant en flexion doit être réalisée sur le critère résistance, la poutre ne doit pas casser et sur le critère déformation, la flèche de la poutre ne doit pas dépasser une valeur limite tenant compte de l'augmentation de la flèche dans le temps, c'est le fluage. Les déformations augmentent avec la durée d'application de la charge et l'humidité du bois.

2.1 Vérification de la résistance (ELU)

2.1.1 Système

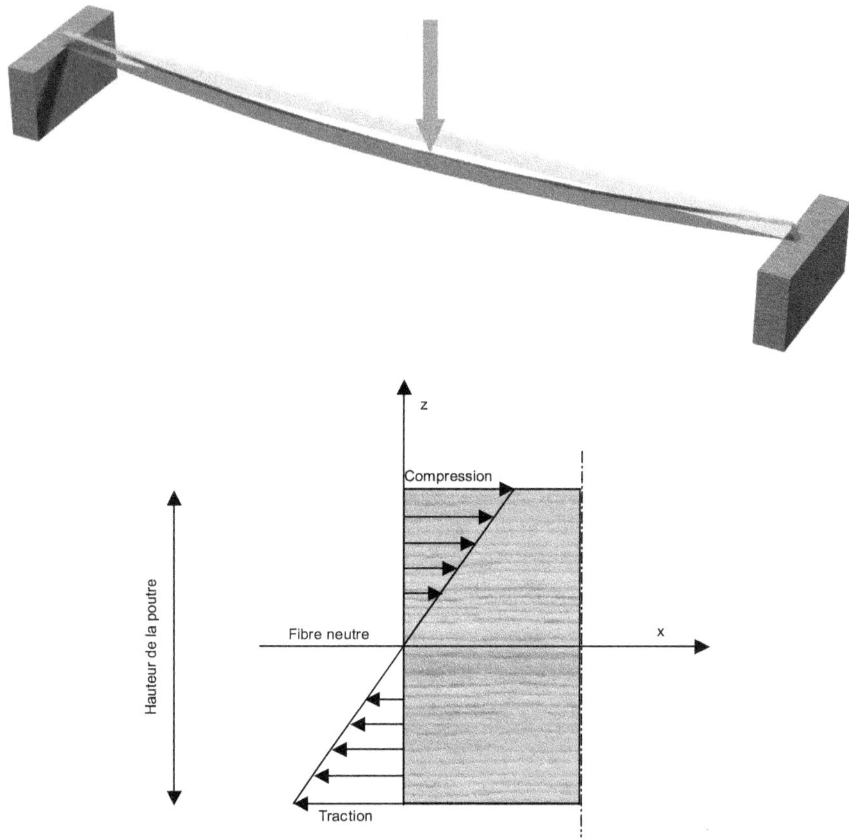

Schéma 13 : la charge provoque de la flexion. Cette flexion provoque une contrainte de compression dans la partie supérieure de la poutre et une contrainte de traction dans la partie inférieure.

2.1.2 Justification

La flexion produit une contrainte dans la direction de l'axe de la poutre, c'est-à-dire normale à la section de la poutre. Cette contrainte est nulle sur la ligne moyenne (milieu de la poutre si la section est symétrique). Elle est maximale dans la zone supérieure et inférieure de la poutre (schéma 13). La contrainte de flexion est induite par la charge qui est calculée aux ELU, états limites ultimes . Elle doit rester inférieure à la contrainte de résistance déterminée.

$$\text{Taux de travail} = \frac{\sigma_{m,d}}{k_{crit} \cdot f_{m,d}} \leq 1$$

$$(6.33)$$

▶ **$\sigma_{m,d}$: contrainte de flexion induite par la combinaison d'action des états limites ultimes en MPa**

$$\sigma_{m,d} = \frac{M_{f,y}}{\dfrac{I_{G,y}}{V}}$$

$M_{f,y}$: moment de flexion.

$I_{G,y}$: moment quadratique, $bh^3/12$ pour une section rectangulaire disposée sur chant.

V : distance à la fibre neutre, $h/2$ pour une section rectangulaire disposée sur chant.

$I_{G,y}/V$: module de flexion, $bh^2/6$ pour une section rectangulaire disposée sur chant.

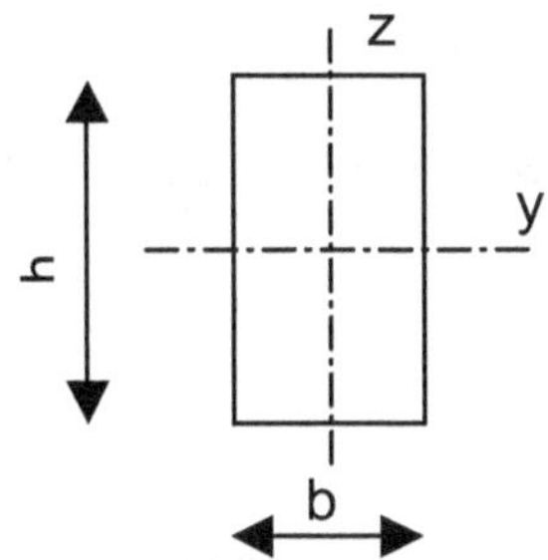

Schéma 14 : axes y et z de la section

▶ **$f_{m,d}$: résistance de flexion calculée en MPa**

$$f_{m,d} = f_{m,k} \cdot \frac{k_{mod}}{\gamma_M} \cdot k_{sys} \cdot k_h$$

$f_{m,k}$: contrainte caractéristique de résistance en flexion en MPa.

k_{mod} : coefficient modificatif en fonction de la charge de plus courte durée et de la classe de service.

γ_M : coefficient partiel qui tient compte de la dispersion du matériau.

k_{sys} et k_h sont détaillés ci-après.

k_{sys} : coefficient d'effet système

L'effet système apparaît lorsque plusieurs éléments porteurs de même nature et de même fonction (solives, fermes) sont sollicités par un même type de chargement réparti uniformément. La résistance de l'ensemble est alors supérieure à la résistance d'un seul élément pris isolément. Nous limiterons son application aux solives et fermes assemblées par connecteurs. Le coefficient est de 1.1.

k_h : coefficient de hauteur

Le coefficient k_h majore les résistances pour les hauteurs inférieures à 150 mm pour le bois massif et 600 mm pour le bois lamellé-collé. Le risque de défauts cachés dans la structure du bois est moins important pour les petites sections que pour les grandes sections.

Calcul du coefficient de hauteur pour du bois massif

Si $h \geq 150$ mm, Kh = 1.

Si $h \leq 150$ mm, Kh = min $(1,3 ; (150/h)^{0,2})$.

Avec h la hauteur de la pièce en mm.

$$(3.1)$$

Calcul du coefficient de hauteur pour du bois lamellé-collé
Si $h \geq 600$ mm, $Kh = 1$.
Si $h < 600$ mm, $Kh = \min(1,1\,;(600/h)^{0,1})$.
Avec h la hauteur de la pièce en mm.

$$(3.2)$$

▶ k_{crit} : coefficient d'instabilité provenant du déversement

Une poutre soumise à un moment de flexion peut déverser (flambement latéral de la membrure comprimée). Le calcul du coefficient k_{crit} s'effectue à partir de la contrainte critique de flexion $\sigma_{m,crit}$ et de l'élancement relatif de flexion $\lambda_{rel,m}$.

Calcul de la contrainte critique $\sigma_{m,crit}$, contrainte à partir de laquelle apparaît le déversement (bois résineux de section rectangulaire)

$$\sigma_{m,crit} = \frac{0,78 \cdot E_{0,05} \cdot b^2}{h \cdot l_{ef}}$$

$$(6.32)$$

$E_{0,05}$: module axial au 5e pourcentile (ou caractéristique) en MPa.
b et h : hauteur et épaisseur de la poutre en mm.
l_{ef} : longueur efficace, $l_{ef} = L \times k_{lef}$ en mm.
Valeurs de k_{lef} lorsque les appuis sont limités en torsion (sabots, encastrement dans un mur…) :
Sur appuis simples :

- charge répartie : 0,9 ;

- charge concentrée : 0,8.

Porte-à-faux :

- charge répartie : 0,5 ;

- charge concentrée : 0,8.

Si la poutre est chargée sur sa fibre comprimée l_{ef} est augmentée de la valeur 2h.
Si la poutre est chargée sur sa partie tendue, l_{ef} est diminuée de 0,5h.

Calcul de l'élancement relatif de flexion $\lambda_{rel,m}$

$$\lambda_{rel,m} = \sqrt{\frac{f_{m,k}}{\sigma_{m,crit}}}$$

$\sigma_{m,crit}$: contrainte critique de flexion.
$f_{m,k}$: contrainte de flexion caractéristique en MPa.

$$(6.30)$$

Valeur du coefficient k_{crit}

Si $\lambda_{rel,m} \leq 0,75$, $k_{crit} = 1$, pas de déversement.
Si $0,75 < \lambda_{rel,m} \leq 1,4$, $k_{crit} = 1,56 - 0,75\,\lambda_{rel,m}$.
Si $1,4 < \lambda_{rel,m}$, $k_{crit} = 1/\lambda_{rel,m}^2$.

$$(6.34)$$

Remarque

Le coefficient k_{crit} peut être pris égal à 1, si le déplacement latéral de la face comprimée est évité sur toute sa longueur (voile travaillant fixé) et si la rotation est évitée au niveau des appuis (sabots ou entretoise sur appui).

2.2 Vérification des déformations (ELS)

La deuxième vérification concerne la déformation. Pour la majorité des poutres en bois travaillant en flexion, c'est le critère dimensionnant, c'est-à-dire le plus défavorable. L'état limite de service est respecté lorsque les déformations restent inférieures aux valeurs admises.

2.2.1 Justification

Il faut vérifier que la flèche provoquée par les actions appliquées à la structure reste inférieure ou égale à la flèche limite $W_{\text{verticale ou horizontale limite}}$ (tableau 2).

$$\frac{W_{inst}(Q)}{W_{\text{verticale ou horizontale limite instantanée}}} \leq 1, \qquad \frac{W_{net,fin}}{W_{\text{verticale ou horizontale limite net finale}}} \leq 1 \qquad \text{et}$$

$$\frac{W_{fin}}{W_{\text{verticale ou horizontale limite finale}}} \leq 1$$

La flèche instantanée $W_{inst}(Q)$ est provoquée par l'ensemble des charges variables au moment de leur application.

La flèche nette finale ($W_{net,fin}$) est la flèche totale mesurée sous les appuis. Elle est déterminée par la formule :

$$\begin{aligned} W_{net,fin} &= W_{inst} + W_{creep} - W_c \\ &= W_{fin} - W_c \end{aligned}$$

$$(7.2)$$

W_{inst} : flèche instantanée, provoquée par l'ensemble des charges sans tenir compte de l'influence de la durée de la charge et de l'humidité du bois sur la flèche.

W_{creep} : flèche différée provoquée par la durée de la charge et l'humidité du bois.

W_c : contre-flèche fabriquée.

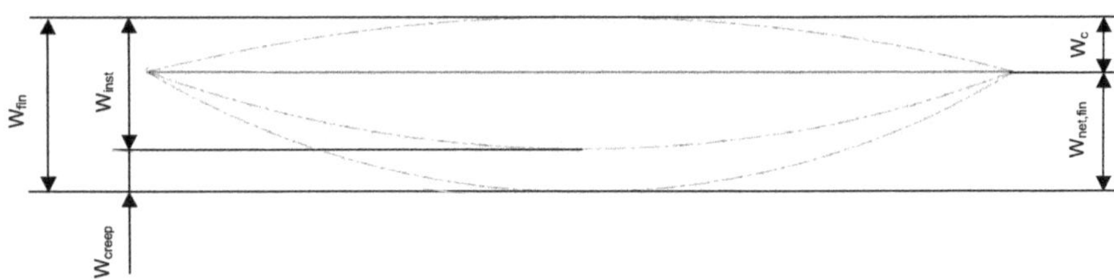

Schéma 15 : la flèche nette finale ($W_{net,fin}$) est mesurée sous les appuis

La flèche finale (W_{fin}) est la somme de la flèche instantanée (W_{inst}) et de la flèche différée (W_{creep}) : $W_{fin} = W_{inst} + W_{creep}$.

Attention, lorsque la contreflèche est nulle, la vérification de la flèche nette finale ($W_{net, fin}$) est prépondérante devant la vérification de la flèche finale.

Tableau 3 : valeurs limites pour les flèches verticales et horizontales

	Bâtiments courants			Bâtiments agricoles et similaires		
	$W_{inst}(Q)$	$W_{net,fin}$	W_{fin}	$W_{inst}(Q)$	$W_{net,fin}$	W_{fin}
Chevrons	–	L/150	L/125	–	L/150	L/100
Éléments structuraux	L/300	L/200	L/125	L/200	L/150	L/100

Consoles et porte-à-faux : la valeur limite sera doublée. La valeur limite minimum est 5 mm.

Panneaux de planchers ou supports de toiture : $W_{net,fin} < L/250$.

Flèche horizontale : L/200 pour les éléments individuels soumis au vent. Pour les autres applications, elles sont identiques aux valeurs limites verticales des éléments structuraux.

2.2.2 Combinaison des actions pour vérifier la flèche instantanée W_{inst}

La flèche instantanée est calculée avec la combinaison ELS (INST(Q)). L'action permanente (poids de la structure par exemple) n'est pas prise en compte et l'action variable de base (charge d'exploitation par exemple) n'est pas pondérée. S'il y a une action variable d'accompagnement, elle sera minorée par le coefficient ψ_0. La flèche instantanée ne doit pas dépasser une valeur limite.

Exemple : une solive sur deux appuis supporte une charge permanente G = 0,4 kN/m et une charge d'exploitation Q = 0,75 kN/m. Le calcul de la flèche instantanée sera effectué uniquement avec la charge variable Q, $q_{inst}(Q)$ = Q ; soit q_{inst} = 0,75 kN/m.

2.2.3 Combinaison des actions pour déterminer la flèche différée W_{creep}

La flèche différée est calculée avec la combinaison ELS (DIFF). Le poids de la structure est pondéré par le coefficient k_{def}, les actions variables (charges d'exploitation, de neige, etc.) sont pondérées par le coefficient k_{def} et le coefficient ψ_2.

La flèche différée doit être ajoutée à la flèche instantanée totale, c'est-à-dire en tenant compte des actions permanentes et variables lorsqu'il n'y a pas de contreflèche. La somme correspond à la flèche nette finale. Elle ne doit pas dépasser une valeur limite.

Par exemple, une solive sur deux appuis supporte une charge permanente G = 0,4 kN/m et une charge d'exploitation Q = 0,75 kN/m.

Le coefficient k_{def} est de 0,6 (bois massif et local chauffé).

Le calcul de la flèche différée sera fait avec $q_{diff} = k_{def} (G + \psi_2 Q)$, soit q_{diff} = 0,6 (0,4 + 0,3 × 0,75) = 0,375 kN/m (le ψ_2 est précisé au chapitre « Tableaux de synthèse »).

Tableau 4 : valeur de K_{def} (fluage)

Matériau	Norme	Classe de service		
		1	2	3
Bois massif	EN 14081-1	0,60	0,80	2,00
Bois lamellé collé	EN 14080	0,60	0,80	2,00
LVL	EN 14374, EN 14279	0,60	0,80	2,00
Contreplaqué	EN 636			
	Type EN 636-1	0,80	—	—
	Type EN 636-2	0,80	1,00	—
	Type EN 636-3	0,80	1,00	2,50
OSB	EN 300			
	OSB/2	2,25	—	—
	OSB/3, OSB/4	1,50	2,25	—
Panneau de particules	EN 312			
	Type P4	2,25	—	—
	Type P5	2,25	3,00	—
	Type P6	1,50	—	—
	Type P7	1,50	2,25	—
Panneau de fibres, dur	EN 622-2			
	HB.LA	2,25	—	—
	HB.HLA1, HB.HLA2	2,25	3,00	—
Panneau de fibres, semi-dur	EN 622-3			
	MBH.LA1, MBH.LA2	3,00	—	—
	MBH.HLS1, MBH.HLS2	3,00	4,00	—
Panneau de fibres, MDF	EN 622-5			
	MDF.LA	2,25	—	—
	MDF.HLS	2,25	3,00	—

Lorsque le bois massif est mis en œuvre à taux d'humidité égal ou proche du point de saturation des fibres, et qu'il est susceptible de sécher sous charge, les valeurs de k_{def} sont augmentées de 1.

2.3 Applications résolues

2.3.1 Solive d'un plancher d'une chambre

Solive en bois massif de 75/200 classé C24.

Portée 4,5 m.

Entraxe de solive 0,5 m.

Classe de service 1 (local chauffé).

Charge de structure G = 0,5 kN/m².

Charge d'exploitation Q = 1,5 kN/m².

Combinaison ELU : C_{max} = 1,35 G + 1,5 Q.

Support de plancher en panneau OSB cloué tous les 15 cm en périphérie, 30 cm en partie courante, et vissé aux quatre angles du panneau et à mi-longueur. L'effet système peut être pris en compte.

Le dessus de la solive (partie comprimée) ne peut pas se déplacer latéralement car le plancher est bloqué en périphérie par des murs et les panneaux sont cloués conformément aux règles de l'art.

Photographie 8 : ces solives supportent une charge de structure et d'exploitation

© Leduc SA

▶ Vérifier la contrainte de flexion aux ELU d'une solive de plancher

$$\text{Taux de travail} = \frac{\sigma_{m,d}}{k_{crit} \cdot f_{m,d}} \leq 1$$

Calcul de la charge reprise

$$\begin{aligned}
C_{max} &= 1,35\ G + 1,5\ Q \\
&= 1,35 \times 0,5 + 1,5 \times 1,5 \\
&= 2,925\ \text{kN/m}^2
\end{aligned}$$

$$q \quad = 2{,}925 \times 0{,}5$$
$$\quad = 1{,}463 \text{ kN/m}$$
$$\quad = 1{,}463 \text{ N/mm}$$

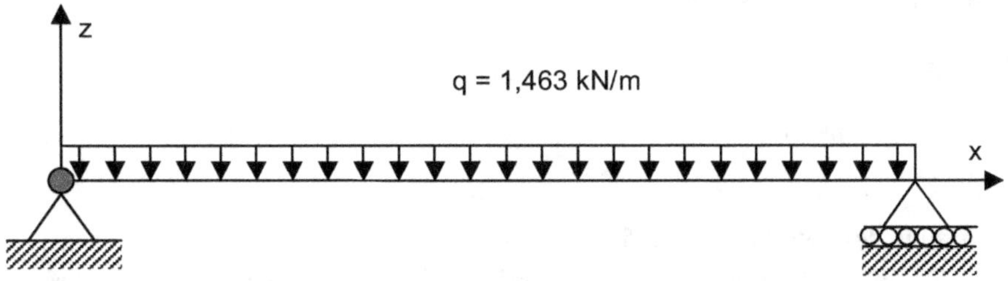

Schéma 16 : la charge reprise par la poutre pour justifier l'ELU est de 1,463 kN/m

$\sigma_{m,d}$: contrainte de flexion induite par la combinaison d'action des ELU en MPa

$$\sigma_{m,d} = \frac{M_{f,y}}{\dfrac{I_{G,y}}{V}}$$

$M_{f,y}$: moment de flexion, pour une poutre sur deux appuis avec une charge uniformément répartie.

$M_{f,y} = qL^2/8$

q : charge linéique de poutre en N/mm.

L : distance entre appuis en mm.

$I_{G,y}/V$: module d'inertie, $bh^2/6$ pour une section rectangulaire.

$$\sigma_{m,d} = \frac{6 \times qL^2}{8 \times bh^2} = \frac{6 \cdot 1{,}463 \cdot 4500^2}{8 \times 75 \times 200^2}$$

$$\boxed{\sigma_{m,d} = 7{,}4 \text{ MPa}}$$

$f_{m,d}$: résistance de flexion calculée en MPa

$$f_{m,d} = f_{m,k} \cdot \frac{k_{mod}}{\gamma_M} \cdot K_{sys} \cdot k_h$$

$f_{m,k}$: contrainte caractéristique de résistance en flexion en MPa.

k_{mod} : coefficient modificatif en fonction de la charge de plus courte durée (la charge d'exploitation) et de la classe de service.

γ_M : coefficient partiel qui tient compte de la dispersion du matériau.

k_{sys} : le coefficient d'effet système est égal à 1.1. Il apparaît lorsque plusieurs éléments porteurs de même nature et de même fonction (solives, fermes) sont sollicités par un même type de chargement réparti uniformément.

k_h : coefficient de hauteur. Le coefficient K_h est égal à 1 lorsque la hauteur de la poutre est supérieure à 150 mm.

$$f_{m,d} = 24 \cdot \frac{0{,}8}{1{,}3} \cdot 1{,}1 \cdot 1$$

$$\boxed{f_{m,d} = 16{,}2 \text{ MPa}}$$

k_{crit} : coefficient d'instabilité provenant du déversement

Hypothèse : le rapport largeur/portée de la solive (75/4 500 = 1/60), la fixation du panneau OSB et le blocage de l'ensemble du plancher permettent d'empêcher le déversement des solives. Le coefficient k_{crit} peut être pris égal à 1.

Justification

Taux de travail = $\dfrac{7,4}{16,2 \cdot 1} \leq 1$

$$\boxed{0,46 < 1}$$

▶ Vérification des déformations (ELS)

Il faut vérifier que la flèche provoquée par les actions appliquées à la structure reste inférieure ou égale à la flèche limite $W_{\text{verticale ou horizontale limite}}$.

$$\frac{W_{inst}(Q)}{W_{\text{verticale ou horizontale limite instantanée}}} \leq 1 \quad \text{et} \quad \frac{W_{net,fin}}{W_{\text{verticale ou horizontale limite net finale}}} \leq 1$$

$W_{net,fin} = W_{inst} + W_{creep} - W_c$

W_{inst} : flèche instantanée, provoquée par l'ensemble des charges (charges permanentes incluses) sans tenir compte de l'influence de la durée de la charge et de l'humidité du bois sur la flèche.

W_{creep} : flèche différée provoquée par la durée de la charge et l'humidité du bois.

W_c : contre-flèche fabriquée, inexistante dans cet exemple.

Calcul de la flèche instantanée W_{inst}(Q)

La flèche instantanée est calculée avec la combinaison ELS (INST (Q)) :

$q_{inst(Q)} = Q$

$q_{inst(Q)} = 1,5 \times 0,5$

$q_{inst(Q)} = 0,75 \text{ kN/m}$

$q_{inst(Q)} = 0,75 \text{ N/mm}$

La solive a une charge symétrique et uniforme, la flèche est définie par la formule :

$$W_{inst}(Q) = \frac{5 \cdot q_{inst(Q)} \cdot L^4}{384 \cdot E_{0,mean} \cdot I}$$

W : flèche en mm.

$q_{inst(Q)}$: charge linéique en N/mm provoquée par les actions variables.

L : distance entre appuis en mm.

$E_{0,mean}$: module moyen axial en MPa.

I : moment quadratique en mm^4, pour une section rectangulaire sur chant, $I = bh^3/12$.

$$W_{inst}(Q) = \frac{5 \times 0,75 \times 4500^4 \times 12}{384 \times 11000 \times 75 \times 200^3}$$

$$\boxed{W_{inst}(Q) = 7,3 \text{ mm}}$$

Calcul de la flèche instantanée W_{inst} avec l'ensemble des charges

La flèche instantanée est calculée avec la combinaison suivante :

$q_{inst} = G + Q$

$q_{inst} = (0,5 + 1,5) \times 0,5$

$q_{inst} = 1 \text{ kN/m}$

$q_{inst} = 1 \text{ N/mm}$

La solive a une charge symétrique et uniforme, la flèche est définie par la formule :

$$W_{inst} = \frac{5 \cdot q_{inst} \cdot L^4}{384 \cdot E_{o,mean} \cdot I}$$

$$W_{inst} = \frac{5 \times 1 \times 4500^4 \times 12}{384 \times 11000 \times 75 \times 200^3}$$

$$\boxed{W_{inst} = 9,7 \text{ mm}}$$

Calcul de la flèche différée W_{creep} et de la flèche nette finale $W_{net,fin}$

La flèche différée est calculée avec la combinaison ELS (DIFF) :

$q_{diff} = k_{def} (G + \psi_2 Q)$

k_{def} : coefficient de fluage de 0,6 (bois massif et local chauffé).

ψ_2 : coefficient de simultanéité 0.3 (charge d'exploitation dans un local d'habitation).

$$\begin{aligned} q_{diff} &= 0,6 \times (0,5 + 0,3 \times 1,5) \\ &= 0,57 \text{ kN/m}^2 \\ &= 0,57 \times 0,5 \\ &= 0,285 \text{ KN/m} \\ &= 0,285 \text{ N/mm} \end{aligned}$$

La solive a une charge symétrique et uniforme, la flèche est définie par la formule :

$$W_{inst} = \frac{5 \cdot q_{diff} \cdot L^4}{384 \cdot E_{o,mean} \cdot I}$$

$$W_{creep} = \frac{5 \times 0,285 \times 4500^4 \times 12}{384 \times 11000 \times 75 \times 200^3}$$

$W_{creep} = 2,8 \text{ mm}$

$W_{net,fin} = W_{inst} + W_{creep}$

$W_{net,fin} = 9,7 + 2,8$

$W_{net,fin} = 12,5 \text{ mm}$

$$\boxed{W_{net,fin} = 12,5 \text{ mm}}$$

Remarque

La flèche étant proportionnelle à la charge, il est plus simple de calculer la flèche nette finale à partir de la flèche instantanée provoquée par les charges variables :

$$W_{net(fin)} = W_{inst}(Q)\left(1 + \frac{q_{diff} + G}{q_{inst(Q)}}\right)$$

$$W_{net,fin} = W_{inst}(Q)\left(1 + \frac{k_{def} \cdot (G + \psi_2 \cdot Q) + G}{Q}\right)$$

$$W_{net,fin} = 7,3\left(1 + \frac{0,6 \cdot (0,5 + 0,3 \times 1,5) + 0,5}{1,5}\right)$$

Les actions sont exprimées en kN/m^2.

$W_{net,fin} = 12,5 \text{ mm}$

Justification

$W_{inst,lim}(Q) : L/300$

$W_{inst,lim}(Q) : 4\ 500/300 = 15 \text{ mm}$

$W_{net,fin,lim}$: $L/200$

$W_{net,fin,lim}$: $4\ 500/200 = 22,5$ mm

$\dfrac{7,3}{15} \le 1$ et $\dfrac{12,5}{22,5} \le 1$

$$\boxed{0,49 < 1 \text{ et } 0,56 < 1}$$

Remarques

La flèche provoquée par l'effort tranchant est négligée. Elle représente pour les applications courantes 2 à 5 % de la flèche totale. Il est préférable de la calculer lorsque le taux de travail dépasse 0,95 ou si les charges sont importantes et la distance entre appuis courte (linteau reprenant une descente de charge d'une panne faîtière par exemple).

Le critère dimensionnant est l'ELS, comme la majorité des pièces travaillant en flexion.

2.3.2   Solives d'un plafond donnant sur un comble non habitable

Cas n° 1 : une entretoise placée au milieu de la poutre limite le risque de déversement.

Cas n° 2 : pas d'entretoise, risque de déversement.

Solive en bois massif de 50/200 classé C24.

Portée 5 m.

Entraxe des solives 0,6 m.

Classe de service 2 (comble non chauffé).

Charge de structure $G = 0,4$ kN/m².

Charge d'entretien $Q = 1,5$ kN au milieu de la poutre.

Combinaison ELU : $C_{max} = 1,35\ G + 1,5\ Q$.

Plafond en plaque de plâtre.

Pas de rotation possible des solives au niveau des appuis.

© Leduc SA

Photographie 9 : le risque de déversement de solives ne supportant qu'un plafond est diminué car la charge est située au niveau de la face inférieure de la solive.

▶ Vérifier la contrainte de flexion aux ELU d'une solive d'un plafond

$$\text{Taux de travail} = \frac{\sigma_{m,d}}{k_{crit} \cdot f_{m,d}} \leq 1$$

Calcul de la charge reprise

Charge uniformément répartie

$$
\begin{aligned}
q \;&= 1{,}35\,G \times \text{entraxe} \\
&= 1{,}35 \times 0{,}4 \times 0{,}6 \\
&= 0{,}324 \ \text{kN/m} \\
&= 0{,}324 \ \text{N/mm}
\end{aligned}
$$

Charge ponctuelle

$$
\begin{aligned}
P \;&= 1{,}5\,Q \\
&= 1{,}5 \times 1{,}5 \\
&= 2{,}25 \ \text{kN} \\
&= 2\,250 \ \text{N}
\end{aligned}
$$

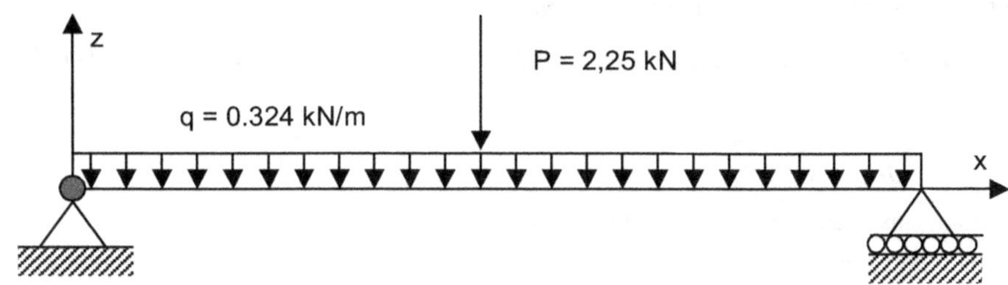

Schéma 17 : la charge reprise par la poutre pour justifier l'ELU est de 0,324 kN/m plus une charge ponctuelle de 2,25 kN

$\sigma_{m,d}$: contrainte de flexion induite par la combinaison d'action des ELU en MPa

$$\sigma_{m,d} = \frac{M_{f,y}}{\dfrac{I_{G,y}}{V}}$$

$M_{f,y}$: moment de flexion, pour une poutre sur deux appuis avec une charge uniformément répartie $M_{f,y} = qL^2/8$, avec :

- q charge linéique de poutre en N/mm ;
- L distance entre appuis en mm.

Pour une poutre sur deux appuis avec une charge ponctuelle, $M_{f,y} = PL/4$ avec :

- P charge ponctuelle en N ;
- L distance entre appuis en mm.

$I_{G,y}/V$: module d'inertie, $bh^2/6$ pour une section rectangulaire.

$$\sigma_{m,d} = \frac{6}{bh^2}\left(\frac{qL^2}{8} + \frac{PL}{4}\right) = \frac{6}{50 \times 200^2}\left(\frac{0{,}324 \times 5000^2}{8} + \frac{2250 \times 5000}{4}\right)$$

$$\boxed{\sigma_{m,d} = 11{,}5 \ \text{MPa}}$$

$f_{m,d}$: résistance de flexion calculée en MPa

$$f_{m,d} = f_{m,k} \cdot \frac{k_{mod}}{\gamma_M} \cdot k_{sys} \cdot k_h$$

$f_{m,k}$: contrainte caractéristique de résistance en flexion en MPa.

k_{mod} : coefficient modificatif en fonction de la charge de plus courte durée (la charge d'entretien) et de la classe de service.

γ_M : coefficient partiel qui tient compte de la dispersion du matériau.

k_{sys} : le coefficient d'effet système est égal à 1 car le plafond ne permet pas la distribution des charges. Elles ne sont pas reportées d'une solive à l'autre.

k_h : coefficient de hauteur. Le coefficient k_h est égal à 1 lorsque la hauteur de la poutre est supérieure à 150 mm.

$$f_{m,d} = 24 \cdot \frac{0,9}{1,3} \cdot 1 \cdot 1$$

$$\boxed{f_{m,d} = 16,6 \text{ MPa}}$$

k_{crit} : coefficient d'instabilité provenant du déversement pour le cas n° 1 (une entretoise est placée au milieu de la poutre)

Calcul de la contrainte critique $\sigma_{m,crit}$, contrainte à partir de laquelle apparaît le déversement

$$\sigma_{m,crit} = \frac{0,78 \cdot E_{0,05} \cdot b^2}{h \cdot l_{ef}}$$

$E_{0,05}$: module axial au 5e pourcentile (ou caractéristique) en MPa.

b et h : hauteur et épaisseur de la poutre en mm.

$l_{ef} = 0,9 \cdot L + 2h$

$0,9 \cdot L$ car le chargement uniformément réparti est plus défavorable que la charge ponctuelle $(0,8 \cdot L)$.

2h car la charge ponctuelle est située sur la partie supérieure de la poutre (zone comprimée).

$$\sigma_{m,crit} = \frac{0,78 \times 7400 \times 50^2}{200 \times (5000/2 \times 0,9 + 2 \times 200)}$$

$$\boxed{\sigma_{m,crit} = 27,2 \text{ MPa}}$$

Calcul de l'élancement relatif de flexion $\lambda_{rel,m}$

$$\lambda_{rel,m} = \sqrt{\frac{f_{m,k}}{\sigma_{m,crit}}}$$

$\sigma_{m,crit}$: contrainte critique de flexion en MPa.

$f_{m,k}$: contrainte de flexion caractéristique en MPa.

$$\lambda_{rel,m} = \sqrt{\frac{24}{27,2}}$$

$$\boxed{\lambda_{rel,m} = 0,939}$$

$0,75 < \lambda_{rel,m} \leq 1,4$

$k_{crit} = 1,56 - 0,75 \, \lambda_{rel,m}$

$k_{crit} = 1,56 - 0,75 \times 0,939$

$$\boxed{k_{crit} = 0,855}$$

k_{crit} : coefficient d'instabilité provenant du déversement pour le cas n° 2 (aucune entretoise ne limite le déversement)

Calcul de la contrainte critique $\sigma_{m,crit}$, contrainte à partir de laquelle apparaît le déversement

$$\sigma_{m,crit} = \frac{0{,}78 \cdot E_{0,05} \cdot b^2}{h \cdot l_{ef}}$$

$E_{0,05}$: module axial au 5e pourcentile (ou caractéristique) en MPa.

b et h : hauteur et épaisseur de la poutre en mm.

$l_{ef} = 0{,}9 \cdot L + 2h$

$$\sigma_{m,crit} = \frac{0{,}78 \times 7400 \times 50^2}{200 \times (5000 \times 0{,}9 + 2 \times 200)}$$

$$\boxed{\sigma_{m,crit} = 14{,}7 \text{ MPa}}$$

Calcul de l'élancement relatif de flexion $\lambda_{rel,m}$

$$\lambda_{rel,m} = \sqrt{\frac{f_{m,k}}{\sigma_{m,crit}}}$$

$\sigma_{m,crit}$: contrainte critique de flexion en MPa.

$f_{m,k}$: contrainte de flexion caractéristique en MPa.

$$\lambda_{rel,m} = \sqrt{\frac{24}{14{,}7}}$$

$$\boxed{\lambda_{rel,m} = 1{,}277}$$

$0{,}75 < \lambda_{rel,m} \leq 1{,}4$

$k_{crit} = 1{,}56 - 0{,}75\,\lambda_{rel,m}$

$k_{crit} = 1{,}56 - 0{,}75 \times 1{,}277$

$$\boxed{k_{crit} = 0{,}602}$$

Justification

$$\text{Taux de travail} = \frac{\sigma_{m,d}}{k_{crit} \cdot f_{m,d}} \leq 1$$

Cas n° 1 : une entretoise placée au milieu de la poutre limite le risque de déversement.

$$\text{Taux de travail} = \frac{11{,}5}{16{,}6 \cdot 0{,}855} \leq 1$$

$$\boxed{0{,}81 < 1}$$

Cas n° 2 : pas d'entretoise, risque de déversement.

$$\text{Taux de travail} = \frac{11{,}5}{16{,}6 \cdot 0{,}602} > 1$$

$$\boxed{1{,}15 > 1}$$

Critère non vérifié.

Remarque

Une épaisseur de 63 mm augmenterait le coefficient k_{crit} (0,80) et diminuerait $\sigma_{m,d}$ (9,1). Le taux de travail serait inférieur à 1 (0,69). Cette solution permettrait d'économiser la mise en œuvre des entretoises.

▶ Vérification des déformations (ELS)

Il faut vérifier que la flèche provoquée par les actions appliquées à la structure reste inférieure ou égale à la flèche limite $W_{\text{verticale ou horizontale limite}}$.

$$\frac{W_{\text{inst}}(Q)}{W_{\text{verticale ou horizontale limite instantanée}}} \leq 1 \quad \text{et} \quad \frac{W_{\text{net,fin}}}{W_{\text{verticale ou horizontale limite net finale}}} \leq 1$$

$W_{\text{net,fin}} = W_{\text{inst}} + W_{\text{creep}} - W_{\text{c}}$

W_{inst} : flèche instantanée, provoquée par l'ensemble des charges (charges permanentes incluses) sans tenir compte de l'influence de la durée de la charge et de l'humidité du bois sur la flèche.

W_{creep} : flèche différée provoquée par la durée de la charge et l'humidité du bois.

W_{c} : contre-flèche fabriquée, inexistante dans cet exemple.

Remarque

Les charges d'entretien ne sont pas prises en compte pour le calcul de la flèche (AN EN1991-1-1, clause 6.3.4.2 : Valeurs des actions).

Calcul de la flèche instantanée sous charge variable $W_{inst}(Q)$

Il n'y a pas de flèche instantanée sous charge variable à prendre en compte car la seule charge d'exploitation est une charge d'entretien qui n'est pas prise en compte pour le calcul de la flèche.

Calcul de la flèche instantanée W_{inst} avec l'ensemble des charges et de la flèche nette finale $W_{net,fin}$

La flèche instantanée est calculée avec la combinaison suivante :

- $q_{\text{inst}} = G$;
- $q_{\text{inst}} = 0{,}4 \times 0{,}6$;
- $q_{\text{inst}} = 0{,}24 \text{ kN/m}$;
- $q_{\text{inst}} = 0{,}24 \text{ N/mm}$.

La flèche différée est calculée avec la combinaison ELS (DIFF) :

- $q_{\text{diff}} = k_{\text{def}} \cdot G$, les charges d'entretien n'engendrent pas de fluage ;
- k_{def} : coefficient de fluage de 0,8 (bois massif et local non chauffé) ;
- $q_{\text{diff}} = 0{,}8 \times 0.24$;
- $q_{\text{diff}} = 0{,}192 \text{ kN/m}$;
- $q_{\text{diff}} = 0{,}192 \text{ N/mm}$.

La solive a une charge symétrique et uniforme, la flèche est définie par la formule :

$$W_{\text{net, fin}} = \frac{5 \cdot (q_{\text{inst}} + q_{\text{diff}}) \cdot L^4}{384 \cdot E_{0,\text{ mean}} \cdot I}$$

W : flèche en mm.

q : charge linéique en N/mm.

L : distance entre appuis en mm.

$E_{0,\text{mean}}$: module moyen axial en MPa.

I : moment quadratique en mm^4, pour une section rectangulaire sur chant $I = bh^3/12$.

$$W_{\text{net, fin}} = \frac{5 \times (0{,}24 + 0{,}192) \times 5000^4 \times 12}{384 \times 11000 \times 50 \times 200^3}$$

$$\boxed{W_{\text{inst}} = 9{,}6 \text{ mm}}$$

Justification

$W_{net,fin,lim}$: L/200

$W_{net,fin,lim}$: 5 000/200 = 25 mm

$\dfrac{9,6}{25} \leq 1$

$$\boxed{0,39 < 1}$$

Remarque

Le critère dimensionnant est l'ELU car les charges d'entretien ne sont pas prises en compte dans l'ELS.

2.3.3   Panne d'aplomb sur trois appuis

Panne en bois massif de 50/200 classé C24.

2 travées de 3,30 m.

Entraxe des pannes 1,5 m horizontal.

Classe de service 2 (comble non chauffé).

Charge de structure G = 0,5 kN/m² horizontal.

Charge climatique S = 0,7 kN/m² horizontal.

Combinaison ELU : C_{max} = 1,35 G + 1,5 S.

Couverture sur chevrons et liteaux, la panne peut déverser.

Altitude du bâtiment inférieure à 1 000 m.

© Yves Benoit

Photographie 10 : si les chevrons sont bloqués sur le mur ou fixés solidement sur la panne faîtière, les pannes d'aplomb travaillent en flexion déviée.

▶ Vérifier la contrainte de flexion aux ELU de la panne

$$\text{Taux de travail} = \frac{\sigma_{m,d}}{k_{crit} \cdot f_{m,d}} \leq 1$$

Calcul de la charge reprise

$$q = (1{,}35\,G + 1{,}5\,S) \times \text{entraxe}$$
$$= (1{,}35 \times 0{,}5 + 1{,}5 \times 0{,}7) \times 1{,}5$$
$$= 2{,}588 \text{ kN/m}$$
$$= 2{,}588 \text{ N/mm}$$

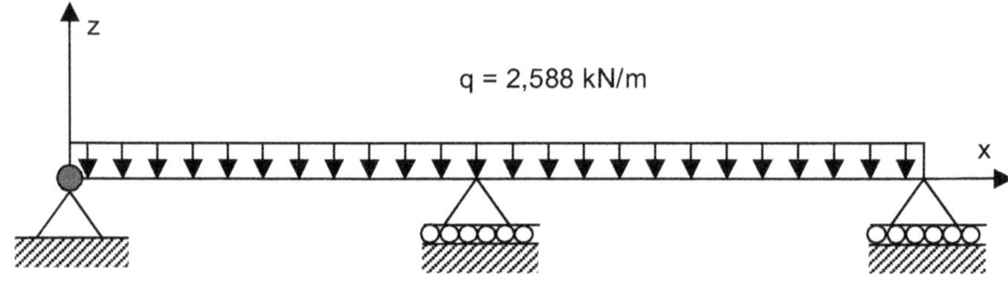

Schéma 18 : la charge reprise par la poutre pour justifier l'ELU est de 2,588 kN/m

$\sigma_{m,d}$: *contrainte de flexion induite par la combinaison d'action des ELU en MPa*

$$\sigma_{m,d} = \frac{M_{f,y}}{\dfrac{I_{G,y}}{V}}$$

$M_{f,y}$: moment de flexion, pour une poutre sur trois appuis avec une charge uniformément répartie $M_{f,y} = qL^2/8$ avec :

- q : charge linéique de poutre en N/mm ;
- L : distance entre appuis en mm ;
- $I_{G,y}/V$: module d'inertie, $bh^2/6$ pour une section rectangulaire.

$$\sigma_{m,d} = \frac{6 \times qL^2}{8 \times bh^2} = \frac{6 \times 2{,}588 \times 3300^2}{8 \times 50 \times 200^2}$$

$$\boxed{\sigma_{m,d} = 10{,}6 \text{ MPa}}$$

$f_{m,d}$: *résistance de flexion calculée en MPa*

$$f_{m,d} = f_{m,k} \cdot \frac{k_{mod}}{\gamma_M} \cdot k_{sys} \cdot k_h$$

$f_{m,k}$: contrainte caractéristique de résistance en flexion en MPa.

k_{mod} : coefficient modificatif en fonction de la charge de plus courte durée (la charge de neige) et de la classe de service.

γ_M : coefficient partiel qui tient compte de la dispersion du matériau.

k_{sys} : le coefficient d'effet système est égal à 1 car les chevrons ne permettent pas la distribution des charges si une panne est défaillante.

k_h : coefficient de hauteur. Le coefficient k_h est égal à 1 lorsque la hauteur de la poutre est supérieure à 150 mm.

$$f_{m,d} = 24 \cdot \frac{0,9}{1,3} \cdot 1 \cdot 1$$

$$\boxed{f_{m,d} = 16,6 \text{ MPa}}$$

k_{crit} : coefficient d'instabilité provenant du déversement

Calcul de la contrainte critique $\sigma_{m,crit}$, contrainte à partir de laquelle apparaît le déversement

$$\sigma_{m,crit} = \frac{0,78 \cdot E_{0,05} \cdot b^2}{h \cdot l_{ef}}$$

$E_{0,05}$: module axial au 5e pourcentile (ou caractéristique) en MPa.
b et h : hauteur et épaisseur de la poutre en mm.
$l_{ef} = 0,9 \cdot L + 2h$
$0,9 \cdot L$ car le chargement est uniformément réparti.
2h car la charge est située sur la partie supérieure de la poutre (zone comprimée).

$$\sigma_{m,crit} = \frac{0,78 \times 7400 \times 50^2}{200 \times (3300 \times 0,9 + 2 \times 200)}$$

$$\boxed{\sigma_{m,crit} = 21,4 \text{ MPa}}$$

Calcul de l'élancement relatif de flexion $\lambda_{rel,m}$

$$\lambda_{rel,m} = \sqrt{\frac{f_{m,k}}{\sigma_{m,crit}}}$$

$\sigma_{m,crit}$: contrainte critique de flexion en MPa.
$f_{m,k}$: contrainte de flexion caractéristique en MPa.

$$\lambda_{rel,m} = \sqrt{\frac{24}{21,4}}$$

$$\boxed{\lambda_{rel,m} = 1,059}$$

$0,75 < \lambda_{rel,m} \leq 1,4$
$k_{crit} = 1,56 - 0,75 \, \lambda_{rel,m}$
$k_{crit} = 1,56 - 0,75 \times 1,059$

$$\boxed{k_{crit} = 0,765}$$

Justification

$$\frac{10,6}{16,6 \cdot 0,765} < 1$$

$$\boxed{0,83 < 1}$$

▶ Vérification des déformations (ELS)

Il faut vérifier que la flèche provoquée par les actions appliquées à la structure reste inférieure ou égale à la flèche limite $W_{verticale ou horizontale limite}$.

$$\frac{W_{inst}(Q)}{W_{verticale ou horizontale limite instantanée}} \leq 1 \text{ et } \frac{W_{net,fin}}{W_{verticale ou horizontale limite net finale}} \leq 1$$

$W_{net,fin} = W_{inst} + W_{creep} - W_c$

W_{inst} : flèche instantanée, provoquée par l'ensemble des charges (charges permanentes incluses) sans tenir compte de l'influence de la durée de la charge et de l'humidité du bois sur la flèche.

W_{creep} : flèche différée provoquée par la durée de la charge et l'humidité du bois.

W_c : contre-flèche fabriquée, inexistante dans cet exemple.

Calcul de la flèche instantanée $W_{inst}(Q)$

La flèche instantanée est calculée avec la combinaison ELS(INST (Q)) :

- $q_{inst(Q)} = S$;

- $q_{inst(Q)} = 0,7 \times 1,5$;

- $q_{inst(Q)} = 1,05 \text{ kN/m}$;

- $q_{inst(Q)} = 1,05 \text{ N/mm}$.

La panne est sur trois appuis et a une charge symétrique et uniforme. La flèche est définie par la formule :

$$W_{inst}(Q) = \frac{q_{inst\,(Q)} \cdot L^4}{184 \cdot E_{0,\,mean} \cdot I}$$

W : flèche en mm.

$q_{inst(Q)}$: charge linéique en N/mm provoquée par les actions variables.

L : distance entre appuis en mm.

$E_{0,mean}$: module moyen axial en MPa.

I : moment quadratique en mm⁴, pour une section rectangulaire sur chant, $I = bh^3/12$.

$$W_{inst}(Q) = \frac{1,05 \times 3300^4 \times 12}{184 \times 11000 \times 50 \times 200^3}$$

$$\boxed{W_{inst}(Q) = 1,85 \text{ mm}}$$

Calcul de la flèche différée W_{creep} et de la flèche nette finale $W_{net,fin}$

La flèche étant proportionnelle à la charge, il est plus simple de calculer la flèche nette finale à partir de la flèche instantanée provoquée par les charges variables :

$$W_{net,fin} = W_{inst} + W_{creep} - W_c$$

$$W_{net,fin} = W_{inst(Q)} + W_{inst(G)} + W_{creep} - W_c$$

$$W_{net,\,fin} = \frac{q_{inst(Q)} \cdot L^4}{184 \cdot E_{0,\,mean} \cdot I} + \frac{q_{inst(G)} \cdot L^4}{184 \cdot E_{0,\,mean} \cdot I} + \frac{k_{def} \cdot (q_{inst(G)} + \Psi_2 \cdot q_{inst(Q)}) \cdot L^4}{184 \cdot E_{0,\,mean} \cdot I} - 0$$

$$W_{net,\,fin} = \frac{L^4}{184 \cdot E_{0,\,mean} \cdot I} (q_{inst(Q)} + q_{inst(G)} + k_{def} \cdot (q_{inst(G)} + \Psi_2 \cdot q_{inst(q)}))$$

$$W_{net,\,fin} = \frac{L^4 \cdot q_{inst(Q)}}{184 \cdot E_{0,\,mean} \cdot I} \left(\frac{q_{inst(Q)} + q_{inst(G)} + k_{def} \cdot (q_{inst(G)} + \Psi_2 \cdot q_{inst(Q)})}{q_{inst(Q)}} \right)$$

$$W_{net,fin} = W_{inst}(Q) \left(1 + \frac{G + k_{def} \cdot (G + \Psi_2 \cdot Q)}{Q} \right)$$

k_{def} : coefficient de fluage de 0,8 (bois massif et local non chauffé).

Ψ_2 : coefficient de simultanéité 0 (charge de neige lorsque l'altitude est inférieure à 1 000 m).

$$W_{net,\,fin} = 1,85 \cdot \left(1 + \frac{0,5 + 0,8 \cdot (0,5 + 0 \times 0,7)}{0,7}\right)$$

Les actions sont exprimées en kN/m².

$$\boxed{W_{net,fin} = 4,23 \text{ mm}}$$

Justification

$W_{inst,lim} \, (Q) : L/300$

$W_{inst,lim} \, (Q) : 3\ 300/300 = 11 \text{ mm}$

$W_{net,fin,lim} : L/200$

$W_{net,fin,lim} : 3\ 300/200 = 16,5 \text{ mm}$

$$\frac{1,85}{11} \leq 1 \quad \text{et} \quad \frac{4,23}{16,5} \leq 1$$

$$\boxed{0,17 < 1 \text{ et } 0,26 < 1}$$

Remarque

Le critère dimensionnant est l'ELU car le système est hyperstatique (poutre sur trois appuis), et donc la déformation est moins importante qu'un système isostatique (deux poutres sur deux appuis).

3. Le cisaillement

Le cisaillement est une sollicitation rencontrée dans les poutres travaillant en flexion, notamment au droit des appuis, sous des charges ponctuelles, dans les assemblages, etc. Le cisaillement est dû à l'action de deux forces situées de part et d'autre d'un plan. Il tend à provoquer un déplacement entre les deux parties de la pièce selon ce plan de glissement. Naturellement, compte tenu de l'anisotropie du bois, les plans de rupture sont parallèles au fil du bois. Cette sollicitation peut devenir dimensionnante pour les poutres courtes fortement chargées, les poutres entaillées et les assemblages.

Photographie 11 : la contrainte de cisaillement doit être justifiée au niveau des appuis des poutres travaillant en flexion.

3.1 Vérification des contraintes (ELU)

3.1.1 Système

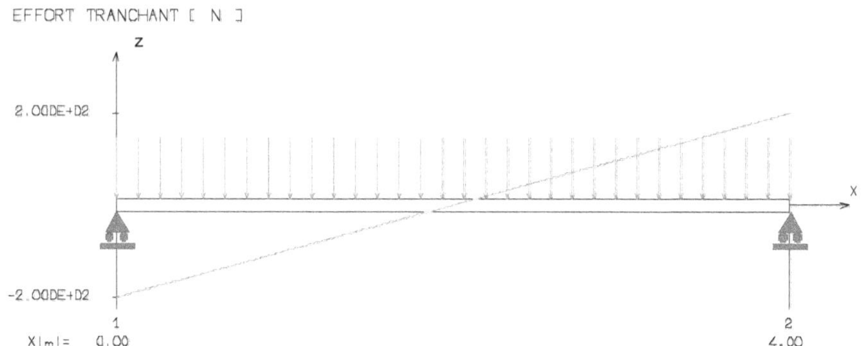

Schéma 19 : la réaction sous appuis provoque un effort orienté à 90° par rapport à la ligne moyenne de l'élément. Cette force est équilibrée par l'effort tranchant. Il représente la résultante des contraintes de cisaillement tangentes à la section, c'est-à-dire sur l'axe z. Dans cet exemple, une poutre sur deux appuis avec une charge uniformément répartie, l'effort tranchant est maximum au voisinage des appuis. Il a la même valeur que la réaction d'appuis, soit ql/2, soit 1 000 × 4/2 = 2 000 N.

3.1.2 Justification

La distribution des contraintes provoquées par l'effort tranchant n'est pas uniforme dans la section. Elle dépend de sa forme. La contrainte est maximum au milieu de la ligne moyenne (schéma 20). L'effort tranchant et donc la contrainte sont induits par la charge qui est calculée aux états limites ultimes. Elle doit rester inférieure à la contrainte de résistance déterminée.

$$\text{Taux de travail} = \frac{\tau_d}{f_{v,d}} \leq 1$$

$$(6.13)$$

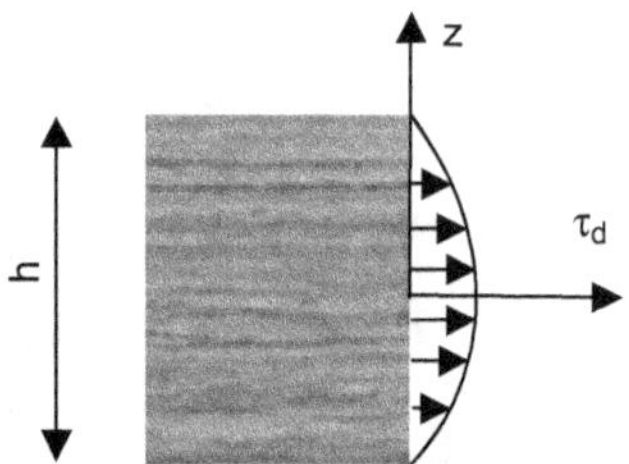

Schéma 20 : la contrainte de cisaillement n'est pas uniforme dans la section. Elle est maximum au milieu de la section de la poutre pour une section symétrique.

Si la poutre est entaillée au niveau de l'effort (appuis par exemple), la résistance sera diminuée par le coefficient k_v. Le taux de travail devient :

$$\text{Taux de travail} = \frac{\tau_d}{k_v \cdot f_{v,d}} \leq 1$$

$$(6.60)$$

▶ **τ_d : contrainte de cisaillement induite par la combinaison d'action des États Limites Ultimes en MPa.**

$$\tau_d = \frac{k_f \times F_{v,d}}{b_{ef} \times h_{ef}}$$

k_f : coefficient de forme de la section valant 3/2 pour une section rectangulaire et 4/3 pour une section circulaire

$F_{v,d}$: effort tranchant en Newton

h_{ef} : hauteur réelle exposée au cisaillement en mm (schéma 21),

b_{ef} : épaisseur de la pièce efficace en mm

Avec $b_{ef} = k_{cr} \times b$ lorsque la pièce travail en flexion.

$$(6.13a)$$

Tableau 5 : Valeur de k_{cr}

Matériau	Section ou chargement	Classe de service 1	Classe de service 2	Classe de service 3
Bois massif	Section avec les deux dimensions ≤ 150 mm	1	1	0,67
	Section avec au moins une dimension > 150 mm	0,67	0,67	0,67
Bois lamellé-collé	Charge permanente < à 70 % de la charge totale	1	1	0,67
	Charge permanente ≥ 70 % de la charge totale	1	0,67	0,67

$k_{cr} = 1$ pour les autres produits à base de bois (lamibois et panneaux dérivés du bois), selon l'EN 13986 et l'EN 14374.

b : épaisseur de la pièce en mm.

▶ **$f_{v,d}$: résistance de cisaillement calculée en MPa**

$$f_{v,d} = f_{v,k} \cdot \frac{k_{mod}}{\gamma_M}$$

$f_{v,k}$: contrainte caractéristique de résistance de cisaillement en MPa.

k_{mod} : coefficient modificatif en fonction de la charge de plus courte durée et de la classe de service.

γ_M : coefficient partiel qui tient compte de la dispersion du matériau.

▶ **k_v : coefficient d'entaillage**

Ce coefficient traduit l'effet de concentration de contrainte provoqué par un usinage sur une zone sollicitée au cisaillement. Il doit être appliqué lorsque les deux conditions suivantes sont réunies :

• l'entaille de la poutre est dans la zone tendue (généralement la partie inférieure de la poutre) ;

• la pente de l'entaille est supérieure à 10 %.

Ce coefficient vaut 1 si l'entaille est dans la zone comprimée (généralement la partie supérieure de la poutre) ou si la pente de l'entaille est inférieure à 10 %.

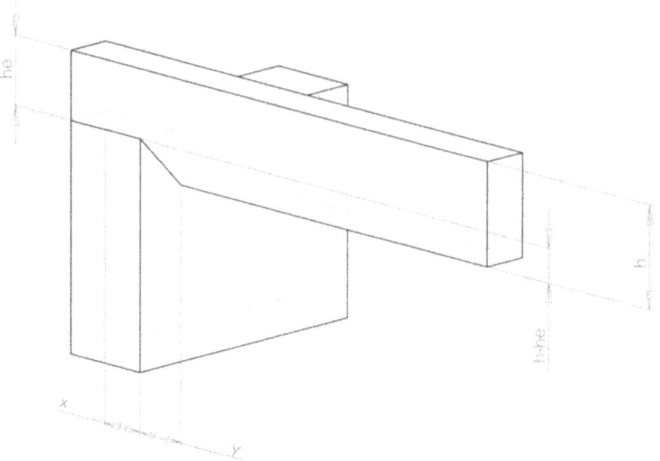

Schéma 21 : le coefficient d'entaillage k_v traduit l'effet de concentration de contrainte. Il est appliqué lorsque l'entaille, d'une pente supérieure à 10 %, est dans la zone tendue.

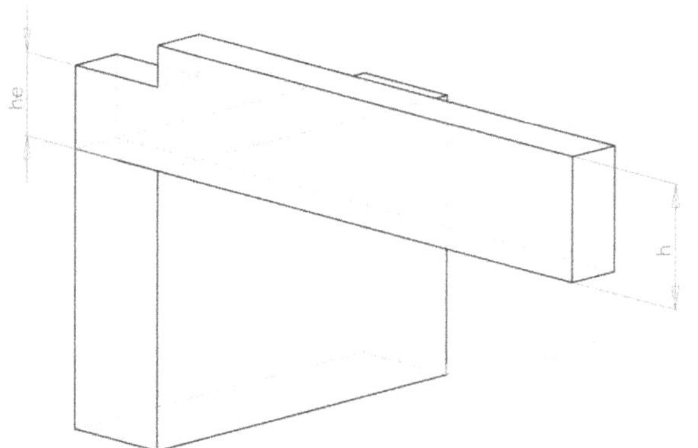

Schéma 22 : le coefficient d'entaillage k_v n'est pas appliqué lorsque l'entaille, d'une pente inférieure à 10 %, est dans la zone tendue ou si l'entaille est dans la zone comprimée.

Calcul du coefficient d'entaillage k_v

$$k_v = \min\left\{ \begin{array}{c} 1 \\[2ex] \dfrac{k_n\left(1 + \dfrac{1{,}1 \cdot i^{1{,}5}}{\sqrt{h}}\right)}{\sqrt{h}\left(\sqrt{\alpha(1-\alpha)} + 0{,}8\,\dfrac{x}{h}\sqrt{\dfrac{1}{\alpha} - \alpha^2}\right)} \end{array} \right\}$$

$$(6.62)$$

k_n : 5 pour le bois massif, 6,5 pour le bois lamellé-collé et 4,5 pour le lamibois.

i : 1/pente, soit $1/\tan \alpha$ ou $y/(h - he)$, précisé dans le schéma 21.

h : hauteur totale de la poutre en mm.

x : distance entre le début de l'entaille et le milieu de la surface d'appui.

α : rapport he/h.

Remarque

Les entailles droites au niveau des appuis de poutres provoquent des concentrations de contraintes. Pour limiter leurs effets, réalisez un perçage, consolidez l'entaille avec un étrier métallique ou bien par renforcement local à l'aide de fibre de verre (pour de la rénovation).

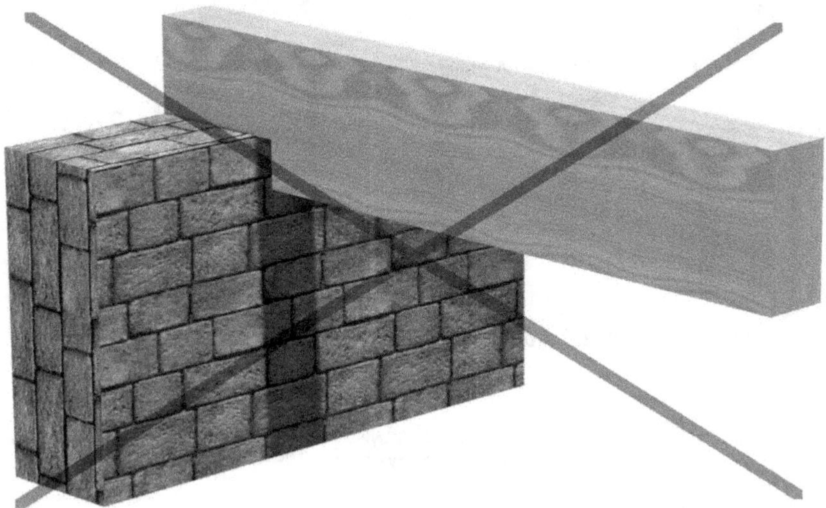

Schéma 23 : évitez les entailles droites dans la zone tendue

3.2   Applications résolues

3.2.1   Solive d'un plancher d'une chambre

Solive en bois massif de 75/225 classé C24.

Portée 5 m.

Entraxe de solive 0,5 m.

Classe de service 1 (local chauffé).

Charge de structure G = 0,5 kN/m².

Charge d'exploitation Q = 1,5 kN/m².

Combinaison ELU : C_{max} = 1,35 G + 1,5 Q.

Cas n° 1, sans entaille.

Cas n° 2, avec une entaille droite de 75 mm située à 100 mm de l'action d'appui.

▶ Vérifier la contrainte de cisaillement au droit des appuis aux ELU d'une solive de plancher

Calcul de la charge reprise

$$
\begin{aligned}
C_{max} &= 1,35\ G + 1,5\ Q \\
&= 1,35 \times 0,5 + 1,5 \times 1,5 \\
&= 2,925\ kN/m^2
\end{aligned}
$$

$$q \quad = 2{,}925 \times 0{,}5$$
$$\quad = 1{,}463 \text{ kN/m}$$

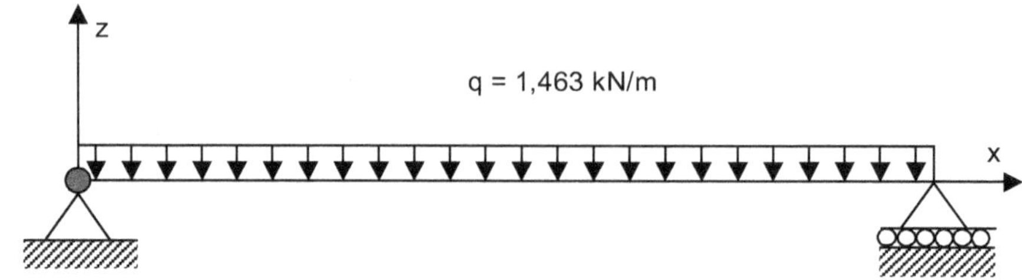

Schéma 24 : la charge reprise par la poutre pour justifier l'ELU est de 1,463 kN/m. L'effort tranchant est maximum au niveau des appuis, d'une valeur de $\frac{ql}{2}$.

▶ Poutre sans entaille (cas n° 1)

$$\text{Taux de travail} = \frac{\tau_d}{f_{v,d}} \leq 1$$

▶ τ_d : contrainte de cisaillement induite par la combinaison d'action des États Limites Ultimes en MPa

$$\tau_d = \frac{k_f \times F_{v,d}}{b_{ef} \times h_{ef}} = \frac{k_f \times F_{v,d}}{k_{cr} \times b \times h_{ef}} = \frac{1{,}5 \times 3\ 656}{0{,}67 \times 75 \times 225}$$

k_f : 3/2 pour une section rectangulaire

$F_{v,d}$: Effort tranchant en Newton, pour une poutre sur deux appuis avec un chargement uniforme, $F_{v,d} = ql\ /\ 2$; $F_{v,d} = 7{,}313\ /\ 2 = 3{,}656$ kN

h_{ef} : 225 mm.

b : 75 mm.

$k_{cr} = 0{,}67$ pour le bois massif lorsque la pièce travail en flexion.

$$\boxed{\tau_d = 0{,}49 \text{ MPa}}$$

$f_{v,d}$: résistance de cisaillement calculée en MPa

$$f_{v,d} = f_{v,k} \cdot \frac{k_{mod}}{\gamma_M}$$

$f_{v,k}$: contrainte caractéristique de résistance de cisaillement en MPa.

k_{mod} : coefficient modificatif en fonction de la charge de plus courte durée et de la classe de service.

γ_M : coefficient partiel qui tient compte de la dispersion du matériau.

$$f_{v,d} = 4 \cdot \frac{0{,}8}{1{,}3}$$

$$\boxed{f_{v,d} = 2{,}46 \text{ MPa}}$$

k_v : coefficient d'entaillage
Le coefficient d'entaillage k_v est égal à 1 car il n'y a pas d'entaille.

Justification

$$\text{Taux de travail} = \frac{\tau_d}{k_v \cdot f_{v,d}} \leq 1$$

$$\text{Taux de travail} = \frac{0,49}{2,46} < 1$$

$$\boxed{0,20 < 1}$$

▶ Poutre avec entaille (cas n° 2)

$$\text{Taux de travail} = \frac{\tau_d}{k_v \cdot f_{v,d}} \leq 1$$

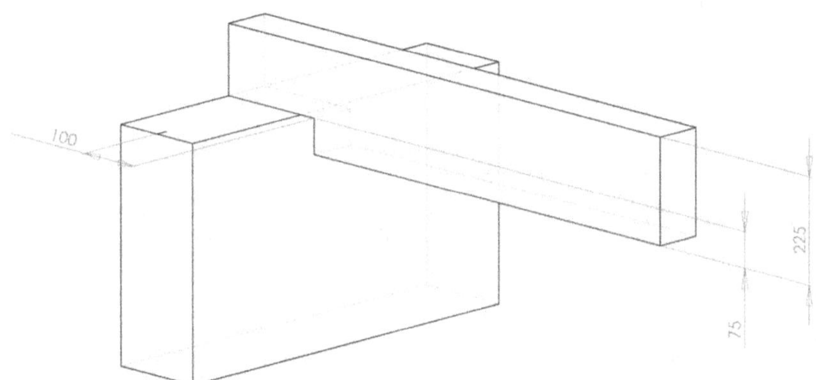

Schéma 25 : l'entaille fait 75 mm de profondeur. La coupe est située à 100 mm de l'action d'appui.

τ_d : contrainte de cisaillement induite par la combinaison d'action des États Limites Ultimes en MPa.

$$\tau_d = \frac{k_f \times F_{v,d}}{b_{ef} \times h_{ef}} = \frac{k_f \times F_{v,d}}{k_{cr} \times b \times h_{ef}} = \frac{1,5 \times 3\,656}{0,67 \times 75 \times (225 - 75)}$$

k_f : 3/2 pour une section rectangulaire

$F_{v,d}$: Effort tranchant en Newton, pour une poutre sur deux appuis avec un chargement uniforme, $F_{v,d} = ql / 2$; $F_{v,d} = 7,313/2 = 3,656$ kN

h_{ef} : Hauteur réelle exposée au cisaillement, soit $225 - 75 = 150$ mm.

b : 75 mm.

$k_{cr} = 0,67$ pour le bois massif lorsque la pièce travail en flexion.

$$\boxed{\tau_d = 0,73\ \text{MPa}}$$

$f_{v,d}$: résistance de cisaillement calculée en MPa

Elle est identique à celle de la poutre sans entaille.

$$\boxed{f_{v,d} = 2,46 \text{ MPa}}$$

k_v : coefficient d'entaillage

$$k_v = \min\left\{ \dfrac{k_n\left(1 + \dfrac{1,1 \cdot i^{1,5}}{\sqrt{h}}\right)}{\sqrt{h}\left(\sqrt{\alpha(1-\alpha)} + 0,8\,\dfrac{x}{h}\sqrt{\dfrac{1}{\alpha} - \alpha^2}\right)} \;;\; 1 \right\}$$

K_n : 5 pour le bois massif.
i : 1/pente, soit 0 car l'entaille est droite.
h : hauteur totale de la poutre, 225 mm.
x : distance de l'angle de l'entaille au point d'appui, 100 mm.
α : rapport he/h, $(225 - 75)/225 = 0,67$.

$$k_v = \min\left\{ \dfrac{5\left(1 + \dfrac{1,1 \cdot 0^{1,5}}{\sqrt{225}}\right)}{\sqrt{225}\left(\sqrt{0,67(1-0,67)} + 0,8\,\dfrac{100}{225}\sqrt{\dfrac{1}{0,67} - 0,67^2}\right)} \;;\; 1 \right\}$$

$$\boxed{k_v = 0,399}$$

Justification

$$\text{Taux de travail} = \dfrac{\tau_d}{k_v \cdot f_{v,d}} \leq 1$$

$$\text{Taux de travail} = \dfrac{0,73}{0,399 \times 1,538}$$

$$\boxed{0,74 < 1}$$

3.2.2 Panne d'aplomb sur trois appuis[3]

Panne en bois massif de 63/200 classé C24.
2 travées de 3,30 m.
Entraxe des pannes 1,5 m horizontal.
Classe de service 2 (comble non chauffé).
Charge de structure G = 0,5 kN/m² horizontal.
Charge climatique S = 0,7 kN/m² horizontal.

---

3. Reprise de la justification de la panne sur trois appuis du chapitre « La flexion simple des poutres droites ».

Combinaison ELU : $C_{max} = 1{,}35\,G + 1{,}5\,S$.

Cas n° 1, sans entaille.

Cas n° 2, avec une entaille de 60 mm, d'une pente de 50 %, située à 90 mm du point d'appui.

▶ Vérifier la contrainte de cisaillement au droit des appuis aux ELU de la panne sur trois appuis

Calcul de la charge reprise

$$q = (1{,}35\,G + 1{,}5\,S) \times \text{entraxe}$$
$$= (1{,}35 \times 0{,}5 + 1{,}5 \times 0{,}7) \times 1{,}5$$
$$= 2{,}588 \text{ kN/m}$$
$$= 2{,}588 \text{ N/mm}$$

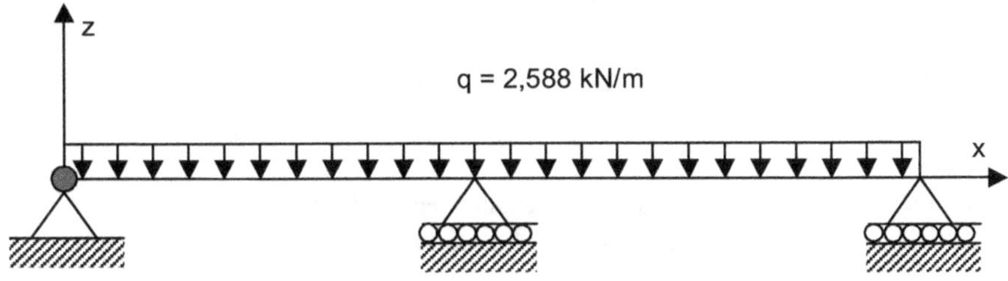

Schéma 26 : la charge reprise par la poutre pour justifier l'ELU est de 2,588 kN/m.

▶ Poutre sans entaille (cas n° 1)

$$\text{Taux de travail} = \frac{\tau_d}{f_{v,d}} \leq 1$$

τ_d : *contrainte de cisaillement induite par la combinaison d'action des États Limites Ultimes en MPa.*

$$\tau_d = \frac{k_f \times F_{v,d}}{b_{ef} \times h_{ef}} = \frac{k_f \times F_{v,d}}{k_{cr} \times b \times h_{ef}} = \frac{1{,}5 \times 3\,338}{0{,}67 \times 63 \times 200}$$

k_f : 3/2 pour une section rectangulaire

$F_{v,d}$: Effort tranchant en Newton, pour une poutre sur trois appuis avec un chargement uniforme, $F_{v,d} = 5ql/8$; $F_{v,d} = 5 \times 2{,}588 \times 3{,}3/8 = 3{,}338$ kN

h_{ef} : 200 mm.

b : 63 mm.

$k_{cr} = 0{,}67$ pour le bois massif lorsque la pièce travail en flexion.

$$\boxed{\tau_d = 0{,}59 \text{ MPa}}$$

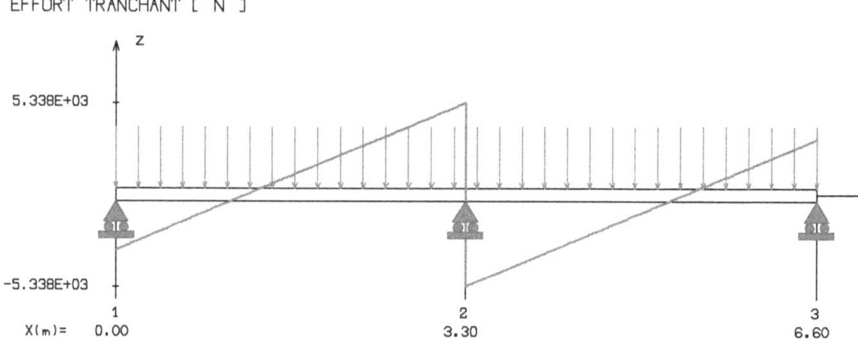

Schéma 27 : l'effort tranchant d'une poutre sur trois appuis est différent de la réaction sous appuis. Il est maximum sous l'appui intermédiaire.

$f_{v,d}$: résistance de cisaillement calculée en MPa

$$f_{v,d} = f_{v,k} \cdot \frac{k_{mod}}{\gamma_M}$$

$f_{v,k}$: contrainte caractéristique de résistance de cisaillement en MPa.

k_{mod} : coefficient modificatif en fonction de la charge de plus courte durée et de la classe de service.

γ_M : coefficient partiel qui tient compte de la dispersion du matériau.

$$f_{v,d} = 4 \cdot \frac{0,9}{1,3}$$

$$\boxed{f_{v,d} = 2,77 \text{ MPa}}$$

k_v : coefficient d'entaillage

Le coefficient d'entaillage k_v est égal à 1 car il n'y a pas d'entaille.

Justification

$$\text{Taux de travail} = \frac{0,59}{2,77} < 1$$

$$\boxed{0,21 < 1}$$

▶ Poutre avec entaille (cas n° 2)

$$\text{Taux de travail} = \frac{\tau_d}{k_v \cdot f_{v,d}} \leq 1$$

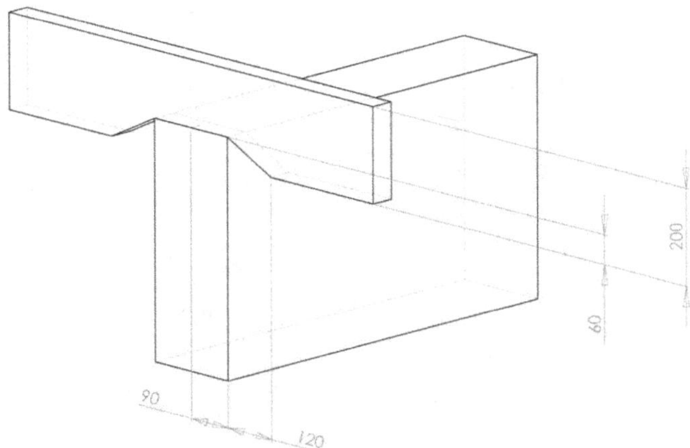

Schéma 28 : cette panne a une entaille de 60 mm, d'une pente de 50 %, située à 90 mm de l'action d'appui.

τ_d : *contrainte de cisaillement induite par la combinaison d'action des États Limites Ultimes en MPa*

$$\tau_d = \frac{k_f \times F_{v,d}}{b_{ef} \times h_{ef}} = \frac{k_f \times F_{v,d}}{k_{cr} \times b \times h_{ef}} = \frac{1,5 \times 3\,338}{0,67 \times 63 \times (200 - 60)}$$

k_f : 3/2 pour une section rectangulaire

$F_{v,d}$: Effort tranchant en Newton, pour une poutre sur trois appuis avec un chargement uniforme, $F_{v,d} = 5ql/8$; $F_{v,d} = 5 \times 2{,}588 \times 3{,}3/8 = 3{,}338$ kN

h_{ef} : Hauteur réelle exposée au cisaillement, soit $200 - 60 = 140$ mm.

b : 63 mm.

$k_{cr} = 0{,}67$ pour le bois massif lorsque la pièce travail en flexion.

$$\boxed{\tau_d = 0{,}85 \text{ MPa}}$$

$f_{v,d}$: *résistance de cisaillement calculée en MPa*

Elle est identique à celle de la poutre sans entaille.

$$\boxed{f_{m,d} = 2{,}77 \text{ MPa}}$$

k_v : *coefficient d'entaillage*

$$k_v = \min\left\{ \frac{k_n\left(1 + \dfrac{1{,}1 \cdot i^{1,5}}{\sqrt{h}}\right)}{\sqrt{h}\left(\sqrt{\alpha(1-\alpha)} + 0{,}8 \dfrac{x}{h}\sqrt{\dfrac{1}{\alpha} - \alpha^2}\right)} ;\ 1 \right\}$$

K_n : 5 pour le bois massif.

i : 1/pente, soit $1/\tan\alpha$ ou $y/(h - he)$, $120/60 = 2$.

h : hauteur totale de la poutre, 200 mm.

x : distance de l'angle de l'entaille au point d'appui, 90 mm.

α : rapport he/h, $140/200 = 0{,}7$.

$$k_v = \min\left\{ \dfrac{\dfrac{1}{5\left(1 + \dfrac{1,1 \cdot 2^{1,5}}{\sqrt{200}}\right)}}{\sqrt{200}\left(\sqrt{0,7\,(1\text{-}0,7)} + 0,8\,\dfrac{90}{200}\sqrt{\dfrac{1}{0,7}} - 0,7^2\right)} \right\}$$

$$\boxed{k_v = 0,534}$$

Justification

$$\text{Taux de travail} = \dfrac{0,85}{0,534 \times 2,77}$$

$$\boxed{0,40 < 1}$$

4. Les sollicitations composées

Les sollicitations composées résultent de la superposition de sollicitations simples. Une pièce soumise à de la flexion composée supportera de la flexion et de la traction ou de la flexion et de la compression. Lorsque la pièce est fléchie dans ses deux plans principaux (hauteur et épaisseur), on observe de la flexion déviée et lorsqu'elle supporte l'ensemble de ces sollicitations, on parle de flexion composée déviée.

4.1 Flexion composée, flexion et traction

La flexion et la traction se rencontrent par exemple sur des chevrons-pannes fixés sur la panne faîtière, sur des entraits de combles aménagés…

Comme pour la flexion simple, la justification des poutres doit être réalisée sur le critère de résistance, l'effet des actions ne doit pas entraîner des contraintes supérieures à la résistance de calcul de la poutre et, pour le critère déformation, la flèche de la poutre ne doit pas dépasser une valeur limite.

© CNDB

Photographie 12 : ce chevron-arbalétrier travaille en flexion et traction lorsque l'assemblage sur la panne faîtière reprend les efforts orientés dans le rampant (ces efforts supplémentaires induits par les chevrons-arbalétriers doivent être pris en compte lors du dimensionnement de la panne faîtière).

4.1.1 Vérification des contraintes (ELU)

▶ Système

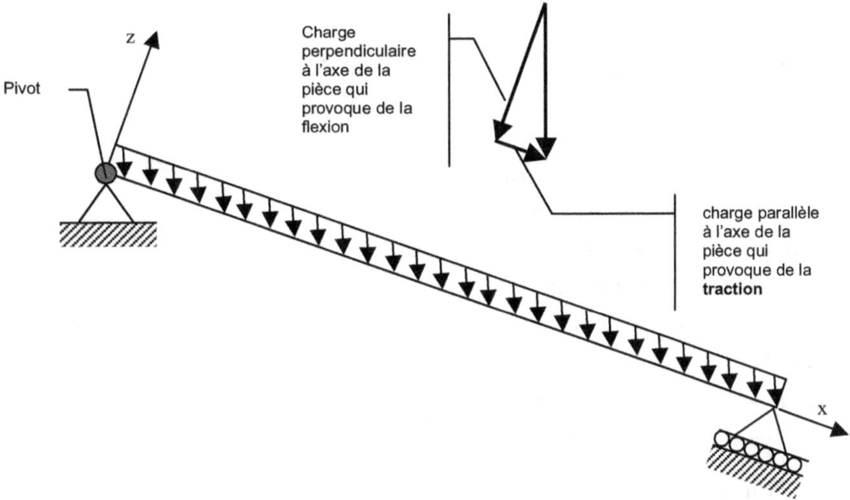

Schéma 29 : la charge inclinée se décompose en une charge perpendiculaire à l'axe de la pièce qui provoque de la flexion et en une charge parallèle à l'axe de la pièce qui « tire » sur la liaison pivot et provoque de la traction. Les contraintes de flexion et de traction s'additionnent car elles sont normales à la section droite.

▶ Justification

Les contraintes de flexion et de traction sont induites par la charge calculée aux ELU, états limites ultimes.

La somme des deux rapports suivants doit rester inférieure à 1 :

- contrainte de flexion induite divisée par la contrainte de résistance de flexion ;
- contrainte de traction induite sur la contrainte de résistance de traction.

Dans cette configuration, l'eurocode 5 n'envisage pas le risque de déversement. Lorsqu'il y a de la flexion et de la traction, le coefficient k_{crit} n'est pas pris en compte.

$$\text{Taux de travail} = \frac{\sigma_{t,o,d}}{f_{t,o,d}} + \frac{\sigma_{m,d}}{f_{m,d}} \leq 1$$

(issue de 6.18)

$\sigma_{m,d}$: contrainte de flexion induite par la combinaison d'action des états limites ultimes en MPa.

$f_{m,d}$: résistance de flexion de calcul en MPa.

$\sigma_{t,o,d}$: contrainte de traction induite par la combinaison d'action des états limites ultimes en MPa.

$f_{t,o,d}$: résistance de traction calculée en MPa.

▶ Vérification des déformations (ELS)

La deuxième vérification concerne la déformation. Elle est identique à une poutre soumise à la flexion simple. L'état limite de service est atteint lorsque les déformations admises sont dépassées.

4.1.2   Application résolue : chevron-arbalétrier bloqué sur la panne faîtière

Ce chevron-arbalétrier travaille en flexion et traction car l'assemblage situé sur la panne faîtière reprend les efforts orientés dans le rampant. La charge inclinée se décompose en une charge perpendiculaire à l'axe de la pièce qui provoque de la flexion et en une charge parallèle à l'axe de la pièce qui « tire » sur la liaison pivot et provoque de la traction.

Les hypothèses sont les suivantes :

- chevron-arbalétrier en bois massif de 50/200 classé C24 ;
- pente de 50 % (angle de 26,6°) ;
- portée 5 m (rampant) ;
- entraxe des chevrons-arbalétriers : 0,5 m ;
- classe de service 2 (zone non chauffée) ;
- charge de structure $G = 0,45$ kN/m² ;
- charge neige $S = 0,9$ kN/m² (rampant) ;
- altitude inférieure à 1 000 m ;
- combinaison ELU : $C_{max} = 1,35\ G + 1,5\ S$.

La charge supportée par le chevron-arbalétrier est :

$$q = (1,35 \times 0,45 + 1,5 \times 0,9) \times 0,5$$
$$= 0,979 \text{ kN/m}$$
$$= 0,979 \text{ N/mm}$$

Le taux de travail à vérifier est : $\dfrac{\sigma_{t,o,d}}{f_{t,o,d}} + \dfrac{\sigma_{m,d}}{f_{m,d}} \leq 1$.

▶ **Vérification des contraintes (ELU) : calcul de la contrainte de traction induite et de la contrainte de traction de résistance**

La traction est provoquée par l'action de la liaison pivot sur le chevron-arbalétrier. Elle est maximale au niveau de la liaison. Sa valeur est :

$$N = q \cdot \sin 26,6° \cdot L$$
$$= 0,979 \times \sin 26,6° \times 5\ 000$$
$$= 2\ 190 \text{ N}$$

Calcul de la contrainte induite par la charge

$$\sigma_{t,o,d} = \frac{N}{A}$$

N : effort de traction axiale en Newton.

A : aire de la pièce en mm².

$\sigma_{t,o,d}$: contrainte de traction axiale en MPa.

$$\sigma_{t,o,d} = \frac{2190}{50 \times 200}$$

$$\boxed{\sigma_{t,o,d} = 0,219 \text{ MPa}}$$

$f_{t,0,d}$: résistance de traction axiale calculée en MPa

$$f_{t,o,d} = f_{t,o,k} \cdot \frac{k_{mod}}{\gamma_M} \cdot k_b$$

$f_{t,o,d}$: contrainte de résistance en traction axiale en MPa.

$f_{t,o,k}$: contrainte caractéristique de résistance en traction axiale en MPa.

k_{mod} : coefficient modificatif en fonction de la charge de plus courte durée et de la classe de service.

γ_M : coefficient partiel qui tient compte de la dispersion du matériau.

k_h : coefficient de hauteur, égal à 1 car la hauteur est supérieure à 150 mm.

$$f_{t,o,d} = 14 \, \frac{0,9}{1,3} \cdot 1$$

$$\boxed{f_{t,o,d} = 9,7 \text{ MPa}}$$

▶ Vérification des contraintes (ELU) : calcul de la contrainte de flexion induite et de la contrainte de flexion de résistance

La flexion est provoquée par la charge perpendiculaire à l'axe de la poutre.

$$\begin{aligned}
q_z \quad &= q \cdot \cos 26,6° \\
&= 0,979 \cdot \cos 26,6° \\
&= 0,887 \text{ kN/m} \\
&= 0,887 \text{ N/mm}
\end{aligned}$$

Calcul de la contrainte induite par la charge

$$\sigma_{m,d} = \frac{M_{f,y}}{\dfrac{I_{G,y}}{V}}$$

$M_{f,y}$: moment de flexion, pour une poutre sur deux appuis avec une charge uniformément répartie.

$M_{f,y} = q_z \, L^2/8$ avec :
- q_z : charge linéique de poutre en N/mm sur l'axe z ;
- L : distance entre appuis en mm en rampant.

$I_{G,y}/V$: module d'inertie, $bh^2/6$ pour une section rectangulaire.

$$\sigma_{m,d} = \frac{6 \times q_z L^2}{8 \times bh^2} = \frac{6 \times 0,887 \times 5000^2}{8 \times 50 \times 200^2}$$

$$\boxed{\sigma_{m,d} = 8,32 \text{ MPa}}$$

Calcul de la contrainte de résistance

$$f_{m,d} = f_{m,k} \cdot \frac{k_{mod}}{\gamma_M} \cdot k_{sys} \cdot k_h$$

$f_{m,k}$: contrainte caractéristique de résistance en flexion en MPa.

k_{mod} : coefficient modificatif en fonction de la charge de plus courte durée (la charge de neige) et de la classe de service.

γ_M : coefficient partiel qui tient compte de la dispersion du matériau.

k_{sys} : le coefficient d'effet système est égal à 1,1. Il apparaît lorsque plusieurs éléments porteurs de même nature et de même fonction sont sollicités par un même type de chargement uniformément réparti.

k_h : coefficient de hauteur. Le coefficient k_h est égal à 1 lorsque la hauteur de la poutre est supérieure à 150 mm.

$$f_{m,\,d} = 24 \cdot \frac{0,9}{1,3} \cdot 1,1 \cdot 1$$

$$\boxed{f_{m,d} = 18,3\ \text{MPa}}$$

Justification

$$\text{Taux de travail} = \frac{\sigma_{t,o,d}}{f_{t,o,d}} + \frac{\sigma_{m,d}}{f_{m,d}} \leq 1$$

$$\text{Taux de travail} = \frac{0,219}{9,7} + \frac{8,32}{18,3} \leq 1$$

$$\boxed{0,48 < 1}$$

Remarque

Le calcul a été effectué en considérant les valeurs maximales de chaque sollicitation. En réalité, la valeur maximale de la contrainte de traction est située au niveau du faîtage et la valeur maximale de la contrainte de flexion est située au milieu de la poutre.

▶ Vérification des déformations (ELS)

Il faut vérifier que la flèche provoquée par les actions appliquées à la structure reste inférieure ou égale à la flèche limite $W_{\text{verticale ou horizontale limite}}$:

$$\frac{W_{\text{inst}}(Q)}{W_{\text{verticale ou horizontale limite instantanée}}} \leq 1 \quad \text{et} \quad \frac{W_{\text{net,fin}}}{W_{\text{verticale ou horizontale limite net finale}}} \leq 1$$

$$W_{\text{net,fin}} = W_{\text{inst}} + W_{\text{creep}} - W_c$$

W_{inst} : flèche instantanée, provoquée par l'ensemble des charges (charges permanentes incluses), sans tenir compte de l'influence de la durée de la charge et de l'humidité du bois sur la flèche.

W_{creep} : flèche différée provoquée par la durée de la charge et l'humidité du bois.

W_c : contre flèche fabriquée, inexistante dans cet exemple.

Calcul de la flèche instantanée W_{inst} (Q)

La flèche instantanée est calculée avec la combinaison ELS(INST (Q)) :

$q_{\text{inst}(Q)} = S \times \cos \alpha \times \text{entraxe}$

$q_{\text{inst}(Q)} = 0,9 \times \cos 26,6 \times 0,5$

$q_{\text{inst}(Q)} = 0,403\ \text{kN/m}$

$q_{\text{inst}(Q)} = 0,403\ \text{N/mm}$

Le chevron a une charge symétrique et uniforme, la flèche est définie par la formule :

$$W_{\text{inst}}(Q) = \frac{5 \cdot q_{\text{inst}(Q)} \cdot L^4}{384 \cdot E_{o,\text{mean}} \cdot I}$$

W : flèche en mm.

$q_{\text{inst}(Q)}$: charge linéique en N/mm provoquée par les actions variables.

L : distance entre appuis en mm.

$E_{o,\text{mean}}$: module moyen axial en MPa.

I : moment quadratique en mm^4, pour une section rectangulaire sur chant $I = bh^3/12$.

$$W_{inst}(Q) = \frac{5 \times 0{,}403 \times 5000^4 \times 12}{384 \times 11000 \times 50 \times 200^3}$$

$$\boxed{W_{inst} = 9 \text{ mm}}$$

Calcul de la flèche différée W_{creep} et de la flèche nette finale $W_{net,fin}$

La flèche étant proportionnelle à la charge, il est plus simple de calculer la flèche nette finale à partir de la flèche instantanée provoquée par les charges variables :

$$W_{net,fin} = W_{inst}(Q)\left(1 + \frac{k_{def} \cdot (G + \psi^2 \cdot Q) + G}{Q}\right)$$

k_{def} : coefficient de fluage de 0.8 (bois massif et local non chauffé).

ψ_2 : coefficient de simultanéité 0 (charge neige, altitude inférieure à 1 000 m).

$$W_{net,fin} = 9 \cdot \left(1 + \frac{0{,}8 \cdot (0{,}45 + 0 \times 0{,}9) + 0{,}45}{0{,}9}\right)$$

Les actions sont exprimées en kN/m².

$$\boxed{W_{net,fin} = 17{,}2 \text{ mm}}$$

Justification

$W_{inst,lim}(Q) : L/300$

$W_{inst,lim}(Q) : 5\ 000/300 = 16{,}7$ mm

$W_{net,fin,lim} : L/200$

$W_{net,fin,lim} : 5\ 000/200 = 25$ mm

$$\frac{9{,}1}{16{,}7} \leq 1 \quad \text{et} \quad \frac{17{,}2}{25} \leq 1$$

$$\boxed{0{,}55 < 1 \text{ et } 0{,}69 < 1}$$

4.2 Flexion composée, flexion et compression

Photographie 13 : ce chevron-arbalétrier travaille en flexion et compression lorsque l'assemblage reprend les efforts orientés dans le rampant et est situé sur la panne sablière (ces efforts supplémentaires induits par les chevrons-arbalétriers sont généralement repris par des solives situées dans le même plan que les chevrons-arbalétriers).

La flexion et la compression se rencontrent par exemple sur des chevrons-arbalétriers fixés sur la panne sablière ou sur des pannes reprenant l'effet du vent provenant du pignon. Dans ce cas de figure, le risque de flambement doit être examiné.

Comme pour la flexion simple, la justification des poutres doit être réalisée sur le critère de résistance, l'effet des actions ne doit pas entraîner des contraintes supérieures à la résistance de calcul de la poutre et, sur le critère déformation, la flèche de la poutre ne doit pas dépasser une valeur limite.

4.2.1 Vérification des contraintes (ELU)

▶ **Système**

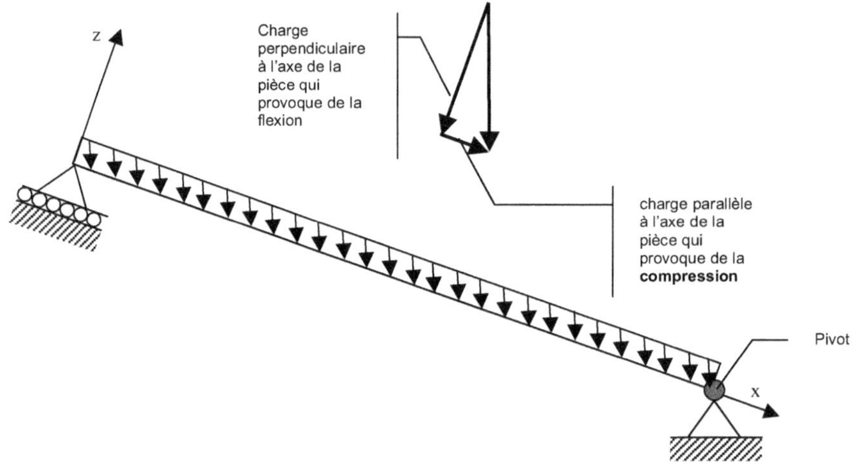

Schéma 30 : la charge inclinée se décompose en une charge perpendiculaire à l'axe de la pièce qui provoque de la flexion et en une charge parallèle à l'axe de la pièce qui « pousse » sur la liaison pivot et provoque de la compression. Les contraintes de flexion et de compression s'additionnent car elles sont normales à la section.

▶ **Justification**

Les contraintes de flexion et de compression sont induites par la charge calculée aux ELU, états limites ultimes.

La somme des deux rapports suivants doit rester inférieure à 1 :

- contrainte de flexion induite divisée par la contrainte de résistance de flexion ;

- contrainte de compression induite sur la contrainte de résistance de compression.

Dans cette configuration (risque de déversement et de flambement), il faut :

- majorer le taux de travail de la flexion par le coefficient k_{crit} de risque de déversement et l'élever au carré lorsque le moment est sur l'axe d'effort My et le risque de flambement sur l'axe faible $k_{c,z}$;

- majorer le taux de travail de la compression par le coefficient $k_{c,z}$ de risque de flambement.

$$\text{Taux de travail} = \frac{\sigma_{c,o,d}}{k_{c,z} \cdot f_{c,o,d}} + \left(\frac{\sigma_{m,y,d}}{k_{crit} \cdot f_{m,d}}\right)^2 \leq 1$$

$$(6.35)$$

$\sigma_{c,o,d}$: contrainte de compression induite par la combinaison d'action des états limites ultimes en MPa.

$f_{c,o,d}$: résistance de compression calculée en MPa.

$k_{c,z}$: coefficient de flambement (ou $k_{c,y}$ s'il est plus défavorable).

$\sigma_{m,d}$: contrainte de flexion induite par la combinaison d'action des états limites ultimes en MPa.

$f_{m,d}$: résistance de flexion calculée en MPa.

k_{crit} : coefficient d'instabilité provenant du déversement.

4.2.2   Vérification des déformations (ELS)

La deuxième vérification concerne la déformation. Elle est identique à une poutre soumise à la flexion simple. L'état limite de service est atteint lorsque les déformations admises sont dépassées.

4.2.3   Application résolue : chevron-arbalétrier bloqué sur la panne sablière

Reprenons l'exemple précédent, mais avec le chevron-arbalétrier bloqué sur la panne sablière. Ce chevron-arbalétrier travaille en flexion et compression car l'assemblage est situé sur la panne sablière et reprend les efforts orientés dans le rampant. La charge inclinée se décompose en une charge perpendiculaire à l'axe de la pièce qui provoque de la flexion et en une charge parallèle à l'axe de la pièce qui « pousse » sur la liaison pivot et provoque de la compression.

Les hypothèses sont les suivantes (mêmes hypothèses que dans l'exemple précédent) :

- chevron-arbalétrier en bois massif de 50/200 classé C24 ;

- pente de 50 % (angle de 26,6°) ;

- portée 5 m (rampant) ;

- entraxe des chevrons-pannes 0,5 m ;

- classe de service 2 (zone non chauffée) ;

- charge de structure G = 0,45 kN/m² (rampant) ;

- charge neige S = 0,9 kN/m² (rampant) ;

- altitude inférieure à 1 000 m ;

- combinaison ELU : C_{max} = 1,35 G + 1,5 S.

La charge supportée par le chevron-arbalétrier est :

q = (1,35 × 0,45 + 1,5 × 0,9) × 0,5

     = 0,979 kN/m

     = 0,979 N/mm

$$\text{Taux de travail} = \frac{\sigma_{c,o,od}}{k_{c,z} \cdot f_{c,o,d}} + \left(\frac{\sigma_{m,d}}{k_{crit} \cdot f_{m,d}} \right)^2 \leq 1$$

▶ Vérification des contraintes (ELU) : calcul de la contrainte de compression induite et de la contrainte de compression de résistance

La compression est provoquée par l'action de la liaison pivot sur le chevron-arbalétrier. Elle est maximale au niveau de la liaison. Sa valeur est :

N = $q \cdot \sin 26{,}6° \cdot L$

     = 0,979 × sin 26,6° × 5 000

     = 2 190 N

Vérification de l'élancement

Pour une section rectangulaire avec la hauteur suivant l'axe z :

$$\lambda_z = \frac{m \cdot lg \cdot \sqrt{12}}{b} \text{ et } \lambda_y = \frac{m \cdot lg \cdot \sqrt{12}}{h}$$

m : coefficient permettant de définir la longueur de flambement en fonction des liaisons aux extrémités de la barre, soit un appui simple et un pivot, la rotation au niveau des appuis est possible, m = 1.

lg : longueur du chevron-arbalétrier en mm.

b et h : épaisseur et hauteur de la pièce en mm.

$$\lambda_z = \frac{1 \cdot 5000 \cdot \sqrt{12}}{50}$$

$$\lambda_z = 347$$

Les usages professionnels limitent l'élancement à 120. Il est nécessaire de diminuer la longueur de flambement en plaçant deux entretoises au tiers et aux deux tiers de la longueur totale. Lg sera de 5 000/3 = 1 667 mm.

Élancement suivant l'axe z

$$\lambda_z = \frac{1 \cdot 1667 \cdot \sqrt{12}}{50}$$

$$\lambda_z = 116 < 120$$

Élancement suivant l'axe y

$$\lambda_z = \frac{1 \cdot 5000 \cdot \sqrt{12}}{200}$$

$$\lambda_z = 86,6$$

L'élancement est le plus important pour l'axe z.

Risque de flambage si l'élancement relatif $\lambda_{rel, max} > 0.3$

$$\lambda_{rel} = \frac{\lambda_z}{\pi} \sqrt{\frac{f_{c,0,k}}{E_{0,05}}}$$

λ_{rel} : élancement relatif.

$f_{c,0,k}$: contrainte caractéristique de résistance en compression axiale en MPa.

$E_{0,05}$: module axial au 5e pourcentile en MPa (ou caractéristique).

λ_z : élancement maximum (suivant l'axe z).

$$\lambda_{rel} = \frac{116}{\pi} \sqrt{\frac{21}{7400}}$$

$$\boxed{\lambda_{rel} = 1,967}$$

Donc risque de flambage car $\lambda_{rel, max} > 0,3$.

Calcul du coefficient $k_{c,z}$ réducteur de la résistance du bois :

$$k_{c,z} = \cfrac{1}{\left(k_z + \sqrt{k_z^2 - \lambda_{rel}^2}\right)}$$

$$k_z = 0,5[1 + \beta_c(\lambda_{rel} - 0,3) + \lambda_{rel}^2]$$

$\beta_c = 0,2$ pour le bois massif.

$$k_z = 0,5[1 + 0,2(1,967 - 0,3) + 1,967^2]$$

$$\boxed{k_z = 2,6}$$

$$k_{c,z} = \cfrac{1}{\left(2,6 + \sqrt{2,6^2 - 1,967^2}\right)}$$

$$\boxed{k_{c,z} = 0,233}$$

Calcul de la contrainte induite par la charge

$$\sigma_{c,o,d} = \frac{N}{A}$$

N : effort de compression en Newton.
A : aire de la pièce en mm².
$\sigma_{c,o,d}$: contrainte de compression axiale en MPa.

$$\sigma_{c,o,d} = \frac{2190}{50 \times 200}$$

$$\boxed{\sigma_{c,o,d} = 0,219 \text{ MPa}}$$

Calcul de la contrainte de résistance en compression axiale

$$f_{c,o,d} = f_{c,o,k} \frac{k_{mod}}{\gamma_M}$$

$f_{c,o,d}$: contrainte de résistance en compression axiale en MPa.
$f_{c,o,k}$: contrainte caractéristique de résistance en compression axiale en MPa.
k_{mod} : coefficient modificatif en fonction de la charge de plus courte durée (la neige) et de la classe de service, charpente abritée, classe 2.

γ_M : coefficient partiel qui tient compte de la dispersion du matériau. $f_{c,o,d} = 21\dfrac{0,9}{1,3}$

$$\boxed{f_{c,o,d} = 14,54 \text{ MPa}}$$

▶ Vérification des contraintes (ELU) : calcul de la contrainte de flexion induite, de la contrainte de flexion de résistance et du coefficient de déversement

La contrainte de flexion induite et la contrainte de flexion de résistance sont identiques à l'exemple précédent.

Contrainte de flexion induite

$$\boxed{\sigma_{m,d} = 8,32 \text{ MPa}}$$

Contrainte de résistance

$$\boxed{f_{m,d} = 18,27 \text{ MPa}}$$

Coefficient d'instabilité k_{crit} provenant du déversement (deux entretoises sont placées au tiers et aux deux tiers de la poutre)

Calcul de la contrainte critique $\sigma_{m,crit}$, contrainte à partir de laquelle apparaît le déversement

$$\sigma_{m,crit} = \frac{0{,}78 \cdot E_{0,05} \cdot b^2}{h \cdot l_{ef}}$$

$E_{0,05}$: module axial au 5e pourcentile (ou caractéristique) en MPa.

b et h : hauteur et épaisseur de la poutre en mm.

$l_{ef} = L + 2h$

L car le moment fléchissant n'est pas nul au niveau des entretoises.

2h car la charge est située sur la partie supérieure de la poutre (zone comprimée).

$$\sigma_{m,\ crit} = \frac{0{,}78 \times 7400 \times 50^2}{200 \times (5000/3 + 2 \times 200)}$$

$$\boxed{\sigma_{m,crit} = 34{,}9 \text{ MPa}}$$

Calcul de l'élancement relatif de flexion $\lambda_{rel,m}$

$$\lambda_{rel,m} = \sqrt{\frac{f_{m,k}}{\sigma_{m,critique}}}$$

$\sigma_{m,crit}$: contrainte critique de flexion en MPa.

$f_{m,k}$: contrainte de flexion caractéristique en MPa.

$$\lambda_{rel,\ m} = \sqrt{\frac{24}{34{,}9}}$$

$$\boxed{\lambda_{rel,m} = 0{,}829}$$

$0{,}75 < \lambda_{rel,m} \le 1{,}4$
$k_{crit} = 1{,}56 - 0{,}75\ \lambda_{rel,m}$
$k_{crit} = 1{,}56 - 0{,}75 \times 0{,}829$

$$\boxed{k_{crit} = 0{,}938}$$

Justification

$$\text{Taux de travail} = \frac{\sigma_{c,o,d}}{k_{c,z} \cdot f_{c,o,d}} + \left(\frac{\sigma_{m,d}}{k_{crit} \cdot f_{m,d}}\right)^2 \le 1$$

$$\text{Taux de travail} = \frac{0{,}219}{0{,}233 \cdot 14{,}54} + \left(\frac{8{,}32}{0{,}938 \cdot 18{,}27}\right)^2 \le 1$$

$$\boxed{0{,}3 < 1}$$

▶ **Vérification des déformations (ELS)**

La déformation instantanée et la déformation finale sont identiques à l'exemple précédent.

4.3 Flexion déviée

La flexion déviée se rencontre par exemple pour des pannes posées à dévers lorsque les chevrons n'empêchent pas leur flexion selon l'axe faible.

Comme pour la flexion simple, la justification des poutres doit être réalisée sur le critère de résistance, l'effet des actions ne doit pas entraîner des contraintes supérieures à la résistance de calcul de la poutre et sur le critère déformation, la flèche de la poutre ne doit pas dépasser une valeur limite.

Photographie 14 : ces pannes travaillent en flexion déviée car elles fléchissent dans deux directions.

4.3.1 Vérification des contraintes (ELU)

▶ **Système**

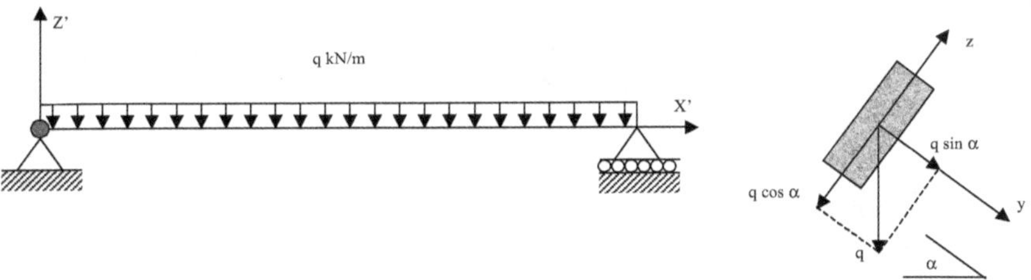

Schéma 31 : la charge inclinée par rapport à la section se décompose en une charge projetée sur l'axe z et une charge projetée sur l'axe y. Les contraintes de flexion induites s'additionnent car elles sont normales à la coupe, c'est-à-dire sur l'axe x.

▶ **Justification**

Les deux contraintes de flexion sont induites par la charge calculée aux ELU, états limites ultimes. La somme de ces deux rapports doit rester inférieure à 1 :

- pour l'axe z, contrainte de flexion induite divisée par la contrainte de résistance de flexion ;
- pour l'axe y, contrainte de flexion induite divisée par la contrainte de résistance de flexion.

Un coefficient k_m diminue le ratio le plus petit. Ce coefficient traduit la possibilité de redistribution des contraintes maximales situées sur l'arête tendue.

$$\text{Taux de travail} = \text{maximum} \left\{ \begin{array}{l} \dfrac{\sigma_{m,z,d}}{f_{m,z,d}} + k_m\,\dfrac{\sigma_{m,y,d}}{f_{m,y,d}} \\[2em] k_m\,\dfrac{\sigma_{m,z,d}}{f_{m,z,d}} + \dfrac{\sigma_{m,y,d}}{f_{m,y,d}} \end{array} \right\} \leq 1$$

(issues de 6.17 et 6.18)

$\sigma_{m,z,d}$: contrainte de flexion en MPa, correspondant à une déformation dans le plan xy donc aux efforts projetés sur y et une rotation autour de l'axe z.

$f_{m,z,d}$: résistance de flexion calculée en MPa de l'axe z.

$\sigma_{m,y,d}$: contrainte de flexion en MPa, correspondant à une déformation dans le plan xz, donc aux efforts projetés sur z et une rotation autour de l'axe y.

$f_{m,y,d}$: résistance de flexion calculée en MPa de l'axe y.

k_m : coefficient de redistribution des contraintes maximales valant 0,7 pour une section rectangulaire.

Remarque

La pièce étant déjà déversée, le coefficient k_{crit} de déversement latéral n'est pas appliqué.

4.3.2 Vérification des déformations (ELS)

La deuxième vérification concerne la déformation. La flèche totale est égale à la somme vectorielle de la flèche sur z et y. L'état limite de service est atteint lorsque les déformations admises sont dépassées.

$$w_{total} = \sqrt{w_z^2 + w_y^2}$$

Remarque

Cette vérification est une simplification. Il serait nécessaire de définir les projections verticale et horizontale de la flèche totale et de comparer la projection verticale par rapport à la flèche limite verticale et la projection horizontale par rapport à la flèche limite horizontale.

4.3.3 Application résolue : panne déversée

Les hypothèses sont les suivantes :

- panne en bois massif de 100/200 classé C24 ;
- pente de 30 % (angle de 17°) ;
- portée 3,5 m ;
- entraxe des pannes 1,8 m (rampant) ;
- classe de service 2 (zone non chauffée) ;
- charge de structure G = 0,55 kN/m² (rampant) ;
- charge neige S = 0,9 kN/m² (rampant) ;
- altitude inférieure à 1 000 m ;
- combinaison ELU : $C_{max} = 1{,}35\,G + 1{,}5\,S$.

$$\text{Taux de travail} = \text{maximum} \begin{cases} \dfrac{\sigma_{m,z,d}}{f_{m,z,d}} + k_m \dfrac{\sigma_{m,y,d}}{f_{m,y,d}} \\[3mm] k_m \dfrac{\sigma_{m,z,d}}{f_{m,z,d}} + \dfrac{\sigma_{m,y,d}}{f_{m,y,d}} \end{cases} \leq 1$$

▶ Vérification des contraintes (ELU) : calcul de la contrainte de flexion induite et de la contrainte de flexion de résistance

La charge supportée par la panne est :

q = (1,35 × 0,55 + 1,5 × 0,9) 1,8

   = 3,767 kN/m

Charge projetée sur l'axe z :

q_z = q cos α

   = 3,767 cos 17

   = 3,602 kN/m

Charge projetée sur l'axe y :

q_y = q sin α

   = 3,767 sin 17

   = 1,102 kN/m

Calcul de la contrainte $\sigma_{m,y,d}$ induite par la charge projetée sur l'axe z

$$\sigma_{m,y,d} = \dfrac{M_{f,y}}{\dfrac{I_{G,y}}{V}}$$

$M_{f,y}$: moment de flexion, pour une poutre sur deux appuis avec une charge uniformément.

$M_{f,y}$ = qz L²/8 avec :

- q_z : charge linéique de poutre en N/mm sur l'axe z ;

- L : distance entre appuis en mm.

$I_{G,y}/V$: module d'inertie, bh²/6 pour une section rectangulaire (hauteur sur l'axe z).

$$\sigma_{m,y,d} = \dfrac{6 \times q_z L^2}{8 \times bh^2} = \dfrac{6 \times 3,602 \times 3500^2}{8 \times 100 \times 200^2}$$

$$\boxed{\sigma_{m,y,d} = 8,28 \text{ MPa}}$$

Calcul de la contrainte $\sigma_{m,z,d}$ induite par la charge projetée sur l'axe y

$$\sigma_{m,z,d} = \dfrac{M_{f,z}}{\dfrac{I_{G,z}}{V}}$$

$M_{f,z}$: moment de flexion, pour une poutre sur deux appuis avec une charge uniformément.

$M_{f,z}$ = qy L²/8 avec :

- q_y : charge linéique de poutre en N/mm sur l'axe y ;

- L : distance entre appuis en mm.

$I_{G,z}/V$: module d'inertie, $b^2h/6$ pour une section rectangulaire (base sur l'axe y).

$$\sigma_{m,z,d} = \frac{6 \times q_y L^2}{8 \times b^2 h} = \frac{6 \times 1{,}102 \times 3500^2}{5 \times 100^2 \times 200}$$

$$\boxed{\sigma_{m,z,d} = 5{,}07 \text{ MPa}}$$

Calcul de la contrainte de résistance

$$f_{m,y,d} = f_{m,z,d} = f_{m,k} \cdot \frac{k_{mod}}{\gamma_M} \cdot k_{sys} \cdot k_h$$

$f_{m,k}$: contrainte caractéristique de résistance en flexion en MPa.

k_{mod} : coefficient modificatif en fonction de la charge de plus courte durée (la charge de neige) et de la classe de service.

γ_M : coefficient partiel qui tient compte de la dispersion du matériau.

k_{sys} : le coefficient d'effet système est égal à 1 (entraxe des pannes trop important).

k_h : coefficient de hauteur. Le coefficient k_h est égal à 1 lorsque la hauteur de la poutre est supérieure à 150 mm.

$$f_{m,d} = 24 \cdot \frac{0{,}9}{1{,}3} \cdot 1 \cdot 1$$

$$\boxed{f_{m,y,d} = 16{,}6 \text{ MPa}}$$

Justification

$$\frac{\sigma_{m,y,d}}{f_{m,y,d}} + k_m \frac{\sigma_{m,z,d}}{f_{m,z,d}} \leq 1$$

$$\frac{8{,}28}{16{,}6} + 0{,}7 \frac{5{,}07}{16{,}6} = 0{,}72 \leq 1$$

$$k_m = \frac{\sigma_{m,y,d}}{f_{m,y,dd}} + \frac{\sigma_{m,z,d}}{f_{m,z,d}} \leq 1$$

$$0{,}7 \frac{8{,}28}{16{,}6} + \frac{5{,}07}{16{,}6} = 0{,}66 \leq 1$$

$$\boxed{0{,}72 < 1}$$

▶ Vérification des déformations (ELS)

La flèche totale est égale à la somme vectorielle de la flèche sur z et y.

$$W_{total} = \sqrt{W_z^2 \cdot W_y^2}$$

Il faut vérifier que la flèche provoquée par les actions appliquées à la structure reste inférieure ou égale à la flèche limite $W_{\text{verticale ou horizontale limite}}$.

$$\frac{W_{inst}(Q)}{W_{\text{verticale ou horizontale limite instantanée}}} \leq 1 \quad \text{et} \quad \frac{W_{net,fin}}{W_{\text{verticale ou horizontale limite net finale}}} \leq 1$$

$$W_{net,fin} = W_{inst} + W_{creep} - W_c$$

W_{inst} : flèche instantanée, provoquée par l'ensemble des charges (charges permanentes incluses) sans tenir compte de l'influence de la durée de la charge et de l'humidité du bois sur la flèche.

W_{creep} : flèche différée provoquée par la durée de la charge et l'humidité du bois.

W_c : contre-flèche fabriquée, inexistante dans cet exemple.

Calcul de la flèche instantanée W_{inst} (Q)

La flèche instantanée est calculée avec la combinaison ELS(INST (Q)).

$q_{inst(Q)} = S \times$ entraxe

$q_{inst(Q)} = 0,9 \times 1,8$

$q_{inst(Q)} = 1,62$ kN/m

$q_{inst(Q)} = 1,62$ N/mm

Sur l'axe z :

$q_{z,inst(Q)} = 1,62 \times \cos 17$

$q_{z,inst(Q)} = 1,55$ N/mm

Sur l'axe y :

$q_{y,inst(Q)} = 1,62 \times \sin 17$

$q_{y,inst(Q)} = 0,474$ N/mm

La solive a une charge symétrique et uniforme, la flèche est définie par la formule :

$$w_{inst(Q)} = \sqrt{\left(\frac{5 \cdot q_{z,inst(Qà} \cdot L^4}{384 \cdot E_{o,mean} \cdot I_{G,y}}\right)^2 + \left(\frac{5 \cdot q_{y,inst(Qà} \cdot L^4}{384 \cdot E_{o,mean} \cdot I_{G,z}}\right)^2}$$

W : flèche en mm.

q_z : charge linéique en N/mm projetée sur l'axe z.

q_y : charge linéique en N/mm projetée sur l'axe y.

L : distance entre appuis en mm.

$E_{o,mean}$: module moyen axial en MPa.

$I_{G,y}$: moment quadratique en mm⁴, pour une section rectangulaire sur chant I = bh³/12.

$I_{G,z}$: moment quadratique en mm⁴, pour une section rectangulaire sur face I = b³h/12.

$$W_{inst(Q)} = \sqrt{\left(\frac{5 \times 1,55 \times 3500^4 \times 12}{384 \times 11000 \times 100 \times 200^3}\right)^2 + \left(\frac{5 \times 0,474 \times 3500^4 \times 12}{384 \times 11000 \times 100^3 \times 200}\right)^2}$$

$$\boxed{W_{inst(Q)} = 6,6 \text{ mm}}$$

Calcul de la flèche différée W_{creep} et de la flèche nette finale $W_{net,fin}$

La flèche étant proportionnelle à la charge, il est plus simple de calculer la flèche nette finale à partir de la flèche instantanée provoquée par les charges variables :

$$W_{net,fin} = W_{inst}(Q)\left(1 + \frac{k_{def} \cdot (G + \psi_2 \cdot Q) + G}{Q}\right)$$

k_{def} : coefficient de fluage de 0.8 (bois massif et zone non chauffée).

ψ_2 : coefficient de simultanéité 0 (charge neige, altitude inférieure à 1 000 m).

$$W_{net,fin} = 6,6 \cdot \left(1 + \frac{0,8 \cdot (0,55 + 0 \cdot 0,9) + 0,55}{0,9}\right)$$

Les actions sont exprimées en kN/m².

$$\boxed{W_{net,fin} = 13,7 \text{ mm}}$$

Justification

$W_{inst,lim}$ (Q) : L/300
$W_{inst,lim}$ (Q) : 3 500/300 = 11,6 mm
$W_{net,fin,lim}$: L/200
$W_{net,fin,lim}$: 3 500/200 = 17,5 mm

$$\frac{6,6}{11,6} \leq 1 \text{ et } \frac{13,7}{17,5} \leq 1$$

$$\boxed{0,76 < 1 \text{ et } 0,78 < 1}$$

4.4   Flexion déviée et comprimée

La flexion déviée et comprimée se rencontre par exemple sur des pannes déversées travaillant en flexion déviée et transmettant les effets du vent provenant du pignon. Autre exemple : un poteau d'angle d'un bâtiment transmet des charges verticales aux fondations et doit résister aux effets du vent sur la façade et le pignon simultanément. Dans ce cas de figure, le risque de flambement doit être examiné.

Comme pour la flexion simple, la justification des poutres doit être réalisée sur le critère de résistance, l'effet des actions ne doit pas entraîner des contraintes supérieures à la résistance de calcul de la poutre et sur le critère déformation, la flèche de la poutre ne doit pas dépasser une valeur limite.

Photographie 15 : ce poteau d'angle travaille en flexion déviée comprimée car il reçoit des charges verticales et les effets du vent provenant de l'angle du bâtiment.

4.4.1 Vérification des contraintes (ELU)

▶ Système

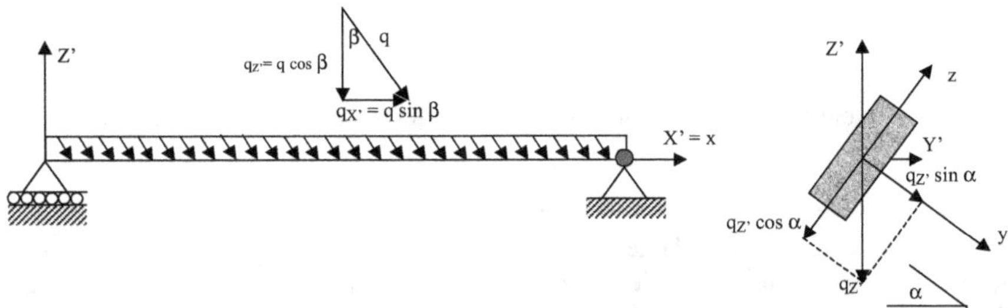

Schéma 32 : la charge parallèle à l'axe de la pièce (X') provoque de la compression. La charge inclinée par rapport à la section se décompose en une charge projetée sur l'axe y et une charge projetée sur l'axe z. Elles provoquent de la flexion déviée. Les contraintes de flexion induites et la contrainte de compression s'additionnent car elles sont normales à la coupe, c'est-à-dire sur l'axe x.

▶ Justification

Les contraintes de flexion et de compression sont induites par la charge calculée aux ELU, états limites ultimes.

La somme des trois rapports doit rester inférieure à 1 :

- pour l'axe z, contrainte de flexion induite divisée par la contrainte de résistance de flexion ;

- pour l'axe y, contrainte de flexion induite divisée par la contrainte de résistance de flexion ;

- contrainte de compression induite sur la contrainte de résistance de compression déterminée.

Dans cette configuration, il faut :

- diminuer le ratio le plus petit des deux axes de flexion par un coefficient k_m (ce coefficient traduit la possibilité de redistribution des contraintes maximales due à la plastification ;

- majorer le taux de travail de la compression par le coefficient de risque de flambement $k_{c,y}$ ou de $k_{c,z}$ correspondant à l'axe non diminué par le coefficient k_m.

$$\text{Taux de travail} = \text{maximum} \begin{cases} \dfrac{\sigma_{c,o,d}}{k_{c,z} \cdot f_{c,o,d}} + \dfrac{\sigma_{m,z,d}}{f_{m,z,d}} + k_m \dfrac{\sigma_{m,y,d}}{f_{m,y,d}} \\[2ex] \dfrac{\sigma_{c,o,d}}{k_{c,y} \cdot f_{c,o,d}} + k_m \dfrac{\sigma_{m,z,d}}{f_{m,z,d}} + \dfrac{\sigma_{m,y,d}}{f_{m,y,d}} \end{cases} \leq 1$$

$$(6.23 \text{ et } 6.24)$$

$\sigma_{m,y,d}$: contrainte de flexion en MPa, correspondant à une déformation dans le plan xz donc aux efforts projetés sur z et une rotation autour de l'axe y.

$f_{m,y,d}$: résistance de flexion calculée en MPa de l'axe y.

$\sigma_{m,z,d}$: contrainte de flexion en MPa, correspondant à une déformation dans le plan xy donc aux efforts projetés sur y et une rotation autour de l'axe z.

$f_{m,z,d}$: résistance de flexion calculée en MPa de l'axe z.

k_m : coefficient de redistribution des contraintes maximum valant 0,7 pour une section rectangulaire.

$\sigma_{c,o,d}$: contrainte de compression induite par la combinaison d'action des états limites ultimes en MPa.

$f_{c,o,d}$: résistance de compression calculée en MPa.

$k_{c,y}$ ou $k_{c,z}$: coefficient de flambement d'axe non diminué par le coefficient k_m de redistribution des contraintes.

Remarque

La pièce étant déjà déversée, le coefficient k_{crit} de déversement latéral n'est pas appliqué.

4.4.2 Vérification des déformations (ELS)

La deuxième vérification concerne la déformation. La flèche totale est égale à la somme vectorielle de la flèche sur z et y. L'état limite de service est atteint lorsque les déformations admises sont dépassées.

$$w_{total} = \sqrt{w_z^2 + w_y^2}$$

4.4.3 Application résolue : panne déversée reprenant une poussée provoquée par le vent

Les hypothèses sont identiques à l'application précédente concernant la panne déversée :

- panne en bois massif de 100/200 classé C24 ;

- pente de 30 % (angle de 17°) ;

- portée 3,5 m ;

- entraxe des pannes 1,8 m (rampant) ;

- classe de service 2 (zone non chauffée) ;

- charge de structure G = 0,55 kN/m² (rampant) ;

- charge neige avec effet vent, S_w = 0,9 kN/m² (rampant) ;

- résultante pression/dépression sur le versant proche de 0 ;

- poussée reprise par la panne provenant de l'effet du vent sur le pignon : W = 15 kN ;

- altitude inférieure à 1 000 m ;

- combinaison ELU : C_{max} = 1,35 G + 1,5 S_w + 0,9 W_{pignon}

▶ **Vérification des contraintes (ELU) : calcul de la contrainte de compression induite et de la contrainte de compression de résistance**

Vérification de l'élancement

Pour une section rectangulaire avec la hauteur suivant l'axe z :

$$\lambda_z = \frac{m \cdot lg \cdot \sqrt{12}}{b} \quad et \quad \lambda_y = \frac{m \cdot lg \cdot \sqrt{12}}{h}$$

m : coefficient permettant de définir la longueur de flambement en fonction des liaisons aux extrémités de la barre, soit deux articulations, la rotation au niveau des appuis est possible, m = 1.

lg : longueur de la panne en mm.

b et h : épaisseur et hauteur de la pièce en mm.

$$\lambda_z = \frac{1 \cdot 3500 \cdot \sqrt{12}}{100}$$

$$\lambda_z = 121$$

La valeur de l'élancement est acceptable car la panne transmet des efforts provenant du vent (Règle CB 71).

$$\lambda_y = \frac{1 \cdot 3500 \cdot \sqrt{12}}{200}$$

$$\lambda_y = 60,5$$

Calcul de $k_{c,z}$ (risque de flambage si l'élancement relatif $\lambda_{z,rel,} > 0,3$)

$$\lambda_{z,rel} = \frac{\lambda_z}{\pi} \sqrt{\frac{f_{c,0,k}}{E_{0,05}}}$$

λ_{rel} : élancement relatif.
$f_{c,0,k}$: contrainte caractéristique de résistance en compression axiale en MPa.
$E_{0,05}$: module axial au 5e pourcentile en MPa (ou caractéristique).
λ_z : élancement maximal (suivant l'axe z).

$$\lambda_{z,rel} = \frac{121}{\pi} \sqrt{\frac{21}{7400}}$$

$$\boxed{\lambda_{z,rel} = 2,052}$$

Donc risque de flambage car $\lambda_{z,rel} > 0,3$.
Calcul du coefficient $k_{c,z}$ réducteur de la résistance du bois.

$$k_{c,z} = \frac{1}{(k_z + \sqrt{k_z^2 - \lambda_{rel}^2})}$$

$$k_z = 0,5 \left[1 + \beta_c(\lambda_{rel} - 0,3) + \lambda_{rel}^2\right]$$

$\beta_c = 0,2$ pour le bois massif.

$$k_z = 0,5 \left[1 + 0,2(2,052 - 0,3) + 2,052^2\right]$$

$$\boxed{k_z = 2,78}$$

$$k_{c,z} = \frac{1}{(2,78 + \sqrt{2,78^2 - 2,052^2})}$$

$$\boxed{k_{c,z} = 0,214}$$

Calcul de $k_{c,y}$ (risque de flambage si l'élancement relatif $\lambda_{y,rel,} > 0.3$)

$$\lambda_{y,rel} = \frac{\lambda_y}{\pi} \sqrt{\frac{f_{c,0,k}}{E_{0,05}}}$$

λ_{rel} : élancement relatif.
$f_{c,0,k}$: contrainte caractéristique de résistance en compression axiale en MPa.
$E_{0,05}$: module axial au 5e pourcentile en MPa (ou caractéristique).

λ_y : élancement maximum (suivant l'axe y).

$$\lambda_{y,rel} = \frac{60,5}{\pi} \sqrt{\frac{21}{7400}}$$

$$\boxed{\lambda_{y,rel} = 1,026}$$

Donc risque de flambage car $\lambda_{y,rel} > 0,3$.
Calcul du coefficient $k_{c,y}$ réducteur de la résistance du bois :

$$k_{c,y} = \frac{1}{(k_y + \sqrt{k_y^2 - \lambda_{rel}^2})}$$

$$k_y = 0,5\,[1 + \beta_c(\lambda_{rel} - 0,3) + \lambda_{rel}^2]$$

$\beta_c = 0,2$ pour le bois massif.

$$k_y = 0,5\,[1 + 0,2(1,026 - 0,3) + 1,026^2]$$

$$\boxed{k_y = 1,099}$$

$$k_{c,y} = \frac{1}{(1,099 + \sqrt{1,099^2 - 1,026^2})}$$

$$\boxed{k_{c,y} = 0,67}$$

Calcul de la contrainte induite par la charge

La compression est provoquée par l'action du vent sur le pignon. Sa valeur est de 15 kN.

$$\sigma_{c,o,d} = \frac{N}{A}$$

N : effort de compression en Newton.
A : aire de la pièce en mm.
$\sigma_{c,o,d}$: contrainte de compression axiale en MPa.

$$\sigma_{c,o,d} = \frac{15000 \times 0,9}{100 \times 200}$$

$$\boxed{\sigma_{c,o,d} = 0,68 \text{ MPa}}$$

Calcul de la contrainte de résistance en compression axiale

$$f_{c,o,d} = f_{c,o,k}\,\frac{k_{mod}}{\gamma_M}$$

$f_{c,o,d}$: contrainte de résistance en compression axiale en MPa.
$f_{c,o,k}$: contrainte caractéristique de résistance en compression axiale en MPa.
k_{mod} : coefficient modificatif en fonction de la charge de plus courte durée (la neige) et de la classe de service, charpente abritée, classe 2.
γ_M : coefficient partiel qui tient compte de la dispersion du matériau.

$$f_{c,o,d} = 21\,\frac{1,1}{1,3}$$

$$\boxed{f_{c,o,d} = 17,8 \text{ MPa}}$$

▶ **Vérification des contraintes (ELU) : calcul de la contrainte de flexion induite et de la contrainte de flexion de résistance**

La résolution est identique à l'application précédente, excepté la valeur du k_{mod} qui passe de 0.9 à 1.1, la durée de la charge la plus courte étant instantanée (le vent).

$$f_{m,z,d} = f_{m,y,d} = 24 \cdot \frac{1,1}{1,3} \cdot 1 \cdot 1$$

$$\boxed{f_{m,z,d} = 20,3 \text{ MPa}}$$

Justification

$$\frac{\sigma_{c,0,d}}{k_{c,y} \cdot f_{c,0,d}} + \frac{\sigma_{m,z,d}}{f_{m,z,d}} + k_m \frac{\sigma_{m,y,d}}{f_{m,y,d}} \leq 1$$

$$\frac{0,68}{0,67 \cdot 17,8} + \frac{8,28}{20,3} + 0,7 \frac{5,07}{20,3} = 0,65 \leq 1$$

$$\frac{\sigma_{c,0,d}}{k_{c,z} \cdot f_{c,0,d}} + k_m \frac{\sigma_{m,z,d}}{f_{m,z,d}} + \frac{\sigma_{m,y,d}}{f_{m,y,d}} \leq 1$$

$$\frac{0,68}{0,214 \cdot 17,8} + 0,7 \frac{8,28}{20,3} + \frac{5,07}{20,3} = 0,73 \leq 1$$

$$\boxed{0,73 < 1}$$

4.4.4   Vérification des déformations (ELS)

La flèche totale est égale à la somme vectorielle de la flèche sur z et y. La compression n'a pas d'influence sur la déformation. La résolution est identique à l'application concernant la panne déversée.

5.   La flexion des poutres à inertie variable et des poutres courbes

Les poutres courbes et/ou à inertie variable sont généralement en bois lamellé-collé. Elles se rencontrent fréquemment dans les constructions. Elles permettent d'obtenir directement la pente des toits, d'augmenter l'espace intérieur, de réduire les hauteurs d'appui et surtout d'optimiser la section par rapport aux sollicitations. La vérification de ce type de poutres doit prendre en compte certaines particularités. Les fibres extrêmes sont de longueurs différentes et la distribution des contraintes n'est pas linéaire. Cela engendre une augmentation de la contrainte maximale. De plus, dans les zones courbes, la flexion crée une contrainte supplémentaire de compression transversale ou de traction transversale.

5.1   Poutres à simple décroissance

5.1.1   Vérification des contraintes (ELU)

▶ Système

Dans les zones de décroissance, la répartition des contraintes est modifiée. Cette modification est plus importante dans la zone tendue que dans la zone comprimée. Un coefficient $k_{m,\alpha}$ permet de prendre en compte cette modification.

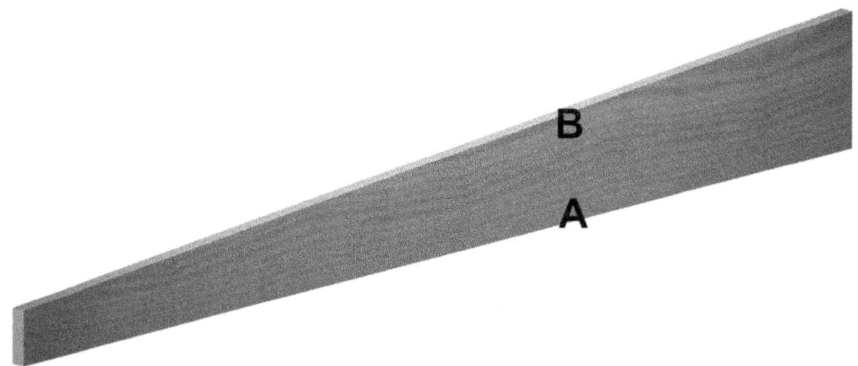

Schéma 33 : cette poutre a sa face B inclinée comprimée. Dans la zone « A », la contrainte est parallèle au fil, notée $\sigma_{m,o,d}$; dans la zone « B », la contrainte est inclinée par rapport au fil, notée $\sigma_{m,\alpha,d}$.

Schéma 34 : cette poutre a sa face inclinée tendue (pour un chargement vertical orienté vers le bas).

Remarque

Ce cas de figure est rare car, généralement, la fibre tendue n'est pas coupée.

▶ Justification

Pour justifier une poutre à simple décroissance, il faut vérifier la contrainte de flexion dans la zone de décroissance.

$$\text{Taux de travail} = \frac{\sigma_{m,\alpha,d}}{k_{m,\alpha}f_{m,d}} \leq 1$$

$$(6.38)$$

▶ **$\sigma_{m,\alpha,d}$: contrainte de flexion induite par la combinaison d'action des états limites ultimes en MPa**

$$\sigma_{m,o,d} = \sigma_{m,\alpha,d} = \frac{6 \cdot M_d}{b \cdot h^2}$$

$$(6.37)$$

$\sigma_{m,o,d}$: contrainte induite située au niveau de la face parallèle aux fibres.

$\sigma_{m,\alpha,d}$: contrainte induite située au niveau de la face inclinée d'un angle α, angle de décroissance. Pour un chargement uniformément réparti et symétrique, la contrainte maximale est au point $x = L/(1 + h_{ap}/h_s)$.

M_d : moment de flexion déterminé au point $x = L/(1 + h_{ap}/h_s)$.

b et h : hauteur et épaisseur de la poutre en mm.

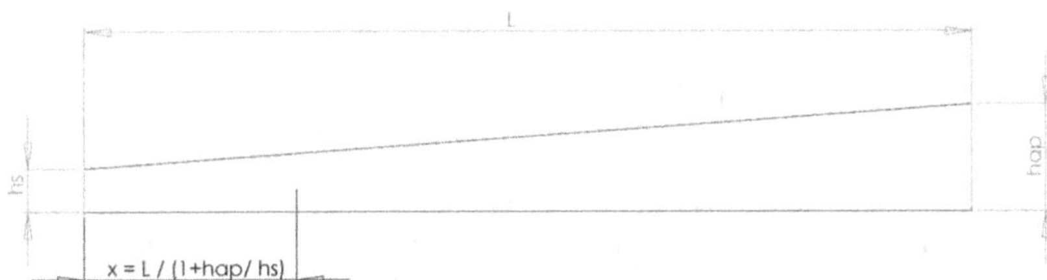

Schéma 35 : les contraintes $\sigma_{m,o,d}$ et $\sigma_{m,\alpha,d}$ sont maximales au point $x = L/(1 + h_{ap}/h_s))$

▶ **$f_{m,d}$: résistance de flexion calculée en MPa**

$$f_{m,d} = f_{m,k} \cdot \frac{k_{mod}}{\gamma_M} \cdot k_{sys} \cdot k_h$$

$f_{m,k}$: contrainte caractéristique de résistance de flexion en MPa.

k_{mod} : coefficient modificatif en fonction de la charge de plus courte durée et de la classe de service.

γ_M : coefficient partiel qui tient compte des incertitudes sur le matériau.

k_{sys} et k_h sont détaillés ci-après.

k_{sys} : coefficient d'effet système

L'effet système apparaît lorsque plusieurs éléments porteurs de même nature et de même fonction (solives, fermes) sont sollicités par un même type de chargement réparti uniformément. La résistance de l'ensemble est alors supérieure à la résistance d'un seul élément pris isolément. Il n'est généralement pas appliqué car l'entraxe entre les éléments est fréquemment supérieur à 1,2 m.

k_h : coefficient de hauteur

Le coefficient K_h majore les résistances pour les hauteurs inférieures à 600 mm pour le bois lamellé-collé (l'usage du bois massif pour les poutres à inertie variable est très rare).

Si h ≥ 600 mm, Kh = 1.

Si h ≤ 600 mm, Kh = min $(1,1 ;(600/h)^{0,1})$.

$$(3.2)$$

Avec h la hauteur de la pièce en mm.

▶ $k_{m,\alpha}$: coefficient d'effet de la décroissance sur la contrainte induite et la résistance calculée de flexion

Lorsque la face inclinée est tendue (généralement située dessous) et que la contrainte maximale est située dans une zone où l'inertie est variable, $k_{m,\alpha}$ est égal à :

$$k_{m,\alpha} = \frac{1}{\sqrt{1 + \left(\dfrac{f_{m,o,d}}{0{,}75\,f_{v,d}} \cdot \tan\alpha\right)^2 + \left(\dfrac{f_{m,o,d}}{f_{t,90,d}} \cdot \tan^2\alpha\right)^2}}$$

(6.39)

Lorsque la face inclinée est comprimée (généralement située dessus) et que la contrainte maximale est située dans une zone où l'inertie est variable, $k_{m,\alpha}$ est égal à :

$$k_{m,\alpha} = \frac{1}{\sqrt{1 + \left(\dfrac{f_{m,d}}{1{,}5 \cdot f_{v,d}} \cdot \tan(\alpha)\right)^2 + \left(\dfrac{f_{m,d}}{f_{c,90,d}} \cdot \tan^2(\alpha)\right)^2}}$$

(6.40)

$f_{m,o,d}$: résistance de flexion de calcul parallèle au fil en MPa.
$f_{v,d}$: résistance de cisaillement calculée parallèle au fil en MPa.
$f_{c,90,d}$: résistance de compression calculée perpendiculaire au fil en MPa.
$f_{t,90,d}$: résistance de traction calculée perpendiculaire au fil en MPa.
α : angle de la pente de la décroissance en degré.

5.1.2   Vérification des déformations (ELS)

La deuxième vérification concerne la déformation. Le principe est identique à celui d'une poutre droite. L'état limite de service est atteint lorsque les déformations admises sont dépassées.

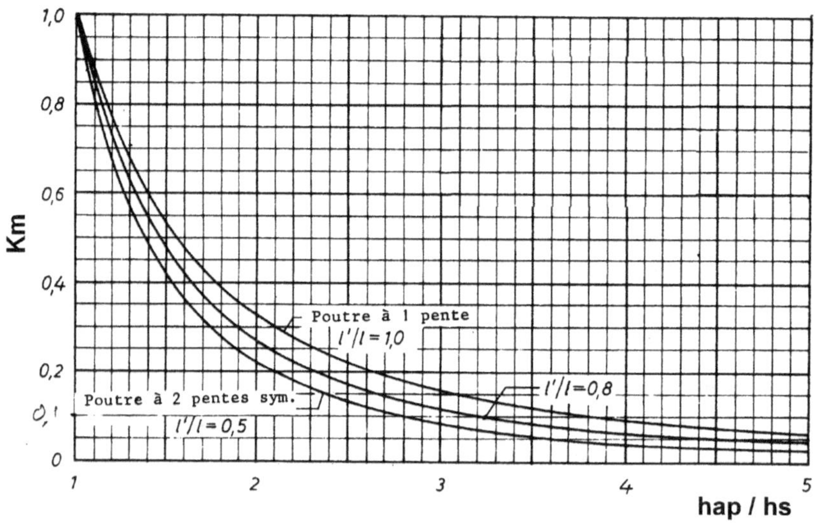

Courbe 1 : coefficient pour définir la flèche provoquée par le moment fléchissant

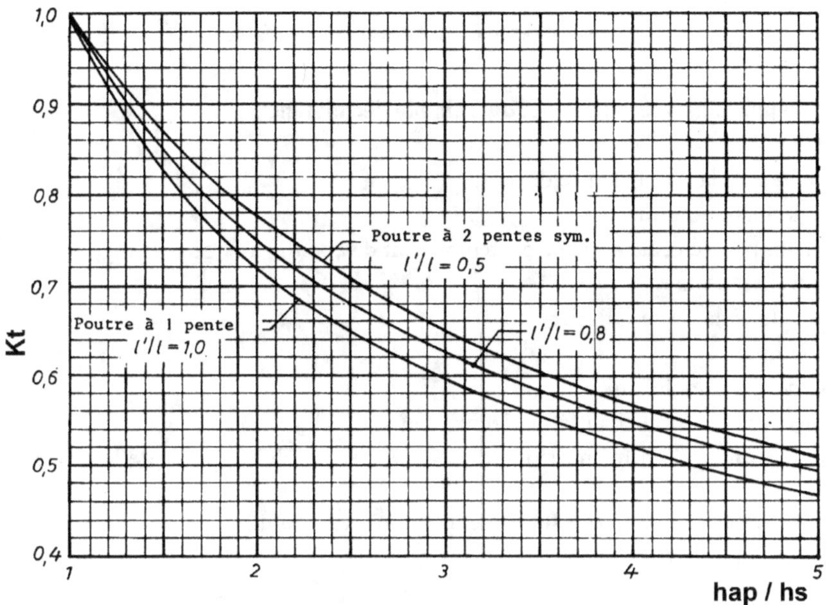

Courbe 2 : coefficient pour définir la flèche provoquée par l'effort tranchant

(sources : *Charpente en bois lamellé-collé – Guide pratique de conception et de mise en œuvre*, Éditions Eyrolles, 1990)

Le calcul de la flèche sera généralement effectué sur ordinateur. Pour un chargement uniformément réparti et symétrique, il est possible de calculer la flèche maximale avec la formule ci-après. L'élancement de ce style de poutre étant important, la flèche provoquée par l'effort tranchant n'est plus négligeable. Elle est calculée par la deuxième partie de la formule.

$$W_{inst}(Q) = k_m \frac{5 \cdot 12 \cdot q_{inst(Q)} \cdot L^4}{384 \cdot E_{o,mean} \cdot b \cdot h_s^3} + k_t \frac{6 \cdot q_{inst(Q)} \cdot L^2}{5 \cdot 8 \cdot G_{mean} \cdot b \cdot h_s}$$

W : flèche en mm.

$q_{inst(Q)}$: charge linéique en N/mm avec la combinaison ELS (INST(Q)).

L : distance entre appuis en mm.

$E_{o,mean}$: module moyen axial en MPa.

G_{mean} : module de cisaillement en MPa.

b : épaisseur de la poutre en mm.

h_s : hauteur la plus faible (au niveau des appuis) en mm.

k_m : coefficient pour la flèche provoquée par le moment fléchissant défini avec la courbe 1.

k_t : coefficient pour la flèche provoquée par l'effort tranchant défini dans la courbe 2.

La flèche totale étant proportionnelle à la charge, elle sera calculée par la formule :

$$W_{net,fin} = W_{inst}\left(1 + \frac{G \cdot (1 + k_{def}) + Q \cdot \psi_2 \cdot k_{def}}{Q}\right)$$

G : action permanente (structure).

Q : action variable (charge d'exploitation, climatique…).

k_{def} : coefficient de fluage.

ψ_2 : coefficient représentant la partie permanente des actions variables.

5.1.3   Applications résolues : poutre à simple décroissance

Hypothèses :

- face inclinée de la poutre située dessus ;
- contre-flèche de 30 mm ;
- poutre à simple décroissance d'une hauteur variant de 400 (h_s) à 1 000 mm (h_{ap}) ;
- épaisseur de 160 mm ;
- bois lamellé-collé classé GL28h ;
- portée 12 m ;
- entraxe des poutres de 4 m ;
- classe de service 1 (local chauffé) ;
- charge de structure (en m² horizontal) G = 0,8 kN/m² plus le poids de la poutre de 0,9 kN/m ;
- charge de neige S = 0,9 kN/m² (altitude inférieure à 1 000 m) ;
- combinaison ELU : C_{max} = 1,35 G + 1,5 S.

▶ Vérification des contraintes (ELU)

$$\text{Taux de travail} = \frac{\sigma_{m,\alpha,d}}{k_{m,\alpha}f_{m,d}} \leq 1$$

Calcul de la charge reprise

$$G = 0{,}8 \times 4 + 0{,}9$$
$$= 4{,}1 \text{ kN/m}$$
$$S = 0{,}9 \times 4$$
$$= 3{,}6 \text{ kN/m}$$
$$C_{max} = 1{,}35\,G + 1{,}5\,S$$
$$= 1{,}35 \times 4{,}1 + 1{,}5 \times 3{,}6$$
$$= 10{,}935 \text{ kN/m}$$
$$= 10{,}935 \text{ N/mm}$$

$\sigma_{m,\alpha,d}$: contrainte de flexion induite par la combinaison d'action des états limites ultimes en MPa

$$\sigma_{m,\alpha,d} = \frac{6 \cdot M_d}{b \cdot h^2}$$

Calcul du point x, point où la contrainte est maximale

$$x = L/(1 + h_{ap}/h_s)$$

$$x = 12\,000/(1 + 1000/400)$$

$$x = 3\,429 \text{ mm}$$

Calcul du moment de flexion au point x = 3 429 mm

$$M_d(x) = \frac{q \cdot L \cdot x}{2} - \frac{q \cdot x^2}{2}$$

$$M_d(3429) = \frac{10{,}935 \cdot 12000 \cdot 3429}{2} - \frac{10{,}935 \cdot 3429^2}{2}$$

$$M_d(3\,429) = 160{,}7 \; 10^6 \; N \cdot mm$$

Calcul de h(3 429)

$$h(x) = h_s + \tan(\alpha) \cdot x$$

$$\tan(\alpha) = \frac{h_{ap} - h_s}{L}$$

$$\tan(\alpha) = \frac{1000 - 400_s}{12000} \; ; \; \alpha = 2{,}86°$$

$$h(3429) = 400 + \tan(2{,}86) \cdot 3429$$

$$\boxed{h(3429) = 571{,}4 \; m}$$

$$h(3\,429) = 571{,}4 \; mm$$

Calcul de la contrainte

$$\sigma_{m,\alpha,d} = \frac{6 \cdot 160{,}7 \cdot 10^6}{160 \cdot 571{,}4^2}$$

$$\boxed{\sigma_{m,\alpha,d} = 18{,}5 \; MPa}$$

$f_{m,d}$: résistance de flexion calculée en MPa

$$f_{m,d} = f_{m,k} \cdot \frac{k_{mod}}{\gamma_M} \cdot k_{sys} \cdot k_h$$

$f_{m,k}$: contrainte caractéristique de résistance en flexion en MPa.

k_{mod} : coefficient modificatif en fonction de la charge de plus courte durée et de la classe de service.

γ_M : coefficient partiel qui tient compte de la dispersion du matériau.

k_{sys} : égal à 1, car les travées sont supérieures à 1.2 m.

k_h : égal à 1, la hauteur au faîtage est supérieure à 600 mm.

$$f_{m,d} = 28 \cdot \frac{0{,}9}{1{,}25} \cdot 1 \cdot 1$$

$$\boxed{f_{m,d} = 20{,}16 \; MPa}$$

$k_{m,\alpha}$: coefficient d'effet de la décroissance

La face inclinée est située dessus, elle est comprimée.

$$k_{m,\alpha} = \frac{1}{\sqrt{1 + \left(\frac{f_{m,d}}{1{,}5 \cdot f_{v,d}} \cdot \tan(\alpha)\right)^2 + \left(\frac{f_{m,d}}{f_{c,90,d}} \cdot \tan^2(\alpha)\right)^2}}$$

$f_{m,o,d}$: résistance de flexion calculée parallèle au fil, soit 20,16 MPa.

$f_{v,d}$: résistance de cisaillement calculée parallèle au fil.

$$f_{v,d} = f_{v,k} \cdot \frac{k_{mod}}{\gamma_M} \text{ , soit } 3,2 \cdot \frac{0,9}{1,25} \text{ , } f_{v,d} = 2,3 \text{ MPa.}$$

$f_{c,90,d}$: résistance de compression calculée perpendiculaire.

$$f_{c,90,d} = f_{c,90,k} \cdot \frac{k_{mod}}{\gamma_M} \text{ , soit } 3 \cdot \frac{0,9}{1,25} \text{ , } f_{c,90,d} = 2,16 \text{ MPa.}$$

α : angle de la pente de la décroissance de 2,86°.

$$k_{m,\alpha} = \frac{1}{\sqrt{1 + \left(\frac{20,16}{1,5 \cdot 2,6} \cdot \tan(2,86)\right)^2 + \left(\frac{20,16}{2,16} \cdot \tan^2(2,86)\right)^2}}$$

$$\boxed{k_{m,\alpha} = 0,96}$$

Justification

$$\text{Taux de travail} = \frac{18,5}{0,96 \cdot 20,16} \leq 1$$

$$\boxed{0,96 < 1}$$

5.1.4 Vérification des déformations (ELS)

La deuxième vérification concerne la déformation. L'état limite de service est atteint lorsque les déformations admises sont dépassées.

Calcul de la flèche instantanée provoquée par les actions variables W_{inst} (Q)

$$W_{inst}(Q) = k_m \frac{5 \cdot 12 \cdot q_{inst(Q)} \cdot L^4}{384 \cdot E_{0,mean} \cdot b \cdot h_s^3} + k_t \frac{6 \cdot q_{inst(Q)} \cdot L^2}{5 \cdot 8 \cdot G_{mean} \cdot b \cdot h_s}$$

W : flèche en mm.
$q_{inst(Q)}$: charge linéique en N/mm avec la combinaison ELS(INST) ; $S = 3,6$ N/mm.
L : distance entre appuis : 12 000 mm.
$E_{0,mean}$: module moyen axial : 12 600 MPa.
G_{mean} : module de cisaillement : 780 MPa.
$b = 160$ mm
h_s : hauteur la plus faible : 400 mm.
$k_m = 0,21$, coefficient pour la flèche provoquée par le moment fléchissant défini avec la courbe 1 ; $h_{ap}/h_s = 2.5$.
$k_t = 0.65$; coefficient pour la flèche provoquée par l'effort tranchant défini dans la courbe 2 ; $h_{ap}/h_s = 2.5$.

$$W_{inst}(Q) = 0,21 \frac{5 \cdot 12 \cdot 3,6 \cdot 12000^4}{384 \cdot 12600 \cdot 160 \cdot 400^3} + 0,65 \frac{6 \cdot 3,6 \cdot 12000^2}{5 \cdot 8 \cdot 780 \cdot 160 \cdot 400}$$

$$W_{inst} = 19 + 1$$

$$\boxed{W_{inst} = 20 \text{ mm}}$$

Calcul de la flèche finale W_{fin}

La flèche totale étant proportionnelle à la charge, elle sera calculée par la formule :

$$W_{fin} = W_{inst}\left(1 + \frac{k_{def} \cdot (G + \psi_2 \cdot Q) + G}{Q}\right)$$

G : action permanente (structure) ; 4,1 N/mm.

Q : action variable ; S = 3,6 N/mm.

k_{def} : coefficient de fluage ; zone non chauffée, k_{def} = 0,8.

ψ_2 : coefficient représentant la partie permanente des actions variables ψ_2 = 0 (altitude inférieure à 1 000 m).

$$W_{fin} = 20\left(1 + \frac{0,8 \cdot (4,1 + 0 \times 3,6) + 4,1}{3,6}\right)$$

$$\boxed{W_{fin} = 62 \text{ mm}}$$

Calcul de la flèche nette finale $W_{net,fin}$

$W_{net,fin} = W_{fin} - W_c$; avec W_c la contre-flèche de 30 mm.

$W_{net,fin} = 62 - 30$

$$\boxed{W_{net,fin} = 32 \text{ mm}}$$

Justification

$W_{inst,lim}$ (Q) : L/300

$W_{inst,lim}$ (Q) : 12 000/300 = 40 mm

$W_{fin,lim}$: L/125

$W_{fin,lim}$: 12 000/125 = 96 mm

$W_{net,fin,lim}$: L/250

$W_{net,fin,lim}$: 12 000/200 = 60 mm

$$\frac{20}{40} \leq 1 \; ; \; \frac{62}{96} \leq 1 \quad \text{et} \quad \frac{32}{60} \leq 1$$

$$\boxed{0,50 < 1 \; ; \; 0,64 < 1 \text{ et } 0,34 < 1}$$

5.2   Poutres à double décroissance, courbes et à inertie variable

5.2.1   Vérification des contraintes (ELU)

▶ Système

Une poutre à double décroissance est composée de deux zones à simple décroissance. Les poutres courbes peuvent avoir une inertie variable ou constante.

Schéma 36 : poutre à double décroissance (à inertie variable)

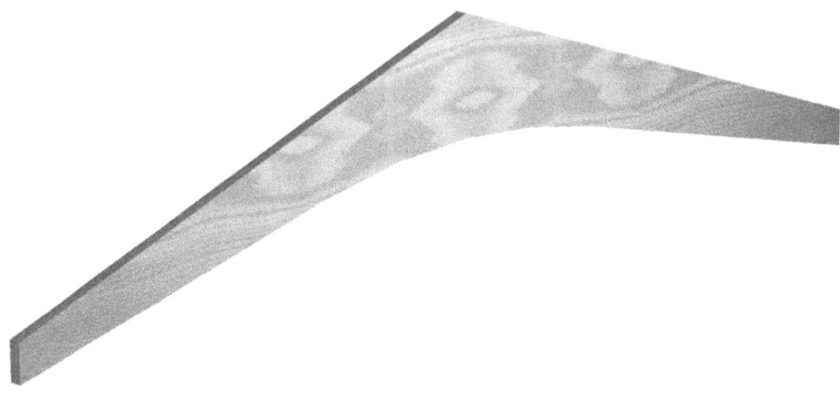

Schéma 37 : poutre intrados courbe à inertie variable

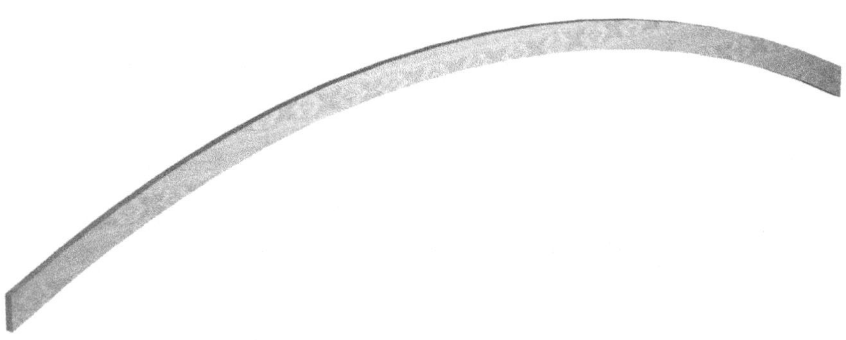

Schéma 38 : poutre courbe à inertie constante

▶ Justification

Pour une poutre à double décroissance, on vérifie la flexion dans chaque partie en simple décrois-sance ainsi que la flexion, la traction perpendiculaire et le cisaillement dans la zone de faîtage. Lorsque la poutre est courbe, il faut tenir compte de la diminution de la résistance en flexion provenant de la courbure des lamelles.

Contrainte de flexion dans chaque zone à simple décroissance

La vérification est identique à la poutre à simple décroissance.

$$\text{Taux de travail} = \frac{\sigma_{m,\alpha,d}}{k_{m,\alpha}f_{m,d}} \leq 1$$

$$(6.38)$$

Contrainte de flexion dans la zone de faîtage

La zone de faîtage s'étend de chaque côté de l'axe du faîtage :

- de la moitié de la hauteur de faîtage pour la poutre à double décroissance ;
- du point de raccordement entre la partie courbe et la partie droite pour les poutres courbes à inertie variable ou constante.

$$\text{Taux de travail} = \frac{\sigma_{m,d}}{k_r f_{m,d}} \leq 1$$

$$(6.41)$$

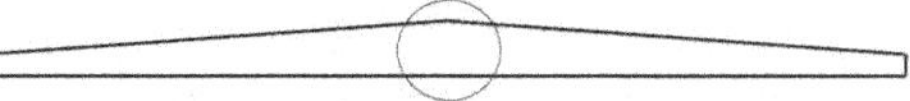

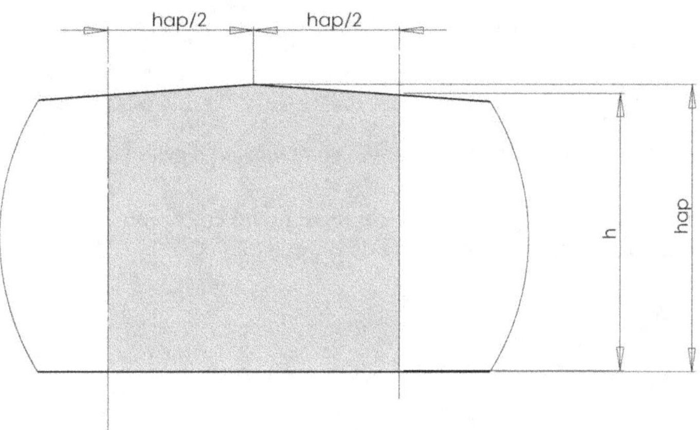

Schéma 39 : volume de la zone de faîtage d'une poutre à double décroissance

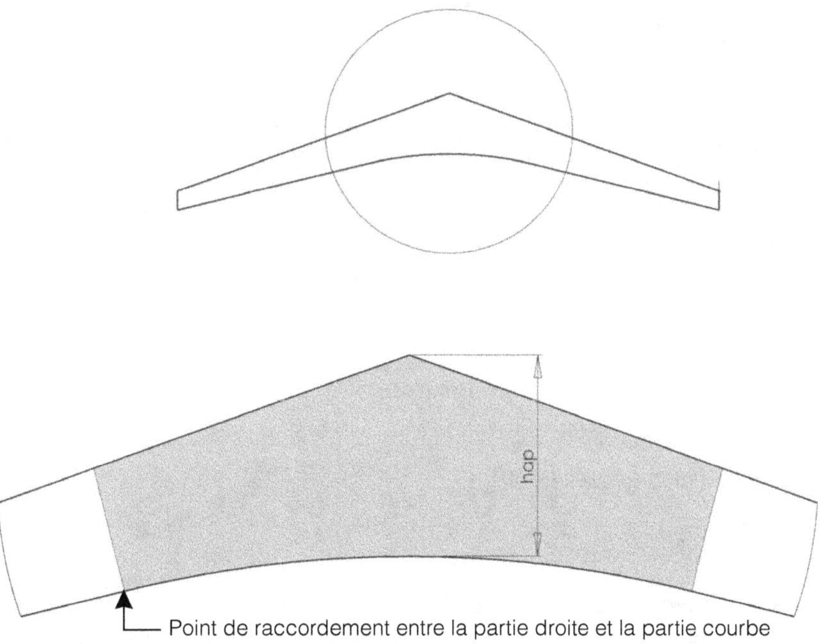

Schéma 40 : volume de la zone de faîtage d'une poutre courbe à inertie variable

Le coefficient k_r diminue la résistance de flexion des lamelles lorsqu'elles sont cintrées. Sa valeur est fonction du rapport du rayon de cintrage sur l'épaisseur des lamelles.

k_r : coefficient de réduction de résistance de flexion des lamelles lorsqu'elles sont cintrées

$$k_r = \begin{cases} 1, \dots\dots\dots\dots\dots\dots\dots\dots\dots \text{ pour } \dfrac{r_{in}}{t} \geq 240 \\[2em] 0{,}76 + 0{,}001 \cdot \dfrac{r_{in}}{t}, \dots\dots \text{ pour } \dfrac{r_{in}}{t} < 240 \end{cases}$$

(6.49)

r_{in} : rayon intérieur.
t : épaisseur des lamelles.

$\sigma_{m,d}$: contrainte de flexion au faîtage induite par la combinaison d'action des états limites ultimes en MPa

La contrainte induite est majorée par le coefficient k_L. Il prend en compte la hauteur au faîtage, la pente de la décroissance et le rayon de courbure de la poutre.

$$\sigma_{m,d} = k_L \frac{6 \cdot M_{ap,d}}{b \cdot h_{ap}^2}$$

(6.42)

$M_{ap,d}$: moment de flexion déterminé au faîtage.
b et h_{ap} : hauteur au faîtage et épaisseur de la poutre en mm.
k_L : coefficient fonction de la forme de la poutre.

$$k_L = k_1 + k_2\left(\frac{h_{ap}}{r}\right) + k_3\left(\frac{h_{ap}}{r}\right)^2 + k_4\left(\frac{h_{ap}}{r}\right)^3$$

$k_1 = 1 + 1{,}4 \tan \alpha + 5{,}4 \tan^2 \alpha$
$k_2 = 0{,}35 - 8 \tan \alpha$
$k_3 = 0{,}6 + 8{,}3 \tan \alpha - 7{,}8 \tan^2 \alpha$
$k_4 = 6 \tan^2 \alpha$
$r = r_{in} + 0{,}5\, h_{ap}$
r_{in} : rayon intérieur.
α_p : angle de la pente au faîtage en degré.

(6.43 à 6.48)

Remarques

– Le rapport (h_{ap}/r) est nul lorsque la poutre n'est pas courbée ($r = \infty$).

– $\alpha_p = 0°$ lorsque la poutre courbe a une section constante.

$f_{m,d}$: résistance de flexion calculée en MPa

$$f_{m,d} = f_{m,k} \cdot \frac{k_{mod}}{\gamma_M} \cdot k_{sys} \cdot k_h$$

$f_{m,k}$: contrainte caractéristique de résistance de flexion en MPa.
k_{mod} : coefficient modificatif en fonction de la charge de plus courte durée et de la classe de service.

γ_M : coefficient partiel qui tient compte de la dispersion du matériau.

k_{sys} : généralement égal à 1, car les travées sont souvent supérieures à 1,2 m.

k_h : égal à 1 si la hauteur au faîtage est supérieure à 600 mm.

Contrainte de traction perpendiculaire au fil dans la zone de faîtage

La contrainte de traction perpendiculaire au fil induite est calculée à partir de la contrainte de flexion et d'un coefficient de forme k_p. Par ailleurs, le taux de travail est modifié par le coefficient k_{dis} qui traduit la dispersion des contraintes et par le coefficient k_{vol} qui traduit l'influence du volume contraint sur la résistance en traction perpendiculaire au fil.

$$\text{Taux de travail} = \frac{\sigma_{t,90,d}}{k_{dis} \cdot k_{vol} \cdot f_{t,90,d}} \leq 1$$

(6.50)

k_{dis} : coefficient de dispersion des contraintes dans la zone de faîtage

Poutres courbes à inertie constante ou poutre à double décroissance, $k_{dis} = 1,4$.

Poutres à intrados courbe à inertie variable, $k_{dis} = 1,7$.

(6.52)

k_{vol} : coefficient traduisant l'influence du volume contraint sur la résistance en traction perpendiculaire au fil

$$k_{vol} = \left(\frac{V_o}{V}\right)^{0,2}$$

(6.51)

V_o : volume de référence = 0,01 m³.

V : volume dans la zone de faîtage, avec V limité aux deux tiers du volume total de la poutre en m³.

$$V = h_{ap}^2 \times b\left(1 - \frac{h_{ap}}{2L}\right) \text{ (pour les poutres à double décroissance)}$$

h_{ap} : hauteur au faîtage de la poutre en m.

b : épaisseur de la poutre en m.

L : portée de la poutre en m.

$\sigma_{t,90,d}$: contrainte de traction perpendiculaire au fil dans la zone de faîtage en MPa

$$\sigma_{t,90,d} = k_p \frac{6 \cdot M_{ap,d}}{b \cdot h_{ap}^2}$$

(6.54)

$M_{ap,d}$: moment de flexion déterminé au faîtage.

b et h_{ap} : hauteur au faîtage et épaisseur de la poutre en mm.

k_p : coefficient fonction de la forme de la poutre.

$$k_p = k_5 + k_6\left(\frac{h_{ap}}{r}\right) + k_7\left(\frac{h_{ap}}{r}\right)^2$$

$k_5 = 0,2 \tan \alpha_{ap}$

$k_6 = 0,25 - 1,5 \tan \alpha_{ap} + 2,6 \tan^2 \alpha_{ap}$

$k_7 = 2{,}1 \tan \alpha_{ap} - 4 \tan^2 \alpha_{ap}$

$r = r_{in} + 0{,}5\, h_{ap}$

r_{in} : rayon intérieur.

α_{ap} : angle de la pente au faîtage en degré.

$$(6.56 \text{ à } 6.59)$$

Remarques

– Le rapport (h_{ap}/r) est nul lorsque la poutre n'est pas courbée $(r = \infty)$.

– $\alpha_{ap} = 0°$ lorsque la poutre courbe a une section constante.

$f_{t,90,d}$: contrainte de résistance en traction axiale en MPa

$$f_{t,90,d} = f_{t,90,k}\, \frac{k_{mod}}{\gamma_M}$$

$f_{t,90,k}$: contrainte caractéristique de résistance en traction perpendiculaire en MPa.

k_{mod} : coefficient modificatif en fonction de la charge de plus courte durée et de la classe de service.

γ_M : coefficient partiel qui tient compte de la dispersion du matériau.

Combinaison de traction perpendiculaire au fil et de cisaillement dans la zone de faîtage

Lorsque le cisaillement n'est pas nul au milieu de la poutre, il faut faire la somme des taux de travail du cisaillement et de la traction perpendiculaire.

$$\text{Taux de travail} = \frac{\tau_d}{f_{v,d}} + \frac{\sigma_{t,90,d}}{k_{dis} \cdot k_{vol} \cdot f_{t,90,d}} \leq 1$$

$$(6.53)$$

τ_d : contrainte de cisaillement induite par la combinaison d'action des états limites ultimes en MPa

$$\tau_d = \frac{k_f \times F_{v,d}}{b \times h_{ef}}$$

k_f : coefficient de forme de la section valant 3/2 pour une section rectangulaire et 4/3 pour une section circulaire.

$F_{v,d}$: effort tranchant en Newton.

b : épaisseur de la pièce en mm.

h_{ef} : hauteur réelle exposée au cisaillement.

$f_{v,d}$: résistance de cisaillement calculée en MPa

$$f_{v,d} = f_{v,k}\, \frac{k_{mod}}{\gamma_M}$$

$f_{v,k}$: contrainte caractéristique de résistance de cisaillement en MPa.

k_{mod} : coefficient modificatif en fonction de la charge de plus courte durée et de la classe de service.

γ_M : coefficient partiel qui tient compte de la dispersion du matériau.

5.2.2   Vérification des déformations (ELS)

La deuxième vérification concerne la déformation. L'état limite de service est atteint lorsque les déformations admises sont dépassées. Le mode de calcul est identique à celui de la poutre à simple croissance pour les poutres à double croissance. Un calcul informatique évite des calculs fastidieux lorsque les poutres sont courbes.

5.2.3   Applications résolues : poutre à double décroissance

Hypothèses :

- face inclinée de la poutre située dessus ;
- contre-flèche de 50 mm ;
- poutre à double décroissance d'une hauteur variant de 600 mm (h_s) à 1 475 mm (h_{ap}) ;
- épaisseur de 160 mm ;
- bois lamellé-collé classé GL28h ;
- portée 24 m ;
- entraxe des poutres de 4 m ;
- classe de service 1 (local chauffé) ;
- charge de structure (en m² horizontal) G = 0,4 kN/m² plus le poids de la poutre de 1 kN/m ;
- charge de neige S = 0,35 kN/m– (altitude inférieure à 1 000 m) ;
- combinaison ELU : C_{max} = 1,.35 G + 1,5 S.

Schéma 41 : caractéristiques de la poutre à double décroissance

▶ Vérification des contraintes (ELU) : contrainte de flexion dans chaque zone à simple décroissance

$$\text{Taux de travail} = \frac{\sigma_{m,\alpha,d}}{k_{m,\alpha}f_{m,d}} \leq 1$$

Calcul de la charge reprise

G = 0,4 × 4 + 1
    = 2,6 kN/m
S = 0,35 × 4
    = 1,4 kN/m

$$C_{max} \quad = 1{,}35\,G + 1{,}5\,S$$
$$= 1{,}35 \times 2{,}6 + 1{,}5 \times 1{,}4$$
$$= 5{,}61\ kN/m$$
$$= 5{,}61\ N/mm$$

$\sigma_{m,\alpha,d}$: contrainte de flexion induite par la combinaison d'action des états limites ultimes en MPa

$$\sigma_{m,\alpha,d} = \frac{6 \cdot M_d}{b \cdot h^2}$$

Calcul du point x, point où la contrainte est maximale

$$x = 0{,}5 \cdot L \cdot \frac{h_s}{h_{ap\ décroissance}}$$

$$x = 0{,}5 \cdot 24000 \cdot \frac{600}{1475}$$

$$\boxed{x = 4\ 881\ mm}$$

Calcul du moment de flexion au point x = 4 881 mm

$$M_d(x) = \frac{q \cdot L \cdot x}{2} - \frac{q \cdot x^2}{2}$$

$$M_d(4881) = \frac{5{,}61 \cdot 24000 \cdot 4881}{2} - \frac{5{,}61 \cdot 4881^2}{2}$$

$$M_d(4\ 881) = 2{,}61 \cdot 10^8\ N \cdot mm$$

Calcul de h(4 881)

$$h(x) = h_s + \tan(\alpha) \cdot x$$

$$\tan(\alpha) = \frac{h_{ap} - h_s}{0{,}5 \cdot L}$$

$$\tan(\alpha) = \frac{1475 - 600}{12000} \ ; \alpha = 4{,}17°$$

$$h(x) = 6000 + \tan(4{,}17) \cdot 4881 \ ; x = 4881$$
$$h(x) = 955\ mm$$

Calcul de la contrainte

$$\sigma_{m,\alpha,d} = \frac{6 \cdot 261 \cdot 10^6}{160 \cdot 955^2}$$

$$\boxed{\sigma_{m,\alpha,d} = 10{,}8\ MPa}$$

$f_{m,d}$: résistance de flexion calculée en MPa

$$f_{m,d} = f_{m,k} \cdot \frac{k_{mod}}{\gamma_M} \cdot k_{sys} \cdot k_h$$

$f_{m,k}$: contrainte caractéristique de résistance en flexion en MPa.

k_{mod} : coefficient modificatif en fonction de la charge de plus courte durée et de la classe de service.

γ_M : coefficient partiel qui tient compte de la dispersion du matériau.

k_{sys} : égal à 1, car les travées sont supérieures à 1,2 m.

k_h : égal à 1, la hauteur au faîtage est supérieure à 600 mm.

$$f_{m,d} = 28 \cdot \frac{0,9}{1,25} \cdot 1 \cdot 1$$

$$\boxed{f_{m,d} = 20,16 \text{ MPa}}$$

$k_{m,\alpha}$: coefficient d'effet de la décroissance

La face inclinée est située dessus, elle est comprimée.

$$k_{m,\alpha} = \frac{1}{\sqrt{1 + \left(\dfrac{f_{m,d}}{1,5 \cdot f_{v,d}} \cdot \tan(\alpha)\right)^2 + \left(\dfrac{f_{m,d}}{f_{c,90,d}} \cdot \tan^2(\alpha)\right)^2}}$$

$f_{m,o,d}$: résistance de flexion calculée parallèle au fil, soit 20,16 MPa.

$f_{v,d}$: résistance de cisaillement calculée parallèle au fil.

$$f_{v,d} = f_{v,k} \cdot \frac{k_{mod}}{\gamma_M} \text{ , soit } 3,2 \cdot \frac{0,9}{1,25} \text{ , } f_{v,d} = 2,3 \text{ MPa.}$$

$f_{c,90,d}$: résistance de compression calculée perpendiculaire.

$$f_{c,90,d} = f_{c,90,k} \cdot \frac{k_{mod}}{\gamma_M} \text{ , soit } 3 \cdot \frac{0,9}{1,25} \text{ , } f_{c,90,d} = 2,16 \text{ MPa.}$$

α : angle de la pente de la décroissance de 4,17°.

$$k_{m,\alpha} = \frac{1}{\sqrt{1 + \left(\dfrac{20,16}{1,5 \cdot 2,3} \cdot \tan(4,17)\right)^2 + \left(\dfrac{20,16}{2,16} \cdot \tan^2(4,17)\right)^2}}$$

$$\boxed{k_{m,\alpha} = 0,92}$$

Justification

$$\text{Taux de travail} = \frac{10,8}{0,92 \cdot 20,16} \leq 1$$

$$\boxed{0,58 < 1}$$

Vérification des contraintes (ELU) : contrainte de flexion dans la zone de faîtage

$$\text{Taux de travail} = \frac{\sigma_{m,d}}{k_r f_{m,d}} \leq 1$$

k_r : coefficient de réduction de résistance de flexion des lamelles lorsqu'elles sont cintrées
$k_r = 1$ car les lamelles sont droites.

$\sigma_{m,d}$: contrainte de flexion au faîtage induite par la combinaison d'action des états limites ultimes en MPa

$$\sigma_{m,d} = k_L \frac{6 \cdot M_{ap,d}}{b \cdot h_{ap}^2}$$

$M_{ap,d}$: moment de flexion déterminé au faîtage, pour un chargement uniformément réparti.
$M_{ap,d} = ql^2/8$
$M_{ap,d} = 5{,}61 \times 24\ 000^2/8$
$M_{ap,d} = 403{,}9 \cdot 10^6\ N \cdot mm$
b et h_{ap} : épaisseur : 160 mm, hauteur au faîtage de la poutre : 1 475 mm.
k_L : coefficient fonction de la forme de la poutre.

$$k_L = k_1 + k_2\left(\frac{h_{ap}}{r}\right) + k_3\left(\frac{h_{ap}}{r}\right)^2 + k_4\left(\frac{h_{ap}}{r}\right)^3$$

$k_1 = 1 + 1{,}4 \tan \alpha_{ap} + 5{,}4 \tan^2 \alpha_{ap}$
$k_2 = 0{,}35 - 8 \tan \alpha_{ap}$
$k_3 = 0{,}6 + 8{,}3 \tan \alpha_{ap} - 7{,}8 \tan^2 \alpha_{ap}$
$k_4 = 6 \tan^2 \alpha_{ap}$
$h_{ap}/r = 0$ car $r = \alpha$; donc le calcul de k_2, k_3 et k_4 est inutile.
α_{ap} : angle de la pente au faîtage 4,17°.

$k_L = k_1$
$k_1 = 1 + 1{,}4 \tan (4{,}17) + 5{,}4 \tan^2 (4{,}17)$
$k_L = 1{,}131$

$$\sigma_{m,d} = 1{,}131 \cdot \frac{6 \cdot 403{,}9 \cdot 10^6}{160 \cdot 1475^2}$$

$$\boxed{\sigma_{m,d} = 7{,}9\ \text{MPa}}$$

$f_{m,d}$: résistance de flexion précédemment calculée

$$\boxed{f_{m,d} = 20{,}16\ \text{MPa}}$$

Justification

$$\text{Taux de travail} = \frac{7{,}9}{1 \cdot 20{,}16} \leq 1$$

$$\boxed{0{,}39 < 1}$$

Vérification des contraintes (ELU) : contrainte de traction perpendiculaire au fil dans la zone de faîtage

$$\text{Taux de travail} = \frac{\sigma_{t,90,d}}{k_{dis} \cdot k_{vol} \cdot f_{t,90,d}} \leq 1$$

k_{dis} : coefficient de dispersion des contraintes dans la zone de faîtage
Poutre à double décroissance :

$$\boxed{k_{dis} = 1,4}$$

k_{vol} : coefficient traduisant l'influence du volume contraint sur la résistance en traction perpendiculaire au fil

$$k_{vol} = \left(\frac{V_o}{V}\right)^{0,2}$$

V_o : volume de référence = 0,01 m³.
V : volume dans la zone de faîtage, avec V limité aux deux tiers du volume total de la poutre en m³.

$$V = h_{ap}^2 \times b\left(1 - \frac{h_{ap}}{2L}\right)$$

h_{ap} : hauteur au faîtage de la poutre en m.
b : épaisseur de la poutre en m.
L : portée de la poutre en m.

$$V = 1,475^2 \times 0,16\left(1 - \frac{1,475}{2 \cdot 24}\right)$$

$V = 0,3375$ m³

$$k_{vol} = \left(\frac{0,01}{0,3375}\right)^{0,2}$$

$$\boxed{k_{vol} = 0,494}$$

$\sigma_{t,90,d}$: contrainte de traction perpendiculaire au fil dans la zone de faîtage en MPa

$$\sigma_{t,90,d} = k_p \frac{6 \cdot M_{ap,d}}{b \cdot h_{ap}^2}$$

$M_{ap,d\,d}$ = 403,9 ·10^6 N.mm ; moment de flexion déterminé au faîtage précédemment déterminé.

b et h_{ap} : épaisseur : 160 mm, hauteur au faîtage de la poutre : 1 475 mm.

k_p : coefficient fonction de la forme de la poutre.

$$k_p = k_5 + k_6\left(\frac{h_{ap}}{r}\right) + k_7\left(\frac{h_{ap}}{r}\right)^2$$

$k_5 = 0,2 \tan \alpha_{ap}$

$k_6 = 0,25 - 1,5 \tan \alpha_{ap} + 2,6 \tan^2 \alpha_{ap}$

$k_7 = 2,1 \tan \alpha_{ap} - 4 \tan^2 \alpha_{ap}$

$h_{ap}/r = 0$ car $r = \alpha$; donc le calcul de k_6 et k_7 est inutile.

α_{ap} : angle de la pente au faîtage 4,17°.

$k_p = k_5$

$k_5 = 0,2 \tan 4.17°$

$k_p = 0,0146$

$$\sigma_{t,90,d} = 0{,}0146 \cdot \frac{6 \cdot 403{,}9 \cdot 10^{6}}{160 \cdot 1475^{2}}$$

$$\boxed{\sigma_{t,90,d} = 0{,}11 \text{ MPa}}$$

$f_{t,90,d}$: *contrainte de résistance en traction perpendiculaire au fil en MPa*

$$f_{t,90,d} = f_{t,90,k} \cdot \frac{k_{mod}}{\gamma_M}$$

$f_{t,90,k}$: contrainte caractéristique de résistance en traction perpendiculaire au fil en MPa.

k_{mod} : coefficient modificatif en fonction de la charge de plus courte durée et de la classe de service.

γ_M : coefficient partiel qui tient compte de la dispersion du matériau.

$$f_{t,90,d} = 0{,}45 \, \frac{0{,}9}{1{,}25}$$

$$\boxed{f_{t,90,d} = 0{,}32 \text{ MPa}}$$

Justification

$$\text{Taux de travail} = \frac{0{,}11}{1{,}4 \cdot 0{,}495 \cdot 0{,}32} \leq 1$$

$$\boxed{0{,}50 < 1}$$

Remarque

Il arrive fréquemment que le taux de travail de la contrainte en traction perpendiculaire au fil soit dimensionnant.

5.2.4   Vérification des déformations (ELS)

La deuxième vérification concerne la déformation. L'état limite de service est atteint lorsque les déformations admises sont dépassées.

Calcul de la flèche instantanée provoquée par les actions variables W_{inst} (Q)

$$W_{inst}(Q) = k_m \, \frac{5 \cdot 12 \cdot q_{inst(Q)} \cdot L^4}{384 \cdot E_{0,mean} \cdot b \cdot h_s^3} + k_t \, \frac{6 \cdot q_{inst(Q)} \cdot L^2}{5 \cdot 8 \cdot G_{mean} \cdot b \cdot h_s}$$

W : flèche en mm.

$q_{inst(Q)}$: charge linéique en N/mm avec la combinaison ELS (INST) ; $S = 1{,}4$ N/mm.

L : distance entre appuis ; 24 000 mm.

$E_{0,mean}$: module moyen axial ; 12 600 MPa.

G_{mean} : module de cisaillement 780 MPa.

$b = 160$ mm.

h_s : hauteur la plus faible 600 mm.

$k_m = 0{,}14$; coefficient pour la flèche provoquée par le moment fléchissant défini avec la courbe 1 ; $h_{ap}/h_s = 2{,}46$.

$k_t = 0.71$; coefficient pour la flèche provoquée par l'effort tranchant défini dans la courbe 2 ; $h_{ap}/h_s = 2.46$.

$$W_{inst}(Q) = 0,14 \ \frac{5 \cdot 12 \cdot 1,4 \cdot 24000^4}{384 \cdot 12600 \cdot 160 \cdot 600^3} + 0,71 \ \frac{6 \cdot 1,4 \cdot 24000^2}{5 \cdot 8 \cdot 780 \cdot 160 \cdot 600}$$

$$U_{inst} = 23,35 + 1,16$$

$$\boxed{W_{inst} = 24,5 \ mm}$$

Calcul de la flèche finale W_{fin}

La flèche totale étant proportionnelle à la charge, elle sera calculée par la formule :

$$W_{fin} = W_{inst}\left(1 + \frac{k_{def} \cdot (G + \psi_2 \cdot Q) + G}{Q}\right)$$

G : action permanente (structure) ; 2,6 N/mm.

Q : action variable ; S = 1,4 N/mm.

k_{def} : coefficient de fluage ; zone non chauffée, k_{def} = 0,8.

ψ_2 : coefficient représentant la partie permanente des actions variables ψ_2 = 0 (altitude inférieure à 1 000 m).

$$W_{fin} = 24,5 \cdot \left(1 + \frac{0,8 \cdot (2,6 + 0 \times 1,4) + 2,6}{1,4}\right)$$

$$\boxed{W_{fin} = 106,4 \ mm}$$

Calcul de la flèche nette finale $W_{net,fin}$

$W_{net,fin} = W_{fin} - W_c$; avec W_c la contre-flèche de 50 mm.

$W_{net,fin} = 106,4 - 50$

$$\boxed{W_{net,fin} = 56,4 \ mm}$$

Justification

$W_{inst,lim}$ (Q) : L/300

$W_{inst,lim}$ (Q) : 24 000/300 = 80 mm

$W_{fin,lim}$: L/125

$W_{fin,lim}$: 24 000/125 = 192 mm

$W_{net,fin,lim}$: L/200

$W_{net,fin,lim}$: 24 000/200 = 120 mm

$$\frac{24,5}{80} \leq 1 \ ; \ \frac{106,4}{192} \leq 1 \ \ et \ \ \frac{56,4}{120} \leq 1$$

$$\boxed{0,31 < 1 \ ; \ 0,56 < 1 \ et \ 0,47 < 1}$$

5.2.5   Applications résolues : poutre à intrados courbe et à inertie variable

Hypothèses :

- face inclinée de la poutre située dessus ;
- pente du toit de 36.4 % (α_{ap} = 20°) ;
- angle de la pente de la décroissance (α = 5.97°) ;
- inclinaison de la ligne moyenne (α = 17°) ;
- hauteur fin bout (h_s) : 478 mm ;
- hauteur au faîtage (h_{ap}) : 1 579 mm ;

- hauteur au faîtage de la décroissance sans tenir compte de la zone courbe ($h_{ap\ décroissance}$) : 1 243 mm ;
- rayon intérieur : 9 081 mm ;
- épaisseur de 160 mm ;
- épaisseur des lamelles 45 mm ;
- bois lamellé-collé classé GL28h ;
- portée 14 m ;
- entraxe des poutres de 5 m ;
- classe de service 1 (local chauffé) ;
- charge de structure (en m² horizontal) : G = 0,5 kN/m² plus le poids de la poutre de 1 kN/m ;
- charge de neige S = 0,35 kN/m² (altitude inférieure à 1 000 m) ;
- combinaison ELU : C_{max} = 1,35 G + 1,5 S.

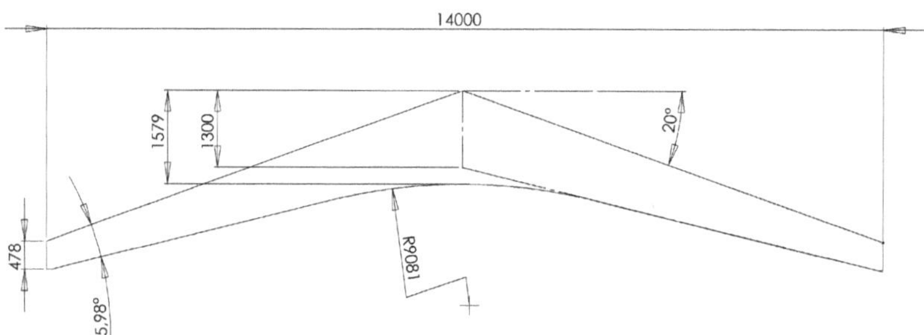

Schéma 42 : caractéristiques de la poutre à intrados courbe et à inertie variable

► Vérification des contraintes (ELU) : contrainte de flexion dans chaque zone à simple décroissance

$$\text{Taux de travail} = \frac{\sigma_{m,\alpha,d}}{k_{m,\alpha}f_{m,d}} \leq 1$$

Calcul de la charge reprise

$$G = 0,5 \times 5 + 1$$
$$= 3,5 \text{ kN/m}$$
$$S = 0,35 \times 5$$
$$= 1,75 \text{ kN/m}$$
$$C_{max} = 1,35\ G + 1,5\ S$$
$$= 1,35 \times 3,5 + 1,5 \times 1,75$$
$$= 7,35 \text{ kN/m}$$
$$= 7,35 \text{ N/mm}$$

$\sigma_{m,\alpha,d}$: contrainte de flexion induite par la combinaison d'action des états limites ultimes en MPa

$$\sigma_{m,\alpha,d} = \frac{6 \cdot M_d}{b \cdot h^2}$$

Calcul du point x, point où la contrainte est maximale (valeur projetée)

$$x = 0{,}5 \cdot L \cdot \frac{h_s}{h_{ap\ décroissance}}$$

$$x = 0{,}5 \cdot 14000 \cdot \frac{478}{1243}$$

x = 2 692 mm

Calcul du moment de flexion au point x = 2 692 mm

$$M_d(x) = \frac{q \cdot L \cdot x}{2} - \frac{q \cdot x^2}{2}$$

$$M_d(2692) = \frac{7{,}35 \cdot 14000 \cdot 2692}{2} - \frac{7{,}35 \cdot 2692^2}{2}$$

$$\boxed{M_d(2\ 692) = 1{,}12 \cdot 10^8\,N \cdot mm}$$

Calcul de la hauteur de la section au point x (valeur vraie)

$$h(x) = h_s + \tan(\alpha) \cdot x$$

$$\tan(\alpha) = \frac{h_{ap\ décroissance} - h_s}{0{,}5 \cdot L}$$

x (valeur vraie) = 2 692/cos 17
                  = 2 815 mm

0,5 × L (valeur vraie) = 0,5 × 14 000/cos 17
= 7 319 mm

$$\tan(\alpha) = \frac{1243 - 478}{7319}\ ;\ \alpha = 5{,}97°$$

$$h(2815) = 478 + \tan(5{,}97) \cdot 2815$$

$$\boxed{h(2\ 815) = 772\ mm}$$

Calcul de la contrainte

$$\sigma_{m,\alpha,d} = \frac{6 \cdot 1{,}12 \cdot 10^8}{160 \cdot 772^2}$$

$$\boxed{\sigma_{m,\alpha,d} = 7{,}04\ MPa}$$

$f_{m,d}$: résistance de flexion calculée en MPa

$$f_{m,d} = f_{m,k} \cdot \frac{k_{mod}}{\gamma_M} \cdot k_{sys} \cdot k_h$$

$f_{m,k}$: contrainte caractéristique de résistance en flexion en MPa.

k_{mod} : coefficient modificatif en fonction de la charge de plus courte durée et de la classe de service.

γ_M : coefficient partiel qui tient compte de la dispersion du matériau.

k_{sys} : égal à 1, car les travées sont supérieures à 1.2 m.

k_h : égal à 1, la hauteur au faîtage est supérieure à 600 mm.

$$f_{m,d} = 28 \cdot \frac{0,9}{1,25} \cdot 1 \cdot 1$$

$$\boxed{f_{m,d} = 20,16 \text{ MPa}}$$

$k_{m,\alpha}$: coefficient d'effet de la décroissance

La face inclinée (par rapport au fil) est située dessus, elle est comprimée.

$$k_{m,\alpha} = \frac{1}{\sqrt{1 + \left(\dfrac{f_{m,d}}{1,5 \cdot f_{v,d}} \cdot \tan(\alpha)\right)^2 + \left(\dfrac{f_{m,d}}{f_{c,90,d}} \cdot \tan^2(\alpha)\right)^2}}$$

$f_{m,o,d}$: résistance de flexion calculée parallèle au fil, soit 20,16 MPa.

$f_{v,d}$: résistance de cisaillement calculée parallèle au fil.

$$f_{v,d} = f_{v,k} \cdot \frac{k_{mod}}{\gamma_M} \text{, soit } 3,2 \cdot \frac{0,9}{1,25} \text{, } f_{v,d} = 2,3 \text{ MPa.}$$

$f_{c,90,d}$: résistance de compression calculée perpendiculaire.

$$f_{c,90,d} = f_{c,90,k} \cdot \frac{k_{mod}}{\gamma_M} \text{, soit } 3 \cdot \frac{0,9}{1,25} \text{, } f_{c,90,d} = 2,16 \text{ MPa.}$$

α : angle de la pente de la décroissance de 5,97°.

$$k_{m,\alpha} = \frac{1}{\sqrt{1 + \left(\dfrac{20,16}{1,5 \cdot 2,3} \cdot \tan(5,97)\right)^2 + \left(\dfrac{20,16}{2,16} \cdot \tan^2(5,97)\right)^2}}$$

$$\boxed{k_{m,\alpha} = 0,85}$$

Justification

$$\text{Taux de travail} = \frac{7,04}{0,85 \cdot 20,16} \leq 1$$

$$\boxed{0,41 < 1}$$

Vérification des contraintes (ELU) : contrainte de flexion dans la zone de faîtage

$$\text{Taux de travail} = \frac{\sigma_{m,d}}{k_r f_{m,d}} \leq 1$$

k_r : coefficient de réduction de résistance de flexion des lamelles lorsqu'elles sont cintrées

$$
k_r = \begin{cases}
1, \dots\dots\dots\dots\dots\dots\dots\dots\dots \text{ pour } \dfrac{r_{in}}{t} \geq 240 \\[2em]
0,76 + 0,001 \cdot \dfrac{r_{in}}{t}, \dots\dots \text{ pour } \dfrac{r_{in}}{t} < 240
\end{cases}
$$

r_{in} : rayon intérieur : 9 081 mm.

t : épaisseur des lamelles : 45 mm.

$$
\frac{r_{in}}{t} = \frac{9081}{45} = 201,8
$$

$$
k_r = 0,76 + 0,001 \cdot 201,8
$$

$$\boxed{k_r = 0,96}$$

$\sigma_{m,d}$: contrainte de flexion au faîtage induite par la combinaison d'action des états limites ultimes en MPa

$$
\sigma_{m,d} = k_L \frac{6 \cdot M_{ap,d}}{b \cdot h_{ap}^2}
$$

$M_{ap,d}$: moment de flexion au faîtage précédemment déterminé, pour un chargement uniformément réparti.

$M_{ap,d} = ql^2/8$

$M_{ap,d} = 7,35 \times 14\,000^2/8$

$M_{ap,d} = 1,8\ 10^8\ \text{N} \cdot \text{mm}$

b et h_{ap} : épaisseur : 160 mm, hauteur au faîtage de la poutre : 1 579 mm.

k_L : coefficient fonction de la forme de la poutre.

$$
k_L = k_1 + k_2\left(\frac{h_{ap}}{r}\right) + k_3\left(\frac{h_{ap}}{r}\right)^2 + k_4\left(\frac{h_{ap}}{r}\right)^3
$$

$k_1 = 1 + 1,4 \tan \alpha_{ap} + 5,4 \tan^2 \alpha_{ap}$

$k_1 = 1 + 1,4 \tan 20 + 5,4 \tan^2 20$

$k_1 = 2,225$

$k_2 = 0,35 - 8 \tan \alpha_{ap}$

$k_2 = 0,35 - 8 \tan 20$

$k_2 = -2,562$

$k_3 = 0,6 + 8,3 \tan \alpha_{ap} - 7,8 \tan^2 \alpha_{ap}$

$k_3 = 0,6 + 8,3 \tan 20 - 7,8 \tan^2 20$

$k_3 = 2,588$

$k_4 = 6 \tan^2 \alpha_{ap}$

$k_4 = 6 \tan^2 20$

$k_4 = 0,795$

$h_{ap}/r = 1\,579/9\,870$

$h_{ap}/r = 0,16$

$k_L = 2,225 - 2,562 \times 0,16 + 2,588 \times 0,16^2 + 0,795 \times 0,16^3$

$k_L = 1,885$

$$\sigma_{m,d} = 1{,}885 \cdot \frac{6 \cdot 1{,}8 \cdot 10^{8}}{160 \cdot 1579^{2}}$$

$$\boxed{\sigma_{m,d} = 5{,}1 \text{ MPa}}$$

$f_{m,d}$: *résistance de flexion précédemment calculée*

$$\boxed{f_{m,d} = 20{,}16 \text{ MPa}}$$

Justification

$$\text{Taux de travail} = \frac{5{,}1}{0{,}96 \cdot 20{,}16} \leq 1$$

$$\boxed{0{,}27 < 1}$$

Vérification des contraintes (ELU) : contrainte de traction perpendiculaire au fil dans la zone de faîtage

$$\text{Taux de travail} = \frac{\sigma_{t,90,d}}{k_{dis} \cdot k_{vol} \cdot f_{t,90,d}} \leq 1$$

k_{dis} : *coefficient de dispersion des contraintes dans la zone de faîtage*
Poutre à intrados courbe à inertie variable :

$$\boxed{k_{dis} = 1{,}7}$$

k_{vol} : *coefficient traduisant l'influence du volume contraint sur la résistance en traction perpendiculaire au fil*

$$k_{vol} = \left(\frac{V_{o}}{V}\right)^{0{,}2}$$

V_{o} : volume de référence = 0,01 m³.
V : volume dans la zone de faîtage, précisé par un logiciel de DAO.
$V = 0{,}933$ m³

$$k_{vol} = \left(\frac{0{,}01}{0{,}933}\right)^{0{,}2}$$

$$\boxed{k_{vol} = 0{,}4037}$$

$\sigma_{t,90,d}$: *contrainte de traction perpendiculaire au fil dans la zone de faîtage en MPa*

$$\sigma_{t,90,d} = k_{p} \frac{6 \cdot M_{ap,d}}{b \cdot h_{ap}^{2}}$$

$M_{ap,d\,d} = 1{,}8 \cdot 10^{8}$ N · mm ; moment de flexion déterminé au faîtage précédemment calculé.
b et h_{ap} : épaisseur : 160 mm, hauteur au faîtage de la poutre : 1 579 mm.
k_{p} : coefficient fonction de la forme de la poutre.

$$k_{p} = k_{5} + k_{6}\left(\frac{h_{ap}}{r}\right) + k_{7}\left(\frac{h_{ap}}{r}\right)^{2}$$

$k_{5} = 0{,}2 \tan \alpha_{ap}$
$k_{5} = 0{,}2 \tan 20$

$k_5 = 0,0728$

$k_6 = 0,25 - 1,5 \tan \alpha_{ap} + 2,6 \tan^2 \alpha_{ap}$

$k_6 = 0,25 - 1,5 \tan 20 + 2,6 \tan^2 20$

$k_6 = 0,048$

$k_7 = 2,1 \tan \alpha_{ap} - 4 \tan^2 \alpha_{ap}$

$k_7 = 2,1 \tan 20 - 4 \tan^2 20$

$k_7 = 0,2345$

$h_{ap}/r = 1\,579/9\,870$

$h_{ap}/r = 0,16$

$k_p = 0,0728 + 0,048 \times 0,16 + 0,2345 \times 0,16^2$

$k_p = 0,086$

$$\sigma_{t,90,d} = 0,086 \cdot \frac{6 \cdot 1,8 \cdot 10^8}{160 \cdot 1572^2}$$

$$\boxed{\sigma_{t,90,d} = 0,24 \text{ MPa}}$$

$f_{t,90,d}$: contrainte de résistance en traction perpendiculaire au fil en MPa

$$f_{t,90,d} = f_{t,90,k} \frac{k_{mod}}{\gamma_M}$$

$f_{t,90,k}$: contrainte caractéristique de résistance en traction perpendiculaire au fil en MPa.

k_{mod} : coefficient modificatif en fonction de la charge de plus courte durée et de la classe de service.

γ_M : coefficient partiel qui tient compte de la dispersion du matériau.

$$f_{t,90,d} = 0,45 \frac{0,9}{1,25}$$

$$\boxed{f_{t,90,d} = 0,324 \text{ MPa}}$$

Justification

$$\text{Taux de travail} = \frac{0,24}{1,7 \cdot 0,4037 \cdot 0,324}$$

$$\boxed{1,08 > 1}$$

Ce critère n'est pas vérifié. Il est possible d'augmenter la qualité du bois (GL38) et/ou la section. Première solution : poutre en résineux classé GL36h :

$$f_{t,0,d} = 0,60 \frac{0,9}{1,25} = 0,432 \ ;$$

le taux de travail est de 0,81.

Deuxième solution : poutre de 200 mm d'épaisseur et résineux classé GL28h.

$$\sigma_{t,90,d} = 0,088 \cdot \frac{6 \cdot 1,8 \cdot 10^8}{200 \cdot 1579^2} = 0,191 \ ; \quad f_{t,0,d} = 0,45 \frac{0,9}{1,25} = 0,324 \ ;$$

le taux de travail est de 0,86.

5.2.6   Vérification des déformations (ELS)

La deuxième vérification concerne la déformation. L'état limite de service est atteint lorsque les déformations admises sont dépassées.

Le calcul analytique de la déformation étant fastidieux, nous prendrons les valeurs déterminées par ordinateur.

$W_{inst}(Q) = 6$ mm

Calcul de la flèche $W_{net,fin}$ ($W_{net,fin} = W_{fin}$ car il n'y a pas de contre-flèche)

La flèche différée est calculée avec la combinaison ELS (DIFF) :

$q_{diff} = k_{def}(G + \psi_2 S)$

k_{def} : coefficient de fluage de 0.6 (bois lamellé-collé et zone chauffée).

ψ_2 : coefficient de simultanéité 0 (charge neige, altitude inférieure à 1 000 m).

La flèche totale étant proportionnelle à la charge, elle sera calculée par la formule :

$$W_{net,fin} = W_{inst}(Q)\left(1 + \frac{k_{def} \cdot (G + \psi_2 \cdot Q) + G}{Q}\right)$$

$$W_{net,fin} = 6 \cdot \left(1 + \frac{0,6 \cdot (3,5 + 0 \times 1,75) + 3,5}{1,75}\right)$$

$$\boxed{W_{net,fin} = 25,2 \text{ mm}}$$

Justification

$W_{inst,lim}(Q) : L/300$
$W_{inst,lim}(Q) : 14\ 000/300 = 46,7$ mm
$W_{net,fin,lim} : L/200$
$W_{net,fin,lim} : 14\ 000/200 = 70$ mm

$$\frac{6}{46} \leq 1 \quad \text{et} \quad \frac{25,2}{70} \leq 1$$

$$\boxed{0,13 < 1 \text{ et } 0,36 < 1}$$

5.2.7   Applications résolues : poutre courbe à inertie constante

Hypothèses :

- arc constant de rayon intérieur de 22 m (pas de partie droite) ;
- hauteur constante : 1 080 mm ;
- épaisseur de 160 mm ;
- épaisseur des lamelles 45 mm ;
- bois lamellé-collé classé GL28h ;
- portée : 20 m ;
- entraxe des poutres de 4 m ;
- classe de service 1 (local chauffé) ;
- charge de structure (en m² horizontal) $G = 0,6$ kN/m² plus le poids de la poutre de 0,8 kN/m ;
- charge de neige $S = 0,4$ kN/m² (altitude inférieure à 1 000 m) ;
- combinaison ELU : $C_{max} = 1,35\ G + 1,5\ S$.

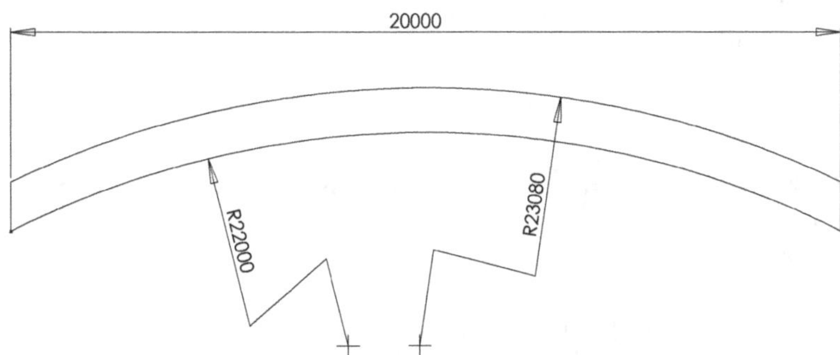

Schéma 43 : caractéristiques de la poutre courbe à inertie constante

▶ Vérification des contraintes (ELU) : contrainte de flexion maximale dans la zone de faîtage

Calcul de la charge reprise

G $= 0{,}6 \times 4 + 1$

$\quad = 3{,}4 \ kN/m$

S $= 0{,}4 \times 4$

$\quad = 1{,}6 \ kN/m$

C_{max} $= 1{,}35 \ G + 1{,}5 \ S$

$\quad = 1{,}35 \times 3{,}4 + 1{,}5 \times 1{,}6$

$\quad = 6{,}99 \ kN/m$

$\quad = 6{,}99 \ N/mm$

$$\text{Taux de travail} = \frac{\sigma_{m,d}}{k_r f_{m,d}} \leq 1$$

k_r : coefficient de réduction de résistance de flexion des lamelles lorsqu'elles sont cintrées

$$k_r = \left\{ \begin{array}{l} 1, \dotfill \text{ pour } \dfrac{r_{in}}{t} \geq 240 \\[2em] 0{,}76 + 0{,}001 \cdot \dfrac{r_{in}}{t}, \dotfill \text{ pour } \dfrac{r_{in}}{t} < 240 \end{array} \right\}$$

r_{in} : rayon intérieur : 22 000 mm.

t : épaisseur des lamelles : 45 mm.

$$\frac{r_{in}}{t} = \frac{22000}{45} = 489$$

$$\boxed{k_r = 1}$$

$\sigma_{m,d}$: contrainte de flexion au faîtage induite par la combinaison d'action des états limites ultimes en MPa

$$\sigma_{m,\,d} = k_L \frac{6 \cdot M_{ap,d}}{b \cdot h_{ap}^2}$$

$M_{ap,d}$: moment de flexion déterminé au faîtage, pour un chargement uniformément réparti.

$M_{ap,d} = ql^2/8$

$M_{ap,d} = 6,99 \times 20\ 000^2/8$

$M_{ap,d} = 3,495\ 10^8$ N.mm

b et h_{ap} : épaisseur : 160 mm, hauteur : 1 080 mm.

k_L : coefficient fonction de la forme de la poutre.

$$k_L = k_1 + k_2\left(\frac{h_{ap}}{r}\right) + k_3\left(\frac{h_{ap}}{r}\right)^2 + k_4\left(\frac{h_{ap}}{r}\right)^3$$

$\alpha_{ap} = 0°$ lorsque la poutre courbe a une section constante.

$k_1 = 1 + 1,4 \tan \alpha_{ap} + 5,4 \tan^2 \alpha_{ap}$

$k_1 = 1$

$k_2 = 0,35 - 8 \tan \alpha_{ap}$

$k_2 = 0,35$

$k_3 = 0,6 + 8,3 \tan \alpha_{ap} - 7,8 \tan^2 \alpha_{ap}$

$k_3 = 0,6$

$k_4 = 6 \tan^2 \alpha_{ap}$

$k_4 = 0$

$h_{ap}/r = 1\ 080/22\ 000$

$h_{ap}/r = 0,049$

$k_L = 1 + 0,35 \times 0,049 + 0,6 \times 0,049^2$

$k_L = 1,019$

$$\sigma_{m,\,d} = 1,019 \cdot \frac{6 \cdot 3,495 \cdot 10^8}{160 \cdot 1080^2}$$

$$\boxed{\sigma_{m,d} = 11,45 \text{ MPa}}$$

$f_{m,d}$: résistance de flexion calculée en MPa

$$f_{m,d} = f_{m,k} \cdot \frac{k_{mod}}{\gamma_M} \cdot k_{sys} \cdot k_h$$

$f_{m,k}$: contrainte caractéristique de résistance en flexion en MPa.

k_{mod} : coefficient modificatif en fonction de la charge de plus courte durée et de la classe de service.

γ_M : coefficient partiel qui tient compte de la dispersion du matériau.

k_{sys} : égal à 1, car les travées sont supérieures à 1,2 m.

k_h : égal à 1, la hauteur au faîtage est supérieure à 600 mm.

$$f_{m,d} = 28 \cdot \frac{0,9}{1,25} \cdot 1 \cdot 1$$

$$\boxed{f_{m,d} = 20,16 \text{ MPa}}$$

Justification

$$\text{Taux de travail} = \frac{11{,}45}{1 \cdot 20{,}16} \le 1$$

$$\boxed{0{,}57 < 1}$$

Vérification des contraintes (ELU) : contrainte de traction perpendiculaire au fil dans la zone de faîtage

$$\text{Taux de travail} = \frac{\sigma_{t,90,d}}{k_{dis} \cdot k_{vol} \cdot f_{t,90,d}} \le 1$$

k_{dis} *: coefficient de dispersion des contraintes dans la zone de faîtage*
Poutre courbe à inertie constante :

$$\boxed{k_{dis} = 1{,}4}$$

k_{vol} *: coefficient traduisant l'influence du volume contraint sur la résistance en traction perpendiculaire au fil*

$$k_{vol} = \left(\frac{V_o}{V}\right)^{0,2}$$

V_1 : volume de référence = 0,01 m^3.
V : volume dans la zone de faîtage, avec V limité aux deux tiers du volume total de la poutre en m^3 (volume retenu pour une poutre de plein arc).

$$V = \frac{2}{3}\left(b \times h_{ap} \times 2 \times \pi \times R \times \frac{2 \cdot \arcsin\left(\frac{L}{R}\right)}{360°} \right)$$

$$V = \frac{2}{3}\left(0{,}16 \times 1{,}08 \times 2 \times \pi \times 22 \times \frac{2 \cdot \arcsin\left(\frac{10}{22}\right)}{360°} \right)$$

$$V = 2.392 \text{ m}^3$$

$$k_{vol} = \left(\frac{0{,}01}{2{,}392}\right)^{0,2}$$

$$\boxed{k_{vol} = 0{,}334}$$

$\sigma_{t,90,d}$ *: contrainte de traction perpendiculaire au fil dans la zone de faîtage en MPa*

$$\sigma_{t,90,d} = k_p \frac{6 \cdot M_{ap,d}}{b \cdot h_{ap}^2}$$

$M_{ap,d}$ d = 3,495 $\cdot$ 10^8 N $\cdot$ mm ; moment de flexion déterminé au faîtage.
b et h_{ap} : épaisseur 160 mm et hauteur au faîtage de la poutre 1 080 mm.
k_p : coefficient fonction de la forme de la poutre.

$$k_p = k_5 + k_6\left(\frac{h_{ap}}{r}\right) + k_7\left(\frac{h_{ap}}{r}\right)^2$$

$\alpha_{ap} = 0$ lorsque la poutre courbe a une section constante

$k_5 = 0,2 \tan \alpha_{ap}$

$k_5 = 0$

$k_6 = 0,25 - 1,5 \tan \alpha_{ap} + 2,6 \tan^2 \alpha_{ap}$

$k_6 = 0,25$

$k_7 = 2,1 \tan \alpha_{ap} - 4 \tan^2 \alpha_{ap}$

$k_7 = 0$

$h_{ap}/r = 1\,080/22\,000$

$h_{ap}/r = 0,049$

$k_p = 0,25 \times 0,049$

$k_p = 0,0122$

$$\sigma_{t,\,90,\,d} = 0,0122 \cdot \frac{6 \cdot 3,495 \cdot 10^8}{160 \cdot 1080^2}$$

$$\boxed{\sigma_{t,90,d} = 0,138 \text{ MPa}}$$

$f_{t,90,d}$: contrainte de résistance en traction perpendiculaire au fil en MPa

$$f_{t,90,d} = f_{t,90,k}\frac{k_{mod}}{\gamma_M}$$

$f_{t,90,k}$: contrainte caractéristique de résistance en traction perpendiculaire au fil en MPa.

k_{mod} : coefficient modificatif en fonction de la charge de plus courte durée et de la classe de service.

γ_M : coefficient partiel qui tient compte de la dispersion du matériau.

$$f_{t,90,d} = 0,45 \frac{0,9}{1,25}$$

$$\boxed{f_{t,90,d} = 0,32 \text{ MPa}}$$

Justification

$$\text{Taux de travail} = \frac{0,138}{1,4 \cdot 0,334 \cdot 0,32} \leq 1$$

$$\boxed{0,92 < 1}$$

Remarque

Le taux de travail de la contrainte en traction perpendiculaire au fil est supérieur au taux de déformation. Il est dimensionnant.

5.2.8 Vérification des déformations (ELS)

La deuxième vérification concerne la déformation. L'état limite de service est atteint lorsque les déformations admises sont dépassées.

Le calcul analytique de la déformation étant fastidieux, nous prendrons les valeurs déterminées par ordinateur.

$W_{inst}(Q) = 16 \text{ mm}$

Calcul de la flèche $W_{net,fin}$

La flèche différée est calculée avec la combinaison ELS (DIFF) :

$q_{diff} = k_{def} (G + \psi_2 S)$

k_{def} : coefficient de fluage de 0.6 (bois lamellé-collé et zone chauffée).

ψ_2 : coefficient de simultanéité 0 (charge neige, altitude inférieure à 1 000 m).

La flèche totale étant proportionnelle à la charge, elle sera calculée par la formule :

$$W_{net,fin} = W_{inst}(Q)\left(1 + \frac{k_{def} \cdot (G + \psi_2 \cdot Q) + G}{Q}\right)$$

$$\boxed{W_{net,fin} = 70,4 \text{ mm}}$$

Justification

$W_{inst,lim}(Q) : L/300$

$W_{inst,lim}(Q) : 22\ 000/300 = 73,3 \text{ mm}$

$W_{net,fin,lim} : L/200$

$W_{net,fin,lim} : 22\ 000/200 = 110 \text{ mm}$

$$\frac{16}{73,3} \leq 1 \quad \text{et} \quad \frac{70,4}{110} \leq 1$$

$$\boxed{0,22 < 1 \text{ et } 0,64 < 1}$$

3   Vérifier les assemblages par contact direct, ou à entaille, vérifier la section du bois autour de l'assemblage

Les assemblages dans la construction bois assurent la liaison de plusieurs pièces entre elles et la transmission des sollicitations.

Le classement des assemblages s'effectue selon plusieurs critères. Le premier est le type d'assemblage. Il existe des assemblages à entailles (tenon-mortaise, embrèvement, etc.) et des assemblages par juxtaposition. On distingue dans ce deuxième type d'assemblage les différentes variétés d'organes (pointes, agrafes, boulons, etc.) et le nombre de plans de cisaillement (simple, double ou cisaillement multiple). Le deuxième critère est la modélisation mécanique : appui simple ou glissant, articulation et encastrement. Le dernier critère est l'orientation des actions : chargement latéral, axial ou combiné.

De la modélisation mécanique d'un assemblage découlent à la fois la nature et l'intensité des actions qu'il doit transmettre. La résolution – manuelle ou à l'aide d'un logiciel de calcul de structure – du problème mécanique permet de déterminer ces résultats. Ensuite, la recherche des actions locales au niveau des plans de contact ou des organes d'assemblage constitue une partie délicate et non réglementaire de la conception des assemblages. Il est nécessaire de déterminer les surfaces ou organes actifs pour chaque combinaison d'action à étudier. Dans le cas des ferrures, il est essentiel de déterminer le comportement cinématique de celles-ci (recherche du centre de rotation d'une couronne de boulon ou d'une ferrure par exemple) afin d'effectuer le calcul d'équilibre statique.

De la même manière que pour le reste de la structure, la vérification des assemblages nécessite de déterminer la rigidité des assemblages en vue du calcul des déformations (ELS), ainsi que la capacité résistante des assemblages (ELU).

1.   Assemblages par contact direct ou à entailles

Les assemblages par contact direct ou à entailles comprennent essentiellement les enfourchements, embrèvements, les tenons-mortaises et les queues d'aronde. La majorité de ces assemblages possèdent un sens de fonctionnement privilégié : la compression. En cas d'inversion d'effort, il est nécessaire d'ajouter à l'assemblage un dispositif complémentaire (boulon par exemple). Pour l'assemblage à queue d'aronde, à nouveau très prisé avec le développement des centres d'usinage à commande numérique, l'angle de taille de la partie mâle fragilise la section droite du tenon lors d'une utilisation sur des solives fléchies.

© Leduc SA

Photographie 1 : cette ferme est réalisée avec des assemblages à entailles, excepté l'entrait assemblé avec les arbalétriers par juxtaposition avec des boulons.

1.1 Assemblage par embrèvement

Cet assemblage transmet des efforts de compression entre deux pièces inclinées l'une par rapport à l'autre.

1.1.1 Système

L'effort de compression est transmis par la surface frontale de contact entre les pièces. Selon la forme de l'entaille, l'embrèvement peut être dit avant, arrière ou double. Le positionnement et le maintien latéral sont assurés par un tenon, un boulon, les côtés de l'entaille pour des largeurs de pièces différentes.

Schéma 1 : embrèvement avant

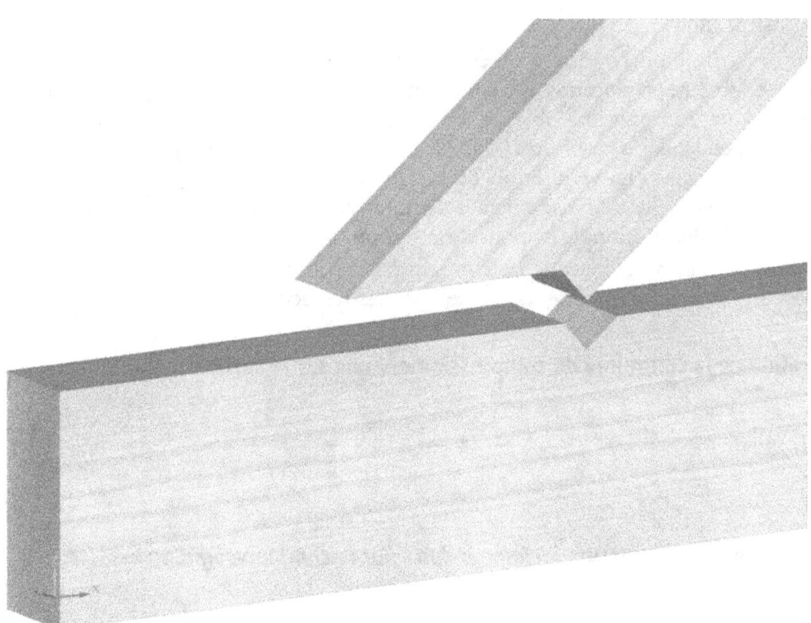

Schéma 2 : embrèvement arrière

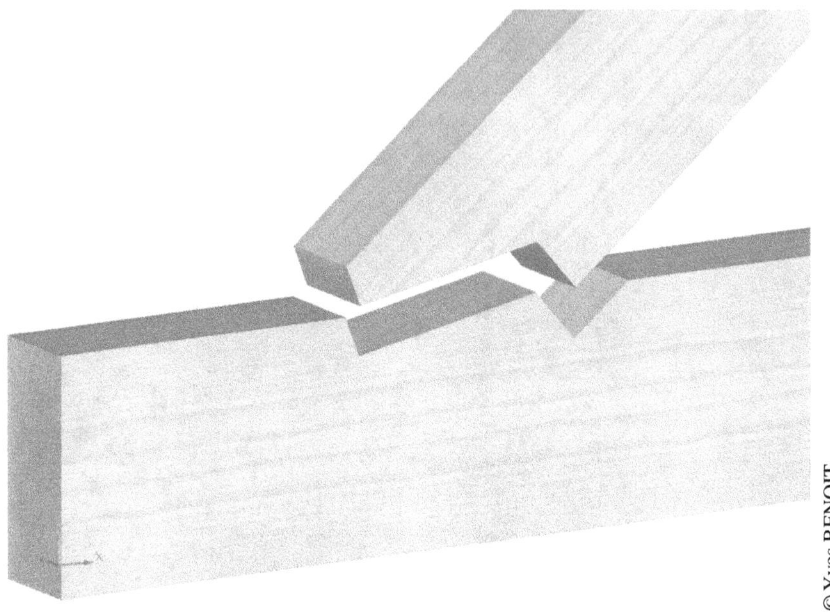

Schéma 3 : embrèvement double

1.1.2   Justification

Le principe de vérification consiste à déterminer les actions locales sur les différents plans de contact puis à effectuer la vérification des contraintes pour chaque plan de rupture. Il faut vérifier les sollicitations de compression oblique ainsi que le cisaillement longitudinal ou roulant (cisaillement perpendiculaire au fil du bois). Attention à la prise en compte de l'affaiblissement provoqué par les entailles. La vérification de la zone d'assemblage en traction s'effectue sur la section nette (section réelle de bois, entailles déduites), celle en cisaillement dû à la flexion en tenant compte de la diminution de hauteur de la section.

La justification consiste à vérifier que les contraintes de compression oblique et de cisaillement restent inférieures aux contraintes de résistance calculées respectives.

▶ Justification de la contrainte de compression oblique sur la surface d'about

$$\text{Taux de travail} = \frac{\sigma_{c,\alpha,d}}{f_{c,\alpha,d}} \le 1$$

$$(6.16)$$

$\sigma_{c,\alpha,d}$: contrainte de compression inclinée induite par la combinaison d'action des états limites ultimes en MPa

Embrèvement avant (about)

$$\sigma_{c,\alpha,d} = \frac{F_d \cdot \cos(\beta/2)}{b_{ef} \cdot t_v / \cos(\beta/2)} = \frac{F_d \cdot \cos^2(\beta/2)}{b_{ef} \cdot t_v}$$

F_d : effort normal dans l'arbalétrier en N.

b_{ef} : largeur du talon égale à l'épaisseur de l'arbalétrier, en mm.

t_v : profondeur de l'embrèvement en mm ($h_{entrait}/6 \leq t_v \leq h_{entrait}/4$).

β : angle de l'assemblage.

Selon les règles de l'art, l'angle de taille est égal à la bissectrice de l'angle obtus entre les deux pièces. Cet usinage optimise les performances de l'assemblage en provoquant un taux de contrainte identique sur les deux abouts. Le calcul de l'effort de compression s'effectue en recherchant l'effort normal au plan de contact entre les deux pièces : $F_d \cdot \cos(\beta / 2)$. La hauteur de la zone de contact entre les 2 pièces est :

$t_v / \cos(\beta / 2)$.

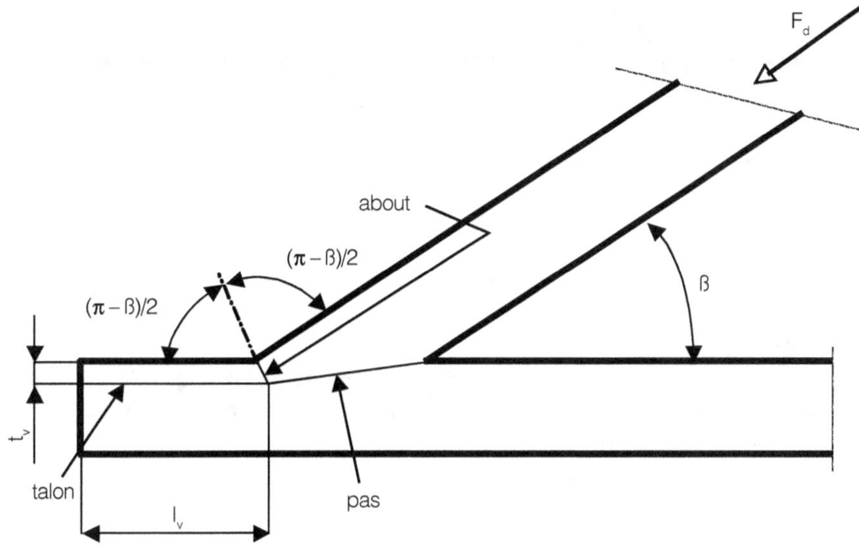

Schéma 4 : construction d'un embrèvement avant

Embrèvement arrière

$$\sigma_{c,\alpha,d} = \frac{F_d \cdot \cos\beta}{b_{ef} \cdot t_{v2}}$$

L'effort normal de l'arbalétrier est perpendiculaire à la coupe. Il faut ensuite le projeter sur la direction du fil du bois de l'entrait. La hauteur à considérer est $t_{v2}/\cos\beta$.

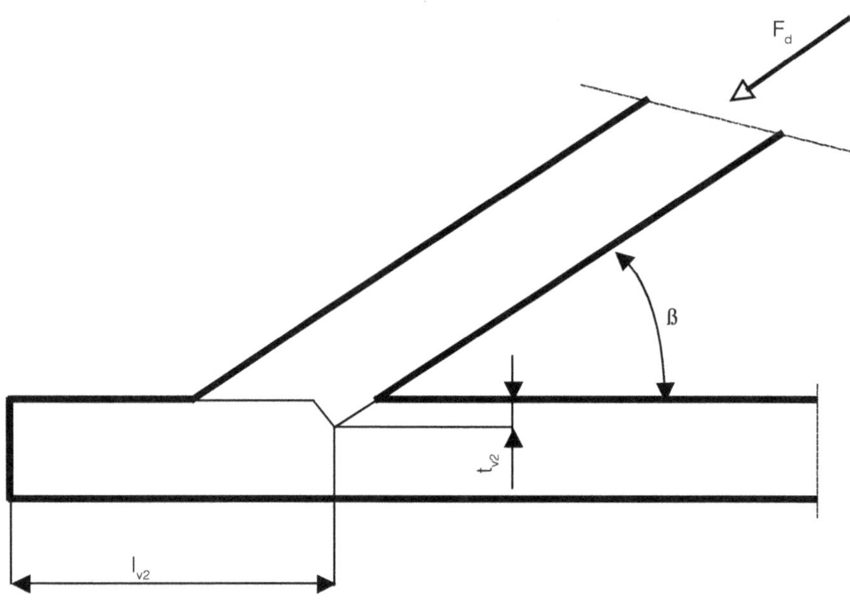

Schéma 5 : construction d'un embrèvement arrière

Embrèvement double

En compression l'embrèvement double permet de transmettre un effort équivalent à la somme des efforts de deux embrèvements simples, à condition que les deux abouts soient simultanément en contact. Les deux plans de cisaillement doivent être décalés :

$$t_{v1} \leq \begin{cases} t_{v2} - 10\,\text{mm} \\ 0{,}8 \cdot t_{v2} \end{cases}$$

La résistance en cisaillement est limitée par la résistance selon le plus grand plan de cisaillement (embrèvement arrière).

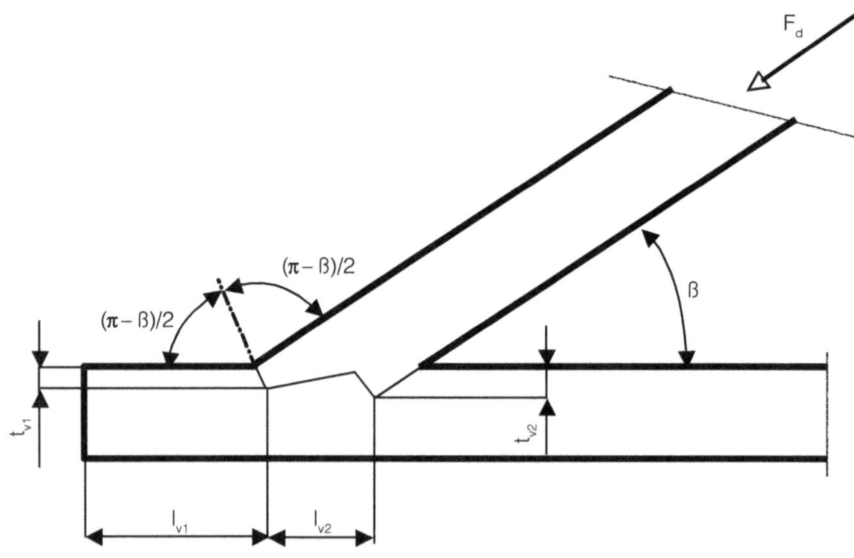

Schéma 6 : construction d'un embrèvement double

$f_{c,\alpha,d}$: résistance de compression inclinée calculée en MPa

$$f_{c,\alpha,d} = \frac{f_{c,o,d}}{\dfrac{f_{c,o,d}}{k_{c,90} \times f_{c,90,d}} \sin^2(\alpha) + \cos^2(\alpha)}$$

(6.16)

$f_{c,o,d}$: contrainte de résistance calculée en compression axiale en MPa.

$f_{c,90,d}$: contrainte de résistance calculée en compression transversale en MPa.

α : angle entre la direction de l'effort de compression et celle du fil du bois.

$k_{c,90}$ = 1 pour un embrèvement.

▶ Justification de la contrainte de compression oblique sur le pas

$$\text{Taux de travail} = \frac{\sigma_{c,\alpha,d}}{f_{c,\alpha,d}} \leq 1$$

(6.16)

$\sigma_{c,\alpha,d}$: contrainte de compression inclinée induite par la combinaison d'action des états limites ultimes en MPa

Embrèvement avant

$$\sigma_{c,\alpha,d} = \frac{f_d \cdot \sin(\beta/2)}{\left(\dfrac{h_{arba}}{\sin\beta} - t_v \cdot \text{tg}\left(\dfrac{\beta}{2}\right)\right) \cdot \dfrac{b_{ef}}{\cos\gamma}}$$

F_d : effort normal dans l'arbalétrier en N.

b_{ef} : largeur du talon égale à l'épaisseur de l'arbalétrier, en mm.

t_v : profondeur de l'embrèvement en mm ($h/6 \leq t_v \leq h/4$).

γ : angle entre la face de l'entrait et le pas.

β : angle de l'assemblage.

Le calcul de l'effort de compression s'effectue en recherchant l'effort normal au plan de contact entre les deux pièces $F_d \cdot \sin(\beta/2)$ (on néglige l'effet de l'effort tranchant).

La longueur de la zone de contact entre les deux pièces est :

$$\cdot\left(\frac{h_{arba}}{\sin\beta} - t_v \cdot \text{tg}\left(\frac{\beta}{2}\right) \cdot \frac{1}{\cos\gamma}\right)$$

Cette vérification est inutile pour des angles faibles.

$f_{c,\alpha,d}$: résistance de compression inclinée calculée en MPa

$$f_{c,\alpha,d} = \frac{f_{c,o,d}}{\dfrac{f_{c,o,d}}{k_{c,90} \times f_{c,90,d}} \sin^2\alpha + \cos^2\alpha}$$

(6.16)

$f_{c,o,d}$: contrainte de résistance calculée en compression axiale en MPa.

$f_{c,90,d}$: contrainte de résistance calculée en compression transversale en MPa.

$k_{c,90} = 1$ pour un embrèvement.

α : angle entre la direction de l'effort de compression et celle du fil du bois ($\max[\beta - \gamma;\gamma]$).

β : angle entre l'arbalétrier et l'entrait.

γ : angle entre la face de l'entrait et le talon.

Dans une première approche, on peut retenir $\gamma = 0$. Alors $\alpha = \beta$.

▶ Justification de la contrainte de cisaillement longitudinale dans le talon

$$\text{Taux de travail} = \frac{\tau_d}{f_{v,d}} \leq 1$$

$$(6.13)$$

τ_d : contrainte de cisaillement induite par la combinaison d'action des états limites ultimes en MPa

Pour ce type d'assemblage, le risque de rupture en cisaillement est grand. Il est nécessaire d'effectuer la vérification de la résistance en cisaillement :

$$\tau_d = \frac{F_d \cdot \cos^2\left(\dfrac{\beta}{2}\right)}{b_{ef} \cdot l_v \cdot k_{cr}} \quad ; \text{ avec } k_{cr} \text{ défini au chapitre 2, section 3 « Le cisaillement ».}$$

F_d : effort normal dans l'arbalétrier en N.

b_{ef} : largeur cisaillée avec $b_{arbalétrier} \leq L_{ef} \leq b_{entrait}$, correspondant généralement à l'épaisseur de l'arbalétrier, en mm.

l_v : longueur du talon en mm (schémas 4, 5 et 6).

$f_{v,d}$: résistance de cisaillement calculée en MPa

$$f_{v,d} = f_{v,k} \cdot \frac{k_{mod}}{\gamma_M}$$

$f_{v,k}$: contrainte caractéristique de résistance de cisaillement en MPa.

k_{mod} : coefficient modificatif en fonction de la charge de plus courte durée et de la classe de service.

γ_M : coefficient partiel qui tient compte de la dispersion du matériau.

1.1.3   Application résolue : assemblage par embrèvement avant en pied de ferme

Arbalétrier et entrait de 100 × 240 en bois massif classé C24.

Embrèvement avant de profondeur de 40 mm.

Classe de service 2 (zone non chauffée).

Effort repris par l'arbalétrier de 30 800 N avec la combinaison C = 1,35 G + 1,5 S.

Pente de 40 % (α = 21,8°).

Longueur du talon : 200 mm.

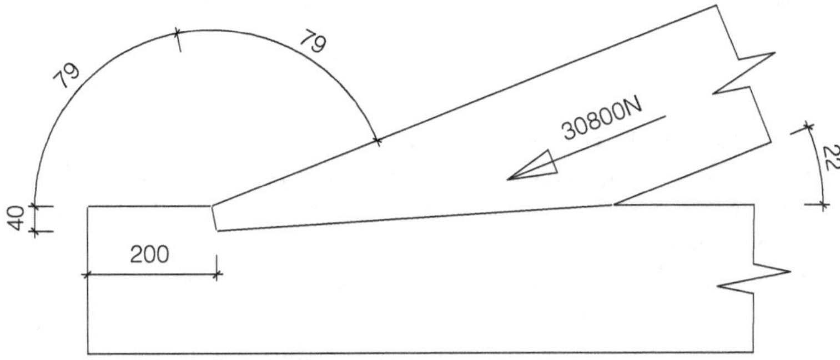

Schéma 7 : embrèvement avant

▶ Justification de la contrainte de compression oblique sur la surface d'about

$$\text{Taux de travail} = \frac{\sigma_{c,\alpha,d}}{f_{c,\alpha,d}} \leq 1$$

$\sigma_{c,\alpha,d}$: contrainte de compression inclinée induite par la combinaison d'action des états limites ultimes en MPa

Embrèvement avant

$$\sigma_{c,\alpha,d} = \frac{F_d \cdot \cos^2(\beta/2)}{b_{ef} \cdot t_v}$$

F_d : effort normal dans l'arbalétrier soit 30 800 N.
b_{ef} : largeur du talon, 100 mm.
t_v : profondeur de l'embrèvement de 40 mm.

$$\sigma_{c,\alpha,d} = \frac{30800 \cdot \cos^2(21,8/2)}{100 \cdot 40}$$

$$\boxed{\sigma_{c,\alpha,d} = 7,4 \text{ MPa}}$$

$f_{c,90,d}$: résistance de compression transversale calculée en MPa

$$f_{c,90,d} = f_{c,90,k} \frac{k_{mod}}{\gamma_M}$$

$f_{c,90,k}$: contrainte caractéristique de résistance en compression transversale en MPa.
k_{mod} : coefficient modificatif en fonction de la charge de plus courte durée (neige) et de la classe de service (zone non chauffée).

γ_M : coefficient partiel qui tient compte de la dispersion du matériau.

$$f_{c,90,d} = 2,5 \cdot \frac{k_{mod}}{\gamma_M}$$

$$\boxed{f_{c,90,d} = 1,73 \text{ MPa}}$$

Calcul de la contrainte de résistance en compression axiale

$$f_{c,o,d} = f_{c,o,k} \frac{k_{mod}}{\gamma_M}$$

$f_{c,o,d}$: contrainte de résistance en compression axiale en MPa.

$f_{c,o,k}$: contrainte caractéristique de résistance en compression axiale en MPa.

k_{mod} : coefficient modificatif en fonction de la charge de plus courte durée (neige) et de la classe de service (zone non chauffée).

γ_M : coefficient partiel qui tient compte de la dispersion du matériau.

$$f_{c,o,d} = 21 \frac{0,9}{1,3}$$

$$\boxed{f_{c,o,d} = 14,5 \ \text{MPa}}$$

$f_{c,\alpha,d}$: résistance de compression inclinée calculée en MPa

$$f_{c,\alpha,d} = \frac{f_{c,o,d}}{\dfrac{f_{c,o,d}}{k_{c,90} \times f_{c,90,d}} \sin^2\alpha + \cos^2\alpha}$$

$f_{c,o,d}$: contrainte de résistance calculée en compression axiale en MPa.

$f_{c,90,d}$: contrainte de résistance calculée en compression transversale en MPa.

α : angle entre la direction de l'effort de compression et celle du fil du bois (21,8/2 = 10,9°).

$k_{c,90} = 1$

$$f_{c,\alpha,d} = \frac{14,5}{\dfrac{14,5}{1 \times 1,73} \sin^2 10,9 + \cos^2 10,9}$$

$$\boxed{f_{c,\alpha,d} = 11,5 \ \text{MPa}}$$

Justification

$$\text{Taux de travail} = \frac{7,4}{11,5} < 1$$

$$\boxed{0,65 < 1}$$

▶ Justification de la contrainte de compression oblique sur le pas

$$\text{Taux de travail} = \frac{\sigma_{c,\alpha,d}}{f_{c,\alpha,d}} \leq 1$$

$\sigma_{c,\alpha,d}$: contrainte de compression inclinée induite par la combinaison d'actions des états limites ultimes en MPa

Embrèvement avant

$$\sigma_{c,\alpha,d} = \frac{F_d \cdot \sin(\beta/2)}{\left(\dfrac{h_{arba}}{\sin\beta} - t_v \cdot tg\left(\dfrac{\beta}{2}\right)\right) \cdot b_{ef}} \qquad (\text{avec } \gamma = 0 \ ; \cos\gamma = 1)$$

30 800 : effort normal dans l'arbalétrier en N.
100 : largeur du talon égale à l'épaisseur de l'arbalétrier, en mm.
40 : profondeur de l'embrèvement en mm ($h/6 \leq t_v \leq h/4$).
21,8° : angle de l'assemblage.

$$\sigma_{c,\alpha,d} = \frac{30800 \cdot \sin(10,9)}{\left(\dfrac{240}{\sin 21,8} - 40 \cdot \operatorname{tg}(10,9)\right) \cdot 100}$$

$$\boxed{\sigma_{c,\alpha,d} = 0,09 \text{ MPa}}$$

(Vérifié)

▶ Justification de la contrainte de cisaillement (longitudinale dans le talon)

τ_d : contrainte de cisaillement induite par la combinaison d'action des états limites ultimes en MPa

$$\tau_d = \frac{F_d \cdot \cos^2\left(\dfrac{\beta}{2}\right)}{b_{ef} \cdot l_v}$$

F_d : effort normal dans l'arbalétrier soit 30 800 N.
b_{ef} : largeur cisaillée, 100 mm.
l_v : longueur du talon, 200 mm.

$$\tau_d = \frac{30800 \cdot \cos^2\left(\dfrac{21,8}{2}\right)}{100 \cdot 200}$$

$$\boxed{\tau_d = 1,43 \text{ MPa}}$$

$f_{v,d}$: résistance de cisaillement calculée en MPa

$$f_{v,d} = f_{v,k} \cdot \frac{k_{mod}}{\gamma_M}$$

$f_{v,k}$: contrainte caractéristique de résistance de cisaillement en MPa.
k_{mod} : coefficient modificatif en fonction de la charge de plus courte durée (neige) et de la classe de service (zone non chauffée).
γ_M : coefficient partiel qui tient compte de la dispersion du matériau.

$$f_{v,d} = 2,5 \cdot \frac{0,9}{1,3}$$

$$\boxed{f_{v,d} = 1,73 \text{ MPa}}$$

Justification

$$\text{Taux de travail} = \frac{1,43}{1,73} \leq 1$$

$$\boxed{0,83 < 1}$$

▶ Justification de la contrainte de traction dans l'entrait

Pour terminer cette vérification, il faut s'intéresser à la vérification de l'entrait en section réduite puisque entaillée par l'embrèvement. Dans cet assemblage, l'effort principal est transmis par l'arbalétrier. L'action verticale est équilibrée par l'appui et l'action horizontale par l'entrait qui fait fonction de tirant. Les barres étant articulées entre elles, il faut seulement vérifier l'entrait en traction en section réduite. Il est nécessaire de définir le tenon de maintien en position latérale : épaisseur 40 mm, profondeur mortaise 100 mm.

Hypothèses :

$N_{entrait} = 30\ 800 \times \cos(21{,}8) = 28\ 600$ N

$A_r = (240 - 40) \times 100 - 40 \times 60 = 200 \times 100 - 40 \times 60 = 17\ 600$ mm²

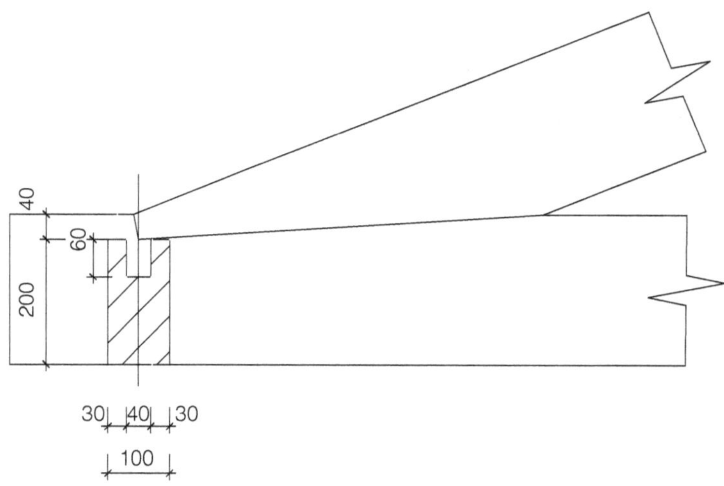

Schéma 8 : section rabattue de la surface tendue

Calcul de la contrainte induite par la charge

$$\sigma_{t,o,d} = \frac{N}{A_s}$$

N : effort de traction axiale en Newton.

A_r : section de la pièce en mm².

$\sigma_{t,o,d}$: contrainte de traction axiale en MPa.

$$\sigma_{t,o,d} = \frac{28600}{17600}$$

$$\boxed{\sigma_{t,o,d} = 1{,}7 \text{ MPa}}$$

Calcul de la contrainte de résistance en traction axiale

$$f_{t,o,d} = f_{t,o,k}\frac{k_{mod}}{\gamma_M}$$

$f_{t,o,d}$: contrainte de résistance en traction axiale.

$f_{t,o,k}$: contrainte caractéristique de résistance en traction axiale.

k_{mod} : coefficient modificatif en fonction de la charge de plus courte durée (la neige) et de la classe de service, charpente abritée, classe 2.

γ_M : coefficient partiel qui tient compte de la dispersion du matériau.

$$f_{t,o,d} = 14 \, \frac{0,9}{1,3}$$

$$\boxed{f_{t,o,d} = 9,7 \text{ MPa}}$$

1.1.4 Justification

$$\text{Taux de travail} = \frac{\sigma_{t,o,d}}{f_{t,o,d}} \leq 1$$

$$= \frac{1,7}{9,7} \leq 1$$

$$\boxed{0,17 < 1}$$

Remarque

La conception de la structure doit viser à limiter l'excentricité de l'assemblage par rapport à l'appui. Sinon, il peut être nécessaire de vérifier l'entrait :
- en cisaillement au voisinage de l'assemblage ;
- en tenant compte du moment secondaire en flexion (dans l'entrait en cas de décalage de l'appui trop important).

1.2 Assemblage par tenon-mortaise

Cet assemblage transmet des efforts de compression ou cisaillement entre deux pièces inclinées l'une par rapport à l'autre (angle proche de l'angle droit, soit approximativement $60° \leq \alpha \leq 120°$).

1.2.1 Systématisation

L'effort de compression projeté dans le repère formé par les directions tangente et perpendiculaire à la surface d'arasement est transmis par les surfaces de contact entre les pièces, l'effort de cisaillement étant toujours équilibré en compression transversale ou oblique sur le chant du tenon.

La stabilité en cas d'inversion d'effort est assurée par un dispositif complémentaire de type pointe ou boulon à dimensionner en fonction des résultats de la note de calcul.

Les chevilles à tire permettent une mise en place avec une légère précontrainte et assurent une légère reprise d'une inversion d'effort. Toutefois, la réglementation ne permet pas de justifier cette solution traditionnelle, en grande partie à cause des aléas propres à sa réalisation.

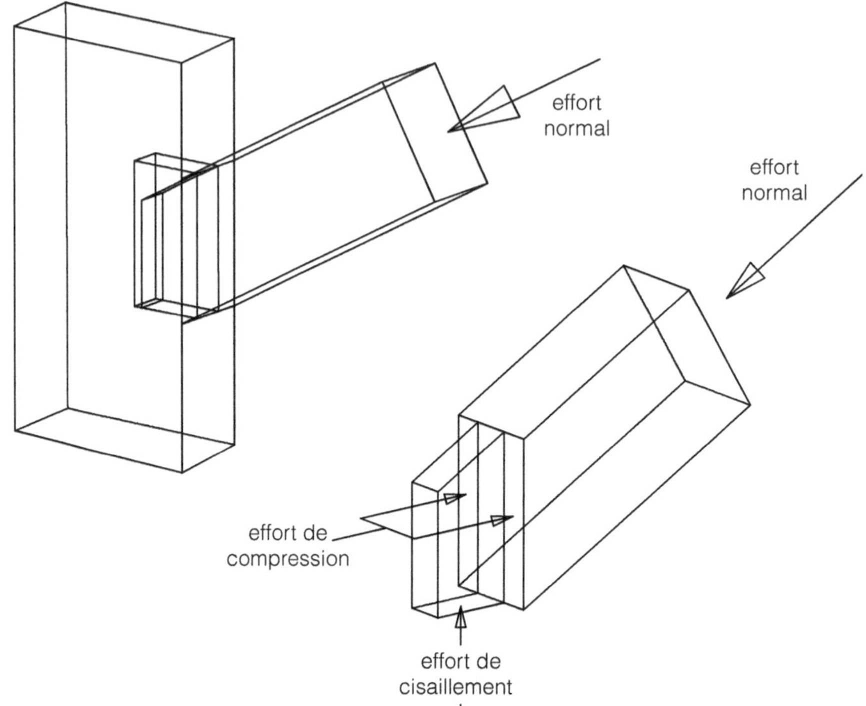

Schéma 9 : assemblage tenon-mortaise

1.2.2   Justification

Le principe de vérification consiste à déterminer les actions locales sur les différents plans de contact puis à effectuer la vérification des contraintes pour chaque plan de rupture. Il faut vérifier les sollicitations de compression, transversale, oblique, ainsi que le cisaillement du tenon et de l'épaulement de la mortaise. La résistance au cisaillement se quantifie par l'application du facteur de réduction k_v si le tenon comporte un épaulement (se reporter aux « Poutres entaillées au niveau d'un appui »).

La justification consiste à vérifier que les contraintes de compression oblique, de cisaillement et de compression transversale restent inférieures aux résistances respectives.

▶ **Justification de la contrainte de compression transversale sur les joues de la mortaise**

$$\text{Taux de travail} = \frac{\sigma_{c,90,d}}{f_{c,90,d}} \leq 1$$

$\sigma_{c,90,d}$: contrainte de compression transversale induite par la combinaison d'action des états limites ultimes en MPa

$$\sigma_{c,90,d} = \frac{N}{\dfrac{h}{\sin\beta} \cdot (b - e)}$$

N : effort normal au plan de contact en Newton.

H : hauteur de la traverse, en mm.
β : angle aigu entre la traverse et le montant.
b : épaisseur de la traverse, en mm.
e : épaisseur du tenon, en mm.
Selon les règles de l'art, l'épaisseur du tenon est proche du tiers de l'épaisseur de la pièce.

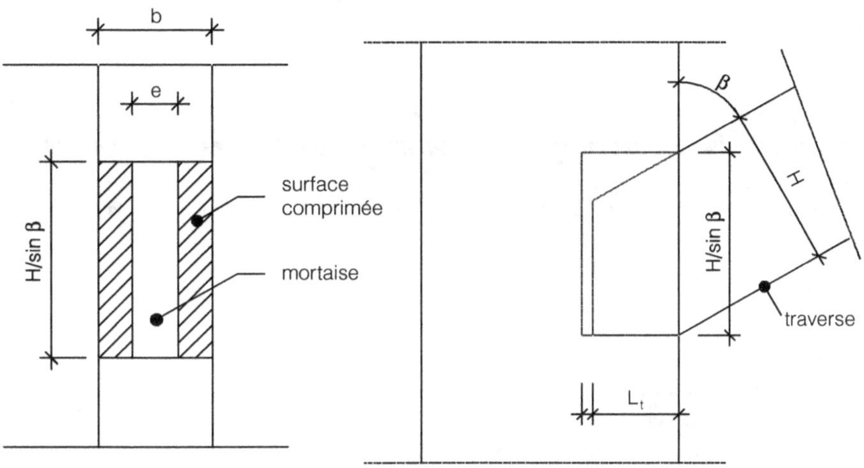

Schéma 10 : surfaces comprimées

La hauteur de surface comprimée est la hauteur de la traverse divisée par le sinus β, angle aigu entre la traverse et le montant.

▶ Justification de la contrainte de compression oblique sur le chant du tenon

$$\text{Taux de travail} = \frac{\sigma_{c,\alpha,d}}{f_{c,\alpha,d}} \leq 1$$

$\sigma_{c,\alpha,d}$: contrainte de compression inclinée induite par la combinaison d'action des états limites ultimes en MPa

$$\sigma_{c,\alpha,d} = \frac{T}{L_t \cdot e}$$

T : effort tangent au plan de contact en Newton.
L_t : longueur du tenon, en mm.
β : angle aigu entre la traverse et le montant.
e : épaisseur du tenon, en mm.

$f_{c,\alpha,d}$: résistance de compression inclinée calculée en MPa

$$f_{c,\alpha,d} = \frac{f_{c,0,d}}{\dfrac{f_{c,0,d}}{k_{c,90} \times f_{c,90,d}}\, \sin^2\alpha + \cos^2\alpha}$$

$f_{c,0,d}$: contrainte de résistance calculée en compression axiale en MPa.

$f_{c,90,d}$: contrainte de résistance calculée en compression transversale en MPa.

β : angle aigu entre la traverse et le montant.

$\alpha = \beta$: angle entre la direction du fil du bois et celle de l'effort de compression.

$k_{c,90} = 1$

▶ Justification de la contrainte de cisaillement du tenon

$$\text{Taux de travail} = \frac{\tau_d}{f_{v,d}} \leq 1$$

τ_d : contrainte de cisaillement induite par la combinaison d'action des états limites ultimes en MPa

Pour ce type d'assemblage, il est nécessaire d'effectuer la vérification de la résistance en cisaillement :

$$\tau_d = \frac{T}{\dfrac{h}{\sin\beta} \cdot e}$$

T : effort tangent au plan de contact en N.

h : hauteur de la traverse, en mm.

β : angle aigu entre la traverse et le montant.

e : épaisseur du tenon, en mm.

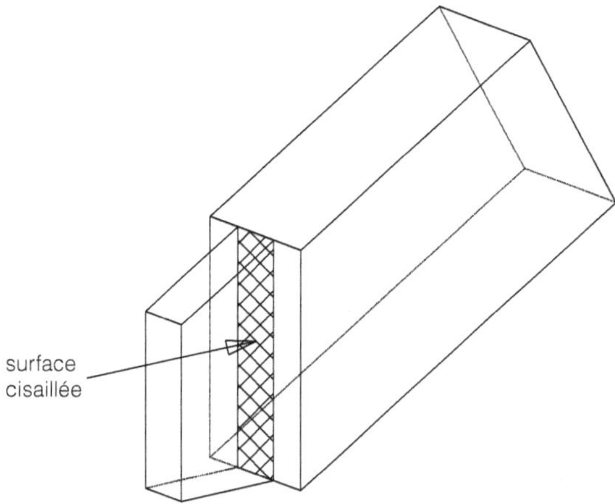

Schéma 11 : surface cisaillée du tenon

$f_{v,d}$: résistance de cisaillement calculée en MPa

$$f_{v,d} = f_{v,k} \cdot \frac{k_{mod}}{\gamma_M}$$

$f_{v,k}$: contrainte caractéristique de résistance de cisaillement en MPa.

k_{mod} : coefficient modificatif en fonction de la charge de plus courte durée et de la classe de service.

γ_M : coefficient partiel qui tient compte de la dispersion du matériau.

1.3 Application résolue : assemblage d'un arbalétrier et d'une contrefiche par tenon-mortaise

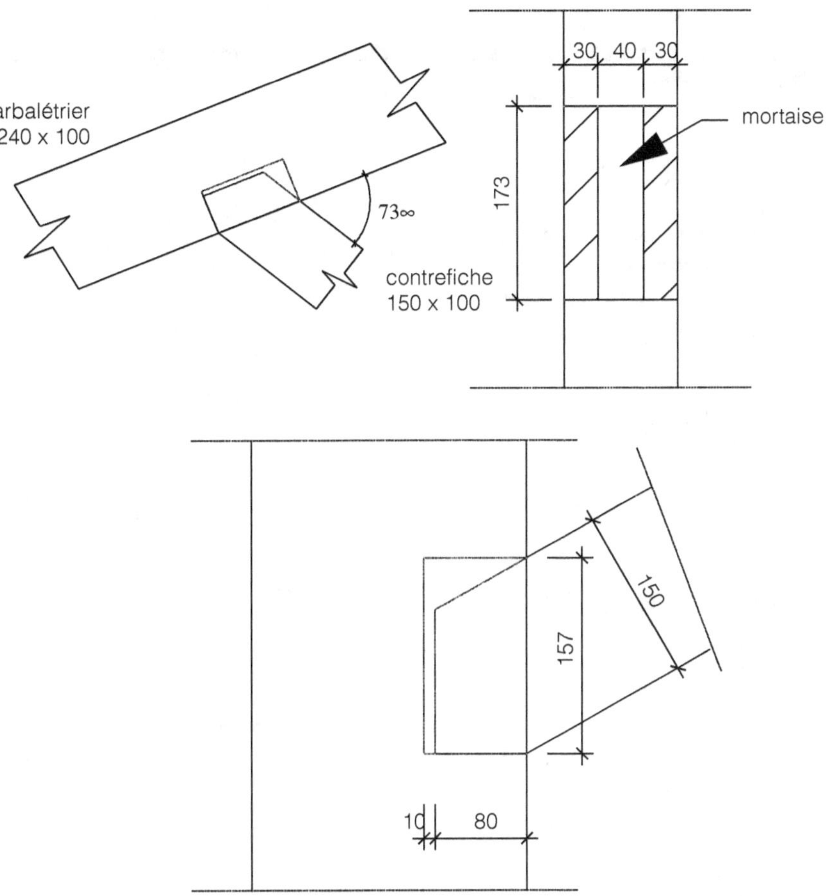

Schéma 12 : assemblage arblétrier-contrefiche

Arbalétrier et contrefiche en bois massif classé C24.

Contrefiche : 100 × 150 mm

Arbalétrier : 100 × 240 mm

Tenon : épaisseur de 40 mm.

Mortaise : profondeur de 80 mm (jeu en fond de mortaise de 10 mm).

Classe de service 2 (zone non chauffée).

Effort transmis par l'assemblage avec la combinaison C = 1,35 G + 1,5 S.

β : angle aigu entre l'arbalétrier et la contrefiche de 73,15°.

Action normale au plan de l'arasement : $N = 11000 \cdot \sin \beta = 10528$ N.

Action tangente au plan de l'arasement : $T = 11000 \cdot \cos \beta = 3189$ N.

▶ Justification de la contrainte de compression transversale sur les joues de la mortaise

$$\text{Taux de travail} = \frac{\sigma_{c,90,d}}{f_{c,90,d}} \leq 1$$

$\sigma_{c,90,d}$: contrainte de compression transversale induite par la combinaison d'action des états limites ultimes en MPa

$$\sigma_{c,90,d} = \frac{N}{\dfrac{h}{\sin\beta} \cdot (b - e)}$$

N : effort normal au plan de contact 10 528 N.
h : hauteur de la traverse, 150 mm.
β : angle aigu entre l'arbalétrier et la contrefiche, 73,15°.
b : épaisseur de la traverse, 100 mm.
e : épaisseur du tenon, 40 mm.

$$\sigma_{c,90,d} = \frac{10528}{\dfrac{150}{\sin 73,15} \cdot (100 - 40)}$$

$$\boxed{\sigma_{c,90,d} = 1,12 \ \text{MPa}}$$

$f_{c,90,d}$: résistance de compression transversale calculée en MPa

$$f_{c,90,d} = f_{c,90,k}\frac{k_{mod}}{\gamma_M}$$

$f_{c,o,k}$: contrainte caractéristique de résistance en compression transversale en MPa.
k_{mod} : coefficient modificatif en fonction de la charge de plus courte durée (neige) et de la classe de service (zone non chauffée).
γ_M : coefficient partiel qui tient compte de la dispersion du matériau.

$$f_{c,90,d} = 2,5 \cdot \frac{0,9}{1,3}$$

$$\boxed{f_{c,90,d} = 1,73 \ \text{MPa}}$$

Justification

$$\text{Taux de travail} = \frac{1,12}{1,73} < 1$$

$$\boxed{0,65 < 1}$$

▶ Justification de la contrainte de compression oblique sur le chant du tenon

$$\text{Taux de travail} = \frac{\sigma_{c,\alpha,d}}{f_{c,\alpha,d}} \leq 1$$

$\sigma_{c,\alpha,d}$: contrainte de compression inclinée induite par la combinaison d'action des états limites ultimes en MPa

$$\sigma_{c,\alpha,d} = \frac{T}{L_t \cdot e}$$

T : effort tangent au plan de contact 3 189 N.
L_t :longueur du tenon, 80 mm – 10 mm = 70 mm.
β : angle aigu entre l'arbalétrier et la contrefiche : 73,15°.
e : épaisseur du tenon, 40 mm.

$$\sigma_{c,\alpha,d} = \frac{3189}{70 \cdot 40}$$

$$\boxed{\sigma_{c,\alpha,d} = 1,14 \text{ MPa}}$$

Calcul de la contrainte de résistance en compression axiale

$$f_{c,o,d} = f_{c,o,k}\frac{k_{mod}}{\gamma_M}$$

$f_{c,o,d}$: contrainte de résistance en compression axiale en MPa.
$f_{c,o,k}$: contrainte caractéristique de résistance en compression axiale en MPa.
k_{mod} : coefficient modificatif en fonction de la charge de plus courte durée (neige) et de la classe de service (zone non chauffée).
γ_M : coefficient partiel qui tient compte de la dispersion du matériau.

$$f_{t,o,d} = 21\frac{0,9}{1,3}$$

$$\boxed{f_{t,o,d} = 14,5 \text{ MPa}}$$

$f_{c,\alpha,d}$: résistance de compression inclinée calculée en MPa

$$f_{c,\alpha,d} = \frac{f_{c,o,d}}{\dfrac{f_{c,o,d}}{k_{c,90} \times f_{c,90,d}} \sin^2\alpha + \cos^2\alpha}$$

$f_{c,o,d}$: contrainte de résistance calculée en compression axiale en MPa.
$f_{c,90,d}$: contrainte de résistance calculée en compression transversale en MPa.
α : angle entre la surface de contact et la perpendiculaire au fil du bois.
$k_{c,90}$: coefficient permettant de majorer la contrainte de résistance pour certaines configurations de chargement.
$k_{c,90}$ = 1 pour un assemblage par tenon-mortaise.

$$f_{c,\alpha,d} = \frac{14,5}{\dfrac{14,5}{1 \times 1,73} \sin^2 73,15 + \cos^2 73,15}$$

$$\boxed{f_{c,\alpha,d} = 1,87 \text{ MPa}}$$

Justification

$$\text{Taux de travail} = \frac{1{,}14}{1{,}87} < 1$$

$$\boxed{0{,}61 < 1}$$

▶ Justification de la contrainte de cisaillement du tenon

$$\text{Taux de travail} = \frac{\tau_d}{f_{v,d}} \leq 1$$

τ_d : contrainte de cisaillement induite par la combinaison d'action des états limites ultimes en MPa

$$\tau_d = \frac{T}{\dfrac{h}{\sin\beta} \cdot e}$$

T : effort tangent au plan de contact 3 189 N.
h : hauteur de la traverse, 150 mm.
β : angle aigu entre la traverse et le montant : 73,15°.
e : épaisseur du tenon, 40 mm.

$$\tau_d = \frac{3189}{\dfrac{150}{\sin 73{,}15} \cdot 40}$$

$$\boxed{\tau_d = 0{,}51 \text{ MPa}}$$

$f_{v,d}$: résistance de cisaillement calculée en MPa

$$f_{v,d} = f_{v,k} \cdot \frac{k_{mod}}{\gamma_M}$$

$f_{v,k}$: contrainte caractéristique de résistance de cisaillement en MPa.
k_{mod} : coefficient modificatif en fonction de la charge de plus courte durée (neige) et de la classe de service (zone non chauffée).
γ_M : coefficient partiel qui tient compte de la dispersion du matériau.

$$f_{v,d} = 2{,}5 \cdot \frac{0{,}9}{1{,}3}$$

$$\boxed{f_{v,d} = 1{,}73 \text{ MPa}}$$

Justification

$$\text{Taux de travail} = +\frac{0{,}51}{1{,}73} \leq 1$$

$$\boxed{0{,}3 < 1}$$

2. Cisaillement et fendage

2.1 Cisaillement

Les assemblages peuvent générer un effort perpendiculaire au fil du bois. La hauteur réelle exposée au cisaillement est la distance entre le bord chargé et le perçage le plus éloigné. Le taux de travail en cisaillement doit être inférieur ou égal à 1.

$$\text{Taux de travail} = \frac{\tau_d}{f_{v,d}} \leq 1$$

(6.13)

2.1.1 τ_d : contrainte de cisaillement induite par la combinaison d'action des états limites ultimes en MPa

$$\tau_d = \frac{k_f \times F_{v,d}}{b \times h_e \times k_{cr}} \quad \text{avec } k_{cr} \text{ défini au chapitre 2, section 3 « Le cisaillement ».}$$

k_f : coefficient de forme de la section valant 3/2 pour une section rectangulaire et 4/3 pour une section circulaire.

$F_{v,d}$: effort tranchant en Newton.

b : épaisseur de la pièce en mm.

h_e : hauteur réelle exposée au cisaillement ; distance entre le bord chargé et l'assembleur le plus éloigné (se reporter au schéma 13).

2.1.2 $f_{v,d}$: résistance de cisaillement calculée en MPa

$$f_{v,d} = f_{v,k} \cdot \frac{k_{mod}}{\gamma_M}$$

$f_{v,k}$: contrainte caractéristique de résistance de cisaillement en MPa.

k_{mod} : coefficient modificatif en fonction de la charge de plus courte durée et de la classe de service.

γ_M : coefficient partiel qui tient compte de la dispersion du matériau.

2.2 Fendage

Lorsqu'un assemblage incliné provoque de la traction perpendiculaire aux fibres, il est nécessaire de réaliser la justification au fendage.

$$\text{Taux de travail} : \frac{F_{V,d}}{F_{90,Rd}} \leq 1$$

(8.2)

$F_{v,d}$: effort tranchant maximal au niveau de l'assemblage en Newton (en traction).

$F_{90,Rd}$: résistance de calcul au fendage en Newton.

$F_{90,Rd}$: résistance de calcul au fendage

$$F_{90,Rd} = F_{90,Rk} \cdot \frac{k_{mod}}{\gamma_M}$$

$F_{90,Rk}$: résistance caractéristique au fendage en N.

k_{mod} : coefficient modificatif en fonction de la charge de plus courte durée et de la classe de service.

γ_M : coefficient partiel qui tient compte de la dispersion du matériau.

$$\text{Pour les résineux : } F_{90,Rk} = 14bw \cdot \sqrt{\frac{h_e}{\left(1 - \dfrac{h_e}{h}\right)}}$$

(8.4)

b : épaisseur de l'élément en mm.

h_e : hauteur exposée à la traction perpendiculaire aux fibres en mm ; distance entre le bord chargé et l'assembleur le plus éloigné.

h : hauteur de la pièce en mm.

$$w : \text{uniquement pour les plaques métalliques embouties, } \max \left\{ \begin{array}{c} \left(\dfrac{w_{pl}}{100}\right)^{0,35} \\ 1 \end{array} \right\} \text{ avec } w_{pl} \text{ la}$$

dimension de la plaque métallique parallèle au fil en mm.

(8.5)

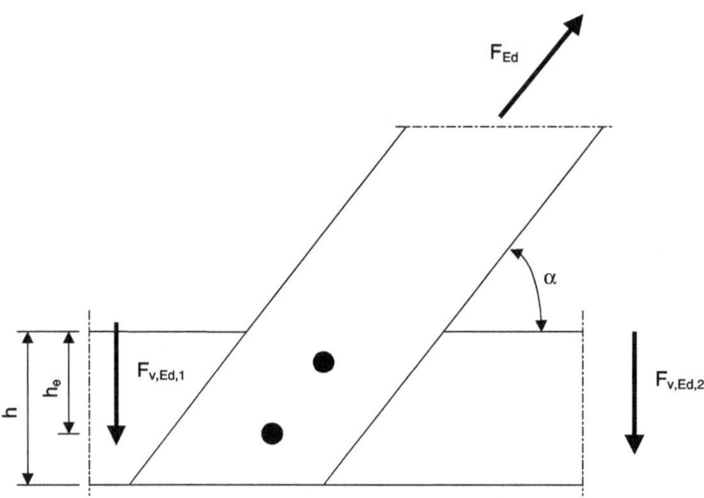

Schéma 13 : la hauteur exposée au cisaillement et à la traction perpendiculaire aux fibres pouvant créer du fendage est h_e

2.3 Vérification du cisaillement et du fendage d'un assemblage poteau moise-traverse bois lamellé-collé

Charpente en bois lamellé-collé de classe GL28h.
Assemblage de cinq boulons Ø20 disposés en une file.
La file est parallèle au fil du bois du poteau.
Hauteur de la section de la traverse au droit de l'assemblage : 960 mm.

Angle de 71° entre les deux pièces.
Les actions données proviennent de la combinaison d'action : 1,35G + 1,5S.

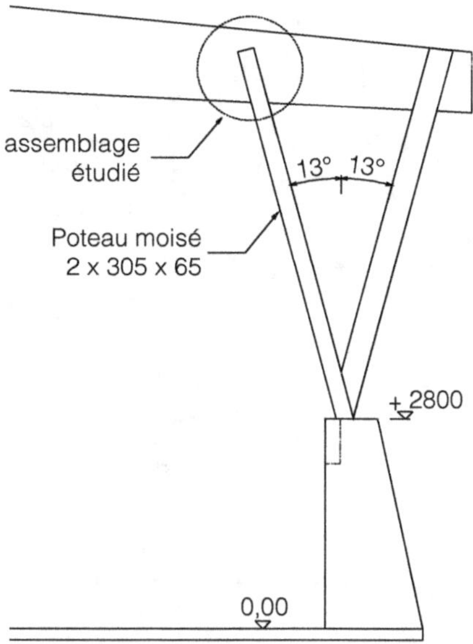

Schéma 14 : situation de l'assemblage

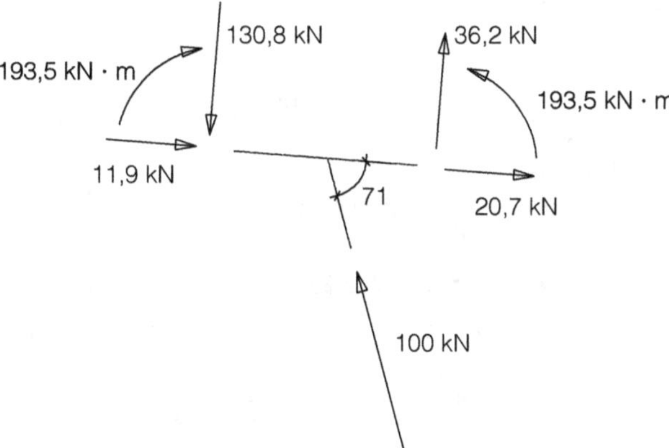

Schéma 15 : sollicitations au nœud

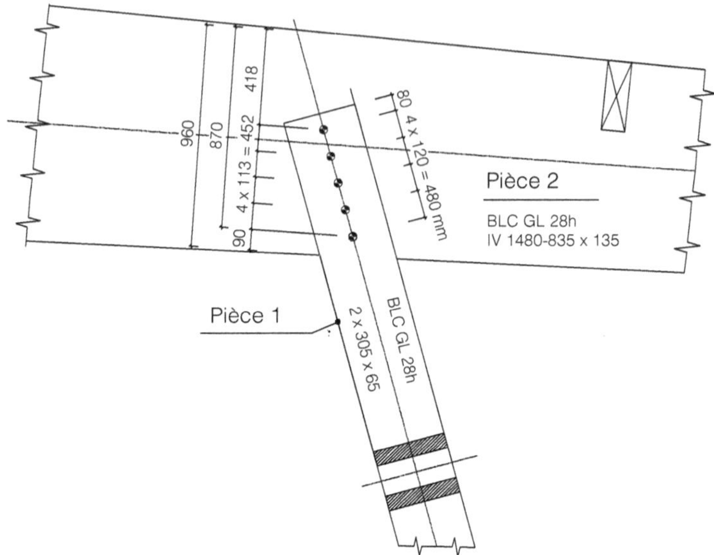

Schéma 16 : sollicitations au nœud

2.3.1 Cisaillement

$$\tau_d = \frac{k_f \times F_{v,\,Ed}}{b \times h_e} = \frac{\frac{3}{2} \cdot 130800}{135 \cdot 870}$$

$$\boxed{\tau_d = 1{,}67 \text{ MPa}}$$

$k_f = 3/2$ (section rectangulaire) : coefficient de forme de la section.
$F_{v,Ed} = \max[130{,}8\ ;\ 32{,}5] = 130{,}8$ kN : effort tranchant.
$b = 135$ mm : épaisseur de la pièce en mm.
$h_e = 870$ mm : hauteur réelle exposée au cisaillement.

▶ 2.3.1.1 $f_{v,d}$: résistance de cisaillement calculée en MPa

$$f_{v,d} = f_{v,k} \cdot \frac{k_{mod}}{\gamma_M} = 3{,}2 \cdot \frac{0{,}9}{1{,}25}$$

$$\boxed{f_{v,d} = 2{,}3 \text{ MPa}}$$

$f_{v,k} = 3{,}2$ MPa : contrainte caractéristique de résistance de cisaillement en MPa.
$k_{mod} = 0{,}9$: coefficient modificatif en fonction de la charge de plus courte durée et de la classe de service.
$\gamma_M = 1{,}25$: coefficient partiel qui tient compte de la dispersion du matériau.

Taux de travail : $\psi = \dfrac{\tau_d}{f_{v,d}} = \dfrac{1{,}67}{2{,}3} = 1$

$$\boxed{0{,}73 < 1}$$

2.3.2 Fendage

$F_{v,d}$: $\max[130{,}8\ ;\ 36{,}2] = 130{,}8$ kN : effort tranchant.

▶ 2.3.2.1 $F_{90,Rd}$: résistance de calcul au fendage

Pour les résineux :

$$F_{90,Rk} = 14bw \cdot \sqrt{\frac{h_e}{\left(1 - \frac{h_e}{h}\right)}} = 14 \cdot 135 \cdot 1 \cdot \sqrt{\frac{870}{\left(1 - \frac{870}{960}\right)}} = 182069 \text{ N}.$$

b = 135 : épaisseur de l'élément en mm.

h_e = 870 : hauteur exposée à la traction perpendiculaire aux fibres en mm.

h = 960 : hauteur de la pièce en mm.

w = 1

$$F_{90,Rd} = F_{90,Rk} \cdot \frac{k_{mod}}{\gamma_M} = 182069 \cdot \frac{0,9}{1,25} \quad F_{90,Rd} = 131089 \text{ N}$$

$F_{90,Rk}$ = 182 069 N : résistance caractéristique au fendage en N.

k_{mod} = 0,9 : coefficient modificatif en fonction de la charge de plus courte durée et de la classe de service.

γ_M : 1,25 : coefficient partiel qui tient compte de la dispersion du matériau.

Taux de travail : $\psi = \dfrac{F_{V,Ed}}{F_{90,Rd}} = \dfrac{130800}{131089}$

$$\boxed{0,998 < 1}$$

Remarque

Ce critère est dimensionnant, le taux de travail des boulons étant de 0,99.

2.4 Vérification du cisaillement et du fendage d'un assemblage poutre BLC-ferrure métallique

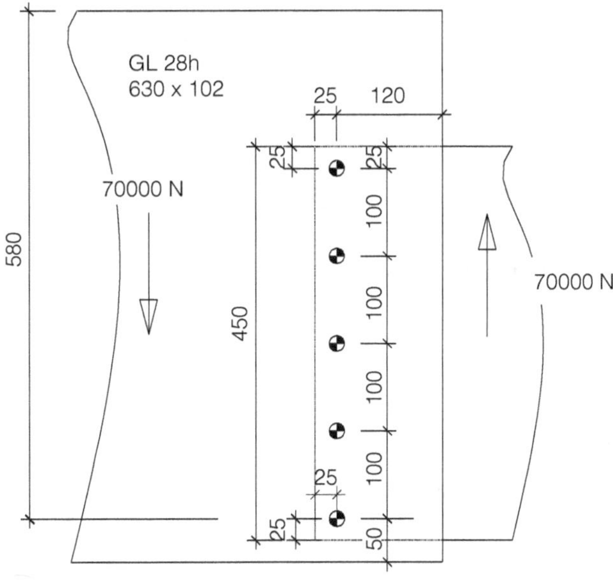

Schéma 17 : présentation de l'assemblage

Bois lamellé-collé GL28h (ρ_k = 410 kg/m³).

Poutre : 102 × 630 mm

Flasque métallique médian : acier S235 (f_u = 360 MPa) épaisseur 6 mm.

5 broches Ø16 ($f_{u,k}$ = 600 MPa).

Action ELU : effort de cisaillement 70 000 N sous la combinaison $\qquad$ C = 1,35 G + 1,5 Q.

Les broches sont sollicitées par un chargement latéral et en double cisaillement bois-métal.

2.4.1 Cisaillement

$$\tau_d = \frac{k_f \times F_{v,d}}{b \times h_e} = \frac{\dfrac{3}{2} \cdot 70000}{102 \cdot 580}$$

$$\boxed{\tau_d = 1,78 \text{ MPa}}$$

k_f = 3/2 (section rectangulaire) : coefficient de forme de la section.

$F_{v,d}$ = 70 kN : effort tranchant.

b = 102 mm : épaisseur de la pièce.

h_e = 580 mm : hauteur réelle exposée au cisaillement.

▶ 2.4.1.1 $f_{v,d}$: résistance de cisaillement calculée en MPa

$$f_{v,d} = f_{v,k} \cdot \frac{k_{mod}}{\gamma_M} = 3,2 \cdot \frac{0,8}{1,25}$$

$$\boxed{f_{v,d} = 2,05 \text{ MPa}}$$

$f_{v,k}$ = 3,2 MPa : contrainte caractéristique de résistance de cisaillement en MPa.

k_{mod} = 0,8 : coefficient modificatif en fonction de la charge de plus courte durée et de la classe de service.

γ_M = 1,25 : coefficient partiel qui tient compte de la dispersion du matériau.

Taux de travail : $\psi = \dfrac{\tau_d}{f_{v,d}} = \dfrac{1,78}{2,05} = 0,87$

$$\boxed{0,87 < 1}$$

2.4.2 Fendage

$F_{v,d}$ = 70 kN : effort tranchant.

▶ 2.4.2.1 $F_{90,Rd}$: résistance de calcul au fendage

Pour les résineux :

$$F_{90,Rk} = 14 bw \cdot \sqrt{\frac{h_e}{\left(1 - \dfrac{h_e}{h}\right)}} = 14 \cdot 102 \cdot 1 \cdot \sqrt{\frac{580}{\left(1 - \dfrac{580}{630}\right)}} = 122075 \text{ N} .$$

b = 102 : épaisseur de l'élément en mm.

h_e = 580 : hauteur exposée à la traction perpendiculaire aux fibres en mm.

h = 630 : hauteur de la pièce en mm.

w = 1

$$F_{90,Rd} = F_{90,Rk} \cdot \frac{k_{mod}}{\gamma_M} = 122075 \cdot \frac{0{,}8}{1{,}25} \quad F_{90,Rd} = 78128 \text{ N}$$

$F_{90,Rk} = 122\,075$ N : résistance caractéristique au fendage en N.

$k_{mod} = 0{,}8$: coefficient modificatif en fonction de la charge de plus courte durée et de la classe de service.

$\gamma_M = 1{,}25$: coefficient partiel qui tient compte de la dispersion du matériau.

$$\text{Taux de travail : } \psi = \frac{F_{V,d}}{F_{90,Rd}} = \frac{70000}{78128} \quad \psi = \frac{F_{V,d}}{F_{90,Rd}} = \frac{70000}{78128}$$

$$\boxed{0{,}90 < 1}$$

4   Assemblages par tiges

Les tiges sont des pièces métalliques élancées telles que les pointes, agrafes, boulons, broches ou tire-fond, etc. Les quatre premières parties de ce chapitre précisent les éléments spécifiques à chaque type de tige : les pointes, les agrafes, les boulons et broches et les tire-fond. De nombreuses vérifications sont partiellement indépendantes (résistance) ou indépendantes (rupture de bloc, cisaillement, risque de fendage) du type de tige. Elles sont décrites dans la dernière partie.

Chaque type de tige a des caractéristiques spécifiques telles que les conditions de pénétration, la portance locale, les conditions de pince, etc. L'ensemble de ces éléments est décrit pour chaque type de tige.

La résistance des tiges dépend du mode de rupture, écrasement du bois (portance locale trop faible), déformation irréversible de la tige ou les deux phénomènes simultanément. Le calcul de leur résistance est décrit dans le paragraphe « Valeur caractéristique de la capacité résistante des tiges en fonction du mode de rupture »).

D'autre part, les tiges mobilisent la résistance d'un volume de matière. La capacité résistante d'une tige est liée au volume disponible. Pour cela, des pinces (distance aux extrémités, aux côtés ou rives et entre tiges) ou distances minimales doivent être respectées. Lors d'un assemblage très dense, l'ensemble des tiges est susceptible d'arracher la totalité de la zone d'assemblage : c'est la rupture de bloc.

Enfin, les assemblages inclinés engendrent un effort perpendiculaire au fil du bois. Il est nécessaire de vérifier que la valeur de calcul des efforts tranchants au voisinage de l'assemblage reste inférieure ou égale à la résistance au cisaillement et à la résistance au fendage.

Par ailleurs, lorsque les efforts à transmettre sont importants, les tiges, généralement broches ou boulons, peuvent être renforcées par des crampons ou des anneaux.

La conception de ce type d'assemblage (par tiges) nécessite de considérer le comportement de l'assemblage selon plusieurs directions. Il faut distinguer le chargement axial (selon l'axe de la tige, équivalent à une action de traction) du chargement latéral (perpendiculaire à l'axe de la tige, équivalent à une action de cisaillement). De plus, pour un chargement latéral, il faut distinguer le chargement parallèle aux fibres du bois et le chargement perpendiculaire aux fibres du bois. D'autre part, la capacité résistante d'un assemblage doit être réduite lorsque plusieurs tiges sont situées dans le sens du fil du bois par le calcul du nombre efficace d'organes.

1. Principe général de conception aux ELU

1.1 Caractériser l'assemblage

Déterminer les dimensions de l'assemblage :
• section ;
• pièce moisée ; position relative des pièces ;
• inclinaison entre les pièces.

Déterminer le type de chargement par rapport à la tige :
• chargement latéral dans le sens du fil du bois ;
• chargement latéral perpendiculaire au fil du bois ;
• chargement axiale.

Déterminer les matériaux :
• bois-bois ;
• bois-panneau ;
• bois-métal.

Déterminer le mode de travail :
• simple cisaillement (avec ou sans recouvrement) ;
• double cisaillement ;
• cisaillement multiple (plus de deux plans cisaillés par tige).

Déterminer l'orientation de la tige par rapport au fil du bois :
• tige perpendiculaire au fil du bois ;
• tige parallèle au fil du bois avec un chargement latéral ;
• tige parallèle au fil du bois avec un chargement axial.

Sélectionner une longueur et un diamètre de tige.

Vérifier les conditions de pénétration.

1.2 Calculer la valeur caractéristique de la capacité résistante $F_{V,Rk}$

Valeur de la pénétration de la tige.

Portance locale (avec ou sans préperçage).

Moment d'écoulement plastique.

Calcul de la résistante pour chaque mode de rupture.

Sélectionner la valeur la plus faible.

1.3 Définir le nombre de tiges

Déterminer la résistance de calcul $F_{V,Rd}$.

Diviser l'effort supporté par la résistance d'une tige ($F_{V,Ed}/F_{V,Rd}$).

Sélectionner un nombre de tiges avec un arrondi supérieur (attention, si l'effet de file n_{ef} est défavorable, prendre un nombre de tige supérieur).

1.4 Conditions de pince

Espacement entre tiges parallèle et perpendiculaire au fil.

Distance aux bords chargés et non chargés.

Distance aux extrémités chargées et non chargées.

1.5 Vérifier la rupture de bloc, le cisaillement et le risque de fendage

Organigramme 1 : principe générale de construction

2. Calcul des glissements d'assemblage aux ELS

2.1 Relation glissement d'assemblage-effort

Ces calculs sont effectués aux états limites de service (ELS), il s'agit de déterminer des déplacements.

Le module de glissement K_{ser} correspond au coefficient de proportionnalité entre l'effort appliqué à la tige et le glissement instantané :

$$u_{inst} = \frac{F}{K_{ser}}$$

F : effort instantané appliqué en N.
K_{ser} : module de glissement en N/mm.

2.2 Prise en compte du fluage

Influence du fluage dans le calcul des glissements d'assemblage (k_{def} : facteur de déformation) :

$$u_{fin} = u_{inst(G)} \cdot (1 + k_{def}) + u_{inst\,(Q,1)} \cdot (1 + \psi_{2,1} \cdot k_{def}) + u_{inst(Q,i)} \cdot (\psi_{0,i} \cdot \psi_{2,i} \cdot k_{def})$$

2.3 Jeu de perçage

Dans le cas d'organes mis en place avec jeu, ce jeu doit être spécifiquement ajouté à la déformation élastique. Pour les boulons, la tolérance de perçage est de 1 mm.

2.4 Valeurs du module de glissement K_{ser}

K_{ser} est défini pour un plan de cisaillement et pour un organe (assemblages bois-bois ou bois-panneaux).

Tableau 1 : valeurs du module de glissement k_{ser}

Type d'organe d'assemblage	K_{ser} (N/mm)
Broches Boulons sans jeu Tire-fond Pointes avec avant-trous	$\dfrac{\rho_m^{1,5} \cdot d}{23}$
Pointes sans avant-trous	$\dfrac{\rho_m^{1,5} \cdot d^{0,8}}{30}$
Agrafes	$\dfrac{\rho_m^{1,5} \cdot d^{0,8}}{80}$
Anneaux type A Anneaux type B	$\dfrac{\rho_m \cdot d_c}{2}$
Crampons : Crampons C1 à C9	$\dfrac{1,5 \cdot \rho_m \cdot d_c}{4}$
Crampons C10 et C11	$\dfrac{\rho_m \cdot d_c}{2}$

2.5 Assemblage de deux pièces de bois (ou dérivé) de nature différente

▶ Calcul de la masse volumique moyenne

Quand l'assemblage comporte deux matériaux différents (bois ou dérivé), la masse volumique moyenne est : $\rho_m = \sqrt{\rho_{m1} \cdot \rho_{m2}}$.

$$(7.1)$$

$\rho_{m,1}$: masse volumique moyenne de la pièce 1.
$\rho_{m,2}$: masse volumique moyenne de la pièce 2.

▶ Calcul du facteur de déformation K_{def}

Quand l'assemblage comporte deux matériaux dont le comportement vis-à-vis du fluage est différent (assemblage de pièces en bois massif par gousset en panneau dérivé du bois par exemple), le facteur de déformation K_{def} est :

$$K_{def} = \sqrt{K_{def,1} \cdot K_{def,2}}$$

$$(2.13)$$

$K_{def,1}$: facteur de déformation de la pièce 1.
$K_{def,2}$: facteur de déformation de la pièce 2.

▶ Assemblage bois-métal ou bois-béton

La masse volumique moyenne (ρ_m) à retenir est celle de la pièce de bois.
Pour le calcul des glissements, il est possible de multiplier le module de glissement K_{ser} par 2.

3. Vérifications indépendantes du type de tige

Les vérifications indépendantes ou partiellement indépendantes du type de tige sont la capacité résistante du bois et/ou de la tige, la rupture de bloc, le cisaillement du bois et le risque de fendage.

3.1 Valeur caractéristique de la capacité résistante des tiges en fonction du mode de rupture pour un chargement latéral

La résistance d'un assemblage par tige est limitée à l'élément le plus faible. La rupture peut provenir de l'écrasement du bois (portance locale trop faible), d'une déformation irréversible de la tige ou d'une combinaison des phénomènes simultanément. La capacité résistante des tiges dépend du mode de rupture.

Les expressions suivantes permettent de déterminer la capacité résistante latérale pour des assemblages de type tiges pour chacun des modes de rupture envisagés. La valeur caractéristique de la capacité résistante latérale correspond à la valeur minimale donnée par les équations pour une tige au niveau d'un plan de cisaillement. Les principaux paramètres sont la limite élastique, la portance locale au niveau de la tige et la résistance à l'arrachement de l'organe d'assemblage.

3.1.1   Assemblages bois-bois ou bois-panneaux

Les tiges de ces assemblages travaillent en simple ou double cisaillement. Les chapitres consacrés à chaque type de tige (pointes, agrafes, boulons…) présentent la manière de déterminer les paramètres nécessaires au calcul des équations ci-dessous.

▶ Tige travaillant en simple cisaillement

$$(8.6)$$

La capacité résistante caractéristique pour un organe et un plan de cisaillement est la valeur minimale $F_{v,Rk}$ des six modes de rupture suivants :

- écrasement du bois dans la pièce 1 ;
- écrasement du bois dans la pièce 2 ;
- écrasement du bois dans la pièce 1 et la pièce 2 ;
- écrasement du bois dans la première pièce 1 et rotule plastique dans la tige ;
- écrasement du bois dans la seconde pièce 2 et rotule plastique dans la tige ;
- écrasement des deux pièces de bois et rotule plastique dans la tige.

Écrasement du bois dans la première pièce 1

Calcul de la résistance à la compression (enfoncement) de la tige dans la pièce 1 :

$$F_{v,Rk} = f_{h,1,k} \cdot t_1 \cdot d \tag{a}$$

Schéma 1 : rupture du bois dans la première pièce 1

Écrasement du bois dans la seconde pièce 2

Calcul de la résistance à la compression (enfoncement) de la tige dans la pièce 2 :

$$F_{v,Rk} = f_{h,2,k} \cdot t_2 \cdot d \tag{b}$$

Schéma 2 : rupture du bois dans la seconde pièce 2

Écrasement du bois dans la première pièce 1 et la seconde pièce 2

Calcul de la résistance à la compression (enfoncement) de la tige dans les pièces 1 et 2 :

$$F_{v,Rk} = \frac{f_{h,1,k} \cdot t_1 \cdot d}{1 + \beta} \cdot \left[\sqrt{\beta + 2\beta^2 \cdot \left[1 + \frac{t_2}{t_1} + \left(\frac{t_2}{t_1}\right)^2\right] + \beta^3 \cdot \left(\frac{t_2}{t_1}\right)^2} - \beta \cdot \left(1 + \frac{t_2}{t_1}\right) \right] \qquad (c)$$

Schéma 3 : rupture du bois dans la première pièce 1 et la seconde pièce 2

Écrasement du bois dans la première pièce 1 et rotule plastique dans la tige

Calcul de la résistance à la compression (enfoncement) de la tige dans la pièce 1 et du moment plastique de la tige :

$$F_{v,Rk} = 1{,}05 \cdot \frac{f_{h,1,k} \cdot t_1 \cdot d}{2 + \beta} \cdot \left[\sqrt{2\beta \cdot (1 + \beta) + \frac{4\beta \cdot (2 + \beta) \cdot M_{y,Rk}}{f_{h,1,k} \cdot d \cdot t_1^2}} - \beta \right] + \frac{F_{ax,Rk}}{4} \qquad \text{(d)}$$

Schéma 4 : rupture du bois dans la première pièce 1 et de la tige

Écrasement du bois dans la seconde pièce 2 et rotule plastique dans la tige

Calcul de la résistance à la compression (enfoncement) de la tige dans la pièce 2 et de la résistance à la déformation plastique (irréversible) de la tige :

$$F_{v,Rk} = 1{,}05 \cdot \frac{f_{h,1,k} \cdot t_2 \cdot d}{1 + 2\beta} \cdot \left[\sqrt{2\beta^2 \cdot (1 + \beta) + \frac{4\beta \cdot (1 + 2\beta) \cdot M_{y,Rk}}{f_{h,1,k} \cdot d \cdot t_2^2}} - \beta \right] + \frac{F_{ax,Rk}}{4} \qquad \text{(e)}$$

Schéma 5 : rupture du bois dans la seconde pièce 2 et de la tige

Écrasement des deux pièces de bois et rotule plastique dans la tige

Calcul de la résistance à la déformation plastique (irréversible) de la tige :

$$F_{v,Rk} = 1{,}15 \cdot \sqrt{\frac{2\beta}{1+\beta}} \cdot \sqrt{2M_{y,Rk}f_{h,1,k} \cdot d} + \frac{F_{ax,Rk}}{4} \tag{f}$$

Schéma 6 : rupture de la tige

▶ Tige travaillant en double cisaillement

$$\tag{8.7}$$

La capacité résistante caractéristique pour un organe et un plan de cisaillement (attention, dans cet assemblage, il faudra multiplier la valeur trouvée par deux, car il y a deux plans de cisaillement) est la valeur minimale $F_{v,Rk}$ des quatre modes de rupture suivants :

- écrasement du bois dans les deux pièces t_1 (moises) ;
- écrasement du bois dans la pièce centrale t_2 ;
- écrasement du bois dans les pièces t_1 et rotule plastique dans la tige ;
- écrasement des deux pièces de bois et rotule plastique dans la tige.

Écrasement du bois dans les deux pièces t_1 (moises)

Calcul de la résistance à la compression (enfoncement) de la tige dans les deux pièces 1 :

$$F_{v,Rk} = f_{h,1,k} \cdot t_1 \cdot d \tag{g}$$

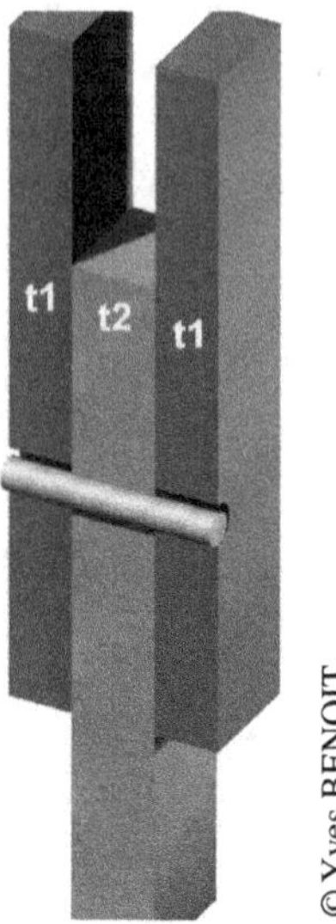

Schéma 7 : rupture du bois dans les deux pièces t_1 (moises)

Écrasement du bois dans la pièce centrale t_2

Calcul de la résistance à la compression (enfoncement) de la tige dans la pièce 2 :

$$F_{v,Rk} = 0{,}5 \cdot f_{h,2,k} \cdot t_2 \cdot d \tag{h}$$

Schéma 8 : rupture du bois dans la pièce centrale t_2

Écrasement du bois dans les pièces t1 et rotule plastique dans la tige

Calcul de la résistance à la compression (enfoncement) de la tige dans les deux pièces 1 et de la résistance à la déformation plastique (irréversible) de la tige :

$$F_{v,Rk} = 1,05 \cdot \frac{f_{h,1,k} \cdot t_1 \cdot d}{2 + \beta} \cdot \left[\sqrt{2\beta \cdot (1 + \beta) + \frac{4\beta \cdot (2 + \beta) \cdot M_{y,Rk}}{f_{h,1,k} \cdot d \cdot t_1^2}} - \beta \right] + \frac{F_{ax,Rk}}{4} \qquad (j)$$

Schéma 9 : rupture du bois dans les pièces t_1 et de la tige

Écrasement des trois pièces de bois et rotule plastique dans la tige

Calcul de la résistance à la déformation plastique (irréversible) de la tige :

$$F_{v,Rk} = 1,15 \cdot \sqrt{\frac{2\beta}{1 + \beta}} \cdot \sqrt{2 M_{y,Rk} f_{h,1,k} \cdot d} + \frac{F_{ax,Rk}}{4} \qquad (k)$$

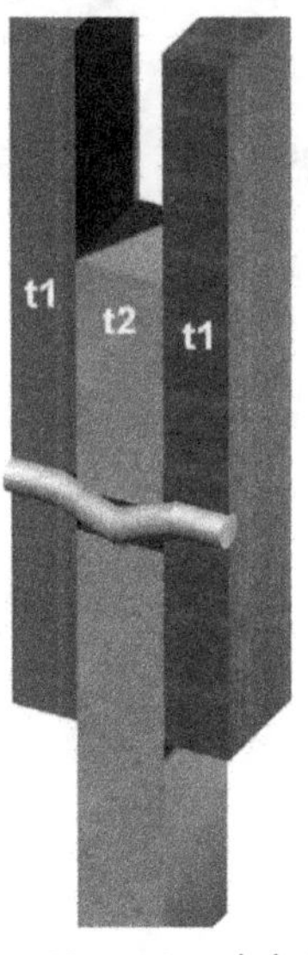

Schéma 10 : rupture de la tige

▶ Composantes des équations

$f_{h,1,k}$: valeur caractéristique de la portance locale de la pièce 1.

$f_{h,2,k}$: valeur caractéristique de la portance locale de la pièce 2.

t_1 : épaisseur de la pièce 1 ou enfoncement de la pointe dans la pièce 1.

t_2 : épaisseur de la pièce 2 ou enfoncement de la pointe dans la pièce 2.

$M_{y,Rk}$: valeur caractéristique du moment d'écoulement plastique de la tige.

d : diamètre de la tige.

$$\beta = \frac{f_{h,2,k}}{f_{h,1,k}} \text{ : rapport des valeurs caractéristiques.}$$

$$(8.8)$$

$F_{ax,Rk}$: valeur caractéristique de la capacité d'arrachement de l'organe (effet de corde). Dans les expressions ci-dessus le premier terme correspond à la capacité résistante issue des travaux de Johansen. Le second terme $\dfrac{F_{ax,Rk}}{4}$ est limité en pourcentage du premier terme (tableau 2).

Tableau 2 : limite de l'effet de corde en pourcentage de la capacité résistante issue des travaux de Johansen

Pointes circulaires	15 %	Tire-fond	100 %
Agrafes carrées	25 %	Boulons	25 %
Pointes annelées ou torsadées	50 %	Broches	0 %

3.1.2 Assemblages bois-métal

Les tiges de ces assemblages travaillent en simple ou en double cisaillement. L'épaisseur de la plaque a aussi une influence sur le mode de rupture. Il faut considérer les plaques métalliques minces dont l'épaisseur est inférieure ou égale à la moitié du diamètre ($t \leq 0{,}5d$) et les plaques métalliques épaisses dont l'épaisseur est supérieure ou égale au diamètre ($t \geq d$), ainsi que leur emplacement, central ou latéral, pour les assemblages en double cisaillement. Les valeurs des composants des équations précisant la capacité résistante sont définies dans les chapitres consacrés à chaque type de tige.

▶ Tige travaillant en simple cisaillement avec une plaque métallique mince, $t \leq 0{,}5d$

$$(8.9)$$

La capacité résistante caractéristique pour un organe et un plan de cisaillement est la valeur minimale $F_{v,Rk}$ des deux modes de rupture suivants.

Écrasement du bois dans la pièce 1

Calcul de la résistance à la compression (enfoncement) de la tige dans la pièce 1 :

$$F_{v,Rk} = 0{,}4 \cdot f_{h,k} \cdot t_1 \cdot d \tag{a}$$

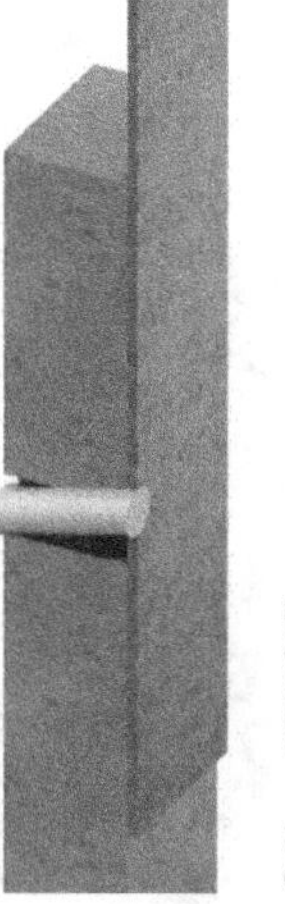

Schéma 11 : rupture du bois dans la première pièce 1

Rotule plastique dans la tige

Calcul de la résistance à la déformation plastique (irréversible) de la tige :

$$F_{v,Rk} = 1{,}15 \cdot \sqrt{2M_{y,Rk} \cdot f_{h,1,k} \cdot d} + \frac{F_{ax,Rk}}{4} \qquad \text{(b)}$$

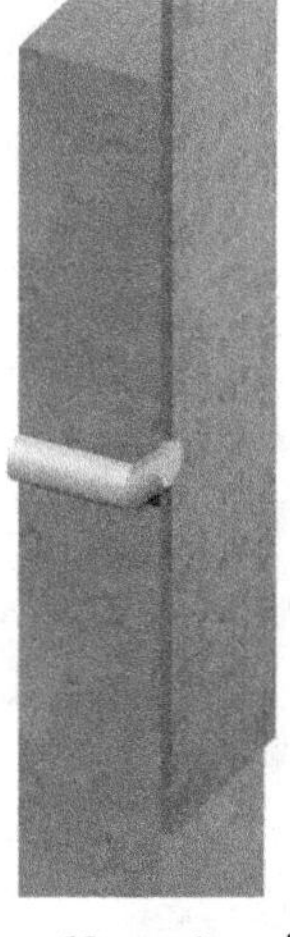

Schéma 12 : rupture de la tige

▶ Tige travaillant en simple cisaillement avec une plaque métallique épaisse, $t \geq d$

(8.10)

La capacité résistante caractéristique pour un organe et un plan de cisaillement est la valeur minimale $F_{v,Rk}$ des trois modes de rupture suivants :

Écrasement du bois dans la pièce

Calcul de la résistance à la compression (enfoncement) de la tige dans la pièce 1 :

$$F_{v,Rk} = f_{h,k} \cdot t_1 \cdot d \tag{c}$$

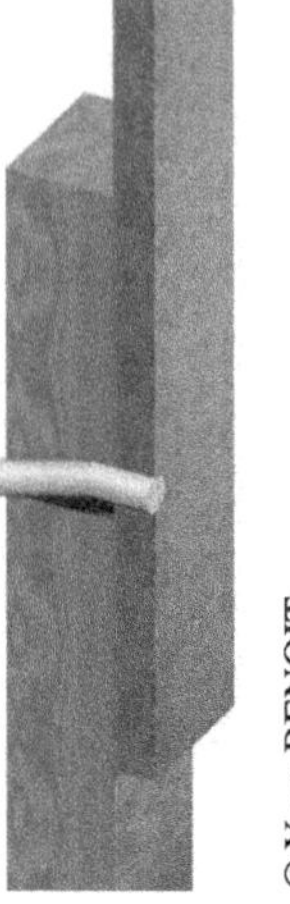

Schéma 13 : rupture du bois dans la pièce 1

Écrasement du bois dans la pièce et rotule plastique dans la tige

Calcul de la résistance à la compression (enfoncement) de la tige dans la pièce 2 et de la résistance à la déformation plastique (irréversible) de la tige :

$$F_{v,Rk} = f_{h,k} \cdot t_1 \cdot d \cdot \left[\sqrt{2 + \frac{4 M_{y,Rk}}{f_{h,k} \cdot d \cdot t_1^2}} - 1 \right] + \frac{F_{ax,Rk}}{4} \tag{d}$$

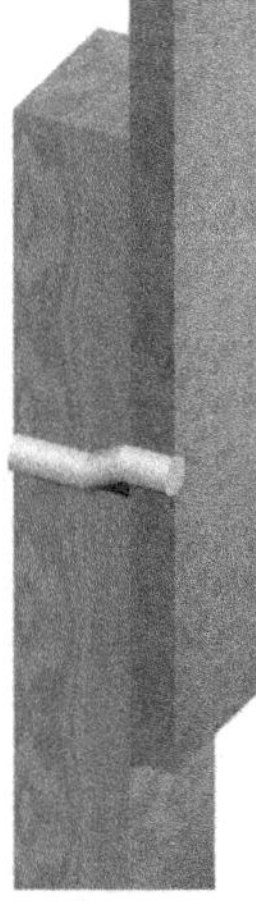

Schéma 14 : rupture du bois et de la tige

Rotule plastique dans la tige

Calcul de la résistance à la déformation plastique (irréversible) de la tige :

$$F_{v,Rk} = 2,3 \cdot \sqrt{M_{y,Rk} \cdot f_{h,k} \cdot d} + \frac{F_{ax,Rk}}{4} \tag{e}$$

Schéma 15 : rupture de la tige

▶ Tige travaillant en simple cisaillement avec une plaque métallique dont l'épaisseur est comprise entre 0,5d et d (0,5d < t < d)

Il faut effectuer une interpolation linéaire :

$$F_{v,\,Rk} = F_{v,Rk,1} + \alpha \cdot (F_{v,Rk,2} - F_{v,Rk,1})$$

$F_{v,Rk,1}$: capacité résistante caractéristique pour une plaque mince.

$F_{v,Rk,2}$: capacité résistante caractéristique pour une plaque épaisse.

$$\alpha = \frac{t - 0,5 \cdot d}{0,5 \cdot d}$$

t est l'épaisseur de la plaque métallique ($0,5 \cdot d \leq t \leq d$).

▶ Tige travaillant en double cisaillement avec une plaque métallique centrale d'épaisseur quelconque

(8.11)

La capacité résistante caractéristique pour un organe et un plan de cisaillement est la valeur minimale $F_{v,Rk}$ des trois modes de rupture suivants. Attention, dans cet assemblage, il faudra multiplier la valeur trouvée par deux, car il y a deux plans de cisaillement.

Écrasement du bois dans la pièce 1

Calcul de la résistance à la compression (enfoncement) de la tige dans la pièce 1 :

$$F_{v,Rk} = f_{h,k} \cdot t_1 \cdot d \tag{f}$$

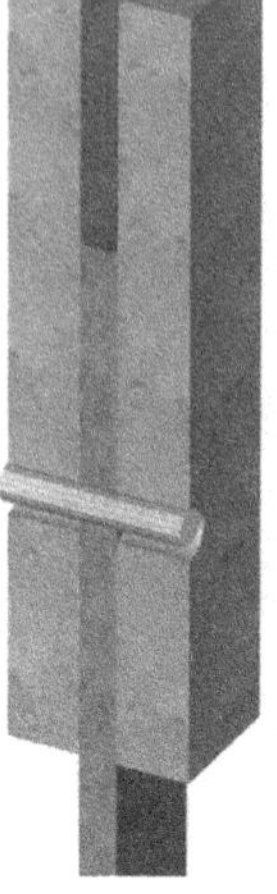

Schéma 16 : rupture du bois dans la pièce 1

Écrasement du bois et rotule plastique dans la tige

Calcul de la résistance à la compression (enfoncement) de la tige dans la pièce 1 et de la résistance à la déformation plastique (irréversible) de la tige :

$$F_{v,Rk} = f_{h,1,k} \cdot t_1 \cdot d \cdot \left[\sqrt{2 + \frac{4 M_{y,Rk}}{f_{h,1,k} \cdot d \cdot t_1^2}} - 1 \right] + \frac{F_{ax,Rk}}{4} \tag{g}$$

Schéma 17 : rupture du bois et de la tige

Rotule plastique dans la tige

Calcul de la résistance à la déformation plastique (irréversible) de la tige :

$$F_{v,Rk} = 2{,}3 \cdot \sqrt{M_{y,Rk} \cdot f_{h,1,k} \cdot d} + \frac{F_{ax,Rk}}{4} \tag{h}$$

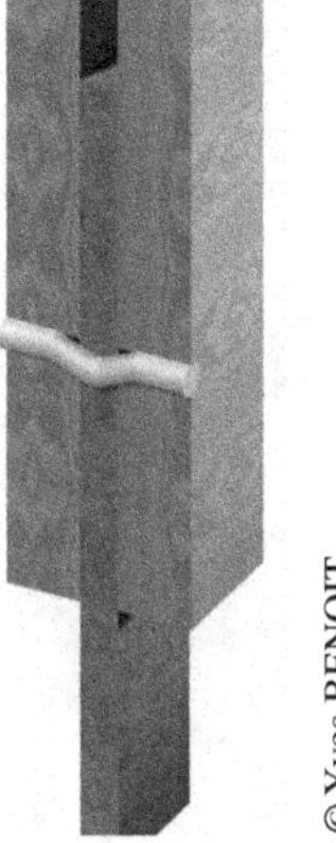

Schéma 18 : rupture de la tige

▶ Tige travaillant en double cisaillement avec deux plaques métalliques latérales minces

(8.12)

La capacité résistante caractéristique pour un organe et un plan de cisaillement est la valeur minimale $F_{v,Rk}$ des deux modes de rupture suivants. Attention, dans cet assemblage, il faudra multiplier la valeur trouvée par deux, car il y a deux plans de cisaillement.

Écrasement du bois dans la pièce centrale

Calcul de la résistance à la compression (enfoncement) de la tige dans la pièce 2 :

$$F_{v,Rk} = 0,5 \cdot f_{h,2,k} \cdot t_2 \cdot d \tag{j}$$

Schéma 19 : rupture du bois dans la pièce 2

Rotule plastique dans la tige

Calcul de la résistance à la déformation plastique (irréversible) de la tige :

$$F_{v,Rk} = 1,15 \cdot \sqrt{2M_{y,Rk} \cdot f_{h,2,k} \cdot d} + \frac{F_{ax,Rk}}{4} \tag{k}$$

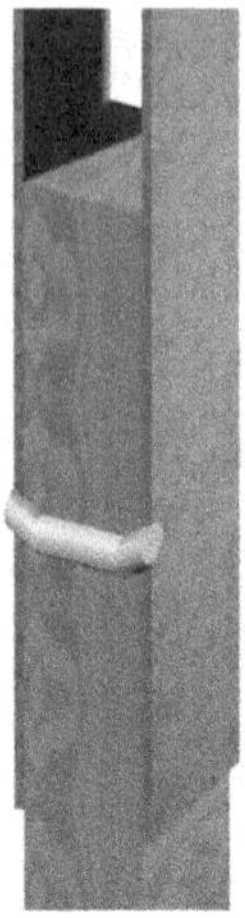

Schéma 20 : rupture de la tige

▶ Tige travaillant en double cisaillement avec deux plaques métalliques latérales épaisses

(8.13)

La capacité résistante caractéristique pour un organe et un plan de cisaillement est la valeur minimale $F_{v,Rk}$ des deux modes de rupture suivants. Attention, dans cet assemblage, il faudra multiplier la valeur trouvée par deux, car il y a deux plans de cisaillement.

Écrasement du bois dans la pièce centrale

Calcul de la résistance à la compression (enfoncement) de la tige dans la pièce 2 :

$$F_{v,Rk} = 0{,}5 \cdot f_{h,2,k} \cdot t_2 \cdot d \tag{l}$$

Schéma 21 : rupture du bois dans la pièce 2

Rotule plastique dans la tige

Calcul de la résistance à la déformation plastique (irréversible) de la tige :

$$F_{v,Rk} = 2{,}3 \cdot \sqrt{M_{y,Rk} \cdot f_{h,2,k} \cdot d} + \frac{F_{ax,Rk}}{4} \tag{m}$$

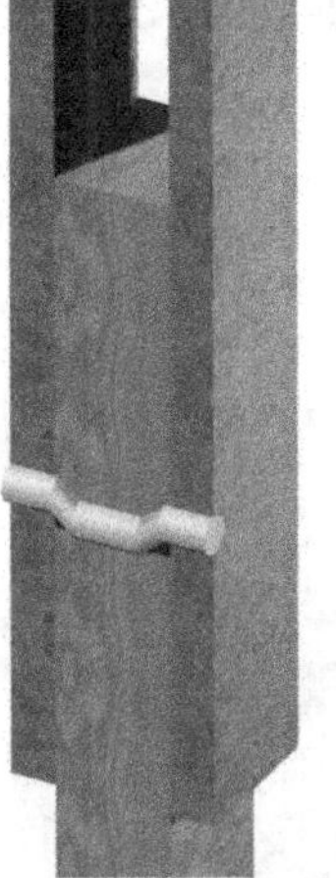

Schéma 22 : rupture de la tige

▶ Tige travaillant en double cisaillement avec deux plaques métalliques latérales dont l'épaisseur est comprise entre 0,5d et d (0,5d < t < d)

Il faut effectuer une interpolation linéaire :

$$F_{v,\,Rk} = F_{v,Rk,1} + \alpha \cdot (F_{v,Rk,2} - F_{v,Rk,1})$$

$F_{v,Rk,1}$: capacité résistante caractéristique pour deux plaques minces.

$F_{v,Rk,2}$: capacité résistante caractéristique pour deux plaques épaisses.

$\alpha = \dfrac{t - 0{,}5 \cdot d}{0{,}5 \cdot d}$: t est l'épaisseur de la plaque métallique ($0{,}5 \cdot d \le t \le d$).

▶ Composantes des équations

$f_{h,1,k}$: valeur caractéristique de la portance locale de la pièce 1.

$f_{h,2,k}$: valeur caractéristique de la portance locale de la pièce 2.

t_1 : épaisseur ou valeur de la pénétration dans la pièce de bois latérale.

t_2 : épaisseur de la pièce centrale en bois.

$M_{y,Rk}$: valeur caractéristique du moment d'écoulement plastique de la tige.

d : diamètre de la tige.

$F_{ax,Rk}$: valeur caractéristique de la capacité d'arrachement de l'organe (effet de corde). La limitation pour la prise en compte de l'effet de corde est identique aux assemblages bois-bois.

3.2   Valeur de calcul de la capacité résistante des tiges en fonction du mode de rupture pour un chargement latéral

$$F_{V,Rd} = F_{V,Rk} \cdot \frac{k_{mod}}{\gamma_M}$$

$F_{V,Rk}$: résistance caractéristique des tiges en N.

k_{mod} : coefficient modificatif en fonction de la charge de plus courte durée et de la classe de service.

γ_M : coefficient partiel qui tient compte de la dispersion du matériau.

4. Rupture de cisaillement de bloc

Pour les assemblages, la rupture par arrachement de l'ensemble de l'assemblage (ou rupture de cisaillement de bloc) doit être étudiée. Elle peut être la conséquence d'une rupture par traction ou cisaillement à la périphérie de la zone d'assemblage. Il faut calculer la résistance en traction et en cisaillement et retenir la plus élevée des deux.

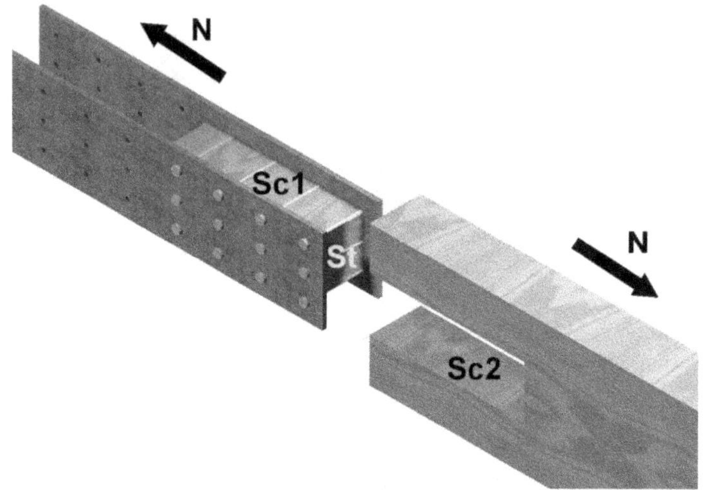

Schéma 23 : la rupture de bloc engendre du cisaillement dans un plan et de la traction dans un plan perpendiculaire.

4.1 Résistance en traction

Surface résistante : la surface nette est calculée en déduisant les perçages. En traction, c'est la surface perpendiculaire au fil.

$$A_{net,t} = L_{net,t} \cdot t_1$$

(A.2)

$$L_{net,t} = \sum_i l_{t,i} \text{ : largeur perpendiculaire au fil.}$$

(A.5)

t_1 : épaisseur de la pièce en bois.

Résistance caractéristique en traction : $F_{bs,Rk} = 1{,}5 \cdot A_{net,t} \cdot f_{t,0,k}.$

(A.1)

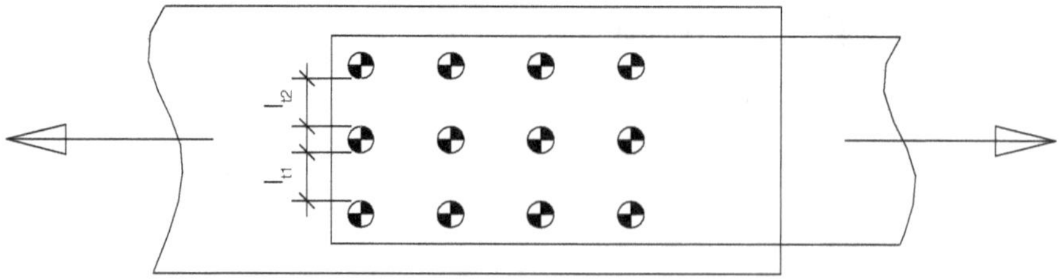

Schéma 24 : exemple de somme de largeur perpendiculaire au fil

4.2 Résistance en cisaillement

Surface résistante : la surface nette est calculée en déduisant les perçages. En cisaillement, c'est la surface parallèle au fil :

- pour les modes de rupture c, f, j/l, k et m : $A_{net,v} = L_{net,v} \cdot t_1$;
- pour les autres modes de rupture : $A_{net,v} = L_{net,v} \cdot (L_{net,t} + 2 \cdot t_{ef})$.

$$(A.3)$$

$$L_{net,v} = \sum_i l_{v,i}$$

$$(A.4)$$

Tableau 3 : épaisseur efficace en fonction du mode de rupture

Plaques métalliques	Épaisseur efficace	Mode de rupture	
Minces	$t_{ef} = 0,4 \cdot t_1$	(a)	(A.6)
	$t_{ef} = 1,4 \cdot \sqrt{\dfrac{M_{y,Rk}}{d \cdot f_{h,k}}}$	(b)	(A.6)
Épaisses	$t_{ef} = 2 \cdot \sqrt{\dfrac{M_{y,Rk}}{d.f_{h,k}}}$	(e) (h)	(A.7)
	$t_{ef} = t_1 \cdot \left[\sqrt{2 + \dfrac{M_{y,Rk}}{d.f_{h,k}}} - 1 \right]$	(d) (g)	(A.7)

Résistance caractéristique en cisaillement : $F_{bs,Rk} = 0,7 \cdot A_{net,v} \cdot f_{v,k}$

$$(A.1)$$

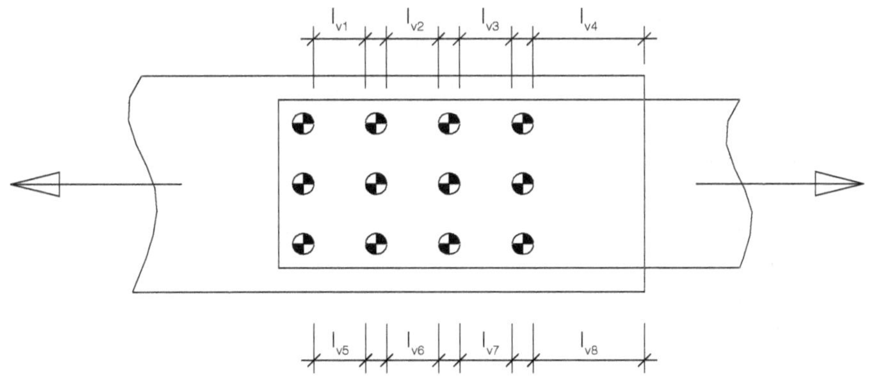

Schéma 25 : exemple de somme de largeur parallèle au fil

4.3   Résistance en cisaillement de bloc

$$F_{bs,Rk} = \max \begin{bmatrix} 1,5 \cdot A_{net,t} \cdot f_{t,o,k} \\ 0,7 \cdot A_{net,v} \cdot f_{v,k} \end{bmatrix}$$

(A.1)

$$F_{bs,d} = F_{bs,Rk} \cdot \frac{k_{mod}}{\gamma_M}$$

$F_{sb,Rk}$: contrainte caractéristique de résistance de cisaillement en MPa.

k_{mod} : coefficient modificatif en fonction de la charge de plus courte durée et de la classe de service.

γ_M : coefficient partiel qui tient compte de la dispersion du matériau.

$$\text{Taux de travail} = \frac{N_d}{F_{bs,d}} \leq 1$$

Nd : effort de traction dans l'assemblage.

4.4   Vérification d'un assemblage avec risque de rupture de bloc

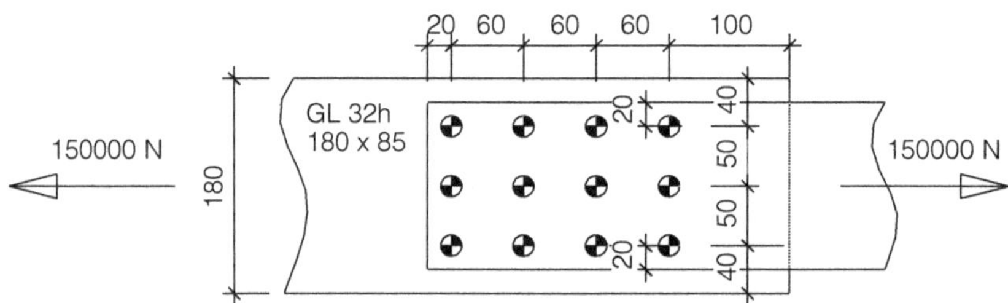

Schéma 26 : présentation de l'assemblage

Bois lamellé-collé GL32h (ρ_k = 430 kg/m³).

Tirant : 180 × 85 mm

Flasques métalliques latérales : acier S235 (f_u = 360 MPa), épaisseur 6 mm.

Boulon Ø12, de classe 6,8 ($f_{u,k}$ = 600 MPa, perçage à 13 mm).

Rondelle : D_{ext} = 40 mm ; d_{int} = 14 mm.

Action ELU : effort de traction Nd = 150 000 N sous la combinaison   C = 1,35 G + 1,5 W.

Les boulons sont sollicités par un chargement latéral et en double cisaillement bois-métal.

4.4.1   Résistance en traction

$$L_{net,t} = \sum_i l_{t,i} = 2 \cdot \left(50 - 2 \cdot \frac{13}{2} \right) = 2 \cdot 37 = 74\text{mm} : \text{largeur perpendiculaire au fil.}$$

t_1 = 85 mm : épaisseur de la pièce en bois.

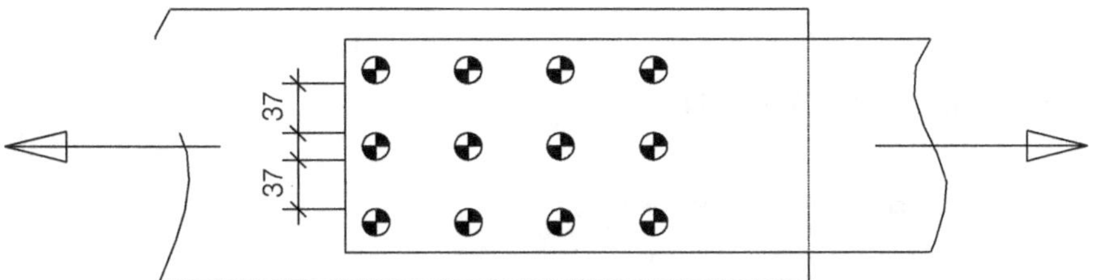

Schéma 27 : somme de largeur perpendiculaire au fil

▶ 4.1.1.1 Surface résistante

$$A_{net,t} = L_{net,t} \cdot t_1 = 74 \cdot 85 = 6290 \text{ mm}^2$$

▶ 4.1.1.2 Résistance caractéristique en traction

$$F_{bs,Rk} = 1,5 \cdot A_{net,t} \cdot f_{t,0,k}$$

$$F_{bs,Rk} = 1,5 \cdot 6290 \cdot 22,5 = 212287 \text{ N}$$

$$f_{t,0,k} = 22,5 \text{ MPa}$$

4.4.2　Résistance en cisaillement

▶ 4.4.2.1 Surface résistante

Ici, le mode de rupture est de type j, écrasement du bois dans un assemblage composé d'une pièce centrale en bois et de deux plaques métalliques minces (épaisseur de 0,5d), donc :

$$A_{net,v} = L_{net,v} \cdot t_1 \, .$$

$$L_{net,v} = \sum_i l_{v,i} = 2 \times (100 + 3 \times 60 - 3,5 \times 13) = 469 \text{ mm}$$

$$A_{net,v} = 469 \cdot 85 = 39865 \text{ mm}^2$$

$t_1 = 85$ mm : épaisseur de la pièce en bois.

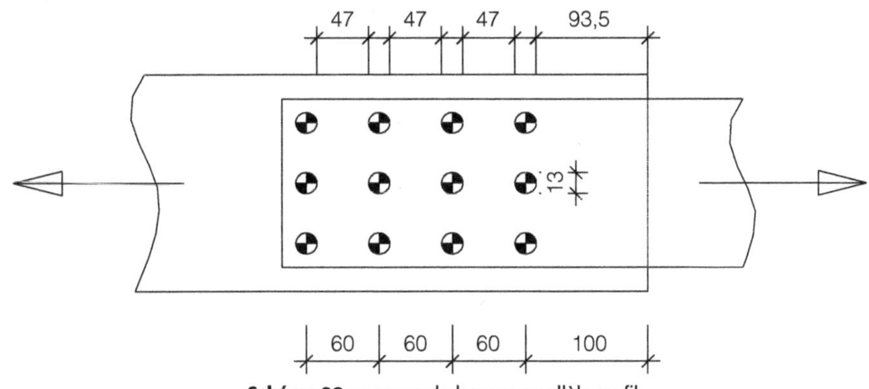

Schéma 28 : somme de largeur parallèle au fil

▶ 4.4.2.2 Résistance caractéristique en cisaillement

$$F_{bs,Rk} = 0,7 \cdot A_{net,v} \cdot f_{v,k}$$

$$F_{bs,Rk} = 0,7 \cdot 39865 \cdot 3,8 = 106041 \text{ N}$$

4.4.3 Résistance en cisaillement de bloc

$$F_{bs,Rk} = \max\left[\begin{array}{c} 1,5 \cdot A_{net,t} \cdot f_{t,o,k} \\ 0,7 \cdot A_{net,v} \cdot f_{v,k} \end{array}\right. = \max\left[\begin{array}{c} 212287 \\ 106041 \end{array}\right. = 212287 \text{ N}$$

$$F_{bs,d} = F_{bs,Rk} \cdot \frac{k_{mod}}{\gamma_M}$$

$$F_{bs,d} = 212287 \cdot \frac{1,1}{1,3} = 179627 \text{ N}$$

$F_{sb,Rk}$: contrainte caractéristique de résistance de cisaillement en MPa.

k_{mod} : coefficient modificatif en fonction de la charge de plus courte durée et de la classe de service.

γ_M : coefficient partiel qui tient compte de la dispersion du matériau (pour un assemblage $\gamma_M = 1,3$).

$$\text{Taux de travail} = \frac{N_d}{F_{bs,d}} \leq 1$$

$$\frac{150000}{179627} \leq 1$$

$$\boxed{0,84 < 1}$$

N_d : effort de traction dans l'assemblage.

5   Assemblages par pointes et agrafes

1. Assemblages par pointes

La majorité des assemblages par pointes sont des assemblages bois-bois ou bois-panneaux dérivés du bois. Les fabricants de boîtiers, équerres et autres éléments proposent des assemblages bois-métal dont les capacités sont déjà déterminées. Un assemblage par pointe bois-métal hors catalogue sera justifié en calculant la capacité de résistance caractéristique des tiges dans un assemblage bois-métal.

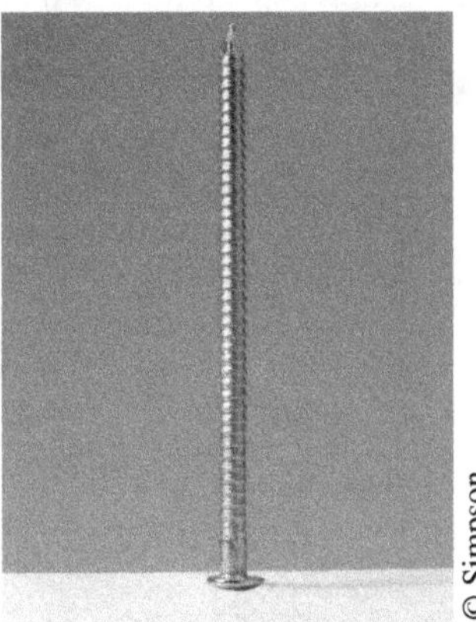

Photographie 1 : les pointes annelées sont fréquemment employées.

La justification des pointes dans un assemblage cloué nécessite de vérifier les conditions de pénétration de la pointe, de calculer l'effort que peut reprendre une pointe en précisant les caractéristiques spécifiques à l'assemblage (portance locale, nécessité de préperçage, résistance de la pointe, etc.), de définir le nombre efficace de pointes lorsqu'elles sont alignées et d'établir les conditions de pince.

L'assemblage est justifié lorsque l'effort transmis par les pointes reste inférieur ou égal à la capacité résistante.

Attention : ne pas oublier de vérifier la rupture de bloc, le cisaillement du bois et le risque de fendage.

Chargement latéral : $\dfrac{F_{v,Ed}}{F_{v,Rd}} \leq 1$

Avec :
- $F_{V,Ed}$: sollicitation agissante latérale ;
- $F_{V,Rd}$: capacité résistante latérale.

Chargement axial : $\dfrac{F_{ax,Ed}}{F_{ax,Rd}} \leq 1$

Avec :
- $F_{ax,Ed}$: sollicitation agissante axiale ;
- $F_{ax,Rd}$: capacité résistante axiale.

1.1 Valeur caractéristique de la capacité résistante (chargement latéral et pointes perpendiculaires au fil du bois)

Les assemblages par pointes supportant un effort latéral comportent deux pointes au minimum.

1.1.1 Pénétration des pointes dans le bois

La pénétration minimale du côté de la pointe est de :
- pointes lisses : 8d ;
- pointes annelées ou torsadées : 6d.

La valeur de pénétration des pointes dans le bois dépend du type d'assemblage.

▶ Simple cisaillement

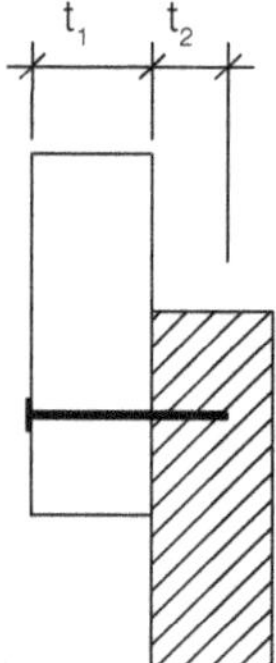

Schéma 1 : détermination de la valeur de pénétration de la pointe pour un assemblage travaillant en simple cisaillement

t_1 : épaisseur de la pièce sous la tête.
t_2 : pénétration côté pointe.

▶ Double cisaillement

t_1 : pénétration côté pointe en double cisaillement.
t_2 : épaisseur de la pièce centrale en double cisaillement.

▶ Pointes à recouvrement

Un assemblage moisé peut être réalisé en chevauchant les pointes. On obtient deux simples cisaillements. Cet assemblage doit être réalisé sans préperçage et à condition que la distance entre l'extrémité de la pointe et la face de la pièce centrale reste supérieure ou égale à quatre fois le diamètre de la pointe, $t - t_2 \geq 4d$.

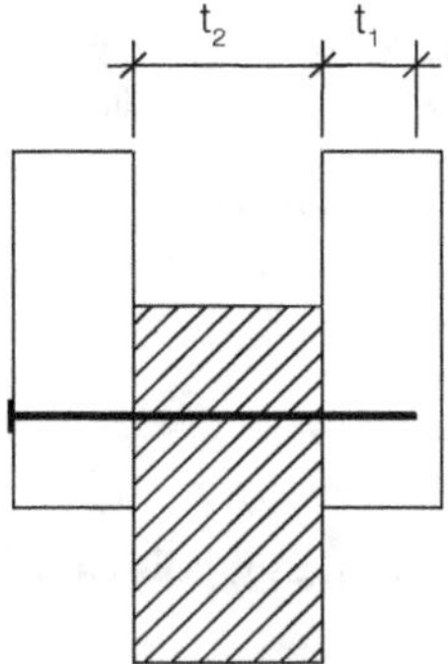

Schéma 2 : détermination de la valeur de pénétration de la pointe pour un assemblage travaillant en double cisaillement

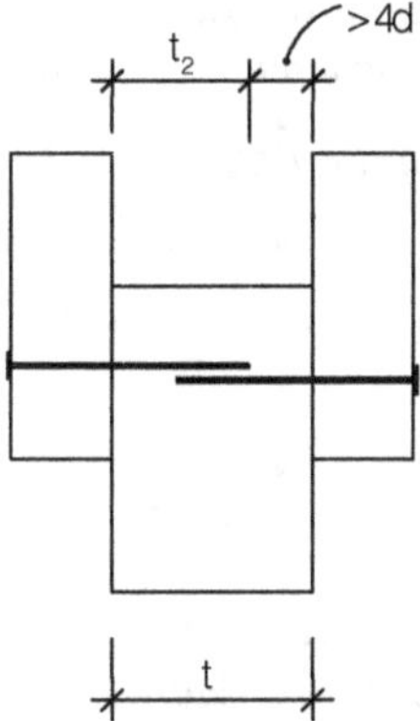

Schéma 3 : condition pour mettre en œuvre les pointes à recouvrement

1.1.2   Portance locale dans le bois et ses dérivés $f_{h,k}$

Tableau 1 : portance locale $f_{h,k}$

Matériaux	$d_{\text{pointe}} \leq 8\ \text{mm}$	$8\ \text{mm} < d_{\text{pointe}}$
Bois massif, bois lamellé-collé et LVL	Sans préperçage : $f_{h,k} = 0,082 \cdot \rho_k \cdot d^{-0,3}$ (8.15)	
	Avec préperçage : $f_{h,k} = 0,082 \cdot (1-0,01 \cdot d) \cdot \rho_k$ (8.16)	Voir le chapitre 6, section 1.1.1. « Portance locale dans le bois et ses dérivés $f_{h,k}$ »
Contreplaqué	$f_{h,k} = 0,11 \cdot \rho_k \cdot d^{-0,3}$ (8.20)	
Panneaux de fibre durs	$f_{h,k} = 30 \cdot d^{-0,3} \cdot t^{0,6}$ (8.21)	
Panneaux de particules et OSB	$f_{h,k} = 65 \cdot d^{-0,7} \cdot t^{0,1}$ (8.22)	

Remarque

La tête des pointes employées pour les assemblages avec des panneaux dérivés du bois doit avoir un diamètre deux fois plus grand que le diamètre de la pointe.

$f_{h,k}$: portance locale caractéristique de la pointe en N/mm².
ρ_k : masse volumique caractéristique du bois en kg/m³.
d : diamètre de la pointe en mm.
t : épaisseur des panneaux en mm.

▶ Préperçage

Le préperçage est obligatoire pour le bois massif, bois lamellé-collé et LVL si une des conditions suivantes est remplie :

- masse volumique caractéristique du bois $\geq$ 500 kg/m³ ;

- diamètre de la pointe supérieur à 6 mm ;

- épaisseur insuffisante (courbes 4 et 5), qui dépend de la sensibilité de l'essence à la fissuration, du diamètre de la pointe et de la masse volumique caractéristique.

Essences de bois non sensibles à la fissuration

Les avant-trous ne sont pas nécessaires si l'épaisseur (t) est supérieure à :

$$t = \max \begin{bmatrix} 7d \\ (13d - 30)\dfrac{\rho_k}{400} \end{bmatrix}.$$

(8.18)

t : épaisseur minimale des pièces de bois permettant d'éviter les avant-trous.
ρ_k : masse volumique caractéristique du bois en kg/m³.
d : diamètre de la pointe en mm.

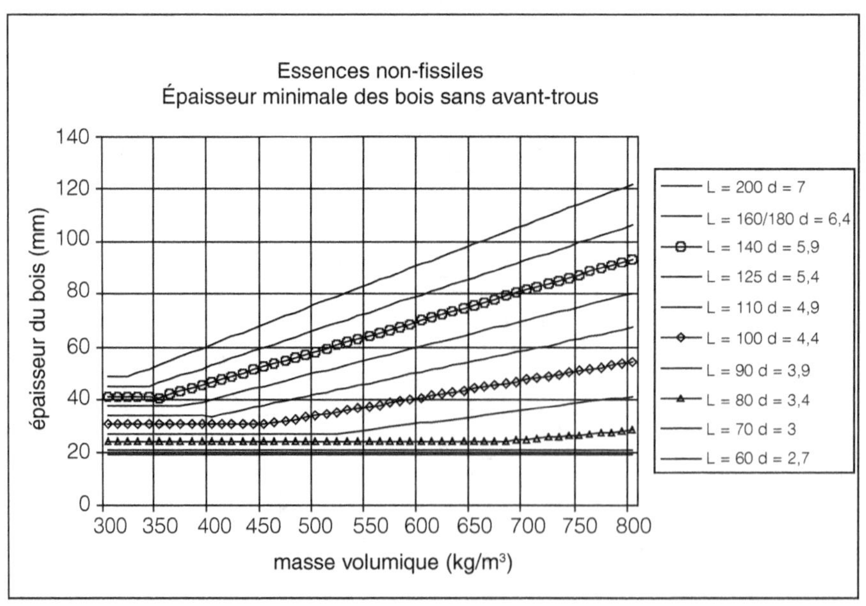

Schéma 4 : épaisseur minimale des pièces de bois permettant d'éviter de réaliser un avant-trou lorsque l'essence n'est pas fissile

Essences de bois sensibles à la fissuration (exemple : pin maritime et douglas)

Les avant-trous ne sont pas nécessaires si l'épaisseur (t) est supérieure à :

$$t = \max \left[\begin{array}{l} 14d \\ (13d - 30)\dfrac{\rho_k}{200} \end{array} \right].$$

(8.19)

t : épaisseur minimale des pièces de bois permettant d'éviter les avant-trous.

ρ_k : masse volumique caractéristique du bois en kg/m^3.

d : diamètre de la pointe en mm.

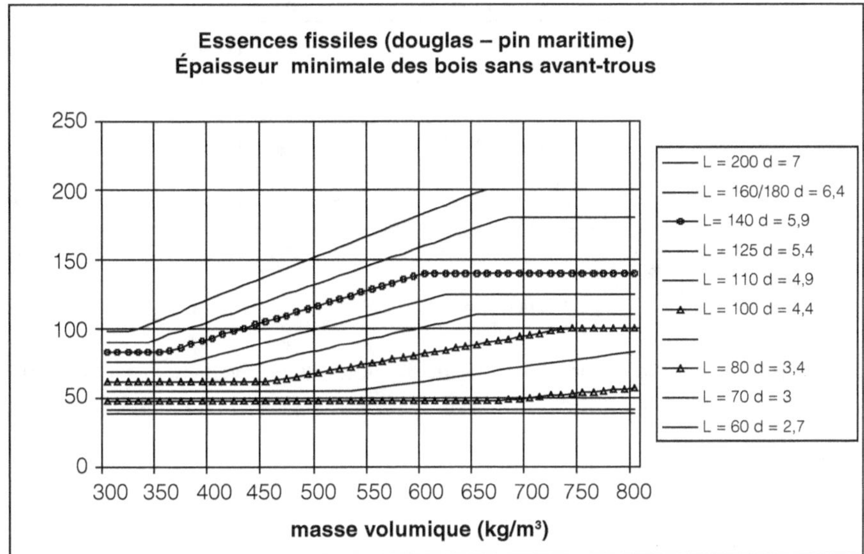

Schéma 5 : épaisseur minimale des pièces de bois permettant d'éviter de réaliser un avant-trou lorsque l'essence est fissile

1.1.3 Moment d'écoulement plastique de la tige (moment maximal que peut supporter la pointe)

Le moment d'écoulement plastique caractérise la résistance de la pointe. Pour une pointe de section circulaire, ce moment est égal à :

$M_{y,Rd} = 0{,}3 \cdot f_u \cdot d^{2,6}$.

$M_{y,Rd} = 0{,}45 \cdot f_u \cdot d^{2,6}$ (pointes à section carrée)

(8.14)

$M_{y,Rd}$: moment caractéristique d'écoulement plastique en N.mm.

d : diamètre de la pointe en mm.

f_u : résistance en traction du fil d'acier (on retient habituellement : $f_u = 600$ N/mm^2).

1.1.4 Valeur caractéristique de la capacité résistante des tiges en fonction du mode de rupture

La valeur caractéristique de la capacité résistante des tiges en fonction du mode de rupture est indépendante du type de tige (pointes, agrafes, boulons ou broches). Elle est définie dans la section 3 du chapitre 4.

1.1.5 Nombre efficace de pointes

Il faut, à chaque fois que cela est possible, placer les pointes en quinconce : cela évite les réductions alors le nombre efficace de pointes est égal au nombre de pointes. Si les pointes sont alignées, la capacité résistante sera diminuée par l'exposant k_{ef} inférieur à 1.

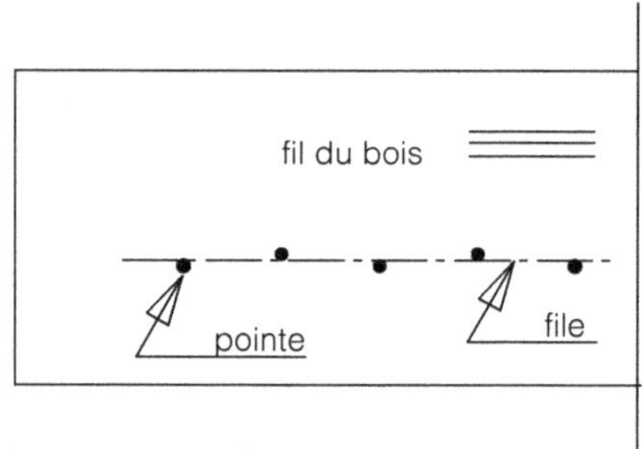

Schéma 6 : pointes en quinconce

n_{ef} = n pour une mise en place habituelle des pointes (placées alternativement de part et d'autre de la file).

$$n_{ef} = n^{k_{ef}} \text{ dans tous les autres cas.}$$

$$(8.17)$$

n_{ef} : nombre efficace de pointes dans la file.

n : nombre de pointes dans la file.

k_{ef} : valeurs précisées sur le schéma 7. Pour des valeurs intermédiaires de a_1, on peut effectuer une interpolation linéaire. Par exemple, k_{ef} = 0,75 pour a_1 = 8d.

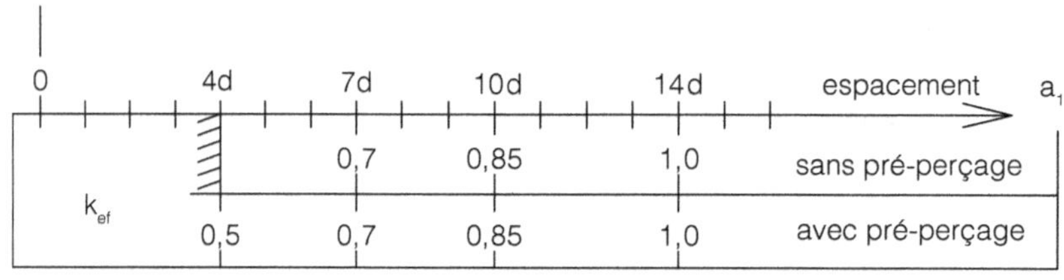

Schéma 7 : valeurs de k_{ef} en fonction du nombre de diamètres de pointe (d)

1.2 Pointes en bois de bout (pointes enfoncées parallèlement au fil du bois mais avec un chargement latéral)

Les pointes torsadées ou annelées peuvent être employées si les conditions suivantes sont respectées :

- chargement latéral seulement, aucun effort axial ;
- 3 pointes minimum ;
- pénétration minimale $t_{pen} \geq 10d$;
- classe de service 1 ou 2 (pas de bois à l'extérieur) ;
- respect des distances et espacement.

Les pointes lisses doivent être utilisées uniquement pour des structures secondaires (planches de rives sur des chevrons par exemple). Les conditions pour les autres pointes ne s'appliquent pas.

La capacité résistante en bois de bout des pointes est :

$$F_{v,Rk,\ boisdebout} = \frac{F_{v,Rk,\ boidefil}}{3}.$$

1.3 Condition sur les espacements et distances

La distance entre les pointes et les bords de la pièce de bois dépend du diamètre de la pointe, de la masse volumique du bois, de la présence d'un préperçage et de l'orientation de la force par rapport au fil du bois. Les distances de rives et extrémités chargées seront plus importantes que les distances de rives et extrémités non chargées.

La convention d'orientation de la force par rapport au fil du bois est précisée sur le schéma 8.

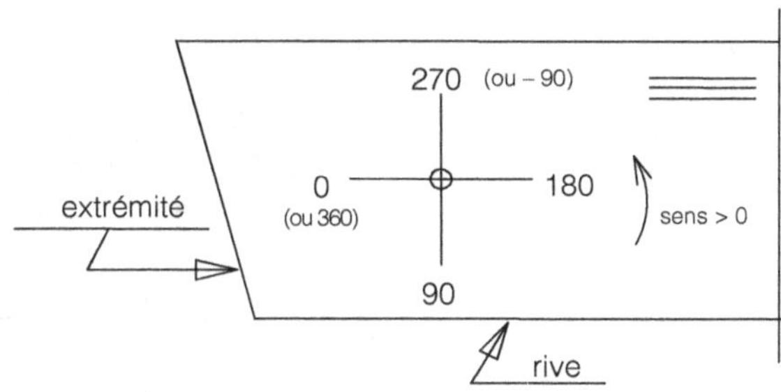

Schéma 8 : convention d'orientation de la force par rapport au fil du bois

Tableau 2 : distance et espacement des pointes

Espacement ou distance		Angle	Distance minimale		
			sans préperçage		avec préperçage
			$\rho_k \leq 420$ kg/m^3	$420 \leq \rho_k < 500$ kg/m^3	
a_1	Espacement parallèle au fil	Indépendant	$d < 5$ mm : $(5 + 5\lvert\cos\alpha\rvert)\cdot d$ $d \geq 5$ mm : $(5 + 7\lvert\cos\alpha\rvert)\cdot d$	$(7 + 8\lvert\cos\alpha\rvert)\cdot d$	$(4 + \lvert\cos\alpha\rvert)\cdot d$
a_2	Espacement perpendiculaire au fil	Indépendant	$5d$	$7d$	$(3 + \lvert\sin\alpha\rvert)\cdot d$
$a_{3,t}$	Distance d'extrémité chargée (extrémité chargée)	$-90° \leq \alpha \leq 90°$	$(10 + 5\cos\alpha)\cdot d$	$(15 + 5\cos\alpha)\cdot d$	$(7 + 5\cos\alpha)\cdot d$
$a_{3,c}$	Distance d'extrémité non chargée (extrémité non chargée)	$90° \leq \alpha \leq 270°$	$10d$	$15d$	$7d$
$a_{4,t}$	Distance de rive chargée (a_{4t} : rive chargée ; a_{4c} : rive non chargée)	$0° \leq \alpha \leq 180°$	$d < 5$ mm : $(5 + 2\sin\alpha)\cdot d$ $d \geq 5$ mm : $(5 + 5\sin\alpha)\cdot d$	$d < 5$ mm : $(7 + 2\sin\alpha)\cdot d$ $d \geq 5$ mm : $(7 + 5\sin\alpha)\cdot d$	$d < 5$ mm : $(3 + 2\sin\alpha)\cdot d$ $d \geq 5$ mm : $(3 + 4\sin\alpha)\cdot d$
$a_{4,c}$	Distance de rive non chargée (a_{4t} : rive chargée ; a_{4c} : rive non chargée)	$180° \leq \alpha \leq 360°$	$5d$	$7d$	$3d$

Remarques

Pour les panneaux, les espacements (a_1 et a_2) doivent être multipliés par 0,85 (valeurs spécifiques pour le contreplaqué). Les distance restent inchangées.

Pour les assemblages bois-métal, les valeurs de a_1 et de a_2 doivent être multipliées par 0,7.

1.4 Valeur caractéristique de la capacité à l'arrachement (chargement axial et pointes perpendiculaires au fil du bois)

Les pointes utilisées pour résister à un chargement axial permanent ou à long terme doivent être filetées, cette notion est définie par l'EN 14592. La valeur de l'effort à l'arrachement que peut supporter une pointe dépend du type de pointe (lisse ou non lisse), de son diamètre, de sa pénétration du côté de la pointe et de la résistance du bois sous la tête. Il faut retenir la plus petite des deux résistances : pénétration du côté « pointu » dans le bois ou résistance du bois sous la tête. La pénétration du côté de la pointe doit être de 12d pour des pointes lisses et 8d pour les pointes torsadées ou annelées. Lorsque ces conditions ne sont pas remplies, il est nécessaire d'appliquer une minoration définie sur le schéma 9.

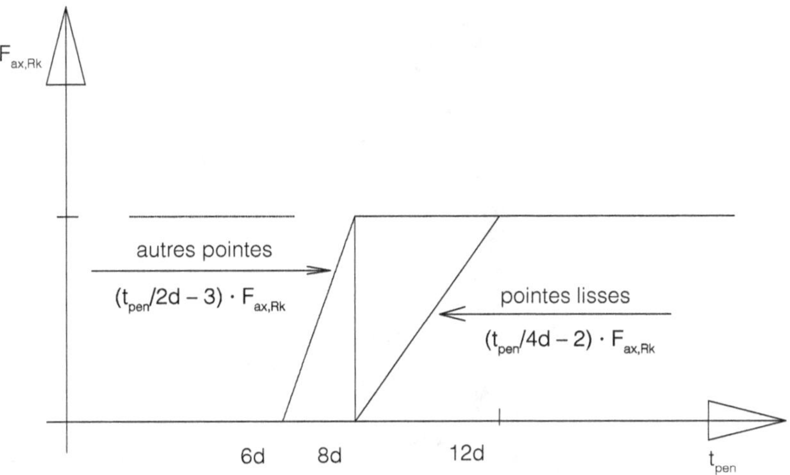

Schéma 9 : minoration de la capacité à l'arrachement lorsque la pénétration des pointes lisses est inférieure à 12d ou à 8d pour les autres pointes

Pointes non lisses : $F_{ax,Rk} = \min \begin{cases} f_{ax,k} \cdot d \cdot t_{pen} \\ f_{head,k} \cdot d_h^2 \end{cases}$.

$$(8.23)$$

Pointes lisses : $F_{ax,Rk} = \min \begin{cases} f_{ax,k} \cdot d \cdot t_{pen} \\ f_{ax,k} \cdot dt + f_{head,k} \cdot d_h^2 \end{cases}$ (non autorisé pour un chargement permanent ou de long terme).

$$(8.24)$$

Résistance caractéristique à l'arrachement en N/mm² : $f_{ax,k} = 20 \times 10^{-6} \cdot \rho_k^2$.

$$(8.25)$$

Résistance caractéristique à la traversée de la tête en N/mm² :
$f_{head,k} = 70 \times 10^{-6} \cdot \rho_k^2$.

$$(8.26)$$

d : diamètre de la pointe en mm.

d_h : diamètre de la tête de la pointe.

t_{pen} : longueur de pénétration du côté pointe ou, pour les pointes annelées, longueur de la partie crantée dans la pièce de bois du côté pointe en mm.

t : épaisseur de la pièce du côté de la tête de la pointe en mm.

ρ_k : masse volumique caractéristique en kg/m³.

Remarques

La valeur caractéristique de la capacité à l'arrachement est minorée par un coefficient de 2/3 pour les bois avec mise en œuvre d'une humidité supérieure à 20 % (limite entre les classes de service 2 et 3).

Lorsque le clouage est lardé, l'assemblage doit comporter deux pointes et la distance entre la tête de la pointe et la rive chargée doit être supérieure ou égale à 10 d.

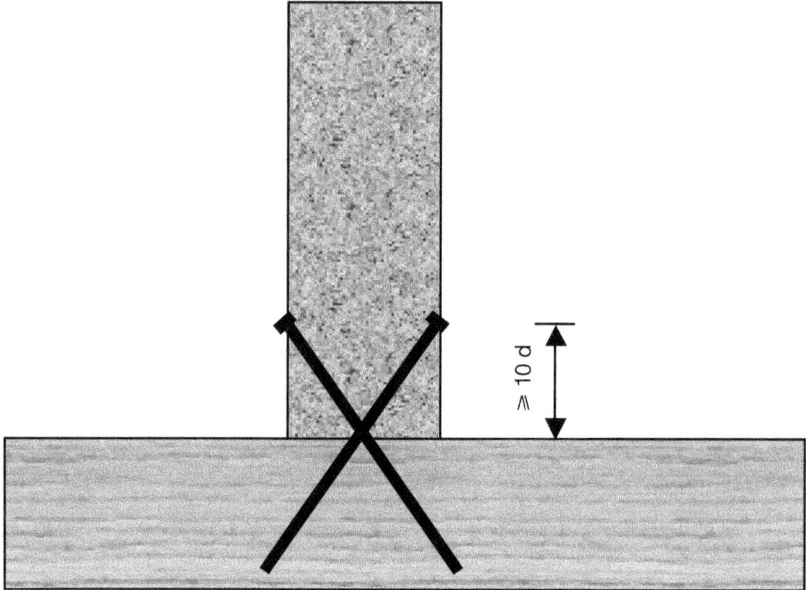

Schéma 10 : clouage lardé

1.5   Chargement combiné (chargement latéral et axial)

L'assemblage est justifié lorsque les inéquations suivantes sont respectées :

$$\text{Pointes lisses}: \frac{F_{ax,Ed}}{F_{ax,Rd}} + \frac{F_{v,Ed}}{F_{v,Rd}} \leq 1$$

$$(8.27)$$

$$\text{Autres pointes}: \left(\frac{F_{ax,Ed}}{F_{ax,Rd}}\right)^2 + \left(\frac{F_{v,Ed}}{F_{v,Rd}}\right)^2 \leq 1$$

$$(8.28)$$

Avec :

- $F_{V,Ed}$: sollicitation agissante latérale ;

- $F_{V,Rd}$: capacité résistante latérale ;
- $F_{ax,Ed}$: sollicitation agissante axiale ;
- $F_{ax,Rd}$: capacité résistante axiale.

2. Applications résolues : exemples d'assemblage sur ferme

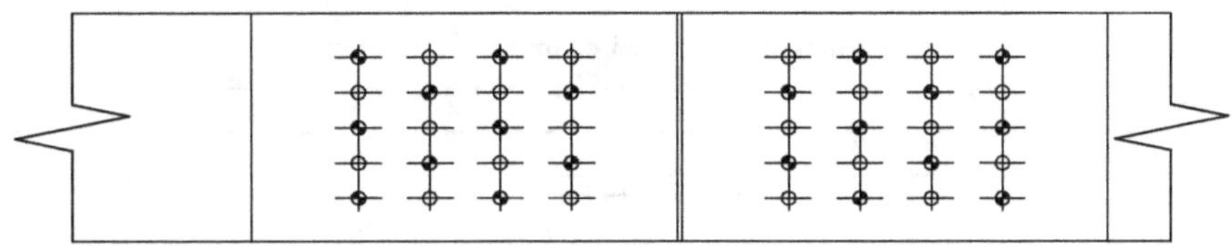

Schéma 11 : assemblage de prolongement entre 2 entraits de ferme industrielle

2.1 Simple cisaillement : clous de 70 mm

Entraits et éclisses moisées en bois massif de 36/97 classé C24 (ρ_k = 350 kg/m³ ; ρ_m = 420 kg/m³).
Classe de service 2 (comble).
Action ELS : effort de traction de 4 150 N et tranchant de 280 N sous charges permanentes.
Action ELU : effort de traction de 5 600 N et tranchant de 380 N sous charges permanentes avec la combinaison C = 1,35 G.
Pointes lisses de 70 mm (d = 3 mm ; f_u = 600 N/mm²).

2.1.1 Vérification des conditions de pénétration : 8d pour les pointes lisses

Travail en simple cisaillement, longueur de pénétration : 70 − 36 = 34 mm, soit 34/3 = 11,3.

$$\boxed{11,3 \text{ d} > 8\text{d}}$$

Critère vérifié, dimension des pointes correcte vis-à-vis de l'épaisseur des pièces.

2.1.2 Valeur caractéristique de la capacité résistante $F_{V,Rk}$

▶ Valeur de la pénétration de la tige

t_1 = 36 mm (épaisseur de la pièce sous la tête).
t_2 = 70 − 36 = 34 mm (enfoncement côté pointe).

▶ Portance locale (avec ou sans préperçage)

$d_{pointe} \leq 8$ mm, il n'y a pas de préperçage.

$$f_{hk} = 0,082 \cdot \rho_k \cdot d^{-0,3} = 0,082 \cdot 350 \cdot 3^{-0,3}$$

$$\boxed{20,6 \text{ N/mm}^2}$$

► Moment d'écoulement plastique

$M_{y,Rk} = 0{,}3 \cdot f_u \cdot d^{2,6} = 0{,}3 \cdot 600 \cdot 3^{2,6} = 3132 \ N \cdot mm$

$$\boxed{3132 \ N \cdot mm}$$

► Résistance pour chaque mode de rupture

Rapport $\beta = \dfrac{f_{h,2,k}}{f_{h,1,k}} = 1$ (dimension et qualité de bois identiques pour chaque pièce).

Chargement permanent ou de long terme : $F_{ax,Rk} = 0$.

Tableau 3 : calcul des différentes valeurs de résistance au simple cisaillement

(a)	$f_{h,1,k} \cdot t_1 \cdot d = 20{,}64 \cdot 36 \cdot 3$	2 229 N
(b)	$f_{h,2,k} \cdot t_2 \cdot d = 20{,}64 \cdot 34 \cdot 3$	2 105 N
(c)	$\dfrac{f_{h,1,k} \cdot t_1 \cdot d}{1+\beta} \cdot \left[\sqrt{\beta + 2\beta^2 \cdot \left[1 + \dfrac{t_2}{t_1} + \left(\dfrac{t_2}{t_1} \right)^2 \right] + \beta^3 \cdot \left(\dfrac{t_2}{t_1} \right)^2} - \beta \cdot \left(1 + \dfrac{t_2}{t_1} \right) \right]$ $\dfrac{20{,}64 \cdot 36 \cdot 3}{1+1} \cdot \left[\sqrt{1 + 2 \cdot 1^2 \cdot \left[1 + \dfrac{34}{36} + \left(\dfrac{34}{36} \right)^2 \right] + 1^3 \cdot \left(\dfrac{34}{36} \right)^2} - 1 \cdot \left(1 + \dfrac{34}{36} \right) \right]$ $\dfrac{2229}{2} \cdot \left[\sqrt{1 + 2 \cdot \left[1 + \dfrac{34}{36} + \left(\dfrac{34}{36} \right)^2 \right] + \left(\dfrac{34}{36} \right)^2} - \left(1 + \dfrac{34}{36} \right) \right]$	898 N
(d)	$1{,}05 \cdot \dfrac{f_{h,1,k} \cdot t_1 \cdot d}{2+\beta} \cdot \left[\sqrt{2\beta \cdot (1+\beta) + \dfrac{4\beta \cdot (2+\beta) \cdot M_{y,Rk}}{f_{h,1,k} \cdot d \cdot t_1^2}} - \beta \right] + \dfrac{F_{ax,Rk}}{4}$ $1{,}05 \cdot \dfrac{20{,}64 \cdot 36 \cdot 3}{2+1} \cdot \left[\sqrt{2 \cdot 1 \cdot (1+1) + \dfrac{4 \cdot 1 \cdot (2+1) \cdot 3132}{20{,}64 \cdot 3 \cdot 36^2}} - 1 \right] + 0$ $1{,}05 \cdot \dfrac{2229}{3} \cdot \left[\sqrt{4 + \dfrac{12.3132}{20{,}64 \cdot 3 \cdot 36^2}} - 1 \right]$	869 N
(e)	$1{,}05 \cdot \dfrac{f_{h,1,k} \cdot t_2 \cdot d}{1+2\beta} \cdot \left[\sqrt{2\beta^2 \cdot (1+\beta) + \dfrac{4\beta \cdot (1+2\beta) \cdot M_{y,Rk}}{f_{h,1,k} \cdot d \cdot t_2^2}} - \beta \right] + \dfrac{F_{ax,Rk}}{4}$ $1{,}05 \cdot \dfrac{2105}{3} \cdot \left[\sqrt{4 + \dfrac{12 \cdot 3132}{20{,}64 \cdot 3.34^2}} - 1 \right]$	830 N
(f)	$1{,}15 \cdot \sqrt{\dfrac{2\beta}{1+\beta}} \cdot \sqrt{2 M_{y,Rk} \cdot f_{h,1,k} \cdot d} + \dfrac{F_{ax,Rk}}{4}$ $1{,}15 \cdot \sqrt{\dfrac{2.1}{1+1}} \cdot \sqrt{2 \cdot 3132 \cdot 20{,}64 \cdot 3} + 0$ $1{,}15 \cdot \sqrt{1} \cdot \sqrt{623} + 0$	716 N

Valeur la plus faible :

$$\boxed{F_{V,Rk} = 716 \ N}$$

2.1.3   Définir le nombre de pointes

▶ Résistance de calcul $F_{V,Rd}$

$$F_{V,Rd} = F_{V,Rk} \cdot \frac{k_{mod}}{\gamma_M}$$

$F_{V,Rk}$: résistance caractéristique des tiges en N.

k_{mod} : coefficient modificatif en fonction de la charge de plus courte durée et de la classe de service.

γ_M : coefficient partiel tenant compte de la dispersion du matériau.

$$F_{V,Rd} = 716 \cdot \frac{0,6}{1,3}$$

$$\boxed{F_{V,Rd} = 330 \text{ N}}$$

▶ Nombre de pointes

Valeur appliquée : $F_{V,Ed} = \sqrt{(5600^2 + 380^2)} = 5613 \text{ N}$.

Nombre de pointes $= F_{V,Ed}/F_{V,Rd} = 5\ 613/330 = 17$.

Pointes en quinconce (pas de clous en ligne), $n_{ef} = n$.

$$\boxed{18 \text{ pointes}}$$

2.1.4   Conditions de pince

Angle de la force : $tg^{-1}\left(\dfrac{380}{5600}\right) = 4°$.

Tableau 4 : conditions de pince

Pinces	Schémas	Sans préperçage $\rho_k \leq 420 \text{ kg/m}^3$	Distance minimale	Distance retenue
a_1	Espacement parallèle au fil	$d < 5$ mm : $(5 + 5\lvert\cos\alpha\rvert) \cdot d$	30	40
a_2	Espacement perpendiculaire au fil	$5d$	15	19
$a_{3,t}$	Distance d'extrémité chargée extrémité chargée	$(10 + 5\cos\alpha) \cdot d$	45	45

$a_{3,c}$	Distance d'extrémité non chargée a_{3c} extrémité non chargée	10d	30	Sans objet
$a_{4,t}$	Distance de rive chargée a_{4t} : rive chargée a_{4c} : rive non chargée	$d < 5$ mm : $(5 + 2 \sin \alpha) \cdot d$	15,5	20
$a_{4,c}$	Distance de rive non chargée a_{4t} : rive chargée a_{4c} : rive non chargée	5d	15	20

▶ Choix d'une disposition en cinq files de quatre colonnes

Pour réaliser un assemblage symétrique, on placera dix clous sur chaque face.

Condition pour mettre en œuvre les pointes à recouvrement (permet de diminuer la longueur des éclisses) : $t - t_2 \geq 4d$.

$t - t_2 = 36 - 34 = 2$ mm

$4d = 4 \cdot 3 = 12$ mm

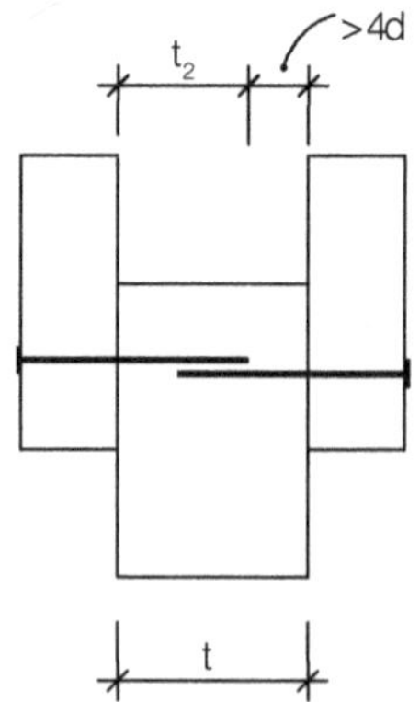

Schéma 12 : condition pour mettre en œuvre les pointes à recouvrement

La condition n'est pas vérifiée. Les pointes seront placées en alternance sur chaque face (schéma 13).

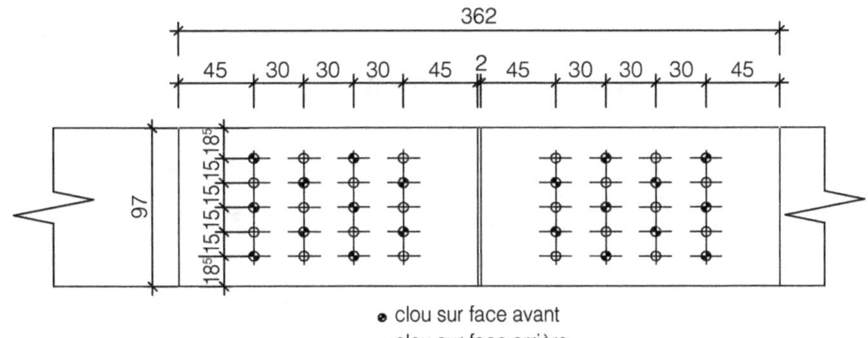

● clou sur face avant
○ clou sur face arrière

Schéma 13 : assemblage coté

▶ Variante : incidence d'une disposition des clous en ligne

Pointes alignées : $n_{ef} = n^{k_{ef}}$ avec $k_{ef} = f(a_1)$.

1er cas : on choisit $a_1 = 30$ mm (10d = 30 mm)

On a alors $k_{ef} = 0{,}85$.

Pour une file de 5 clous : $n_{ef} = 5^{0,85} = 3{,}927$.

Pour les 5 files : $n_{ef} = 5 \times 3{,}927 = 19{,}6$.

Dans ce cas, 25 clous sont nécessaires (5 files de 5 colonnes).

Longueur des éclisses : $L = 2 + \left[2 \times \left[(2 \times 45) + (4 \times 30)\right]\right] = 422$ mm.

2e cas : on choisit $a_1 = 40$ mm (10d = 30 mm et 14d = 42 mm)

On a alors : $k_{ef} = 0{,}85 + (1{,}0 - 0{,}85) \cdot \dfrac{40 - 30}{42 - 30} = 0{,}85 + 0{,}15 \cdot \dfrac{10}{12} = 0{,}975$.

Pour une file de 4 clous : $n_{ef} = 4^{0,975} = 3{,}86$.

Pour les 5 files : $n_{ef} = 5 \times 3{,}86 = 19{,}3$.

Dans ce cas, 20 clous sont nécessaires (5 files de 4 colonnes) avec une pince a_1 augmentée à 40 mm.

Longueur des éclisses : $L = 2 + \left[2 \times \left[(2 \times 45) + (3 \times 40)\right]\right] = 422$ mm.

La disposition en ligne conduit donc à une augmentation de la longueur du couvre-joint et on s'aperçoit sur cet exemple que le critère pertinent est la longueur du couvre-joint plutôt que le nombre de pointes.

2.2 Calcul des déplacements (clous de 70 mm)

2.2.1 Calcul du module de glissement d'assemblage

Pointes mises en place sans préperçage :

$$K_{ser} = \frac{\rho_m^{1,5} \cdot d^{0,8}}{30}$$

$$K_{ser} = \frac{420^{1,5} \cdot 3^{0,8}}{30}$$

$$\boxed{K_{ser} = 691 \text{ N/mm}}$$

2.2.2 Effort par pointe et par plan de cisaillement

Valeur ELS appliquée : $F_{v,Ed} = \sqrt{(4150^2 + 280^2)} = 4160 \text{ N}$.

Nombre de pointes dans l'assemblage : 20.

Nombre de plans de cisaillement (par pointe) : 1.

Effort par pointe : $\dfrac{4160}{20 \times 1}$

$$\boxed{F = 208 \text{ N}}$$

2.2.3 Glissement instantané par pointe

$$u_{inst} = \frac{F}{K_{ser}} = \frac{208}{691}$$

$$\boxed{u_{inst} = 0,3 \text{ mm}}$$

2.2.4 Glissement instantané pour l'assemblage

L'effort de cisaillement est supposé également réparti sur l'ensemble des pointes. Le glissement est le même pour chaque tige. Dans cet assemblage, l'effort doit transiter au travers de deux zones de clous. L'effort est transmis d'une partie de l'entrait aux éclisses puis des éclisses à la partie suivante. En conséquence, pour cet assemblage, le déplacement instantané entre les extrémités des pièces (l'écartement) est $2 \times 0,3$.

$$\boxed{u_{inst} = 0,6 \text{ mm}}$$

Remarque

Ce glissement instantané sous charges permanentes ne fait pas l'objet d'une vérification réglementaire. En effet, seul $U_{inst}(Q)$ est à vérifier.

2.2.5 Glissement final par pointe

Sous chargement de longue durée le glissement final est :

$u_{fin\,(G)} = u_{inst\,(G)} \cdot (1 + k_{def}) = 0,3 \cdot (1 + 0,8) = 0,54 \text{ mm}$.

$$\boxed{u_{fin} = 0,54 \text{ mm}}$$

2.2.6 Glissement final pour l'assemblage

Le déplacement total entre les extrémités des pièces (l'écartement) est : $2 \times 0,54$.

$$\boxed{u_{fin} = 1,08 \text{ mm}}$$

2.3 Double cisaillement : clous de 100 mm

Reprise de l'assemblage « prolongement entre deux entraits de ferme industrielle ».

Entraits et éclisses moisées en bois massif de 36/97 classé C24 ($\rho_k = 350 \text{ kg/m}^3$; $\rho_m = 420 \text{ kg/m}^3$).

Classe de service 2 (comble).

Action ELS : effort de traction de 4 150 N et tranchant de 280 N sous charges permanentes.

Action ELU : effort de traction de 5 600 N et tranchant de 380 N sous charges permanentes avec la combinaison C = 1,35 G.

Pointes carrées torsadées 100 × 4,1 (d_{calcul} = côté = 4,1mm ; f_u = 60 N/mm²).

2.3.1 Vérification des conditions de pénétration : 6d pour les pointes torsadées

Travail en double cisaillement, longueur de pénétration : $100 - 2 \times 36 = 28$ mm, soit $28/4,1 = 6,8d$.

$$\boxed{6,8d > 6d}$$

Critère vérifié, dimension des pointes correcte vis-à-vis de l'épaisseur des pièces.

2.3.2 Valeur caractéristique de la capacité résistante $F_{V,Rk}$

▶ Valeur de la pénétration de la tige

$t_1 = 100 - 2 \cdot 36 = 28$ mm (enfoncement côté pointe).

$t_2 = 36$ mm (épaisseur de la pièce centrale).

▶ Portance locale (avec ou sans préperçage)

$d_{pointe} \leq 8$ mm : il n'y a pas de préperçage.

$f_{h,k} = 0,082 \cdot \rho_k \cdot d^{-0,3} = 0,082 \cdot 350 \cdot 4,1^{-0,3}$

$$\boxed{18,8 \text{ N/mm}^2}$$

▶ Moment d'écoulement plastique

$M_{y,Tk} = 0,45 \cdot f_u \cdot d^{2,6} = 0,45 \cdot 600 \cdot 4,1^{2,6} = 10583 \cdot$ mm

$$\boxed{10\ 583 \text{ N} \cdot \text{mm}}$$

▶ Résistance pour chaque mode de rupture

Rapport $\beta = \dfrac{f_{h,2,k}}{f_{h,1,k}} = 1$ (dimension et qualité de bois identiques pour chaque pièce).

Par souci de simplification, l'effet de corde $F_{ax,Rk}$ est négligé.

Tableau 5 : capacité résistante $F_{V,Rk}$ pour un plan de cisaillement

(g)	$f_{h,1,k} \cdot t_1 \cdot d = 18,8 \cdot 28 \cdot 4,1$	2 158 N
(h)	$0,5 \cdot f_{h,2,k} \cdot t_2 \cdot d = 0,5 \cdot 18,8 \cdot 36 \cdot 4,1$	1 387 N
(j)	$1,05 \cdot \dfrac{f_{h,1,k} \cdot t_1 \cdot d}{2+\beta} \cdot \left[\sqrt{2\beta \cdot (1+\beta) + \dfrac{4\beta \cdot (2+\beta) \cdot M_{y,Rk}}{f_{h,1,k} \cdot d \cdot t_1^2}} - \beta \right] + \dfrac{F_{ax,Rk}}{4}$ $1,05 \cdot \dfrac{18,8 \cdot 28 \cdot 4,1}{2+1} \cdot \left[\sqrt{2 \cdot 1 \cdot (1+1) + \dfrac{4 \cdot 1 \cdot (2+1) \cdot 10583}{18,8 \cdot 4,1 \cdot 28^2}} - 1 \right] + 0$ $1,05 \cdot \dfrac{2158}{3} \cdot \left[\sqrt{4 + \dfrac{12 \cdot 10583}{18,8 \cdot 4,1 \cdot 28^2}} - 1 \right]$	1 110 N

(k)	$1{,}15 \cdot \sqrt{\dfrac{2\beta}{1+\beta}} \cdot \sqrt{2 M_{y,Rk} \cdot f_{h,1,k} \cdot d} + \dfrac{F_{ax,Rk}}{4}$ $1{,}15 \cdot \sqrt{\dfrac{2{.}1}{1+1}} \cdot \sqrt{2 \cdot 10583 \cdot 18{,}8 \cdot 4{,}1} + 0$	1 469 N

Valeur la plus faible :

$$\boxed{F_{V,Rk} = 1\ 110 \text{ N}}$$

2.3.3 Définir le nombre de pointes

▶ Résistance de calcul $F_{V,Rd}$

$$F_{V,Rd} = F_{V,Rk} \cdot \frac{k_{mod}}{\gamma_M}$$

$F_{V,Rk}$: résistance caractéristique des tiges en N.

k_{mod} : coefficient modificatif en fonction de la charge de plus courte durée et de la classe de service.

γ_M : coefficient partiel qui tient compte de la dispersion du matériau.

$$F_{V,Rd} = 1110 \cdot \frac{0{,}6}{1{,}3}$$

$$\boxed{F_{V,Rd} = 512 \text{ N}}$$

▶ Nombre de pointes

Valeur appliquée : $F_{v,Ed} = \sqrt{(5600^2 + 380^2)} = 5613 \text{ N}$.

Pour une pointe travaillant en double cisaillement, sa résistance est de $512 \times 2 = 1\ 024$ N.

Nombre de pointes $= F_{V,Ed}/F_{V,Rd} = 5\ 613/1\ 024 = 5{,}48$, soit 6 pointes.

Pointes en quinconce (pas de clous en ligne), $n_{ef} = n$.

$$\boxed{6 \text{ pointes}}$$

2.3.4 Conditions de pince

Angle de la force : $\text{tg}^{-1}\left(\dfrac{380}{5600}\right) = 4°$.

Tableau 6 : conditions de pince

Pinces	Schémas	Sans préperçage $\rho_k \leq 420 \text{ kg/m}^3$	Distance minimale	Distance retenue
a_1	Espacement parallèle au fil	$d < 5$ mm : $(5 + 5\lvert\cos\alpha\rvert) \cdot d$	41	45

a_2	Espacement perpendiculaire au fil 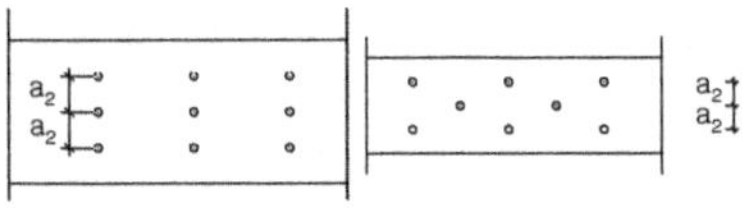	$5d$	20,5	24,25
$a_{3,t}$	Distance d'extrémité chargée 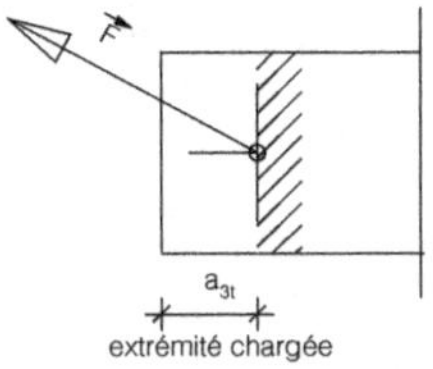	$(10 + 5\cos\alpha)\cdot d$	61,5	70
$a_{3,c}$	Distance d'extrémité non chargée 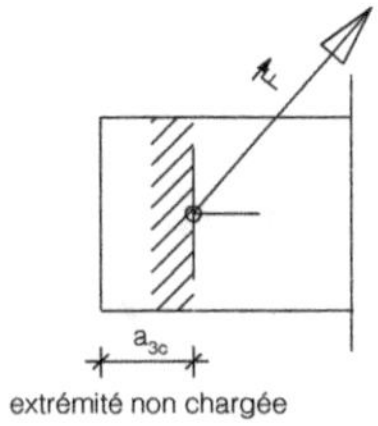	$10d$	41	Sans objet
$a_{4,t}$	Distance de rive chargée 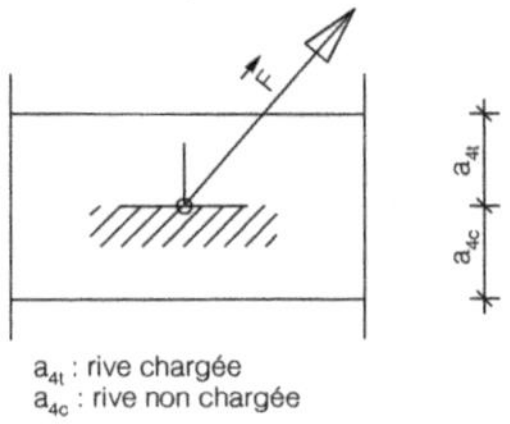	$d < 5\,\text{mm}:$ $(5 + 2\sin\alpha)\cdot d$	21	24,25
$a_{4,c}$	Distance de rive non chargée 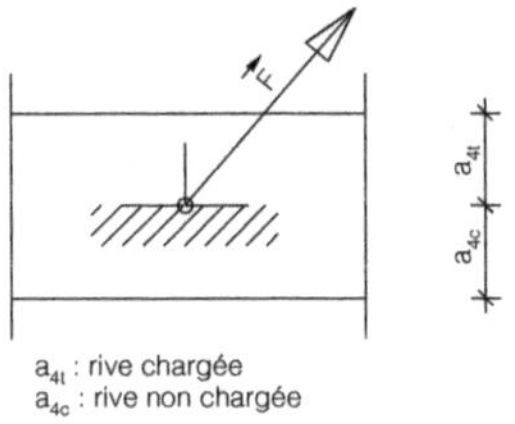	$5d$	20,5	24,25

▶ Choix d'une disposition en deux files de trois colonnes

Pour réaliser un assemblage symétrique, on placera six clous, trois sur chaque face.

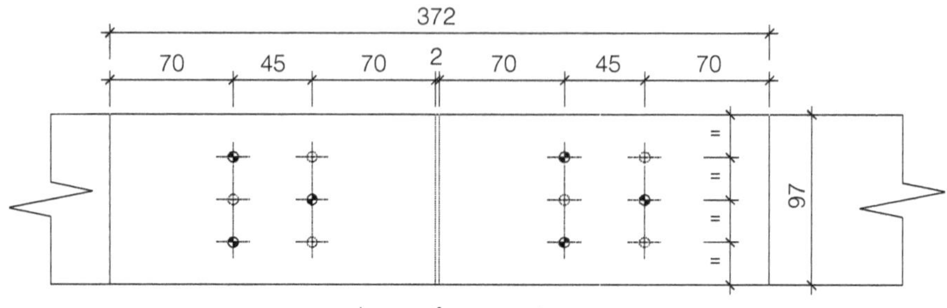

Schéma 14 : assemblage côté

2.4 Calcul des déplacements (clous de 100 mm)

2.4.1 Calcul du module de glissement d'assemblage

Pointes mises en place sans préperçage :

$$K_{ser} = \frac{\rho_m^{1,5} \cdot d^{0,8}}{30}$$

$$K_{ser} = \frac{420^{1,5} \cdot 4,1^{0,8}}{30}$$

$$\boxed{K_{ser} = 887 \text{ N/mm}}$$

2.4.2 Effort par pointe et par plan de cisaillement

Valeur ELS appliquée : $F_{v,Ed} = 4160$ N.
Nombre de pointes dans l'assemblage : 6.
Nombre de plans de cisaillement (par pointe) : 2.

Effort par plan de cisaillement : $\frac{4160}{6 \times 2}$.

$$\boxed{F = 347 \text{ N}}$$

2.4.3 Glissement instantané par pointe

$$u_{inst} = \frac{F}{K_{ser}} = \frac{347}{887}$$

$$\boxed{u_{inst} = 0,39 \text{ mm}}$$

2.4.4 Glissement instantané pour l'assemblage

L'effort de cisaillement est supposé également réparti sur l'ensemble des pointes. Le glissement est le même pour chaque tige. Dans cet assemblage, l'effort doit transiter au travers de deux zones de clous. L'effort est transmis d'une partie de l'entrait aux éclisses, puis des éclisses à la partie suivante. En conséquence, pour cet assemblage, le déplacement instantané entre les extrémités des pièces (l'écartement) est $2 \times 0,39$.

$$u_{inst} = 0{,}78 \text{ mm}$$

Remarque

Ce glissement instantané sous charges permanentes ne fait pas l'objet d'une vérification réglementaire. En effet, seul $U_{inst}(Q)$ est à vérifier.

2.4.5 Glissement final par pointe

Sous chargement de longue durée, le glissement final est :

$u_{fin\,(G)} = u_{inst\,(G)} \cdot (1 + k_{def}) = 0{,}39 \cdot (1 + 0{,}8) = 0{,}7$ mm.

$$u_{fin} = 0{,}7 \text{ mm}$$

2.4.6 Glissement final pour l'assemblage

Le déplacement total entre les extrémités des pièces (l'écartement) est : $2 \times 0{,}7$.

$$u_{fin} = 1{,}4 \text{ mm}$$

Remarque

Cette solution est plus économe en clous et en temps de fabrication mais provoque un déplacement supérieur.

2.5 Simple cisaillement : clous de 70 mm avec effet de corde

Reprise de l'assemblage précédemment étudié en tenant compte de l'effet de corde pour un chargement avec de la neige (prolongement entre deux entraits de ferme industrielle).

Entraits et éclisses moisées en bois massif de 36/97 classé C24 ($\rho_k = 350$ kg/m³ ; $\rho_m = 420$ kg/m³).

Classe de service 2 (comble).

Tableau 7 : actions appliquées

Sollicitation	G	S	$1{,}35 \cdot G + 1{,}5 \cdot S$	G + S
Effort de traction	4 150	4 100	11 760	8 250
Effort tranchant	280	280	800	560

Combinaison ELU : $C = 1{,}35\,G + 1{,}5\,S$.

Altitude inférieure à 1 000 m.

Pointes de 70 ($d = 3$ mm ; $f_u = 600$ N/mm²).

La vérification des conditions de pénétration est identique à l'exemple précédent. La neige est ajoutée au poids de la structure. Cette combinaison permet la prise en compte de l'effet de corde : la valeur caractéristique de la capacité résistante $F_{V,Rk}$ augmente.

La vérification des conditions de pénétration, la valeur caractéristique de la capacité résistante $F_{V,Rk}$, la valeur de la pénétration de la tige, la portance locale et le moment d'écoulement plastique sont identiques au premier exemple.

Résistance pour chaque mode de rupture :

Calcul similaire au premier exemple, excepté la prise en compte de l'effet de corde.

2.5.1 Calcul de $F_{ax,Rk}$: capacité caractéristique à l'arrachement

$$F_{ax,Rk} = \min\begin{cases} f_{ax,k} \cdot d \cdot t_{pen} = 2{,}45 \times 3 \times 34 = 250 \text{ N} \\ f_{ax,k} \cdot dt + f_{head,k} \cdot d_h^2 = 2{,}45 \times 3 \times 36 + 8{,}58 \times 6{,}8^2 = 661 \text{ N} \end{cases}$$

Résistance caractéristique à l'arrachement en N/mm² :

$f_{ax,k} = 20 \times 10^{-6} \cdot \rho_k^2 = 20 \times 10^{-6} \cdot 350^2 = 2{,}45$ N/mm².

Résistance caractéristique à la traversée de la tête en N/mm² :

$f_{head,k} = 70 \times 10^{-6} \cdot \rho_k^2 = 70 \times 10^{-6} \cdot 350^2 = 8{,}58$ N/mm².

d : diamètre de la pointe : 3 mm.

d_h : diamètre de la tête de la pointe : 6,8 mm.

t_{pen} : longueur de pénétration du côté pointe : 34 mm.

t : épaisseur de la pièce du côté de la tête de la pointe : 36 mm.

ρ_k : masse volumique caractéristique : 350 kg/m³.

t_{pen} = 34 mm, soit 11,3d.

t_{pen} < 12d, il faut donc minorer $F_{ax,Rk}$.

$$F_{ax,Rk} = \left(\frac{t_{pen}}{4d} - 2\right) \cdot 250 = \left(\frac{34}{4 \cdot 3} - 2\right) \cdot 250 = 0{,}83 \cdot 250 = 208 \text{ N}$$

$$\boxed{F_{ax,Rk} = 208 \text{ N}}$$

2.5.2 Valeur caractéristique de la capacité résistante $F_{v,Rk}$

▶ Calcul de l'effet de corde

$$\boxed{\frac{F_{ax,Rk}}{4} = 52 \text{ N}}$$

Pour des pointes circulaires, l'effet de corde est limité à 15 % de la partie de Johansen. Le premier exemple a permis de déterminer la résistance minimale de la partie de Johansen : 716 N. La valeur limite est donc ici de : 0,15 × 716 = 107,4 N.

L'effet de corde calculé est inférieur à 107,4 N.

▶ Résistance pour chaque mode de rupture

Tableau 8 : calcul des différentes valeurs de résistance au cisaillement en ajoutant l'effet de corde

(a)	$f_{h,1,k} \cdot t_1 \cdot d = 20{,}64 \cdot 36 \cdot 3$	2 229 N
(b)	$f_{h,2,k} \cdot t_2 \cdot d = 20{,}64 \cdot 34 \cdot 3$	2 105 N
(c)	$\dfrac{f_{h,1,k} \cdot t_1 \cdot d}{1+\beta} \cdot \left[\sqrt{\beta + 2\beta^2 \cdot \left[1 + \frac{t_2}{t_1} + \left(\frac{t_2}{t_1}\right)^2\right] + \beta^3 \cdot \left(\frac{t_2}{t_1}\right)^2} - \beta \cdot \left(1 + \frac{t_2}{t_1}\right)\right]$ $\dfrac{20{,}64 \cdot 36 \cdot 3}{1+1} \cdot \left[\sqrt{1 + 2 \cdot 1^2 \cdot \left[1 + \frac{34}{36} + \left(\frac{34}{36}\right)^2\right] + 1^3 \cdot \left(\frac{34}{36}\right)^2} - 1 \cdot \left(1 + \frac{34}{36}\right)\right]$ $\dfrac{2229}{2} \cdot \left[\sqrt{1 + 2 \cdot \left[1 + \frac{34}{36} + \left(\frac{34}{36}\right)^2\right] + \left(\frac{34}{36}\right)^2} - \left(1 + \frac{34}{36}\right)\right]$	898 N

(d)	$1,05 \cdot \dfrac{f_{h,1,k} \cdot t_1 \cdot d}{2+\beta} \cdot \left[\sqrt{2\beta \cdot (1+\beta) + \dfrac{4\beta \cdot (2+\beta) \cdot M_{y,Rk}}{f_{h,1,k} \cdot d \cdot t_1^2}} - \beta\right] + \dfrac{F_{ax,Rk}}{4}$ $1,05 \cdot \dfrac{20,64 \cdot 36 \cdot 3}{2+1} \cdot \left[\sqrt{2 \cdot 1 \cdot (1+1) + \dfrac{4 \cdot 1 \cdot (2+1) \cdot 3132}{20,64 \cdot 3 \cdot 36^2}} - 1\right] + 52$ $1,05 \cdot \dfrac{2229}{3} \cdot \left[\sqrt{4 + \dfrac{12.3132}{20,64 \cdot 3 \cdot 36^2}} - 1\right] + 52$	$869 + 52$ N
(e)	$1,05 \cdot \dfrac{f_{h,1,k} \cdot t_2 \cdot d}{1+2\beta} \cdot \left[\sqrt{2\beta^2 \cdot (1+\beta) + \dfrac{4\beta \cdot (1+2\beta) \cdot M_{y,Rk}}{f_{h,1,k} \cdot d \cdot t_2^2}} - \beta\right] + \dfrac{F_{ax,Rk}}{4}$ $1,05 \cdot \dfrac{2105}{3} \cdot \left[\sqrt{4 + \dfrac{12.3132}{20,64 \cdot 3 \cdot 34^2}} - 1\right] + 52$	$830 + 52$ N
(f)	$1,15 \cdot \sqrt{\dfrac{2\beta}{1+\beta}} \cdot \sqrt{2M_{y,Rk} \cdot f_{h,1,k} \cdot d} + \dfrac{F_{ax,Rk}}{4}$ $1,15 \cdot \sqrt{\dfrac{2.1}{1+1}} \cdot \sqrt{2 \cdot 3132 \cdot 20,64 \cdot 3} + 52$ $1,15 \cdot \sqrt{1} \cdot \sqrt{623} + 52$	$716 + 52$ N

Valeur la plus faible : $F_{v,Rk} = 716 + 52 = 768$ N.

$$\boxed{F_{V,Rk} = 768 \text{ N}}$$

2.5.3   Définir le nombre de pointes

▶ **Résistance de calcul $F_{V,Rd}$**

$$F_{V,Rd} = F_{V,Rk} \cdot \frac{k_{mod}}{\gamma_M}$$

$F_{V,Rk}$: résistance caractéristique des tiges en N.

k_{mod} : coefficient modificatif en fonction de la charge de plus courte durée et de la classe de service.

γ_M : coefficient partiel qui tient compte de la dispersion du matériau.

$$F_{V,Rd} = 768 \cdot \frac{0,9}{1,3}$$

$$\boxed{F_{V,Rd} = 531,7 \text{ N}}$$

▶ **Nombre de pointes**

Valeur appliquée : $F_{v,Ed} = \sqrt{(11760^2 + 800^2)} = 11790$ N.

Nombre de pointes = $F_{V,Ed}/F_{V,Rd} = 11\,790/531,7 = 22,2$.

Pointes en quinconce (pas de clous en ligne), $n_{ef} = n$.

$$\boxed{23 \text{ pointes}}$$

2.5.4 Conditions de pince

Angle de la force : $\text{tg}^{-1}\left(\dfrac{380}{5600}\right) = 4°$.

Tableau 9 : conditions de pince

Pinces	Schémas	Sans préperçage $\rho_k \le 420\ \text{kg/m}^3$	Distance minimale	Distance retenue
a_1	Espacement parallèle au fil	$d < 5\ \text{mm}$: $(5 + 5\lvert\cos\alpha\rvert) \cdot d$	30	30
a_2	Espacement perpendiculaire au fil	$5d$	15	19
$a_{3,t}$	Distance d'extrémité chargée — extrémité chargée	$(10 + 5\cos\alpha) \cdot d$	45	45
$a_{3,c}$	Distance d'extrémité non chargée — extrémité non chargée	$10d$	30	Sans objet
$a_{4,t}$	Distance de rive chargée — a_{4t} : rive chargée, a_{4c} : rive non chargée	$d < 5\ \text{mm}$: $(5 + 2\sin\alpha) \cdot d$	15,5	20

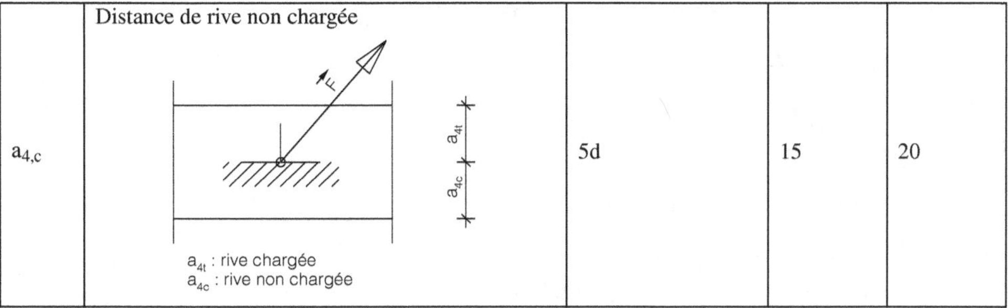

$a_{4,c}$	Distance de rive non chargée a_{4t} : rive chargée a_{4c} : rive non chargée	5d	15	20

▶ Choix d'une disposition en cinq files de cinq colonnes

Pour réaliser un assemblage symétrique, on placera douze clous sur une face et treize sur l'autre. Condition pour mettre en œuvre les pointes à recouvrement : non vérifiée ici (cf. le premier exemple).

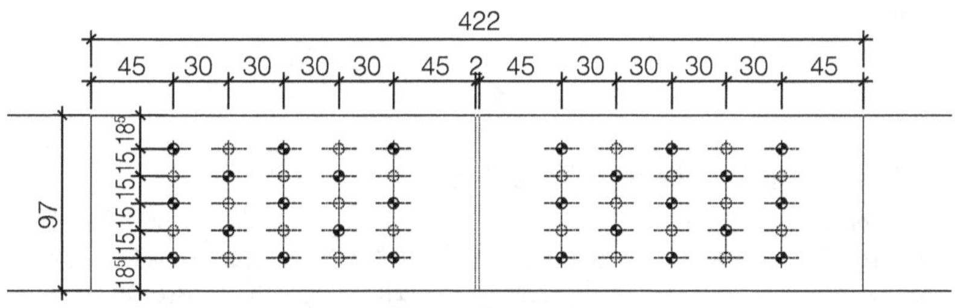

Schéma 15 : assemblage coté

2.6 Calcul des déplacements (clous de 70 mm avec effet de corde)

2.6.1 Calcul du module de glissement d'assemblage

Pointes mises en place sans préperçage :

$$K_{ser} = \frac{\rho_m^{1,5} \cdot d^{0,8}}{30}$$

$$K_{ser} = \frac{420^{1,5} \cdot 3^{0,8}}{30}$$

$$\boxed{K_{ser} = 691 \text{ N/mm}}$$

2.6.2 Effort par pointe et par plan de cisaillement (ELS)

Sous charge de neige :

$$F_{v,\,Ed} = \sqrt{(4100^2 + 280^2)} = 4110 \text{ N}$$

Nombre de pointes dans l'assemblage : 25.

Nombre de plans de cisaillement (par pointe) : 1.

Effort par pointe : $\dfrac{4110}{25 \times 1}$.

$$\boxed{F_S = 165 \text{ N}}$$

Sous charge permanente :

$$F_{v,\,Ed} = \sqrt{(4150^2 + 280^2)} = 4160 \text{ N}$$

Nombre de pointes dans l'assemblage : 25.

Nombre de plans de cisaillement (par pointe) : 1.

Effort par pointe : $\dfrac{4160}{25 \times 1}$.

$$\boxed{F_G = 167 \text{ N}}$$

2.6.3 Glissement instantané par pointe

$$u_{inst}(S) = \frac{F_S}{K_{ser}} = \frac{165}{691}$$

$$\boxed{u_{inst}(S) = 0{,}24 \text{ mm}}$$

2.6.4 Glissement instantané pour l'assemblage

L'effort de cisaillement est supposé également réparti sur l'ensemble des pointes. Le glissement est le même pour chaque tige. Dans cet assemblage, l'effort doit transiter au travers de deux zones de clous. L'effort est transmis d'une partie de l'entrait aux éclisses puis des éclisses à la partie suivante. En conséquence, pour cet assemblage, le déplacement instantané entre les extrémités des pièces (l'écartement) est $2 \times 0{,}24$.

$$\boxed{u_{inst}(S) = 0{,}48 \text{ mm}}$$

2.6.5 Glissement final par pointe

Sous chargement de longue durée, le glissement final est :

$u_{fin} = u_{inst\,(G)} \cdot (1 + k_{def}) + u_{inst\,(S)} \cdot (1 + \Psi_2 \cdot k_{def})$.
Or, ici pour une altitude inférieure à 1 000 m, $\Psi_2 = 0$.
$u_{fin} = u_{inst(G)} \cdot (1 + k_{def}) + u_{inst}(S)$

$$u_{fin} = \frac{G(1 + k_{def}) + S}{S} \cdot u_{inst\,(S)} = \frac{167 \cdot (1 - 0{,}8) + 165}{165} \cdot 0{,}24$$

$$\boxed{u_{fin} = 0{,}68 \text{ mm}}$$

2.6.6 Glissement final pour l'assemblage

Le déplacement total entre les extrémités des pièces (l'écartement) est : $2 \times 0{,}68$.

$$\boxed{u_{fin} = 1{,}36 \text{ mm}}$$

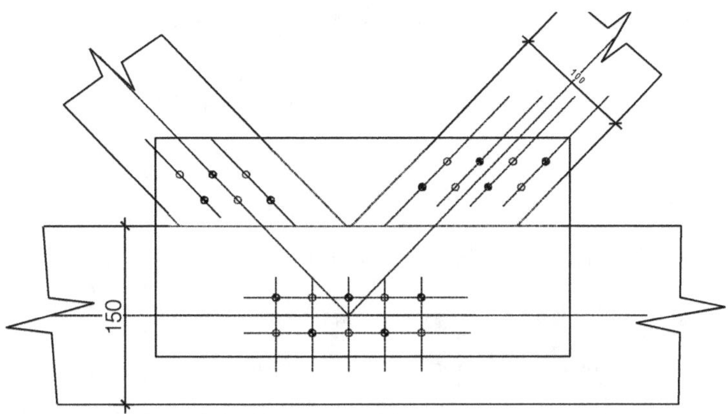

Schéma 16 : assemblage d'une fiche et d'une contrefiche sur un entrait avec gousset CP

2.7   Simple cisaillement : pointes lisses de 50 mm

Bois massif classé C24 (ρ_k = 350 kg/m³).

Gousset en contreplaqué (CP) de 10 mm d'épaisseur (ρ_k = 660 kg/m³).

Classe de service 2 (comble non chauffé).

Action ELU : efforts sous la combinaison C = 1,35 G + 1,5 S.

Pointes lisses de 50 mm (d = 3 mm ; f_u = 600 N/mm²).

Contrefiche 120 × 50 mm ; sollicitation N = 4 060 N (traction).

Fiche 120 × 50 mm ; sollicitation N = 3 500 N (compression).

Entrait 150 × 50 mm ; sollicitation N = 5 204 N ; V = 406 N (arrachement).

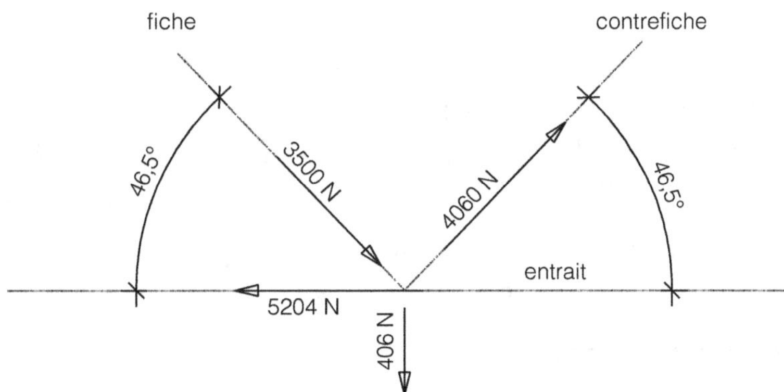

Schéma 17 : équilibre du nœud étudié

2.7.1   Vérification des conditions de pénétration : 8d pour les pointes lisses

Travail en deux simples cisaillements, longueur de pénétration : 50 − 10 = 40 mm, soit 40/3 = 13,3d.

$$13,3d > 8d$$

Critère vérifié, dimension des pointes correcte vis-à-vis de l'épaisseur des pièces.

2.7.2 Calcul de $F_{ax,Rk}$: capacité caractéristique à l'arrachement

$$F_{ax,Rk} = \min \begin{cases} f_{ax,k} \cdot d \cdot t_{pen} = 2,45 \times 3 \times 40 = 294 \text{ N} \\ f_{ax,k} \cdot dt + f_{head,k} \cdot d_h^2 = 2,45 \times 3 \times 10 + 30,5 \times 6,8^2 = 1484 \text{ N} \end{cases}$$

Avec :

- résistance caractéristique à l'arrachement en N/mm² :

$$f_{ax,k} = 20 \times 10^{-6} \cdot \rho_k^2 = 20 \times 10^{-6} \cdot 350^2 = 2,45 \text{ N/mm}^2 \ ;$$

- résistance caractéristique à la traversée de la tête en N/mm² :

$$f_{head,k} = 70 \times 10^{-6} \cdot \rho_k^2 = 70 \times 10^{-6} \cdot 660^2 = 30,5 \text{ N/mm}^2 \ ;$$

- d : diamètre de la pointe : 3 mm ;
- d_h : diamètre de la tête de la pointe : 6,8 mm ;
- t_{pen} : longueur de pénétration du côté pointe : 40 mm ;
- t : épaisseur de la pièce du côté de la tête de la pointe : 10 mm ;
- ρ_k : masse volumique caractéristique : 350 kg/m³ (C24) et 660 kg/m³ (CP) ;
- t_{pen} = 40 mm, soit 13,3d ;
- t_{pen} > 12d, pas de minoration de $F_{ax,Rk}$.

$$\boxed{F_{ax,Rk} = 294 \text{ N}}$$

2.7.3 Valeur caractéristique de la capacité résistante $F_{V,Rk}$

▶ Valeur de la pénétration de la tige

t_1 = 10 mm (épaisseur de la pièce sous la tête).
t_2 = 50 − 10 = 40 mm (enfoncement côté pointe).

▶ Portance locale (avec ou sans préperçage)

Contreplaqué : t_1 (sans préperçage) :

$$f_{h,1,k} = 0,11 \cdot \rho_k \cdot d^{-0,3} = 0,11 \cdot 660 \cdot 3^{-0,3}$$

$$\boxed{52,2 \text{ N/mm}^2}$$

Bois massif : t_2 : $d_{pointe} \leq 8$ mm, il n'y a pas de préperçage :

$$f_{h,2,k} = 0,082 \cdot \rho_k \cdot d^{-0,3} = 0,082 \cdot 350 \cdot 3^{-0,3}$$

$$\boxed{20,6 \text{ N/mm}^2}$$

▶ Moment d'écoulement plastique

$$M_{y,Rk} = 0,3 \cdot f_u \cdot d^{2,6} = 0,3 \cdot 600 \cdot 3^{2,6} = 3132 \text{ N} \cdot \text{mm}$$

$$\boxed{3\,132 \text{ N} \cdot \text{mm}}$$

▶ Résistance pour chaque mode de rupture

$$\text{Rapport } \beta = \frac{f_{h,2,k}}{f_{h,1,k}} = \frac{20,6}{52,2} = 0,39 \quad (1 : \text{contreplaqué} ; 2 \text{ bois massif})$$

▶ Calcul de l'effet de corde

Effet de corde :

$$\boxed{\frac{F_{ax,Rk}}{4} = 73,5 \text{ N}}$$

Pour des pointes circulaires, l'effet de corde est limité à 15 % de la partie de Johansen. Le détail des calculs présentés ci-dessous permet de déterminer une résistance minimale de la partie de Johansen de 830,5 N. La valeur limite est donc ici de : 0,15 × 830,5 = 124,5 N.

L'effet de corde calculé est inférieur à 124,5 N.

Tableau 10 : calcul des différentes valeurs de résistance au cisaillement en ajoutant l'effet de corde

(a)	$f_{h,1,k} \cdot t_1 \cdot d = 47,2 \cdot 10 \cdot 3$	1 416 N
(b)	$f_{h,2,k} \cdot t_2 \cdot d = 18,7 \cdot 40 \cdot 3$	2 244 N
(c)	$\dfrac{f_{h,1,k} \cdot t_1 \cdot d}{1+\beta} \cdot \left[\sqrt{\beta + 2\beta^2 \cdot \left[1 + \dfrac{t_2}{t_1} + \left(\dfrac{t_2}{t_1}\right)^2 \right] + \beta^3 \cdot \left(\dfrac{t_2}{t_1}\right)^2} - \beta \cdot \left(1 + \dfrac{t_2}{t_1}\right) \right]$ $\dfrac{47,2 \cdot 10 \cdot 3}{1+0,4} \cdot \left[\sqrt{0,4 + 2 \cdot 0,4^2 \cdot \left[1 + \dfrac{40}{10} + \left(\dfrac{40}{10}\right)^2 \right] + 0,4^3 \cdot \left(\dfrac{40}{10}\right)^2} - 0,4 \cdot \left(1 + \dfrac{40}{10}\right) \right]$ $\dfrac{1416}{1,4} \cdot \left[\sqrt{0,4 + 0,32 \cdot \left[1 + 4 + 4^2\right] + 0,064 \cdot 4^2} - 0,4 \cdot (1+4) \right] = \dfrac{1416}{1,4} \cdot \left[\sqrt{8,144} - 2 \right]$	863 N
(d)	$1,05 \cdot \dfrac{f_{h,1,k} \cdot t_1 \cdot d}{2+\beta} \cdot \left[\sqrt{2\beta \cdot (1+\beta) + \dfrac{4\beta \cdot (2+\beta) \cdot M_{y,Rk}}{f_{h,1,k} \cdot d \cdot t_1^2}} - \beta \right] + \dfrac{F_{ax,Rk}}{4}$ $1,05 \cdot \dfrac{47,2 \cdot 10 \cdot 3}{2+0,4} \cdot \left[\sqrt{2 \cdot 0,4 \cdot (1,4) + \dfrac{4 \cdot 0,4 \cdot (2,4) \cdot 7511}{47,2 \cdot 3 \cdot 10^2}} - 0,4 \right] + 73,5$ $1,05 \cdot \dfrac{1416}{2,4} \cdot \left[\sqrt{1,12 + \dfrac{3,84 \cdot 7511}{47,2 \cdot 3 \cdot 10^2}} - 0,4 \right] + 73,5 \quad = 853 + 73,5$	926,5 N
(e)	$1,05 \cdot \dfrac{f_{h,1,k} \cdot t_2 \cdot d}{1+2\beta} \cdot \left[\sqrt{2\beta^2 \cdot (1+\beta) + \dfrac{4\beta \cdot (1+2\beta) \cdot M_{y,Rk}}{f_{h,1,k} \cdot d.t_2^2}} - \beta \right] + \dfrac{F_{ax,Rk}}{4}$ $1,05 \cdot \dfrac{1416}{1,8} \cdot \left[\sqrt{2 \cdot 0,4^2 \cdot (1,4) + \dfrac{4 \cdot 0,4 \cdot 1,8 \cdot 7511}{47,2 \cdot 3 \cdot 10^2}} - 0,4 \right] + 73,5$ $830,5 + 73,5$	904 N
(f)	$1,15 \cdot \sqrt{\dfrac{2\beta}{1+\beta}} \cdot \sqrt{2 M_{y,Rk} \cdot f_{h,1,k} \cdot d} + \dfrac{F_{ax,Rk}}{4}$ $1,15 \cdot \sqrt{\dfrac{2.0,4}{1,4}} \cdot \sqrt{2 \cdot 7511 \cdot 47,2 \cdot 3} + 73,5 \quad = 1268 + 73,5$	1 341 N

Valeur la plus faible :

$$\boxed{F_{V,Rk} = 863 \text{ N}}$$

2.7.4   Définir le nombre de pointes

▶ **Résistance de calcul $F_{V,Rd}$**

$$F_{V,Rd} = F_{V,Rk} \cdot \frac{k_{mod}}{\gamma_M}$$

$F_{V,Rk}$: résistance caractéristique des tiges en N.

k_{mod} : coefficient modificatif en fonction de la charge de plus courte durée et de la classe de service.

γ_M : coefficient partiel tenant compte de la dispersion du matériau.

$$F_{V,Rd} = 863 \cdot \frac{0{,}9}{1{,}3}$$

$$\boxed{F_{V,Rd} = 597 \text{ N}}$$

▶ Nombre de pointes

Fiche/CP (l'effort est transmis par les pointes) :

- valeur appliquée : $F_{v,Ed} = 3500$ N ;
- nombre de pointes = $F_{V,Ed}/F_{V,Rd} = 3\ 500/597 = 5{,}86$;
- pointes en quinconce (pas de clous en ligne), $n_{ef} = n$.

$$\boxed{6 \text{ pointes}}$$

Contrefiche/CP :

- valeur appliquée : $F_{v,Ed} = 4060$ N ;
- nombre de pointes = $F_{V,Ed}/F_{V,Rd} = 4\ 060/597 = 6{,}8$;
- pointes en quinconce (pas de clous en ligne), $n_{ef} = n$.

$$\boxed{7 \text{ pointes}}$$

Entrait/CP :

- valeur appliquée :

$$F_{v,Ed} = \sqrt{\left[(4060 + 3500) \cdot \cos 46{,}5\right]^2 + \left[(4060 + 3500) \cdot \sin 46{,}5\right]^2}$$

$$= \sqrt{5204^2 + 406^2} = 5220 \text{ N} ;$$

- nombre de pointes = $F_{V,Ed}/F_{V,Rd} = 5\ 220/597 = 8{,}7$;
- pointes en quinconce (pas de clous en ligne), $n_{ef} = n$.

$$\boxed{9 \text{ pointes}}$$

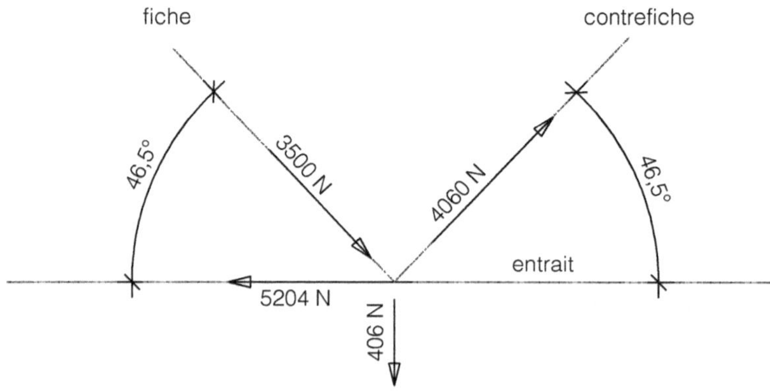

Schéma 18 : équilibre du nœud étudié

2.7.5 Conditions de pince (distances et espacements)

L'angle de l'effort par rapport au fil du bois de la contrefiche et de la fiche est de 0°.

L'angle de l'effort par rapport au fil du bois de l'entrait est de $\alpha = \tan^{-1}(406/5204) = 4,5°$. Les espacements sont à multiplier par 0,85.

Attention, les pinces a_3 et a_4 ont des valeurs différentes pour le contreplaqué (CP dans le tableau) et pour le bois massif (C24 dans le tableau).

Tableau 11 : conditions de pince

Pinces	Schéma	Angle	Sans préperçage $\rho_k \leq 420$ kg/m^3	Distance minimale	Distance retenue
Contrefiche et fiche					
a_1	Espacement parallèle au fil	0°	$d < 5$ mm : $(5 + 5\lvert\cos\alpha\rvert) \cdot d \cdot 0,85$	25,5	30
a_2	Espacement perpendiculaire au fil	0°	$5\,d \cdot 0,85$	12,75	20
$a_{3,t}$	Distance d'extrémité chargée extrémité chargée	0°	C24 : $(10 + 5\cos\alpha) \cdot d$	C24 : 45	C24 : 45
$a_{3,c}$	Distance d'extrémité non chargée extrémité non chargée	0°	C24 : 10 d	C24 : 30	C24 : 30
$a_{4,t}$	Distance de rive chargée a_{4t} : rive chargée a_{4c} : rive non chargée	0°	C24 : $(5 + 2\sin\alpha) \cdot d$	C24 : 15	C24 : --

$a_{4,c}$	**Distance de rive non chargée** a_{4t} : rive chargée a_{4c} : rive non chargée 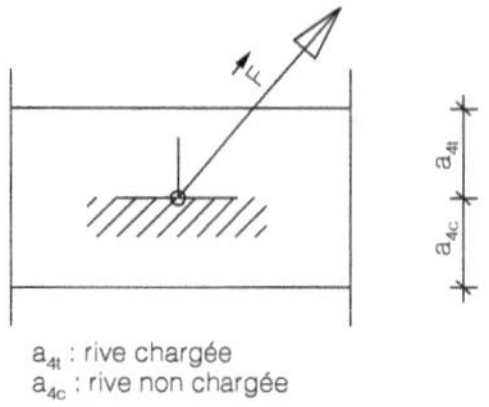	0°	C24 : 5d	C24 : 15	C24 : 20 et 30
Entrait					
a_1	**Espacement parallèle au fil** 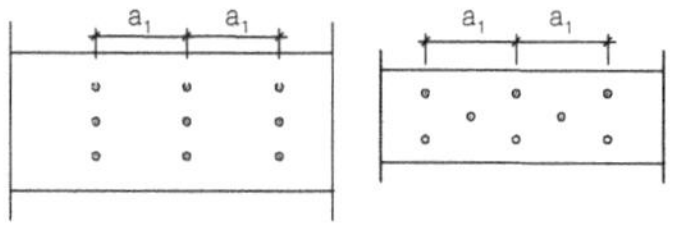	4,5°	$d < 5$ mm : $(5+5\lvert\cos\alpha\rvert)\cdot d\cdot 0,85$	25,4	30
a_2	**Espacement perpendiculaire au fil** 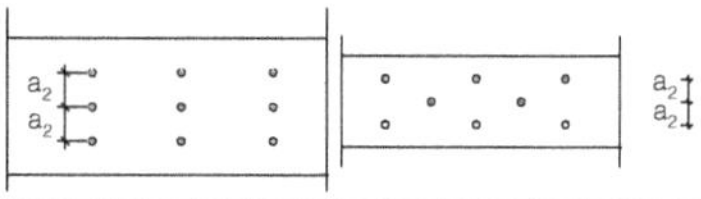	4,5°	$5d\cdot 0,85$	12,75	30
$a_{3,t}$	**Distance d'extrémité chargée** 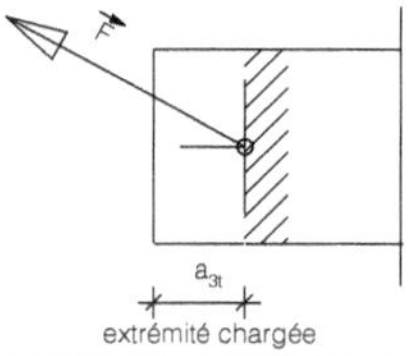 extrémité chargée	4,5°	C24 : $(10+5\cos\alpha)\cdot d$ CP : $(3+4\sin\alpha)\cdot d$	C24 : 44,8 CP : 10,9	C24 : -- CP : 20
$a_{3,c}$	**Distance d'extrémité non chargée** 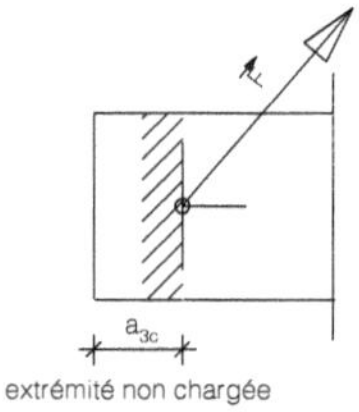 extrémité non chargée	4,5°	C24 : 10d	C24 : 30	C24 : --
$a_{4,t}$	**Distance de rive chargée** a_{4t} : rive chargée a_{4c} : rive non chargée 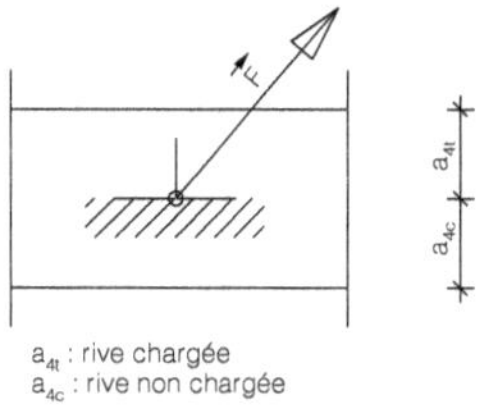	4,5°	C24 : $(5+2\sin\alpha)\cdot d$	C24 : 15,9	C24 : 60
$a_{4,c}$	**Distance de rive non chargée** 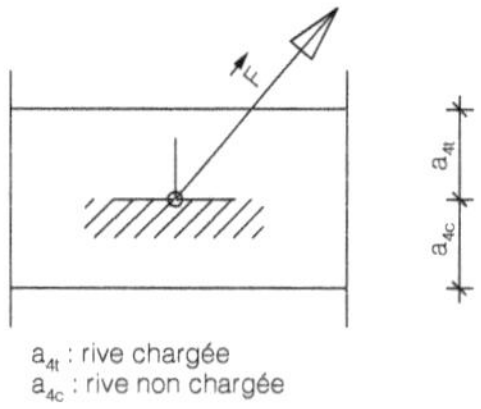 a_{4t} : rive chargée a_{4c} : rive non chargée	4,5°	C24 : 5d	C24 : 15	C24 : 60

Gousset					
a_1	Espacement parallèle au fil 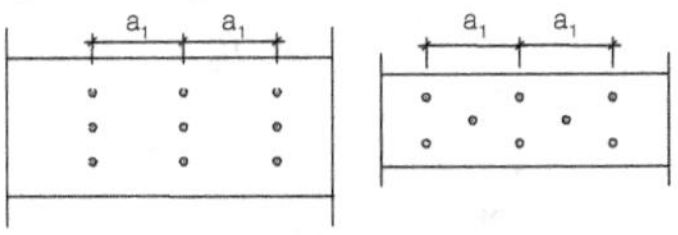	$0°$	$d < 5\,\text{mm}$: $(5 + 5|\cos\alpha|) \cdot d \cdot 0{,}85$	25,5	30
a_2	Espacement perpendiculaire au fil 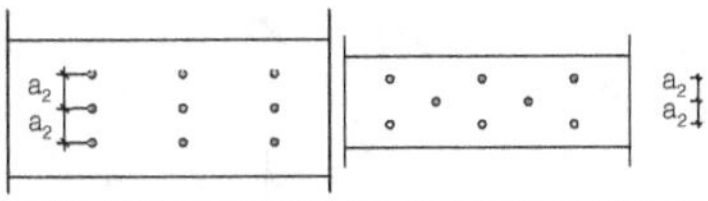	$0°$	$5d \cdot 0{,}85$	12,75	20
$a_{3,t}$	Distance d'extrémité chargée 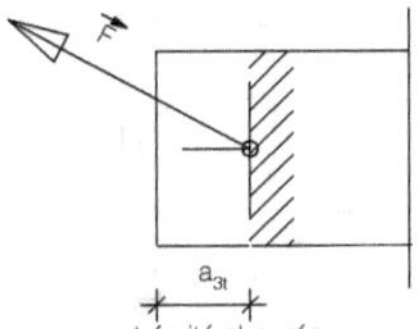 extrémité chargée	$46{,}5°$	CP : $(3 + 4\sin\alpha) \cdot d$	CP : 17,7	CP : 20
$a_{3,c}$	Distance d'extrémité non chargée 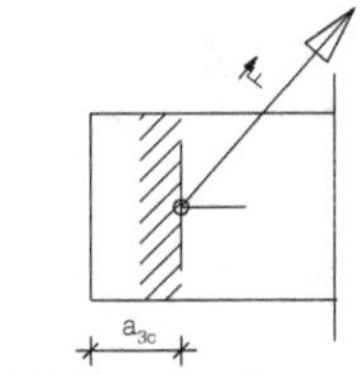 extrémité non chargée	$0°$	CP : 3d	CP : 9	CP : 20
$a_{4,t}$	Distance de rive chargée a_{4t} : rive chargée a_{4c} : rive non chargée 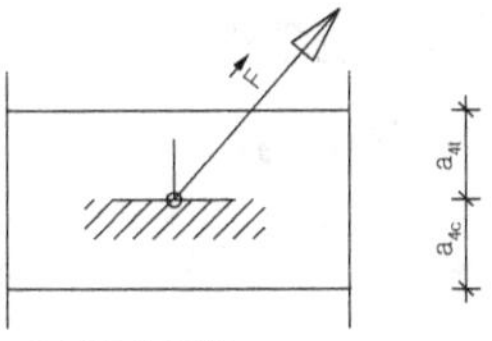	$46{,}5°$	CP : $(3 + 4\sin\alpha) \cdot d$	CP : 17,7	CP : 20
$a_{4,c}$	Distance de rive non chargée a_{4t} : rive chargée a_{4c} : rive non chargée 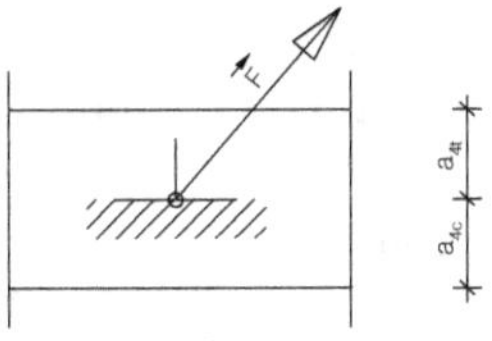	$0°$	CP : 3d	CP : 9	CP : 20

▶ Choix d'une disposition

Fiche/CP : 6 pointes.

Contrefiche/CP : 8 pointes.

Entrait/CP : 10 pointes.

Pour réaliser un assemblage symétrique, on placera la moitié des clous sur chaque face.

Condition pour mettre en œuvre les pointes à recouvrement (permet de diminuer la longueur du gousset) : $t - t_2 \geq 4d$.

$t - t_2 = 50 - 40 = 10$ mm

$4d = 4 \cdot 3 = 12$ mm

La condition n'est pas vérifiée. Les pointes seront placées en alternance sur chaque face (schéma 19).

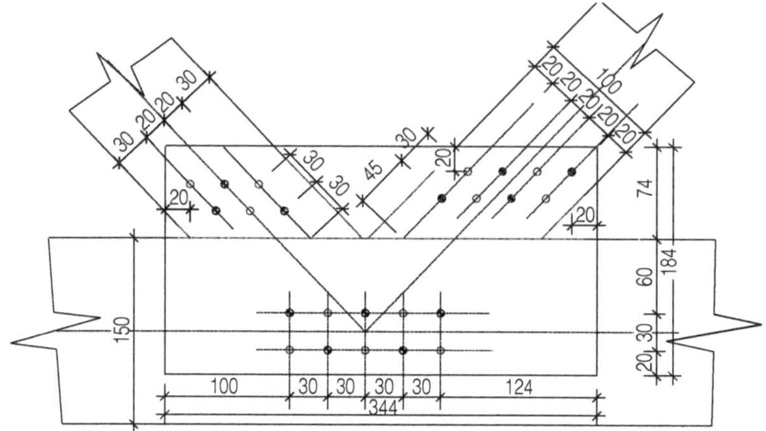

Schéma 19 : assemblage côté

Remarque

La vérification des goussets reste à effectuer vis-à-vis de la résistance en traction et en cisaillement.

3. Applications résolus : justification d'un élément de contreventement

3.1 Clouage perpendiculaire à l'élément de contreventement

3.1.1 Simple cisaillement : clous de 140 mm

Élément de contreventement de 75/150 classé C30 (ρ_k = 380 kg/m³ ; ρ_m = 460 kg/m³).

Classe de service 2 (comble).

Action ELU : effort de traction de 8 100 N dans l'élément de contreventement sous l'action des charges permanentes et du vent C = 1,35 G + 1,5 W (ici 1,5 W pour un élément de stabilité).

Action ELS : effort de traction de 5 400 N dans l'élément de contreventement sous l'action du vent C = W.

Pointes de 140 mm (d = 5,9 mm ; f_u = 600 N/mm²).

L'orientation de l'effort par rapport aux pointes est précisé sur le schéma 20.

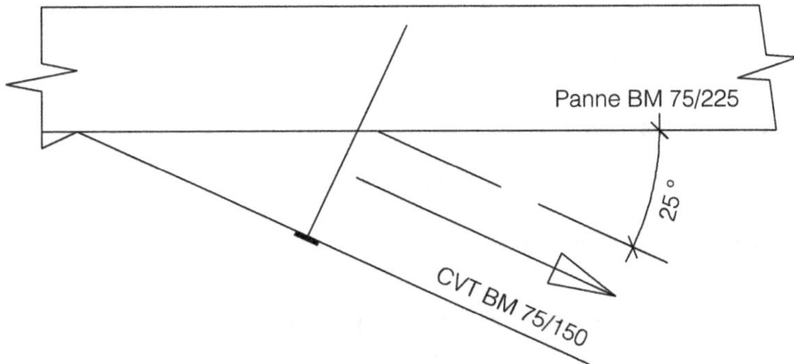

Schéma 20 : assemblage d'un élément de contreventement

▶ 3.1.1.1 Vérification des conditions de pénétration

Travail en simple cisaillement, longueur de pénétration : 70 mm dans chaque élément.

$70/5,9 = 11,8$

$$\boxed{11,8d > 8d}$$

Critère vérifié, dimension des pointes correcte vis-à-vis de l'épaisseur des pièces.

▶ 3.1.1.2 Calcul de $F_{ax,Rk}$: capacité caractéristique à l'arrachement

$$F_{ax,Rk} = \min \begin{cases} f_{ax,k} \cdot d \cdot t_{pen} = 2,89 \times 5,9 \times 70 = 1193 \text{ N} \\ f_{ax,k} \cdot dt + f_{head,k} \cdot d_h^2 = 2,89 \times 5,9 \times 70 + 10,11 \times 13^2 = 2902 \text{ N} \end{cases}$$

Avec :
- résistance caractéristique à l'arrachement en N/mm² :
  $f_{ax,k} = 20 \times 10^{-6} \cdot p_k^2 = 20 \times 10^{-6} \cdot 380^2 = 2,89$ N/mm² ;
- résistance caractéristique à la traversée de la tête en N/mm² :
  $f_{head,k} = 70 \times 10^{-6} \cdot p_k^2 = 70 \times 10^{-6} \cdot 380^2 = 10,11$ N/mm² ;
- d : diamètre de la pointe : 5,9 mm ;
- d_h : diamètre de la tête de la pointe : 13 mm ;
- t_{pen} : longueur de pénétration du côté pointe : 70 mm ;
- t : épaisseur de la pièce du côté de la tête de la pointe : 70 mm ;
- ρ_k : masse volumique caractéristique : 380 kg/m³ ;
- t_{pen} = 70 mm, soit 11,8d. t_{pen}, d'où minoration de $F_{ax,Rk}$.

$$F_{ax,Rk} = \left(\frac{t_{pen}}{4d} - 2\right) \cdot 1193 = \left(\frac{70}{4 \cdot 5,9} - 2\right) \cdot 1193 = 0,966 \cdot 1193 = 1152 \text{ N}$$

$$\boxed{F_{ax,Rk} = 1\ 152 \text{ N}}$$

▶ 3.1.1.3 Valeur caractéristique de la capacité résistante $F_{V,Rk}$

Valeur de la pénétration de la tige

t_1 = 70 mm (épaisseur de la pièce sous la tête).

$t_2 = 140 - 70 = 70$ mm (enfoncement côté pointe).

Portance locale (avec ou sans préperçage)

$d_{pointe} \leq 8$ mm : il n'y a pas de préperçage.

$f_{h,k} = 0,082 \cdot \rho_k \cdot d^{-0,3} = 0,082 \cdot 380 \cdot 5,9^{-0,3}$

$$\boxed{18,3 \text{ N/mm}^2}$$

Moment d'écoulement plastique

$M_{y,Rk} = 0,3 \cdot f_u \cdot d^{2,6} = 0,3 \cdot 600 \cdot 5,9^{2,6} = 18175$ N

$$\boxed{18\ 175 \text{ N} \cdot \text{mm}}$$

Résistance pour chaque mode de rupture

Rapport $\beta = \dfrac{f_{h,2,k}}{f_{h,1,k}} = 1$ (qualité de bois identiques pour chaque pièce).

Calcul de l'effet de corde

Effet de corde :

$$\boxed{\dfrac{F_{ax,Rk}}{4} = 288 \text{ N}}$$

Pour des pointes circulaires, l'effet de corde est limité à 15 % de la partie de Johansen. Le détail des calculs présentés ci-dessous a permis de déterminer la résistance minimale de la partie de Johansen : 2 278 N. La valeur limite est donc ici de : $0,15 \times 2\ 278 = 342$ N.

L'effet de corde calculé est inférieur à 342 N.

Tableau 12 : calcul des différentes valeurs de résistance au cisaillement en ajoutant l'effet de corde

(a)	$f_{h,1,k} \cdot t_1 \cdot d = 18,3 \cdot 70 \cdot 5,9$	7 558 N
(b)	$f_{h,2,k} \cdot t_2 \cdot d = 18,3 \cdot 70 \cdot 5,9$	7 558 N
(c)	$\dfrac{f_{h,1,k} \cdot t_1 \cdot d}{1+\beta} \cdot \left[\sqrt{\beta+2\beta^2 \cdot \left[1+\dfrac{t_2}{t_1}+\left(\dfrac{t_2}{t_1}\right)^2\right]+\beta^3 \cdot \left(\dfrac{t_2}{t_1}\right)^2} -\beta \cdot \left(1+\dfrac{t_2}{t_1}\right)\right]$ $\dfrac{18,3 \cdot 70 \cdot 5,9}{1+1} \cdot \left[\sqrt{1+2 \cdot 1^2 \cdot \left[1+\dfrac{70}{70}+\left(\dfrac{70}{70}\right)^2\right]+1^3 \cdot \left(\dfrac{70}{70}\right)^2} -1 \cdot \left(1+\dfrac{70}{70}\right)\right]$ $\dfrac{7558}{2} \cdot \left[\sqrt{1+2 \cdot \left[1+1+1^2\right]+1^2} -(1+1)\right]$	3 130 N
(d)	$1,05 \cdot \dfrac{f_{h,1,k} \cdot t_1 \cdot d}{2+\beta} \cdot \left[\sqrt{2\beta \cdot (1+\beta)+\dfrac{4\beta \cdot (2+\beta) \cdot M_{y,Rk}}{f_{h,1,k} \cdot d \cdot t_1^2}} -\beta\right]+\dfrac{F_{ax,Rk}}{4}$ $1,05 \cdot \dfrac{7558}{2+1} \cdot \left[\sqrt{2 \cdot 1 \cdot (1+1)+\dfrac{4 \cdot 1 \cdot (2+1) \cdot 18175}{18,3 \cdot 5,9 \cdot 70^2}} -1\right]+288$ $1,05 \cdot \dfrac{7558}{3} \cdot \left[\sqrt{4+\dfrac{12 \cdot 18175}{18,3 \cdot 5,9 \cdot 70^2}} -1\right]+288$	2 911 + 288 = 3 199 N
(e)	$1,05 \cdot \dfrac{f_{h,1,k} \cdot t_2 \cdot d}{1+2\beta} \cdot \left[\sqrt{2\beta^2 \cdot (1+\beta)+\dfrac{4\beta \cdot (1+2\beta) \cdot M_{y,Rk}}{f_{h,1,k} \cdot d \cdot t_2^2}} -\beta\right]+\dfrac{F_{ax,Rk}}{4}$ $1,05 \cdot \dfrac{7558}{3} \cdot \left[\sqrt{4+\dfrac{12 \cdot 18175}{18,3 \cdot 5,9 \cdot 70^2}} -1\right]+288$	2 911 + 288 = 3 199 N

$$1,15 \cdot \sqrt{\frac{2\beta}{1+\beta}} \cdot \sqrt{2M_{y,Rk} \cdot f_{h,1,k} \cdot d} + \frac{F_{ax,Rk}}{4}$$

(f)

$$1,15 \cdot \sqrt{\frac{2.1}{1+1}} \cdot \sqrt{2 \cdot 18175 \cdot 18,3 \cdot 5,9,} + 288$$

$$1,15.\sqrt{1} \cdot 1981 + 288$$

$2\,278 + 288 = 2\,566$ N

Valeur la plus faible : $F_{v,Rk}$ = 2278 + 288 = 2566 N.

$$\boxed{F_{V,Rk} = 2\,566 \text{ N}}$$

▶ 3.1.1.4 Définir le nombre de pointes

Résistance de calcul $F_{V,Rd}$

$$F_{V,Rd} = F_{V,Rk} \cdot \frac{k_{mod}}{\gamma_M}$$

$F_{V,Rk}$: résistance caractéristique des tiges en N.
k_{mod} : coefficient modificatif en fonction de la charge de plus courte durée et de la classe de service.
γ_M : coefficient partiel qui tient compte de la dispersion du matériau.

$$F_{V,Rd} = 2\,566 \cdot \frac{1,1}{1,3}$$

$$\boxed{F_{V,Rd} = 2\,171 \text{ N}}$$

Nombre de pointes

Valeur appliquée : $F_{v,Ed}$ = 8100 N.
Nombre de pointes = $F_{V,Ed}/F_{V,Rd}$ = 8 100/2 171 = 3,73.
Pointes en une seule colonne, n_{ef} = n.

$$\boxed{4 \text{ pointes}}$$

▶ 3.1.1.5 Conditions de pince

Angle de la force : 0°.

Tableau 13 : conditions de pince

Pinces	Schémas	sans préperçage $\rho_k \leq 420$ kg/m³	distance minimale	distance retenue
a_1	Espacement parallèle au fil	d > 5 mm : $(5 + 7\lvert\cos\alpha\rvert) \cdot d$	70,8	Sans objet
a_2	Espacement perpendiculaire au fil	5d	29,5	30

$a_{3,t}$	Distance d'extrémité chargée a_{3t} extrémité chargée	$(10+5\cos\alpha)\cdot d$	88,5	150
$a_{3,c}$	Distance d'extrémité non chargée a_{3c} extrémité non chargée	$10d$	59	Sans objet
$a_{4,t}$	Distance de rive chargée a_{4t} : rive chargée a_{4c} : rive non chargée	$d > 5\ \mathrm{mm}$: $(5+5\sin\alpha)\cdot d$	29,5	30
$a_{4,c}$	Distance de rive non chargée a_{4t} : rive chargée a_{4c} : rive non chargée	$5d$	29,5	30

Les 4 pointes sont placées sur une colonne.

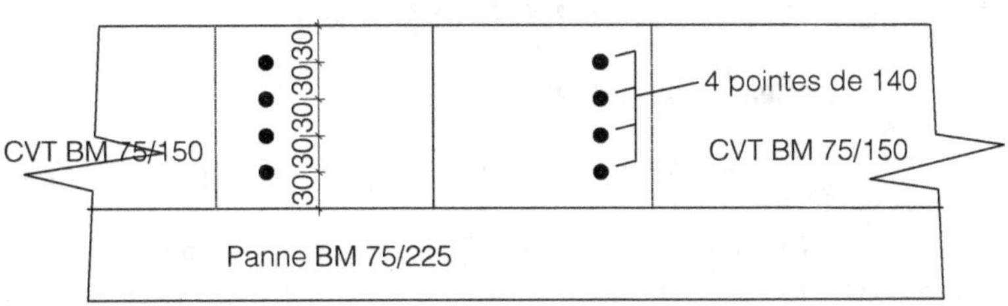

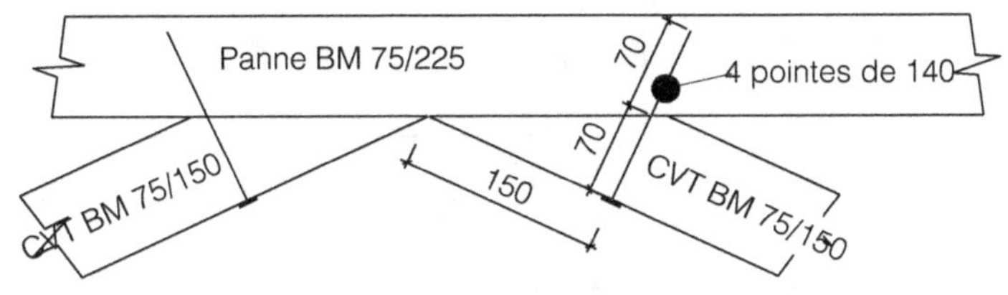

Schéma 21 : assemblage côté

3.1.2 Calcul des déplacements (clous de 140 mm perpendiculaire à l'élément de contreventement)

▶ 3.1.2.1 Calcul du module de glissement d'assemblage

Pointes mises en place sans préperçage :

$$K_{ser} = \frac{\rho_m^{1,5} \cdot d^{0,8}}{30}$$

$$K_{ser} = \frac{460^{1,5} \cdot 5,9^{0,8}}{30}$$

$$\boxed{K_{ser} = 1\,360 \text{ N/mm}}$$

▶ 3.1.2.2 Effort par pointe par plan de cisaillement (ELS)

Sous l'action du vent : $F_{v,Ed} = 5400$ N.
Nombre de pointes dans l'assemblage : 4.
Nombre de plans de cisaillement : 1.

Effort par pointe : $\dfrac{5400}{4 \times 1}$.

$$\boxed{F = 1\,350 \text{ N}}$$

▶ 3.1.2.3 Glissement instantané par pointe ou pour l'assemblage

$$u_{inst}(W)) = \frac{F}{K_{ser}} = \frac{1350}{1360}$$

$$\boxed{u_{inst}(W) = 1 \text{ mm}}$$

3.2. Clouage perpendiculaire à la panne

3.2.1 Simple cisaillement : clous de 140 mm

Élément de contreventement de 75/150 classé C30 (ρ_k = 380 kg/m³ ; ρ_m = 460 kg/m³).
Classe de service 2 (comble).

Action ELU : effort de traction de 4 600 N dans l'élément de contreventement sous l'action des charges permanentes et du vent C = 1,35 G + 1,5 W (ici 1,5 W pour un élément de stabilité).

Action ELS : effort de traction de 3 067 N dans l'élément de contreventement sous l'action du vent C = W.

Orientation de l'effort par rapport aux pointes.

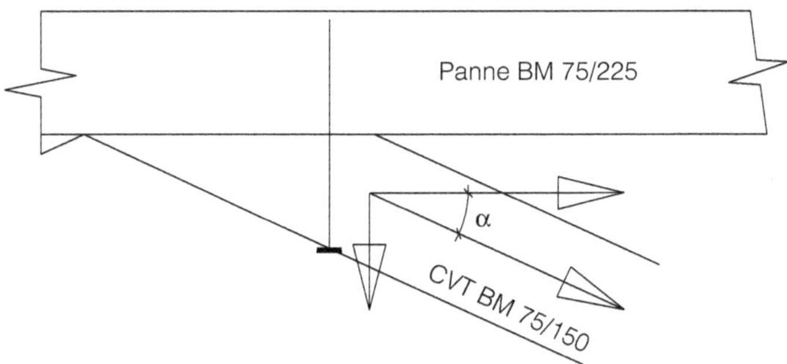

Schéma 22 : assemblage d'un élément de contreventement

La projection de l'effort de traction T de l'élément de contreventement dans le repère lié aux pointes donne :

- un effort de cisaillement $T \cdot \cos \alpha$ = 4600 · cos 25 = 4170 N ;
- un effort d'arrachement ou d'enfoncement de la tête des pointes
  $T \cdot \sin \alpha$ = 4600 · sin 25 = 1945 N

La pénétration t_{pen} et l'épaisseur du côté de la pointe t étant identique la vérification doit être effectuée vis-à-vis du risque d'arrachement.

La recherche des capacités résistantes est identique à l'exemple précédent.

▶ **3.2.1.1 Définir le nombre de pointes**

En cisaillement $F_{V,Rd}$

$$\boxed{F_{V,Rd} = 2\ 171\ N}$$

En arrachement $F_{ax,Rd}$

$$F_{ax,Rd} = 1152 \cdot \frac{1,1}{1,3}$$

$$\boxed{F_{V,Rd} = 975\ N}$$

Nombre de pointes

Dans ce cas de chargement, on ne peut pas raisonner indépendamment pour chaque direction. Il est nécessaire d'effectuer une vérification pour effort combiné en choisissant quatre pointes.

$$\boxed{4\ pointes}$$

Vérification pour effort combiné (chargement latéral et axial)

Pointes lisses :

$$\frac{F_{ax,Ed}}{F_{ax,Rd}} + \frac{F_{v,Ed}}{F_{v,Rd}} \leq 1$$

$$\frac{1945/4}{975} + \frac{4170/4}{2171} \leq 1$$

$$\frac{487}{975} + \frac{1043}{2171} \leq 1$$

$$0,50 + 0,48 \leq 1$$

$$\boxed{0,98 < 1}$$

Remarque

Un clouage perpendiculaire à la panne est moins résistant qu'un clouage perpendiculaire à l'élément de contreventement car les efforts repris sont moins importants.

▶ 3.2.1.2 Conditions de pince

Elles restent identiques à l'exemple précédent. On peut conserver la même disposition.

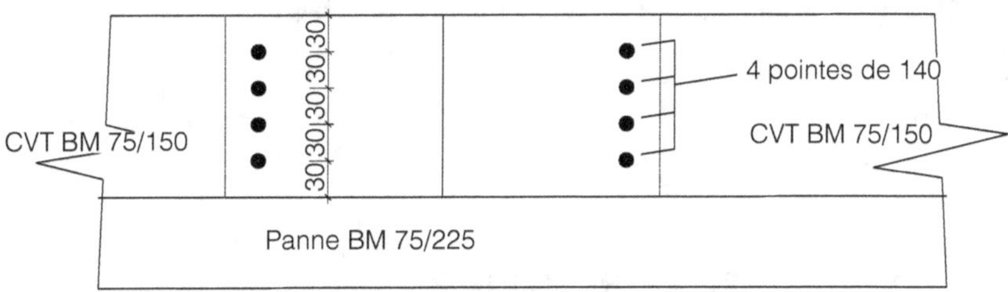

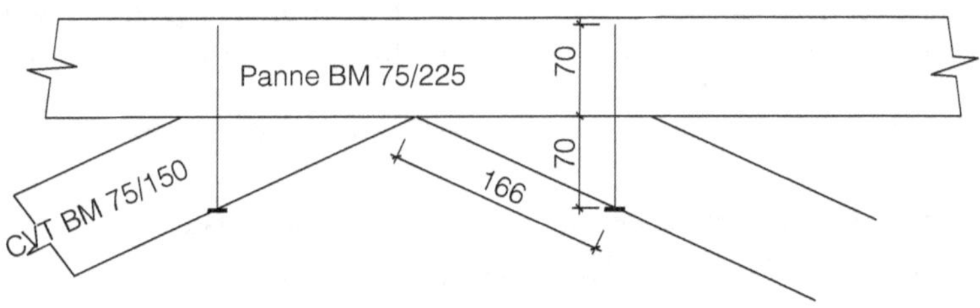

Schéma 23 : assemblage côté

3.2.2　　Calcul des déplacements (clous de 140 mm perpendiculaire à la panne)

▶ 3.2.2.1 Calcul du module de glissement d'assemblage

Pointes mises en place sans préperçage :

$$K_{ser} = \frac{\rho_m^{1,5} \cdot d^{0,8}}{30}$$

$$K_{ser} = \frac{\rho_m^{1,5} \cdot d^{0,8}}{30}$$

$$K_{ser} = \frac{460^{1,5} \cdot 5,9^{0,8}}{30}$$

$$K_{ser} = \frac{460^{1,5} \cdot 5,9^{0,8}}{30}$$

$$\boxed{K_{ser} = 1\,360 \text{ N/mm}}$$

▶ 3.2.2.2 Effort par pointes par plan de cisaillement (ELS)

Sous l'action du vent : dans ce cas de chargement, l'effort de cisaillement est : $F_{v,Ed} = 4170$ N.
Nombre de pointes dans l'assemblage : 4.
Nombre de plans de cisaillement : 1.

$$\text{Effort par pointe :} \frac{4170}{4 \times 1}.$$

$$\boxed{F = 1\,043 \text{ N}}$$

▶ 3.2.2.3 Glissement instantané par pointe ou pour l'assemblage

$$u_{inst}(W) = \frac{F}{K_{ser}} = \frac{1043}{1360}$$

$$\boxed{u_{inst}(W) = 0,77 \text{ mm}}$$

4. Assemblages par agrafes

Les agrafes sont très souvent employées pour assembler le voile travaillant en panneaux dérivés du bois sur l'ossature des maisons de type plate-forme. 95 % des maisons à ossature bois sont contre-ventées grâce à ces agrafes. La grande majorité des assemblages par agrafes travaille en simple cisaillement.

La justification des agrafes est similaire à celle des pointes. Elle se différencie sur les points suivants :

- prise en compte du diamètre sur des agrafes carrées ou rectangulaires ;
- exigences dimensionnelles de la tête de l'agrafe ;
- condition de pénétration de l'agrafe dans le bois ;
- orientation de la tête de l'agrafe par rapport au fil du bois ;
- calcul du moment d'écoulement plastique de l'agrafe ;
- conditions de pince.

Pour justifier les agrafes dans le bois d'un assemblage cloué, il faut vérifier les conditions de pénétration de l'agrafe, calculer l'effort que peut reprendre une agrafe en précisant les caractéristiques spécifiques à l'assemblage (portance locale, résistance de l'agrafe, etc.), définir le nombre efficace d'agrafes lorsqu'elles sont proches et déterminer les pinces.

L'assemblage est justifié lorsque l'effort subi par les agrafes reste inférieur ou égal à la capacité résistante.

Attention, la rupture de bloc, le cisaillement du bois et le risque de fendage doivent être vérifiés.

Chargement latéral : $\dfrac{F_{v,Ed}}{F_{v,Rd}} \leq 1$

Avec :

- $F_{V,Ed}$: sollicitation agissante latérale ;
- $F_{V,Rd}$: capacité résistante latérale.

Chargement axial : $\dfrac{F_{ax,Ed}}{F_{ax,Rd}} \leq 1$

Avec :

- $F_{ax,Ed}$: sollicitation agissante axiale ;
- $F_{ax,Rd}$: capacité résistante axiale.

4.1 Valeur caractéristique de la capacité résistante (chargement latéral et agrafes perpendiculaires au fil du bois)

Les assemblages par agrafes supportant un effort latéral comportent deux agrafes au minimum.

4.1.1 Pénétration des agrafes dans le bois

La pénétration minimale dans le bois du côté de la pointe de l'agrafe (t_2) est de 14d.

Le diamètre équivalent d'une agrafe de section carrée est pris égal au côté du carré. Le diamètre équivalent d'une agrafe de section rectangulaire est pris égal à la racine carrée du produit de la largeur et de la longueur de la section.

Remarque

La tête de l'agrafe (« a » sur le schéma 24) doit avoir une longueur de 6d au minimum.

t_1 : épaisseur de la pièce sous la tête de l'agrafe.

t_2 : pénétration côté pointe de l'agrafe.

La mesure de la pénétration de l'agrafe pour un assemblage travaillant en simple cisaillement est précisée sur le schéma 24. Lorsque l'assemblage travaille en double cisaillement ou lorsque les agrafes sont à recouvrement, la mesure est identique aux assemblages par pointe.

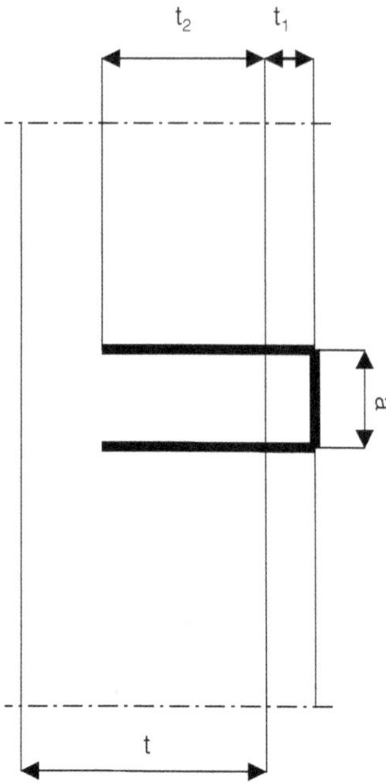

Schéma 24 : détermination de la largeur de la tête de l'agrafe et de la valeur de pénétration pour un assemblage travaillant en simple cisaillement

41.2   Portance locale dans le bois et ses dérivés $f_{h,k}$

▶ Épaisseur minimale des pièces de bois

L'épaisseur minimale (t) doit être supérieure à :

$$t = \max \begin{bmatrix} 7d \\ (13d - 30)\dfrac{\rho_k}{400} \end{bmatrix}$$

(8.18)

t : épaisseur minimale des pièces de bois.

ρ_k : masse volumique caractéristique du bois en kg/m³.

d : diamètre de l'agrafe en mm.

Pour les agrafes la condition « 7d » est la valeur à retenir.

Tableau 14 : portance locale $f_{h,k}$

Bois massif, bois lamellé-collé et LVL	$f_{h,k} = 0,082 \cdot \rho_k \cdot d^{-0,3}$ (8.15)
Contreplaqué	$f_{h,k} = 0,11 \cdot \rho_k \cdot d^{-0,3}$ (8.20)
Panneaux de fibre durs	$f_{h,k} = 30 \cdot d^{-0,3} \cdot t^{0,6}$ (8.21)
Panneaux de particules et OSB	$f_{h,k} = 65 \cdot d^{-0,7} \cdot t^{0,1}$ (8.22)

$f_{h,k}$: portance locale caractéristique de l'agrafe en N/mm².
ρ_k : masse volumique caractéristique du bois en kg/m³.
d : diamètre de l'agrafe en mm.
t : épaisseur des panneaux en mm.

4.1.3 Moment d'écoulement plastique de la tige (moment maximal que peut supporter l'agrafe)

Le moment d'écoulement plastique caractérise la résistance de l'agrafe.

$$M_{y,Rk} = 0{,}3 \cdot f_u \cdot d^{2,6}$$

$$(8.14)$$

$M_{y,Rk}$: moment caractéristique d'écoulement plastique en N · mm.
d : diamètre de l'agrafe en mm.
f_u : résistance en traction du fil d'acier (on retient habituellement : 800 N/mm²).

4.1.4 Valeur caractéristique de la capacité résistante des tiges en fonction du mode de rupture

La valeur caractéristique de la capacité résistante des tiges en fonction du mode de rupture est indépendante du type de tige. Elle est définie à la section 3 du chapitre 4 « Vérifications indépendantes du type de tige ». La valeur caractéristique de la capacité résistante d'une agrafe est considérée comme deux pointes de même diamètre si l'angle entre la tête de l'agrafe et le fil du bois est supérieur à 30°.

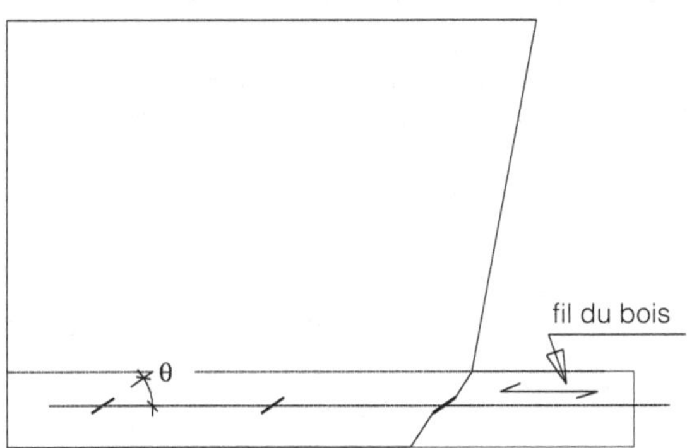

Schéma 25 : angle entre l'agrafe et le fil du bis

4.1.5 Nombre efficace d'agrafes

La capacité résistante sera diminuée par l'exposant k_{ef} inférieur à 1 si la distance entre les agrafes est inférieure à 14d.

$n_{ef} = n$ si la distance entre les agrafes est supérieure à 14d.

$$n_{ef} = n^{k_{ef}} \text{ dans tous les autres cas.}$$

$$(8.17)$$

n_{ef} : nombre efficace d'agrafes dans la file.
n : nombre d'agrafes dans la file.

k_{ef} : valeurs précisées sur le schéma 26. Pour des valeurs intermédiaires de a_1, on peut effectuer une interpolation linéaire. Par exemple, $k_{ef} = 0,75$ pour $a_1 = 8d$.

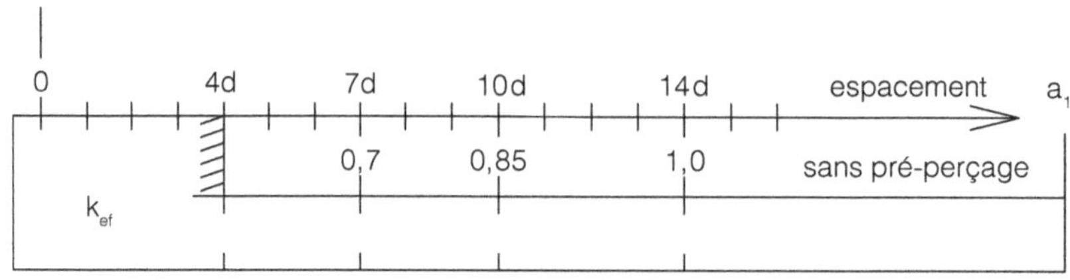

Schéma 26 : valeurs de k_{ef} en fonction du nombre de diamètre d'agrafe (d)

4.2   Agrafes en bois de bout (agrafes enfoncées parallèlement au fil du bois mais avec un chargement latéral)

Les agrafes doivent être utilisées uniquement pour des structures secondaires. La capacité résistante en bois de bout des agrafes est :

$$F_{v,Rk,\ boisdebout} = \frac{F_{v,Rk,\ boisdefil}}{3}.$$

4.3   Condition de pince (distances et espacement)

La distance entre les agrafes et les bords du bois dépend du diamètre de l'agrafe, de la masse volumique du bois et de l'orientation de la force par rapport au fil du bois. Les distances de rives et d'extrémités chargées seront plus importantes que les distances de rives et d'extrémités non chargées.

La convention d'orientation de la force par rapport au fil du bois est précisée sur le schéma 27.

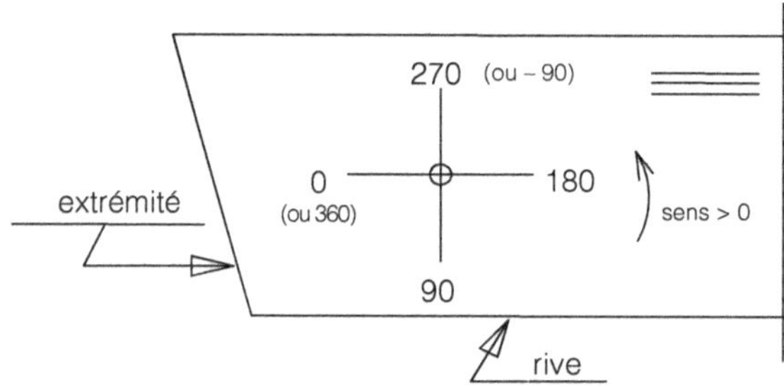

Schéma 27 : convention d'orientation de la force par rapport au fil du bois

Tableau 15 : distance et espacement des agrafes

Pinces	Schémas		Angle	Distance minimale
a_1	**Espacement parallèle au fil**		Indépendant	$\alpha \geq 30°$: $(10 + 5\lvert\cos\alpha\rvert) \cdot d$ $\theta < 30°$: $(15 + 5\lvert\cos\alpha\rvert) \cdot d$
a_2	**Espacement perpendiculaire au fil**		Indépendant	$15d$
$a_{3,t}$	**Distance d'extrémité chargée** extrémité chargée		$-90° \leq \alpha \leq 90°$	$(15 + 5\cos\alpha) \cdot d$
$a_{3,c}$	**Distance d'extrémité non chargée** extrémité non chargée		$90° \leq \alpha \leq 270°$	$15d$
$a_{4,t}$	**Distance de rive chargée** a_{4t} : rive chargée a_{4c} : rive non chargée		$0° \leq \alpha \leq 180°$	$(15 + 2\sin\alpha) \cdot d$
$a_{4,c}$	**Distance de rive non chargée** a_{4t} : rive chargée a_{4c} : rive non chargée		$180° \leq \alpha \leq 360°$	$10d$

Remarque

Pour les panneaux, les espacements (a_1 et a_2) sont à multiplier par 0,85 (valeurs spécifiques pour le contreplaqué). Les distances restent inchangées.

4.4 Valeur caractéristique de la capacité à l'arrachement (chargement axial et agrafes perpendiculaires au fil du bois)

Les agrafes ne peuvent pas être employées si le chargement est permanent ou à long terme. La valeur de l'effort à l'arrachement que peut supporter une agrafe dépend de son diamètre, de sa pénétration du côté « pointu » et de la résistance du bois sous la tête. Il faut sélectionner la plus petite des résistances, pénétration du côté « pointu » dans le bois ou résistance du bois sous la tête. La pénétration du côté de l'agrafe doit être de 14d.

$$F_{ax,Rk} = \min \begin{cases} f_{ax,k} \cdot d \cdot t_{pen} \\ f_{ax,k} \cdot dt + f_{head,k} \cdot d_h^2 \end{cases}$$ (non autorisé pour un chargement permanent ou de

long terme).

$$\tag{8.24}$$

Résistance caractéristique à l'arrachement en N/mm² : $f_{ax,k} = 20 \times 10^{-6} \cdot \rho_k^2$.

$$\tag{8.25}$$

Résistance caractéristique à la traversée de la tête en N/mm² :

$$f_{head,k} = 70 \times 10^{-6} \cdot \rho_k^2 .$$

$$\tag{8.26}$$

d : diamètre de l'agrafe en mm.

d_h : diamètre de la tête de l'agrafe.

t_{pen} : longueur de pénétration du côté agrafe ou pour les agrafes annelées, longueur de la partie crantée dans la pièce de bois du côté agrafe en mm.

t : épaisseur de la pièce du côté de la tête de l'agrafe en mm.

ρ_k : masse volumique caractéristique en kg/m³.

Remarque

La valeur caractéristique de la capacité à l'arrachement est minorée par un coefficient de 2/3 pour les bois avec mise en œuvre d'une humidité supérieure à 20 % (limite entre les classes de service 2 et 3).

Lorsque l'agrafage est lardé, l'assemblage doit comporter deux agrafes et la distance entre la tête de l'agrafe et la rive chargée doit être supérieure ou égale à 10d.

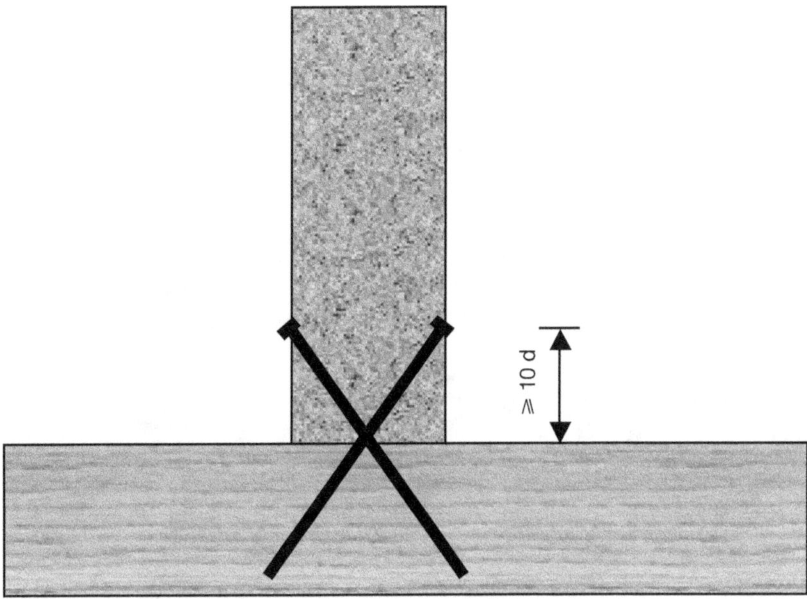

Schéma 28 : agrafage lardé

4.5   Chargement combiné

L'assemblage est justifié lorsque les inéquations suivantes sont respectées :

Agrafes lisses : $\dfrac{F_{ax,Ed}}{F_{ax,Rd}} + \dfrac{F_{v,Ed}}{F_{v,Rd}} \leq 1$

$$(8.27)$$

Autres agrafes : $\left(\dfrac{F_{ax,Ed}}{F_{ax,Rd}}\right)^2 + \left(\dfrac{F_{v,Ed}}{F_{v,Rd}}\right)^2 \leq 1$

$$(8.28)$$

$F_{V,Ed}$: sollicitation agissante latérale.

$F_{V,Rd}$: capacité résistante latérale.

$F_{ax,Ed}$: sollicitation agissante axiale.

$F_{ax,Rd}$: capacité résistante axiale.

4.6   Application résolue

La justification d'un mur à ossature bois avec un voile travaillant assemblé avec des agrafes est précisée au chapitre 8 « Composant et assembleur ».

6 Assemblages par boulons et broches

1. Assemblages par boulons

Les assemblages par boulons sont généralement employés sur des fermes moisées en assemblage bois-bois et en charpente bois lamellé-collé, aussi bien en assemblage bois-bois (couronne de boulons) qu'en assemblage bois-métal (ferrure de pied par exemple). Le diamètre du perçage dans le bois ne doit pas dépasser le diamètre du boulon plus 1 mm.

Photographie 1 : les boulons sont employés en charpente en bois lamellé-collé

Pour justifier un assemblage par boulons, il faut calculer l'effort que peut reprendre un boulon à partir des caractéristiques de l'assemblage (portance locale, résistance du boulon…), définir le nombre efficace de boulons et établir les conditions de pince.

L'assemblage est justifié lorsque l'effort subi par les boulons reste inférieur ou égal à la capacité résistante.

Chargement latéral : $\dfrac{F_{v,Ed}}{F_{v,Rd}} \leq 1$

$F_{v,Ed}$: sollicitation agissante latérale.

$F_{v,Rd}$: capacité résistante latérale.

Chargement axial : $\dfrac{F_{ax,Ed}}{F_{ax,Rd}} \leq 1$

$F_{ax,Ed}$: sollicitation agissante axiale.

$F_{ax,Rd}$: capacité résistante axiale.

Attention, ne pas oublier de vérifier la rupture de bloc, le cisaillement du bois et le risque de fendage.

1.1 Valeur caractéristique de la capacité résistante lorsque le chargement est latéral et les boulons perpendiculaires au fil du bois[1]

Le diamètre des boulons doit être inférieur à 30 mm.

1.1.1 Portance locale dans le bois et ses dérivés $f_{h,k}$

Tableau 1 : portance locale $f_{h,k}$ dans le bois et ses dérivés

Matériaux	Portance locale
Bois massif, bois lamellé-collé et LVL	$f_{h,0,k} = 0,082 \cdot (1 - 0,01 \cdot d) \cdot \rho_k$ (8.32)
Contreplaqué	$f_{h,k} = 0,11 \cdot (1 - 0,01 \cdot d) \cdot \rho_k$ (8.36)
Panneaux de particules et OSB	$f_{h,k} = 50 \cdot d^{-0,6} \cdot t^{0,2}$ (8.37)

Lorsque l'effort a un angle α par rapport au fil du bois, la valeur caractéristique de la portance locale devient :

$$f_{h,\alpha,k} = \frac{f_{h,o,k}}{k_{90}\sin^2\alpha + \cos^2\alpha}$$

(8.31)

$f_{h,o,k}$: portance locale caractéristique du boulon en N/mm² pour un angle nul de l'effort par rapport au fil du bois.

ρ_k : masse volumique caractéristique du bois en kg/m³.

d : diamètre du boulon en mm.

t : épaisseur des panneaux en mm.

α : angle de l'effort avec le fil du bois.

k_{90} = 1,35 + 0,015d pour les résineux.

k_{90} = 1,30 + 0,015d pour le lamibois (LVL).

k_{90} = 0,90 + 0,015d pour les feuillus.

(8.33)

---

1. Effort latéral que peut supporter un boulon.

1.1.2 Moment d'écoulement plastique de la tige[2]

Le moment d'écoulement plastique caractérise la résistance du boulon. Pour un boulon de section circulaire, ce moment est égal à : $M_{y,Rk} = 0{,}3 \cdot f_u \cdot d^{2,6}$.

$$(8.30)$$

$M_{y,Rk}$: moment caractéristique d'écoulement plastique en N.mm.
d : diamètre du boulon en mm.
f_u : résistance en traction de l'acier.
Les classes les plus communes sont 4,8 et 6,8.

1.1.3 Valeur caractéristique de la capacité résistante des tiges en fonction du mode de rupture

La valeur caractéristique de la capacité résistante des tiges en fonction du mode de rupture est indépendante du type de tige (boulons, agrafes, boulons ou broches). Elle est définie au chapitre 4, section 3 « Vérifications indépendantes du type de tige ».

1.1.4 Nombre efficace de boulons

Lorsque l'effort est parallèle au fil du bois et que plusieurs boulons sont sur une file parallèle au fil du bois, le nombre efficace de boulons est :

$$n_{ef} = \min \left\{ \begin{array}{c} n \\ n^{0,9} \sqrt[4]{\dfrac{a_1}{13d}} \end{array} \right\}$$

$$(8.34)$$

n_{ef} : nombre efficace de boulons dans la file.
n : nombre de boulons dans la file.
a_1 : distance entre les boulons dans la file (parallèle au fil du bois).
d : diamètre des boulons.
Pour information, la distance nécessaire entre les boulons pour que $n_{ef} = n$ est :

Nombre de boulons	Distance entre les boulons
2	18d
3	21d
4	23d
5	25d

La disposition de boulons en ligne induit une minoration.
Lorsque l'effort est incliné par rapport au fil du bois, le nombre efficace de boulons est :

$$n_{ef,\,\alpha} = n_{ef,0} + \frac{\alpha}{90}(n - n_{ef,0})$$

n : nombre de boulons dans la file.
α : angle entre l'effort et le fil du bois en degré.
$n_{ef,\alpha}$: nombre efficace de boulons dans la file avec un effort formant un angle α par rapport au fil du bois.
$n_{ef,0}$: nombre efficace de boulons dans la file avec un effort parallèle au fil du bois.

---

2. Moment maximal que peut supporter le boulon.

1.2   Distances et espacements

Les espacements entre boulons et les distances aux bords du bois dépendent du diamètre du boulon et de l'orientation de la force par rapport au fil du bois. Les distances aux rives et extrémités chargées seront plus importantes que les distances aux rives et extrémités non chargées.
La convention d'orientation de la force par rapport au fil du bois est précisée sur le schéma 1.

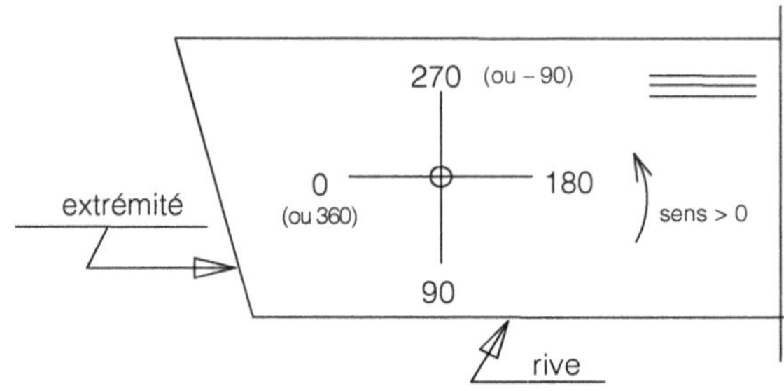

Schéma 1 : convention d'orientation de la force par rapport au fil du bois

Tableau 2 : espacement des boulons

Pinces	Schémas	Angle	Distance minimale
a_1	Espacement parallèle au fil	Indépendant	$(4 + |\cos\alpha|) \cdot d$
a_2	Espacement perpendiculaire au fil	Indépendant	$4d$
$a_{3,t}$	Distance d'extrémité chargée	$-90° \leq \alpha \leq 90°$	Max(7d ; 80 mm)
$a_{3,c}$	Distance d'extrémité non chargée	$90° \leq \alpha \leq 270°$	$\max\left[(1 + |6\sin\alpha|)d ; 4d\right]$

$a_{4,t}$	Distance de rive chargée a_{4t} : rive chargée a_{4c} : rive non chargée	$0° \leq \alpha \leq 180°$	$\max\left[(2 + 2\sin\alpha)d; 3d\right]$
$a_{4,c}$	Distance de rive non chargée a_{4t} : rive chargée a_{4c} : rive non chargée	$180° \leq \alpha \leq 360°$	$3d$

1.3 Valeur caractéristique de la capacité à l'arrachement lorsque le chargement est axial[3]

La capacité à l'arrachement des boulons dépend de la résistance du boulon en traction et de la résistance du bois sous la rondelle pour les assemblages bois-bois ou de la résistance sous la plaque métallique pour les assemblages bois-métal.

$$F_{ax,Rd} = \min \begin{cases} F_{t,Rd} \\ 3 \cdot f_{c,90,d\,(bois)} \dfrac{\pi \cdot (D^2_{rondelle} - d^2_{rondelle})}{4} \end{cases}$$

$f_{c,90,d(bois)}$: valeur de calcul de la résistance en compression perpendiculaire du bois en N/mm².

d : diamètre du boulon en mm.

$D_{rondelle}$: diamètre extérieur de la rondelle en mm.

$d_{rondelle}$: diamètre intérieur de la rondelle en mm. La rondelle doit avoir au moins un diamètre équivalent à trois diamètres du boulon.

$F_{t,Rd}$: résistance de calcul en traction (se reporter au paragraphe sur le calcul des boulons selon l'eurocode 3).

Pour les assemblages par plaque métallique, la résistance du bois sous la plaque est limitée :

$$F_{ax,Rd} \leq 3 \cdot f_{c,90,d\,(bois)} \cdot \frac{\pi \cdot [D^2_{maxi} - (d + 2)^2]}{4} .$$

$$D_{maxi} = \min \begin{cases} 12 \cdot t \\ 4 \cdot d_{boulon} \end{cases}$$

t : épaisseur de plaque métallique.

d : diamètre du boulon traversant la plaque métallique.

---

3. Effort axial que peut supporter le boulon.

Remarque

La valeur de calcul de la résistance en traction de l'acier étant généralement très supérieure à la valeur de calcul de la résistance en compression perpendiculaire du bois, la valeur minimale sera la résistance du bois.

Tableau 3 : dimensions des rondelles de charpente

Ø boulon	D_{ext}	d_{int}	Épaisseur
12	40	14	4
14	45	16	5
16	50	18	5
18	55	20	6
20	60	22	6
22	65	24	6,5
24	75	26	7,5
27	90	30	8,5

1.4 Mode de calcul des boulons selon l'eurocode 3

1.4.1 Disposition des boulons (vocabulaire)

L'eurocode 3 et l'eurocode 5 n'utilisent ni le même vocabulaire ni les mêmes notations.

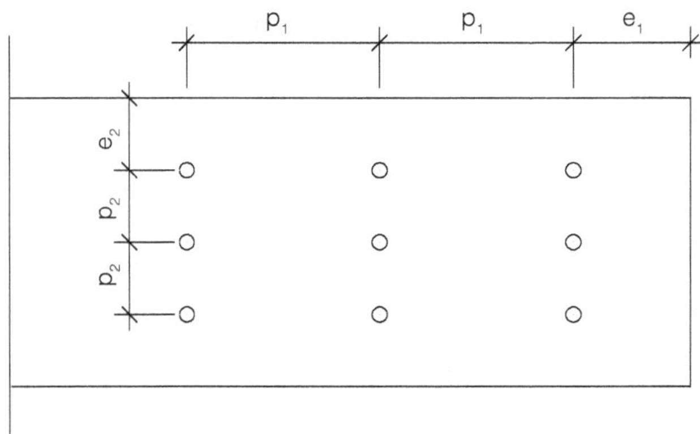

Schéma 2 : notations selon l'eurocode 3

Tableau 4 : disposition des boulons

Eurocode 5		Eurocode 3	
Vocabulaire	Notation	Vocabulaire	Notation
Espacement	$a_1\ a_2$	Entraxe	$p_1\ p_2$
Distance	$a_3\ a_4$	Pince	$e_1\ e_2$

d_o : diamètre de perçage.

Entraxe : $p_1 = 2,2 \cdot d_o$ et $p_2 = 2,4 \cdot d_o$.

Les valeurs de l'eurocode 5 sont supérieures aux valeurs de l'eurocode 3 : on conserve les valeurs de l'eurocode 5.

Pince longitudinale (e_1) et transversale (e_2) : $1,2 \cdot d_o$ (ou $1,5 \cdot d_o$ pour les trous oblongs).

Les valeurs des pinces sont utiles pour déterminer les dimensions des plaques des ferrures.

1.4.2 Cisaillement

▶ Résistance au cisaillement du boulon

$F_{v,Ed} < F_{v,Rd}$

$F_{v,ED}$: effort de calcul appliqué en cisaillement pour un boulon et un plan de cisaillement.

$F_{v,Rd}$: résistance de calcul en cisaillement.

Avec : $F_{v,Rd} = \dfrac{\alpha_v \cdot f_{ub} \cdot A}{\gamma_{M2}}$

α_v : coefficient.

f_{ub} : résistance ultime de l'acier du boulon en traction (correspond à f_u pour le calcul du moment d'écoulement plastique de la tige, les deux eurocodes n'ayant pas les mêmes notations).

Tableau 5 : coefficient α_v et résistance ultime

Classe des boulons	4,6	4,8	5,6	5,8	6,8	8,8	10,9
α_v	0,6	0,5	0,6	0,5	0,6	0,6	0,5
f_{ub} (MPa)	400	400	500	500	600	800	1 000

A : section résistante en traction du boulon avec A = As si la partie filetée est située dans la zone cisaillée.

Tableau 6 : section résistante en traction des boulons

Diamètre nominal	mm	10	12	14	16	18	20	22	24	27	30	33
A : section nominale	mm²	79	113	154	201	254	314	380	452	573	707	855
A_s : section résistante de la partie filetée	mm²	58	84	115	156	192	245	303	352	459	560	693

$\gamma_{M2} = 1,25$

▶ Résistance en pression diamétrale

$\boxed{F_{v,Ed} < F_{b,Rd}}$

$F_{v,Ed}$: effort de calcul appliqué en cisaillement sur un boulon et sur une plaque d'épaisseur t.

$F_{b,Rd}$: résistance de calcul en pression diamétrale.

si $e_1 = e_2 = 1,5.d_o$, alors $F_{b,Rd} \leq f_u \cdot d \cdot t$

si $e_1 = e_2 = 1,8.d_o$, alors $F_{b,Rd} \leq 1,2 \cdot f_u \cdot d \cdot t$

f_u : résistance ultime de l'acier de la plaque.

Tableau 7 : résistance ultime de l'acier

Nuance de l'acier	S 235	S 275	S 355	S 450
f_u (MPa)	360	430	510	550

d : diamètre du boulon.

t : épaisseur de la plaque.

Remarque

Pour un trou oblong, si la direction de l'effort est perpendiculaire à l'axe longitudinal du trou, la résistance en pression diamétrale est celle d'un trou circulaire multipliée par le coefficient 0,6.

1.4.3 Traction

▶ Résistance en traction du boulon

$$\boxed{F_{t,Ed} < F_{t,Rd}}$$

$F_{t,Ed}$: effort de calcul appliqué en traction sur un boulon.

$F_{t,Rd}$: résistance de calcul en traction.

$$F_{t,Rd} = \frac{k_2 \cdot f_{ub} \cdot A_s}{\gamma_{M2}}$$

$k_2 = 0{,}9$ pour les boulons à tête hexagonale.

f_{ub} : résistance ultime de l'acier du boulon (se reporter au tableau du paragraphe résistance au cisaillement du boulon).

A_s : section résistante en traction du boulon.

Tableau 8 : section résistante en traction des boulons

Diamètre nominal	mm	10	12	14	16	18	20	22	24	27	30	33
A : section nominale	mm²	79	113	154	201	254	314	380	452	573	707	855
A_s : section résistante de la partie filetée	mm²	58	84	115	156	192	245	303	352	459	560	693

$\gamma_{M2} = 1{,}25$

▶ Résistance en poinçonnement de la tête du boulon ou de l'écrou sur la plaque

$$\boxed{F_{t,Ed} < B_{p,Rd}}$$

$F_{t,Ed}$: effort de calcul appliqué en traction sur un boulon.

$B_{p,Rd}$: résistance au poinçonnement.

$$B_{p,Rd} = \frac{0{,}6 \cdot \pi \cdot d_m \cdot t_p \cdot f_u}{\gamma_{M2}}$$

f_u : résistance ultime de l'acier de la plaque (se reporter au tableau du paragraphe résistance en pression diamétrale).

t_p : épaisseur de la plaque.

d_m : moyenne entre la cote sur l'angle de la tête hexagonale du boulon et la cote sur le plat de la tête hexagonale du boulon.

$\gamma_{M2} = 1{,}25$

Tableau 9 : diamètre moyen de la tête hexagonale

Diamètre nominal	mm	10	12	14	16	18	20	22	24	27	30
Dm	mm	17,2	19,3	22,5	25,8	29	32,2	35,4	38,7	44	49,4

1.4.4 Chargement combiné : cisaillement + traction

Taux de travail : $\dfrac{F_{v,Ed}}{F_{v,Rd}} + \dfrac{F_{t,Ed}}{1,4 \cdot F_{t,Rd}} < 1$

$F_{v,Ed}$: effort de calcul appliqué en cisaillement.

$F_{v,Rd}$: résistance de calcul en cisaillement.

$F_{t,Ed}$: effort de calcul appliqué en traction.

$F_{t,Rd}$: résistance de calcul en traction.

2. Assemblages par broches

Les assemblages par broches sont généralement employés sur des fermes moisées en assemblage bois-bois et en charpente en bois lamellé-collé, aussi bien en assemblage bois-bois (couronne) qu'en assemblage bois-métal (ferrure en âme par exemple). Un complément par boulon est nécessaire lorsqu'il faut maintenir les pièces ensemble (sauf pour les ferrures en âme).

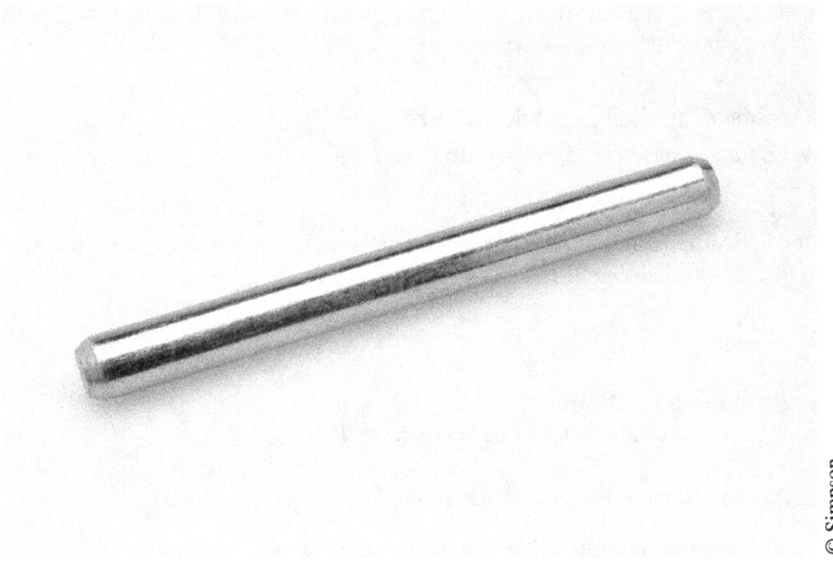

© Simpson

Photographie 2 : les broches sont particulièrement adaptées pour les ferrures en âme

Les broches sont maintenues dans le bois par serrage. La tolérance de leur diamètre est d$^{-o/}$$^{+0,1}$ mm et le diamètre des avant-trous dans le bois doit être inférieur ou égal au diamètre de la broche. Aucun chargement axial n'est possible.

Pour justifier les broches dans le bois, il faut calculer l'effort que peut reprendre une broche en précisant les caractéristiques spécifiques de l'assemblage (portance locale, résistance de la broche…), définir le nombre efficace de broches lorsqu'elles sont rapprochées et établir les conditions de pince.

L'assemblage est justifié lorsque l'effort subi par les broches reste inférieur ou égal à la capacité résistante.

Taux de travail : $\dfrac{F_{v,Ed}}{F_{v,Rd}} \leq 1$

$F_{v,Ed}$: sollicitation agissante latérale.

$F_{v,Rd}$: capacité résistante latérale.

Attention, ne pas oublier de vérifier la rupture de bloc, le cisaillement du bois et le risque de fendage.

2.1 Valeur caractéristique de la capacité résistante des broches

Le diamètre des broches est généralement compris entre 6 et 30 mm.

La portance locale dans le bois et ses dérivés, $f_{h,k}$, le moment d'écoulement plastique de la tige et le nombre efficace de broches sont déterminés de la même manière que pour les boulons. L'acier utilisé pour les broches est différent de celui des boulons, la résistance en traction de l'acier est modifiée.

La valeur caractéristique de la capacité résistante des broches en fonction du mode de rupture comporte deux modes de rupture supplémentaires : la résistance au cisaillement de la broche et la résistance en pression diamétrale de la ferrure.

2.1.1 Résistance au cisaillement de la broche

Ce mode de rupture est peu probable en construction bois.

$$\boxed{F_{v,\,Ed} < F_{v,\,Rd}}$$

$F_{v,Ed}$: effort de calcul appliqué en cisaillement pour une broche et un plan de cisaillement.

$F_{v,Rd}$: résistance de calcul en cisaillement.

$$F_{v,Rd} = \dfrac{0{,}6 \cdot A \cdot f_u}{\gamma_{M2}}$$

A : section résistante de la broche (mm²).

f_u : résistance ultime en traction de l'acier de la broche (MPa).

$\gamma_{M2} = 1{,}25$

Les aciers utilisés pour la fabrication des broches sont des aciers de construction.

Tableau 10 : nuances de l'acier utilisées pour la fabrication des broches

Nuance de l'acier	S 235	S 275	S 355	S 450
f_y (MPa)	235	275	355	450
f_u (MPa)	360	430	510	550

2.1.2 Résistance en pression diamétrale

Ce mode de rupture permet de valider l'épaisseur des ferrures.

$$\boxed{F_{v,\,Ed} < F_{b,\,Rd}}$$

$F_{v,Ed}$: effort de calcul appliqué en cisaillement sur une broche et sur une plaque d'épaisseur t.

$F_{b,Rd}$: résistance de calcul en pression diamétrale.

$$F_{b,Rd} \le \frac{1{,}5 \cdot f_y \cdot d \cdot t}{\gamma_{M2}}$$

f_y : résistance élastique minimale de l'acier de la plaque ou de la broche (MPa).

d : diamètre du boulon (mm).

t : épaisseur de la plaque (mm).

$\gamma_{M2} = 1{,}25$

2.2   Distances et espacements

Les espacements entre broches et les distances aux bords du bois dépendent du diamètre de la broche et de l'orientation de la force par rapport au fil du bois. Les distances aux rives et aux extrémités chargées seront plus importantes que les distances aux rives et aux extrémités non chargées. La convention d'orientation de la force par rapport au fil du bois est précisée sur le schéma 3.

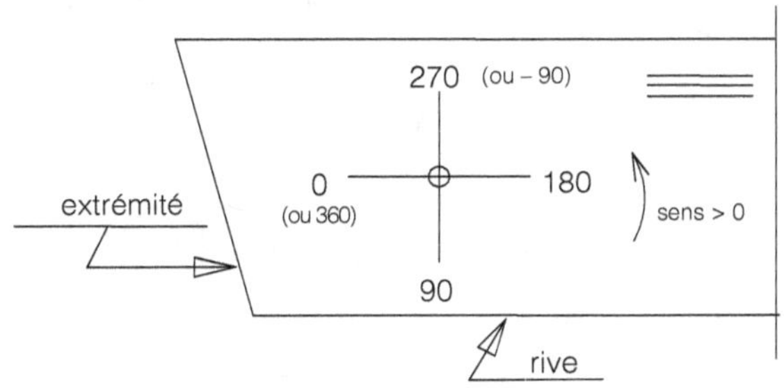

Schéma 3 : convention d'orientation de la force par rapport au fil du bois

Tableau 11 : espacement des broches

Pinces	Schémas	Angle	Distance minimale
a_1	Espacement parallèle au fil	Indépendant	$(3 + 2\lvert\cos\alpha\rvert) \cdot d$
a_2	Espacement perpendiculaire au fil	Indépendant	$3d$
$a_{3,t}$	Distance d'extrémité chargée	$-90° \le \alpha \le 90°$	$\max(7d\,;80\,\text{mm})$

	Distance d'extrémité non chargée 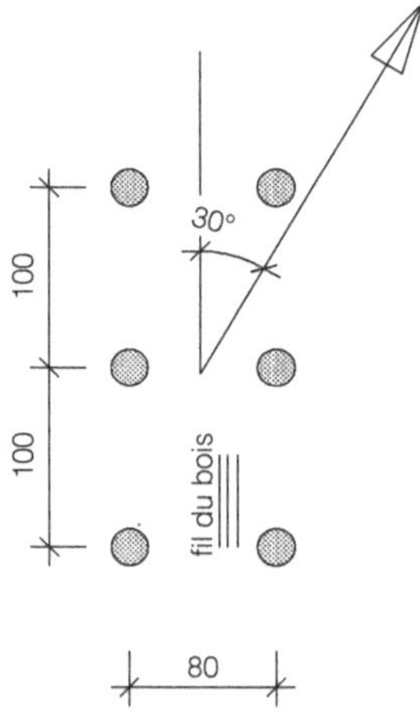	$90° \leq \alpha \leq 150°$ $150° \leq \alpha \leq 210°$ $210° \leq \alpha \leq 2700°$	$\max(a_{3,t}\lvert\sin\alpha\rvert d; 3d)$ 3d $\max(a_{3,t}\lvert\sin\alpha\rvert d; 3d)$
$a_{3,c}$			
$a_{4,t}$	Distance de rive chargée	$0° \leq \alpha \leq 180°$	$\max[(2 + 2\sin\alpha)d; 3d]$
$a_{4,c}$	Distance de rive non chargée	$180° \leq \alpha \leq 360°$	3d

3. Application résolue boulons broches : la recherche du nombre efficace

Assemblage de six boulons Ø16, disposés en deux files de trois boulons.

Les files sont parallèles au fil du bois.

Effort incliné de 30° par rapport au fil du bois.

Schéma 3bis : effort par rapport au groupe de boulons

Tableau 12 : espacements

Pièce 1	Angle $\alpha = 30°$	Expression	Espacement minimal	Espacement retenu
a_1	$0° \leq \alpha \leq 360°$	$(4 + |\cos\alpha|) \cdot d$	78	100
a_2	$0° \leq \alpha \leq 360°$	$4d$	64	80

3.1 Première étape : calcul pour une file

Une file comporte trois boulons distants de 100 mm.

Effort parallèle au fil : le nombre efficace est

$$n_{ef//} = n^{0,9} \cdot \sqrt[4]{\frac{a_1}{13d}} = 3^{0,9} \cdot \sqrt[4]{\frac{100}{13 \cdot 16}} = 2,24 \, .$$

Effort perpendiculaire au fil : le nombre efficace est $n_{ef\perp} = 3$.

L'effort est incliné à 30° : il faut effectuer une interpolation linéaire entre $n_{eff//}$ et $n_{eff\perp}$.

$$n_{ef} = n_{ef//} + \frac{\alpha}{90}(n_{ef\perp} - n_{ef//}) \text{, d'où } n_{ef} = 2,24 + \frac{30}{90}(3 - 2,24) = 2,49 \text{ pour une file.}$$

3.2 Seconde étape : calcul pour l'assemblage

L'assemblage comporte deux files, d'où $n_{ef} = 2 \times 2,49 = 4,98$ (pour les six boulons).

Remarques

Pour la pince a1 réglementaire (minimale, soit 78 mm) :

- $n_{ef//} = n^{0,9} \sqrt[4]{\frac{a_1}{13d}} = 3^{0,9} \sqrt[4]{\frac{78}{13 \cdot 16}} = 2,1$;

- $n_{ef\perp} = 3$;

- $n_{ef} = 2,1 + \frac{30}{90}(3 - 2,1) = 2,4$ $v_{ef} = 2,1 + \frac{60}{90}(3-2,1)=2,4 +$ pour une file, d'où $n_{ef} = 4,8$ pour l'assemblage.

Pour obtenir un nombre efficace égal à 6 pour l'assemblage, la pince longitudinale a_1 doit être supérieure à 320 mm !

4. Applications résolues : vérification d'un assemblage entrait-arbalétrier

Bois massif classé C24 ($\rho_k = 350$ kg/m³ ; $\rho_m = 420$ kg/m³).

Pièce 1 (pièce latérale) : entrait moisé : $2 \times 70 \times 240$ mm

Pièce 2 (pièce centrale) : arbalétrier : $90 \times 240.$ mm

Classe de service 2.

Angle de 40° entre les 2 pièces.

L'effort transmis par l'assemblage est parallèle au fil du bois de l'arbalétrier.

Boulon Ø16, de classe 6,8 ($f_{u,k} = 600$ MPa).

Rondelle : $D_{ext} = 50$ mm ; $d_{int} = 18$ mm.

Action ELU : effort de compression 74 500 N sous la combinaison C = 1,35 G + 1,5 S.

Action ELS : G = 31 130 N ; S = 21 500 N.
Altitude inférieure à 1 000 m.
Les boulons sont sollicités par un chargement latéral et en double cisaillement.

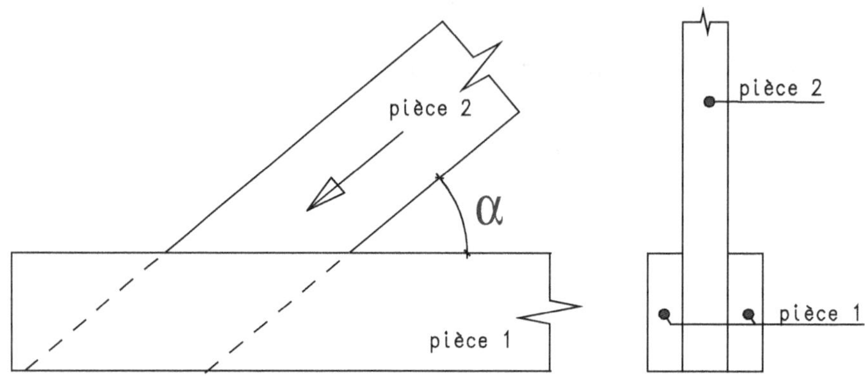

Schéma 4 : assemblage par boulons d'un entrait-arbalétrier

4.1 Valeur caractéristique de la capacité résistante $F_{V,Rk}$

4.1.1 Portance locale de la pièce 1 (entrait) : angle effort/fil du bois = 40°

$f_{h,o,k} = 0,082 \cdot (1 - 0,01 \cdot d) \cdot \rho_k$

$f_{h,o,k} = 0,082 \cdot (1 - 0,01 \cdot 16) \cdot 350$

$f_{h,o,k} = 24,1 \text{ N/mm}^2$

$k_{90} = 1,35 + 0,015 \cdot d$

$k_{90} = 1,35 + 0,015 \cdot 16$

$k_{90} = 1,59$

$$f_{h,40,k} = \frac{f_{h,o,k}}{k_{90}\sin^2 40 + \cos^2 40}$$

$$f_{h,40,k} = \frac{24,1}{1,59\sin^2 40 + \cos^2 40}$$

$$\boxed{f_{h,40,k} = 19,4 \text{ N/mm}^2}$$

$f_{h,o,k}$: portance locale caractéristique du boulon en N/mm² pour un effort parallèle au fil.

ρ_k : masse volumique caractéristique du bois en kg/m³.

d : diamètre du boulon en mm.

α : angle de l'effort avec le fil du bois.

$k_{90} = 1,35 + 0,015d$ pour les résineux.

4.1.2 Portance locale de la pièce 2 (arbalétrier)

L'effort est parallèle au fil du bois.

$f_{h,180,k} = f_{h,o,k} = 0,082 \cdot (1 - 0,01 \cdot d) \cdot \rho_k$

$f_{h,180,k} = f_{h,o,k} = 0,082 \cdot (1 - 0,01 \cdot 16) \cdot 350$

$$\boxed{f_{h,o,k} = 24,1 \text{ N/mm}^2}$$

$f_{h,o,k}$: portance locale caractéristique du boulon en N/mm² pour un effort parallèle au fil.

ρ_k : masse volumique caractéristique du bois en kg/m³.

d : diamètre du boulon en mm.

4.1.3   Moment d'écoulement plastique

$M_{y,Rk} = 0,3 \cdot fu,k \cdot d^{2,6}$

$M_{y,Rk} = 0,3 \cdot 600 \cdot 16^{2,6}$

$$\boxed{243\ 212\ \text{N} \cdot \text{mm}}$$

4.1.4   Calcul de $F_{ax,Rk}$: capacité caractéristique à l'arrachement

Résistance en traction du boulon :

$F_{t,Rk} = \gamma_{M2} \cdot F_{t,Rd} = k_2 \cdot f_{ub} \cdot A_s = 0,9 \cdot 600 \cdot 156 = 84240\ \text{N}$

$k_2 = 0,9$ pour les boulons à tête hexagonale.

$f_{ub} = 600\ \text{MPa}$: résistance ultime de l'acier du boulon.

$A_s = 156\ \text{mm}^2$: section résistante en traction du boulon.

Remarque

La résistance en traction est rarement dimensionnante, la résistance en compression transversale étant bien inférieure.

Résistance en compression transversale :

$$F_{ax,\,Rk} = 3 \cdot f_{c,\,90,\,k} \cdot \frac{\pi \cdot (D_{ext}^{2} - d_{int}^{2})}{4}$$

$$F_{ax,Rk} = 3 \cdot 2,5 \cdot \frac{\pi \cdot (50^{2} - 18^{2})}{4}$$

$f_{c,90,k}$: résistance caractéristique à la compression transversale en N/mm².

D_{ext} : 50 mm, diamètre extérieur de la rondelle.

d_{int} : 18 mm, diamètre intérieur de la rondelle.

$$\boxed{F_{ax,Rk} = 12\ 818\ \text{N}}$$

4.1.5   Calcul de l'effet de corde

Effet de corde : $\dfrac{F_{ax,Rk}}{4} = \dfrac{12818}{4} = 3204\ \text{N}$

Pour des boulons, l'effet de corde est limité à 25 % de la partie de Johansen. Le détail des calculs ci-dessous a permis de déterminer la résistance minimale de la partie de Johansen (équation j) : 11 340 N. La valeur limite est donc ici de : $0,25 \times 11\ 340 = 2835\ \text{N}$. Cette valeur sera retenue car $\dfrac{F_{ax,Rk}}{4} > 2835\ \text{N}$.

$$\boxed{\text{Effet de corde : 2 835 N}}$$

4.1.6 Résistance pour chaque mode de rupture pour un plan de cisaillement

$$\text{Rapport } \beta = \frac{f_{h,2,k}}{f_{h,1,k}} = \frac{24,1}{19,4} = 1,24$$

Tableau 13 : calcul des différentes valeurs de résistance au simple cisaillement

(g)	$f_{h,1,k} \cdot t_1 \cdot d = 19,4 \cdot 70 \cdot 16$	21 728 N
(h)	$0,5 \cdot F_{H,2,K} \cdot t_2 \cdot d = 0,5 \cdot 24,1 \cdot 90 \cdot 16$	17 352 N
(j)	$1,05 \cdot \dfrac{f_{h,1,k} \cdot t_1 \cdot d}{2+\beta} \cdot \left[\sqrt{2\beta \cdot (1+\beta) + \dfrac{4\beta \cdot (2+\beta) \cdot M_{y,Rk}}{f_{h,1,k} \cdot d.t_1^2}} - \beta \right] + \dfrac{F_{ax,Rk}}{4}$ $1,05 \cdot \dfrac{19,4.70.16}{2+1,24} \cdot \left[\sqrt{2 \cdot 1,24 \cdot (1+1,24) + \dfrac{4 \cdot 1,24 \cdot (2+1,24) \cdot 243212}{19,4 \cdot 16 \cdot 70^2}} - 1,24 \right] + 2835$ $= 11340 + 2835$	14 175 N
(k)	$1,15 \cdot \sqrt{\dfrac{2\beta}{1+\beta}} \cdot \sqrt{2M_{y,Rk}\, f_{h,1,k} \cdot d} + \dfrac{F_{ax,Rk}}{4}$ $1,15 \cdot \sqrt{\dfrac{2 \cdot 1,24}{1+1,24}} \cdot \sqrt{2 \cdot 243212 \cdot 19,4 \cdot 16} + \dfrac{F_{ax,Rk}}{4} +$ $= 14868 + 3204$	18 072 N

Résistance caractéristique pour un boulon pour un plan de cisaillement :

$$\boxed{F_{v,Rk} = 14\ 175\ N}$$

4.2 Définir le nombre de boulons

4.2.1 Résistance de calcul $F_{v,Rd}$

$$F_{V,Rd} = F_{V,Rk} \cdot \frac{k_{mod}}{\gamma_M}$$

$F_{V,Rk}$: résistance caractéristique des tiges en N.

k_{mod} : coefficient modificatif en fonction de la charge de plus courte durée et de la classe de service.

γ_M : coefficient partiel qui tient compte de la dispersion du matériau.

$$F_{V,Rd} = 14175 \cdot \frac{0,9}{1,3}$$

$$\boxed{F_{v,Rd} = 9\ 813\ N}$$

4.2.2 Nombre de boulons de calcul

$$n_{cal} = \frac{F_{v,Ed}}{2 \cdot F_{v,Rd}} \quad \text{(2 plans cisaillés)}$$

$$n_{cal} = \frac{74500}{2 \cdot 9813} = 3,8$$

4.2.3   Premier choix : deux files de deux boulons

Détermination de la distance parallèle au fil minimale (a_1) à partir du nombre efficace nécessaire dans une file : $n_{ef//} \geq n \cdot \dfrac{n_{cal}}{n_{sel}}$:

$$\Leftrightarrow n_{ef//} = n^{0,9} \cdot \sqrt[4]{\dfrac{a_1}{13d}}$$

$$a_1 = \left(\dfrac{n_{ef//}}{n^{0,9}}\right)^4 \cdot 13d$$

a_1 : distance entre les boulons dans la file (parallèle au fil du bois) minimale en fonction du nombre de boulons calculé et choisi.
n_{cal} : nombre de boulons de calcul.
n_{sel} : nombre de boulons sélectionnés.
n : nombre de boulons dans la file.
d : diamètre des boulons.

$$n_{ef//} \geq 2 \cdot \dfrac{3,8}{4} \text{, soit } n_{ef//} \geq 1,9$$

$$a_1 = \left(\dfrac{1,9}{2^{0,9}}\right)^4 \cdot 13 \cdot 16$$

$$\boxed{a_{1,mini} = 224 \text{ mm}}$$

Cette valeur est trop importante pour être placée dans l'assemblage (se reporter au schéma 5).

4.2.4   Second choix : deux files de deux boulons plus un boulon central, soit cinq boulons

Détermination de la distance parallèle au fil minimale (a_1) à partir du nombre efficace nécessaire dans une file : $n_{ef//} \geq n \cdot \dfrac{n_{cal}}{n_{sel}}$

$$\Leftrightarrow n_{ef//} = n^{0,9} \cdot \sqrt[4]{\dfrac{a_1}{13d}}$$

$$a_1 = \left(\dfrac{n_{ef//}}{n^{0,9}}\right)^{4(2)} \cdot 13d$$

a_1 : distance entre les boulons dans la file (parallèle au fil du bois) minimale en fonction du nombre de boulons calculé et choisi.
n_{cal} : nombre de boulons de calcul.
n_{sel} : nombre de boulons sélectionnés.
n : nombre de boulons dans la file.
d : diamètre des boulons.

$$n_{ef//} \geq 2 \cdot \dfrac{3,8}{5} \text{, soit } n_{ef//} \geq 1,52$$

$$a_1 = \left(\frac{1,52}{2^{0,9}}\right)^4 \cdot 13 \cdot 16$$

$$\boxed{a_{1,\text{mini}} = 92 \text{ mm}}$$

Cette valeur peut être placée dans l'assemblage (se reporter au schéma 5).

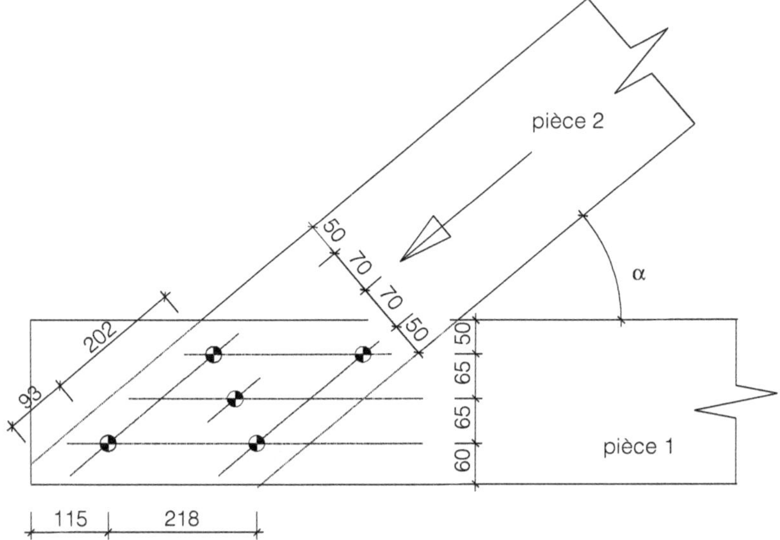

Schéma 5 : solution d'assemblage pour cinq boulons

4.3 Distances et espacements

Le nombre efficace de boulons dépend de la distance parallèle au fil entre les boulons et de l'angle de la force par rapport au fil. Il est donc nécessaire de déterminer les distances et les espacements en considérant l'orientation de l'effort pour l'entrait et pour l'arbalétrier.

Tableau 14 : pinces de la pièce 1 (entrait) (Angle de l'effort par rapport au fil : 40°)

Pinces	Schémas	Expression	Distance minimale	Distance retenue
a_1	Espacement parallèle au fil 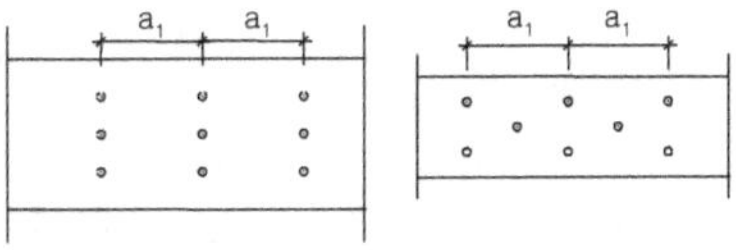	$(4 + \lvert\cos\alpha\rvert) \cdot d$	77	218
a_2	Espacement perpendiculaire au fil 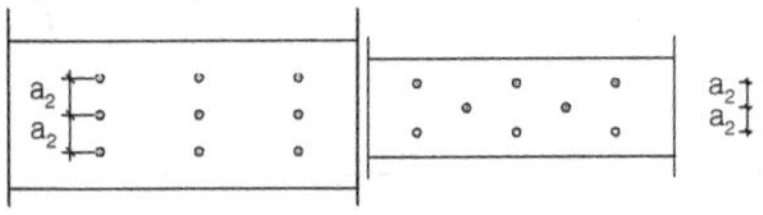	$4d$	64	65
$a_{3,t}$	Distance d'extrémité chargée 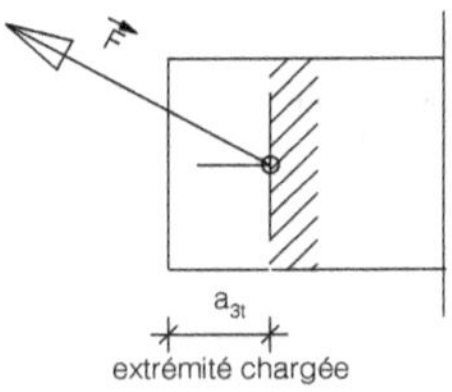	$\max(7d; 80\ \text{mm})$	112	115
$a_{3,c}$	Distance d'extrémité non chargée 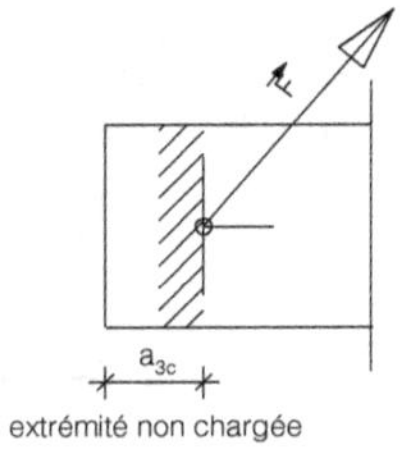	$\max\left[(1 + \lvert 6\sin\alpha\rvert)d; 4d\right]$	Sans objet	Sans objet
$a_{4,t}$	Distance de rive chargée 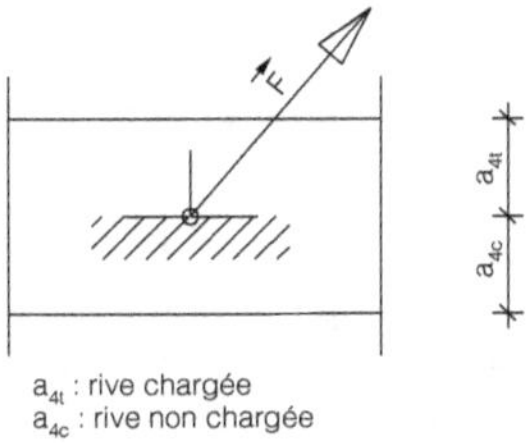	$\max\left[(2 + 2\sin\alpha)d; 3d\right]$	53	60
$a_{4,c}$	Distance de rive non chargée 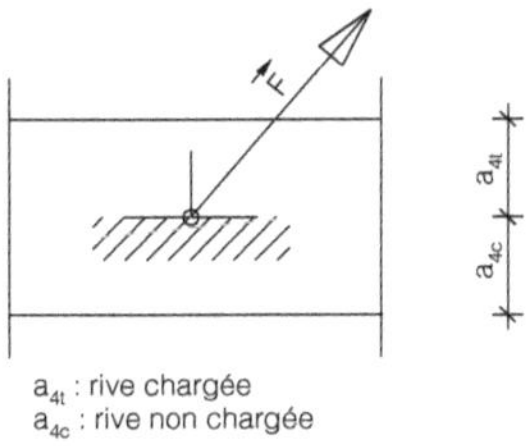	$3d$	48	50

Tableau 15 : pinces de la pièce 2 (arbalétrier) (Angle de l'effort par rapport au fil : 0°.)

Pinces	Schémas	Expression	Distance minimale	Distance retenue
a_1	Espacement parallèle au fil	$(4+\lvert\cos\alpha\rvert)\cdot d$	80	202
a_2	Espacement perpendiculaire au fil	$4d$	64	70
$a_{3,t}$	Distance d'extrémité chargée	$\max(7d;80\text{ mm})$	Sans objet	Sans objet
$a_{3,c}$	Distance d'extrémité non chargée	$\max\left[(1+\lvert 6\sin\alpha\rvert)d;4d\right]$	64	93
$a_{4,t}$	Distance de rive chargée	$\max\left[(2+2\sin\alpha)d;3d\right]$	Sans objet	Sans objet
$a_{4,c}$	Distance de rive non chargée	$3d$	48	50

4.3.1 Nombre efficace de boulons de la pièce 1 (entrait), l'effort est incliné à 40°

Une file comporte deux boulons distants de 218 mm.

Effort parallèle au fil : le nombre efficace est

$$n_{ef//} = n^{0,9} \cdot \sqrt[4]{\frac{a_1}{13d}} = 2^{0,9} \cdot \sqrt[4]{\frac{218}{13 \cdot 16}} = 1,888.$$

Effort perpendiculaire au fil : le nombre efficace est $n_{ef\perp} = 2$.

L'effort est incliné à 40°. Il faut effectuer une interpolation linéaire entre $n_{eff//}$ et $n_{eff\perp}$:

$$n_{ef} = n_{ef//} + \frac{\alpha}{90}(n_{ef\perp} - n_{ef//})$$

$$n_{ef//} = 1,888 + \frac{40}{90}(2 - 1,888) = 1,937$$

Le n_{ef} d'une file est égal à 1,937. L'assemblage comporte deux files et un boulon central, le n_{ef} de l'assemblage sera : $1,937 \times 2 + 1 = 4,875$ boulons efficaces.

4.3.2 Nombre efficace de boulons de la pièce 2 (arbalétrier), l'effort est parallèle au fil

Une file comporte deux boulons distants de 202 mm.

Effort parallèle au fil : le nombre efficace est

$$n_{ef//} = n^{0,9} \cdot \sqrt[4]{\frac{a_1}{13d}} = 2^{0,9} \cdot \sqrt[4]{\frac{202}{13 \cdot 16}} = 1,85.$$

Le n_{ef} d'une file est égal à 1,85. L'assemblage comporte deux files et un boulon central, le n_{ef} de l'assemblage sera : $1,85 \times 2 + 1 = 4,7$ boulons efficaces.

4.3.3 Conclusion

Le nombre efficace à retenir pour l'assemblage correspond à la valeur la plus faible, soit 4,7.

Remarque

Les boulons ont été positionnés en bordure de la zone d'assemblage (en choisissant des distances a_3 et a_4 proches des valeurs minimales). Cette méthode permet d'obtenir une valeur importante pour a_1 sur les deux pièces. C'est intéressant car la valeur du nombre efficace est fonction de a_1.

Dans cet exemple, on observe :

Pièce	Angle (°)	Espacement a_1 (mm)
Entrait	40°	218
Arbalétrier	0°	202

Or, pour le calcul du nombre efficace, l'angle et l'espacement sont deux paramètres de calcul. Ici, ils sont les plus faibles pour la même pièce (l'arbalétrier). Le calcul de n_{ef} pour l'entrait était donc inutile.

4.4 Résistance caractéristique de l'ensemble des cinq boulons en double cisaillement

$F_{v,Rd,totale} = n_{ef} \times m \times F_{v,Rd} = 4,7 \times 2 \times 9\,813$ (m, nombre de plan cisaillés par boulon)
$F_{v,Rd,totale} = 92\,242\ N$

Justification

$$\text{Taux de travail} = \frac{74500}{92242} \le 1$$

$$\boxed{0,81 < 1}$$

4.5 Assemblage avec six boulons

Pour une disposition à six boulons, on choisit de disposer une file supplémentaire sur l'arbalétrier (pièce sur laquelle l'angle entre l'effort et le fil du bois est la plus faible).

4.5.1 Nombre efficace de boulons de la pièce 1 (entrait), l'effort est incliné à 40°

Une file comporte trois boulons distants de 109 mm.

Effort parallèle au fil : le nombre efficace est

$$n_{ef\,//} = n^{0,9} \cdot \sqrt[4]{\frac{a_1}{13d}} = 3^{0,9} \cdot \sqrt[4]{\frac{109}{13 \cdot 16}} = 2,287\ .$$

Effort perpendiculaire au fil : le nombre efficace est $n_{ef\perp} = 3$.
L'effort est incliné à 40°. Il faut effectuer une interpolation linéaire entre $n_{eff\,//}$ et $n_{eff\perp}$:

$$n_{ef} = n_{ef\,//} + \frac{\alpha}{90}(n_{ef\perp} - n_{ef\,//})$$

$$n_{ef\,//} = 2,287 + \frac{40}{90}(3 - 2,287) = 2,6$$

Le n_{ef} d'une file est égal à 2,6. L'assemblage comporte deux files, le n_{ef} de l'assemblage sera : $2,6 \times 2 = 5,2$ boulons efficaces.

4.5.2 Nombre efficace de boulons de la pièce 2 (arbalétrier), l'effort est parallèle au fil

Une file comporte deux boulons distants de 202 mm.

Effort parallèle au fil : le nombre efficace est

$$n_{ef\,//} = n^{0,9} \cdot \sqrt[4]{\frac{a_1}{13d}} = 2(3)^{0,9} \cdot \sqrt[4]{\frac{202}{13 \cdot 16}} = 1,85\ .$$

Le n_{ef} d'une file est égal à 1,85. L'assemblage comporte trois files, le n_{ef} de l'assemblage sera : $1,85 \times 3 = 5,55$ boulons efficaces.

4.5.3 Conclusion

Le nombre efficace à retenir pour l'assemblage correspond à la valeur la plus faible, soit 5,2.

L'effort maximal de compression transmissible par l'arbalétrier est de :
$F_{v,Ed} \leq 5,2 \times 2 \times 9\ 813$

$$\boxed{F_{v,Ed} \leq 102\ 055\ N}$$

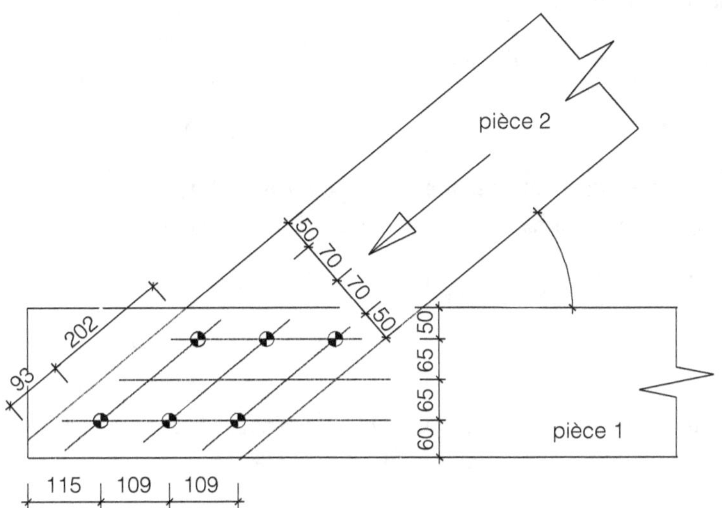

Schéma 6 : solution d'assemblage pour six boulons

4.6 Calcul des déplacements pour cinq boulons

Le déplacement est proportionnel à l'effort exercé sur chaque tige (boulon). C'est la solution avec cinq boulons qui provoque le déplacement le plus important.

4.6.1 Calcul du module de glissement d'assemblage

$$K_{ser} = \frac{\rho_m^{1,5} \cdot d}{23}$$

$$K_{ser} = \frac{420^{1,5} \cdot 16}{23}$$

$$\boxed{K_{ser} = 5\ 988\ N/mm}$$

4.6.2 Effort par boulon par plan de cisaillement (ELS)

Sous charge de neige :

- $F_{v,Ed} = 21500\ N$;

- nombre de boulons dans l'assemblage : 5 ;

- nombre de plans de cisaillement : 2 ;

- effort par boulon et par plan de cisaillement : $\dfrac{21500}{5 \times 2}$.

$$\boxed{F_S = 2\ 150\ N}$$

Sous charge permanente :

- $F_{v,Ed}$ = 31130 N ;
- nombre de boulons dans l'assemblage : 5 ;
- nombre de plans de cisaillement : 2 ;
- effort par boulon et par plan de cisaillement : $\dfrac{31130}{5 \times 2}$.

$$\boxed{F_G = 3\ 113\ \text{N}}$$

4.6.3   Glissement instantané par boulon ou pour l'assemblage

Le jeu de perçage des boulons est de 1 mm. Il doit être ajouté au glissement.

$$u_{inst}(S) = \frac{F_S}{K_{ser}} + 1 = \frac{2150}{5988} + 1$$

$$\boxed{u_{inst}(S) = 1{,}36\ \text{mm}}$$

4.6.4   Glissement final par boulon ou pour l'assemblage

Sous chargement de longue durée, le glissement final est :

$$u_{fin} = u_{inst\,(G)} \cdot (1 + k_{def}) + [u_{inst\,(S)} - 1] \cdot (1 + \psi_2 \cdot k_{def}) + 1$$

Or, ici, pour une altitude inférieure à 1 000 m, $\psi_2 = 0$ et $k_{def} = 0{,}8$.

$$u_{fin} = u_{inst\,(G)} \cdot (1 + k_{def}) + [u_{inst\,(S)} - 1] + 1$$

$$u_{fin} = \frac{G(1 + k_{def}) + S}{S} \cdot [u_{inst\,(S)} - 1] + 1 = \frac{3113 \cdot (1 + 0{,}8) + 2150}{2150} \cdot [1{,}34 - 1] + 1$$

$$\boxed{u_{fin} = 2{,}23\ \text{mm}}$$

5. Applications résolues : vérification d'un assemblage poteau moise-traverse bois lamellé-collé

5.1   Vérification à l'ELU

Charpente en bois lamellé-collé de classe GL28h (ρ_k = 410 kg/m³ ; ρ_m = 470 kg/m³).
Assemblage avec des boulons Ø20, de classe 6,8 ($f_{u,k}$ = 600 MPa).
Rondelle : D_{ext} = 60 mm ; d_{int} = 22 mm.
Section de la traverse au droit de l'assemblage : 960 × 135. mm
Section du poteau : 2 × 65 × 305 mm
Angle de 71° entre les 2 pièces.
Effort parallèle au fil du bois du poteau.
Action ELU : effort de compression 100 kN sous la combinaison
C = 1,35 G + 1,5 S.
Action ELS : G = 34 kN ; S = 36 kN.

Classe de service 2.
Altitude inférieure à 1 000 m.

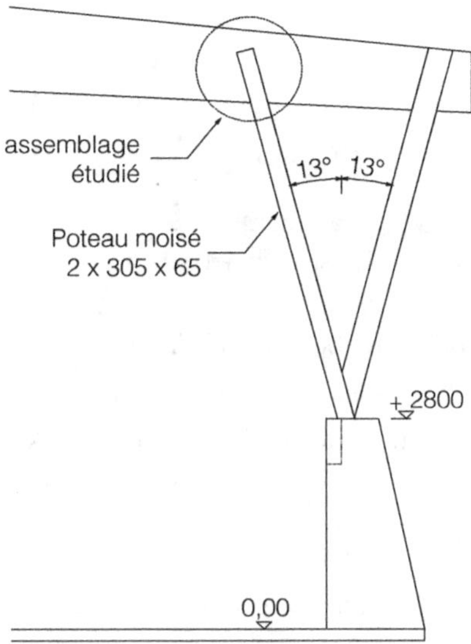

Schéma 7 : situation de l'assemblage

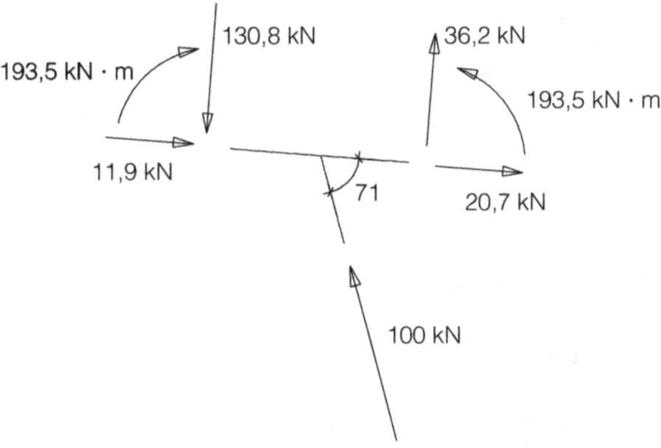

Schéma 8 : sollicitations au nœud

5.1.1 Valeur caractéristique de la capacité résistante $F_{V,Rk}$

Portance locale

▶ Pièce 1 (poteau)

L'effort est parallèle au fil du bois.

$$f_{h,180,k} = f_{h,o,k} = 0{,}082 \cdot (1 - 0{,}01 \cdot d) \cdot \rho_k$$

$$= 0{,}082 \cdot (1 - 0{,}01 \cdot 20) \cdot 410 = 26{,}9 \ \text{N/mm}^2$$

$$\boxed{f_{h,o,k} = 26{,}9 \ \text{N/mm}^2}$$

$f_{h,o,k}$: portance locale caractéristique du boulon en N/mm².
$\rho_k = 410$ kg/m³ : masse volumique caractéristique du bois en kg/m³.
$d = 20$ mm : diamètre du boulon en mm.

▶ Pièce 2 (traverse)

Angle effort/fil du bois = 71°

$$k_{90} = 1,35 + 0,015 \cdot d = 1,35 + 0,015 \cdot 20 = 1,65$$

$$f_{h,40,k} = \frac{f_{h,o,k}}{k_{90}\sin^2 71 + \cos^2 71} = \frac{26,9}{1,65 \cdot \sin^2 71 + \cos^2 71}$$

$$\boxed{f_{h,71,k} = 17,0 \text{ N/mm}^2}$$

$f_{h,o,k}$: portance locale caractéristique du boulon en N/mm².
k_{90} : $1,35 + 0,015d$ pour les résineux.

$\rho_k = 410$ kg/m³ : masse volumique caractéristique du bois en kg/m³. $d = 20$ mm : diamètre du boulon en mm.

Moment d'écoulement plastique

$$M_{y,Rk} = 0,3 \cdot f_{u,k} \cdot d^{2,6} = 0,3 \cdot 600 \cdot 20^{2,6} = 434461$$

$$\boxed{434\ 461 \text{ N} \cdot \text{mm}}$$

5.1.2   Calcul de $F_{ax,Rk}$: capacité caractéristique à l'arrachement

Résistance en traction du boulon :

$$F_{t,Rk} = \gamma_{M2} \cdot F_{t,Rd} = k_2 \cdot f_{ub} \cdot A\text{-} = 0,9 \cdot 600 \cdot 245 = 132300 \text{ N}$$

$k_2 = 0,9$ pour les boulons à tête hexagonale.
$f_{ub} = 600$ MPa : résistance ultime de l'acier du boulon.
$A_s = 245$ mm² : section résistante en traction du boulon.

Remarque

La résistance en traction est rarement dimensionnante, la résistance en compression transversale étant bien inférieure.

Résistance en compression transversale :

$$F_{ax,Rk} = 3 \cdot f_{c,90,k} \frac{\pi \cdot D_{ext}^2 - d_{int}^2}{4} = 3 \cdot 3 \cdot \frac{\pi \cdot 60^2 - 22^2}{4} = 22026 \text{ N}$$

$f_{c,90,k} = 3$ MPa : résistance caractéristique à la compression transversale en   N/mm².
$D_{ext} = 60$ mm, diamètre extérieur de la rondelle.
$d_{int} = 22$ mm, diamètre intérieur de la rondelle.

$$\boxed{F_{ax,Rk} = 22\ 026 \text{ N}}$$

5.1.3   Calcul de l'effet de corde

Effet de corde :

$$\frac{F_{ax,Rk}}{4} = \frac{22026}{4} = 5506 \text{ N}$$

Pour des boulons, l'effet de corde est limité à 25 % de la partie de Johansen. Le détail des calculs ci-dessous a permis de déterminer la résistance minimale de la partie de Johansen : 16 645 N. La valeur limite est donc ici de : 0,25 × 16 645 = 4 161 N. Cette valeur sera retenue car $\dfrac{F_{ax,Rk}}{4} > 4161$ N.

Effet de corde : 4 161 N

Résistance pour chaque mode de rupture :

$$\text{Rapport } \beta = \frac{f_{h,2,k}}{f_{h,1,k}} = \frac{17}{26,9} = 0,63$$

Tableau 16 : calcul des différentes valeurs de résistance au simple cisaillement

(g)	$f_{h,1,k} \cdot t_1 \cdot d = 26 \cdot 65 \cdot 20$	34 970 N
(h)	$0,5 \cdot F_{H,2,K} \cdot t_2 \cdot d = 0,5 \cdot 17 \cdot 135 \cdot 20$	22 950 N
(j)	$1,05 \cdot \dfrac{f_{h,1,k} \cdot t_1 \cdot d}{2+\beta} \cdot \left[\sqrt{2\beta \cdot (1+\beta) + \dfrac{4\beta \cdot (2+\beta) \cdot M_{y,Rk}}{f_{h,1,k} \cdot d.t_1^2}} - \beta \right] + \dfrac{F_{ax,Rk}}{4}$ $1,05 \cdot \dfrac{26,9.65.20}{2+0,63} \cdot \left[\sqrt{2.0,63 \cdot (1+0,63) + \dfrac{4 \cdot 0,63 \cdot (2+0,63) \cdot 434461}{26,9 \cdot 20 \cdot 65^2}} - 0,63 \right] + 4161$ $1,05 \cdot \dfrac{34970}{2,63} \left[\sqrt{1,26 \cdot (1,63) + \dfrac{2,52 \cdot (2,63) \cdot 434461}{26,9 \cdot 20 \cdot 65^2}} - 0,63 \right] + 4161$ $16645 + 4161$	20 806 N
(k)	$1,15 \cdot \sqrt{\dfrac{2\beta}{1+\beta}} \cdot \sqrt{2M_{y,Rk} f_{h,1,k} \cdot d} + \dfrac{F_{ax,Rk}}{4}$ $1,15 \cdot \sqrt{\dfrac{2 \cdot 0,63}{1+0,63}} \cdot \sqrt{2 \cdot 434461 \cdot 26,9 \cdot 20} + \dfrac{F_{ax,Rk}}{4}$ $1,15 \cdot 0,88 \cdot 21621 + \dfrac{F_{ax,Rk}}{4}$ $21881 + 0,25 \times 21881$	27 351 N

Résistance caractéristique pour un boulon pour un plan de cisaillement :

$$\boxed{F_{v,Rk} = 20\ 806 \text{ N}}$$

▶ Résistance de calcul $F_{V,Rd}$

$$F_{V,Rd} = F_{V,Rk} \cdot \frac{k_{mod}}{\gamma_M}$$

$F_{V,Rk}$: résistance caractéristique des tiges en N.

k_{mod} : coefficient modificatif en fonction de la charge de plus courte durée et de la classe de service.

γ_M : coefficient partiel qui tient compte de la dispersion du matériau (pour un assemblage $\gamma_M = 1,3$).

$$F_{V,Rd} = 20806 \cdot \frac{0,9}{1,3}$$

$$\boxed{F_{v,Rd} = 14\,404 \text{ N}}$$

▶ Nombre de boulons de calcul

$$n_{cal} = \frac{F_{v,Ed}}{2 \cdot F_{v,Rd}}$$

$$n_{cal} = \frac{100000}{2 \cdot 14404} = 3,47$$

▶ Premier choix : une file de quatre boulons

Détermination de la distance parallèle au fil minimale (a_1) à partir du nombre efficace nécessaire dans une file : $n_{ef\,//} \geq n \cdot \dfrac{n_{cal}}{n_{sel}}$.

$$\Leftrightarrow n_{ef\,//} = n^{0,9} \cdot \sqrt[4]{\frac{a_1}{13d}}$$

$$a_1 = \left(\frac{n_{ef\,//}}{n^{0,9}}\right)^4 \cdot 13d$$

a_1 : distance entre les boulons dans la file (parallèle au fil du bois) minimale en fonction du nombre de boulons calculé et choisi.
n_{cal} : nombre de boulons de calcul.
n_{sel} : nombre de boulons sélectionnés.
n : nombre de boulons dans la file.
d : diamètre des boulons.

$$n_{ef\,//} \geq 4 \cdot \frac{3,47}{4} \text{ , soit } n_{ef\,//} \geq 3,47$$

$$a_1 = \left(\frac{3,47}{5^{0,9}}\right)^4 \cdot 13 \cdot 20$$

$$\boxed{a_{1,mini} = 256,4 \text{ mm}}$$

Cette valeur peut être placée dans l'assemblage (se reporter au schéma 9).

▶ Deuxième choix : une file de cinq boulons

Détermination de la distance parallèle au fil minimale (a_1) à partir du nombre efficace nécessaire dans une file : $n_{ef\,//} \geq n \cdot \dfrac{n_{cal}}{n_{sel}}$.

$$n_{ef\,//} = n^{0,9} \cdot \sqrt[4]{\frac{a_1}{13d}}$$

$$a_1 = \left(\frac{n_{ef//}}{n^{0,9}}\right)^4 \cdot 13d$$

a_1 : distance entre les boulons dans la file (parallèle au fil du bois) minimale en fonction du nombre de boulons calculé et choisi.

n_{cal} : nombre de boulons de calcul.

n_{sel} : nombre de boulons sélectionnés.

n : nombre de boulons dans la file.

d : diamètre des boulons.

$$n_{ef//} \geq 5 \cdot \frac{3,47}{5} \text{ , soit } n_{ef//} \geq 3,47$$

$$a_1 = \left(\frac{3,47}{5^{0,9}}\right)^4 \cdot 13 \cdot 20$$

$$\boxed{a_{1,mini} = 114,8 \text{ mm}}$$

Cette valeur peut être placée dans l'assemblage (se reporter au schéma 9).

Remarque

La deuxième solution présente l'avantage d'une disposition plus groupée des boulons et donc plus proche de l'hypothèse de l'articulation.

Distance entre les boulons extrêmes :
- solution 1 : $3 \times a_1 = 3 \times 256,4 = 770$ mm ;
- solution 2 : $4 \times a_1 = 4 \times 115 = 460$ mm.

5.1.4   Distances et espacements

Le nombre efficace de boulons dépend de la distance parallèle au fil entre les boulons et de l'angle de la force par rapport au fil. Il est donc nécessaire de déterminer les distances et les espacements en considérant l'orientation de l'effort pour le poteau et pour la traverse.

5.1.5   Pièce 1 : poteau moisé

Angle $\alpha = 180°$ ou $0°$.

Tableau 17 : poteau moisé

Pièce 1	Schémas	Expression	Distance minimale	Distance retenue
a_1	Espacement parallèle au fil	$(4 + \lvert\cos\alpha\rvert) \cdot d$	100	120
a_2	Espacement perpendiculaire au fil	$4d$	80	Sans objet

$a_{3,t}$	Distance d'extrémité chargée	$\max(7d\,;80\text{ mm})$	Sans objet	Sans objet
$a_{3,c}$	Distance d'extrémité non chargée	$\max\left[(1+\lvert6\sin\alpha\rvert)d\,;4d\right]$	80	80
$a_{4,t}$	Distance de rive chargée	$\max\left[(2+2\sin\alpha)d\,;3d\right]$	60	157,5
$a_{4,c}$	Distance de rive non chargée	$3d$	60	157,5

▶ Première étape : calcul pour une file

L'assemblage comporte une file de cinq boulons distants de 120 mm.

Effort parallèle au fil : le nombre efficace est

$$n_{ef\,//} = n^{0,9} \cdot \sqrt[4]{\frac{a_1}{13d}} = 5^{0,9} \cdot \sqrt[4]{\frac{120}{13 \cdot 20}} = 3,51\,.$$

▶ Seconde étape : calcul pour l'assemblage

L'effort est parallèle au fil du bois, donc :

$$n_{ef} = n_{ef\,//} = 3,51$$

5.1.6   Pièce 2 : traverse

Angle $\alpha = 71°$.

Tableau 18 : traverse

Pièce 2	Schémas	Expression	Distance minimale	Distance retenue
a_1	Espacement parallèle au fil	$(4 + \lvert \cos\alpha \rvert) \cdot d$	Sans objet	Sans objet
a_2	Espacement perpendiculaire au fil	$4d$	80	113
$a_{3,t}$	Distance d'extrémité chargée extrémité chargée	$\max(7d; 80\ \text{mm})$	Sans objet	Sans objet
$a_{3,c}$	Distance d'extrémité non chargée extrémité non chargée	$\max\left[(1 + \lvert 6\sin\alpha \rvert)d; 4d\right]$	Sans objet	Sans objet
$a_{4,t}$	Distance de rive chargée a_{4t} : rive chargée a_{4c} : rive non chargée	$\max\left[(2 + 2\sin\alpha)d; 3d\right]$	78	418
$a_{4,c}$	Distance de rive non chargée a_{4t} : rive chargée a_{4c} : rive non chargée	$3d$	60	90

▶ Première étape : calcul pour une file

Les boulons sont disposés en une file dans l'axe du poteau moisé. Pour la traverse, une file ne comporte qu'un boulon, le nombre efficace est $n_{ef\,//} = 1$ (indépendant de l'orientation de l'effort).

L'assemblage comprend cinq boulons, donc $n_{ef} = 5 \cdot n_{ef\,//} = 5$.

▶ Seconde étape : calcul pour l'assemblage

Pour l'assemblage, $n_{ef} = 5$.

5.1.7   Conclusion

Le nombre efficace à retenir pour l'assemblage correspond à la valeur la plus faible, soit 3,51.

Les boulons sont sollicités par un chargement latéral et en double cisaillement.

Résistance caractéristique de l'ensemble des cinq boulons en double cisaillement :

$3,51 \times 2 \times 14\,404 = 101\,116$ N

$$\boxed{101\,116\ \text{N}}$$

▶ Justification

$$\text{Taux de travail} = \frac{100000}{101116} \leq 1$$

$$\boxed{0,99 < 1}$$

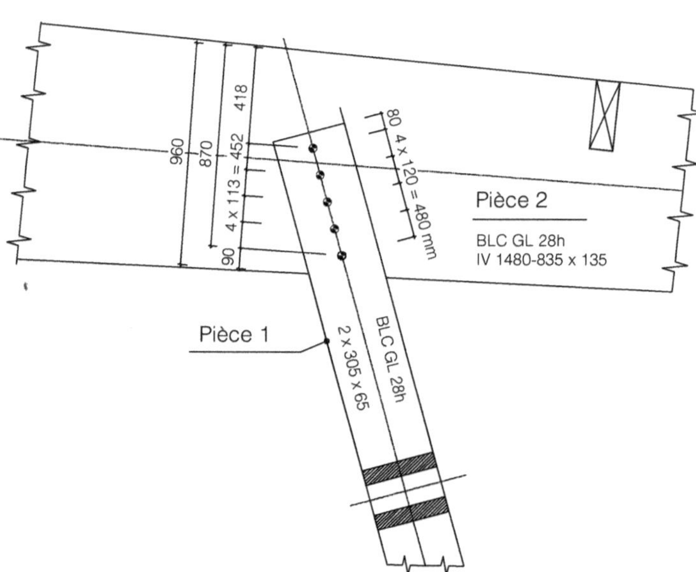

Schéma 9 : solution d'assemblage à cinq boulons

Remarque

Le positionnement vers le bas du groupe de boulons est imposé par la vérification du risque de fendage.

5.1.8 Troisième choix : quatre boulons sur deux files

Détermination de la distance parallèle au fil minimale (a1) à partir du nombre efficace nécessaire dans une file : $n_{ef//} \geq n \cdot \dfrac{n_{cal}}{n_{sel}}$.

$$n_{ef//} = n^{0,9} \cdot \sqrt[4]{\dfrac{a_1}{13d}}$$

$$a_1 = \left(\dfrac{n_{ef//}}{n^{0,9}}\right)^4 \cdot 13d$$

a_1 : distance entre les boulons dans la file (parallèle au fil du bois) minimale en fonction du nombre de boulons calculé et choisi.

n_{cal} : nombre de boulons de calcul.

n_{sel} : nombre de boulons sélectionnés.

n : nombre de boulons dans la file.

d : diamètre des boulons.

$$n_{ef//} \geq 2 \cdot \dfrac{3,47}{4} \text{ , soit } n_{ef//} \geq 1,735$$

$$a_1 = \left(\dfrac{1,735}{2^{0,9}}\right)^4 \cdot 13 \cdot 20$$

$$\boxed{a_{1,mini} = 194 \text{ mm}}$$

Cette valeur peut être placée dans l'assemblage (se reporter au schéma 10).

5.1.9 Pièce 1 : poteau moisé

Angle α = 180° ou 0°.

Tableau 19 : pinces

Pièce 1	Schémas	Expression	Distance minimale	Distance retenue
a_1	Espacement parallèle au fil	$(4 + \lvert\cos\alpha\rvert) \cdot d$	100	212
a_2	Espacement perpendiculaire au fil	4d	80	195
$a_{3,t}$	Distance d'extrémité chargée	max(7d;80 mm)	Sans objet	Sans objet

$a_{3,c}$	Distance d'extrémité non chargée	$\max\left[(1+\lvert 6\sin\alpha\rvert)d;\,4d\right]$	80	80
$a_{4,t}$	Distance de rive chargée	$\max\left[(2+2\sin\alpha)d;\,3d\right]$	60	60
$a_{4,c}$	Distance de rive non chargée	$3d$	60	60

▶ Première étape : calcul pour une file

L'assemblage comporte deux files de deux boulons distants de 212 mm.

Effort parallèle au fil : le nombre efficace est

$$n_{ef\,//} = n^{0,9} \cdot \sqrt[4]{\frac{a_1}{13d}} = 2^{0,9} \cdot \sqrt[4]{\frac{212}{13 \cdot 20}} = 1,773 \,.$$

▶ Seconde étape : calcul pour l'assemblage

L'effort est parallèle au fil du bois, les boulons sont sur deux files, donc :

$$n_{ef} = 2 \cdot n_{ef\,//} = 2 \times 1,773 = 3,546$$

5.1.10　Pièce 2 : traverse

Angle $\alpha = 71°$.

Tableau 20 : traverse

Pièce 2	Schémas		Expression	Distance minimale	Distance retenue
a_1	Espacement parallèle au fil		$(4 + |\cos\alpha|) \cdot d$	86,5	207
a_2	Espacement perpendiculaire au fil		$4d$	80	200
$a_{3,t}$	Distance d'extrémité chargée		$\max(7d; 80\ \text{mm})$	Sans objet	Sans objet
$a_{3,c}$	Distance d'extrémité non chargée		$\max\left[(1 + |6\sin\alpha|)d; 4d\right]$	Sans objet	Sans objet
$a_{4,t}$	Distance de rive chargée		$\max\left[(2 + 2\sin\alpha)d; 3d\right]$	78	674
$a_{4,c}$	Distance de rive non chargée		$3d$	60	90

▶ Nombre efficace de boulons de la pièce 2 (traverse), l'effort est incliné à 71°

Une file comporte deux boulons distants de 207 mm.

Effort parallèle au fil : le nombre efficace est

$$n_{ef\,//} = n^{0,9} \cdot \sqrt[4]{\frac{a_1}{13d}} = 2^{0,9} \cdot \sqrt[4]{\frac{207}{13 \cdot 20}} = 1,762\,.$$

Effort perpendiculaire au fil : le nombre efficace est $n_{ef\perp} = 2$.

L'effort est incliné à 71°. Il faut effectuer une interpolation linéaire entre $n_{eff\,//}$ et $n_{eff\perp}$:

$$n_{ef} = n_{ef\,//} + \frac{\alpha}{90}(n_{ef\perp} - n_{ef\,//})$$

$$n_{ef} = 1,762 + \frac{71}{90}(2 - 1,762) = 1,95$$

Le n_{ef} d'une file est égal à 1,95. L'assemblage comporte deux files, le n_{ef} de l'assemblage sera : $1,95 \times 2 = 3,9$ boulons efficaces.

Conclusion

Le nombre efficace à retenir pour l'assemblage correspond à la valeur la plus faible, soit 3,546.
Les boulons sont sollicités par un chargement latéral et en double cisaillement.
Résistance caractéristique de l'ensemble des quatre boulons en double cisaillement :
$3,546 \times 2 \times 14\,404 = 102\,153$ N

$$\boxed{102\,153 \text{ N}}$$

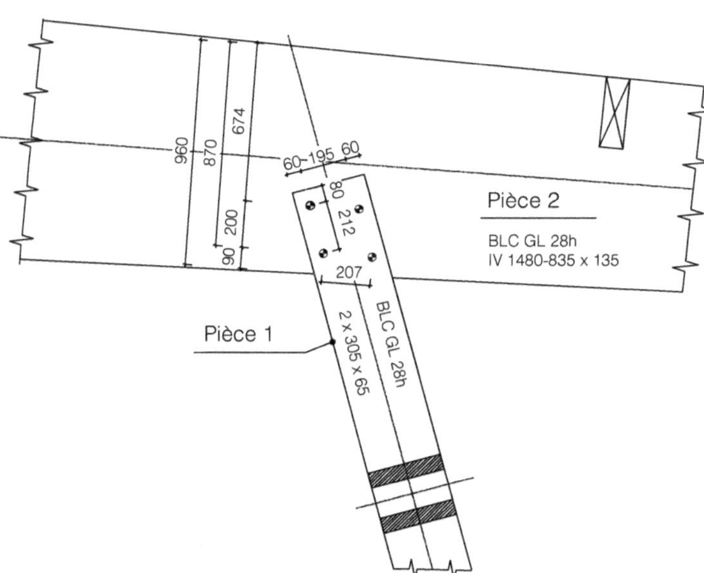

Schéma 10 : solution d'assemblage à quatre boulons en deux files

Justification

$$\text{Taux de travail} = \frac{100000}{102153} \leq 1$$

$$\boxed{0,98 < 1}$$

Remarque

Une mise en place des boulons sur deux files :
- nécessite un boulon de moins ;
- est plus performant en résistance ;
- permet un poteau plus court.

Mais la condition de fendage nécessite un positionnement très éloigné de la ligne moyenne.

5.2 Calcul des déplacements pour cinq boulons

5.2.1 Calcul du module de glissement d'assemblage

$$K_{ser} = \frac{\rho_m^{1,5} \cdot d}{23}$$

$$K_{ser} = \frac{470^{1,5} \cdot 20}{23}$$

$$\boxed{K_{ser} = 8\ 860 \text{ N/mm}}$$

5.2.2 Effort par boulon par plan de cisaillement (ELS)

Sous charge de neige :

- $F_{v,Ed} = 36 \text{ kN}$;

- nombre de boulons dans l'assemblage : 5 ;

- nombre de plans de cisaillement : 2 ;

- effort par boulon : $\dfrac{36000}{5 \times 2}$.

$$\boxed{F_S = 3\ 600 \text{ N}}$$

Sous charge permanente :

- $V_{v,Ed} = 34 \text{ kN}$;

- nombre de boulons dans l'assemblage : 5 ;

- nombre de plans de cisaillement : 2 ;

- effort par boulon : $\dfrac{34000}{5 \times 2}$.

$$\boxed{F_G = 3\ 400 \text{ N}}$$

5.2.3 Glissement instantané par boulon ou pour l'assemblage

Le jeu de perçage des boulons est de 1 mm. Il doit être ajouté au glissement :

$$u_{inst}(S) = \frac{F_S}{K_{ser}} + 1 = \frac{3600}{8860} + 1$$

$$\boxed{u_{inst}(S) = 1,4 \text{ mm}}$$

5.2.4 Glissement final par boulon ou pour l'assemblage

Sous chargement de longue durée, le glissement final est :

$$u_{fin} = u_{inst\,(G)} \cdot (1 + k_{def}) + [u_{inst\,(S)} - 1] \cdot (1 + \psi_2 \cdot k_{def}) + 1$$

Or, ici, pour une altitude inférieure à 1 000 m, $\psi_2 = 0$ et $k_{def} = 0{,}8$.

$$u_{fin} = u_{inst\,(G)} \cdot (1 + k_{def}) + [u_{inst\,(S)} - 1] + 1$$

$$u_{fin} = \frac{G(1 + k_{def}) + S}{S} \cdot [u_{inst\,(S)} - 1] + 1 = \frac{34000 \cdot (1 + 0{,}8) + 36000}{36000} \cdot [1{,}34 - 1] + 1$$

$$\boxed{u_{fin} = 2{,}08 \text{ mm}}$$

6. Applications résolues : vérification d'un assemblage tirant-ferrure métallique

6.1 Vérification à l'ELU

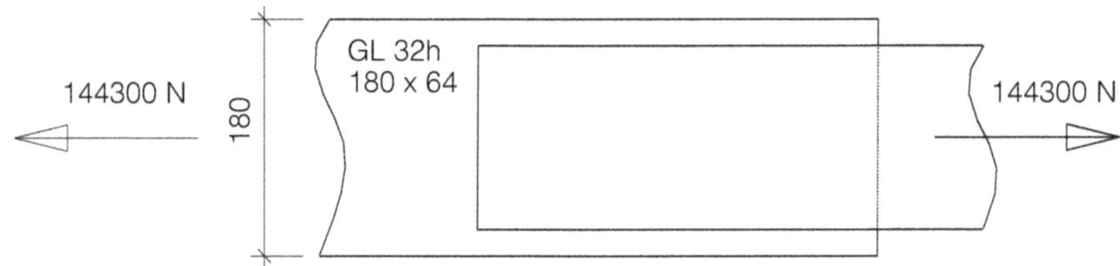

Schéma 11 : présentation de l'assemblage

Bois lamellé-collé GL32h (ρ_k = 430 kg/m³ ; ρ_m = 495 kg/m³).

Tirant : 180 × 64.

Flasques métalliques latérales : acier S235 (f_u = 360 MPa), épaisseur 6 mm.

9 boulons Ø12, de classe 6,8 ($f_{u,k}$ = 600 MPa).

Rondelle : D_{ext} = 40 mm ; d_{int} = 14 mm.

Action ELU : effort de traction 144,3 kN sous la combinaison C = 1,35 G + 1,5 W.

Action ELS : G = 58 kN ; W = 44 kN.

Classe de service 1.

Les boulons sont sollicités par un chargement latéral et en double cisaillement bois-métal.

6.1.1 Valeur caractéristique de la capacité résistante $F_{V,Rk}$

Portance locale

Tirant (pièce 2) : angle effort/fil du bois = 0°.

$$f_{h,2,k} = 0{,}082 \cdot (1 - 0{,}01 \cdot d) \cdot \rho_k = 0{,}082 \cdot (1 - 0{,}01 \cdot 12) \cdot 430 = 31 \text{ N/mm}^2$$

$$\boxed{f_{h,2,k} = 31 \text{ N/mm}^2}$$

$f_{h,2,k}$: portance locale caractéristique du boulon en N/mm².

ρ_k = 430 kg/m³ : masse volumique caractéristique du bois en kg/m³.

d = 12 mm : diamètre du boulon en mm.

α = 0° : angle de l'effort avec le fil du bois.

Moment d'écoulement plastique

$$M_{y,Rk} = 0{,}3 \cdot f_{u,k} \cdot d^{2,6} = 0{,}3 \cdot 600 \cdot 12^{2,6} = 115118$$

$$\boxed{115\ 118 \ \text{N} \cdot \text{mm}}$$

6.1.2   Calcul de $F_{ax,Rk}$: capacité caractéristique à l'arrachement

Résistance en traction du boulon :

$$F_{t,Rk} = \gamma_{M2} \cdot F_{t,Rd} = k_2 \cdot f_{ub} \cdot A_s = 0{,}9 \cdot 600 \cdot 84 = 45360 \ \text{N}$$

k_2 = 0,9 pour les boulons à tête hexagonale.

f_{ub} = 600 MPa : résistance ultime de l'acier du boulon.

A_s = 84 mm² : section résistante en traction du boulon.

Remarque

La résistance en traction est rarement dimensionnante, la résistance en compression transversale étant bien inférieure.

Résistance en compression transversale :

$$F_{ax,\,Rk} = 3 \cdot f_{c,90,k} \frac{\pi[D^2_{maxi} - (d+2)^2]}{4} = 3 \times 3{,}3 \cdot \frac{\pi \cdot [48^2 - (12+2)^2]}{4} = 16\,391 \ \text{N}$$

$f_{c,90,d}$ = 3,3 MPa : résistance caractéristique à la compression transversale en N/mm².

$$D_{maxi} = \min \begin{bmatrix} 12 \times 6 = 72 \\ 4 \times 12 = 48 \end{bmatrix}$$

$$\boxed{F_{ax,Rk} = 16\ 391 \ \text{N}}$$

6.1.3   Calcul de l'effet de corde

Effet de corde :

$$\frac{F_{ax,\,Rk}}{4} = \frac{16391}{4} = 4098 \ \text{N}$$

Pour des boulons, l'effet de corde est limité à 25 % de la partie de Johansen. Le détail des calculs ci-dessous a permis de déterminer la résistance minimale de la partie de Johansen : 10 643 N. La valeur limite est donc ici de : 0,25 × 10 643 = 2 660 N. Cette valeur sera retenue car $\dfrac{F_{ax,Rk}}{4} > 2660 \ \text{N}$.

Tableau 21 : calcul des différentes valeurs de résistance au simple cisaillement

(j)	$F_{v,Rk} = 0,5 \cdot f_{h,2,k} \cdot t_2 \cdot d$ $F_{v,Rk} = 0,5 \cdot 31 \cdot 64 \cdot 12$	11 904 N
(k)	$F_{v,Rk} = 1,15 \cdot \sqrt{2 M_{y,Rk} \cdot f_{h,2,k} \cdot d} + \dfrac{F_{ax,Rk}}{4}$ $F_{v,Rk} = 1,15 \cdot \sqrt{2 \cdot 115118 \cdot 31 \cdot 12} + \dfrac{F_{ax,Rk}}{4}$ $V_{v,Rk} = 10643 + 2660$	13 303 N

Résistance caractéristique pour un boulon pour un plan de cisaillement :

$$\boxed{F_{v,Rk} = 11\ 904\ N}$$

▶ Résistance de calcul $F_{V,Rd}$

$$F_{v,Rd} = F_{v,Rk} \cdot \frac{k_{mod}}{\gamma_M}$$

$F_{V,Rk}$: résistance caractéristique des tiges en N.

k_{mod} : coefficient modificatif en fonction de la charge de plus courte durée et de la classe de service.

γ_M : coefficient partiel qui tient compte de la dispersion du matériau (pour un assemblage $\gamma_M = 1{,}3$).

$$F_{v,Rd} = 11904 \cdot \frac{1,1}{1,3}$$

$$\boxed{F_{v,Rd} = 10\ 072\ N}$$

6.1.4 Cisaillement

Résistance au cisaillement du boulon

$$F_{v,Rd} = \frac{\alpha_v \cdot f_{ub} \cdot A}{\gamma_{M2}}$$

Coefficient α_v.

f_{ub} : résistance ultime de l'acier du boulon.

A : section résistante en traction du boulon A_s.

$\gamma_{M2} = 1{,}25$

$$F_{v,Rd} = \frac{0,5 \cdot 5600 \cdot 84}{1,25}$$

Tableau 22 : coefficient α_v et résistance ultime

Classe des boulons	4,6	4,8	5,6	5,8	6,8	8,8	10,9
α_v	0,6	0,5	0,6	0,5	0,5	0,6	0,5
f_{ub} (MPa)	400	400	500	500	600	800	1 000

Tableau 23 : section résistante en traction des boulons

Diamètre nominal	mm	10	12	14	16	18	20	22	24	27	30	33
A : section nominale	mm²	79	113	154	201	254	314	380	452	573	707	855
A_s : section résistante de la partie filetée	mm²	58	84	115	156	192	245	303	352	459	560	693

▶ Vérification

$$F_{v,Ed} = \frac{144300}{9 \cdot 2} = 8017 \ N$$: effort de calcul appliqué en cisaillement pour un boulon et un plan de cisaillement (neuf boulons et deux plaques : deux plans de cisaillement par boulon).

$F_{v,Rd} = 24192 \ N$: résistance de calcul en cisaillement.

Justification

$$\text{Taux de travail} = \frac{8017}{24192} \leq 1$$

$$\boxed{0{,}33 < 1}$$

6.1.5 Résistance en pression diamétrale

Selon l'eurocode 3 (3.6.1-10) :

pour $e_1 = e_2 = 1{,}5.d_0$, alors $\boxed{F_{b,Rd} \leq f_u \cdot d \cdot t}$

$$F_{b,Rd} \leq 360 \cdot 12 \cdot 6$$

$$\boxed{F_{b,Rd} \leq 25\ 920 \ N}$$

f_{ub} : résistance ultime de l'acier du boulon.
d : diamètre du boulon.
t : épaisseur de la plaque.

▶ Vérification

$F_{v,Ed} < F_{b,Rd}$

$$F_{v,Ed} = \frac{144300}{9 \cdot 2} = 8017 \ N$$: effort de calcul appliqué en cisaillement sur un boulon et sur une plaque d'épaisseur t (neuf boulons et deux plaques : dix-huit surfaces de contact).

$F_{b,Rd} = 25\ 920 \ N$: résistance de calcul en pression diamétrale.

Justification

$$\text{Taux de travail} = \frac{8\ 011}{25\ 920} \leq 1$$

$$\boxed{0{,}31 < 1}$$

6.1.6 Nombre de boulons de calcul

Les valeurs de a_2 et $a_{4,c}$ permettent de disposer les boulons de 12 mm en trois files.

$$n_{cal} = \frac{F_{v,Ed}}{2 \times F_{v,Rd}}$$

$$n_{cal} = \frac{144300}{2 \times 10072} = 7,16$$

6.1.7   Premier choix : trois files de trois boulons

Détermination de la distance parallèle au fil minimale (a_1) à partir du nombre efficace nécessaire dans une file : $n_{ef\,//} \geq n \cdot \dfrac{n_{cal}}{n_{sel}}$.

$$n_{ef\,//} = n^{0,9} \cdot \sqrt[4]{\frac{a_1}{13d}}$$

$$a_1 = \left(\frac{n_{ef\,//}}{n^{0,9}}\right)^4 \cdot 13d$$

a_1 : distance entre les boulons dans la file (parallèle au fil du bois) minimale en fonction du nombre de boulons calculé et choisi.
n_{cal} : nombre de boulons de calcul.
n_{sel} : nombre de boulons sélectionnés.
n : nombre de boulons dans la file.
d : diamètre des boulons.

$$n_{ef\,//} \geq 3 \cdot \frac{7,16}{9} \text{ , soit } n_{ef\,//} \geq 2,387$$

$$a_1 = \left(\frac{2,387}{3^{0,9}}\right)^4 \cdot 13 \cdot 12$$

$$\boxed{a_{1,mini} = 97 \text{ mm}}$$

Cette valeur peut être placée dans l'assemblage (se reporter au schéma 12).

▶ Tirant

Angle $\alpha = 0°$.

Tableau 24 : conditions d'espacement et de distance

Pièce 1	Schémas	Expression	Distance minimale	Distance retenue
a_1	Espacement parallèle au fil	$(4 + |\cos\alpha|) \cdot d$	60	100
a_2	Espacement perpendiculaire au fil	$4d$	48	50

$a_{3,t}$	**Distance d'extrémité chargée** extrémité chargée	$\max(7d; 80\ \text{mm})$	84	100
$a_{3,c}$	**Distance d'extrémité non chargée** extrémité non chargée	$\max\left[(1+\lvert 6\sin\alpha\rvert)d; 4d\right]$	Sans objet	Sans objet
$a_{4,t}$	**Distance de rive chargée** a_{4t} : rive chargée a_{4c} : rive non chargée	$\max\left[(2+2\sin\alpha)d; 3d\right]$	48	Sans objet
$a_{4,c}$	**Distance de rive non chargée** a_{4t} : rive chargée a_{4c} : rive non chargée	$3d$	36	40

▶ Première étape : calcul pour une file

L'assemblage comporte trois files de trois boulons distants de 100 mm.

Pour une file de trois boulons, effort parallèle au fil : le nombre efficace est

$$n_{ef\,//} = n^{0,9} \cdot \sqrt[4]{\frac{a_1}{13d}} = 4^{0,9} \cdot \sqrt[4]{\frac{100}{13 \cdot 12}} = 2,4\,.$$

▶ Seconde étape : calcul pour l'assemblage

L'effort est parallèle au fil du bois, donc :

$$n_{ef} = 3 \cdot n_{ef\,//} = 3 \times 2,4 = 7,21$$

▶ Pièce 2 : flasque métallique

Pinces.

Tableau 25 : conditions de distance (voir le chapitre 6, section 1.4 « Mode de calcul des boulons selon l'eurocode 3 »)

Pièce 2	Expression	Distance minimale	Distance retenue
p_1	$2,2.d_0$	28,6	$a_1 = 60$
p_2	$2,4.d_0$	31,2	$a_2 = 50$
e_1	$1,2.d_0$	15,6	20
e_2	$1,2.d_0$	15,6	20

Remarque

$d_0 = 12 + 1 = 13$ mm

Résistance caractéristique de l'ensemble des neuf boulons en double cisaillement :

$n_{ef} \times m \times F_{v,Rd} = 7{,}21 \times 2 \times 10\ 072 = 145\ 238$ N

$\boxed{145\ 238\ \text{N}}$

m = 2, nombre de plans de cisaillement par boulon.

Justification

Taux de travail = $\dfrac{144300}{145238} \leq 1$

$\boxed{0{,}993 < 1}$

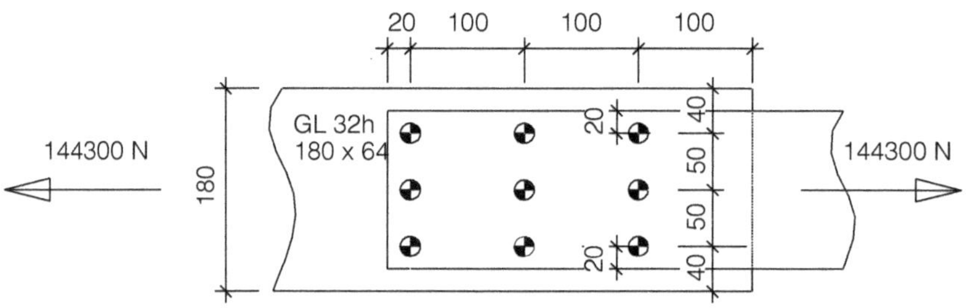

Schéma 12 : solution d'assemblage pour neuf boulons

6.1.8 Second choix : trois files de quatre boulons

Détermination de la distance parallèle au fil minimale (a_1) à partir du nombre efficace nécessaire dans une file : $n_{ef\,//} \geq n \cdot \dfrac{n_{cal}}{n_{sel}}$.

$$n_{ef\,//} = n^{0,9} \cdot \sqrt[4]{\dfrac{a_1}{13d}}$$

$$a_1 = \left(\dfrac{n_{ef\,//}}{n^{0,9}}\right)^4 \cdot 13d$$

a_1 : distance entre les boulons dans la file (parallèle au fil du bois) minimale en fonction du nombre de boulons calculé et choisi.

n_{cal} : nombre de boulons de calcul.

n_{sel} : nombre de boulons sélectionnés.

n : nombre de boulons dans la file.

d : diamètre des boulons.

$$n_{ef\,/\!/} \geq 4 \cdot \frac{7{,}16}{9} \text{, soit } n_{ef\,/\!/} \geq 2{,}387$$

$$a_1 = \left(\frac{2{,}387}{4^{0{,}9}}\right)^4 \cdot 13 \cdot 12$$

$$\boxed{a_{1,\text{mini}} = 34{,}5 \text{ mm}}$$

Cette valeur est inférieure à l'espacement minimal, elle peut être placée dans l'assemblage (se reporter au schéma 13).

▶ Tirant

Pinces. Angle $\alpha = 0°$.

Tableau 26 : conditions d'espacement et de distance

Pièce 1	Schémas	Expression	Distance minimale	Distance retenue
a_1	Espacement parallèle au fil	$(4 + |\cos\alpha|) \cdot d$	60	60
a_2	Espacement perpendiculaire au fil	$4d$	48	50
$a_{3,t}$	Distance d'extrémité chargée — extrémité chargée	$\max(7d\,;80\text{ mm})$	84	100
$a_{3,c}$	Distance d'extrémité non chargée — extrémité non chargée	$\max\big[(1 + |6\sin\alpha|)d\,;4d\big]$	Sans objet	Sans objet
$a_{4,t}$	Distance de rive chargée — a_{4t} : rive chargée / a_{4c} : rive non chargée	$\max\big[(2 + 2\sin\alpha)d\,;3d\big]$	48	Sans objet

Tableau 28 : conditions d'espacement et de distance *(suite)*

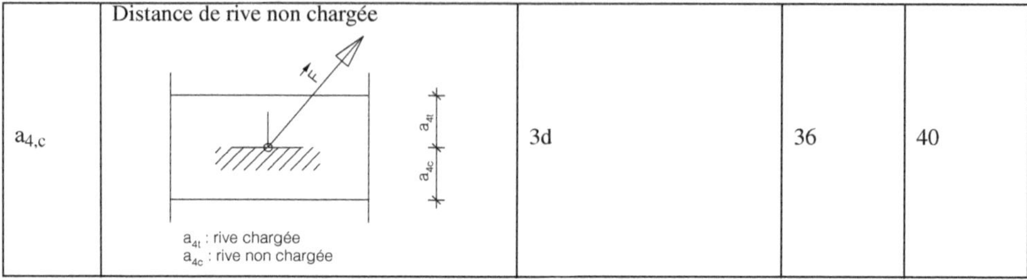

$a_{4,c}$		3d	36	40

▶ Première étape : calcul pour une file

L'assemblage comporte trois files de quatre boulons distants de 60 mm.

Pour une file de quatre boulons, effort parallèle au fil : le nombre efficace est

$$n_{ef//} = n^{0,9} \cdot \sqrt[4]{\frac{a_1}{13d}} = 4^{0,9} \cdot \sqrt[4]{\frac{60}{13 \cdot 12}} = 2,74 \, .$$

▶ Seconde étape : calcul pour l'assemblage

L'effort est parallèle au fil du bois, donc :

$n_{ef} = 3 \cdot n_{ef//} = 3 \cdot 2,74 = 8,2$

Résistance caractéristique de l'ensemble des douze boulons en double cisaillement :

$n_{ef} \times m \times F_{v,Rd} = 8,2 \times 2 \times 10\,072 = 165\,180$ N

$\boxed{165\,180 \text{ N}}$

$m = 2$, nombre de plans de cisaillement par boulon.

▶ Justification

Taux de travail $= \dfrac{144300}{165180} \leq 1$

$\boxed{0,87 < 1}$

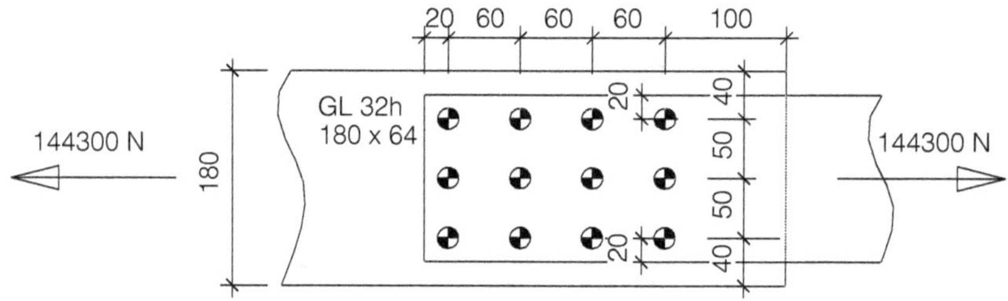

Schéma 13 : solution d'assemblage pour douze boulons

Remarque

La solution à neuf boulons nécessite une emprise légèrement supérieure mais évite la mise en place de trois boulons supplémentaires.

6.2   Calcul des déplacements pour neuf boulons

6.2.1   Calcul du module de glissement d'assemblage

$$K_{ser} = \frac{\rho_m^{1,5} \cdot d}{23}$$

$$K_{ser} = \frac{495^{1,5} \cdot 12}{23}$$

$$\boxed{K_{ser} = 5\ 745 \text{ N/mm}}$$

6.2.2   Effort par boulon par plan de cisaillement (ELS)

Sous l'action du vent :

- $F_{v,Ed} = 44$ kN ;
- nombre de boulons dans l'assemblage : 9 ;
- nombre de plans de cisaillement : 2 ;
- effort par boulon : $\dfrac{44000}{9 \times 2}$.

$$\boxed{F_S = 2\ 444 \text{ N}}$$

Sous charge permanente :

- $F_{v,Ed} = 58$ kN ;
- nombre de boulons dans l'assemblage : 9 ;
- nombre de plans de cisaillement : 2 ;
- effort par boulon : $\dfrac{58000}{9 \times 2}$.

$$\boxed{F_G = 3\ 222 \text{ N}}$$

6.2.3   Glissement instantané par boulon ou pour l'assemblage

Le jeu de perçage des boulons est de 1 mm. Il doit être ajouté au glissement :

$$u_{inst}(W) = \frac{F_S}{K_{ser}} + 1 = \frac{2444}{5745} + 1$$

$$\boxed{u_{inst}(W) = 1,43 \text{ mm}}$$

6.2.4   Glissement final par boulon ou pour l'assemblage

Sous chargement de longue durée, le glissement final est :

$$u_{fin} = u_{inst\,(G)} \cdot (1 + k_{def}) + [u_{inst\,(W)} - 1] \cdot (1 + \psi_2 \cdot k_{def}) + 1$$

Or, ici, pour une action de vent $\psi_2 = 0$ et $k_{def} = 0,6$:

$$u_{fin} = u_{inst\,(G)} \cdot (1 + k_{def}) + [u_{inst\,(W)} - 1] + 1$$

$$u_{fin} = \frac{G(1 + k_{def}) + W}{W} \cdot [u_{inst\,(W)} - 1] + 1 = \frac{58000 \cdot (1 + 0,6) + 44000}{44000} \cdot [1,43 - 1] + 1$$

$$\boxed{u_{fin} = 2,34 \text{ mm}}$$

7. Applications résolues : vérification d'un assemblage poutre BLC-ferrure métallique

7.1 Vérification à l'ELU

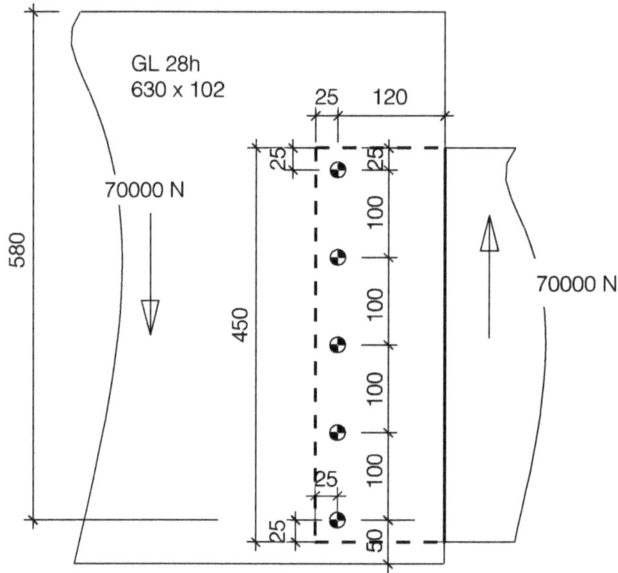

Schéma 14 : présentation de l'assemblage

Bois lamellé-collé GL28h (ρ_k = 410 kg/m³ ; ρ_m = 470 kg/m³).

Poutre : 102 × 630.

Flasque métallique médian : acier S235 (f_u = 360 MPa) épaisseur 6 mm.

Ferme encastrée sur ossature béton.

5 broches Ø16 ($f_{u,k}$ = 600 MPa).

Action ELU : effort de cisaillement 70 000 N sous la combinaison $C = 1,35\,G + 1,5\,Q$.

Action ELS : G = 12 kN ; Q = 36 kN.

Bâtiment d'habitation.

Classe de service 1.

Les broches sont sollicitées par un chargement latéral et en double cisaillement bois-métal.

7.1.1 Valeur caractéristique de la capacité résistante $F_{V,Rk}$

Portance locale

Poutre (pièce 1) : angle effort/fil du bois = 90°.

$$f_{h,1,k} = 0{,}082 \cdot (1 - 0{,}01 \cdot d) \cdot \rho_k = 0{,}082 \cdot (1 - 0{,}01 \cdot 16) \cdot 410 = 28{,}2 \ \text{N/mm}^2$$

$$\boxed{f_{h,1,k} = 28{,}2 \ \text{N/mm}^2}$$

$f_{h,1,k}$: portance locale caractéristique de la broche en N/mm².

ρ_k = 410 kg/m³ : masse volumique caractéristique du bois en kg/m³.

d = 16 mm : diamètre de la broche en mm.

Angle effort/fil du bois = 90°.

$$k_{90} = 1,35 + 0,015 \cdot d = 1,35 + 0,015 \cdot 15 = 1,59$$

$$f_{h,90,k} = \frac{f_{h,o,k}}{k_{90}\sin^2 90 + \cos^2 90} = \frac{28,2}{1,59 \cdot 1 + 0}$$

$$\boxed{f_{h,90,k} = 17,8 \text{ N/mm}^2}$$

$f_{h,o,k}$: portance locale caractéristique de la broche en N/mm².

k_{90} : 1,35 + 0,015d pour les résineux.

ρ_k = 410 kg/m³ : masse volumique caractéristique du bois en kg/m³.

d = 16 mm : diamètre de la broche en mm.

Moment d'écoulement plastique

$$M_{y,Rk} = 0,3 \cdot f_{u,k} \cdot d^{2,6} = 0,3 \cdot 600 \cdot 16^{2,6} = 243212$$

$$\boxed{243\ 212 \text{ N} \cdot \text{mm}}$$

7.1.2 Calcul de $F_{ax,Rk}$: capacité caractéristique à l'arrachement

Calcul de l'effet de corde

Pour les broches, l'effet de corde est nul.

7.1.3 Calcul des différentes valeurs de résistance en double cisaillement

Tableau 27 : valeurs de résistance en double cisaillement

(f)	$F_{v,Rk} = f_{h,k} \cdot t_1 \cdot d$ $F_{v,Rk} = 17,8 \cdot 47 \cdot 16$	13 386 N
(g)	$F_{v,Rk} = f_{h,1,k} \cdot t_1 \cdot d \cdot \left[\sqrt{2 + \dfrac{4M_{y,Rk}}{f_{h,1,k} \cdot d \cdot t_1^2}} - 1 \right] + \dfrac{F_{ax,Rk}}{4}$ $F_{v,Rk} = 13386 \cdot \left[\sqrt{2 + \dfrac{4.243212}{17 \cdot 8 \cdot 16 \cdot 47^2}} - 1 \right] + 0$ $F_{v,Rk} = 11822$	11 822 N
(h)	$F_{v,Rk} = 2,3 \cdot \sqrt{M_{y,Rk} \cdot f_{h,1,k} \cdot d} + \dfrac{F_{ax,Rk}}{4}$ $F_{v,Rk} = 2,3 \cdot \sqrt{243212 \cdot 17,8 \cdot 16} + 0$ $F_{v,Rk} = 19142$	19 142 N

Résistance caractéristique pour une broche pour un plan de cisaillement :

$$\boxed{F_{v,Rk} = 11\ 822 \text{ N}}$$

▶ Résistance de calcul $F_{v,Rd}$

$$F_{v,Rd} = F_{v,Rk} \cdot \frac{k_{mod}}{\gamma_M}.$$

$F_{V,Rk}$: résistance caractéristique des tiges en N.

k_{mod} : coefficient modificatif en fonction de la charge de plus courte durée et de la classe de service.

γ_M : coefficient partiel qui tient compte de la dispersion du matériau (pour un assemblage $\gamma_M = 1{,}3$).

$$F_{v,Rd} = 11822 \cdot \frac{0{,}8}{1{,}3}$$

$$\boxed{F_{v,Rd} = 7\,275 \text{ N}}$$

▶ Nombre de broches de calcul

Les valeurs de a_2 et $a_{4,c}$ permettent de disposer les broches de 16 mm en trois files.

$$n_{cal} = \frac{F_{v,Ed}}{2 \cdot F_{v,Rd}}$$

$$n_{cal} = \frac{70000}{2 \times 7275} = 4{,}81$$

La solution retenue est de cinq broches disposées en une colonne.

7.1.4 Conditions des pinces dans la poutre

Pinces.

Angle $\alpha = 90°$.

Tableau 28 : conditions d'espacement et de distance

Pièce 1	Schémas	Expression	Distance minimale	Distance retenue
a_1	Espacement parallèle au fil	$3 + 2\,|\cos \alpha|)\,d$	Sans objet	Sans objet
a_2	Espacement perpendiculaire au fil	$3d$	48	100
$a_{3,t}$	Distance d'extrémité chargée	$\max(7d; 80 \text{ mm})$	112	120

$a_{3,c}$	Distance d'extrémité non chargée a_{3c} extrémité non chargée	$\max\left[(1+|6\sin\alpha|)d\,;4d\right]$	112	120
$a_{4,t}$	Distance de rive chargée a_{4t} : rive chargée a_{4c} : rive non chargée	$\max\left[(2+2\sin\alpha)d\,;3d\right]$	64	180
$a_{4,c}$	Distance de rive non chargée a_{4t} : rive chargée a_{4c} : rive non chargée	$3d$	48	50

▶ Première étape : calcul pour une file

L'assemblage comporte cinq files d'une seule broche (dans le fil du bois).

Effort perpendiculaire au fil : le nombre efficace est $n_{ef\perp} = 1$.

▶ Seconde étape : calcul pour l'assemblage

L'effort est perpendiculaire au fil du bois, donc :

$$n_{ef} = 5 \cdot n_{ef\perp} = 5$$

7.1.5   Conditions des pinces dans la flasque métallique

Tableau 29 : conditions de distance (voir le chapitre 6, section 1.4 « Mode de calcul des boulons selon l'eurocode 3 »)

Pièce 2	Expression	Distance minimale	Distance retenue
p_1	$2,2.d_0$	37,4	Sans objet
p_2	$2,4.d_0$	40,8	$A_2 = 100$
e_1	$1,2.d_0$	20,4	25
e_2	$1,2.d_0$	20,4	25

Remarque

$d_0 = d + 1 = 16 + 1 = 17$ mm

Résistance caractéristique de l'ensemble des cinq broches (deux plans de cisaillement) :

$n_{ef} \times m \times F_{v,Rd} = 5 \times 2 \times 7\,275 = 72\,750$ N

$$\boxed{72\,750\ \text{N}}$$

m : nombre de plans de cisaillement par broche.

Justification

Taux de travail $= \dfrac{70000}{72750} \leq 1$

$$\boxed{0,96 < 1}$$

7.1.6 Cisaillement selon l'EC3

Résistance au cisaillement de la broche : $F_{v,Rd} = \dfrac{\alpha_v \cdot f_{ub} \cdot A}{\gamma_{M2}}$

$$F_{v,Rd} = \frac{0,6 \cdot 600 \cdot 201}{1,25} = 57888\ \text{N}$$

Coefficient α_v.

f_{ub} : résistance ultime de l'acier de la broche.

Tableau 30 : coefficient α_v et résistance ultime

Classe des boulons	4.6	4.8	5.6	5.8	6.8	8.8	10.9
α_v	0,6	0,5	0,6	0,5	0,5	0,6	0,5
f_{ub} (MPa)	400	400	500	500	600	800	1 000

A : section résistante des broches.

Tableau 31 : section résistante des broches

Diamètre nominal	mm	10	12	14	16	18	20	22	24	27	30	33
A : section nominale	mm²	79	113	154	201	254	314	380	452	573	707	855

$\gamma_{M2} = 1,25$

▶ Vérification

$F_{v,Ed} = \dfrac{70000}{5 \cdot 2} = 7000$ N : effort de calcul appliqué en cisaillement pour une broche et un plan de cisaillement (cinq broches et une plaque : deux plans de cisaillement par broche).

$F_{v,Rd} = 57888$ N : résistance de calcul en cisaillement.

Justification

$$\text{Taux de travail} = \frac{7000}{57888} \leq 1$$

$$\boxed{0{,}12 < 1}$$

7.1.7   Résistance en pression diamétrale

Selon 3.6.1 (10), pour $e_1 = e_2 = 1{,}5.d_0$, alors $\boxed{f_{b,Rd} \leq f_u \cdot d \cdot t}$

$Fb;Rd \leq 300 \cdot 16 \cdot 6$

$$\boxed{F_{b,Rd} \leq 34\ 560\ N}$$

f_{ub} : résistance ultime de l'acier de la broche.
d : diamètre de la broche.
t : épaisseur de la plaque.

▶ Vérification

$$\boxed{F_{v,Ed} < F_{b,Rd}}$$

$F_{v,Ed} = \dfrac{70000}{5 \cdot 1} = 14000\ N$: effort de calcul appliqué en cisaillement sur une broche et sur

une plaque d'épaisseur t (cinq broches et une plaque : cinq surfaces de contact).
$F_{v,rd} = 34\ 560\ N$: résistance de calcul en pression diamétrale.

Justification
$$\text{Taux de travail} = \frac{14\ 000}{34\ 500} \leq 1$$

$$\boxed{0{,}41 < 1}$$

7.2   Calcul des déplacements pour cinq broches

7.2.1   Calcul du module de glissement d'assemblage

$$K_{ser} = \frac{\rho_m^{1,5} \cdot d}{23}$$

$$K_{ser} = \frac{470^{1,5} \cdot 16}{23}$$

$$\boxed{K_{ser} = 7\ 088\ N/mm}$$

7.2.2   Effort par broche par plan de cisaillement (ELS)
Sous l'action de la charge d'exploitation :

- $F_{v,Ed} = 36\ kN$;
- nombre de broches dans l'assemblage : 5 ;
- nombre de plans de cisaillement : 2 ;

- effort par broche et par plan de cisaillement : $\dfrac{36000}{5 \times 2}$.

$$\boxed{F_Q = 3\ 600\ \text{N}}$$

Sous charge permanente :

- $F_{v,Ed} = 12\ \text{kN}$;
- nombre de broches dans l'assemblage : 5 ;
- nombre de plans de cisaillement : 2 ;

- effort par broche et par plan de cisaillement : $\dfrac{12000}{5 \times 2}$.

$$\boxed{F_G = 1\ 200\ \text{N}}$$

7.2.3   Glissement instantané par broche ou pour l'assemblage

Pour les broches, le jeu de perçage est inexistant :

$$u_{\text{inst}}(Q) = \frac{F_Q}{K_{\text{ser}}} = \frac{3600}{7088}$$

$$\boxed{u_{\text{inst}}(Q) = 0,51\ \text{mm}}$$

7.2.4   Glissement final par broche ou pour l'assemblage

Sous chargement de longue durée, le glissement final est :

$$u_{\text{fin}} = u_{\text{inst}\,(G)} \cdot (1 + k_{\text{def}}) + u_{\text{inst}\,(Q)} \cdot (1 + \psi_2 \cdot k_{\text{def}})$$

Or, ici, $\psi_2 = 0,3$ et $k_{\text{def}} = 0,6$.

$$u_{\text{fin}} = \frac{G(1+k_{\text{def}}) + Q}{Q} \cdot u_{\text{inst}(Q)} = \frac{12000 \cdot (1+0,6) + 36000 \cdot (1+0,3 \cdot 0,6)}{36000} \cdot 0,51$$

$$u_{\text{fin}} = \frac{G(1+k_{\text{def}}) + Q(1+\psi_2 \cdot k_{\text{def}})}{Q} \cdot u_{\text{inst}(Q)} = \frac{12000 \cdot (1+0,6) + 36000 \cdot (1+0,3 \cdot 0,6)}{36000} \cdot 0,51$$

$$\boxed{u_{\text{fin}} = 0,88\ \text{mm}}$$

7. Assemblages par tire-fonds, anneaux et crampons

1. Assemblages par tire-fond

Les assemblages par tire-fond sont employés par exemple pour relier des montants de maison à ossature bois de type plate-forme dans les angles des murs (tire-fond de faible diamètre) ou pour assembler des ferrures sur du bois reprenant des efforts modérés (assemblage bois-métal). Ce mode d'assemblage possède une grande résistance à l'arrachement. Les tire-fond de gros diamètre nécessitent un perçage étagé (le diamètre de perçage de la partie lisse est différent de celui de la partie filetée). Les tire-fond doivent obligatoirement être vissés.

En fonction du diamètre, la justification des tire-fond reprendra le modèle de la justification des pointes ou des boulons.

L'assemblage est justifié lorsque l'effort subi par les tire-fond reste inférieur ou égal à la capacité résistante.

Chargement latéral : $\dfrac{F_{v,Ed}}{F_{v,Rd}} \leq 1$

$F_{v,Ed}$: sollicitation agissante latérale.

$F_{v,Rd}$: capacité résistante latérale.

Chargement axial : $\dfrac{F_{ax,Ed}}{F_{ax,Rd}} \leq 1$

$F_{ax,Ed}$: sollicitation agissante axiale.

$F_{ax,Rd}$: capacité résistante axiale.

Attention, ne pas oublier de vérifier la rupture de bloc, le cisaillement provoqué par l'effort tranchant et le risque de fendage.

1.1 Justification lorsque le chargement est latéral

Le diamètre de calcul est égal au diamètre de la partie lisse si on a simultanément :

- la partie lisse pénètre de 4d dans la pièce de bois contenant la pointe du tire-fond ;

- le diamètre extérieur de la partie filetée est égal au diamètre de la partie lisse.

Dans le cas contraire, le diamètre de calcul est égal au diamètre intérieur de la partie filetée augmentée de 10 %.

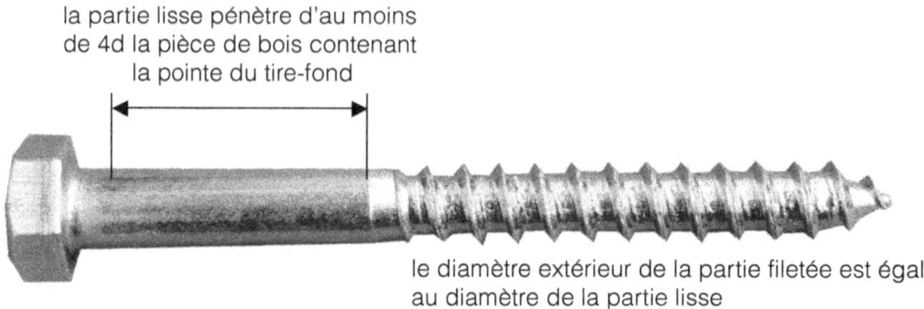

Schéma 1 : diamètre de calcul

La justification d'un tire-fond à partie lisse d'un diamètre inférieur à 6 mm est identique à celle des pointes.

La justification d'un tire-fond à partie lisse d'un diamètre supérieur à 6 mm est identique à celle des boulons.

Remarque

Pour les tire-fond sans partie lisse, on propose de retenir comme diamètre le diamètre de calcul.

Un préperçage est toujours nécessaire pour les feuillus. Il est nécessaire pour les résineux lorsque le diamètre de la partie lisse du tire-fond est supérieur à 6 mm.

Le préperçage aura deux diamètres différents.

Tableau 1 : diamètre de perçage

Tire-fond	Diamètre de perçage
Partie lisse	$\varnothing_{\text{perçage}} = \varnothing_{\text{partie lisse}}$
Partie filetée	$\varnothing_{\text{perçage}} = 0{,}7 \times \varnothing_{\text{partie filetée}}$

1.2 Valeur caractéristique de la capacité à l'arrachement lorsque le chargement est axial[1]

Dans un assemblage bois-bois, la capacité à l'arrachement des tire-fond dépend :

• de la résistance du tire-fond en traction ;

• de la résistance à l'enfoncement de la tête dans la pièce de bois ;

• de la capacité à l'arrachement de la partie filetée du tire-fond dans la seconde pièce.

Dans la majorité des applications, cette dernière valeur est la plus faible, notamment lorsque qu'une rondelle de charpentier ou une plaque est placée sous la tête du tire-fond.

Dans un assemblage bois-métal, la capacité à l'arrachement des tire-fond dépend :

• de la résistance du tire-fond en traction ;

• de la résistance de la tête du tire-fond vis-à-vis de la plaque métallique ;

• du risque de cisaillement de bloc lorsqu'il y a de nombreux tire-fond ;

• de la capacité à l'arrachement de la partie filetée du tire-fond dans la seconde pièce.

---

1. Effort axial que peut supporter le tire-fond.

Dans la majorité des applications, cette dernière valeur est la plus faible.

L'épaisseur de chaque pièce de bois doit-être supérieure à 12d (t ≥ 12t). La longueur de pénétration de la partie filetée du coté de la pointe doit être de 6d au minimum.

La valeur caractéristique de la capacité à l'arrachement de tire-fond conformes à l'EN 14592 avec un diamètre extérieur du filet (d) compris entre 6 et 12 mm et un rapport du diamètre intérieur du filet (d_1) sur le diamètre extérieur du filet compris entre 0,6 et 0,75 ($0,6 \leq d_1/d \leq 0,75$) est :

$$F_{ax,\alpha,Rk} = \frac{n_{ef} \cdot f_{ax,k} \cdot d \cdot \ell_{ef} \cdot k_d}{\sin^2\alpha + 1,2\cos^2\alpha}$$

(8.38)

$$\text{Avec } f_{ax,k} = 0,52 \cdot d^{-0,5} \cdot \ell_{ef}^{-0,1} \cdot \rho_k^{0,8} \text{ et } k_d = \min\begin{cases} \dfrac{d}{8} \\ 1 \end{cases}$$

(8.39) et (8.40)

$F_{ax,,Rk}$ est la valeur caractéristique de la capacité résistante à l'arrachement de l'assemblage à un angle par rapport au fil, en N,

n_{ef} est le nombre efficace de tirefonds, $n_{ef} = n^{0,9}$,

$f_{ax,k}$ est la valeur caractéristique de la résistance à l'arrachement perpendiculairement au fil, en N/mm^2,

d est le diamètre extérieur du filet ;

d_1 est le diamètre intérieur du filet

l_{ef} est la longueur de pénétration de la partie filetée, en mm ;

ρ_k est la masse volumique caractéristique, en kg/m^3 ;

α est l'angle formé par l'axe du tire-fonds et la direction du fil, avec $\alpha \geq 30°$.

Pour un groupe de tire-fond, le nombre efficace est $n_{ef} = n^{0,9}$.

(8.41)

1.2.1   Condition de pince pour un chargement axial

Les conditions de pince sont précisées dans le tableau 2.

Tableau 2 : espacement des tire-fonds

Espacement minimal d'un tire-fonds sur un plan parallèle au fil	Espacement minimal d'un tire-fonds perpendiculaire à un plan et parallèle au fil	Distance d'extrémité minimale du centre de gravité de la partie filetée du tire-fonds dans l'élément	Distance minimale de rive du centre de gravité de la partie filetée du tire-fonds dans l'élément
a_1	a_2	$a_{3,CG}$	$a_{4,CG}$
7d	5d	10d	4d

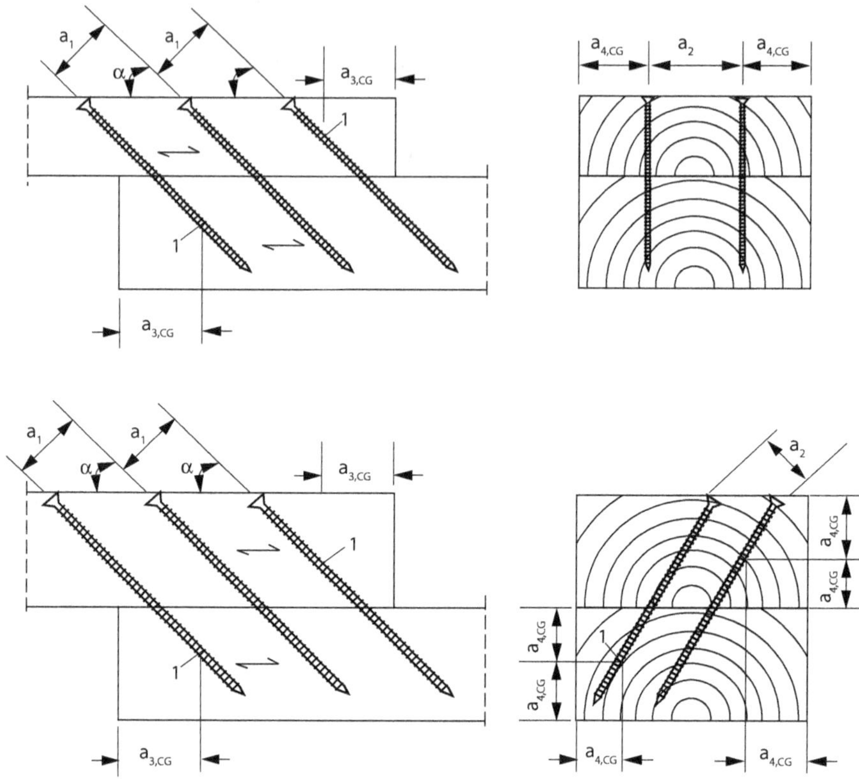

Schéma 2 : espacement des tire-fonds

▶ Chargement combiné

L'assemblage est justifié lorsque l'inéquation suivante est respectée :

$$\left(\frac{F_{ax,Ed}}{F_{ax,Rd}}\right)^2 + \left(\frac{F_{v,Ed}}{F_{v,Rd}}\right)^2 \leq 1$$

(8.28)

$F_{v,Ed}$: sollicitation agissante latérale.

$F_{v,Rd}$: capacité résistante latérale.

$F_{ax,Ed}$: sollicitation agissante axiale.

$F_{ax,Rd}$: capacité résistante axiale.

1.2.2 Condition de pince pour un chargement combiné

Les valeurs à retenir pour les distances et espacement correspondent aux conditions les plus défavorables entre un chargement latéral et un chargement axial.

2. Applications résolues : vérification d'une ferrure de contreventement

Schéma 3 : ferrure vissée sur un poteau, recevant des barres de contreventement

Poteau en bois lamellé-collé de 200 x 200 mm classé GL24 (ρ_k = 380 kg/m³).

Classe de service 2 (hall de stockage fermé mais non chauffé).

Action ELU : effort de traction de 19 000 N avec un angle de 38° par rapport au poteau.

Combinaison C_{max} = 1,35 G + 1,5 W.

4 tire-fonds de 120 x 8 mm de diamètre extérieur du filet et de 5,3 mm de diamètre intérieur du filet. Les tire-fonds sont filetés sur toute la longueur.

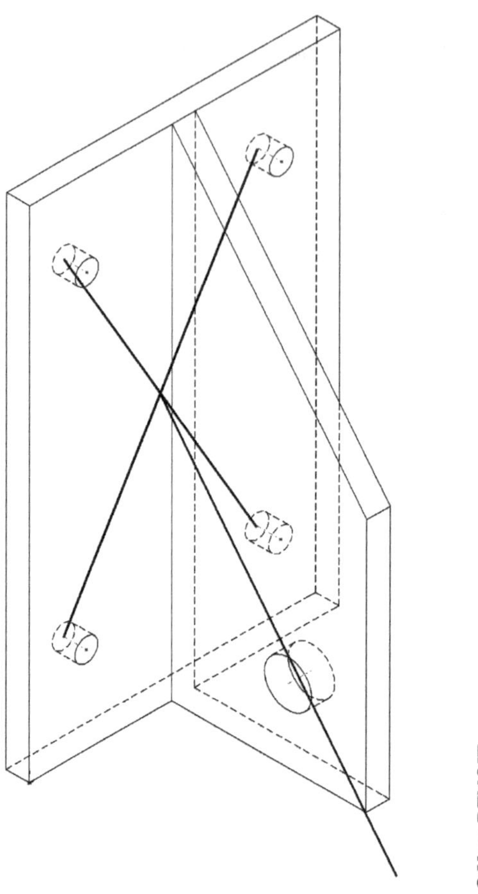

Schéma 4 : pour éviter la transmission d'un moment sur la ferrure par la barre de contreventement qui provoquerait un effort d'arrachement supplémentaire, il est préférable que le support de la force passe par le centre de gravité de l'assemblage

2.1 Vérification des conditions de pénétration du côté de la pointe de la partie filetée

Pénétration minimale pour un chargement axial : 6d (chargement latéral 4d).

Le diamètre efficace est $5,3 \times 1,1 = 5,8$ mm. L'épaisseur de la platine est de 6 mm, la longueur de pénétration est de : $120 - 6 = 114$ mm filetée, soit $114/5,8 = 13,8d$

$$\boxed{19,6d > 6d}$$

Critère vérifié.

Remarque

Par construction, un tire-fond respecte cette condition. Sur cet assemblage, cette vérification n'est pas nécessaire.

2.2 Valeur caractéristique de la capacité résistante $F_{V,Rk}$

2.2.1 Valeur de la pénétration de la tige

$t_1 = 114$ mm (enfoncement dans le bois).

2.2.2 Portance locale

$d_{Tire\text{-}fond} \leq 6$ mm : il n'y a pas de préperçage.

$$f_{h,k} = 0{,}082 \cdot \rho_k \cdot d^{-0,3} = 0{,}082 \cdot 380 \cdot 5{,}8^{-0,3}$$

$$\boxed{18{,}4 \text{ N/mm}^2}$$

2.2.3 Moment d'écoulement plastique

$$M_{y,Rk} = 0{,}3 \cdot f_u \cdot d^{2,6} = 0{,}3 \cdot 600 \cdot 5{,}8^{2,6} = 17385 \text{ N} \cdot \text{mm}$$

$$\boxed{17\,385 \text{ N} \cdot \text{mm}}$$

2.2.4 Effet de corde

▶ **Valeur caractéristique de la capacité à l'arrachement d'un tire-fond**

Le diamètre extérieur du filet (d) est de 8 mm et le rapport du diamètre intérieur du filet (d_1) sur le diamètre extérieur du filet (5,3/8) est de 0,66. La Valeur caractéristique de la capacité à l'arrachement est de :

$$F_{ax,\alpha,Rk} = \frac{n_{ef} \cdot f_{ax,k} \cdot d \cdot \ell_{ef} \cdot k_d}{\sin^2\alpha + 1{,}2 \cos^2\alpha} = \frac{1 \cdot 13{,}26 \cdot 8 \cdot 114 \cdot 1}{\sin^2 90 + 1{,}2 \cos^2 90} = 12\,094 \text{ N}$$

$$(8.38)$$

$$\text{Avec} \quad \begin{aligned} f_{ax,k} &= 0{,}52 \cdot d^{-0,5} \cdot \ell_{ef}^{-0,1} \cdot \rho_k^{0,8} \\ &= 0{,}52 \cdot 8^{-0,5} \cdot 114^{-0,1} \cdot 380^{0,8} = 13{,}26 \text{ N/mm}^2 \end{aligned} \quad \text{et } k_d = \min \begin{cases} \dfrac{d}{8} = 1 \\ 1 \end{cases}$$

$$(8.39) \text{ et } (8.40)$$

$F_{ax,,Rk}$ est la valeur caractéristique de la capacité résistante à l'arrachement de l'assemblage à un angle par rapport au fil, en N,

n_{ef} est le nombre efficace de tirefonds, $n_{ef} = n^{0,9}$,

$f_{ax,k}$ est la valeur caractéristique de la résistance à l'arrachement perpendiculairement au fil, en N/mm²,

d est le diamètre extérieur du filet ;

d_1 est le diamètre intérieur du filet

l_{ef} est la longueur de pénétration de la partie filetée, en mm ;

ρ_k est la masse volumique caractéristique, en kg/m³ ;

α est l'angle formé par l'axe du tire-fonds et la direction du fil, avec $\alpha \geq 30°$.

$$\boxed{12094 \text{ N}}$$

▶ **Comparaison de la valeur caractéristique de la capacité a l'arrachement avec la partie de l'équation de Johansen**

Effet de corde : $\dfrac{F_{ax,Rk}}{4} = \dfrac{12\ 094}{4} = 3\ 023\ N$

Pour des tire-fonds l'effet de corde est limité à 100 % de la partie de Johansen. Le détail des calculs ci-dessous a permis de déterminer la résistance mini de la partie de Johansen : 3 132 N, 1er terme de l'équation (d). La valeur retenue sera $\dfrac{F_{ax,Rk}}{4} = 3\ 023\ N$.

2.2.5 Résistance pour chaque mode de rupture

La tige travaille en simple cisaillement avec une plaque métallique épaisse, t > d (6 > 5,8)
La capacité résistante caractéristique pour **un** organe et **un** plan de cisaillement est la valeur minimum $F_{v,Rk}$ des trois modes de ruptures suivant :

(c)	$F_{v,Rk} = f_{h,k}.t_1.d$ $F_{v,Rk} = 18,4.114.5,8$	12 166 N
(d)	$F_{v,Rk} = f_{h,k}.t_1.d.\left[\sqrt{2+\dfrac{4M_{y,Rk}}{f_{h,k}.d.t_1^2}} - 1\right] + \dfrac{F_{ax,Rk}}{4}$ $F_{v,Rk} = 18,4.114.5,8.\left[\sqrt{2+\dfrac{4\cdot17\ 385}{18,4.5,8.114^2}} - 1\right] + 3\ 023$ $F_{v,Rk} = 5\ 253,7 + 3\ 023$	8 276 N
(e)	$F_{v,Rk} = 2,3.\sqrt{M_{y,Rk}.f_{h,k}.d} + \dfrac{F_{ax,Rk}}{4}$ $F_{v,Rk} = 2,3.\sqrt{17\ 385.18,4.5,8} + 3\ 023$ $F_{v,Rk} = 3\ 132 + 3\ 023$	6 155 N

Valeur la plus faible

$$\boxed{F_{v,Rk} = 6\ 155\ N}$$

2.3 Résistance de calcul $F_{V,Rd}$ (effort latéral)

$$F_{V,Rd} = F_{V,Rk} \cdot \dfrac{k_{mod}}{\gamma_M}$$

$F_{V,Rk}$: Résistance caractéristique des tiges en N,
k_{mod} : Coefficient modificatif en fonction de la charge de plus courte durée et de la classe de service
γ_M : Coefficient partiel tenant compte de la dispersion du matériau

$$F_{V,Rd} = 6\ 155 \cdot \dfrac{1.1}{1,3}$$

$$\boxed{F_{v,Rd} = 5\ 208\ N}$$

2.4 Résistance de calcul $F_{ax,Rd}$ (effort axial)

$$F_{ax,Rd} = F_{ax,Rk} \cdot \frac{k_{mod}}{\gamma_M}$$

$F_{ax,Rk}$: Valeur caractéristique de la capacité à l'arrachement en N (Cf. Effet de corde)
k_{mod} : Coefficient modificatif en fonction de la charge de plus courte durée et de la classe de service
γ_M : Coefficient partiel tenant compte de la dispersion du matériau

$$F_{ax,Rd} = 12\,094 \cdot \frac{1,1}{1,3}$$

$$\boxed{F_{ax,Rd} = 10\,233 \text{ N}}$$

Justification

L'assemblage est justifié lorsque l'inéquation suivante est respectée :

$$\left(\frac{F_{ax,Ed}}{F_{ax,Rd}}\right)^2 + \left(\frac{F_{v,Ed}}{F_{v,Rd}}\right)^2 \leq 1$$

$F_{v,Ed}$: Sollicitation agissante latérale
$F_{v,Rd}$: Capacité résistante latérale
$F_{ax,Ed}$: Sollicitation agissante axiale
$F_{ax,Rd}$: Capacité résistante axiale
Valeur appliquée : $F_{Ed} = 19\,000$ N

- Sollicitation axiale : $F_{ax,Ed} = 19\,000 \sin 38° = 11\,697$ N

- Sollicitation latérale : $F_{V,Ed} = 19\,000 \cos 38° = 14\,972$ N

Valeur de résistance axiale de 4 tire-fonds

- $n_{ef} = n^{0,9}$;

- $F_{ax,Rd,4} = n_{ef} \times F_{ax,Rd,1}$; $F_{ax,Rd,4} = 4^{0,9} \times 10\,233 = 35\,634$ N

Valeur de résistance latérale de 4 tire-fonds

- L'espacement entre les tire-fond dans le sens du fil est 85 mm, lorsque cette distance est supérieure à 14d (81,2 mm) $n_{ef} = n$

- $F_{V,Rd,4} = n_{ef} \times F_{V,Rd,1}$; $F_{V,Rd,4} = 4 \times 5\,208 = 20\,832$ N

$$\left(\frac{11\,697}{35\,634}\right)^2 + \left(\frac{14\,972}{20\,832}\right)^2 \leq 1$$

$$\boxed{0,63 < 1}$$

2.5 Conditions de pince

Les conditions de pince pour un chargement latéral seront retenues, car elles sont plus pénalisantes que les conditions de pince pour un chargement axial. L'angle de la force provoquant du cisaillement (effort latéral $F_{V,Ed}$) par rapport au fil du bois est de 0°.

Tableau 3 : conditions d'espacement et de distance

Pinces	Schémas	Sans préperçage $\rho_k \leq 420 \text{ kg/m}^3$	Distance minimale	Distance retenue
a_1	Espacement parallèle au fil 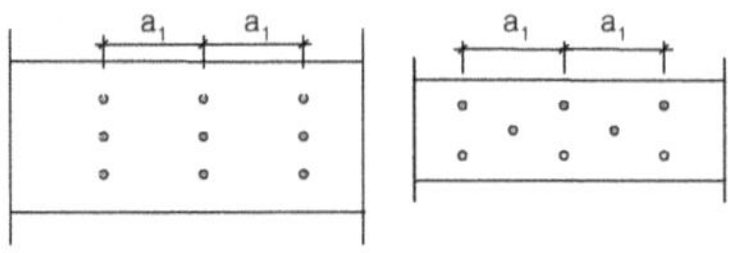	$d \geq 5$ mm $(5 + 7|\cos\alpha|) \cdot d$	69,6	85*
a_2	Espacement perpendiculaire au fil 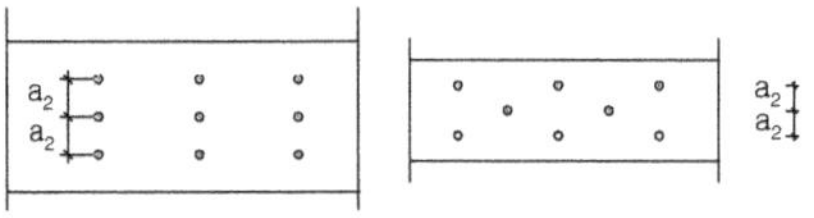	$5d$	29	50
$a_{3,t}$	Distance d'extrémité chargée 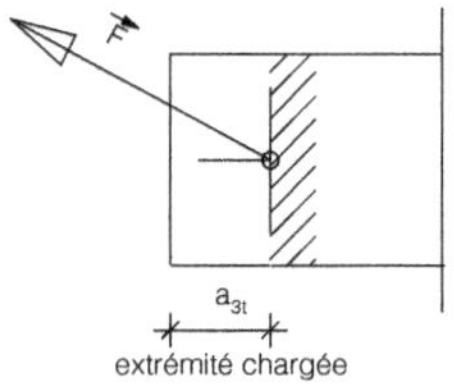	$(10 + 5\cos\alpha) \cdot d$	87	Sans objet
$a_{3,c}$	Distance d'extrémité non chargée 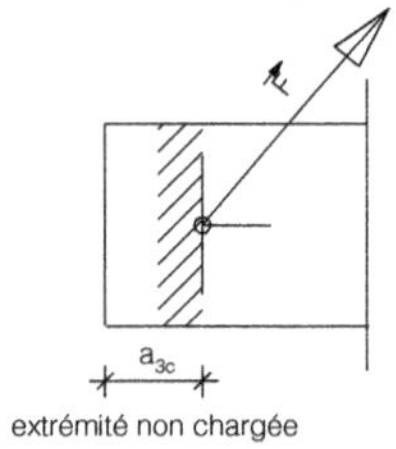	$10d$	58	60
$a_{4,t}$	Distance de rive chargée 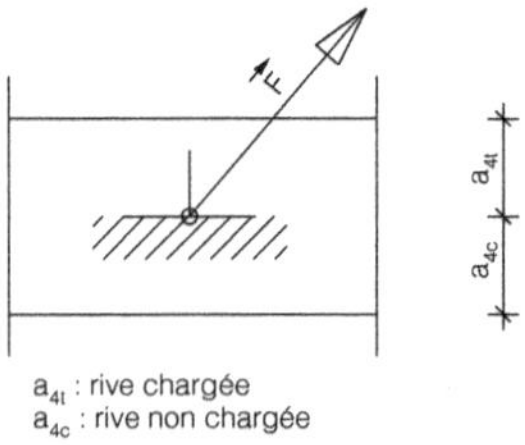	$d \geq 5$ mm $(5 + 5\sin\alpha) \cdot d$	Sans objet	Sans objet
$a_{4,c}$	Distance de rive non chargée 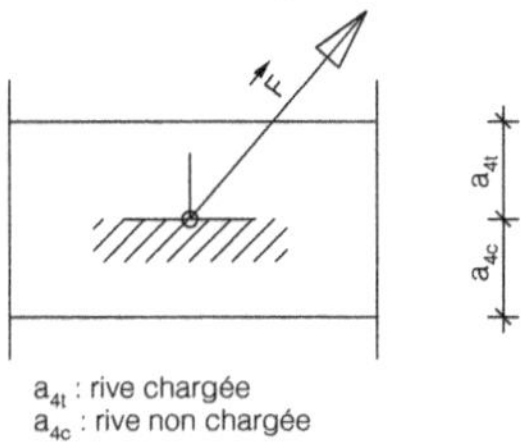	$5d$	29	75
Pour conserver la totalité de la résistance ($n = n_{ef}$), $a_1 \geq 14d$.				

2.5.1   Choix d'une disposition en deux files de deux colonnes

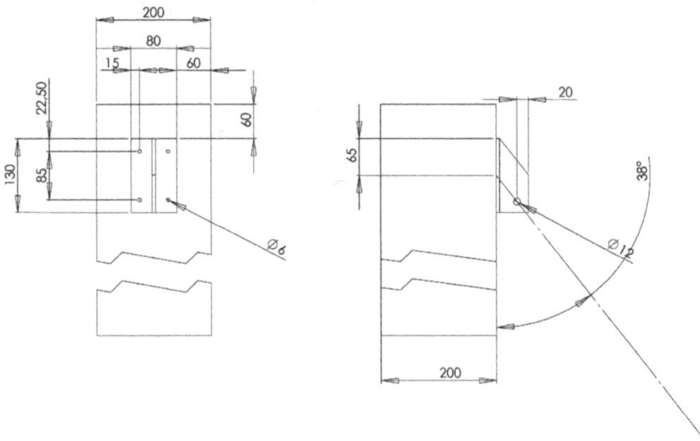

Schéma 5 : caractéristiques de l'assemblage

3.   Assemblages par anneaux

Les anneaux (EN 912 et EN 14545) sont utilisés comme éléments complémentaires d'assemblage autour d'un boulon utilisé dans ce cas pour maintenir les pièces plaquées. Ils sont en métal, placés dans une rainure circulaire. Les anneaux sont de deux sortes :

- type A pour assemblage bois-bois ;

- type B (anneaux à fond plat) utilisable pour les assemblages bois-métal ou bois-bois. Les anneaux à fond plat permettent de réaliser des assemblages démontables.

Photographie 1 : les anneaux permettent de renforcer des assemblages par boulons. La résistance du boulon ne doit pas être prise en compte.

Selon les configurations et le type de chargement, les anneaux peuvent mobiliser la résistance du bois de plusieurs manières :

- en portance locale du bois au contact de l'anneau ;

- en rupture en cisaillement du volume de bois entraîné par l'anneau ;

- en rupture par fendage pour une inclinaison importante de l'effort par rapport au fil.

La transmission des efforts au sein d'un assemblage bois-bois par anneaux de type A ou B s'effectue en cisaillement au sein de la pièce de bois, en portance locale du bois à l'anneau et dans le corps de l'anneau. Dans un assemblage bois-métal, avec un anneau de type B, la transmission se poursuit en pression diamétrale de l'anneau sur le boulon et en pression diamétrale du boulon sur la ferrure.

Assemblage par des anneaux de type A (pas de participation du boulon) :

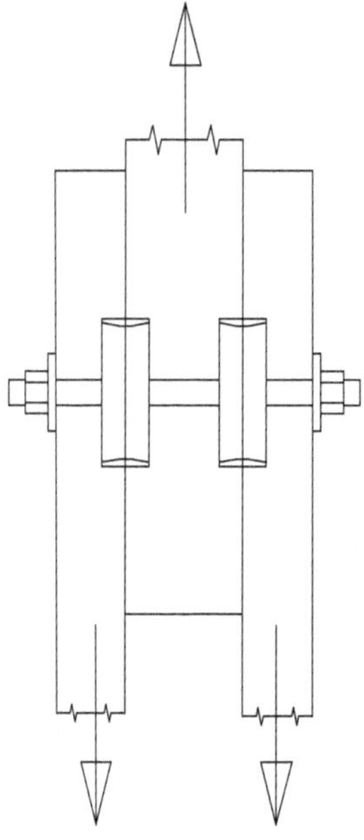

Schéma 6 : assemblage moisé

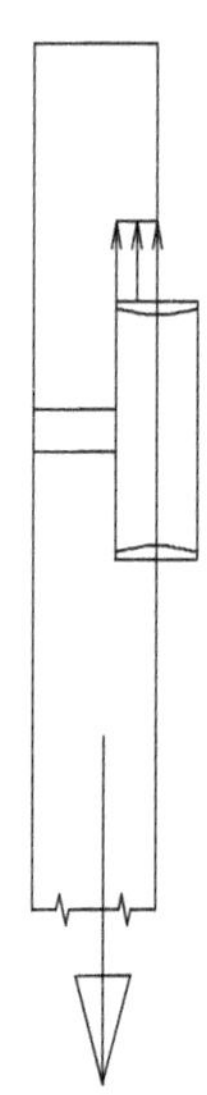

Schéma 7 : action de l'anneau sur la moise gauche

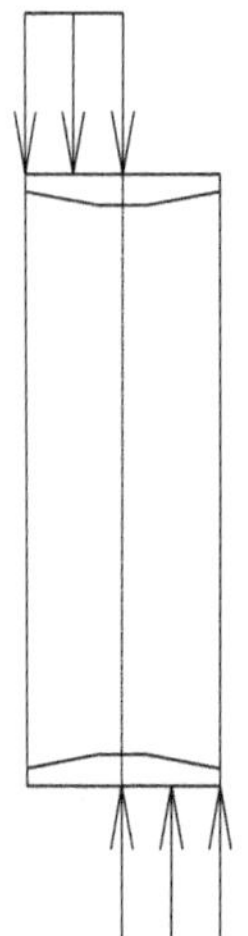

Schéma 8 : actions sur l'anneau gauche

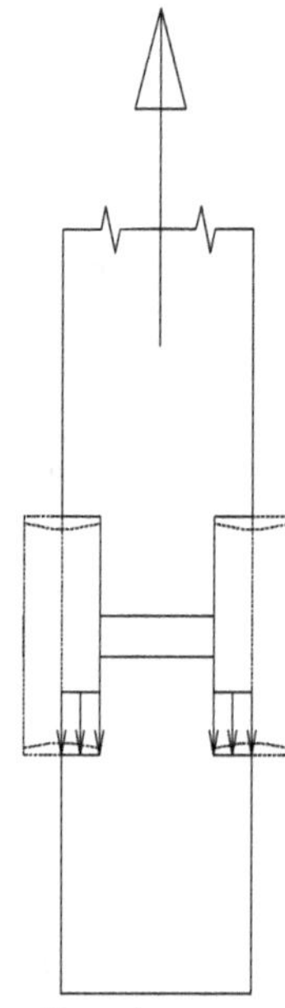

Schéma 9 : actions des anneaux sur la pièce centrale

Assemblage par des anneaux de type B :

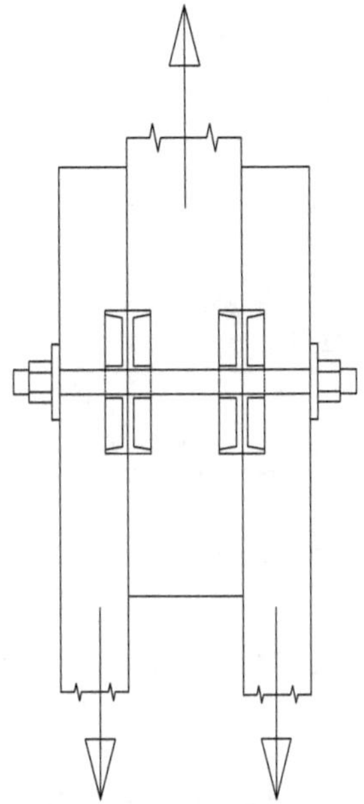

Schéma 10 : assemblage moisé

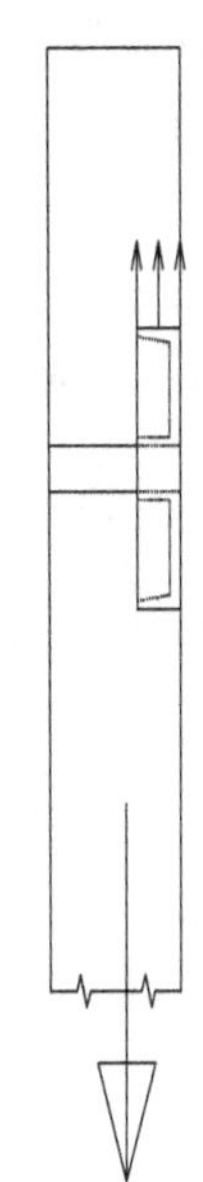

Schéma 11 : action de l'anneau sur la moise gauche

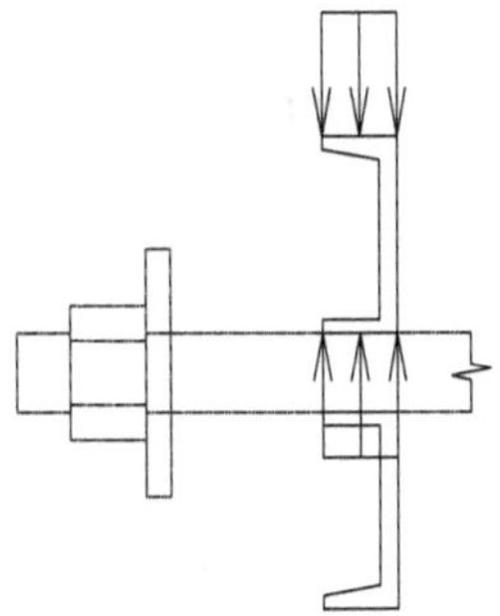

Schéma 12 : actions sur l'anneau gauche

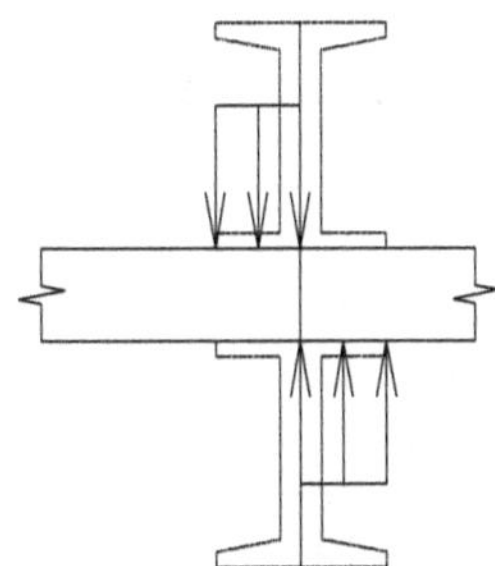

Schéma 13 : actions des anneaux
sur le boulon (cisaillement de la tige)

Les assemblages par anneaux sont sollicités par un chargement latéral uniquement.

L'emploi d'anneaux ou de crampons est toujours lié à un fabricant. Une documentation technique précisant les résistances, distances et espacements les accompagne le plus souvent. Elle permet de faciliter leur emploi. Ce chapitre présente le mode de fonctionnement de ces organes et la méthode générale de justification décrite dans l'eurocode 5.

Remarque

Dans un assemblage par anneau, on ne doit pas ajouter à la résistance de l'anneau la résistance du boulon.

3.1   Justification d'un anneau

Il faut vérifier la résistance des assemblages par anneaux selon :

Taux de travail : $\dfrac{F_{V,Ed}}{F_{v,Rd}} \leq 1$

$F_{V,Ed}$: sollicitation agissante latérale.

Fv,Rd : capacité résistante latérale calculée, $F_{V,Rd} = \dfrac{k_{mod}}{\gamma_M} \cdot F_{V,Rk}$.

$F_{V,Rk}$: résistance caractéristique de l'anneau en N.
k_{mod} : coefficient modificatif en fonction de la charge de plus courte durée et de la classe de service.
γ_M : coefficient partiel qui tient compte de la dispersion du matériau.

Remarque

Attention, la contribution du boulon n'est pas retenue dans le calcul de la résistance de l'ensemble.

3.2   Valeur caractéristique de la capacité résistante d'un anneau

Le diamètre des anneaux doit être inférieur à 200 mm.

3.2.1   Capacité résistante $F_{v,\alpha,Rk}$ pour un effort incliné par rapport au fil

$$V_{v,\alpha,Rk} = \dfrac{F_{v,o,Rk}}{k_{90}\sin^2\alpha + \cos^2\alpha}$$

$$(8.67)$$

$F_{v,\alpha,Rk}$: capacité résistante d'un anneau pour un plan de cisaillement (N).
α : inclinaison de l'effort par rapport au fil du bois.
$F_{v,o,Rk}$: capacité résistante de l'assembleur pour un effort parallèle au fil (N).
k_{90} : $1,3 + 0,001 \cdot d_c$

$$(8.68)$$

d_c : diamètre de l'anneau (mm).

3.2.2   Capacité résistante $F_{v,0,Rk}$ pour un effort parallèle au fil

$$F_{v,o,Rk} = \min \begin{cases} k_1 \cdot k_2 \cdot k_3 \cdot k_4 \cdot (35 \cdot d_c^{1,5}) \ (a) \\ k_1 \cdot k_3 \cdot h_e \cdot (31,5 \cdot d_c) \ \ (b) \end{cases}$$

$$(8.61)$$

$F_{v,o,Rk}$: résistance caractéristique parallèle au fil (N).

d_c : diamètre de l'anneau (mm).
h_e : profondeur de pénétration (mm).
k_1 à k_4 : facteurs de modification.

▶ Facteurs de modification

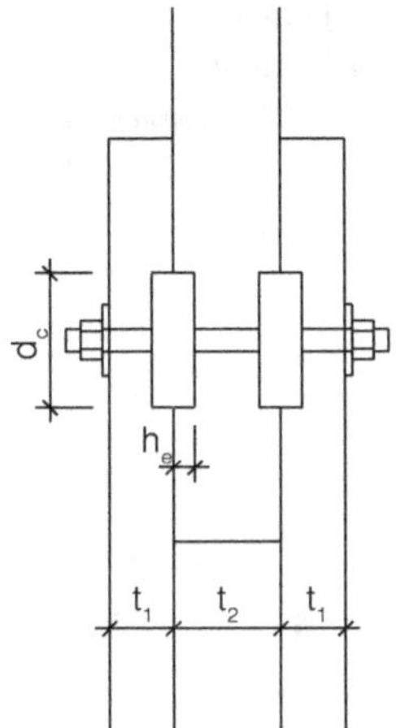

Schéma 14 : définition des symboles

Épaisseur minimale des pièces assemblées

$t_1 \geq 2,25 \cdot h_e$
$t_2 \geq 3,75 \cdot h_e$
h_e : profondeur de pénétration de l'anneau.

Calcul de k_1

$$k = \min \begin{cases} 1 \\[1em] \dfrac{t_1}{3 \cdot h_e} \\[1em] \dfrac{t_2}{5 \cdot h_e} \end{cases}$$

t_1 : épaisseur de la pièce 1.
t_2 : épaisseur de la pièce 2.
h_e : profondeur de pénétration de l'anneau.
Toutes les cotes sont en mm.

$$(8.62)$$

Calcul de k_2

k_2 ne s'applique que pour les assemblages en traction, soit pour $-30° \leq \alpha \leq 30°$ (schéma 15 convention d'orientation).

$$k_2 = \min \begin{cases} k_a \\ \dfrac{a_{3,t}}{2 \cdot d_c} \end{cases}$$

$k_a = 1{,}25$ pour un seul anneau par plan de cisaillement.

$k_a = 1$ pour plusieurs anneaux par plan de cisaillement.

$a_{3,t}$ est défini au chapitre 7, section 3.3 « Conditions d'espacement et de distance ».

(8.63 et 8.64)

Calcul de k_3

$$k_3 = \min \begin{cases} 1{,}75 \\ \dfrac{\rho_k}{350} \end{cases}$$

ρ_k : masse volumique caractéristique du bois (kg/m³).

(8.65)

Calcul de k_4

Pour des assemblages bois-bois, $k_4 = 1$.

Pour des assemblages bois-métal, $k_4 = 1{,}1$.

(8.66)

▶ Exigences sur le diamètre des boulons

Le diamètre des boulons utilisés pour l'assemblage doit respecter les conditions du tableau suivant.

Tableau 4 : diamètre des boulons

Type d'assembleur EN 912	d_c	$d_{minimum}$ (mm)	$d_{maximum}$ (mm)
A – A5	≤ 130	12	24
A1, A4, A5	> 130	$0{,}1 \cdot d_c$	24
B		$d_1 - 1$	d_1

3.2.3 Nombre efficace d'anneaux

Lorsque l'effort est parallèle au fil du bois et que plusieurs anneaux sont sur une file parallèle au fil du bois, le nombre efficace est :

$$n_{ef} = 2 + \left(1 - \frac{n}{20}\right) \cdot (n-2)$$

(8.71)

n_{ef} : nombre efficace de boulons dans la file.

n : nombre de boulons dans la file.

L'expression de n_{ef} correspond à une parabole dont le sommet est à n = 11. Plus n augmente et plus le rendement des assembleurs diminue.

L'eurocode ne précise pas le calcul de nef pour un effort incliné d'un angle alpha par rapport au fil. Par analogie, on peut déterminer le nombre efficace d'anneaux en utilisant la même méthode que pour les boulons.

Lorsque l'effort est incliné par rapport au fil du bois, le nombre efficace d'anneaux est :

$$n_{ef,\alpha} = n_{ef,o} - \frac{\alpha}{90}(n_{ef,o} - n)$$

n : nombre d'anneaux dans la file.

α : angle entre l'effort et le fil du bois en degré.

$n_{ef,\alpha}$: nombre efficace d'anneaux dans la file avec un effort formant un angle α par rapport au fil du bois.

$n_{ef,o}$: nombre efficace d'anneaux dans la file avec un effort parallèle au fil du bois.

3.3 Conditions d'espacement et de distance

La distance entre les anneaux et les bords du bois dépend du diamètre de l'anneau et de l'orientation de l'effort par rapport au fil du bois. Les distances de rives et extrémités chargées seront plus importantes que les distances de rives et extrémités non chargées.

La convention d'orientation de la force par rapport au fil du bois est précisée sur le schéma 15.

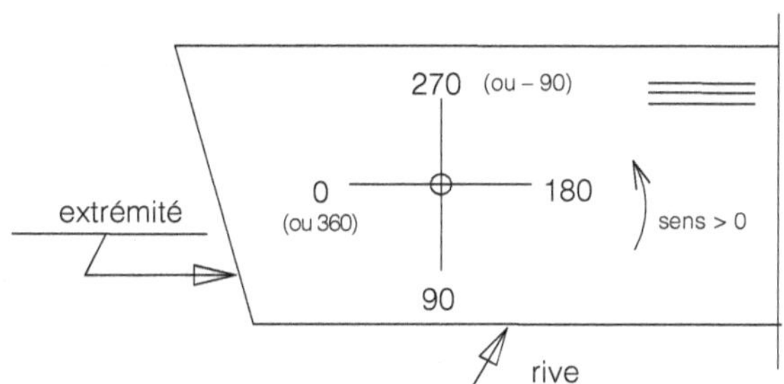

Schéma 15 : convention d'orientation de la force par rapport au fil du bois

Tableau 5 : espacements et distances des anneaux

Espacement ou distance		Angle	Distance minimale
a_1	Espacement parallèle au fil	$0° \leq \alpha \leq 360°$	$(1,2 + 0,8|\cos\alpha|) \cdot d_c$
a_2	Espacement perpendiculaire au fil	$0° \leq \alpha \leq 360°$	$1,2d_c$

$a_{3,t}$	Distance d'extrémité chargée a_{3t} extrémité chargée	$-90° \le \alpha \le 90°$	$1,5d_c$
$a_{3,c}$	Distance d'extrémité non chargée a_{3c} extrémité non chargée	$90° \le \alpha \le 150°$ $150° \le \alpha \le 210°$ $210° \le \alpha \le 270°$	$(0,4+1,6\lvert\sin\alpha\rvert)d_c$ $1,2d_c$ $(0,4+1,6\lvert\sin\alpha\rvert)d_c$
$a_{4,t}$	Distance de rive a_{4t} / a_{4c} a_{4t} : rive chargée a_{4c} : rive non chargée	$0° \le \alpha \le 180°$	$(0,6+0,2\lvert\sin\alpha\rvert)d_c$
$a_{4,c}$	Distance de rive a_{4t} / a_{4c} a_{4t} : rive chargée a_{4c} : rive non chargée	$180° \le \alpha \le 360°$	$0,6d_c$

3.3.1 Anneaux en quinconce

Les espacements minimaux parallèle (a_1) et perpendiculaire (a_2) au fil du bois doivent respecter l'expression :

$$(k_{a1})^2 + (k_{a2})^2 \ge 1 \quad \text{avec} : 0 \le k_{a1} \le 1 \text{ et } 0 \le k_{a2} \le 1$$

$$(8.69)$$

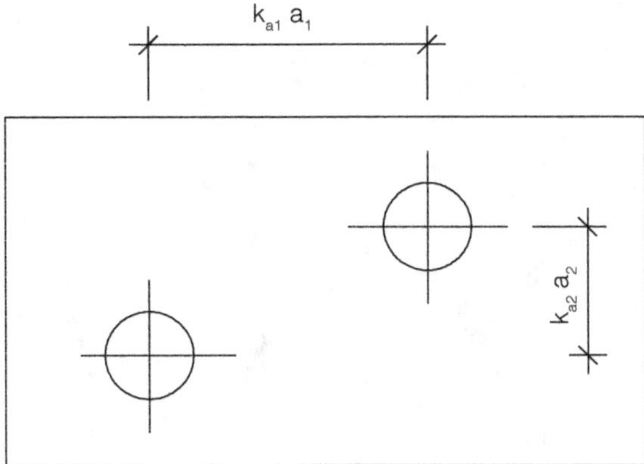

Schéma 16 : espacements $k_{a1}.a_1$ et $k_{a2}.a_2$

3.3.2 Réduction supplémentaire sur $k_{a1} \cdot a_1$

Il est permis de réduire l'espacement $[k_{a1} \cdot a_1]$ par le facteur $k_{s,red}$ à condition de réduire simultanément la capacité résistante par le facteur $k_{R,red}$.

Avec :

- $k_{s,red}$ compris entre 0,5 et 1 ;
- $k_{R,red} = 0{,}2 + 0{,}8 \cdot k_{s,red}$, ce qui correspond à $0{,}6 \leq k_{R,red} \leq 1$.

$$(8.70)$$

4. Assemblages par crampons

Les crampons (EN 912 et EN 14545) sont utilisés comme éléments complémentaires d'assemblage autour d'un boulon utilisé dans ce cas pour maintenir les pièces plaquées. Ils sont en métal et leurs dents pénètrent dans le bois lors du serrage. Les crampons sont de deux sortes : simple ou double face :

- double face pour les assemblages bois-bois ;
- simple face utilisable pour les assemblages bois-métal ou bois-bois. Les crampons simple face permettent de réaliser des assemblages démontables.

Le montage des crampons nécessite des efforts importants pour permettre la pénétration des dents dans le bois. Ceci n'est possible que pour des essences pas trop denses. Les fabricants précisent la masse volumique maximale et avec des boulons de classe de résistance adaptée, la résistance en traction de la tige doit être suffisante. Si les boulons sont utilisés pour le serrage, il est nécessaire de dimensionner les rondelles en conséquence. La pression sous la rondelle lors du serrage doit pouvoir être supportée par la partie de bois sous la rondelle.

Selon les configurations et le type de chargement, les crampons peuvent mobiliser la résistance du bois de plusieurs manières :

- en portance locale du bois au contact des dents du crampon et du boulon ;
- en rupture par fendage et cisaillement au voisinage des abouts.

Photographie 2 : les assemblages par crampons permettent de cumuler la résistance des crampons et des boulons.

La transmission des efforts au sein d'un assemblage avec un crampon double face s'effectue en portance locale du bois aux dents et dans la plaque du crampon. Dans un assemblage avec un crampon simple face, la transmission se poursuit en pression diamétrale du crampon sur le boulon et en pression diamétrale du boulon sur la ferrure ou à nouveau sur le crampon voisin pour un assemblage bois-bois.

Les assemblages par crampons sont sollicités par un chargement latéral uniquement.

4.1   Justification

Il faut vérifier la résistance des assemblages par crampons.

Taux de travail : $\dfrac{F_{V,Ed}}{F_{v,Rd}} \leq 1$

$F_{v,Ed}$: sollicitation agissante latérale.

$F_{v,Rd}$: capacité résistante latérale calculée, $F_{v,Rd} = \dfrac{k_{mod}}{\gamma_M} \cdot F_{V,Rk}$.

$F_{V,Rk}$: résistance caractéristique du crampon en N.

k_{mod} : coefficient modificatif en fonction de la charge de plus courte durée et de la classe de service.

γ_M : coefficient partiel qui tient compte de la dispersion du matériau.

Contrairement aux anneaux, la contribution du boulon est ajoutée dans le calcul de la résistance de l'ensemble.

4.2 Valeur caractéristique de la capacité résistante d'un crampon double face ou d'un crampon simple face

4.2.1 Capacité résistante $F_{V,\alpha,Rk}$

$$F_{v,Rk} = \begin{cases} 18 \cdot k_1 \cdot k_2 \cdot k_3 \cdot d_c^{1,5} & \text{pour les types C1 à C9} \\ 25 \cdot k_1 \cdot k_2 \cdot k_3 \cdot d_c^{1,5} & \text{pour les types C10 à C11} \end{cases}$$

$$(8.72)$$

$F_{v,Rk}$: capacité résistante d'un crampon pour un plan de cisaillement (N).

Tableau 6 : valeurs de d_c

Type de crampon	Forme	d_c (mm)
C1 - C2 - C6 – C7 - C10 - C11	Circulaire	Ø
C5 - C8 - C9	Carré	a
C3 - C4	Rectangulaire	$\sqrt{a \cdot b}$

k_1 à k_3 : facteurs de modification.

▶ Facteurs de modification

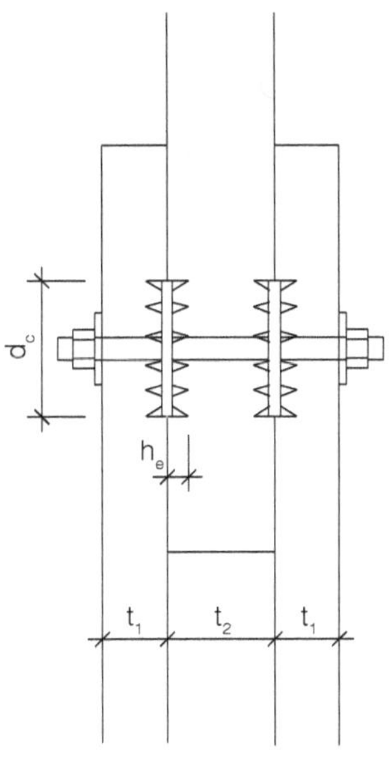

Schéma 17 : définition des symboles

Calcul de k_1

$$k = \min \begin{cases} 1 \\[4pt] \dfrac{t_1}{3 \cdot h_e} \\[8pt] \dfrac{t_2}{5 \cdot h_e} \end{cases}$$

t_1 : épaisseur de la pièce 1.

t_2 : épaisseur de la pièce 2.

h_e : profondeur de pénétration de la dent.

Toutes les cotes sont en mm.

$$(8.73)$$

Calcul de k_2

Crampons de type C1 à C9 :

$$k_2 = \min \begin{cases} 1 \\[4pt] \dfrac{a_{3,t}}{1,5 \cdot d_c} \end{cases} \text{, avec : } a_{3,t} = \max \begin{cases} 1,1 \cdot d_c \\[4pt] 7d \\[4pt] 80 \text{ mm} \end{cases}$$

$$(8.74 \text{ et } 8.75)$$

Crampons de type C10 et C11 :

$$k_2 = \min \begin{cases} 1_a \\[4pt] \dfrac{a_{3,t}}{2 \cdot d_c} \end{cases} \text{avec : } a_{3,t} = \max \begin{cases} 1,3 \cdot d_c \\[4pt] 7d \\[4pt] 80 \text{ mm} \end{cases}$$

$$(8.76 \text{ et } 8.77)$$

Avec :

- d diamètre du boulon ;
- d_c idem tableau précédent ;
- $a_{3,t}$ distance à l'extrémité chargée.

Calcul de k_3

$$k_3 = \min \begin{cases} 1,5 \\[4pt] \dfrac{\rho_k}{350} \end{cases}$$

ρ_k : masse volumique caractéristique du bois (kg/m³).

$$(8.78)$$

4.2.2 Exigences sur le diamètre des boulons

Crampon double face : le diamètre du boulon doit être inférieur d'au moins un millimètre au perçage intérieur du crampon afin d'éviter une transmission d'effort par contact direct entre le crampon et la tige du boulon.

Crampon simple face : le diamètre du perçage intérieur du crampon doit être ajusté au diamètre du boulon pour permettre une transmission d'effort par contact direct entre le crampon et la tige du boulon.

4.2.3　Nombre efficace de crampons

L'angle de l'effort avec le fil du bois ne modifie pas la valeur de la résistance de calcul du crampon. Mais un ensemble comprend un boulon. La capacité résistante d'un ensemble boulon + 2 crampons dépendra donc de l'orientation de l'effort par rapport au fil du bois.

4.3　Conditions d'espacement et de distance

La distance entre les crampons et les bords du bois dépend du diamètre du crampon et de l'orientation de l'effort par rapport au fil du bois. Les distances de rives et les extrémités chargées seront plus importantes que les distances de rives et les extrémités non chargées.

La convention d'orientation de la force par rapport au fil du bois est précisée sur le schéma 18.

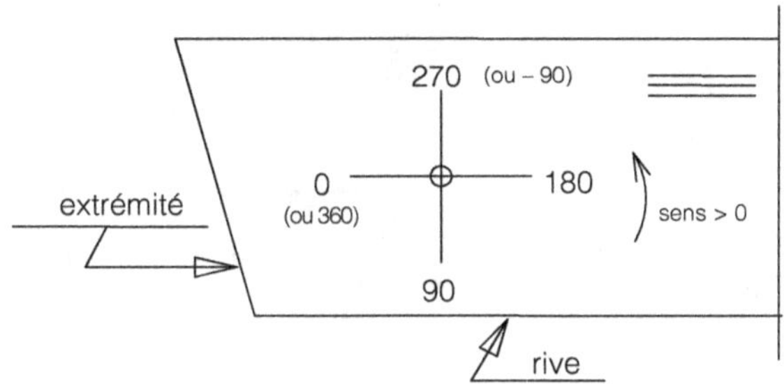

Schéma 18 : convention d'orientation de la force par rapport au fil du bois

Tableau 7 : espacements et distances des crampons

Espacement ou distance		Angle	Crampons	
			Types C1 à C9	Types C10 et C11
			Distance minimale	Distance minimale
a_1	Espacement parallèle au fil	$0° \leq \alpha \leq 360°$	$(1,2 + 0,3\lvert\cos\alpha\rvert) \cdot d_c$	$(1,2 + 0,8\lvert\cos\alpha\rvert) \cdot d_c$
a_2	Espacement perpendiculaire au fil	$0° \leq \alpha \leq 360°$	$1,2d_c$	
$a_{3,t}$	Distance d'extrémité chargée	$-90° \leq \alpha \leq 90°$	$2d_c$	

$a_{3,c}$	Distance d'extrémité non chargée extrémité non chargée	$90° \leq \alpha \leq 150°$ $150° \leq \alpha \leq 210°$ $210° \leq \alpha \leq 270°$	$(0,9+0,6\lvert\sin\alpha\rvert)d_c$ $1,2d_c$ $(0,9+0,6\lvert\sin\alpha\rvert)d_c$	$(0,4+1,6\lvert\sin\alpha\rvert)d_c$ $1,2d_c$ $(0,4+1,6\lvert\sin\alpha\rvert)d_c$
$a_{4,t}$	Distance de rive a_{4t} : rive chargée a_{4c} : rive non chargée	$0° \leq \alpha \leq 180°$	$(0,6+0,2\lvert\sin\alpha\rvert)d_c$	
$a_{4,c}$	Distance de rive a_{4t} : rive chargée a_{4c} : rive non chargée	$180° \leq \alpha \leq 360°$	$0,6d_c$	

Pour les crampons de type C1, C2, C6 et C7 de forme circulaire disposés en quinconce, les valeurs des anneaux s'appliquent.

1. Murs à ossature bois de type plate-forme

Les murs sont constitués d'une ossature généralement en résineux et d'un dispositif assurant le contreventement. L'ossature supporte les actions verticales, la reprise des actions horizontales étant le plus souvent assurée par des panneaux.

L'étude globale de la structure permet de déterminer les actions à reprendre par chaque mur. Schématiquement, la descente des charges détermine les actions verticales et l'étude au vent les actions horizontales.

1.1 Justification des murs vis-à-vis des charges verticales

Les charges verticales sont transmises au sol par les montants. Pour qu'ils ne flambent pas suivant la faible inertie (l'épaisseur du montant), il faut respecter les distances maximales entre les fixations du panneau sur l'ossature, 15 cm en rive et 30 cm sur les montants intermédiaires. La résistance au flambement dépend alors de l'inertie forte des montants. Le non-voilement du panneau est assuré par le respect d'une dimension libre maximale entre les montants inférieure à 100 fois l'épaisseur du voile travaillant (EC 5 9.4.2.2(11)). La justification d'un montant travaillant en compression avec risque de flambement est précisée au chapitre 2, section 1.3 « Compression axiale avec risque de flambement ».

1.2 Justification des murs vis-à-vis des actions horizontales[1]

Les actions horizontales sont reprises par les panneaux. Il faut donc justifier la résistance de :

- l'assemblage du panneau sur l'ossature ;

- l'ancrage des panneaux au sol.

---

1. Effet du vent.

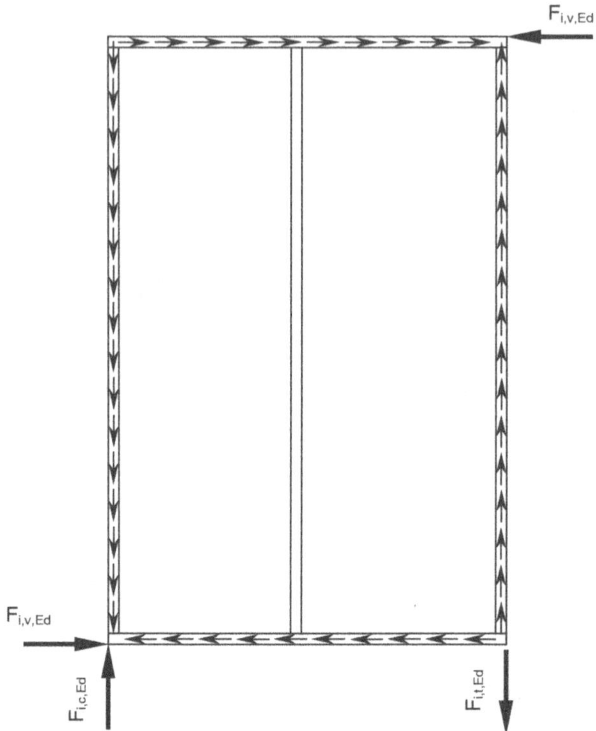

Schéma 0 : répartition des efforts sous le panneau

1.2.1 Panneaux participant à la reprise des actions horizontales

Un mur est composé de plusieurs panneaux. Tous les panneaux percés d'ouvertures ou dont la largeur est inférieure au quart de leur hauteur sont négligés dans le calcul de la résistance au contreventement.

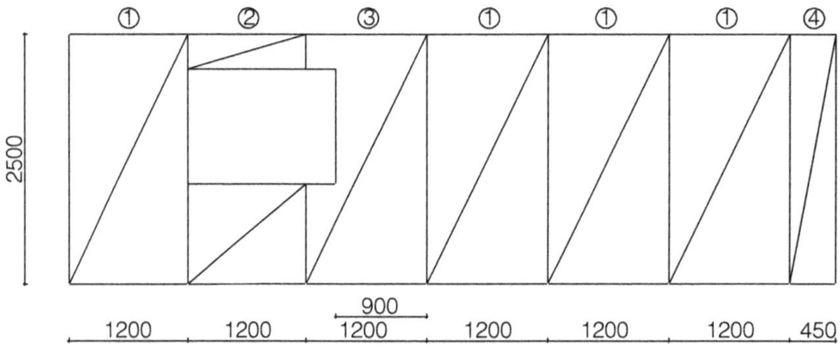

Schéma 1 : – panneaux participant au contreventement : (1) et (3) (900 > h/4)
– panneaux ne participant pas au contreventement : (2) (ouverture) et (4) (450 < h/4)

1.2.2 Calcul de la résistance totale du mur

La résistance au vent de chaque panneau est fonction de sa largeur. La résistance globale du mur sera la somme des résistances de chaque panneau. Le calcul de la résistance de chaque mur est effectué à partir de la résistance au cisaillement de chaque pointe, vis ou agrafe (chapitre 2). La résistance au cisaillement des plaques isolées est majorée de 20 %.

▶ La capacité résistante d'un panneau au contreventement

Elle vaut : $F_{i,v,Rd} = \dfrac{F_{f,Rd} \cdot b_i \cdot c_i}{s}$ $F_{i,v,Rd} = \dfrac{F_{f,Rd} \cdot b_1 \cdot c_1}{s}$

$$(9.21)$$

$F_{f,Rd}$: résistance au cisaillement de l'assemblage par pointes, vis ou agrafe.
b_i : largeur du panneau.

$$c_i = \begin{cases} 1 \text{ pour } b_i > b_o \\[2em] \dfrac{b_i}{b_o} \text{ pour } b_i < b_o \end{cases} \quad \text{avec } b_o = \dfrac{h}{2} \text{ (h = hauteur du mur)}$$

$$(9.22)$$

s : distance entre organes d'assemblage ($s_{maxi} = 150$ mm et s_{mini} défini par les conditions de pince). Pour augmenter la résistance au contreventement des murs, on est parfois amené à disposer des plaques des deux côtés de l'ossature.

Si les plaques et les fixations sont identiques, on additionne les capacités résistantes de chaque partie : $F = 2 \cdot F_{i,v,Rd}$.

Si les plaques sont différentes :

- assemblages de module de glissement identique :
  $F_i = F_{i,1,v,Rd} + 0,75 \cdot F_{i,2,v,Rd}$;

- dans tous les autres cas : $F_i = F_{i,1,v,Rd} + 0,5 \cdot F_{i,2,v,Rd}$.

$F_{i,1,v,Rd}$: valeur résistante du côté le plus fort.
$F_{i,2,v,Rd}$: valeur résistante du côté le plus faible.

La résistance du mur dans son ensemble correspond à la somme des résistances calculées pour chaque panneau soit : $F_{v,Rd} = \sum F_{i,v,Rd}$.

$$(9.20)$$

Le taux de travail est : $\psi = \dfrac{F_{v,Ed}}{F_{v,Rd}}$.

$F_{v,Ed}$: effort horizontal sur la totalité du mur.
$F_{v,Rd}$: capacité résistante de la totalité du mur.
Pour la suite, on admet que l'effort horizontal réel équilibré par chaque panneau est proportionnel à sa résistance :

- $F_{i,v,Ed} = F_{i,vRd} \cdot \psi$;

- $F_{i,v,Rd}$: capacité résistante du panneau ;

- ψ : taux de travail.

1.2.3   Effort de compression et de traction (soulèvement) de chaque panneau

L'action du vent provoque un basculement du panneau. L'équilibre du panneau ① sous l'action de $F_{1,v,Ed}$ est assuré par l'action $F_{1,t,Ed}$. Chaque montant extrême de mur doit être solidarisé avec la partie inférieure de la construction pour empêcher ce soulèvement. Cet effort est déterminé selon :

$$F_{i,c,Ed} = F_{i,t,Ed} = \frac{F_{i,v,Ed} \cdot h}{b_i}$$

$$(9.23)$$

$F_{i,c,Ed}$: effort de compression du montant sur la traverse provoqué par le vent en N.

$F_{i,t,Ed}$: effort de traction du montant sur la traverse provoqué par le vent en N.

h : hauteur du mur en mm.

b_i : largeur de mur assurant le contreventement en mm.

$F_{i,v,Ed}$: effort horizontal sur un panneau en N.

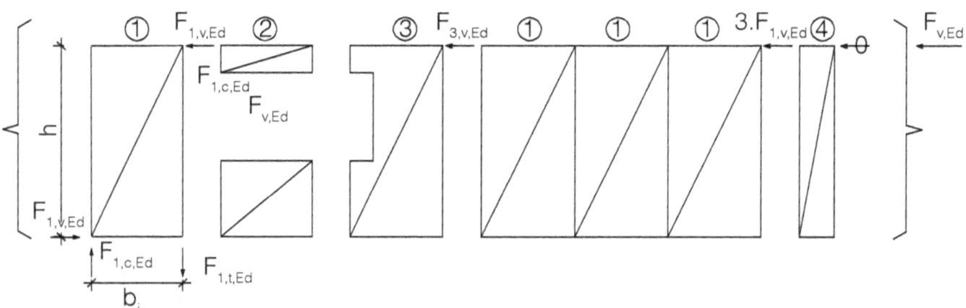

Schéma 2 : distribution de l'effort global sur chaque panneau, actions en pied pour le premier panneau

La liaison entre deux murs en prolongement doit assurer la reprise de l'effort tranchant.

1.2.4   Conditions de pince (distance et espacement entre les organes d'assemblage)

Lors de la détermination des distances et espacements, les rives sont à considérer comme non-chargées et les distances entre fixations sur les montants intermédiaires ne doivent pas être supérieures au double des pinces en rive de plaque. En outre, les conditions décrites pour chaque type d'assemblage (pointe, vis ou agrafe) doivent être respectées.

1.3   Application résolue

Cette application porte sur l'exemple de mur présenté au paragraphe 1.2.3, « Effort de compression et de traction (soulèvement) de chaque panneau ».

Ossature en bois massif de 120/45 classé C24 (ρ_k = 350 kg/m³).

Voile travaillant OSB 9 mm OSB3 (ρ_k = 660 kg/m³).

Classe de service 2 (ossature).

Action ELU : effort horizontal de 15 200 N sous l'action du vent C = 1,35 G + 1,5 W.

Agrafes de 40 mm b = 12,7 mm ; section du fil : 1,61 × 1,39 ; f_u = 800 N/mm².

1.3.1 Valeur de résistance au simple cisaillement

▶ 1.3.1.1 Vérification des conditions de pénétration

La pénétration minimale dans le bois du côté de la pointe de l'agrafe (t_2) est de 14d.

Diamètre équivalent d'une agrafe : $\sqrt{1,61 \cdot 1,39} = 1,5$ mm .

Travail en simple cisaillement, longueur de pénétration : $t_2 = 40 - 9 = 31$ mm, soit $31/1,5 = 20,6$.

$$\boxed{20,6d > 14d}$$

Critère vérifié, la dimension de l'agrafe est correcte vis-à-vis de l'épaisseur des pièces.

▶ 1.3.1.2 Valeur caractéristique de la capacité résistante $F_{V,Rk}$

Valeur de la pénétration de la tige

$t_1 = 9$ mm (épaisseur de la pièce sous la tête).
$t_2 = 40 - 9 = 31$ mm (enfoncement côté pointe).

Portance locale

OSB 3.

$$f_{h,1,k} = 65 \cdot d^{-0,7} \cdot t^{0,1} = 65 \cdot 1,5^{-0,7} \cdot 9^{0,1}$$

$$\boxed{61 \text{ N/mm}^2}$$

Bois massif.

$d_{agrafe} \leq 8$ mm : il n'y a pas de préperçage.

$$f_{h,2,k} = 0,082 \cdot \rho_k \cdot d^{-0,3} = 0,082 \cdot 350 \cdot 1,5^{-0,3}$$

$$\boxed{25,4 \text{ N/mm}^2}$$

Moment d'écoulement plastique

$$M_{y,Rk} = 0,3 \cdot f_u \cdot d^{2,6} = 0,3 \cdot 800 \cdot 1,5^{2,6}$$

$$\boxed{688 \text{ N} \cdot \text{mm}}$$

Résistance pour chaque mode de rupture

$$\text{Rapport } \beta = \frac{f_{h,2,k}}{f_{h,1,k}} = \frac{25,4}{61}$$

$$\boxed{0,42}$$

Tableau 1 : calcul des différentes valeurs de résistance au simple cisaillement

(a)	$f_{h,1,k} \cdot t_1 \cdot d = 61 \cdot 9 \cdot 1,5$	823 N
(b)	$f_{h,2,k} \cdot t_2 \cdot d = 25,4 \cdot 31 \cdot 1,5$	1 182 N
(c)	$\dfrac{f_{h,1,k} \cdot t_1 \cdot d}{1+\beta} \cdot \left[\sqrt{\beta + 2\beta^2 \cdot \left[1 + \dfrac{t_2}{t_1} + \left(\dfrac{t_2}{t_1}\right)^2 \right] + \beta^3 \cdot \left(\dfrac{t_2}{t_1}\right)^2} - \beta \cdot \left(1 + \dfrac{t_2}{t_1}\right) \right]$ $\dfrac{61 \cdot 9 \cdot 1,5}{1+0,42} \cdot \left[\sqrt{0,42 + 2 \cdot 0,42^2 \cdot \left[1 + \dfrac{31}{9} + \left(\dfrac{31}{9}\right)^2 \right] + 0,42^3 \cdot \left(\dfrac{31}{9}\right)^2} - 0,42 \cdot \left(1 + \dfrac{31}{9}\right) \right]$	455 N

(d)	$1,05 \cdot \dfrac{f_{h,1,k} \cdot t_1 \cdot d}{2+\beta} \cdot \left[\sqrt{2\beta \cdot (1+\beta) + \dfrac{4\beta \cdot (2+\beta) \cdot M_{y,Rk}}{f_{h,1,k} \cdot d.t_1^2}} - \beta \right] + \dfrac{F_{ax,Rk}}{4}$ $1,05 \cdot \dfrac{61 \cdot 9 \cdot 1,5}{2+0,42} \cdot \left[\sqrt{2 \cdot 0,42 \cdot (1+0,42) + \dfrac{4 \cdot 0,42 \cdot (2+0,42) \cdot 688}{61 \cdot 1,5 \cdot 9^2}} - 0,48 \right] + 0$	297 N
(e)	$1,05 \cdot \dfrac{f_{h,1,k} \cdot t_2 \cdot d}{1+2\beta} \cdot \left[\sqrt{2\beta^2 \cdot (1+\beta) + \dfrac{4\beta \cdot (1+2\beta) \cdot M_{y,Rk}}{f_{h,1,k} \cdot d.t_2^2}} - \beta \right] + \dfrac{F_{ax,Rk}}{4}$ $1,05 \cdot \dfrac{61 \cdot 31 \cdot 1,5}{1+2 \cdot 0,42} \cdot \left[\sqrt{2 \cdot 0,42^2 \cdot (1+0,42) + \dfrac{4 \cdot 0,42 \cdot (1+2 \cdot 0,42) \cdot 688}{61 \cdot 1,5 \cdot 31^2}} - 0,42 \right]$	490 N
(f)	$1,15 \cdot \sqrt{\dfrac{2\beta}{1+\beta}} \cdot \sqrt{2M_{y,Rk} \cdot f_{h,1,k} \cdot d} + \dfrac{F_{ax,Rk}}{4}$ $1,15 \cdot \sqrt{\dfrac{2.0,42}{1+0,42}} \cdot \sqrt{2 \cdot 688 \cdot 61 \cdot 1,5} + 0$	313 N

Valeur la plus faible : 297 N.

On peut multiplier par 2 la valeur précédente pour une agrafe car elle possède deux pointes et est disposée avec un angle supérieur à 30° avec le fil du bois. Dans le cas contraire, il faut appliquer un coefficient de 0,7 sur la valeur ci-dessus (8.4.(5)).

Soit :

$$\boxed{F_{v,Rk} = 594 \text{ N}}$$

Résistance de calcul $F_{V,Rd}$

$$F_{V,Rd} = F_{v,Rk} \cdot \frac{k_{mod}}{\gamma_M}$$

$F_{V,Rk}$: résistance caractéristique des tiges en N.

k_{mod} : coefficient modificatif en fonction de la charge de plus courte durée et de la classe de service. k_{mod}, bois massif et OSB.

γ_M : coefficient partiel tenant compte de la dispersion du matériau.

Pas de majoration de 20 % : pas de plaque isolée.

$$k_{mod} = \sqrt{k_{mod,\,OSB} \times k_{mod,\,bois}}$$
$$= \sqrt{0,9 \times 1,1} = 0,99$$

$$F_{v,Rd} = 594 \cdot \frac{0,99}{1,3}$$

$$\boxed{F_{v,Rd} = 452 \text{ N}}$$

1.3.2   Définir la résistance du mur

Résistance de calcul du panneau (1)

$$F_{1,v,Rd} = \frac{F_{f,Rd} \cdot b_1 \cdot c_1}{s} = \frac{452 \cdot 1200}{150} \cdot \frac{1200}{(2500/2)}$$

$$\boxed{F_{1,v,Rd} = 3\,478 \text{ N}}$$

$F_{f,Rd}$ = 452 N : résistance au cisaillement de l'assemblage.

b_1 = 1 200 mm : largeur du panneau.

$$c_1 = \frac{b_1}{b_o} \text{ pour } b_i < b_o \text{ avec } b_o = \frac{h}{2} = \frac{2500}{2} = 1250 \text{ mm} \quad (h = \text{hauteur du mur}).$$

$s = s_{maxi}$ = 150 mm : distance entre organes d'assemblage.

Résistance de calcul du panneau (3)

$$F_{3,\,v,Rd} = \frac{F_{f,\,Rd} \cdot b_3 \cdot c_3}{s} = \frac{452 \cdot 900}{150} \cdot \frac{900}{(2500/2)}$$

$$\boxed{F_{3,v,Rd} = 1\ 956 \text{ N}}$$

$F_{f,Rd}$ = 452 N : résistance au cisaillement de l'assemblage.

b_3 = 900 mm : largeur du panneau.

$$c_3 = \frac{b_1}{b_o} \text{ pour } b_i < b_o \text{ avec } b_o = \frac{h}{2} = \frac{2500}{2} = 1250 \text{ mm} \quad (h = \text{hauteur du mur}).$$

$s = s_{maxi}$ = 150 mm, distance entre organes d'assemblage.

Résistance du mur

$$F_{v,\,Rd} = \sum F_{i,v,Rd} = 4 \cdot F_{1,v,Rd} + F_{3,v,Rd}$$

$$F_{v,\,Rd} = 4 \cdot 3478 + 1956$$

$$\boxed{F_{v,Rd} = 15\ 868 \text{ N}}$$

Effort appliqué : $F_{v,Ed}$ = 15 200 N

Taux de travail : $\psi = \dfrac{F_{v,\,Ed} \cdot h}{F_{v,\,Rd}} = \dfrac{15200}{15868} = 0{,}96$

1.3.3   Actions à reprendre par l'ancrage des murs

Mur (1) :

$$F_{1,\,v,\,Ed} = F_{1,\,v,\,Rd} \cdot \psi = 3478 \times 0{,}96 = 3339 \text{ N}$$

$$F_{1,\,c,\,Ed} = \frac{F_{1,\,v,\,Ed} \cdot h}{b_1} = \frac{3339 \cdot 2500}{1200}$$

$$\boxed{F_{1,c,Ed} = 6\ 956 \text{ N}}$$

Mur (3) :

$$F_{3,\,v,\,Ed} = F_{3,\,v,\,Rd} \cdot \psi = 1956 \times 0{,}96 = 1878 \text{ N}$$

$$F_{3,\,c,\,Ed} = \frac{F_{3,\,v,\,Ed} \cdot h}{b_3} = \frac{1878 \cdot 2500}{900}$$

$$\boxed{F_{3,c,Ed} = 5\ 216 \text{ N}}$$

Remarque

Il faudra déduire de cette valeur l'effet favorable provoqué par la charge verticale.

▶ **Conclusion**

Le mur sera réalisé en positionnant les montants d'ossature sur une trame de 600 mm. Un montant supplémentaire sera disposé dans le mur (3) contre la baie. Les agrafes seront distantes de 150 mm sur les montants de rive et de 300 mm sur les montants intermédiaires. Il faudra respecter un angle supérieur à 30° entre les agrafes et le fil du bois de l'ossature.

2. Encastrement : la couronne de boulons

L'encastrement est une liaison conçue pour bloquer tout mouvement relatif entre deux pièces, notamment la rotation. Pour un assemblage parfait (théorique), la rotation est nulle.

Dans un assemblage réel, la rigidité n'est pas infinie, il se produit une légère rotation sous l'influence du chargement. Cette déformation doit être prise en compte au niveau des calculs de déplacement (calculs ELS). Pour l'étude en résistance (ELU), on peut la négliger en considérant des encastrements parfaits ou bien modéliser la liaison en intégrant sa rigidité rotationnelle (encastrement élastique ou rotule élastique) grâce aux logiciels de calcul.

Cet assemblage n'est réalisable que sur des pièces de dimensions suffisantes. En effet, mobiliser un couple nécessite deux grandeurs : une force et un bras de levier. Les assembleurs ayant des performances limitées, il est nécessaire de disposer les tiges à une distance suffisante les unes des autres pour équilibrer le couple agissant.

Les encastrements se rencontrent principalement en pied de poteau, au niveau des reins de portiques et en continuité de barres.

En rein de portique, la traverse et le poteau font entre eux un angle proche de 90°. Les zones tendues et comprimées des barres sont disposées en « carré » au pourtour du centre géométrique de l'assemblage. Pour disposer d'un bras de levier important, les tiges sont placées sur une couronne circulaire ou en carré ou losange. Dans ce cas, les fils du bois de chacune des pièces sont croisés. Le fait de disposer des tiges (ou assembleurs) sur toute la zone de contact entre les pièces a pour effet de bloquer les variations dimensionnelles dues aux variations d'humidité. Une reprise de 5 % d'humidité pour une hauteur de section d'un mètre provoque une variation de hauteur de dix millimètres. Beaucoup d'assemblages en couronne ont atteint la ruine (apparition de fissures au centre de la couronne) à cause de ce phénomène. Pratiquement, on adopte une dimension maximale de diamètre d'un mètre.

Le rétablissement de la continuité des barres est recherché pour des poutres continues de grande longueur ou pour réaliser des joints de transport (dans un arc bi-articulé par exemple). Ce type de liaison correspond à un encastrement, contrairement à un joint cantilever qui correspond à une articulation. Le *Guide pratique de calcul et de conception du lamellé-collé* (Éditions Eyrolles, octobre 1983) donne des indications sur la valeur des moments de continuité à retenir en fonction de la destination du joint. Pour cet assemblage, on retrouve la disposition favorable du pied de poteau où il est possible de disposer un grand nombre de tiges au voisinage des fibres extrêmes. Attention à la transmission des autres sollicitations (efforts normal et tranchant). Les pièces ayant une orientation du fil du bois identique, la limitation exposée pour les couronnes n'a plus lieu d'être.

Le torseur transmissible par un encastrement comporte un effort et un moment. Pour un problème plan, cela se traduit par trois termes :

$$_G(G_{traverse/poteau}) = _G\left(\frac{\vec{F}}{M_G}\right) = \begin{pmatrix} F_X & 0 \\ F_Y & 0 \\ 0 & M_G \end{pmatrix}$$

G est le point de concours des lignes moyennes.

2.1 Comportement d'une couronne circulaire

Pour une couronne de n organes et de rayon r, chaque terme se distribue sur le groupe d'organe d'assemblage.

2.1.1 Composante horizontale

L'effort est réparti de manière uniforme sur tous les ensembles : $\vec{f}_x = \dfrac{\vec{F}_x}{n}$.

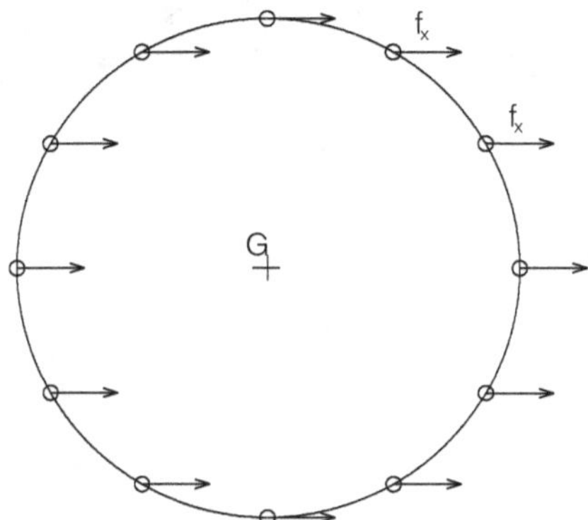

Schéma 3 : efforts unitaires dus à un effort horizontal

2.1.2 Composante verticale

L'effort est réparti de manière uniforme sur tous les ensembles : $\vec{f}_y = \dfrac{\vec{F}_y}{n}$.

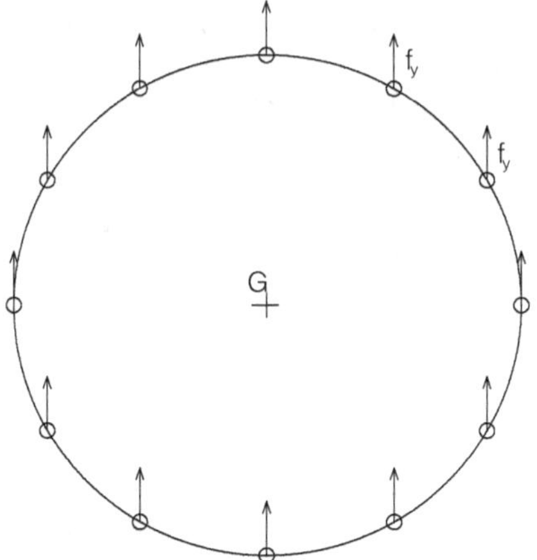

Schéma 4 : efforts unitaires dus à un effort vertical

2.1.3 Moment

Les organes étant tous identiques et situés sur un cercle, ils transmettront tous une force identique et dirigée perpendiculairement au rayon du cercle joignant le centre de gravité (CDG) de l'organe au centre de la couronne.

L'équivalence se traduit par : $M_G = n \cdot r \cdot f_m$. La norme de fm se détermine de la façon suivante :

$$f_m = \frac{M_G}{n \cdot r}.$$

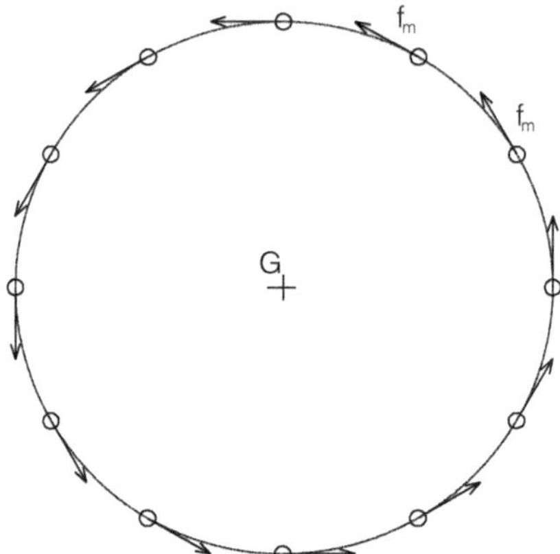

Schéma 5 : efforts unitaires dus à un moment

2.1.4 Effort résultant

Pour déterminer l'effort résultant au niveau de chaque organe, il suffit d'effectuer la somme vectorielle des 3 forces : $\vec{f_x} + \vec{f_y} + \vec{f_m}$.

Remarque

Si par chaque point d'application on trace une perpendiculaire à chaque résultante, on constate que ces droites se coupent en un point. Ce point est le centre d'une rotation fictive, c'est le centre instantané de rotation (CIR).

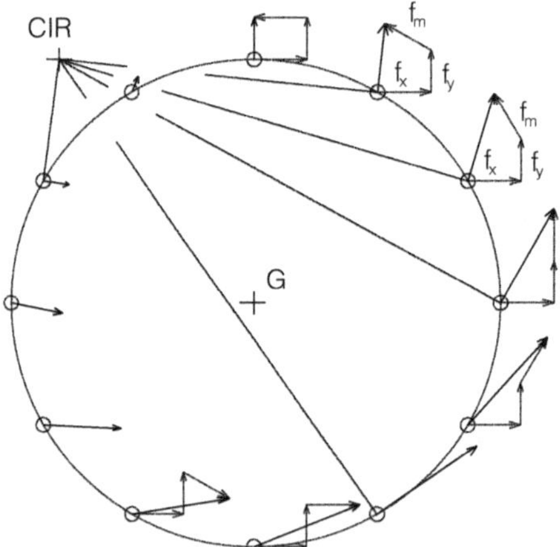

Schéma 6 : somme vectorielle des efforts unitaires

2.1.5 Justification

Compte tenu de la proportionnalité entre l'effort et la distance au centre instantané de rotation, l'organe le plus éloigné est donc le plus sollicité. Cette constatation est insuffisante. En effet, la portance locale des organes est liée à l'orientation de l'effort. Il faut donc déterminer l'organe pour lequel le rapport $\dfrac{\text{Effort appliqué}}{\text{Résistance de calcul}} = \dfrac{E_d}{R_d}$ est le plus grand.

La vérification consiste à établir que ce rapport reste inférieur à l'unité.

Soit : $\left[\dfrac{E_d}{R_d}\right]_{maxi} \leq 1$

Les résultats des recherches effectuées sur l'étude de l'évolution du rapport précédent (effort sur résistance) ont montré que les organes critiques sont ceux situés sur l'axe longitudinal de chacune des pièces assemblées. En effet, dans cette zone, les efforts sont parmi les plus importants et sont sensiblement perpendiculaires au fil du bois. La portance locale pour une direction d'effort perpendiculaire au fil du bois est environ 1,5 fois moins importante que pour une direction parallèle. D'autre part, la variation de l'effort résultant sur chaque boulon est presque toujours inférieure à 1,5 (prédominance de l'effet du moment sur les autres composantes).

▶ Vérification des boulons vis-à-vis du poteau

Dans cette disposition précise, il faut additionner les composantes perpendiculaires à la ligne moyenne, soit f_y et f_m. L'effort maximal dans le poteau est : $F_{poteau} = \sqrt{(f_y + f_m)^2 + f_x^2}$.

L'orientation de cet effort par rapport au fil du bois est : $\alpha = \tan^{-1}\left(\dfrac{f_y + f_m}{f_x}\right)$.

À partir de ces résultats, la vérification de cet organe peut être effectuée en appliquant les règles propres aux types de tiges (boulons ou broches) ou d'assembleurs (anneaux ou crampons) utilisés dans la couronne.

▶ Vérification dans la traverse

Préalablement, il est nécessaire de déterminer les forces élémentaires sur les organes de la traverse dans le repère local de la traverse. Ensuite, le principe de vérification est identique.

▶ Résistance au cisaillement

Les efforts ponctuels existant au niveau de chaque organe provoquent l'apparition d'un effort tranchant dû à l'assemblage, bien plus important que celui relevé au niveau du calcul global de la structure. Cet effort tranchant se développe dans la couronne et est maximal au voisinage de son centre de gravité G.

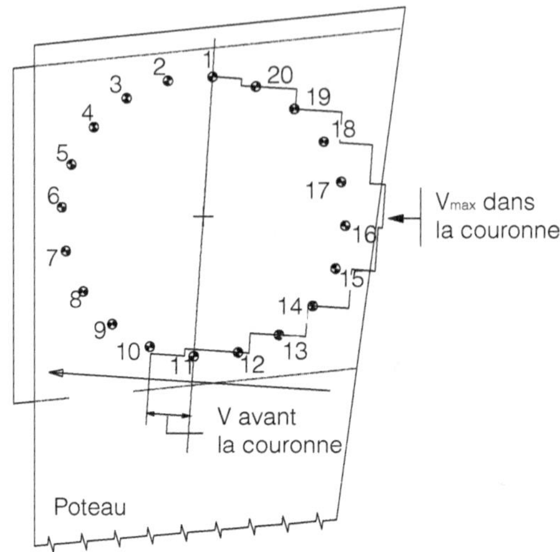

Schéma 7 : évolution de l'effort tranchant

Pour un grand nombre d'organes, l'expression de l'effort tranchant maximal au sein de la couronne tend vers : $F_{v,d} = \dfrac{M_d}{\pi \cdot r} - \dfrac{V_d}{2}$ (V_d : effort tranchant au niveau du nœud).

Remarque

Les hypothèses sur la résistance des matériaux (RDM) sont loin d'être valides dans le cas présent. En effet, les lois de la RDM sont valables à condition d'être appliquées suffisamment loin des points d'application des forces ponctuelles.

La vérification au cisaillement est effectuée en tenant compte de la hauteur réelle. La hauteur réelle exposée au cisaillement est la distance entre le bord chargé et le perçage le plus éloigné. Le taux de travail en cisaillement doit être inférieur ou égal à 1.

$$\text{Taux de travail} = \frac{\tau_d}{k_v \cdot f_{v,d}} \leq 1$$

▶ τ_d : contrainte de cisaillement induite par la combinaison d'action des états limites ultimes en MPa

$$\tau_d = \frac{k_f \times F_{v,d}}{b \times h_{ef}}$$

k_f : coefficient de forme de la section valant 3/2 pour une section rectangulaire.

$F_{v,d}$: effort tranchant en Newton.

b : épaisseur de la pièce en mm.

h_{ef} : hauteur réelle exposée au cisaillement.

▶ $f_{v,d}$: résistance de cisaillement calculée en MPa

$$f_{v,d} = f_{v,k} \cdot \frac{k_{mod}}{\gamma_M}$$

$f_{v,k}$: contrainte caractéristique de résistance de cisaillement en MPa.

k_{mod} : coefficient modificatif en fonction de la charge de plus courte durée et de la classe de service.

γ_M : coefficient partiel qui tient compte de la dispersion du matériau.

Tableau 2 : distance entre les organes

	Boulon, broche	**Anneau**	**Crampon**
About chargé	7d	$2d_c$	$1{,}5.d_c$
Distance aux rives	4d	d_c	d_c
Espacements :			
sur la couronne	6d	$2d_c$	$1{,}5.d_c$
entre couronnes	5d	$1{,}5.d_c$	$1{,}5.d_c$

2.2   Comportement d'une double couronne

Pour des organes identiques disposés sur un cercle de rayon r_1, le moment d'inertie au point G, centre de la couronne, s'écrit :

$$I_G = n_1 \cdot r_1^2$$

Pour des organes identiques disposés sur 2 cercles de rayon r_1 et r_2, le moment d'inertie au point G, centre de la couronne, s'écrit :

$$I_G = (n_1 \cdot r_1^2 + n_2 \cdot r_2^2)$$

Il faut faire attention au respect des pinces sur et entre les couronnes.

F_{maxi} se calcule de la même manière par combinaison des forces f_x, f_y et f_m avec

$$f_m = \frac{M_f}{I_G} \cdot r_1 \ (\text{avec } r_1 > r_2).$$

L'effort tranchant développé par cet assemblage est alors :

$$V_{maxi} = \frac{M_f}{\pi} \cdot \frac{(n_1 \cdot r_1 + n_2 \cdot r_2)}{(n_1 \cdot r_1^2 + n_2 \cdot r_2^2)} - \frac{V_y}{2}$$

3.   Application résolue : assemblage d'un rein de portique par couronne de boulons

Bois lamellé-collé GL32h (ρ_k = 430 kg/m³).

Poteau moisé (2 × 75 × 500 à 960) avec un extrados vertical, d'où α_{poteau} = $\alpha_{ligne\ moyenne}$ = 85,6°.

Traverse inclinée (135 × 960 à 500), d'où $\alpha_{traverse}$ = $\alpha_{ligne\ moyenne}$ = 6°.

20 boulons Ø20, de classe 6.8 ($f_{u,k}$ = 600 MPa).

Rondelles : D_{ext} = 60 mm ; d_{int} = 22 mm.

Action ELU sous la combinaison C = 1,35 G + 1,5 S.
Sollicitations en tête de poteau :

- effort normal : − 57,8 kN ;

- effort tranchant : + 28,3 kN ;

- moment : − 169,5 kN · M.

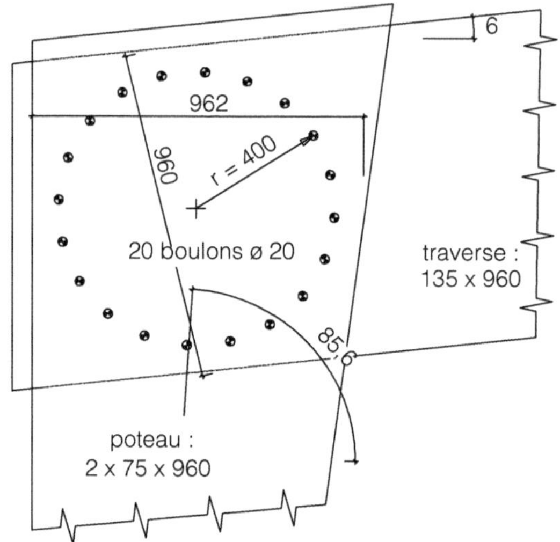

Schéma 8 : assemblage d'un rein de portique (poteau-traverse)

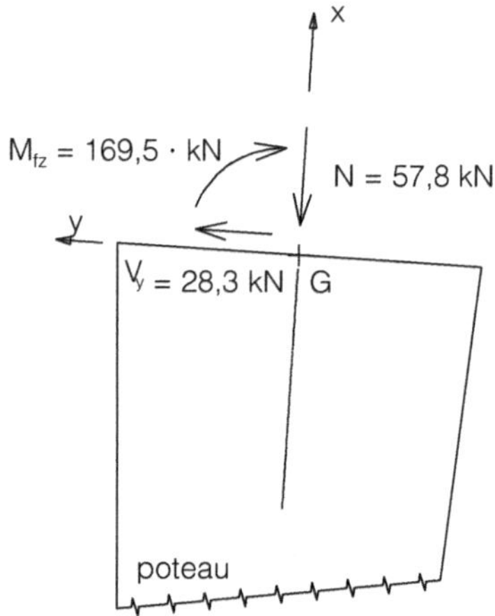

Schéma 9 : sollicitations en tête de poteau (poteau-traverse)

Les boulons sont sollicités par un chargement latéral en double cisaillement bois-bois.

3.1 Rayon de la couronne, nombre et effort sur les boulons

3.1.1 Validation du rayon de la couronne

Distance aux rives : 4d = 80 mm.

Rayon : 400 m.

Largeur minimale des pièces : (400 + 80) · 2 = 960 mm.

3.1.2 Nombre de boulons sur la couronne

Espacements sur la couronne : 6d = 120 mm.

Périmètre de la couronne : p = $2\pi \cdot r = 2\pi \cdot 400 = 2\,513$ mm.

Nombre de boulons : $n \leq \dfrac{2\pi \cdot r}{6d}$, $n \leq \dfrac{2513}{120}$, $n \leq 20,9$.

Sélection de 20 boulons.

3.1.3 Recherche des efforts sur les boulons

▶ Sollicitations dans le poteau

Les valeurs sont précisées dans l'énoncé (action des tiges sur le poteau).

▶ Sollicitations dans la traverse

Changement de repère : angle de rotation du repère : $\beta = - \alpha_{poteau} + \alpha_{traverse} = - 85,6 + 6 = - 79,6°$.

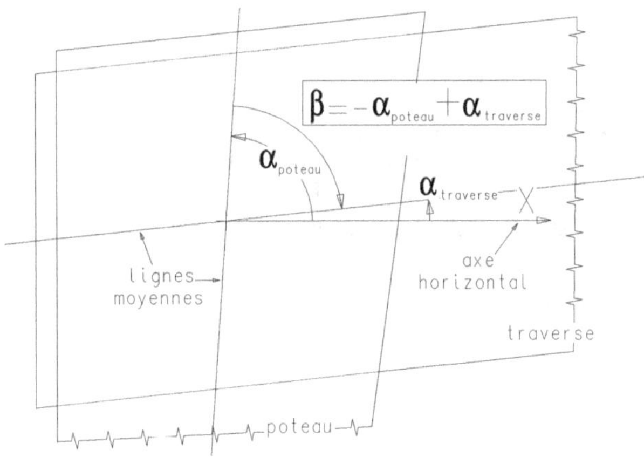

Schéma 10 : angle de rotation du repère : β

$N_t = N_p \cdot \cos\beta + V_p \cdot \sin\beta = (- 57,8) \cdot \cos\beta + 28,3 \cdot \sin\beta = - 38,3$ kN

$V_t = -N_p \cdot \sin\beta + V_p \cdot \cos\beta = - (- 57,8) \cdot \sin\beta + 28,3 \cdot \cos\beta = - 51,7$ kN

Changement de signe (action réciproque ou action des tiges sur la traverse) :

- $F_X = 38,3$ kN ;
- $F_Y = 51,7$ kN.

Tableau 3 : changement de repère local

Effort dans le repère local	Poteau (N)	Traverse (N)
Effort normal : $f_x = \dfrac{F_x}{n}$	$f_x = \dfrac{F_x}{n} = \dfrac{-57800}{20} = -2890 \ N$	$f_x = \dfrac{38300}{20} = 1915 \ N$
Effort tranchant : $f_y = \dfrac{F_y}{n}$	$f_y = \dfrac{F_y}{n} = \dfrac{28300}{20} = 1415 \ N$	$f_y = \dfrac{51700}{20} = 2585 \ N$
Moment fléchissant : $f_m = \dfrac{M_G}{n \cdot r}$	$f_m = \dfrac{M_G}{n \cdot r} = \dfrac{169,5 \cdot 10^6}{20 \cdot 400} = 21190 \ N^*$ $* \ M_G < 0$	$f_m = 21190 \ N^*$ $* \ M_G > 0$

3.2   Vérification des boulons dans le poteau

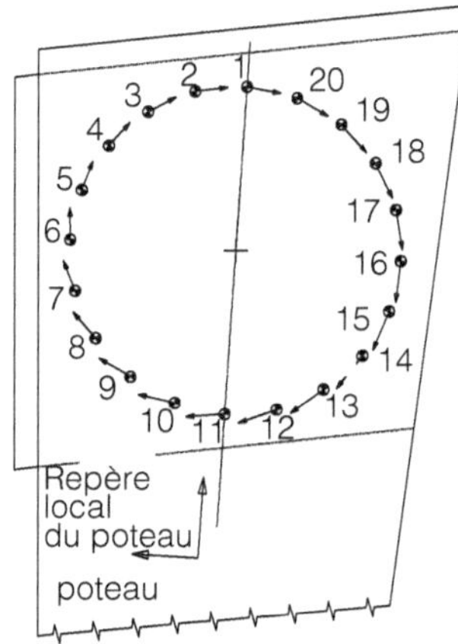

Schéma 11 : efforts résultants sur chaque boulon. Le schéma représente les actions des tiges sur le poteau. L'orientation des efforts résultants montre la prééminence de l'effet du moment d'encastrement sur les autres sollicitations.

3.2.1   Boulon de la ligne médiane le plus sollicité dans le poteau

Le boulon le plus sollicité est le boulon pour lequel f_y et f_m ont la même orientation. Ici $f_y > 0$ et $M_f < 0$; c'est donc le boulon 11.

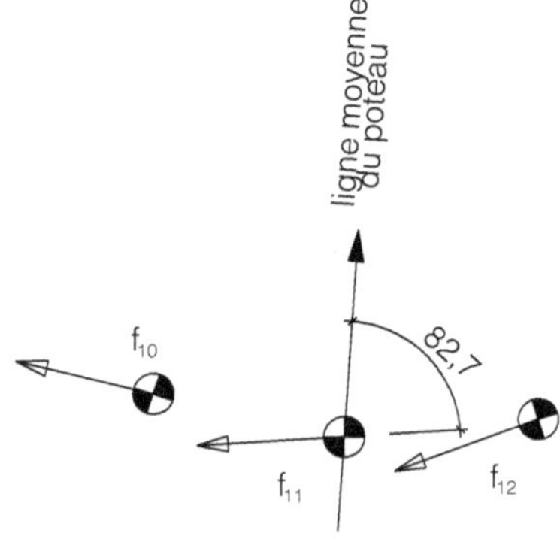

Schéma 12 : détail boulon 11

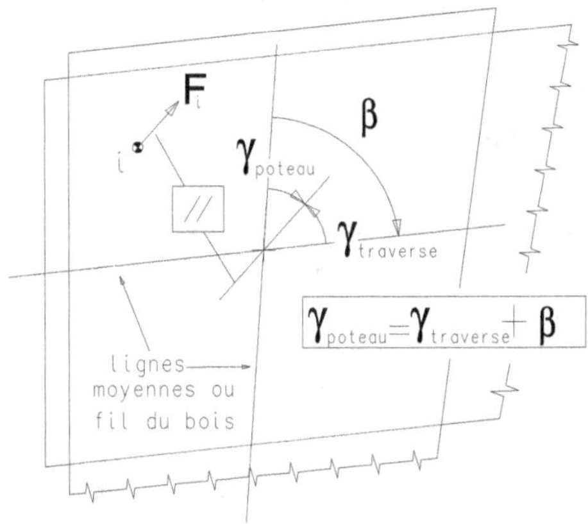

Schéma 13 : repérage des angles par rapport au fil du bois

$$F_{poteau} = \sqrt{(f_y + f_m)^2 + f_x^2}$$

$$F_{poteau} = \sqrt{(1415 + 21190)^2 + 2890^2} = 22790 \text{ N}$$

$$\gamma_{poteau} = \tan^{-1}\left(\frac{f_y + f_m}{f_x}\right)$$

$$\gamma_{poteau} = \tan^{-1}\left(\frac{1415 + 21190}{-2890}\right) = -82,7°$$

3.2.2 Valeur caractéristique de la capacité résistante $F_{V,Rk}$

▶ Portance locale du poteau (pièce 1)

Angle effort/fil du bois : $\gamma_{poteau} = 82,7°$.

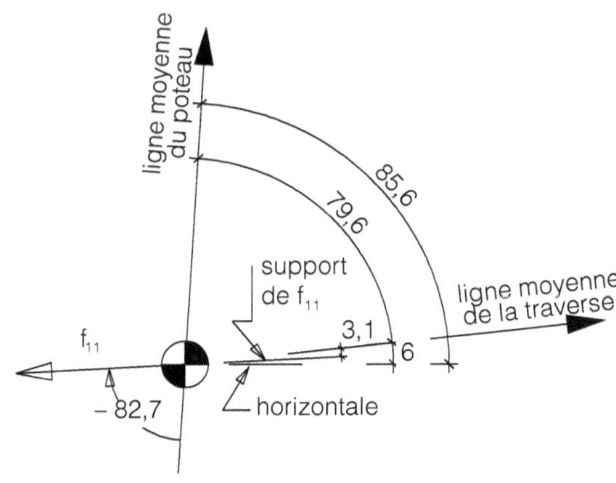

Schéma 14 : détail boulon 11-b, angle entre l'effort exercé par le boulon 11 et la ligne moyenne du poteau et de la traverse

$$f_{h,o,k} = 0{,}082 \cdot (1 - 0{,}01 \cdot d) \cdot \rho_k = 0{,}082 \cdot (1 - 0{,}01 \cdot 20) \cdot 430 = 28{,}2 \text{ N/mm}^2$$

$$\boxed{f_{h,o,k} = 28{,}2 \text{ N/mm}^2}$$

$f_{h,o,k}$: portance locale caractéristique du boulon en N/mm².

ρ_k = 430 kg/m³ : masse volumique caractéristique du bois en kg/m³.

d = 20 mm : diamètre du boulon en mm.

$$k_{90} = 1{,}35 + 0{,}015 \cdot d = 1{,}35 + 0{,}015 \cdot 20 = 1{,}65$$

$$f_{h,1,k} = \frac{f_{h,o,k}}{k_{90}\sin^2 82{,}7 + \cos^2 82{,}7} = \frac{28{,}2}{1{,}65 \cdot \sin^2 82{,}7 + \cos^2 82{,}7}$$

Soit pour la pièce 1 (latérale) :

$$\boxed{f_{h,1,k} = 17{,}2 \text{ N/mm}^2}$$

▶ Portance locale de la traverse (pièce 2)

Angle effort/fil du bois :

$$\gamma_{traverse} = \gamma_{poteau} - \beta = \gamma_{poteau} + \alpha_{poteau} - \alpha_{traverse} = -82{,}7 + 85{,}6 - 6 = -3{,}1°$$

(angle de rotation du repère : $\beta = -\alpha_{poteau} + \alpha_{traverse}$)

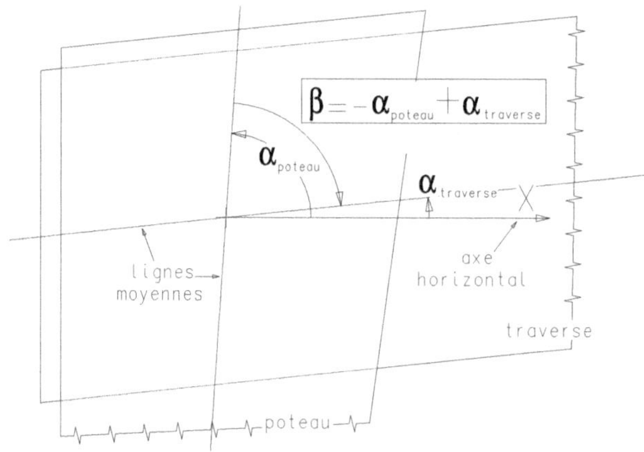

Schéma 15 : angle de rotation du repère : β

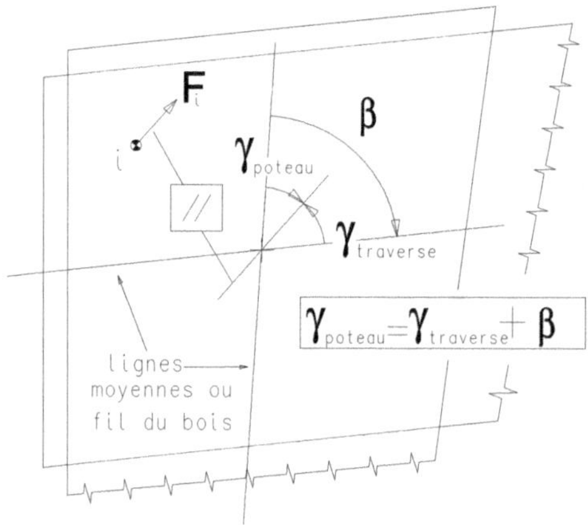

Schéma 16 : repérage des angles par rapport au fil du bois

$k_{90} = 1,65$

$$f_{h,2,k} = \frac{f_{h,\,o,\,k}}{k_{90}\sin^2 3 + \cos^2 3} = \frac{28,2}{1,65 \cdot \sin^2 3 + \cos^2 3}$$

Soit pour la pièce 2 (centrale) :

$$\boxed{f_{h,2,k} = 28,2 \text{ N/mm}^2}$$

▶ Moment d'écoulement plastique

$$M_{y,Rk} = 0,3 \cdot f_{u,k} \cdot d^{2,6} = 0,3 \cdot 600 \cdot 20^{2,6} = 434461$$

$$\boxed{434461 \text{ N} \cdot \text{mm}}$$

▶ Calcul de $F_{ax,Rk}$: capacité caractéristique à l'arrachement

Résistance en traction du boulon :

$F_{t,Rk} = \gamma_{M2} \cdot F_{t,Rd} = k_2 \cdot f_{ub} \cdot A_s = 0,9 \cdot 600 \cdot 245 = 132300 \text{ N}$

$k_2 = 0,9$ pour les boulons à tête hexagonale.

$f_{ub} = 600$ MPa, résistance ultime de l'acier du boulon.

$A_s = 245$ mm² section résistante en traction du boulon.

Résistance en compression transversale :

$$F_{a(x,\,Rk)} = 3 \cdot f_{c,90,d} \frac{\pi \cdot (D_{ext}^2 - d_{int}^2)}{4} = 3 \cdot 3,3 \cdot \frac{\pi \cdot (60^2 - 22^2)}{4} = 24228 \text{ N}$$

$f_{c,90,d} = 3,3$ MPa : résistance caractéristique à la compression transversale en N/mm².

$D_{ext} = 60$ mm : diamètre extérieur de la rondelle.

$d_{int} = 22$ mm : diamètre intérieur de la rondelle.

$$\boxed{F_{ax,Rk} = 24\ 228 \text{ N}}$$

▶ Calcul de l'effet de corde

Effet de corde : $\dfrac{F_{ax,Rk}}{4} = \dfrac{24228}{4} = 6057 \text{ N}$

Pour des boulons, l'effet de corde est limité à 25 % de la partie de Johansen. Le détail des calculs ci-dessous a permis de déterminer la résistance minimale de la partie de Johansen : 15 660 N. La valeur limite est donc ici de : $0,25 \times 15\ 660 = 3\ 915$ N. Cette valeur sera retenue car $\dfrac{F_{ax,Rk}}{4} > 3915 \text{ N}$.

$$\boxed{\text{Effet de corde : } 3\ 915 \text{ N}}$$

▶ Résistance pour chaque mode de rupture

Rapport $\beta = \dfrac{f_{h,2,k}}{f_{h,1,k}} = \dfrac{28,2}{17,2} = 1,64$

Tableau 4 : calcul des différentes valeurs de résistance en double cisaillement

(g)	$f_{h,1,k} \cdot t_1 \cdot d = 17,2 \cdot 75 \cdot 20$	25 800 N
(h)	$0,5 \cdot f_{h,2,k} \cdot t_2 \cdot d = 0,5 \cdot 28,2 \cdot 135 \cdot 20$	38 070 N
(j)	$1,05 \cdot \dfrac{f_{h,1,k} \cdot t_1 \cdot d}{2+\beta} \cdot \left[\sqrt{2\beta \cdot (1+\beta) + \dfrac{4\beta \cdot (2+\beta) \cdot M_{y,Rk}}{f_{h,1,k} \cdot d \cdot t_1^2}} - \beta \right] + \dfrac{F_{ax,Rk}}{4}$ $1,05 \cdot \dfrac{17,2 \cdot 75 \cdot 20}{2+1,64} \cdot \left[\sqrt{2 \cdot 1,64 \cdot (1+1,64) + \dfrac{4 \cdot 1,64 \cdot (2+1,64) \cdot 434461}{17,2 \cdot 20 \cdot 75^2}} - 1,64 \right] + 3915$ $15660 + 3915$	19 575 N
(k)	$1,15 \cdot \sqrt{\dfrac{2\beta}{1+\beta}} \cdot \sqrt{2M_{y,Rk} f_{h,1,k} \cdot d} + \dfrac{F_{ax,Rk}}{4}$ $1,15 \cdot \sqrt{\dfrac{2 \cdot 1,64}{1+1,64}} \cdot \sqrt{2 \cdot 434461 \cdot 17,2 \cdot 20} + \dfrac{F_{ax,\,Rk}}{4}$ $22160 + 0,25 \cdot 22160$	27 700 N

Résistance caractéristique pour un boulon pour un plan de cisaillement :

$$\boxed{F_{v,Rk} = 19\ 575\ \text{N}}$$

3.2.3 Résistance de calcul $F_{V,Rd}$

$$F_{V,Rd} = F_{V,Rk} \cdot \frac{k_{mod}}{\gamma_M}$$

$F_{V,Rk}$: résistance caractéristique des tiges en N.

k_{mod} : coefficient modificatif en fonction de la charge de plus courte durée et de la classe de service.

γ_M : coefficient partiel qui tient compte de la dispersion du matériau.

$$F_{V,Rd} = 19575 \cdot \frac{0,9}{1,3}$$

$$\boxed{F_{v,Rd} = 13\ 552\ \text{N}}$$

3.2.4 Justification

Les boulons sont sollicités en double cisaillement, donc :

$$\text{Taux de travail} = \frac{22790}{2 \cdot 13552} \leq 1$$

$$\boxed{0,84 < 1}$$

3.3   Vérification des boulons dans la traverse

3.3.1   Effort maximal (théorique) sur la ligne médiane dans la traverse

Sur une couronne, les boulons sont disposés régulièrement. Lorsque le premier boulon est situé sur la ligne médiane du poteau, il y a peu de chances pour qu'un boulon se situe sur la ligne médiane de la traverse, d'où la notion d'effort théorique puisqu'il n'y a sans doute pas de boulons à cet endroit-là.

On observe l'effort maximal quand f_y et f_m ont la même orientation.

À partir des sollicitations dans la traverse (se reporter au tableau 3) :

$$F_{traverse} = \sqrt{(f_y + f_m)^2 + f_x^2}$$

$$F_{traverse} = \sqrt{(2585 + 21190)^2 + 1915^2} = 23850 \text{ N}$$

$$\gamma_{traverse} = \tan^{-1}\left(\frac{f_y + f_m}{f_x}\right)$$

$$\gamma_{traverse} = \tan^{-1}\left(\frac{2585 + 21190}{1915}\right) = 85,4°$$

Pour la vérification dans la traverse, les orientations des efforts par rapport au fil, donc les portances locales, sont différentes. Certaines valeurs doivent être recalculées.

3.3.2   Valeur caractéristique de la capacité résistante $F_{V,Rk}$

▶ Portance locale de la traverse

De même que pour le poteau :

$$\boxed{f_{h,o,k} = 28,2 \text{ N/mm}^2}$$

$f_{h,o,k}$: portance locale caractéristique du boulon en N/mm².
Angle effort/fil du bois : $\gamma_{traverse} = 85,4°$.

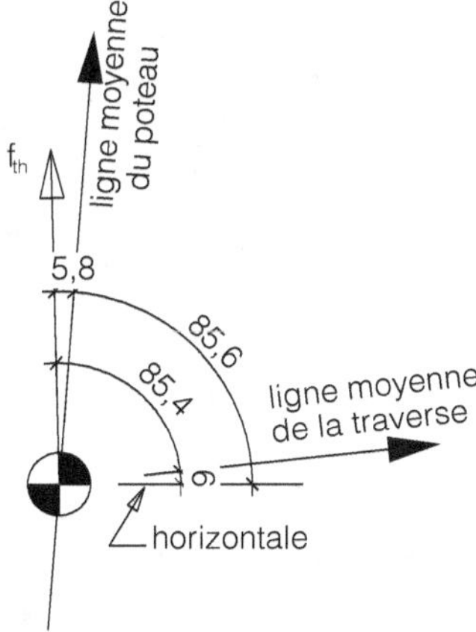

Schéma 17 : détail : représentation de l'effort théorique (F_{th}) sur la ligne moyenne de la traverse, des angles entre F_{th} et la ligne moyenne du poteau et de la traverse

$$k_{90} = 1{,}35 + 0{,}015 \cdot d = 1{,}35 + 0{,}015 \cdot 20 = 1{,}65$$

$$f_{h,2,k} = \frac{f_{h,o,k}}{k_{90}\sin^2 85{,}4 + \cos^2 85{,}4} = \frac{28{,}2}{1{,}65 \cdot \sin^2 85{,}4 + \cos^2 85{,}4}$$

$$\boxed{f_{h,2,k} = 17{,}1 \ \text{N/mm}^2}$$

▶ Portance locale du poteau

Angle effort/fil du bois : $\gamma_{poteau} = \gamma_{traverse} + \beta = \gamma_{traverse} - \alpha_{poteau} + \alpha_{traverse}$.

Angle de rotation du repère : $\beta = - \alpha_{poteau} + \alpha_{traverse}$.

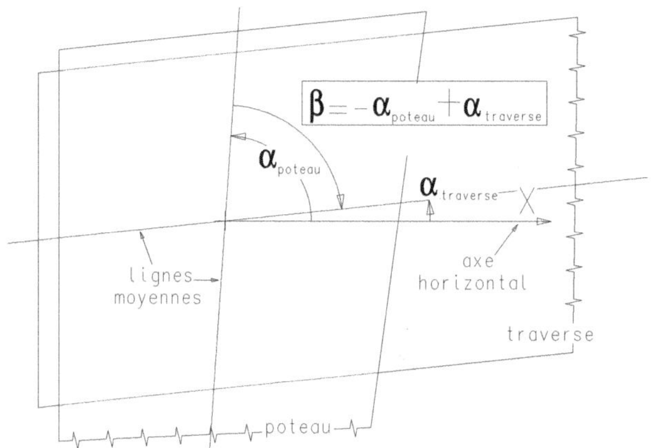

Schéma 18 : angle de rotation du repère : β

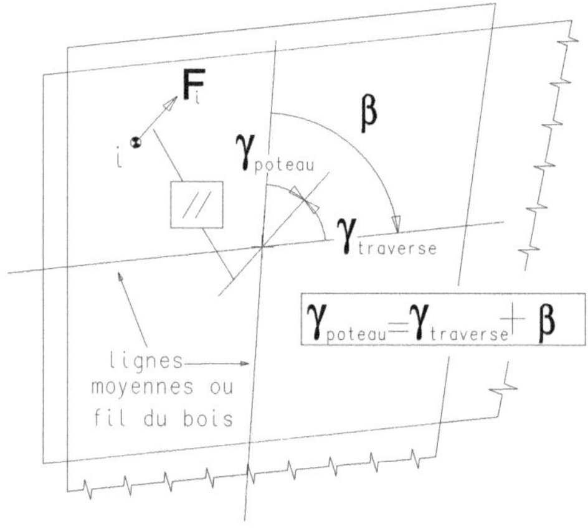

Schéma 19 : repérage des angles par rapport au fil du bois

Soit $\gamma_{poteau} = 85{,}4 - 85{,}6 + 6 = 5{,}8°$

$k_{90} = 1{,}65$

$$f_{h,1,k} = \frac{f_{h,o,k}}{k_{90}\sin^2 5{,}8 + \cos^2 5{,}8} = \frac{28{,}2}{1{,}65 \cdot \sin^2 5{,}8 + \cos^2 5{,}8}$$

$$\boxed{f_{h,1,k} = 28 \ \text{N/mm}^2}$$

▶ Moment d'écoulement plastique

De même que pour le poteau :

$$\boxed{434\ 461 \ \text{N} \cdot \text{mm}}$$

▶ Calcul de $F_{ax,Rk}$: capacité caractéristique à l'arrachement

De même que pour le poteau :

$$\boxed{F_{ax,Rk} = 24\ 228 \ \text{N}}$$

▶ Calcul de l'effet de corde

Effet de corde : $\dfrac{f_{ax,Rk}}{4} = \dfrac{24228}{4} = 6057 \ \text{N}$

Pour des boulons, l'effet de corde est limité à 25 % de la partie de Johansen. Le détail des calculs ci-dessous a permis de déterminer la résistance minimale de la partie de Johansen : 18 180 N. La valeur limite est donc ici de : 0,25 x 18 180 = 4 545 N.

Cette valeur sera retenue car $\dfrac{f_{ax,Rk}}{4} > 4545 \ \text{N}$.

$$\boxed{\text{Effet de corde : 4 545 N}}$$

▶ Résistance pour chaque mode de rupture

Rapport $\beta = \dfrac{f_{h,2,k}}{f_{h,1,k}} = \dfrac{17{,}1}{28} = 0{,}61$

Tableau 5 : calcul des différentes valeurs de résistance au simple cisaillement

(g)	$f_{h,1,k} \cdot t_1 \cdot d = 28 \cdot 75 \cdot 20$	42 000 N
(h)	$0,5 \cdot f_{h,2,k} \cdot t_2 \cdot d = 0,5 \cdot 17,1 \cdot 135 \cdot 20$	23 085 N
(j)	$1,05 \cdot \dfrac{f_{h,1,k} \cdot t_1 \cdot d}{2+\beta} \cdot \left[\sqrt{2\beta \cdot (1+\beta) + \dfrac{4\beta \cdot (2+\beta) \cdot M_{y,Rk}}{f_{h,1,k} \cdot d \cdot t_1^2}} - \beta \right] + \dfrac{F_{ax,Rk}}{4}$ $1,05 \cdot \dfrac{28 \cdot 75 \cdot 20}{2+0,61} \cdot \left[\sqrt{2 \cdot 0,61 \cdot (1+0,61) + \dfrac{4 \cdot 0,61 \cdot (2+0,61) \cdot 434461}{28 \cdot 20 \cdot 75^2}} - 0,61 \right] + 4546$ $18180 + 4545$	22 725 N
(k)	$1,15 \cdot \sqrt{\dfrac{2\beta}{1+\beta}} \cdot \sqrt{2M_{y,Rk} f_{h,1,k} \cdot d} + \dfrac{F_{ax,Rk}}{4}$ $1,15 \cdot \sqrt{\dfrac{2 \cdot 0,61}{1+0,61}} \cdot \sqrt{2 \cdot 434461 \cdot 28 \cdot 20} + \dfrac{F_{ax,Rk}}{4}$ $22082 + 0,25 \cdot 22082$	27 602 N

Résistance caractéristique pour un boulon pour un plan de cisaillement :

$$\boxed{F_{v,Rk} = 22\ 725\ \text{N}}$$

3.3.3 Résistance de calcul $F_{V,Rd}$

$$F_{V,Rd} = 22725 \cdot \frac{0,9}{1,3}$$

$$\boxed{F_{v,Rd} = 15\ 732\ \text{N}}$$

3.3.4 Justification

Les boulons sont sollicités en double cisaillement, donc :

$$\text{Taux de travail} = \frac{23850}{2 \cdot 15732} \leq 1$$

$$\boxed{0,76 < 1}$$

3.4 Vérification en cisaillement

Pour une couronne : $F_{v,d} = \dfrac{M_d}{\pi \cdot r} - \dfrac{V_d}{2}$

Effort tranchant dans le poteau :

$$F_{v,d} = \frac{M_d}{\pi \cdot r} - \frac{V_d}{2} = \frac{169,5 \cdot 10^6}{\pi \cdot 400} - \frac{28300}{2} = 120734\ \text{N} .$$

Effort tranchant dans la traverse :

$$F_{v,d} = \frac{M_d}{\pi \cdot r} - \frac{V_d}{2} = \frac{169,5 \cdot 10^6}{\pi \cdot 400} - \frac{51700}{2} = 109034\ \text{N} .$$

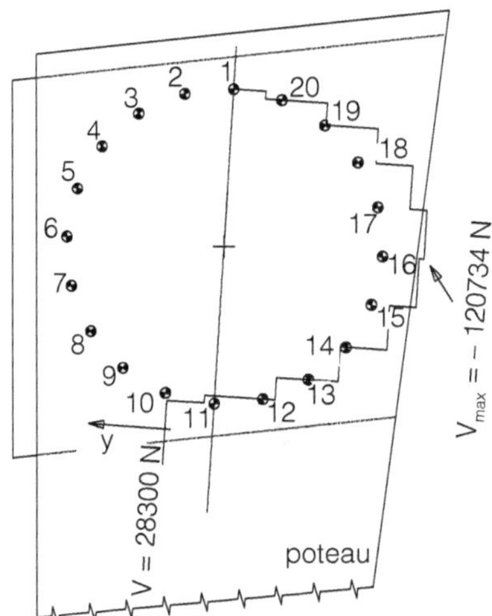

Schéma 20 : poteau : évolution de l'effort tranchant dans la couronne

Il faut vérifier le taux de travail pour chaque pièce :

Taux de travail = $\dfrac{\tau_d}{f_{v,d}} \leq 1$

3.4.1 Contrainte de cisaillement induite par la combinaison d'action des états limites ultimes en MPa

▶ Contrainte de cisaillement dans le poteau

$$\tau_d = \frac{k_f \times F_{v,d}}{b \times h_{ef}} = \frac{1,5 \times 120734}{2 \times 75 \times (960/2 + 400)} = 1,37 \text{ MPa}$$

▶ Contrainte de cisaillement dans la traverse

$$\tau_d = \frac{k_f \times F_{v,d}}{b \times h_{ef}} = \frac{1,5 \times 109034}{135 \times (960/2 + 400)} = 1,38 \text{ MPa}$$

k_f : 3/2 pour une section rectangulaire.
b : épaisseur de la traverse ou épaisseur des moises pour le poteau en mm.
h_{ef} : hauteur réelle exposée au cisaillement.

3.4.2 Résistance de cisaillement calculée en MPa

$$f_{v,d} = f_{v,k} \cdot \frac{k_{mod}}{\gamma_M}$$

k_{mod} : coefficient modificatif en fonction de la charge de plus courte durée et de la classe de service.
γ_M : coefficient partiel qui tient compte de la dispersion du matériau.

$$f_{v,d} = 3,8 \cdot \frac{0,9}{1,3}$$

$$\boxed{f_{v,d} = 2,63 \text{ MPa}}$$

3.4.3 Justification

Taux de travail = $\dfrac{1,38}{2,63} \leq 1$

$$\boxed{0,53 < 1}$$

4. Application résolue : variante avec 12 anneaux Ø95

Reprise des données de l'application 1.

d_c = 95 mm

h_e = 15 mm

Rayon de la couronne, nombre et effort sur les anneaux.

4.1 Rayon de la couronne, nombre et effort sur les anneaux

4.1.1 Validation du rayon de la couronne

Distance aux rives : $d_c = 95$ mm

Rayon maximal de la couronne : $r_{maxi} = \dfrac{960 - 2d_c}{2} = 385$ mm .

4.1.2 Nombre d'anneaux sur la couronne

Espacements sur la couronne : $2d_c = 95 \times 2 = 190$ mm.

Périmètre de la couronne : $p = 2\pi \cdot r = 2\pi \cdot 385 = 2\,419$ mm.

Nombre d'anneaux : $n \le \dfrac{2\pi \cdot r}{2d_c}$, $n \le \dfrac{2419}{190}$, $n \le 12,7$.

4.1.3 Recherche des efforts sur les ensembles

▶ Sollicitations dans le poteau

Éléments précisés dans l'énoncé.

▶ Sollicitations dans la traverse

Changement de repère : $\beta = \alpha_{poteau} - \alpha_{traverse} = -85,6 + 6 = -79,6°$

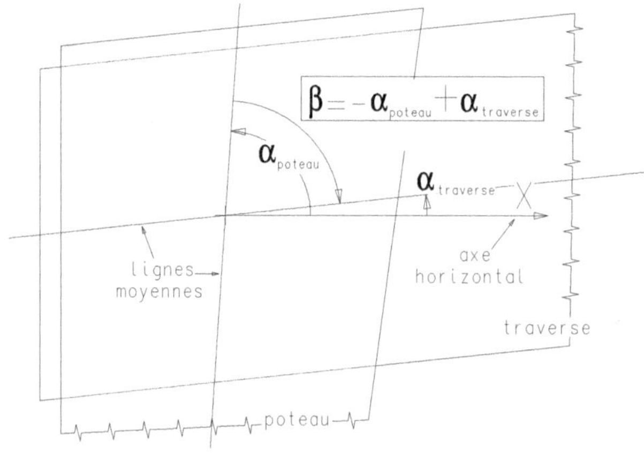

Schéma 21 : angle de rotation du repère : β

$N_t = N_p \cdot \cos\beta + V_p \cdot \sin\beta = (-57,8) \cdot \cos\beta + 28,3 \cdot \sin\beta = -38,3$ kN

$V_t = -N_p \cdot \sin\beta + V_p \cdot \cos\beta = -(-57,8) \cdot \sin\beta + 28,3 \cdot \cos\beta = -51,7$ kN

Changement de signe (action réciproque) :

$F_X = 38,3$ kN

$F_Y = 51,7$ kN

Tableau 6 : changement de repère local

Dans le repère local du	Poteau (N)	Traverse (N)
Effort normal : $$f_x = \frac{F_x}{n}$$	$$f_x = \frac{F_x}{n} = \frac{-57800}{12} = -4817 \text{ N}$$	$$f_x = \frac{38300}{12} = 3192 \text{ N}$$
Effort tranchant : $$f_y = \frac{F_y}{n}$$	$$f_y = \frac{F_y}{n} = \frac{28300}{12} = 2358 \text{ N}$$	$$f_y = \frac{51700}{12} = 4308 \text{ N}$$
Moment fléchissant : $$f_m = \frac{M_G}{n \cdot r}$$	$$f_m = \frac{M_G}{n \cdot r} = \frac{-169,5 \cdot 10^6}{12 \cdot 385} = -36688 \text{ N}$$	$$f_m = 36688 \text{ N}$$

4.2   Vérification du poteau

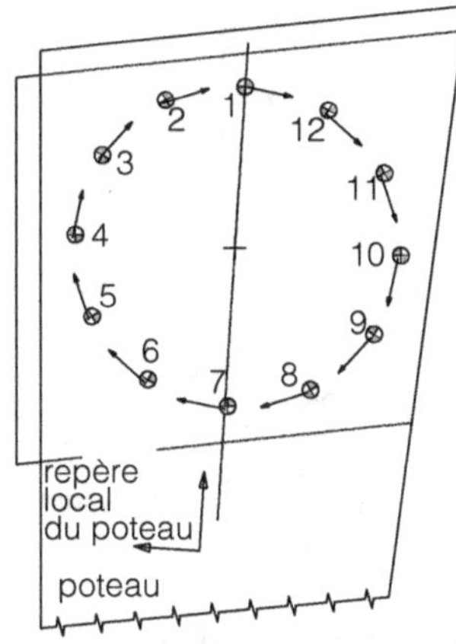

Schéma 22 : efforts résultants sur chaque ensemble. Le schéma représente les actions des anneaux sur le poteau. L'orientation des efforts montre la prééminence de l'effet du moment d'encastrement sur les autres sollicitations.

4.2.1   Ensemble le plus sollicité dans le poteau

$$F_{poteau} = \sqrt{(f_y + f_m)^2 + f_x^2}$$

$$F_{poteau} = \sqrt{(2358 + 36688)^2 + 4817^2} = 39342 \text{ N}$$

$$\gamma_{poteau} = \tan^{-1}\left(\frac{f_y + f_m}{f_x}\right)$$

$$\gamma_{poteau} = \tan^{-1}\left(\frac{2358 + 36688}{-4817}\right) = -83°$$

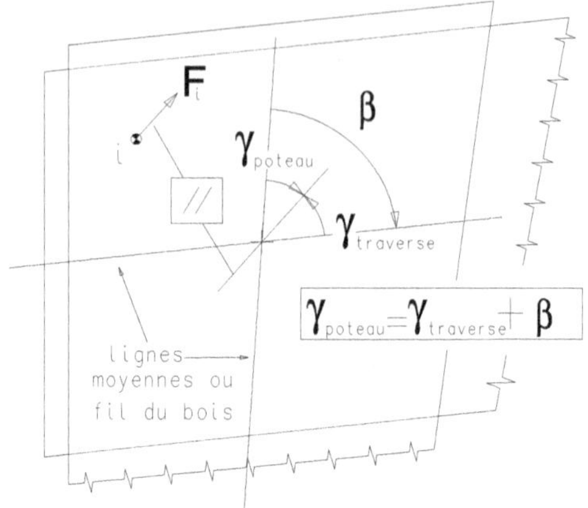

Schéma 23 : repérage des angles par rapport au fil du bois

Remarque

Le moment doit avoir le même signe que l'effort tranchant, c'est donc l'ensemble 7 qui est le plus sollicité.

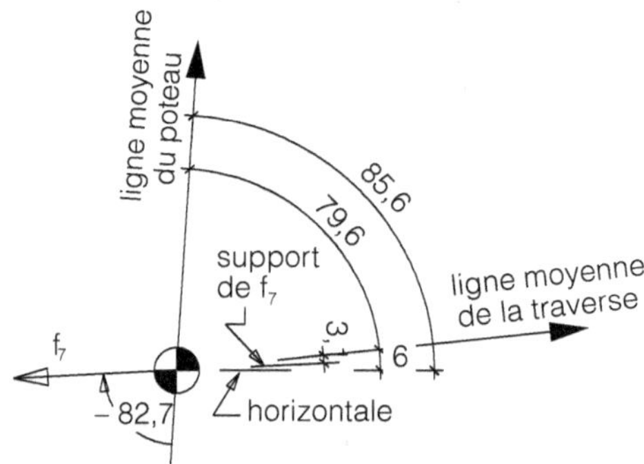

Schéma 24 : détail ensemble 7 : angle de l'effort exercé par l'ensemble 7 par rapport à la ligne moyenne du poteau et de la traverse

4.2.2 Valeur caractéristique de la capacité résistante $F_{V,Rk}$

▶ Épaisseur minimale des pièces

$t_1 \geq 2{,}25 \cdot h_e$, soit $t_1 \geq 33{,}75$ mm

$t_2 \geq 3{,}75 \cdot h_e$, soit $t_2 \geq 56{,}25$ mm

▶ Facteurs de modification

Calcul de k_1

$$k_1 = \min \begin{cases} 1 \\[2mm] \dfrac{t_1}{3 \cdot h_e} = \dfrac{75}{3 \cdot 15} = 1{,}67 \\[4mm] \dfrac{t_2}{5 \cdot h_e} = \dfrac{135}{5 \cdot 15} = 1{,}8 \end{cases} \qquad \boxed{k_1 = 1}$$

t_1 : épaisseur de la pièce 1.
t_2 : épaisseur de la pièce 2.
h_e : profondeur de pénétration de l'anneau.
Toutes les cotes sont en mm.

Calcul de k_2

k_2 ne s'applique que pour les assemblages en traction, soit pour $-30° \ \alpha \ 30°$.

Calcul de k_3

$$k_3 = \min \begin{cases} 1{,}75 \\[3mm] \dfrac{\rho_k}{350} = \dfrac{430}{350} = 1{,}23 \end{cases} \qquad \boxed{k_3 = 1{,}23}$$

ρ_k : masse volumique caractéristique du bois (kg/m³).

Calcul de k_4

Pour des assemblages bois-bois : $k_4 = 1$.

▶ Capacité résistante $F_{v,0,Rk}$

$$F_{v,0,Rk} = \min \begin{cases} k_1 \cdot k_2 \cdot k_3 \cdot k_4 \cdot (35 \cdot d_c^{1,5}) \\[2mm] k_1 \cdot k_3 \cdot h_e \cdot (31{,}5 \cdot d_c) \end{cases} = \min \begin{cases} 1 \cdot 1{,}23 \cdot 1 \cdot (35 \cdot 95^{1,5}) \\[2mm] 1 \cdot 1{,}23 \cdot 15 \cdot (31{,}5 \cdot 95) \end{cases}$$

$$F_{v,o,Rk} = \min \begin{cases} k_1 \cdot k_2 \cdot k_3 \cdot k_4 \cdot (35 \cdot d_c^{1,5}) \\[2mm] k_1 \cdot k_3 \cdot h_e \cdot (31{,}5 \cdot d_c) \end{cases} = \min \begin{cases} 1 \cdot 1{,}23 \cdot 1 \cdot (35 \cdot 95^{1,5}) \\[2mm] 1 \cdot 1{,}23 \cdot 15 \cdot (31{,}5 \cdot 95) \end{cases}$$

$$= \min \begin{cases} 39862 \\[2mm] 55212 \end{cases} = 39862 \ \text{N}$$

$F_{v,o,Rk}$: résistance caractéristique parallèle au fil (N).
d_c : diamètre de l'anneau (mm).
h_e : profondeur de pénétration (mm).

k_1 à k_4 : facteurs de modification.

▶ Capacité résistante $F_{v,\alpha,Rk}$ du poteau

$$F_{v,\alpha,Rk} = \frac{F_{v,o,Rk}}{k_{90}\sin^2\alpha + \cos^2\alpha} = \frac{39862}{1,205\ \sin^2 83 + \cos^2 83} = 29214\ \text{N}$$

$$\boxed{F_{v,1,Rk} = 29\ 214\ \text{N}}$$

$F_{v,\alpha,Rk}$: capacité résistante d'un anneau pour un plan de cisaillement (N).
α : inclinaison de l'effort par rapport au fil du bois.
$F_{v,o,Rk}$: capacité résistante de l'assembleur pour un effort parallèle au fil (N).
k_{90} : $1,3 + 0,001 \cdot d_c = 1,205$
d_c : diamètre de l'anneau (mm).

▶ Capacité résistante $F_{v,\alpha,Rk}$ dans la traverse

Voir détail ensemble 7.
Angle effort/fil du bois :
$\beta = \alpha_{poteau} - \alpha_{traverse} + \alpha = 85,6 - 6 - 83 = -3,4°$
$k_{90} = 1,205$

$$F_{v,\alpha,Rk} = \frac{F_{v,o,Rk}}{k_{90}\sin^2\alpha + \cos^2\alpha} = \frac{39862}{1,205\ \sin^2 3,4 + \cos^2 3,4} = 39810\ \text{N}$$

$$\boxed{F_{v,2,Rk} = 39\ 810\ \text{N}}$$

On retient la résistance la plus faible (pour l'angle le plus proche de 90°).
La résistance du boulon n'est pas prise en compte.
$$F_{v,Rd} = 29214 \times \frac{0,9}{1,3}$$

$$\boxed{F_{v,Rd} = 20\ 225\ \text{N}}$$

4.2.3   Justification

Les ensembles sont sollicités en double cisaillement donc :

$$\text{Taux de travail} = \frac{39342}{2 \cdot 20225} \leq 1$$

$$\boxed{0,97 < 1}$$

4.3   Vérification de la traverse

4.3.1   Ensemble le plus sollicité dans la traverse

$$F_{traverse} = \sqrt{(f_y + f_m)^2 + f_x^2}$$

$$F_{traverse} = \sqrt{(4308 + 36688)^2 + 3192^2} = 41120\ \text{N}$$

$$\beta = \tan^{-1}\left(\frac{f_y + f_m}{f_x}\right)$$

$$\beta = \tan^{-1}\left(\frac{-4308 + 36688}{-3192}\right) = 85{,}6°$$

Remarque

Le moment doit avoir le même signe que l'effort tranchant.

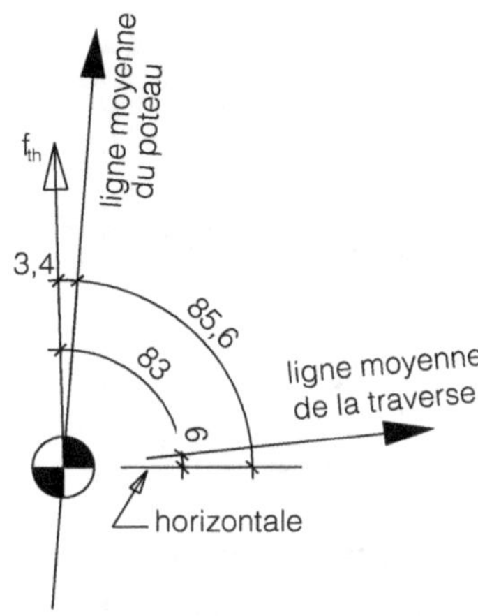

Schéma 25 : représentation de l'effort théorique (F_{th}) sur la ligne moyenne de la traverse, des angles entre F_{th} et la ligne moyenne du poteau et de la traverse

4.3.2 Valeur caractéristique de la capacité résistante $F_{V,Rk}$

Les facteurs de modification ne changent pas, donc : $F_{v,o,Rk}$ = 39862 N.

▶ Capacité résistante $F_{v,\alpha,Rk}$ de la traverse

Poteau :

$$F_{v,\alpha,Rk} = \frac{F_{v,o,Rk}}{k_{90}\sin^2\alpha + \cos^2\alpha} = \frac{39862}{1{,}205\,\sin^2 85{,}6 + \cos^2 85{,}6} = 29143\ \text{N}$$

$$\boxed{F_{v,1,Rk} = 29\,143\ \text{N}}$$

$F_{v,\alpha,Rk}$: capacité résistante d'un anneau pour un plan de cisaillement (N).

α : inclinaison de l'effort par rapport au fil du bois.

$F_{v,o,Rk}$: capacité résistante de l'assembleur pour un effort parallèle au fil (N).

k_{90} : $1{,}3 + 0{,}001 \cdot d_c = 1{,}205$

d_c : diamètre de l'anneau (mm).

▶ Capacité résistante $F_{v,\,\alpha,\,Rk}$ pour le poteau

Angle effort/fil du bois :

$$\beta = \alpha_{poteau} - \alpha_{traverse} + \alpha = 85{,}6 - 6 - 83 = -3{,}4°$$

$$k_{90} = 1{,}205$$

$$F_{v,\alpha,Rk} = \frac{F_{v,o,Rk}}{k_{90}\sin^2\alpha + \cos^2\alpha} = \frac{39862}{1,205\ \sin^2 3,4 + \cos^2 3,4} = 39810\ \text{N}$$

$$\boxed{F_{v,2,Rk} = 39\ 810\ \text{N}}$$

On retient la résistance la plus faible (pour l'angle le plus proche de 90°).
La résistance du boulon n'est pas prise en compte.

$$F_{v,Rd} = 29143 \times \frac{0,9}{1,3}$$

$$\boxed{F_{v,Rd} = 20\ 176\ \text{N}}$$

4.3.3   Justification

Les ensembles sont sollicités en double cisaillement, donc :

$$\text{Taux de travail} = \frac{41120}{2 \cdot 20176} \leq 1$$

$$\boxed{1,02 > 1}$$

Remarque

Une légère augmentation de la hauteur des pièces au niveau de l'assemblage (20 mm)
permet de le justifier.

4.4   Vérification en cisaillement

Pour une couronne : $F_{v,d} = \dfrac{M_d}{\pi \cdot r} - \dfrac{V_d}{2}$

k_{mod} : coefficient modificatif en fonction de la charge de plus courte durée et de la classe de service.

γ_M : coefficient partiel qui tient compte de la dispersion du matériau.

Effort tranchant dans le poteau :

$$F_{v,d} = \frac{M_d}{\pi \cdot r} - \frac{V_d}{2} = \frac{169,5 \cdot 10^6}{\pi \cdot 400} - \frac{28300}{2} = 120734\ \text{N}\,.$$

Effort tranchant dans la traverse :

$$F_{v,d} = \frac{M_d}{\pi \cdot r} - \frac{V_d}{2} = \frac{169,5 \cdot 10^6}{\pi \cdot 400} - \frac{51700}{2} = 109034\ \text{N}\,.$$

Il faut vérifier le taux de travail pour chaque pièce :

$$\text{Taux de travail} = \frac{\tau_d}{f_{v,d}} \leq 1$$

4.4.1 Contrainte de cisaillement induite par la combinaison d'action des états limites ultimes en MPa

▶ **Contrainte de cisaillement dans le poteau**

$$\tau_d = \frac{k_f \times F_{v,d}}{b \times h_{ef}} = \frac{1{,}5 \times 120734}{2 \times 75 \times (960/2 + 385)} = 1{,}4 \ \text{MPa}$$

▶ **Contrainte de cisaillement dans la traverse**

$$\tau_d = \frac{k_f \times F_{v,d}}{b \times h_{ef}} = \frac{1{,}5 \times 109034}{135 \times (960/2 + 385)} = 1{,}40 \ \text{MPa}$$

k_f : 3/2 pour une section rectangulaire.
b : épaisseur de la traverse ou épaisseur des moises pour le poteau en mm.
h_{ef} : hauteur réelle exposée au cisaillement.

4.4.2 Résistance de cisaillement calculée en MPa

$$f_{v,d} = f_{v,k} \cdot \frac{k_{mod}}{\gamma_M}$$

$$f_{v,d} = 3{,}8 \cdot \frac{0{,}9}{1{,}3}$$

$$\boxed{f_{v,d} = 2{,}63 \ \text{MPa}}$$

▶ **Justification**

$$\text{Taux de travail} = \frac{1{,}4}{2{,}63} \leq 1$$

$$\boxed{0{,}53 < 1}$$

5. Méthode simplifiée

Dans le cadre d'un prédimensionnement manuel, il est possible de vérifier une couronne de boulons en considérant l'effort théorique maximal (combinaison des efforts la plus défavorable) par rapport à la résistance minimale du boulon dans le bois (en supposant une orientation de l'effort par rapport au fil perpendiculaire). Cette méthode augmente le taux de travail de l'ordre de 5 à 10 %.

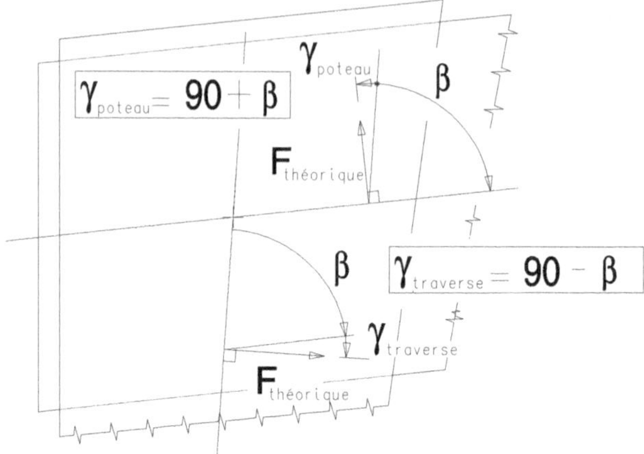

Schéma 26 : effort théorique maximal formant un angle de 90° (portance minimale), appliqué sur un boulon virtuel

5.1 Effort maximal théorique

La combinaison la plus défavorable des efforts correspond au cas théorique où la résultante de f_x et f_y a la même orientation que f_m. Soit :

$$F_{max\,virtuel} = \sqrt{(f_x^2 + f_y^2)} + f_3$$

f_x : efforts unitaires dus à un effort horizontal, $\vec{f_x} = \dfrac{\vec{F_x}}{n}$.

f_y : efforts unitaires dus à un effort vertical, $\vec{f_y} = \dfrac{\vec{F_y}}{n}$.

f_m : efforts unitaires dus à un effort moment, $f_m = \dfrac{M_G}{n \cdot r}$.

5.2 Résistance minimale lorsque l'effort est perpendiculaire à la ligne moyenne du poteau (pièce 1)

Lorsque l'angle entre l'effort et le fil du bois est nul, la portance locale est :

$$f_{h,o,k} = 0{,}082 \cdot (1 - 0{,}01 \cdot d) \cdot \rho_k$$

La portance locale est la plus faible pour un angle de 90°. Lorsque l'effort a un angle α par rapport à la ligne moyenne (ou le fil du bois), la valeur caractéristique de la portance locale devient :

$$f_{h,\alpha,k} = \frac{f_{h,o,k}}{k_{90}\sin^2\alpha + \cos^2\alpha}$$

Soit pour un angle de 90° :

$$f_{h,1,k} = \frac{f_{h,o,k}}{k_{90}}$$

Pour la traverse, l'angle effort/fil du bois est :

$$\gamma_{traverse} = \gamma_{poteau} - \beta = 90 - \beta$$

(angle de rotation du repère : $\beta = -\alpha_{poteau} + \alpha_{traverse}$)

$$f_{h,2,k} = \frac{f_{h,o,k}}{k_{90}\sin^2\gamma_{traverse} + \cos^2\gamma_{traverse}}$$

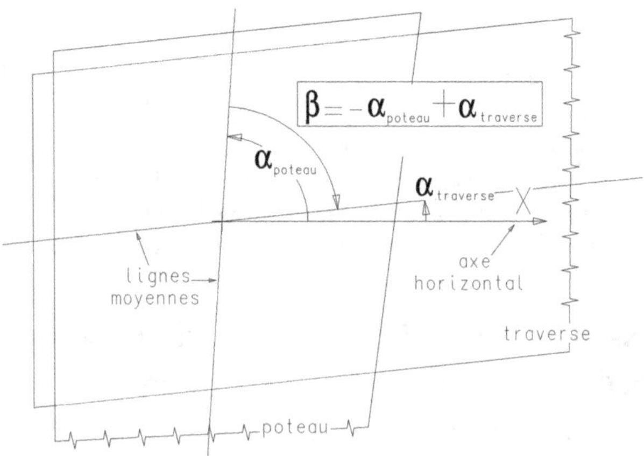

Schéma 27 : angle de rotation du repère : β

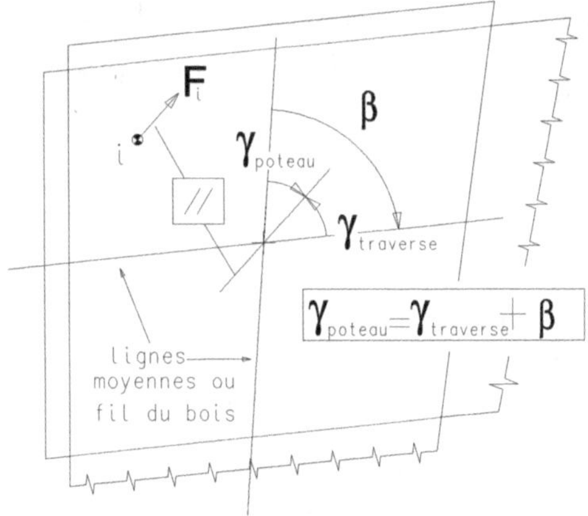

Schéma 28 : repérage des angles par rapport au fil du bois

5.3 Résistance minimale virtuelle lorsque l'effort est perpendiculaire à la ligne moyenne de la traverse (pièce 2)

Les angles sont inversés. L'angle entre l'effort et la ligne moyenne de la traverse devient 90° et l'angle entre l'effort et la ligne moyenne du poteau devient $\alpha = (90 + \beta)$.

Pour la traverse, la portance locale sera : $f_{h,2,k} = \dfrac{f_{h,2,k}}{k_{90}}$.

Pour le poteau, la portance locale sera : $f_{h,1,k} = \dfrac{f_{h,o,k}}{k_{90}\sin^2\gamma_{poteau} + \cos^2\gamma_{poteau}}$.

$$\gamma_{poteau} = \gamma_{traverse} + \beta = 90 + \beta$$

Justification

L'assemblage est justifié lorsque l'effort subi par le boulon reste inférieur ou égal à la capacité résistante la plus faible.

$$\text{Chargement latéral} : \frac{F_{théorique,max}}{F_{v,Rd}} \leq 1$$

$F_{théorique,maxl}$: sollicitation agissante latérale maximale.

$F_{v,Rd}$: capacité résistante latérale lorsque l'effort est perpendiculaire à la ligne moyenne du poteau ou lorsque l'effort est perpendiculaire à la ligne moyenne de la traverse.

La justification au cisaillement est identique à la première méthode exposée.

5.4 Reprise de l'application 1 : assemblage d'un rein de portique par couronne de boulons

Bois lamellé-collé GL32h (ρ_k = 430 kg/m³).

Poteau moisé (2 × 75 × 500 à 960) avec un extrados vertical,
d'où $\alpha_{ligne\ moyenne}$ = 85,6°.

Traverse inclinée (135 x 960 à 500), d'où $\alpha_{ligne\ moyenne}$ = 6°.

β = 85,6 − 6 = 79,6° : angle aigu entre la ligne moyenne de la traverse et la ligne moyenne du poteau.

20 boulons Ø20, de classe 6.8 ($f_{u,k}$ = 600 MPa).

Rondelles : D_{ext} = 60 mm ; d_{int} = 22 mm.

Action ELU sous la combinaison C = 1,35 G + 1,5 S.

Sollicitations en tête de poteau :

- effort normal : − 57,8 kN ;

- effort tranchant : + 28,3 kN ;

- moment : − 169,5 kN · m.

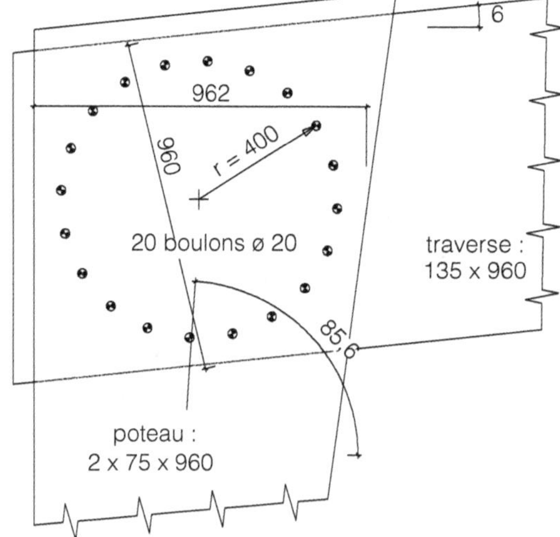

Schéma 29 : assemblage d'un rein de portique (poteau-traverse)

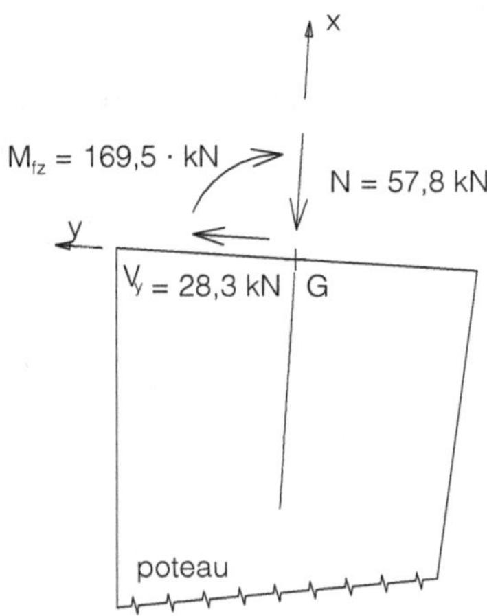

Schéma 30 : sollicitations en tête de poteau (poteau-traverse)

Les boulons sont sollicités par un chargement latéral en double cisaillement bois-bois.

5.4.1 Rayon de la couronne, nombre et effort sur les boulons

▶ Effort maximal virtuel sur un boulon virtuel situé sur la ligne médiane du poteau ou de la traverse

$$F_{max\ virtuel} = \sqrt{(f_x^2 + f_y^2)} + f_3$$

$$F_{max\ virtuel} = \sqrt{(2890^2 + 1415^2)} + 21190 = 24408\ N$$

$$\boxed{F_{max,virtuel} = 24\ 408\ N}$$

f_x, f_y et f_m : pour le détail des calculs, voir le paragraphe « Recherche des efforts sur les boulons » en début d'application.

5.4.2 Valeur caractéristique de la capacité résistante $F_{V,RK}$

▶ 5.4.2.1 Effort perpendiculaire à la ligne moyenne du poteau

Portance locale du poteau (pièce 1)

De même que précédemment :

$$f_{h,o,k} = 28,2\ N/mm^2$$

$$k_{90} = 1,65$$

Pour un angle effort/fil du bois $\alpha = 90°$:

$$f_{h,1,k} = \frac{f_{h,o,k}}{k_{90}} = \frac{28,2}{1,65}$$

Soit pour la pièce 1 (latérale) :

$$\boxed{f_{h,,1,k} = 17,1\ N/mm^2}$$

Portance locale de la traverse (pièce 2)

Angle effort/fil du bois :

$\gamma_{\text{traverse}} = \gamma_{\text{poteau}} - \beta = \gamma_{\text{poteau}} + \alpha_{\text{poteau}} - \alpha_{\text{traverse}} = 90 + 85,6 - 6 = 169,6°$
Ou bien : $180 - 169,6 = 10,4°$

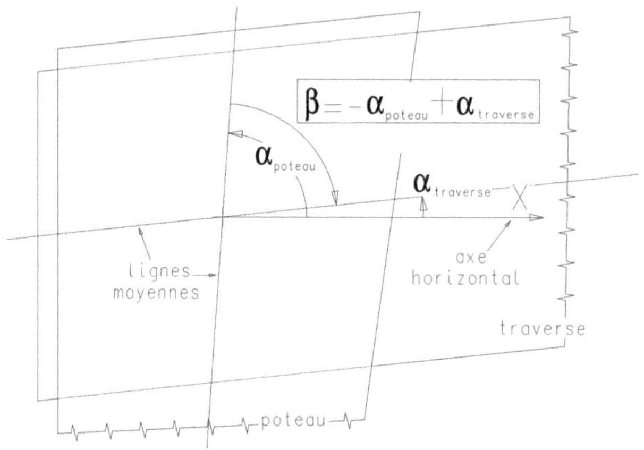

Schéma 31 : angle de rotation du repère : β

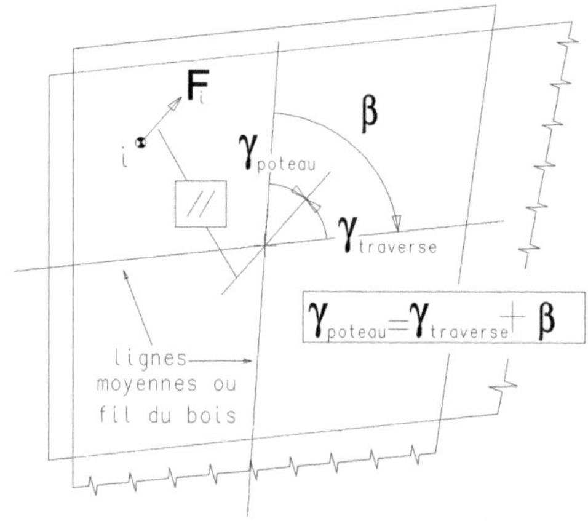

Schéma 32 : repérage des angles par rapport au fil du bois

$$f_{h,\beta,k} = \frac{F_{h,o,k}}{k_{90}\sin^2\alpha + \cos^2\alpha} = \frac{28,2}{1,65\,\sin^2 10,4° + \cos^2 10,4°}$$

$k_{90} = 1,65$
Soit pour la pièce 2 (centrale) :

$$\boxed{f_{h,2,k} = 27,6\ \text{N/mm}^2}$$

Rapport des portances locales

$$\beta = \frac{f_{h,2,k}}{f_{h,1,k}} = \frac{27,6}{17,2} = 1,62$$

▶ 5.4.2.2 Effort perpendiculaire à la ligne moyenne de la traverse

Les angles sont inversés. L'angle entre l'effort et la ligne moyenne de la traverse devient 90° et l'angle entre l'effort et la ligne moyenne du poteau devient 10,4°. Les portances locales, et donc β, sont inversées.

$$\beta = \frac{f_{h,2,k}}{f_{h,1,k}} = \frac{17,2}{27,6} = 0,62$$

▶ 5.4.2.3 Moment d'écoulement plastique[2]

$$M_{y,Rk} = 0,3 \cdot f_{u,k} \cdot d^{2,6} = 0,3 \cdot 600 \cdot 20^{2,6} = 434461$$

$$\boxed{434\ 461\ \text{N} \cdot \text{mm}}$$

▶ 5.4.2.4 Calcul de l'effet de corde

Calcul de $F_{ax,Rk}$: capacité caractéristique à l'arrachement (voir chapitre 8, section 3.2 « Vérification des boulons dans le poteau »)

$$\boxed{F_{ax,Rk} = 24\ 228\ \text{N}}$$

Calcul de l'effet de corde

Effet de corde : $\dfrac{F_{ax,Rk}}{4} = \dfrac{24228}{4} = 6057\ \text{N}$

Pour des boulons, l'effet de corde est limité à 25 % de la partie de Johansen. Le détail des calculs ci-dessous a permis de déterminer la résistance minimale de la partie de Johansen : 15 563 N. La valeur limite est donc ici de : 0,25 × 15 563 = 3 890 N. Cette valeur sera retenue car $\dfrac{F_{ax,Rk}}{4} > 3890\ \text{N}$.

$$\boxed{\text{Effet de corde : 3 890 N}}$$

▶ 5.4.2.5 Résistance pour chaque mode de rupture lorsque l'effort est perpendiculaire à la ligne moyenne du poteau

Rapport : $\beta = \dfrac{f_{h,2,k}}{f_{h,1,k}} = \dfrac{27,6}{17,1} = 1,62$

---

2.   Se reporter au début de l'application.

Tableau 7 : calcul des différentes valeurs de résistance en double cisaillement

(g)	$f_{h,1,k} \cdot t_1 \cdot d = 17,1 \cdot 75 \cdot 20$	25 644 N
(h)	$0,5 \cdot f_{h,2,k} \cdot t_2 \cdot d = 0,5 \cdot 27,6 \cdot 135 \cdot 20$	37 291 N
(j)	$1,05 \cdot \dfrac{f_{h,1,k} \cdot t_1 \cdot d}{2+\beta} \cdot \left[\sqrt{2\beta \cdot (1+\beta) + \dfrac{4\beta \cdot (2+\beta) \cdot M_{y,Rk}}{f_{h,1,k} \cdot d \cdot t_1^2}} - \beta \right] + \dfrac{F_{ax,Rk}}{4}$ $1,05 \cdot \dfrac{17,1 \cdot 75 \cdot 20}{2+1,62} \cdot \left[\sqrt{2 \cdot 1,62 \cdot (1+1,62) + \dfrac{4 \cdot 1,62 \cdot (2+1,62) \cdot 434461}{17,1 \cdot 20 \cdot 75^2}} - 1,62 \right] + 3890$ $15563 + 3890$	19 453 N
(k)	$1,15 \cdot \sqrt{\dfrac{2\beta}{1+\beta}} \cdot \sqrt{2M_{y,Rk} f_{h,1,k} \cdot d} + \dfrac{F_{ax,Rk}}{4}$ $1,15 \cdot \sqrt{\dfrac{2 \cdot 1,62}{1 + 1,62}} \cdot \sqrt{2 \cdot 434461 \cdot 17,1 \cdot 20} + \dfrac{F_{ax,\,Rk}}{4}$ $22\,032 + 0,25 \cdot 22\,032$	27 540 N

Résistance caractéristique pour un boulon pour un plan de cisaillement :

$$\boxed{F_{v,Rk} = 19\ 453\ \text{N}}$$

▶ 5.4.2.6 Résistance pour chaque mode de rupture lorsque l'effort est perpendiculaire à la ligne moyenne de la traverse

Rapport : $\beta = \dfrac{f_{h,2,k}}{f_{h,1,k}} = \dfrac{17,1}{27,6} = 0,62$

Tableau 8 : calcul des différentes valeurs de résistance en double cisaillement

(g)	$f_{h,1,k} \cdot t_1 \cdot d = 27,6 \cdot 75 \cdot 20$	41 434 N
(h)	$0,5 \cdot f_{h,2,k} \cdot t_2 \cdot d = 0,5 \cdot 17,2 \cdot 135 \cdot 20$	23 079 N
(j)	$1,05 \cdot \dfrac{f_{h,1,k} \cdot t_1 \cdot d}{2+\beta} \cdot \left[\sqrt{2\beta \cdot (1+\beta) + \dfrac{4\beta \cdot (2+\beta) \cdot M_{y,Rk}}{f_{h,1,k} \cdot d \cdot t_1^2}} - \beta \right] + \dfrac{F_{ax,Rk}}{4}$ $1,05 \cdot \dfrac{27,6 \cdot 75 \cdot 20}{2+0,62} \cdot \left[\sqrt{2 \cdot 0,62 \cdot (1+0,62) + \dfrac{4 \cdot 0,62 \cdot (2+0,62) \cdot 434461}{27,6 \cdot 20 \cdot 75^2}} - 0,62 \right] + 3890$ $18059 + 3890$	21 949 N
(k)	$1,15 \cdot \sqrt{\dfrac{2\beta}{1+\beta}} \cdot \sqrt{2M_{y,Rk} f_{h,1,k} \cdot d} + \dfrac{F_{ax,Rk}}{4}$ $1,15 \cdot \sqrt{\dfrac{2 \cdot 0,62}{1 + 0,62}} \cdot \sqrt{2 \cdot 434461 \cdot 27,6 \cdot 20} + \dfrac{F_{ax,\,Rk}}{4}$ $22\,032 + 0,25 \cdot 22\,032$	27 540 N

Résistance caractéristique pour un boulon pour un plan de cisaillement :

$$\boxed{F_{v,Rk} = 21\ 949\ \text{N}}$$

▶ 5.4.2.7 Sélection du boulon le moins résistant

Lorsque l'effort est perpendiculaire à la ligne moyenne du poteau, le boulon est le moins résistant.

$$F_{v,Rk} = 19\,453 \text{ N}$$

▶ 5.4.2.8 Résistance de calcul $F_{V,Rd}$

$$F_{V,Rd} = F_{V,Rk} \cdot \frac{k_{mod}}{\gamma_M}$$

$F_{V,Rk}$: résistance caractéristique des tiges en N.
k_{mod} : coefficient modificatif en fonction de la charge de plus courte durée et de la classe de service.
γ_M : coefficient partiel qui tient compte de la dispersion du matériau.

$$F_{V,Rd} = 19453 \cdot \frac{0,9}{1,3}$$

$$F_{v,Rd} = 13\,467 \text{ N}$$

▶ 5.4.2.9 Justification

Les boulons sont sollicités en double cisaillement, donc :

$$\text{Taux de travail} = \frac{24408}{2 \cdot 13467} \leq 1$$

$$0,91 < 1$$

Remarque

Le taux de travail avec la méthode précédente était de 0,84.

6.   Poteaux moisés

Les poteaux dédoublés sont économiques. Ils peuvent reprendre des charges importantes et sont notamment adaptés aux charpentes moisées.

Ils sont constitués de 2 à 4 membrures identiques, reliées par des fourrures (pièces entre les faces internes des membrures) ou par des goussets (deux pièces opposées situées contre les chants des membrures). L'espace entre les membrures (a) doit rester inférieur ou égal à 3 fois l'épaisseur des membrures (h) si le poteau comprend des fourrures ou 6 fois l'épaisseur des membrures si le poteau comprend des goussets. La longueur (l_2) des fourrures doit être supérieure à 1,5 fois l'espace (a) entre les membrures, et la largeur (l_2) des goussets doit être supérieure à 2 fois l'espace entre les membrures Les fourrures ou goussets sont assemblés par boulonnage (minimum 2 par assemblage), clouage (minimum 1 file de 4 pointes par assemblage) ou collage.

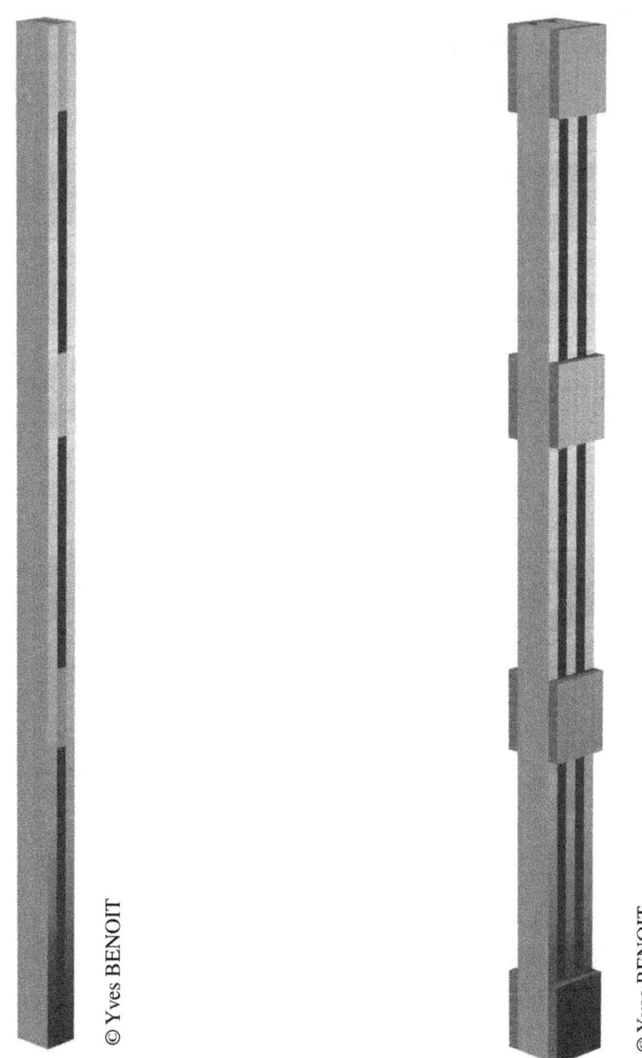

Schéma 33 : poteau moisé avec deux membrures
assemblées avec des fourrures

Schéma 34 : poteau moisé avec trois membrures
assemblées avec des goussets

La justification de poteaux moisés nécessite de déterminer la capacité de résistance axiale du poteau complet, les charges appliquées sur les organes d'assemblage et le cisaillement induit dans les goussets ou les fourrures.

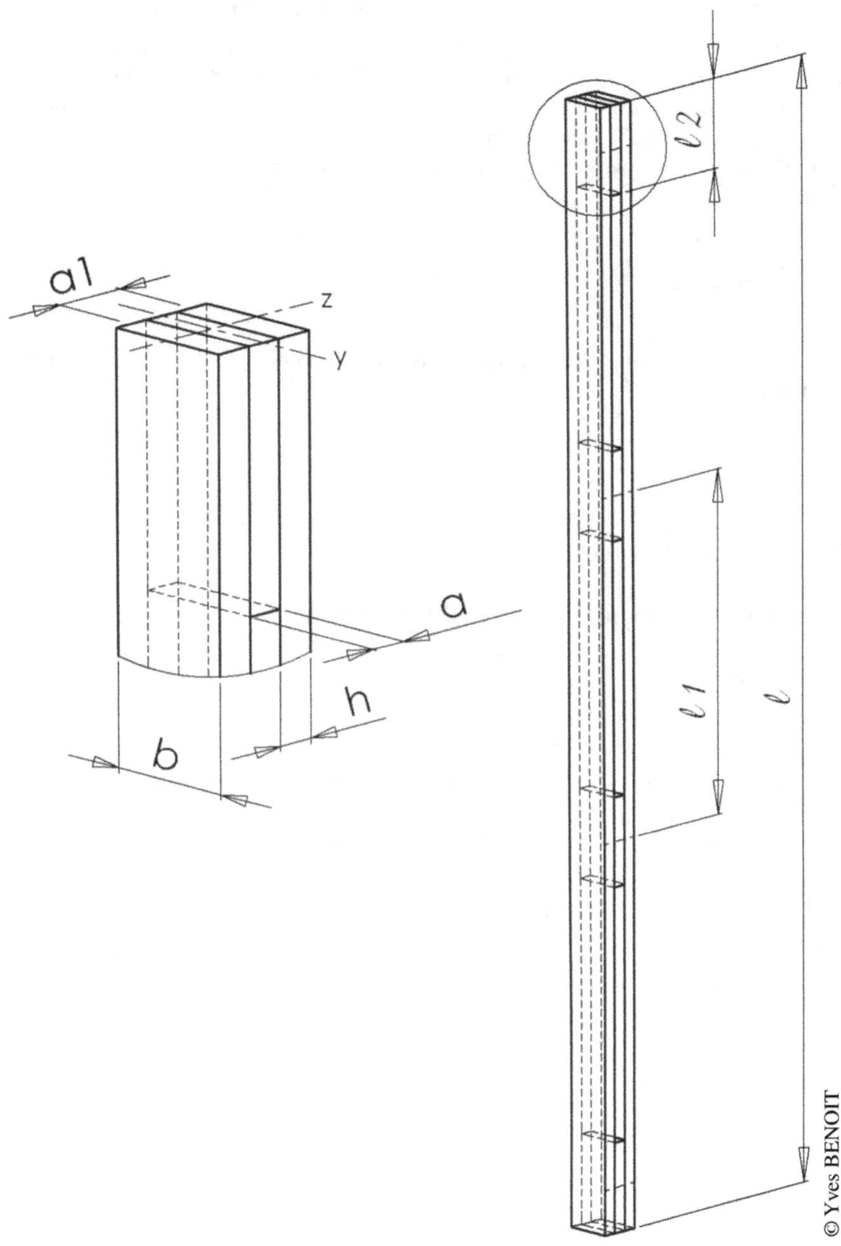

Schéma 35 : repérage d'un poteau assemblé avec des fourrures

6.1   Justification de la résistance axiale du poteau

La justification de la résistance axiale du poteau est similaire à la justification d'un élément simple excepté le calcul du coefficient $k_{c,z}$ qui tient compte de l'éloignement des membrures.

La contrainte de compression axiale induite par la charge doit être inférieure ou égale à la résistance de compression axiale calculée. S'il y a un risque de flambement, la résistance de compression sera diminuée par le coefficient $k_{c,z}$ ou $k_{c,y}$. Il faut calculer les deux coefficients pour retenir le plus défavorable.

$$\text{Taux de travail} = \frac{\sigma_{c,o,d}}{k_c \cdot f_{c,o,d}} \leq 1$$

▶ **$\sigma_{c,0,d}$: contrainte de compression axiale induite par la combinaison d'action des états limites ultimes en MPa**

$$\sigma_{c,o,d} = \frac{N}{A_{tot}}$$

N : effort de compression en Newton.

A_{tot} : somme des aires des membrures en mm².

▶ **$f_{c,0,d}$: résistance en compression axiale calculée en MPa**

$$f_{c,o,d} = f_{c,o,k} \frac{k_{mod}}{\gamma_M}$$

$f_{c,o,k}$: résistance caractéristique en compression axiale en MPa.

k_{mod} : coefficient modificatif en fonction de la charge de plus courte durée et de la classe de service.

γ_M : coefficient partiel qui tient compte de la dispersion du matériau.

▶ **$k_{c,z}$: prise en compte du risque de flambement du poteau autour de l'axe z**

Remarque

Attention, le repère local est différent du repère local des sections simples.

$$k_{c,z} = \frac{1}{(k_z + \sqrt{k_z^2 + \lambda_{rel,z}^2})}$$

$$k_z = 0.5[1 + \beta_c(\lambda_{rel,z} - 0.3) + \lambda_{rel,z}^2]$$

β_c = 0,2 pour le bois massif et 0.1 pour le bois lamellé-collé.

$\lambda_{rel,z}$: risque de flambage si l'élancement relatif, $\lambda_{rel,z} > 0.3$. Si $\lambda_{rel,z}$ 0.3, $k_{c,z}$ est égal à 1

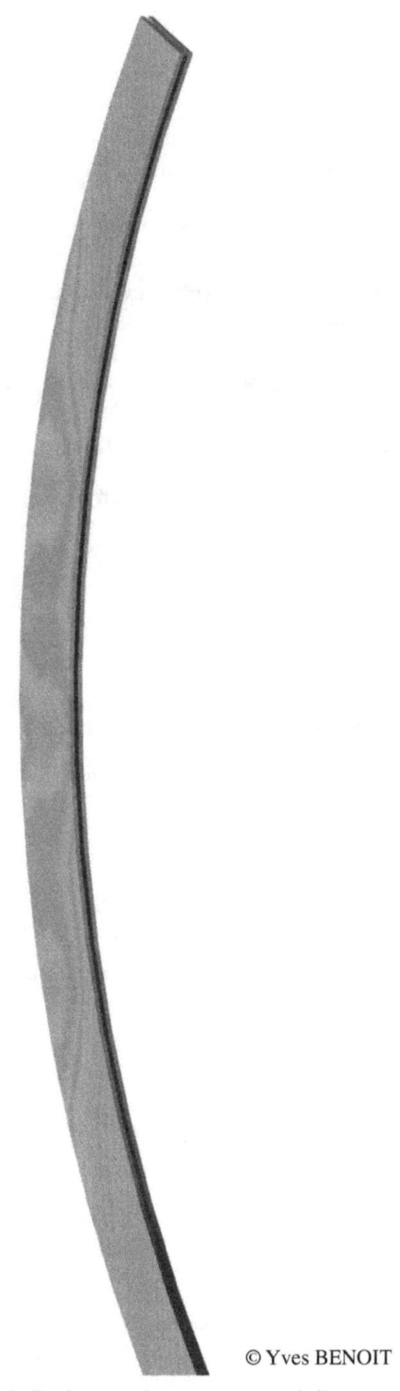

© Yves BENOIT

Schéma 36 : risque de flambement du poteau autour de l'axe z

$$\lambda_{rel,z} = \frac{\lambda_z}{\pi} \sqrt{\frac{f_{c,o,k}}{E_{o,o5}}}$$

$\lambda_{rel,z}$: élancement relatif autour de l'axe z.

λ_z : élancement mécanique autour de l'axe z.

$f_{c,o,k}$: contrainte caractéristique de résistance en compression axiale en MPa.

$E_{o,o5}$: module axial au 5e pourcentile en MPa (ou caractéristique).

$$\lambda_z = \frac{m \cdot L}{i_z}$$

m : est égal à 1 car le poteau est bi-articulé ou simplement appuyé

L : longueur du poteau en mm

$i_z = \sqrt{I_{Gz}/A_{tot}}$, rayon de giration de la section, racine carrée du rapport de l'inertie

$I_{Gz} = \dfrac{n \cdot b^3 \cdot h}{12}$ en mm⁴ sur l'aire de la section totale ($A_{tot} = n \times h \times b$) en mm², avec h

l'épaisseur des membrures, b la largeur des membrures en mm et n le nombre de membrures

Soit pour un élancement suivant l'axe de rotation z, $\lambda_z = \dfrac{L \cdot \sqrt{12}}{b}$

Remarque

L'éloignement entre les membrures n'a aucune influence sur le risque de flambement.

▶ $k_{c,y}$: prise en compte du risque de flambement du poteau suivant l'axe de rotation y

$$k_{c,y} = \frac{1}{(k_y + \sqrt{k_y^2 + \lambda_{rel,y}^2})}$$

$$k_y = 0.5[1 + \beta_c(\lambda_{rel,y} - 0.3) + \lambda_{rel,y}^2]$$

β_c = 0.2 pour le bois massif et 0.1 pour le bois lamellé-collé

$\lambda_{rel,y}$: risque de flambage si l'élancement relatif, $\lambda_{rel,y}$ > 0.3. Si $\lambda_{rel,y}$ 0.3, $k_{c,y}$ est égal à 1

$$\lambda_{rel,y} = \frac{\lambda_{ef}}{\pi} \sqrt{\frac{f_{c,o,k}}{E_{o,o5}}}$$

$\lambda_{rel,y}$: élancement relatif autour de l'axe y

λ_{ef} : élancement efficace autour de l'axe y

$f_{c,o,k}$: contrainte caractéristique de résistance en compression axiale en MPa

$E_{o,o5}$: module axial au 5e pourcentile en MPa (ou caractéristique)

$$\lambda_{ef} = \sqrt{\lambda_y^2 + \eta \frac{n}{2} \lambda_1^2}$$

n : nombre de membrures (de 2 à 4 identiques)

η : coefficient qui dépend du type de chargement et du mode d'assemblage des membrures (voir tableau 9)

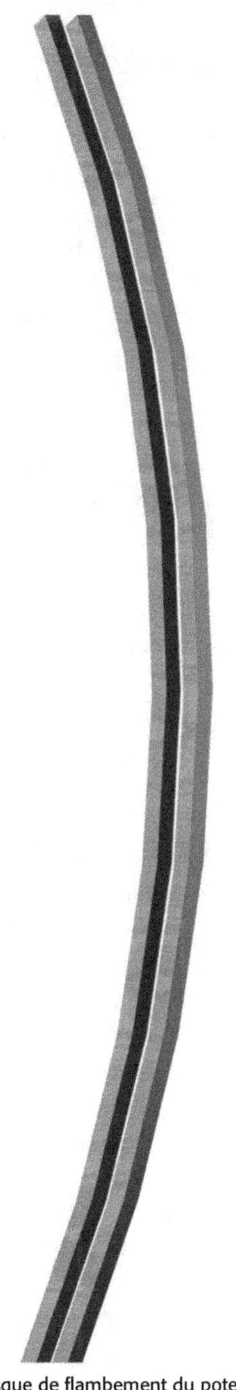

© Yves BENOIT

Schéma 37 : risque de flambement du poteau suivant l'axe y

Tableau 9 : coefficient

Chargement	Fourrures			Goussets	
	Collées	Clouées	Assembleurs	Collées	Clouées
Permanent ou long terme	1	4	3,5	3	6
Moyen ou court terme	1	3	2,5	2	4,5

$$\lambda_y = \frac{L}{i_y}$$

L : longueur du poteau en mm

$i_y = \sqrt{I_{Gy}/A_{tot}}$, rayon de giration de la section, racine carrée du rapport de l'inertie (pour

les poteaux avec 2 membrures : $I_{Gy} = \dfrac{b[(2 \cdot h + a)^3 - a^3]}{12}$ en mm⁴ sur l'aire de la section

($A_{tot} = 2 \times h \times b$) en mm², avec « h » l'épaisseur des membrures, « a » la distance entre les membrures et « b » la largeur des membrures en mm. Soit, pour un élancement suivant l'axe de rotation y lorsque la distance entre les membrures est égale à l'épaisseur des membrures

(h = a), $\lambda_y = \dfrac{L}{a}\sqrt{\dfrac{12}{13}}$

$\lambda_1 = \max\left(\dfrac{L_1 \cdot \sqrt{12}}{h} ; 30\right)$: risque de flambement de la membrure seule autour de l'axe de

rotation y
L_1 : longueur de la membrure entre les axes des fourrures ou goussets en mm
h : épaisseur des membrures

6.2 Justification des organes d'assemblages

L'assemblage est justifié lorsque l'effort subi par les pointes reste inférieur ou égal à la capacité résistante :

Chargement latéral : $\dfrac{F_{v,Ed}}{F_{v,Rd}} \leq 1$

Avec :
$F_{v,Ed}$: sollicitation agissante latérale
$F_{v,Rd}$: capacité résistante latérale
La sollicitation agissante latérale $F_{v,Ed}$ est équivalente à l'effort tranchant dans le gousset ou la fourrure.

Pour deux membrures : $F_{v,Ed} = T_d$ avec $T_d = \dfrac{V_d \cdot L_1}{a_1}$

V_d : effort tranchant dans le poteau en N
L_1 : distance entre les axes des fixations des goussets ou fourrures en mm
a_1 : distance entre les lignes moyennes des membrures en mm
Pour un poteau avec 3 membrures : $F_{v,Ed} = 0,5\, T_d$
Pour un poteau avec 4 membrures : $F_{v,Ed} = 0,4\, T_d$

L'effort tranchant dans le poteau est fonction de l'élancement efficace $_{ef}$.

Pour $_{ef} < 30 : V_d = \dfrac{F_{c,d}}{120 \cdot k_c}$

Pour $30 \;_{ef} < 60 : V_d = \dfrac{F_{c,d} \cdot \lambda_{ef}}{3600 \cdot k_c}$

Pour $_{ef}\; 60 : V_d = \dfrac{F_{c,d}}{60 \cdot k_c}$

Avec :
$F_{c,d}$: la force de compression déterminée aux états limites ultimes en N
k_{cy} : coefficient d'instabilité lié au flambage
Le calcul de la capacité résistante latérale des tiges est décrit au chapitre 4, section 3 « Vérifications indépendantes du type de tige ».

6.3 Justification du cisaillement induit dans les goussets ou les fourrures

L'effort tranchant et donc la contrainte sont induits par la charge qui est calculée aux ELU (états limites ultimes). Elle doit rester inférieure à la résistance de calcul.

Taux de travail : $\dfrac{\tau_d}{f_{v,d}} \leq 1$

▶ τ_d : contrainte de cisaillement induite par la combinaison d'action des états limites ultimes en MPa

$\tau_d = \dfrac{T_d}{a \times L_{2,ef}}$

a : épaisseur de la fourrure de la fourrure ou épaisseur cumulée des goussets en mm.
$L_{2,ef}$: longueur efficace cisaillée (distance entre le bord chargé et l'assembleur le plus éloigné).
T_d : effort tranchant en Newton (voir § 6.2 : « Justification des organes d'assemblage »).

▶ $f_{v,d}$: résistance de cisaillement calculée en MPa

$f_{v,d} = f_{v,k} \cdot \dfrac{k_{mod}}{\lambda_M}$

$f_{v,k}$: contrainte caractéristique de résistance de cisaillement en MPa
k_{mod} : coefficient modificatif en fonction de la charge de plus courte durée et de la classe de service
γ_M : coefficient partiel qui tient compte de la dispersion du matériau

6.4 Application résolue

Poteau résineux classé C24, comprenant 2 membrures de 36×122 mm
Assemblages de la tête et du pied du poteau assimilés à deux rotules
5 fourrures clouées de $36 \times 122 \times 285$ mm ($a = h = 36$; $L_2 = 285$)

Pointes lisses de 100 avec un diamètre d = 4,4 mm, travaillant en double cisaillement
Longueur du poteau : 3 m (L)
Classe de service 2
L'effort supporté est de 12 200 N avec la combinaison 1,35 G + 1,5 S.

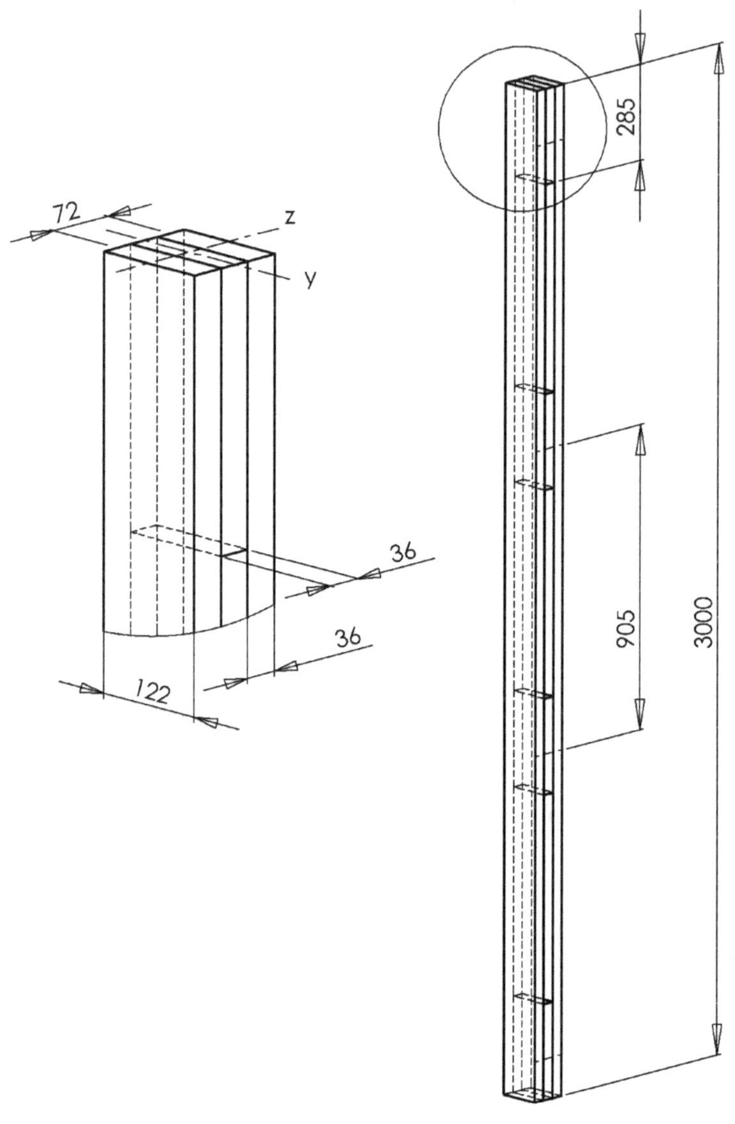

Schéma 38 : caractéristiques du poteau à membrures espacées

6.4.1   Justification des membrures

$$\text{Taux de travail} = \frac{\sigma_{c,o,d}}{k_c \cdot f_{c,o,d}} \leq 1$$

▶ **$\sigma_{c,0,d}$: contrainte de compression axiale induite par la combinaison d'action des états limites ultimes en MPa**

$$\sigma_{c,o,d} = \frac{N}{A_{tot}}$$

N : effort de compression en Newton

A_{tot} : somme des aires des membrures en mm²

$$\sigma_{c,o,d} = \frac{12200}{2 \times 36 \times 122}$$

$$\boxed{1,39 \text{ MPa}}$$

$f_{c,o,d}$: résistance de compression axiale calculée en MPa

$$f_{c,o,d} = f_{c,o,d} \cdot \frac{k_{mod}}{\lambda_M}$$

$f_{c,o,k}$: contrainte caractéristique de résistance en compression axiale en MPa

k_{mod} : coefficient modificatif en fonction de la charge de plus courte durée et de la classe de service

γ_M : coefficient partiel qui tient compte de la dispersion du matériau

$$f_{c,o,d} = 21 \frac{0,9}{1,3}$$

$$\boxed{14,5 \text{ MPa}}$$

▶ **Prise en compte du risque de flambement du poteau suivant l'axe de rotation z**

$$k_{c,z} = \frac{1}{(k_z + \sqrt{k_z^2 + \lambda_{rel,z}^2})}$$

$$k_z = 0.5[1 + \beta_c(\lambda_{rel,z} - 0.3) + \lambda_{rel,z}^2]$$

$\beta_c = 0.2$ pour le bois massif.

$\lambda_{rel,z}$: risque de flambage si l'élancement relatif, $\lambda_{rel,z} > 0.3$. Si $\lambda_{rel,z}$ 0.3, $k_{c,z}$ est égal à 1

$$\lambda_{rel,z} = \frac{\lambda_z}{\pi} \sqrt{\frac{f_{c,o,k}}{E_{o,o5}}}$$

$\lambda_{rel,z}$: élancement relatif autour de l'axe z

λ_z : élancement mécanique autour de l'axe z

$f_{c,o,k}$: 21 MPa (contrainte caractéristique de résistance en compression axiale)

$E_{o,o5}$: 7 400 MPa (module axial au 5ᵉ pourcentile ou caractéristique)

λ_z : élancement mécanique suivant l'axe z

$$\lambda_z = \frac{L \cdot \sqrt{12}}{b}$$

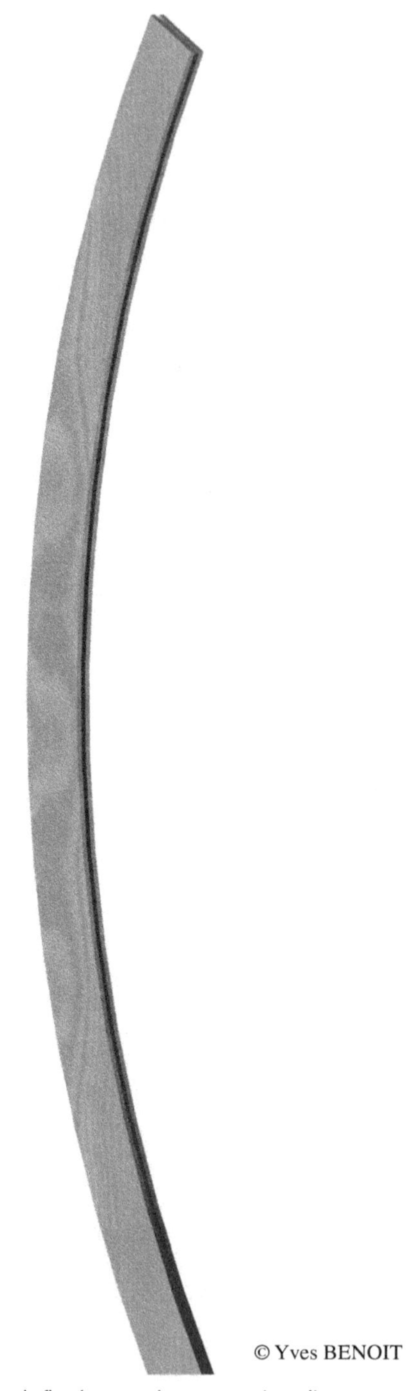

© Yves BENOIT

Schéma 39 : risque de flambement du poteau suivant l'axe z

L : 3 000 mm (longueur du poteau)
b : 122 mm (largeur des membrures)

$$\lambda_z = \frac{3000 \cdot \sqrt{12}}{b} = 85,2$$

$$\lambda_{rel,z} = \frac{85,2}{\pi} \sqrt{\frac{21}{7400}}$$

$$\boxed{\lambda_{rel,z} = 1,45}$$

▶ Prise en compte du risque de flambement du poteau suivant l'axe de rotation y

$$k_{c,y} = \frac{1}{(k_y + \sqrt{k_y^2 + \lambda_{rel,y}^2})}$$

$$k_y = 0.5[1 + \beta_c(\lambda_{rel,y} - 0.3) + \lambda_{rel,y}^2]$$

$\beta_c = 0.2$ pour le bois massif

$\lambda_{rel,y}$: risque de flambage si l'élancement relatif, $\lambda_{rel,y} > 0.3$. Si $\lambda_{rel,y}$ 0.3, $k_{c,y}$ est égal à 1

$$\lambda_{rel,y} = \frac{\lambda_{ef}}{\pi} \sqrt{\frac{f_{c,o,k}}{E_{0,05}}}$$

$\lambda_{rel,y}$: élancement relatif suivant l'axe y
λ_{ef} : élancement efficace suivant l'axe y
$f_{c,o,k}$: 21 MPa (contrainte caractéristique de résistance en compression axiale)
$E_{0,05}$: 7 400 MPa (module axial au 5e pourcentile ou caractéristique)

$$\lambda_{ef} = \sqrt{\lambda_y^2 + \eta\frac{n}{2}\lambda_1^2}$$

n : 2 (nombre de membrures)
η : 3 (assemblages cloués et chargement court terme)
λ_y : élancement mécanique suivant l'axe y

$$\lambda_y = \frac{L}{a} \sqrt{\frac{12}{13}}$$ car la distance entre les membrures est égale à l'épaisseur des membrures (h = a)

L : 3 000 mm (longueur du poteau)
a ou h : 36 mm (épaisseur ou espacement entre les membrures)

$$\lambda_y = \frac{3\,000}{36} \sqrt{\frac{12}{13}} = 80$$

$_1$: risque de flambement de la membrure suivant l'axe de rotation y

$$\lambda_1 = \max\left(\frac{L_1 \cdot \sqrt{12}}{h} \,;\, 30\right)$$: risque de flambement de la membrure suivant l'axe de

rotation y

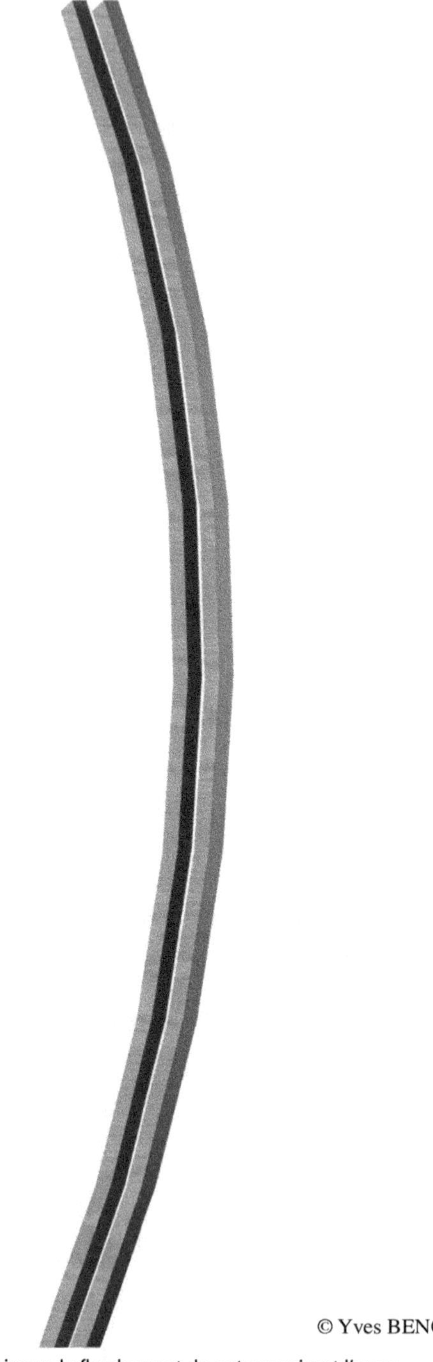

© Yves BENOIT

Schéma 40 : risque de flambement du poteau suivant l'axe y

L_1 : (3 000 – 285)/4 = 679 mm (distance entraxe des fourrures)
h : 36 mm (l'épaisseur des membrures)

$$\lambda_1 = \max\left(\frac{679 \cdot \sqrt{12}}{36} \; ; 30\right) = 65,3$$

$$\lambda_{ef} = \sqrt{80^2 + 3\frac{2}{2}65,3^2} = 138,5$$

$$\lambda_{rel,y} = \frac{138,5}{\pi}\sqrt{\frac{21}{7\,400}}$$

$$\boxed{\lambda_{rel,y} = 2,35}$$

Sélection de $\lambda_{rel,y}$ car $\lambda_{rel,y} > \lambda_{rel,z}$ (2,35 > 1,45)

$$k_y = 0.5\left[1 + 0,2(2,35 - 0.3) + 2,35^2\right]$$

$$\boxed{k_y = 3,46}$$

$$k_{c,y} = \frac{1}{(3,46 + \sqrt{346^2 + 2,35^2})}$$

$$\boxed{k_{c,y} = 0,166}$$

Justification

Taux de travail $= \dfrac{\sigma_{c,o,d}}{k_c \cdot f_{c,o,d}} \le 1$; sélection de $k_{c,y}$ plus défavorable ($k_{c,y} < k_{c,z}$)

$$= \frac{139}{0,166 \cdot 14,5} \le 1$$

$$\boxed{0,58 < 1}$$

6.4.2   Justification des organes d'assemblages

L'assemblage est justifié lorsque l'effort subi par les pointes reste inférieur ou égal à la capacité résistante :

Chargement latéral : $\dfrac{F_{v,Ed}}{F_{v,Rd}} \le 1$

Avec :
$F_{v,Ed}$: sollicitation agissante latérale
$F_{v,Rd}$: capacité résistante latérale

Effort tranchant dans le poteau
L'effort tranchant est fonction de l'élancement efficace λ_{ef} :

Pour $\lambda_{ef} \geq 60$ ($\lambda_{ef} = 138,5$) : $V_d = \dfrac{F_{c,d}}{60 \cdot k_c}$

Avec :

$F_{c,d}$: 12 200 N (force de compression déterminée aux états limites ultimes)

k_{cy} : 0,166

$$V_d = \frac{12\ 200}{60 \cdot 0,166}$$

$$\boxed{V_d = 1225 \text{ N}}$$

Sollicitation agissante latérale $F_{v,Ed}$

La sollicitation agissante latérale $F_{v,Ed}$ est équivalente à l'effort tranchant.

$$F_{v,Ed} = T_d = \frac{V_d \cdot L_1}{a_1}$$

V_d : 1 225 N, effort tranchant.

L_1 : 679 mm, distance entre les axes des fixations des fourrures

a_1 : $(3 \times 36 - 2 \times 18 = 72 \text{ mm})$ distance entre les lignes moyennes des membrures en mm

$$F_{v,Ed} = \frac{1225 \cdot 679}{72}$$

$$\boxed{F_{v,Ed} = 11\ 552 \text{ N}}$$

Calcul de la capacité résistante latérale des pointes

Choix de pointes lisses de 100 avec un diamètre d = 4,4 mm, travaillant en double cisaillement.

▶ Vérification des conditions de pénétration

Travail en double cisaillement, longueur de pénétration : $100 - 2 \times 36 = 28$ mm, soit $28/3 = 9,3d$

$$\boxed{9d > 8d}$$

Critère vérifié, dimension des pointes correctes vis-à-vis de l'épaisseur des pièces

▶ Valeur caractéristique de la capacité résistante $V_{R,k}$

Valeur de la pénétration de la tige

$t_1 = 100 - 2 \times 36 = 28$ mm (enfoncement côté pointe)

$t_2 = 36$ mm (ép. pièce centrale)

Portance locale (avec ou sans pré-perçage)

$d_{pointe} \leq 8$ mm : il n'y a pas de pré-perçage

$$f_{h,k} = 0,082 \cdot \rho_k \cdot d^{-0,3} = 0,082 \cdot 350 \cdot 4,4^{-0,3} \qquad f_{h,k} = 0,082.\rho_k.d^{-0,3} = 0,082.350.4,4^{-0,3}$$

$$\boxed{18,4 \text{ N/mm}^2}$$

Moment d'écoulement plastique

$$M_{y,Rk} = 0,3 \cdot f_u \cdot d^{2,6} = 0,3 \cdot 600 \cdot 4,4^{2,6} = 8\ 477,1\ N \cdot mm$$

$$\boxed{8\ 477,1\ \text{N.mm}}$$

Résistance pour chaque mode de rupture

Rapport $\beta = \dfrac{f_{h,2,k}}{f_{h,1,k}} = 1$ (dimension et qualité de bois identique pour chaque pièce).

L'effet de corde est négligé.

▶ **Calcul des différentes valeurs de résistance au simple cisaillement**

(g)	$f_{h,1,k}.t_1.d = 18.40.28.4,4$	2 267 N
(h)	$0,5.f_{h,2,k}.t_2.d = 0,5.18,40.36.4,4$	1 457 N
(j)	$1,05.\dfrac{f_{h,1,k}.t_1.d}{2+\beta}.\left[\sqrt{2\beta.(1+\beta)+\dfrac{4\beta.(2+\beta).M_{y,Rk}}{f_{h,1,k}.d.t_1^2}}-\beta\right]+\dfrac{F_{ax,Rk}}{4}$ $1,05.\dfrac{18,40.28.4,4}{2+1}.\left[\sqrt{2.1.(1+1)+\dfrac{4.1.(2+1).8\ 477,1}{18,40.4,4.28^2}}-1\right]+0$ $1,05.\dfrac{2\ 267}{3}.\left[\sqrt{4+\dfrac{12.8\ 477,1}{18,40.4,4.28^2}}-1\right]$	1 085 N
(k)	$1,15.\sqrt{\dfrac{2\beta}{1+\beta}}.\sqrt{2M_{y,Rk}.f_{h,1,k}.d}+\dfrac{F_{ax,Rk}}{4}$ $1,15.\sqrt{\dfrac{2.1}{1+1}}.\sqrt{2.8\ 477,1.18,4.4,4}+0$ $1,15.\sqrt{1}.\sqrt{1\ 372\ 612}+0$	1347 N

Valeur la plus faible :

$$\boxed{F_{v,Rk} = 1085\ \text{N}}$$

6.4.3   Définir le nombre de pointes

▶ **Résistance de calcul $F_{v,Rd}$**

$$F_{v,Rd} = F_{v,Rk} \cdot \dfrac{k_{mod}}{\gamma_M}$$

$F_{V,Rk}$: résistance caractéristique des tiges en N

k_{mod} : coefficient modificatif en fonction de la charge de plus courte durée et de la classe de service

γ_M : coefficient partiel qui tient compte de la dispersion du matériau

$$F_{v,Rd} = 1085 \cdot \frac{0,9}{1,3}$$

$$\boxed{F_{v,Rd} = 751 \text{ N}}$$

▶ Nombre de pointes

Valeur appliquée : $F_{v,Ed} = 11\,552$ N

Pour une pointe travaillant en double cisaillement, sa résistance est de $751 \times 2 = 1\,502$ N

Nombre de pointes = $F_{v,Ed}/ F_{v,Rd} = 11\,552/1\,502 = 7,7$

Pointes en quinconces (pas de clous en ligne), $n_{ef} = n$

$$\boxed{8 \text{ pointes}}$$

Conditions de pince

Angle de la force : 0°

Pinces	Schémas	Angle	Sans pré-perçage $\rho_k \le 420$ kg/m³	Distance minimale	Distance retenue
a_1		0°	$d < 5$ mm : $(5 + 5 \mid \cos \alpha \mid).d$	44	45
a_2		0°	$5d$	22	52
$a_{3,t}$	extrémité chargée	0°	$10 + 5 \cos \alpha).d$	66	75
$a_{3,c}$	extrémité non chargée	180°	$10d$	44	Sans objet
$a_{4,t}$	a_{4t} : rive chargée a_{4c} : rive non chargée	0°	$d < 5$ mm : $(5 + 2 \sin \alpha).d$	22	Sans objet

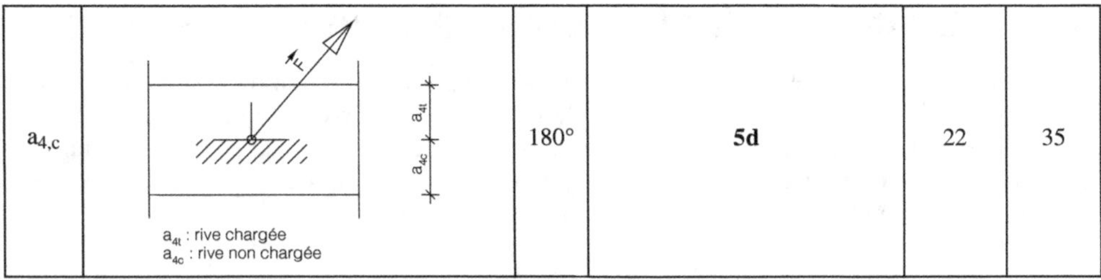

▶ τ_d : **contrainte de cisaillement induite par la combinaison d'action des états limites ultimes en MPa**

$$\tau_d = \frac{T_d}{a \times L_{2,ef}}$$

a : 36 mm, épaisseur de la fourrure en mm

$L_{2,ef}$: 285 − 75 = 210 mm, longueur efficace cisaillée (distance entre le bord chargé et l'assembleur le plus éloigné)

T_d : 11 552 N, effort tranchant en Newton (voir § 6.2 : « Justification des organes d'assemblage »)

$$\tau_d = \frac{11552}{36 \times 210}$$

$$\boxed{1,53 \text{ MPa}}$$

▶ $f_{v,d}$: **résistance de cisaillement calculée en MPa**

$$f_{v,d} = f_{v,k} \cdot \frac{k_{mod}}{\gamma_M}$$

$f_{v,k}$: contrainte caractéristique de résistance de cisaillement en MPa

k_{mod} : coefficient modificatif en fonction de la charge de plus courte durée et de la classe de service

γ_M : coefficient partiel qui tient compte de la dispersion du matériau

$$f_{v,d} = 2,5 \cdot \frac{0,9}{1,3}$$

$$\boxed{1,73 \text{ MPa}}$$

▶ **Justification**

$$\text{Taux de travail} = \frac{\tau_d}{f_{v,d}} \leq 1$$

$$\text{Taux de travail} = \frac{1,53}{1,73} \leq 1$$

$$\boxed{0,89 < 1}$$

Remarque

Le cisaillement de la fourrure est l'élément dimensionnant.

7. Éléments d'anti-flambement et d'anti-dévers

Les éléments d'anti-flambement et d'anti-dévers sont des pièces importantes pour la stabilité des structures. Si elles sont défectueuses, la ruine du bâtiment peut survenir. Il faut donc calculer les efforts induits dans ces liens de stabilité et les justifier, barres et assemblages inclus. Par ailleurs, certains éléments de la structure comme les pannes, des panneaux dérivés du bois... peuvent avoir également un rôle d'anti-flambement et/ou d'anti-dévers.

7.1 Cas des éléments comprimés : éléments d'anti-flambement

Les éléments d'anti-flambement bloquent les pièces travaillant en compression, comme les poteaux, les arbalétriers ou des pannes transmettant des efforts provenant du vent. Ils empêchent le déplacement latéral de la pièce selon leur faible inertie. Ils constituent un nœud fixe permettant de diminuer la longueur de flambement.

Il faut déterminer les efforts repris par le lien d'anti-flambement afin de le dimensionner et de vérifier son assemblage. Le cumul des efforts au niveau de chaque nœud permet ensuite de dimensionner la structure sur laquelle est repris l'ensemble des liens.

Cette structure doit avoir une rigidité suffisante (déformation inférieure ou égale à l/500).

Remarque

Attention, la structure doit être justifiée en cumulant l'effort provoqué par le lien d'anti-flambement aux autres actions. Par exemple, pour une palée de stabilité en K, il faut additionner aux actions du vent les efforts des éléments d'anti-flambement.

Le calcul de l'effort à reprendre par les liens d'anti-flambement est semblable à celui du guide de conception du lamellé-collé. Un nouveau coefficient kL intervient en minoration pour les pièces de longueur supérieure à 15 m.

La charge par mètre d'élément comprimé à équilibrer vaut $k_L \cdot \dfrac{N_d}{30 \cdot L}$, ce qui donne un effort par point d'appui de $. F_d = a \cdot k_L \cdot \dfrac{N_d}{30 \cdot L}$

En conséquence, l'effort repris par le lien d'anti-flambement pour n éléments parallèles est calculé par la formule suivante :

$$F_{d,total} = a \cdot k_L \cdot \frac{n \cdot N_d}{30 \cdot L} \qquad\qquad (9.37 \text{ et } 9.38)$$

a : longueur libre entre deux appuis en m

$$k_L : \min\left(1 \, ; \, \frac{\sqrt{15}}{L}\right)$$

n : nombre d'éléments parallèles

N_d : effort de compression dans l'élément en N

L : longueur totale de l'élément en m

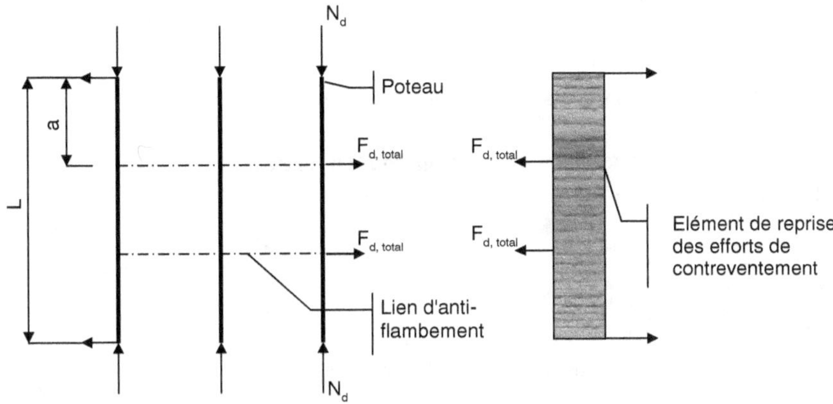

Schéma 41 : calcul des efforts repris par des liens de contreventement

7.2   Cas des éléments fléchis : éléments anti-dévers

Une poutre soumise à un moment de flexion peut déverser par un flambement latéral de la membrure comprimée. Le coefficient k_{crit} permet de tenir compte de ce phénomène. Lorsqu'il est trop pénalisant, il est nécessaire de placer des liens anti-dévers. Il faut déterminer les efforts repris par le lien d'anti-dévers afin de le dimensionner, de vérifier son assemblage ainsi que la structure reprenant les efforts cumulés des liens.

Remarque

Attention, pour les toitures légères, le vent peut provoquer un soulèvement (flèche dirigée vers le haut). La partie basse de la section sera comprimée, les pannes (à condition qu'elles soient bloquées ne joueront plus le rôle d'anti-dévers. Il sera peut-être nécessaire de placer un lien anti-dévers.

Photographie 1 : ces pannes jouent le rôle de lien anti-dévers de ces poutres de grande portée

L'effort normal de calcul à prendre en compte est :

$$N_d = (1 - k_{crit}) \cdot \frac{M_d}{h} \qquad (9.36)$$

N_d : effort de compression dans l'élément en N

k_{crit} coefficient d'instabilité provenant du déversement

Md : moment de flexion maximum dans l'élément fléchi en N.m

h : hauteur de la poutre en m

▶ Valeurs limites (éléments fléchis ou comprimés)

Résistance minimale pour une pièce simple (soit pour chaque pièce)

L'effort de stabilisation doit être considéré au minimum égal à :

$$F_{d,mini,élément} = \begin{cases} \dfrac{N_d}{k_{f,1}} = \dfrac{N_d}{50} \text{ pour le bois massif} \\[2em] \dfrac{N_d}{k_{f,2}} = \dfrac{N_d}{80} \text{ pour le bois lamellé-collé et le LVL} \end{cases} \qquad (9.35)$$

Pour une structure stabilisant n éléments, $F_{d,mini,structure} = n \times F_{d,mini,élément}$.

Rigidité minimale de chaque appui

Les appuis intermédiaires doivent avoir une rigidité minimum de $C = 4.N_d/a$. (9.34).

7.3 Application résolue : effort dans des liens d'anti-flambage de poteaux

Une structure comprend 6 poteaux en bois lamellé-collé reprenant 10 000 N en compression, de 12 m de longueur avec deux liens d'anti-flambement.

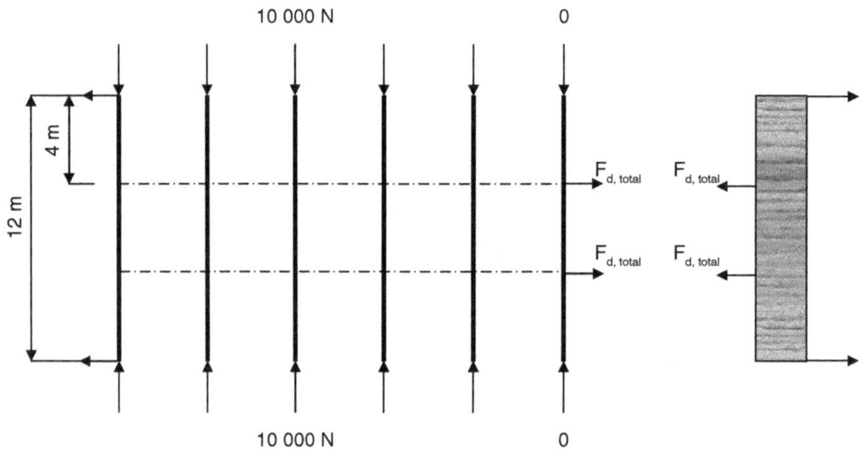

Schéma 42 : calcul des efforts repris par des liens de contreventement

L'effort repris par le lien d'anti-flambement est calculé par la formule suivante :

$$F_{d,total} = a \cdot k_L \frac{n \cdot N_d}{30 \cdot L}$$

a : longueur libre entre deux appuis en m

$$k_L : \min\left(1 ; \sqrt{\frac{15}{L}}\right) \min\left(1 ; \sqrt{\frac{15}{L}}\right)$$

n : nombre d'éléments parallèles
N_d : effort de compression dans l'élément
L : longueur totale de l'élément en m

$$\text{ici} : \sqrt{\frac{15}{12}} = 1{,}12 \ \text{ donc } k_L = 1$$

$$\text{soit} : F_{d,total} = 4 \cdot 1 \cdot \frac{6 \cdot 10\ 000}{30 \cdot 12}$$

$$\boxed{F_{d,total} = 667 \text{ N}}$$

▶ **Valeur limite**

$$\text{Pour un élément} : F_{d,mini,élément} = \frac{N_d}{80} = \frac{10\ 000}{80}$$

$$\boxed{F_{d,mini,élément} = 125 \text{ N}}$$

$$\text{Pour la structure} : F_{d,mini,structure} = 6 \cdot F_{d,mini,élément}$$

$$\boxed{F_{d,mini,structure} = 750 \text{ N}}$$

Pour l'ensemble : $F_{d,mini,structure} \geq F_{d,total}$
Au final, la valeur limite détermine l'effort à retenir, soit 750 N.
Lors de la conception des éléments de stabilité il faudra vérifier que chaque appui à une rigidité minimum de $C = 4.N_d/a$
soit $C = 4.10\ 000/4\ 000 = 10$ N/mm

Remarque

Les liens d'anti-flambement sont essentiels pour la stabilité des pièces comprimées. On peut noter que les efforts à la stabilité sont faibles.

7.4 Application résolue : effort dans un lien d'anti-dévers d'une poutre travaillant en flexion inversée

Une poutre en bois lamellé-collé en GL 24h, de 1 035 × 140 mm, avec une portée de 19 m et une travée de 6 m, supporte un effort de soulèvement provoqué par le vent de 4,5 kN/m avec la combinaison $C_{max} = G + 1{,}5$ W.

7.4.1 Vérifier la contrainte de flexion aux états limites ultimes (ELU) de la poutre non contreventée

$$\text{Taux de travail} = \frac{\sigma_{m,d}}{k_{crit} \cdot f_{m,d}} \leq 1$$

- $\sigma_{m,d}$: contrainte de flexion induite par la combinaison d'action des états limites ultimes en MPa

$$\sigma_{m,d} = \frac{M_{f,y}}{\dfrac{I_{G,y}}{V}}$$

$M_{f,y}$: moment de flexion, pour une poutre sur deux appuis avec une charge uniformément répartie

$M_{f,z} = qL^2/8$ avec,

q : charge linéique de poutre en N/mm

L : distance entre appuis en mm

$I_{G,y}/V$: module d'inertie, $bh^2/6$ pour une section rectangulaire

$$\sigma_{m,d} = \frac{6 \times qL^2}{8 \times bh^2} = \frac{6 \times 4,5 \times 19\,000^2}{8 \times 140 \times 1\,035^2}$$

$$\boxed{\sigma_{m,d} = 8,1 \text{ MPa}}$$

- $f_{m,d}$: résistance de flexion calculée en MPa

$$f_{m,d} = f_{m,k} \cdot \frac{k_{mod}}{\gamma_M} \cdot k_{sys} \cdot k_h$$

$f_{m,k}$: contrainte caractéristique de résistance en flexion en MPa

k_{mod} : coefficient modificatif en fonction de la charge de plus courte durée (le vent) et de la classe de service

γ_M : coefficient partiel qui tient compte de la dispersion du matériau

k_{sys} : le coefficient d'effet système est égale à 1

k_h : coefficient de hauteur. Le coefficient K_h est égale à 1 lorsque la hauteur de la poutre est supérieure à 600 mm

$$f_{m,d} = 24 \cdot \frac{1,1}{1,25} \cdot 1 \cdot 1$$

$$\boxed{f_{m,d} = 21,1 \text{ MPa}}$$

▶ Calcul du coefficient d'instabilité provenant du déversement pour la poutre non contreventée

Calcul de la contrainte critique $\sigma_{m,crit}$ contrainte à partir de laquelle apparaît le déversement

$$\sigma_{m,crit} = \frac{0{,}78 \cdot E_{0,05} \cdot b^2}{h \cdot l_{ef}}$$

$E_{0,05}$: module axial au 5e pourcentile (ou caractéristique) en MPa

b et h : hauteur et épaisseur de la poutre en mm

$l_{ef} = 0{,}9.L + 0{,}5\,h$

$0{,}9.L$, car le chargement est uniformément réparti

$0{,}5\,h$, car la charge est située sur la zone tendue de la poutre

$$\sigma_{m,crit} = \frac{0{,}78 \times 9400 \times 140^2}{1\,035 \times (19\,000 \times 0{,}9 - 0{,}5 \times 1035)}$$

$$\boxed{\underline{\sigma_{m,crit}} = 8{,}37\ \text{MPa}}$$

Calcul de l'élancement relatif de flexion $\lambda_{rel,m}$:

$$\lambda_{rel,m} = \sqrt{\frac{f_{m,k}}{\sigma_{m,critique}}}$$

$\sigma_{m,crit}$: contrainte critique de flexion en MPa

$f_{m,k}$: contrainte de flexion caractéristique en MPa

$$\lambda_{rel,m} = \sqrt{\frac{24}{8{,}37}}$$

$$\boxed{\lambda_{rel,m} = 1{,}69}$$

$1{,}4 < \lambda_{rel,m} \quad k_{crit} = 1/\lambda^2_{rel,m}$

$k_{crit} = 1/1{,}69^2$

$$\boxed{k_{crit} = 0{,}35}$$

▶ Justification

$$\text{Taux de travail} = \frac{8{,}1}{21{,}1 \cdot 0{,}35} = 1{,}1$$

$$\boxed{1{,}1 > 1}$$

Il est donc nécessaire de placer un lien anti-dévers pour diminuer la longueur de déversement (19/2). Le k_{crit} avec une longueur de flambement de 9,5 m est de 0,625 et le taux de travail de 0,61

$$\left(\text{avec }\sigma_{m,crit} = \frac{0{,}78 \times 9400 \times 140^2}{1\,035 \times (19\,000/2 - 0{,}5 \times 1\,035)} = 15.46\ \text{MPA}\ \lambda_{rel,m} = 1{,}246\right).$$

7.4.2   Calcul de l'effort normal dans la membrure comprimée à équilibrer

$$N_d = (1 - k_{crit}) \frac{M_d}{h}$$

k_{crit} : coefficient d'instabilité provenant du déversement pour la poutre non contreventée

M_d : moment de flexion maximum

$$M_d = \frac{qL^2}{8} = \frac{4,5 \times 19\ 000^2}{8} = 203,06 \cdot 10^6 N \cdot mm$$

h : hauteur de la poutre en mm

$$N_d = (1 - 0,35) \frac{203,06 \times 10^6}{1\ 035}$$

$$\boxed{N_d = 127\ 525\ N}$$

Il faut déterminer les efforts dans les liens d'anti-déversement. En application de (9.37) et (9.38), on peut considérer que le bracon disposé au niveau du faîtage assurera la stabilité au déversement des poutres principales en équilibrant un effort horizontal (perpendiculaire à la membrure comprimée de la poutre) égal à : $F_d = a \cdot k_L \cdot \dfrac{N_d}{30 \cdot L}$

soit $F_d = \dfrac{19}{2} \times \sqrt{\dfrac{15}{19}} \times \dfrac{1 \times 127\ 525}{30 \cdot 19}$

$$\boxed{F_d = 1\ 888\ N}$$

Effort de stabilisation minimum : $F_{d,mini,élément} = \dfrac{127\ 525}{80}$

$$\boxed{F_{d,mini,élément} = 1\ 594\ N}$$

▶ Conclusion

L'effort à retenir est l'effort de calcul F_d (il est supérieur à $F_{d,mini,élément}$). Attention, l'effort de calcul F_d correspond à la projection horizontale de l'effort normal du bracon ; par exemple, si le bracon est à 45°, il faut diviser cet effort par cos (45).

9   Justification des structures au feu

La justification au feu des structures en bois est décrite dans l'eurocode 5 : « Conception et calcul des structures en bois », partie 1 : « Généralités », section 2 : « Calcul des structures au feu (EN 1995-1-2) ». Ce chapitre présente quelques exemples simples. Il est nécessaire de se reporter à l'eurocode pour la justification de structures plus complexes.

Le bois présente de nombreux avantages en cas d'incendie : il ne se déforme pas, il ne dégage pas de gaz toxiques, il brûle lentement laissant le temps nécessaire à l'évacuation des personnes car son comportement au feu est totalement prévisible. Une charpente en bois ne se déforme pas ou peu et continue d'assurer ses fonctions porteuses pendant toute la durée de stabilité (15, 30, 60 ou 90 min). La couche carbonisée, dont la conductivité thermique est encore très faible, protège les couches internes et ralentit l'avance du feu.

La justification des structures exposées au feu est réalisée aux états limites ultimes en situation accidentelle. Les contraintes des barres sont vérifiées, et des dispositions constructives sont exigées pour les assemblages.

Le degré de stabilité est défini par un classement européen « R » suivi d'un degré de performance exprimé en minutes. Il correspond au classement français « Stabilité au feu – SF » si la durée en minutes reconvertie en fraction d'heure est supérieure ou égale à l'exigence demandée. Par exemple, un élément classé R 30 dans le système européen peut être mis en œuvre lorsqu'une stabilité au feu d'une demi-heure est demandée.

R 30 $\Rightarrow$ SF 1/2 heure

1.   Justification des sections

Pour justifier une structure vis-à-vis du feu, il est nécessaire de déterminer la combinaison des actions, la vitesse de carbonisation, la section efficace, la contrainte induite et la contrainte de résistance.

1.1   Composantes de la combinaison accidentelle

La combinaison d'actions en situation accidentelle lorsqu'il y a le feu définit l'effet des actions $\underline{E_{fi,d}}$. Il sera déterminé par la combinaison $G + \psi_{1,1} Q_1 + \sum_{i>1} \psi_{2,i} Q_i$.

L'équation devient $G + \psi_1 Q$ lorsqu'il n'y a qu'une action variable ou pour un balcon ou une toiture-terrasse accessible lorsque l'altitude du bâtiment est inférieure à 1 000 m, car Ψ_2 est nul pour le vent et pour la neige. Le tableau 1 précise les valeurs de Ψ_1 et Ψ_2.

Tableau 1 : valeurs des facteurs Ψ_1 et Ψ_2

Action variable	Ψ_1 Combinaison accidentelle (incendie)	Ψ_2 Fluage et Combinaison accidentelle
Charges d'exploitation des batiments		
Catégorie A : habitations résidentielles	0,5	0,3
Catégorie B : bureaux	0,5	0,3
Catégorie C : lieux de réunion	0,7	0,6
Catégorie D : commerce	0,7	0,6
Catégorie E : stockaqe	0,9	0,8
Catégorie H : toits	0	0
Charges de neige		
Altitude > 1 000 m	0,5	0,2
Altitude ≤ 1 000 m	0,2	0
Action du vent		
	0,2	0

▶ Exemple : poutre support de plancher dans un local d'habitation

$G = 0,5$ kN/m²
$Q = 1,5$ kN/m² (exploitation, catégorie A)
Combinaison ELU structure = $1,35\,G + 1,5\,Q$
Combinaison ELU structure en situation accidentelle (feu) = $G + 0,5\,Q$

▶ Exemple : toiture d'un bâtiment situé en plaine

$G = 0,4$ kN/m²
$S = 0,36$ kN/m² (altitude < 200 m)
Combinaison normale = $1,35\,G + 1,5\,S$
Combinaison feu = $G + 0,2\,S$

▶ Exemple : toiture d'un bâtiment situé en moyenne montagne

$G = 0,5$ kN/m²
$S = 1$ kN/m² (altitude > 1 000 m)
Combinaison normale = $1,35\,G + 1,5\,S$
Combinaison feu = $G + 0,5\,S$

1.2   Calcul de la section efficace non protégée

La section réduite est la section non carbonisée qui reste après 15, 30, et plus rarement 60 ou 90 minutes d'exposition à la flamme. Il faut donc retrancher à la section initiale l'épaisseur de carbonisation. Le calcul doit tenir compte des arrondis des coins. Une simplification consiste à remplacer la vitesse de combustion unidimensionnelle β_0 par une vitesse de combustion fictive β_n qui inclut l'effet des coins et des fentes.

La section efficace est obtenue en enlevant à la section réduite une épaisseur supplémentaire $(k_0.d_0)$ voisine de la limite de carbonisation dont les propriétés de rigidité et de résistance sont supposées nulles.

Lorsque deux faces et deux chants sont exposés à la flamme, la section efficace est définie par la formule :

$A_{fi} = (h_{init} - 2.d_{ef}).(b_{init} - 2.d_{ef})$

h_{init} : hauteur initale en mm

b_{init} : largeur initale en mm

d_{ef} : épaisseur de carbonisation efficace : $d_{ef} = d_{char,n} + + k_0.d_0$

avec :

$d_{char,n}$: profondeur de carbonisation fictive

$k_0.d_0$: couche voisine de la ligne de carbonisation dont on suppose une rigidité et une résistance nulle

Lorsque la surface n'est pas protégée, $d_{char,n} = \beta_n.t$,

β_n : vitesse de combustion qui inclut l'effet des arrondis en coin et des fentes en mm/min. Sa valeur est précisée dans le tableau 2.

t : la durée d'exposition à la flamme en min

d_0 : épaisseur de carbonisation additionnelle, soit 7 mm

k_0 : coefficient pour définir l'épaisseur de carbonisation. Il dépend de la durée de tenue au feu exigée et de la tenue au feu d'un éventuel parement de protection. Sa valeur est précisée dans le tableau 3.

Tableau 2 : vitesse de carbonisation conventionnelle

Matériau	ρ_k	β_n ou β_0 pour les panneaux (mm/min)
Bois résineux et hêtre massif a 35 mm	290 kg/m^3	0,8
Bois résineux lamellé-collé	290 kg/m^3	0,7
Bois feuillu massif ou lamellé-collé	290 kg/m^3	0,7
Bois feuillu massif ou lamellé-collé	450 kg/m^3	0,55
LVL	480 kg/m^3	0,7
Contreplaqué (h_p : épaisseur de 20 mm)	450 kg/m^3	1,0
Panneaux à base de bois (h_p : épaisseur de 20 mm)	450 kg/m^3	0,9

Lorsque l'épaisseur hp et/ou la masse volumique des panneaux dérivés du bois est différente, la vitesse de combustion est donnée par :

$$\beta_{0,\rho,t} = \beta_0 \cdot \sqrt{\frac{450}{\rho_k}} \cdot \sqrt{\frac{20}{h_p}} \text{ avec } h_p < 20 \text{ mm}$$

Tableau 3 : détermination de k_0

Faces non protégées et faces protégées avec $t_{ch} < 20$ min	$t_{fi,req} < 20$ min	$K_0 = t_{fi,req}/20$
	$t_{fi,req} > 20$ min	$K_0 = 1$
Faces protégées avec $t_{ch} > 20$ min	$t_{fi,req} < t_{ch}$	$K_0 = t_{fi,req}/t_{ch}$
	$t_{fi,req} > t_{ch}$	$K_0 = 1$

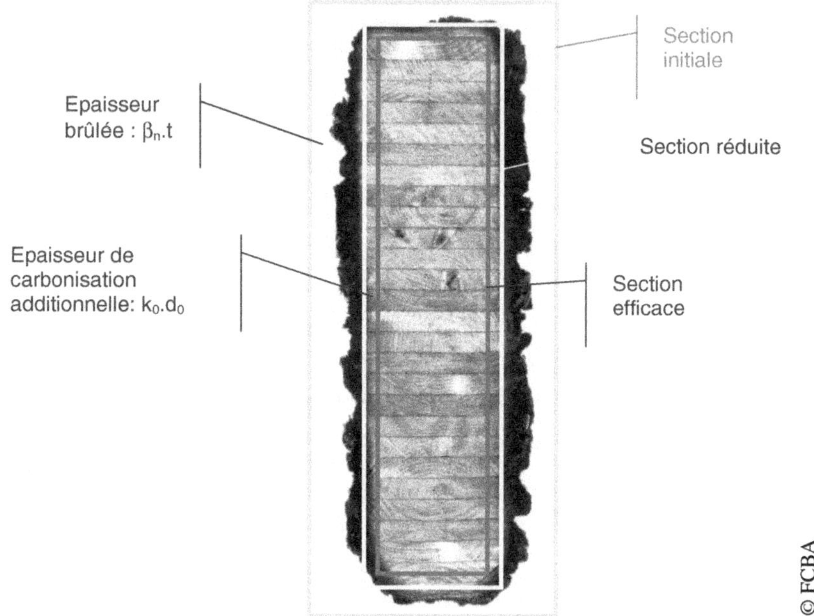

Schéma 1 : calcul de la section réduite

Valeur de calcul d'une résistance en situation d'incendie :

$$f_{d,fi} = k_{fi} \cdot f_k \frac{k_{mod,fi}}{\gamma_{M,fi}}$$

f_k : résistance caractéristique en MPa

$k_{mod,fi}$: coefficient modificatif en situation d'incendie. L'utilisation de la méthode de la section réduite permet de prendre $k_{mod,fi} = 1$

γ_M : coefficient partiel qui vaut 1 en situation accidentelle

k_{fi} : coefficient qui permet de transformer une valeur caractéristique du fractile à 5 % au fractile à 20 %, défini dans le tableau 4

Tableau 4 : coefficient pour transformer une valeur caractéristique du fractile à 5 % au fractile à 20 %

Matériaux	k_{fi}
Bois massif	1,25
Bois lamellé-collé	1,15
Panneaux à bas de bois	1,15
LVL	1,1

Assemblages sollicités en cisaillement avec éléments latéraux en bois ou en panneaux à base de bois	1,15
Assemblages sollicités en cisaillement avec éléments latéraux métalliques	1,05
Assemblages sollicités axialement	1,05

1.3 Application résolue

1.3.1 Calcul de section résiduelle

Calcul de la section résiduelle après 60 minutes d'exposition au feu d'une poutre en bois lamellé-collé classée GL 24h de 200 × 600 mm. Un plancher protège la face supérieure de la poutre.

β_n = 0,7 mm/min (ρ_k = 380 > 290 kg/m³)

k_o = 1 car la tenue au feu requise est > à 20 min

Épaisseur carbonisée totale : d_{ef} = 60 × 0,7 + 1 × 7 = 49 mm

Hauteur résiduelle : h_{fi} = 600 − 49 = 551 mm

Largeur résiduelle : b_{fi} = 200 − (2 × 49) = 102 mm

Section résiduelle : S_{fi} = 551 × 102 = 56 202 mm²

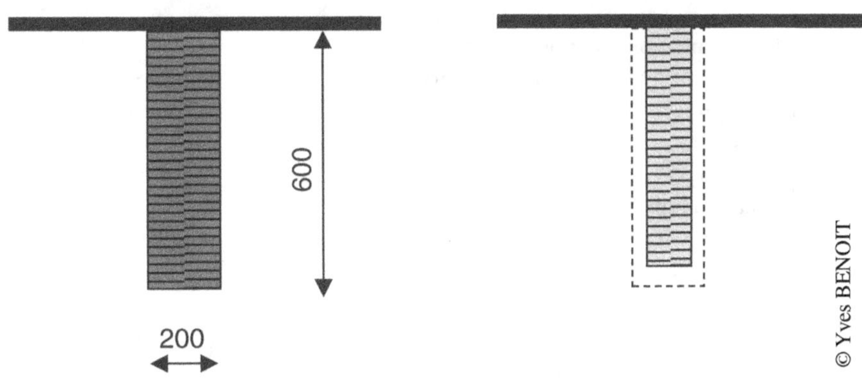

Schéma 2 : calcul de la section résiduelle

1.3.2 Panne d'aplomb sur trois appuis

Altitude du bâtiment supérieure à 1 000 m

Panne en bois massif de 75/200 classé C24

Deux travées de 3,30 m

Entraxe des pannes 1.5 m horizontal

Classe de service 1 (comble chauffé)

Charge de structure G = 0,5 kN/m² horizontal

Charge climatique S = 0,7 kN/m² horizontal

Combinaison ELU : C_{max} = 1.35 G + 1.5 S

Combinaison ELU en situation accidentelle : C = G + 0,5 S

La panne est apparente.

La stabilité au feu est de 30 min.

Le dessus de la panne est protégé du feu par un panneau.

Couverture sur panneau (protégé du feu par un isolant), la panne ne peut pas déverser. On admet que le panneau et l'isolant assurent la stabilité au déversement de la panne pendant 30 minutes.

Vérifier la contrainte de flexion aux états limites ultimes (ELU) de la panne en situation accidentelle.

$$\text{Taux de travail} = \frac{\sigma_{m,d}}{k_{crit} \cdot f_{m,d}} \leq 1$$

▶ Calcul de la charge reprise

- $q = (G + 0{,}5\,S) \times$ entraxe
- $ = (0{,}5 + 0{,}5 \times 0.7) \times 1.5$
- $ = 1{,}275$ kN/m
- $ = 1{,}275$ N/mm

▶ Calcul de la section efficace

L'épaisseur de carbonisation totale est :
$d_{ef} = \beta_n.t + k_o.d_o$
β_n : vitesse de combustion, 0,8 mm/min ($\rho_k = 350 > 290$ kg/m³)
t : durée d'exposition à la flamme de 30 min
d_o : épaisseur de carbonisation additionnelle, soit 7 mm
k_o : 1 car la tenue au feu requise est supérieure à 20 min
$d_{ef} = 30 \times 0{,}8 + 1 \times 7 = 31$ mm
La section efficace est :
$A_{ef} = (h_{init} - 1.d_{ef}) \times (b_{init} - 2.d_{ef})$
h_{init} : hauteur initale en mm
b_{init} : largeur initiale en mm
d_{ef} : épaisseur de carbonisation efficace
$A_{ef} = (200 - 1 \times 31) \times (75 - 2 \times 31)$
$A_{ef} = 169 \times 13$

▶ $\sigma_{m,d}$: contrainte de flexion induite par la combinaison d'action des états limites ultimes en MPa

$$\sigma_{m,d} = \frac{M_{f,y}}{\dfrac{I_{G,y}}{V}}$$

$M_{f,y}$: moment de flexion
pour une poutre sur trois appuis avec deux travées égales et une charge uniformément répartie
$M_{f,y} = qL^2/8$ avec
q : charge linéique de poutre en N/mm
L : distance entre appuis en mm
$I_{G,y}/V$: module d'inertie, $bh^2/6$ pour une section rectangulaire

$$\sigma_{m,d} = \frac{6 \times qL^2}{8 \times bh^2} = \frac{6 \times 1{,}275 \times 3\,300^2}{8 \times 13 \times 169^2}$$

$$\boxed{\sigma_{m,d} = 28 \text{ MPa}}$$

▶ **$f_{m,d}$: résistance de flexion calculée en MPa**

$$f_{m,d,fi} = k_{fi} \cdot f_{m,k} \frac{k_{mod,fi}}{\gamma_{M,fi}}$$

$f_{m,k}$: contrainte caractéristique de résistance en flexion en MPa

$k_{mod,fi}$: coefficient modificatif en situation d'incendie = 1

$_M$: coefficient partiel qui vaut 1 en situation accidentelle

k_{fi} : coefficient qui permet de transformer une valeur caractéristique du fractile à 5 % au fractile à 20 % (1,25 pour du bois massif ; 1,15 pour du BLC ; 1,1 pour du LVL).

$$f_{m,d,fi} = 1,25 \cdot 24 \frac{1}{1}$$

$$\boxed{f_{m,d} = 30 \text{ MPa}}$$

k_{crit} : coefficient d'instabilité provenant du déversement = 1

Justification

$$= \frac{28}{30 \cdot 1} < 1$$

$$\boxed{0,94 < 1}$$

Remarque

La panne est justifiée car il n'y a pas de déversement. Cette hypothèse peut être conservée uniquement si le panneau joue son rôle structurel pendant 30 min au minimum. Dans le cas contraire, la panne pourrait déverser. La structure ne serait pas justifiée.

2. Vérifications des assemblages

La justification des assemblages protégés est complexe. Il est nécessaire de justifier dans le détail la durée de la tenue de la protection. Elle doit correspondre au temps pour lequel le bâtiment doit résister au feu. Ce chapitre présente les dispositions concernant les assemblages non protégés moisés bois/bois, bois/métal avec des éléments latéraux en acier ou bois/métal avec un élément central en acier.

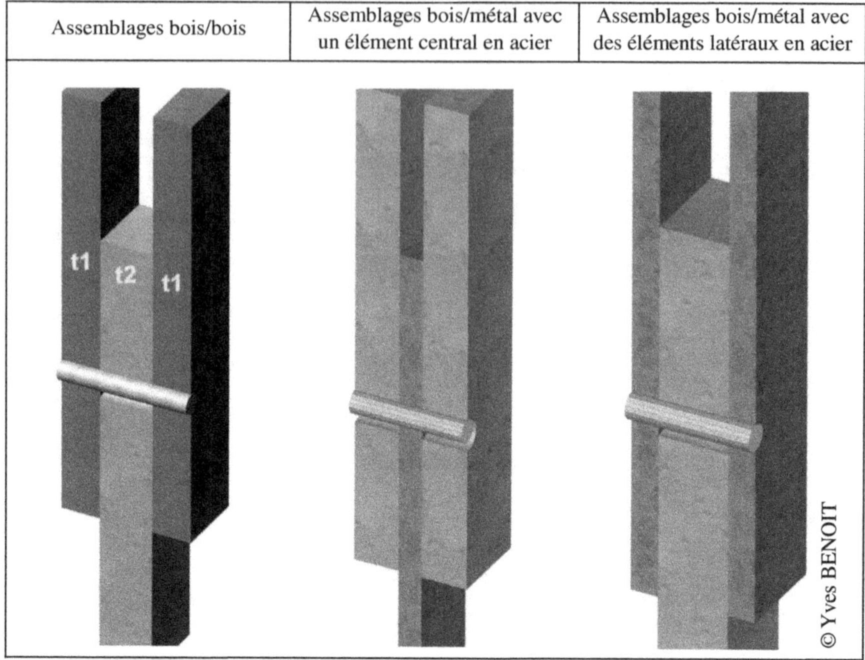

Schéma 3 : assemblages non protégés

2.1 Assemblages non protégés avec des éléments latéraux en bois

Le tableau 5 précise les diamètres des organes d'assemblage ou l'épaisseur minimum de l'élément latéral en fonction de la durée de résistance au feu.

Tableau 5 : diamètres des organes d'assemblage et épaisseur de l'élément latéral minimum

Organe d'assemblage	Temps de résistance au feu $t_{d,fi}$ (min)	Préconisations*
Pointes	15	$d \geq 2,8$ mm
Tire-fonds	15	$d \geq 3,5$ mm
Boulons	15	$t_1 \geq 45$ mm
Broches	20	$t_1 \geq 45$ mm
Anneaux et crampons	15	$t_1 \geq 45$ mm
* d est le diamètre de l'organe d'assemblage et t_1 est l'épaisseur de l'élément latéral		

Remarque

Les connecteurs métalliques ont une stabilité au feu de 0 min.

Pour les assemblages réalisés par broches, pointes ou tire-fonds avec des têtes non sortantes, il est possible d'augmenter la durée de résistance au feu qui doit rester, toutefois, inférieure à 30 minutes. Il faut augmenter d'une valeur a_{fi} :

• l'épaisseur des éléments latéraux ;

• la largeur des éléments exposés ;

- la distance de bout et de rive vis-à-vis des organes d'assemblage.

$a_{fi} = \beta_n \, k_{flux} \, (t_{req} - t_{d,fi})$

β_n : vitesse de combustion, en mm/min

k_{flux} : coefficient d'augmentation du flux de chaleur au travers de l'organe d'assemblage, soit 1,5

t_{req} : temps exigé de résistance au feu standard

$t_{d,fi}$: temps de résistance au feu de l'assemblage non protégé donné dans le tableau 5 ci-dessus

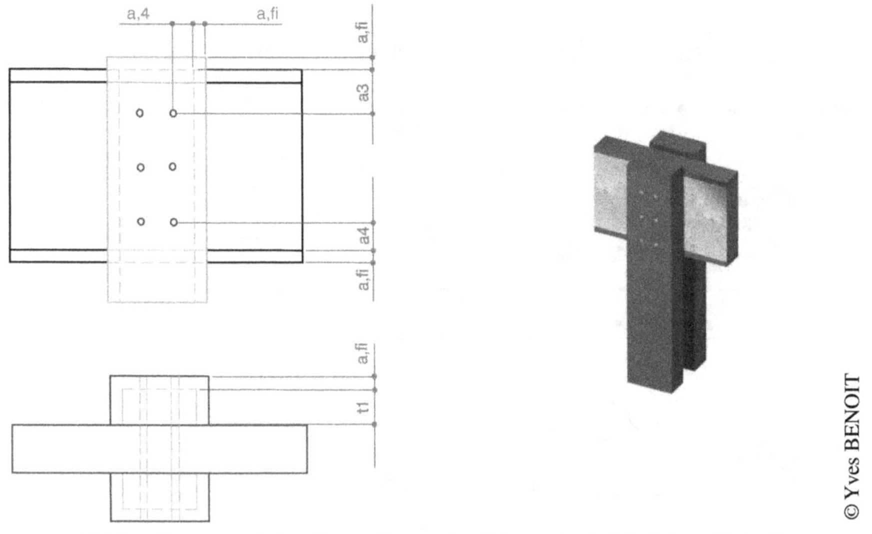

Schéma 4 : augmentation d'une valeur a_{fi} des distances a_3 (extrémité), a_4 (rive) et t_1 (épaisseur de l'élément latéral)

▶ Exemple

Soit un assemblage boulonné bois/bois avec une exigence de stabilité de 30 min
(R 30 · t_{req} = 30 mn)

Si l'épaisseur t1 (épaisseur de l'élément latéral) est de 45 mm, la durée conventionnelle de stabilité sera de $t_{d,fi}$ = 15 min (voir tableau 5). Pour obtenir une stabilité de 30 min (t_{req} = 30 min), il faut majorer l'épaisseur des pièces de rives ainsi que les distances aux rives et aux bords de la valeur a_{fi} :

$a_{fi} = \beta_n \, k_{flux} \, (t_{req} - t_{d,fi}) = 0,8.1,5.(30 - 15) = 18$ mm

2.2 Assemblages non protégés avec une plaque métallique intérieure

2.2.1 Plaque métallique avec rives exposées au feu

Les assemblages avec une plaque métallique centrale d'épaisseur supérieure ou égale à 2 mm qui ne dépassent pas la surface du bois doivent avoir une largeur b_{st}' définie dans le tableau 6.

Tableau 6 : largeur minimum de plaques métalliques centrales

		b_{st}
Rives non protégées en général	R 30	200 mm
	R 60	280 mm
Rives non protégées sur un ou deux côtés	R 30	120 mm
	R 60	280 mm

2.2.2 Plaques métalliques plus étroites que l'élément en bois

Tableau 7 : distance de la rive de la plaque au bord du bois et épaisseur du panneau protégeant la rive de la plaque

Durée de résistance au feu		R 30	R 60
Plaque d'épaisseur ≤ 3mm protégée par des interstices	d_g (mm)	20	60
Protection par bandes collées ou par panneaux	d_g ou h_p (mm)	10	30

d_g : distance de la rive de la plaque au bord du bois
h_p : épaisseur du panneau protégeant la rive de la plaque

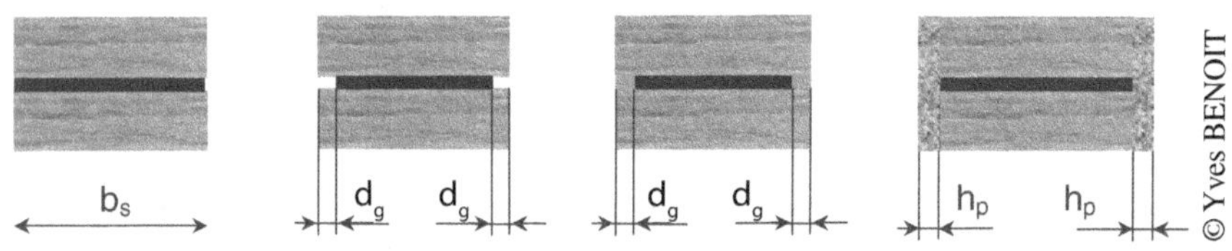

Schéma 5 : protection des rives des plaques

2.3 Assemblages protégés

Protection par panneau bois, à base de bois ou plaque de plâtre de type A ou H

$$t_{ch} \geq t_{req} - 0{,}5.t_{d,fi} \tag{6.2}$$

Protection par plaque de plâtre de type F

$$t_{ch} \geq t_{req} - 1{,}2.t_{d,fi} \text{ et } t_f \geq t_{req} \tag{6.3}$$

t_{ch} : temps de démarrage de la carbonisation (liée à la durée de la protection)

t_{req} : durée de la résistance au feu exigée

$t_{d,fi}$: temps de résistance au feu de l'assemblage (tableau 5)

t_f : temps de rupture de la protection au feu (communiqué par le fabricant)

Démarrage de la carbonisation

$$\text{Panneau bois, à base de bois : } t_{ch} = \frac{h_p}{\beta_o} \tag{3.10}$$

Plaque de plâtre de type A, F ou H :

- pour des jours inférieurs à 2 mm : $t_{ch} = 2{,}8.h_p - 14$ $\hspace{2em}$ (3.11)

- pour des jours supérieurs à 2 mm : $t_{ch} = 2{,}8.h_p - 23$ $\hspace{2em}$ (3.12) où :

hp : épaisseur du panneau (mm)

β_o : vitesse de carbonisation en (mm/min)

Boulons :

- protection par bouchon de bois collés : longueur des bouchons a_{fi}

- protection par plaque de bois ou à base de bois : $h_p \geq a_{fi}$

▶ Exemple 1

Soit un assemblage boulonné bois/bois avec une exigence de stabilité de 30 min (R 30, t_{req} = 30 min) protégé par un contreplaqué.

Si l'épaisseur t1 (épaisseur de calcul) est de 45 mm, la durée conventionnelle de stabilité sera de $t_{d,fi}$ = 15 min (voir tableau 5). Pour obtenir une stabilité de 30 min (t_{req} = 30 min), il faut protéger toutes les faces exposées à la flamme par le contreplaqué. La durée de la protection est liée au temps de démarrage de la carbonisation t_{ch}.

$t_{ch} \geq t_{req} - 0,5.t_{d,fi}$

$t_{ch} \geq 30 - 0,5 \times 15$

$t_{ch} \geq 22,5$ min

Pour un panneau à base de bois :

$t_{ch} \geq h_p/\beta_o$

$h_p \geq t_{ch} \times \beta_o$

$h_p \geq 22,5 \times 1 = 22,5$ mm

L'assemblage sera protégé par un panneau de 25 mm d'épaisseur (dimension commerciale disponible) sur toutes les faces exposées à la flamme.

▶ Exemple 2

Soit un assemblage boulonné bois/bois avec une exigence de stabilité de 60 min (R 60, t_{req} = 60 min), protégé par une plaque de plâtre de type A ou H avec des jours inférieurs à 2 mm.

Si l'épaisseur t1 est de 45 mm, la durée conventionnelle de stabilité sera de $t_{d,fi}$ = 15 min (voir tableau 5). Pour obtenir une stabilité de 60 min (t_{req} = 60 min), il faut protéger toutes les faces exposées à la flamme par la plaque de plâtre. La durée de la protection est liée au temps de démarrage de la carbonisation t_{ch}.

$t_{ch} \geq t_{req} - 1,2.t_{d,fi}$

$t_{ch} \geq 60 - 1,2 \times 15$

$t_{ch} \geq 42$ min

Pour une plaque de plâtre :

$t_{ch} = 2,8.h_p - 14$

$h_p = (t_{ch} + 14)/2,8$

$h_p = (42 + 14)/2,8$

$h_p = 20$ mm

L'assemblage sera protégé par une plaque de 25 mm d'épaisseur (dimension commerciale disponible) sur toutes les faces exposées à la flamme.

Fixation des protections par pointes ou tire-fonds :

- distance entre organes le long des rives 100 mm

- distance aux rives 300 mm (cette valeur semble beaucoup trop importante)

- longueur des fixations $l_{f,req}$:

$l_{f,req} = h_p + d_{char,n} + l_a$ (3.16)

hp : épaisseur du panneau (mm)

$d_{char,n}$: profondeur de carbonisation de la pièce de bois (mm)

l_a : pénétration minimale de la fixation (mm), voir tableau 8.

Tableau 8 : pénétration minimale de la fixation

Protection par	l_a (mm)
panneau bois, à base de bois ou plaque de plâtre de type A ou H	6 d
plaque de plâtre de type F	10 mm

Remarques

Plaques de plâtre de type A : plaques de plâtre comportant une face sur laquelle des enduits au plâtre appropriés ou une décoration peuvent être appliqués

Plaques de plâtre de type H (à taux d'absorption d'eau réduit) : plaques comportant des additifs pour réduire leur taux d'absorption d'eau. Elles peuvent convenir pour des utilisations particulières dans lesquelles des propriétés d'absorption d'eau réduite sont requises pour améliorer les performances de la plaque. Ces plaques sont désignées par « type H1, H2 ou H3 », chaque type ayant des performances d'absorption d'eau différentes

Plaques de plâtre de type F (à cohésion améliorée de l'âme à haute température) : plaques de plâtre comportant une face sur laquelle des enduits au plâtre appropriés ou une décoration peuvent être appliqués. L'âme de ces plaques comporte des fibres minérales et/ou d'autres additifs pour améliorer la cohésion de l'âme à des températures élevées

10 Effet du séisme sur les structures

La carte des zones concernées par un risque sismique a considérablement évolué (voir les schémas 1 et 2). Les nouvelles règles de constructions parasismiques ainsi que le nouveau zonage sismique sont en vigueur depuis le 1er mai 2011. La vérification de la conformité des bâtiments vis-à-vis du risque sismique est devenue obligatoire sur une plus grande partie du territoire, notamment pour des bâtiments destinés à la sécurité civile comme une caserne de pompiers, des bâtiments scolaires… Les maisons individuelles sont aussi concernées, mais sur une surface du territoire plus faible.

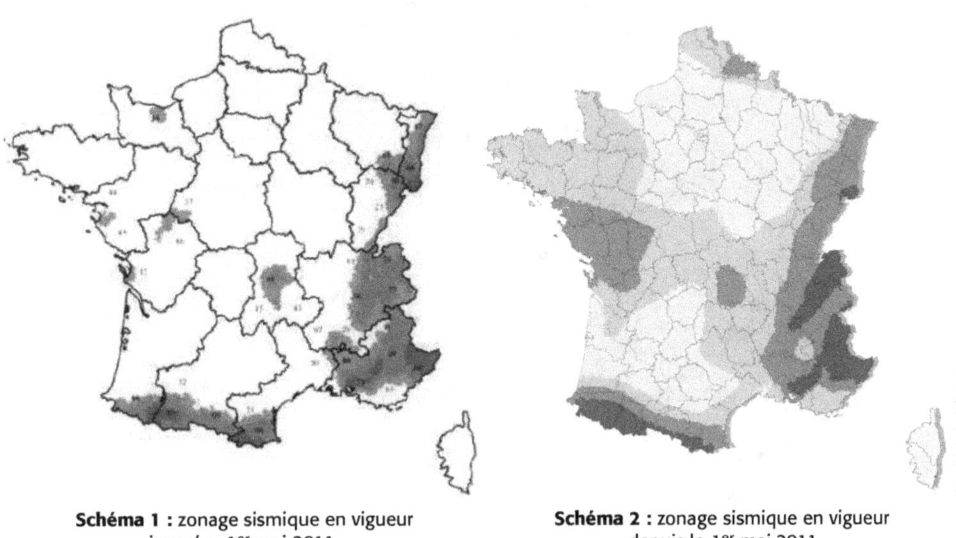

Schéma 1 : zonage sismique en vigueur jusqu'au 1er mai 2011

Schéma 2 : zonage sismique en vigueur depuis le 1er mai 2011

1. Bâtiments concernés par la vérification sismique

La vérification d'un bâtiment dépend de sa situation géographique, de la nature du sol et du type de bâtiment.

La carte de zonage sismique (schéma 3) précise le risque propre à chaque région. La France est divisée en cinq zones de sismicité croissante, correspondant à l'intensité d'un séisme majeur. Dans la zone de sismicité 1, il n'y a pas de prescription parasismique particulière pour les bâtiments à risque normal, car l'aléa sismique ou l'intensité d'un tremblement de terre associé à cette zone sont très faibles. Dans les zones de sismicité 2 à 5, les règles de construction parasismique sont applicables aux nouveaux bâtiments, et aux bâtiments anciens dans des conditions particulières. Attention, les installations classées et bâtiments à « risque spécial » (usines, ateliers, dépôts, chantiers, et d'une manière générale, les installations qui peuvent présenter des dangers ou des inconvénients) font l'objet de règles de vérification vis-à-vis du risque sismique plus draconiennes. Le décret 2010-1255 du 22 octobre 2010 permet de connaître la zone de sismicité de chaque commune.

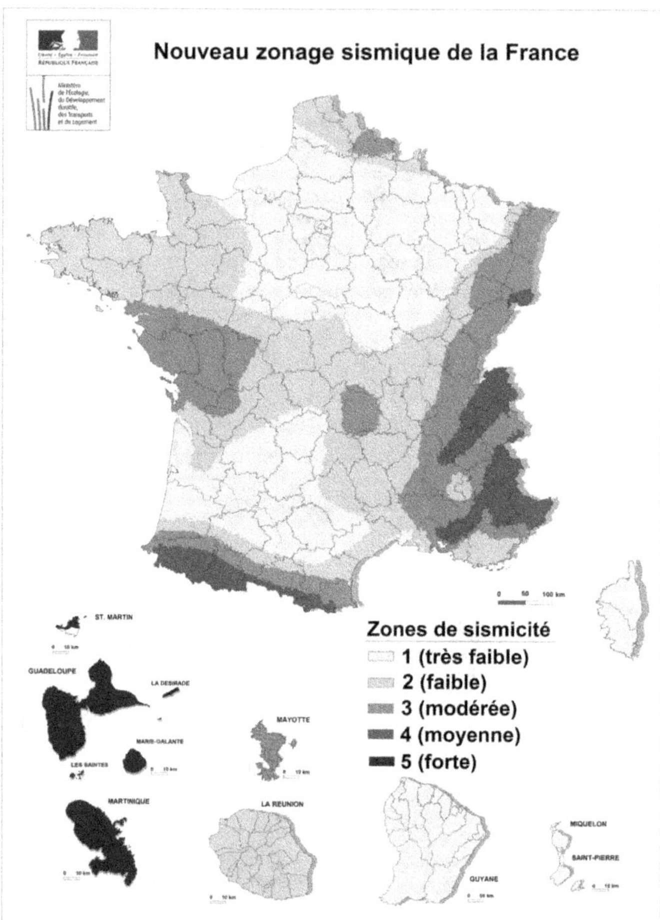

Schéma 3 : carte des zones du territoire comportant un risque sismique

Les bâtiments à risque normal sont classés en quatre catégories en fonction des risques à la personne et de l'impact socioéconomique de leur défaillance en cas de séisme. Ces quatre catégories sont les suivantes :

- catégorie d'importance I : ceux dont la défaillance ne présente qu'un risque minime pour les personnes ou l'activité socioéconomique ;

- catégorie d'importance II : ceux dont la défaillance présente un risque dit moyen pour les personnes ;

- catégorie d'importance III : ceux dont la défaillance présente un risque élevé pour les personnes et ceux présentant le même risque en raison de leur importance socioéconomique ;
- catégorie d'importance IV : ceux dont le fonctionnement est primordial pour la sécurité civile, pour la défense ou pour le maintien de l'ordre public.

Le tableau 1 précise quel type de bâtiments recouvre chaque catégorie.

Remarque
- Lorsqu'une structure neuve abrite des fonctions relevant de catégories d'importance différente, la catégorie de bâtiment la plus contraignante est retenue.
- Si un bâtiment existant est l'objet de travaux importants, la catégorie à prendre en compte est celle correspondant au classement après travaux ou changement de destination du bâtiment.

Tableau 1 : catégorie d'importance des bâtiments en fonction des risques à la personne et de l'impact socioéconomique de leur défaillance en cas de séisme

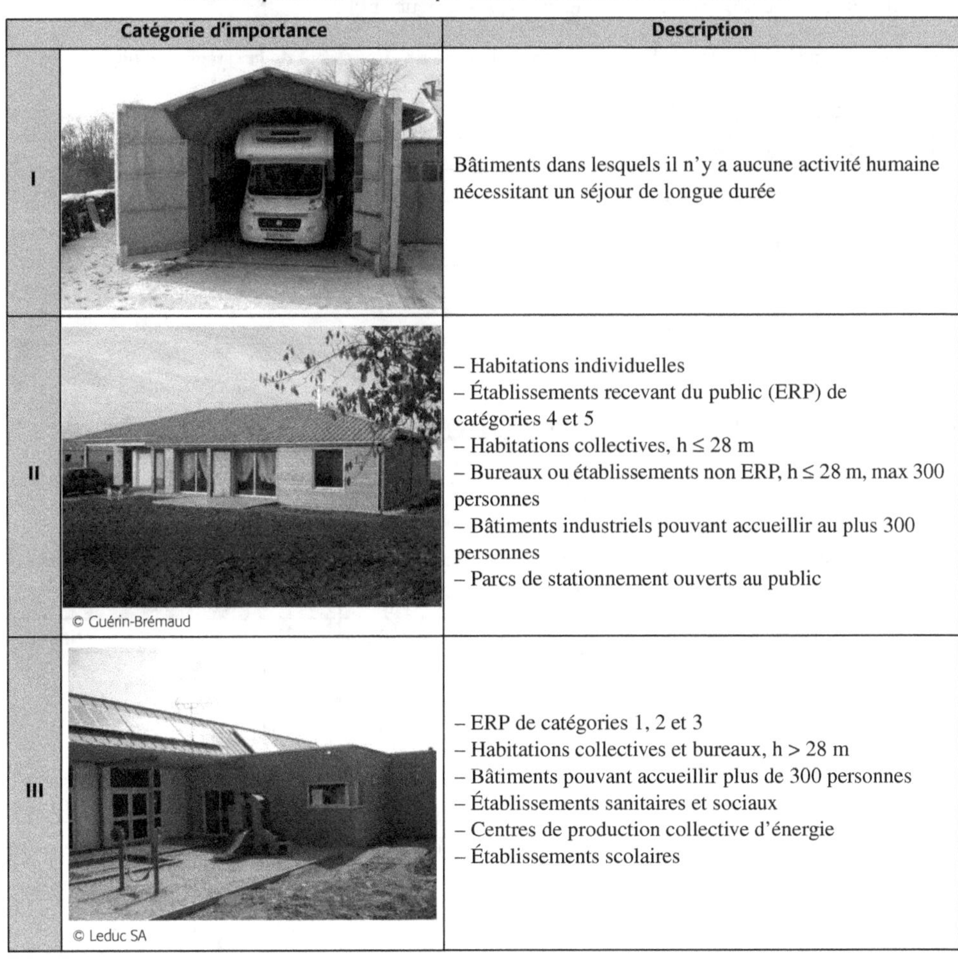

Catégorie d'importance	Description
I	Bâtiments dans lesquels il n'y a aucune activité humaine nécessitant un séjour de longue durée
II	– Habitations individuelles – Établissements recevant du public (ERP) de catégories 4 et 5 – Habitations collectives, h ≤ 28 m – Bureaux ou établissements non ERP, h ≤ 28 m, max 300 personnes – Bâtiments industriels pouvant accueillir au plus 300 personnes – Parcs de stationnement ouverts au public
III	– ERP de catégories 1, 2 et 3 – Habitations collectives et bureaux, h > 28 m – Bâtiments pouvant accueillir plus de 300 personnes – Établissements sanitaires et sociaux – Centres de production collective d'énergie – Établissements scolaires

Tableau 1 : catégorie d'importance des bâtiments en fonction des risques à la personne et de l'impact socioéconomique de leur défaillance en cas de séisme *(suite)*

© Pierre Bona licence Creative Commons

IV	– Bâtiments indispensables à la sécurité civile, la défense nationale et le maintien de l'ordre public – Bâtiments assurant le maintien des communications, la production et le stockage d'eau potable, la distribution publique de l'énergie – Bâtiments assurant le contrôle de la sécurité aérienne – Établissements de santé nécessaires à la gestion de crise – Centres météorologiques

Le tableau 2 indique en fonction de la zone de sismicité et de la catégorie d'importance du bâtiment s'il est nécessaire de réaliser une vérification structurelle.

Tableau 2 : vérification structurelle en fonction de la zone de sismicité et de la catégorie d'importance des bâtiments

Zone de sismicité	1	2	3	4	5
Catégorie d'importance des bâtiments					
I	non	non	non	non	non
II	non	non	oui	oui	oui
III	non	oui	oui	oui	oui
IV	non	oui	oui	oui	oui

Oui signifie qu'une vérification structurelle est nécessaire
Non signifie qu'une vérification structurelle n'est pas nécessaire

2. Principes de conception

Le tableau 3 propose des conceptions pour améliorer le comportement d'un bâtiment vis-à-vis des séismes.

Tableau 3 : Exemples de conception pour améliorer le comportement d'un bâtiment vis-à-vis des séismes

	À éviter	À privilégier
Choisir des formes élémentaires		joint parasismique
Préférer des bâtiments réguliers en élévation et en plan		joint parasismique

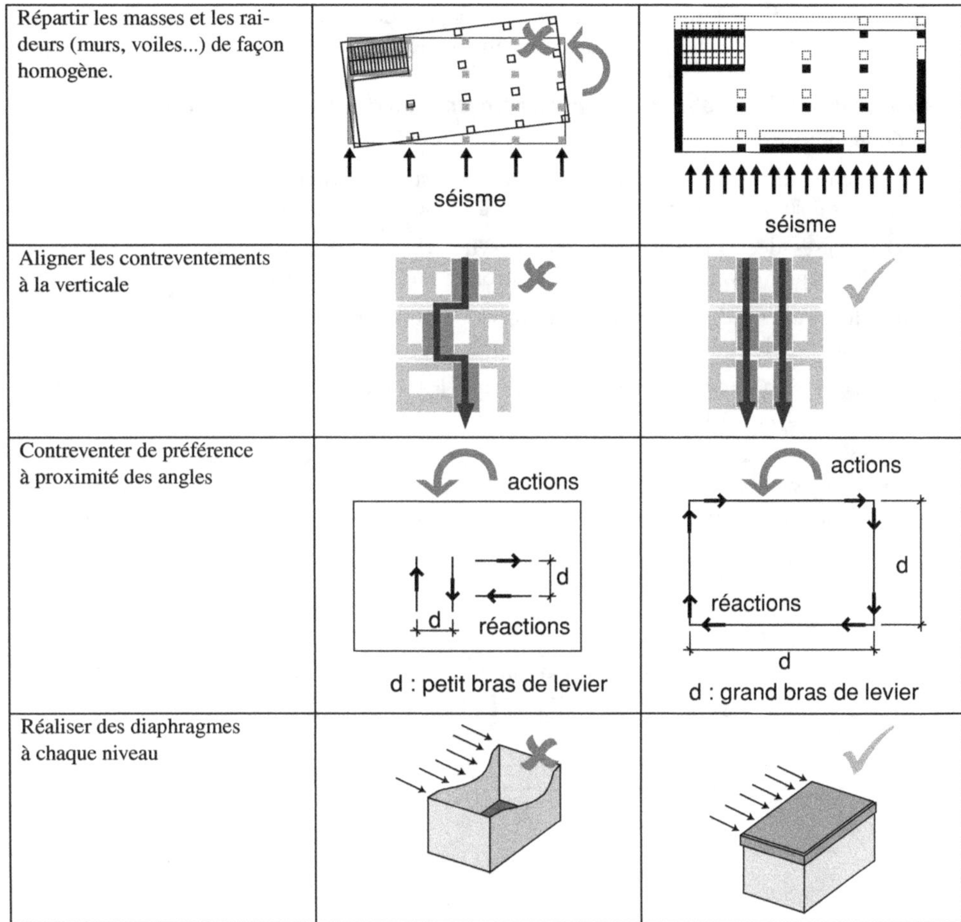

3. Disposition constructive

Les dispositions constructives visent principalement à renforcer la structure vis-à-vis des efforts horizontaux afin de pouvoir « drainer ces forces » jusqu'au sol. L'eurocode 8 précise des règles complémentaires à l'eurocode 5 (EN 1998-8, chapitre 8).

Panneaux de voiles travaillant des murs de contreventement ou des diaphragmes en zone dissipative

- Les panneaux de particules ont une masse volumique d'au moins 650 kg/m³ ;

- les panneaux en contreplaqué ont une épaisseur d'au moins 9 mm ;

- les panneaux de particules ou de fibres ont une épaisseur d'au moins 13 mm.

Diaphragmes horizontaux

Il ne faut pas appliquer les coefficients de majoration de 1,2 pour la résistance des connecteurs aux bords des plaques et de 1,5 pour l'espacement des clous le long des bords des panneaux discontinus (EN 1995-1-1:2004, 9.2.3.2(4)).

La répartition des efforts tranchants dans les diaphragmes doit être évaluée en prenant en compte la position en plan des éléments verticaux résistant aux forces latérales.

Un principe de base : les efforts doivent être transmis ou drainés sans discontinuité

En diaphragme horizontal :

- tous les côtés des panneaux doivent être fixés sur des éléments structuraux (poutres, solives…) ou sur des entretoises placées entre les poutres en bois ;
- des entretoises doivent également être prévues dans les diaphragmes horizontaux, au-dessus des éléments verticaux résistant aux forces latérales (par exemple, les murs) ;
- lorsque le drainage des efforts est perturbé par une trémie, les poutres et le chevêtre doivent être capables de transmettre ces efforts ;
- si les entretoises n'ont pas la même hauteur que les poutres, le rapport hauteur/largeur (h/b) des poutres en bois sera inférieur à 4.

Lorsque, pour l'analyse de la structure, les planchers sont considérés comme rigides dans leur plan, il ne doit pas y avoir de changement de direction des poutres sur les appuis, lorsque des forces horizontales sont transmises aux éléments verticaux (par exemple, murs de contreventement).

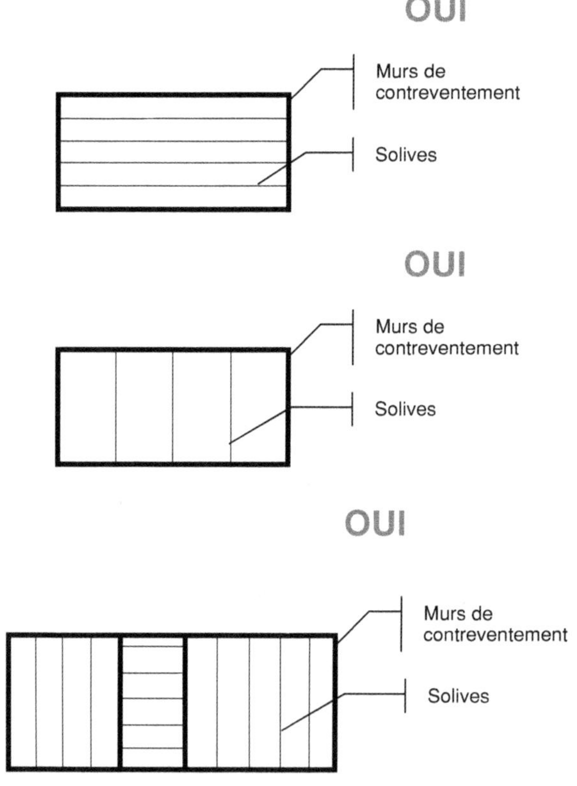

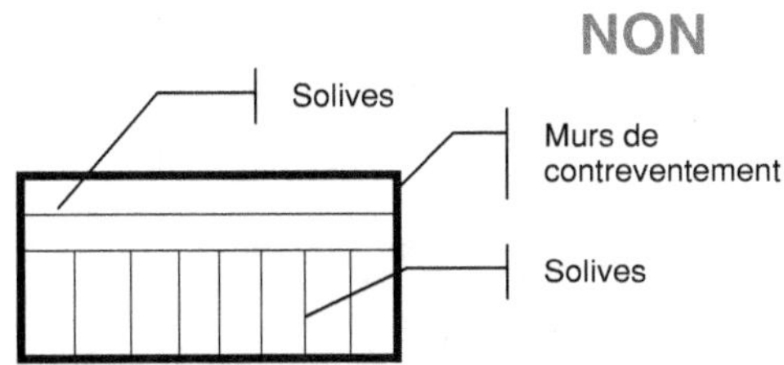

Les assemblages

Lors d'un séisme, les efforts sont alternés (compression, traction). Un dispositif complémentaire doit être mis en œuvre pour les assemblages de charpentier (embrèvement, par exemple), les broches, les clous lisses…

Les diamètres des boulons seront inférieurs ou égaux à 16 mm et les perçages ajustés.

En cas de traction perpendiculaire au fil du bois, il faut employer des plaques métalliques clouées ou des plaques de recouvrement clouées par exemple, afin d'éviter le fendage.

En dehors des zones dissipatives, il est nécessaire de surdimensionner les tiges d'ancrage et tout autre assemblage avec des éléments supports massifs ainsi que les assemblages entre les diaphragmes horizontaux et les éléments verticaux résistant aux forces latérales.

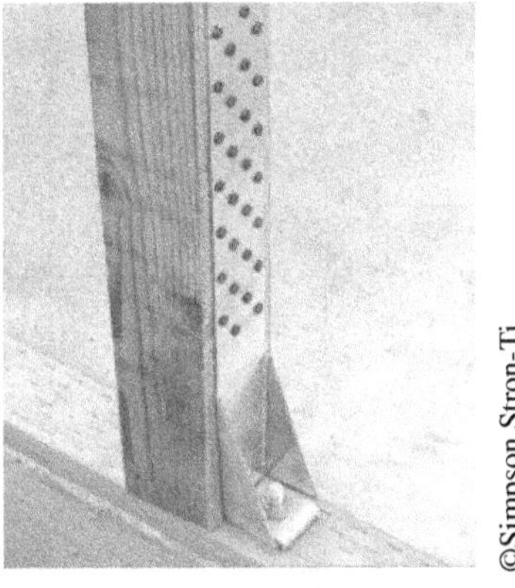

Schéma 4 : cette ferrure permet de transmettre les efforts de traction du montant directement à la dalle de béton

Tableau 4 : Exemple de ferrures permettant de renforcer la structure

Pied de chevron arc-bouté	© Simpson Stron-Ti	© Simpson Stron-Ti
Liaison poteau-poutre	© Simpson Stron-Ti	© Simpson Stron-Ti

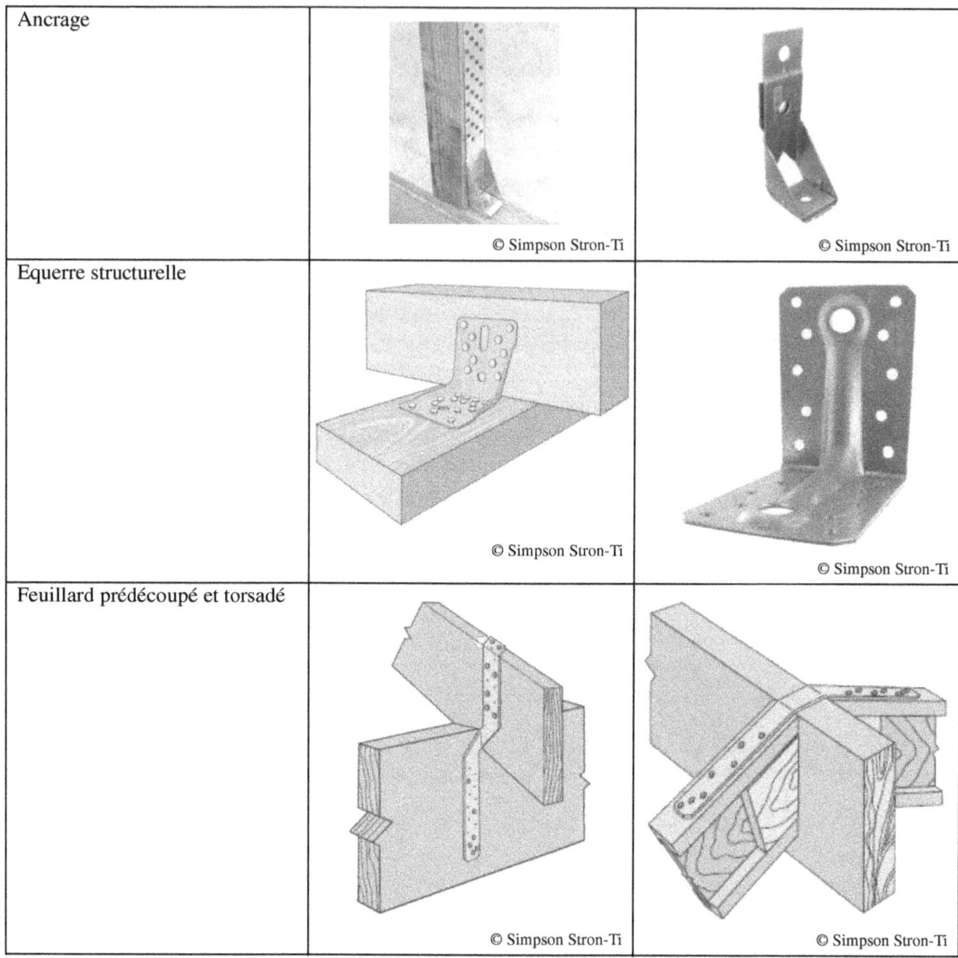

Ancrage		© Simpson Stron-Ti
		© Simpson Stron-Ti
Equerre structurelle		
	© Simpson Stron-Ti	© Simpson Stron-Ti
Feuillard prédécoupé et torsadé		
	© Simpson Stron-Ti	© Simpson Stron-Ti

4. Méthode de calcul

Les différentes étapes de calcul sont les suivantes :

- collecte des données ;
- vérifications des critères d'application de la méthode d'analyse par forces latérales ;
- calcul de l'effort tranchant à la base de la structure et à chaque niveau de la structure :
  - accélération horizontale de calcul pour un sol donné, ag,
  - ordonnée maximale du spectre de réponse élastique de calcul pour la période T1, Sd(T) (accélération horizontale provoquée par l'action sismique),
  - calcul de la masse du bâtiment,
  - effort tranchant à la base de la structure, F_B,
  - force horizontale pour chaque niveau de la structure,
  - coefficient sismique, CS.

4.1 Collecte des données

Il est nécessaire de déterminer la catégorie et le coefficient d'importance du bâtiment, la zone de sismicité, l'accélération maximale de référence, le type et le paramètre de sol, le coefficient de comportement de la structure, et la période propre du mode fondamental.

La catégorie d'importance du bâtiment

Elle est mentionnée dans le tableau 1.

Le coefficient d'importance

Le coefficient d'importance des bâtiments, γ_I est indiqué dans le tableau 5. Il dépend de la catégorie du bâtiment définie dans le tableau 1.

Tableau 5 : coefficient d'arrêté du 22 octobre 2010)

Catégorie	γ_I
I	0,8
II	1
III	1,2
IV	1,4

Remarque

Le coefficient d'importance correspond à la période de retour (EC8, 213).

Le zonage de sismicité

Il est précisé dans le schéma 3. Il permet de connaître l'accélération maximale de référence a_{gr}. Elle est rappelée dans le tableau 6.

Tableau 6 : accélération maximale de référence a_{gr} en fonction du zonage de sismicité (arrêté du 22 octobre 2010, art. 4, II, a)

Zone de sismicité	Accélération maximale de référence a_{gr} en m/s^2
Zone 1 (très faible)	0,4
Zone 2 (faible)	0,7
Zone 3 (modérée)	1,1
Zone 4 (moyenne)	1,6
Zone 5 (forte)	3

Coefficient de comportement de la structure

Les tableaux 7 et 8 présentent le coefficient de comportement de la structure. Il traduit la capacité de la structure à dissiper l'énergie produite par le séisme. C'est un des éléments qui permet de calculer l'effort tranchant à la base de la structure.

Tableau 7 : limites supérieures du coefficient de comportement de la structure (tableau 8.1 de l'EN 1998-1)

Principe de dimensionnement et classe de ductilité	q	Exemples de structure
Capacité réduite à dissiper de l'énergie – DCL	1,5	Consoles, poutres, arc avec deux ou trois assemblages brochés : treillis assemblés par connecteurs

**Tableaau 7 : limites supérieures du coefficient de comportement de la structure
(tableau 8.1 de l'EN 1998-1) *(suite)***

Capacité moyenne à dissiper l'énergie – DCM	2	Panneaux de murs collés avec diaphragmes collés, assemblés par clous et boulons ; treillis avec assemblages brochés et boulonnés ; structures mixtes composées d'une ossature en bois (résistant aux forces horizontales) et d'un remplissage non porteur
	2,5	Portiques hyperstatiques avec assemblages brochés et boulonnés (voir l'eurocode 8, section 8.1.3(3)P)
Capacité élevée à dissiper l'énergie – DCH	3	Panneaux et murs cloués avec diaphragmes collés, assemblés par clous et boulons ; treillis avec assemblages cloués
	4	Portiques hyperstatiques avec assemblages brochés et boulonnés (voir l'eurocode 8, section 8.1.3(3)P)
	5	Panneaux de murs cloués avec diaphragme cloués, assemblés par clous et boulons

**Tableau 8 : limites supérieures réduites du coefficient de comportement de la structure
(tableau 8.2 de l'EN 1998-1)**

Type de structure	Coefficient de comportement q
Portiques hyperstatiques avec assemblages brochés et boulonnés	2,5
Panneaux de murs cloués avec diaphragmes cloués	4,0

L'annexe nationale précise (clause 8.3 (1) P) :

- Il n'y a pas de condition restrictive d'emploi pour la classe de ductilité M.

- Les connaissances scientifiques incluant des résultats expérimentaux probants ne permettent pas de retenir actuellement la ductilité H, sauf pour les panneaux de murs cloués, avec diaphragmes cloués, assemblés par clous et boulons qui peuvent bénéficier d'un coefficient de comportement q limité à 3. Cette limite de 3 se répercute sur la valeur donnée pour le même type de structure dans le tableau 8.

Type et paramètre de sol

Le tableau 9 mentionne le paramètre de sol en fonction de sa nature et de la zone de sismicité.

**Tableau 9 : paramètre de sol en fonction de sa nature et de la zone de sismicité
(EN 1998-1 – Tableaux 31, 32 et 33 et arrêté du 22 octobre 2010, art. 4, II, d)**

		Paramètre de sol S	
Type	Nature du sol	Zones de 1 à 4	Zone 5
A	Rocher ou autre formation géologique de ce type comportant une couche superficielle d'au plus 5 m de matériau moins résistant.	1,00	1,00
B	Dépôts raides de sable, de gravier ou d'argile surconsolidée, d'au moins plusieurs dizaines de mètres d'épaisseur, caractérisés par une augmentation progressive des propriétés mécaniques avec la profondeur.	1,35	1,20
C	Dépôts profonds de sable de densité moyenne, de gravier ou d'argile moyennement raide, ayant des épaisseurs de quelques dizaines à plusieurs centaines de mètres.	1,50	1,15
D	Dépôts de sol sans cohésion de densité faible à moyenne (avec ou sans couches cohérentes molles) ou comprenant une majorité de sols cohérents mous à fermes.	1,60	1,35

E	Profil de sol comprenant une couche superficielle d'alluvions avec des valeurs de $_s$ de classe C ou D et une épaisseur comprise entre 5 m environ et 20 m, reposant sur un matériau plus raide avec $V_s > 800$ m/s.	1,80	1,40

Spectre de réponse élastique:

Le spectre de calcul du cas étudié prend en compte la zone sismique et la nature du sol (schéma 5). Le tableau 10 précise les périodes T_B, T_C et T_D à retenir.

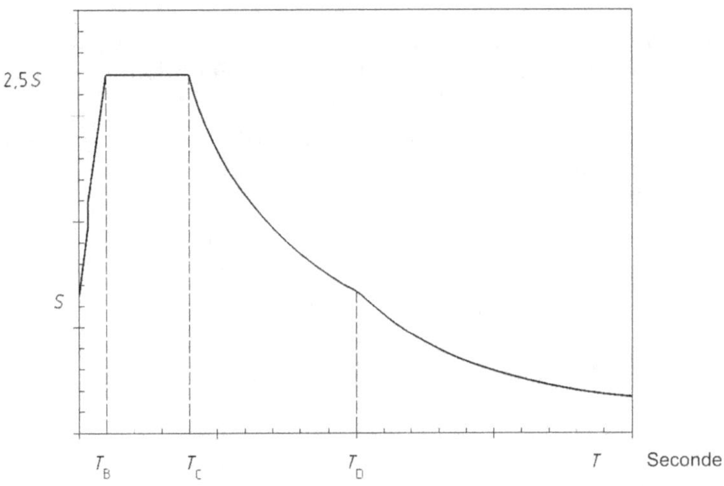

Schéma 5 : allure du spectre de réponse élastique

Tableau 10 : période en secondes (vibration dans la direction horizontale de calcul, arrêté du 22 octobre 2010, art. 4, II, e)

Classes de sol	zones sismiques 1 à 4			zone sismique 5		
	T_B	T_C	T_D	T_B	T_C	T_D
A	0,03	0,20	2,50	0,15	0,40	2,00
B	0,05	0,25	2,50	0,15	0,50	2,00
C	0,06	0,40	2,00	0,20	0,60	2,00
D	0,10	0,60	1,50	0,20	0,80	2,00
E	0,08	0,45	1,25	0,15	0,50	2,00

T_b : limite inférieure des périodes correspondant au palier d'accélération spectrale constante ;
T_c : limite supérieure des périodes correspondant au palier d'accélération spectrale constante ;
T_d : valeur définissant le début de la branche à déplacement spectral constant.

4.2   Conditions pour appliquer la méthode d'analyse par forces latérales

L'accélération horizontale du sol provoque une force horizontale. La méthode d'analyse par forces latérales (chapitre 4.3.3.2 de l'EN 1988-1) consiste à définir une force statique à la base du bâtiment et à chaque niveau. Deux conditions doivent-être réunies pour appliquer cette méthode :

La construction doit être régulière en élévation

Une construction régulière en élévation (schéma 6) est caractérisée par :

- une continuité des éléments de contreventement des fondations au sommet du bâtiment ;
- pas de changement brutal de la raideur entre la base et le sommet du bâtiment ;
- lorsque le bâtiment présente des retraits, on vérifiera que :
  - les retraits successifs des niveaux sont inférieurs à 20 % de la dimension du niveau inférieur et que ces retraits maintiennent une symétrie axiale de la construction ;
  - si le bâtiment présente un retrait dans les 15 % supérieurs de la hauteur totale du bâtiment, ce retrait doit être inférieur à 20% de la dimension en plan du niveau inférieur.
  - si le bâtiment présente un retrait dans les 15 % inférieurs de la hauteur totale du bâtiment, ce retrait doit être inférieur à 50% de la dimension en plan du niveau inférieur ;
  - si le bâtiment présente des retraits non symétriques, ils doivent être inférieurs à 30 % de la dimension en plan du premier niveau et chaque retrait doit être inférieur à 10 % de la dimension du niveau inférieur.

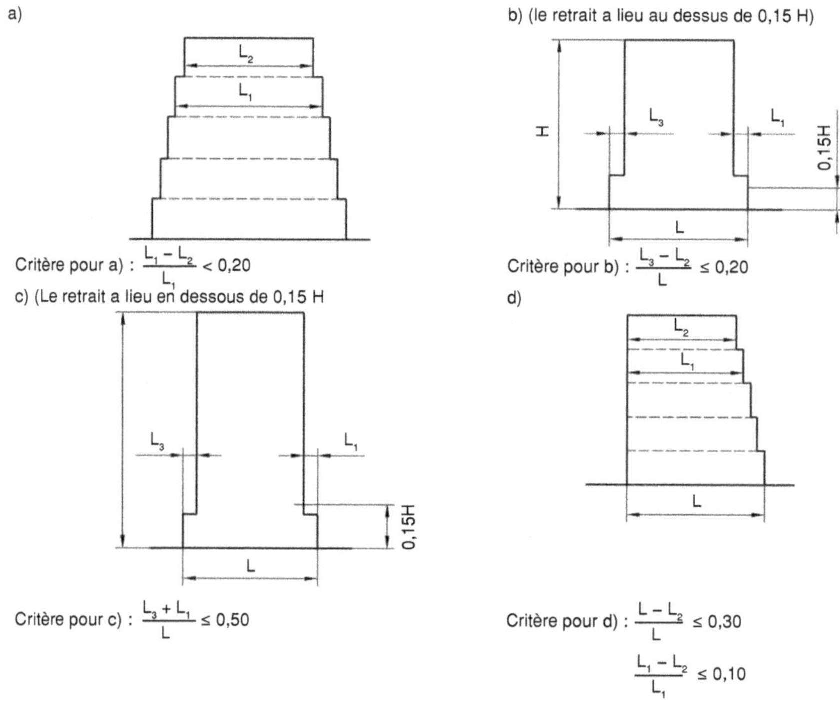

Schéma 6 : construction régulière en élévation (construction régulière en élévation)

Le tableau 11 précise les conséquences de la régularité en plan et en élévation de la structure sur le calcul sismique.

Tableau 11 : conséquences de la régularité en plan et en élévation de la structure sur le calcul sismique

Régularité		Simplifications admises		Coefficient de comportement
Plan	Élévation	Modèle	Analyse élastique linéaire	(pour l'analyse linéaire)
Oui	Oui	Plan	Force latérale (a)	Valeur de référence
Oui	Non	Plan	Modale	Valeur minorée
Non	Oui	Spatial (b)	Force latérale (a)	Valeur de reference
Non	Non	Spatial	Modale	Valeur minorée

(a) Si la valeur limite de la période fondamentale est respectée.
(b) Dans les conditions particulières indiquées dans l'eurocode 8, section 4.3.3.1(8), un modèle plan séparé peut être utilisé dans chaque direction horizontale, conformément à l'eurocode 8, section 4.3.3.1(8)

Remarque

Une construction régulière en plan est définie dans le détail dans la section 4.2.3.2 de l'EN 1998-1. Les principales conditions sont :
- la structure du bâtiment doit être approximativement symétrique en plan par rapport à deux directions orthogonales, en ce qui concerne la raideur latérale et la distribution de la masse ;
- la configuration en plan doit être compacte, c'est-à-dire qu'elle doit être délimitée pour chaque plancher par un contour polygonal curviligne ;
- la raideur en plan des planchers doit être suffisamment importante, comparée à la raideur latérale des éléments verticaux de structure, pour que la déformation du plancher ait peu d'effet sur la distribution des forces entre les éléments verticaux de structure ;
- l'élancement k = Lmax/Lmin de la section en plan du bâtiment ne doit pas être supérieur à 4, où Lmax et Lmin sont respectivement la plus grande et la plus petite dimension en plan du bâtiment mesurées dans les directions orthogonales ;
- des informations complémentaires sur excentricité structurale et le centre de rigidité sont précisées dans la section 4.2.3.2 de l'EN 1998-.

Valeur limite de la période fondamentale

$$T_1 \leq 4 \times T_C \text{ et } T_1 \leq 2 \times S$$

EN 1998-1-43321-2a (4.4)

T_C : limite supérieure des périodes correspondant au palier d'accélération spectrale constante (tableau 10) ;

S paramètre du sol (tableau 9) ;

T_1 : période fondamentale de vibration.

T_1 est défini :

$$T_1 = 0,05 \times H^{3/4}$$

EN 1998-1-43222-3 (4.6)

H : hauteur du bâtiment en m.

4.3 Calcul de l'effort tranchant à la base de la structure et à chaque niveau de la structure

Le calcul de l'effort horizontal à la base de la structure et à chaque niveau de la structure comprend cinq étapes. La première phase consiste à définir l'accélération en fonction du sol et de la catégorie du bâtiment, puis il faut calculer l'accélération horizontale de l'action sismique en fonction du comportement de la construction, de sa période fondamentale et de la période propre du sol. Enfin, la détermination de la masse du bâtiment permet de connaître l'effort tranchant à la base du bâtiment ainsi qu'à chaque niveau.

4.3.1   Accélération horizontale de calcul pour un sol donné, a_g

L'accélération horizontale de calcul dépend de la situation géographique et du type de bâtiment. Elle est précisée par la formule :

$$a_g = \gamma_I \times a_{gr}$$

(EC8 – note 214 et paragraphe 321-3)

a_g : accélération horizontale de calcul ;

γ_I : coefficient d'importance du bâtiment (tableau 5) ;

- a_{gr} : accélération maximale de référence (tableau 6).

4.3.2   Ordonnée maximale du spectre de réponse élastique de calcul pour la période t_1, $S_d(T)$

Ce calcul consiste à définir l'accélération S_d horizontale de l'action sismique. L'équation de calcul dépend de la valeur de la période fondamentale de vibration T.

$$0 \leq T \leq T_B : \qquad S_d(T) = a_g \cdot S \cdot \left[\frac{2}{3} + \frac{T}{T_B} \cdot \left(\frac{2,5}{q} - \frac{2}{3} \right) \right] \qquad \dots (3.13)$$

$$T_B \leq T \leq T_C : \qquad S_d(T) = a_g \cdot S \cdot \frac{2,5}{q} \qquad \dots (3.14)$$

$$T_C \leq T \leq T_D : \qquad S_d(T) = \begin{cases} = a_g \cdot S \cdot \dfrac{2,5}{q} \cdot \left[\dfrac{T_C}{T} \right] \\[2ex] \geq \beta \cdot a_g \end{cases} \qquad \dots (3.15)$$

$$T_D \leq T : \qquad S_d(T) = \begin{cases} = a_g \cdot S \cdot \dfrac{2,5}{q} \cdot \left[\dfrac{T_C T_D}{T^2} \right] \\[2ex] \geq \beta \cdot a_g \end{cases} \qquad \dots (3.16)$$

EC8 – Paragraphe 3225-4

$S_d(T)$: spectre de calcul ou accélération horizontale de calcul pour le sol du bâtiment en m/s² (schéma 7) ;

a_g : accélération de calcul pour un sol de classe A en m/s² ;

T_B : limite inférieure des périodes correspondant au palier d'accélération spectrale constante (tableau 10) ;

T_C : limite supérieure des périodes correspondant au palier d'accélération spectrale constante (tableau 10) ;

T_D : valeur définissant le début de la branche à déplacement spectral constant (tableau 10) ;

S : paramètre du sol (tableau 9) ;

q : est le coefficient de comportement (tableau 7) ;

β : coefficient correspondant à la limite inférieure du spectre de calcul horizontal. La valeur recommandée est $\beta = 0,2$.

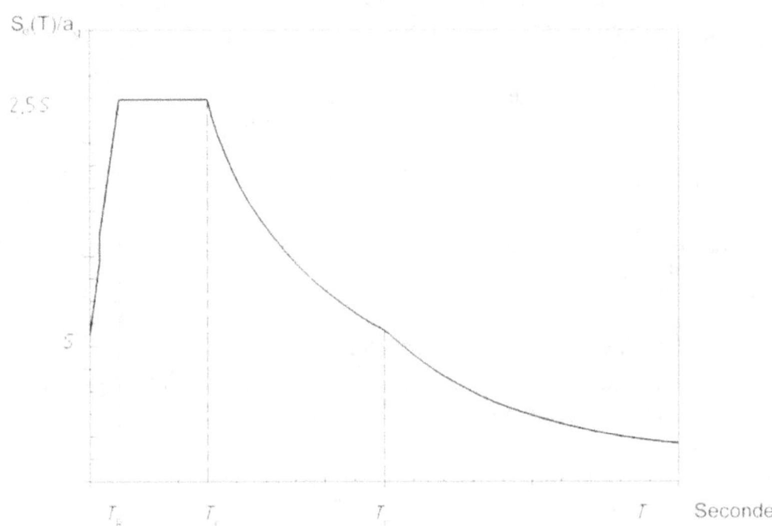

Schéma 7 : exemple de spectre de calcul ou accélération horizontale de calcul pour le sol du bâtiment en m/s²

4.3.3   Calcul de la masse du bâtiment

La masse du bâtiment prise en compte pour le calcul comprend les charges provoquées par la structure et les charges quasi permanentes des charges variables. Elle est obtenue par l'équation :

$$m = \sum_{i=0}^{n} G_i + \sum_{i=0}^{n} \varphi \cdot \psi_{2,i} \cdot Q_i$$

$$(3.17)$$

G_i : masse de la structure en kg ;

Q_i : masse variable en kg ;

φ : coefficient de combinaison pour le calcul des effets des actions sismiques (tableau 13) ;

$\psi_{2,i}$: coefficient définissant la charge quasi permanente de l'action variable (tableau 12).

Tableau 12 : valeur des coefficients 2 (EN 1990 - annexe nationale - Tableau A1.1 F)

Action	ψ_2
Charges d'exploitation des bâtiments (voir NF EN 1991-1-1)	
– Catégorie A : habitation, zones résidentielles	0,3
– Catégorie B : bureaux	0,3
– Catégorie C : lieux de réunion	0,6
– Catégorie D : commerces	0,6
– Catégorie E : stockage	0,8
– Catégorie F : zone de trafic, véhicules de poids 30 kN	0,6
– Catégorie G : zone de trafic, véhicules de poids compris entre 30 et 160 kN	0,3
– Catégorie H : toits	0
Charges dues à la neige sur les bâtiments (voir NF EN 1991-1-3)	
– Pour les lieux situés à une altitude H > 1 000 m au-dessus du niveau de la mer, et pour Saint-Pierre-et-Miquelon	0,20
– pour les lieux situés à une altitude H ≤ 1 000 m au-dessus du niveau de la mer	0
Charges dues au vent sur les bâtiments (voir NF EN 1991-1-4)	0

Tableau 13 : valeur des coefficients (EN 1998-1 – chapitre 4.2.4(2)P - Tableau 4.2)

Type d'action variable	Étage	φ
Catégories A à C	Toit Étages à occupations corrélées Étages à occupations indépendantes	1,0 0,8 0,5
Catégories D à F et archives		1,0

Exemple : pour un établissement scolaire, les étages sont à occupation corrélées car à l'heure des cours, toutes les salles sont occupées.

4.3.4 Effort tranchant à la base de la structure F_B

L'effort tranchant à la base de la structure est à considérer dans deux directions, parallèle au long pan et parallèle au pignon. Elle est donnée par la formule :

$$F_B = S_d(T) \times m \times \lambda$$

$$(4.5)$$

F_B : effort tranchant à la base de la structure, en N ;

$S_d(T)$: accélération horizontale de calcul pour le sol du bâtiment en m/s² ;

m : masse totale du bâtiment au-dessus des fondations, en kg ;

λ : coefficient de correction = 0,85 si $T < 2 \times T_c$ *et* si le bâtiment a plus de 2 étages, sinon $\lambda = 1$.

4.3.5 Force horizontale pour chaque niveau

La force horizontale à chaque niveau est obtenue par la formule :

$$F_i = F_B \times \frac{z_i \times m_i}{\sum (z_i \times m_i)}$$

$$(4.11)$$

F_B : effort tranchant à la base de la structure en N ;

F_i : Force horizontale au niveau i en N ;

m_i : masse d'un niveau i en kg ;

z_i : hauteur d'un niveau i ou du centre de gravité de la paroi considérée.

4.3.6 Effets de la torsion

Lorsque la répartition de la raideur latérale et de la masse est symétrique, les effets de torsion accidentels (schéma 8) peuvent être pris en compte en multipliant les effets des actions sismiques dans chaque élément de contreventement par le coefficient donné par :

$$\delta = 1 + 0,6 \times \frac{x}{L_e}$$

$$(4.12)$$

x est la distance en plan de l'élément considéré au centre de masse du bâtiment en plan, mesurée perpendiculairement à la direction de l'action sismique considérée ;

L_e est la distance entre les deux éléments de contreventement extrêmes, mesurée perpendiculairement à la direction de l'action sismique considérée.

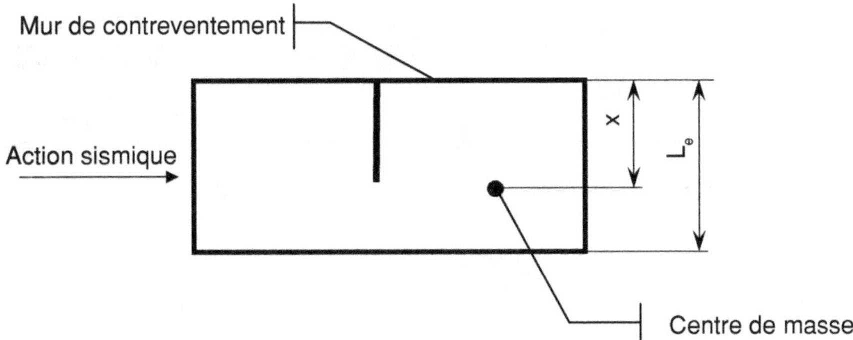

Schéma 8 : Prise en compte des effets de la torsion

5. Vérifications de sécurité

L'eurocode 8 précise des règles complémentaires à l'eurocode 5 (EN 1998-8 chapitre 8) :

- Le coefficient de sécurité partiel γ_M est identique à une situation « normale » (permanent, long terme, moyen terme ou court terme) lorsque la structure est faiblement dissipative (classe de ductilité L, voir tableau 7). Par contre, il prend la valeur pour les combinaisons accidentelles si la structure a une classe de ductilité M ou H, voir tableau 7).

- Les assemblages de charpentier ne présentent pas de risque de rupture fragile si la vérification de la contrainte de cisaillement conformément à l'EN 1995 est effectuée avec un coefficient partiel supplémentaire égal à 1,3.

- Si $a_g \times S \geq 0{,}2$ g, l'espacement des connecteurs dans les zones de discontinuité doit être réduit de 25 %, mais sans que cet espacement devienne inférieur à l'espacement minimal indiqué dans l'EN 1995-1:2004.

6. Application résolue

Considérons une maison individuelle construite sur un sol de classe C dans le Puy-de-Dôme, à 1 050 m d'altitude et comportant un étage. Les tableaux 14 et 15 précisent les charges de structure, d'exploitation et de neige.

Tableau 14 : charges de structure

Charges de structure			
	Surface	**Charge (kg/m²)**	**Charge totale (kg)**
Toiture	92,4	70	6 467
Plafond	80	20	1 600
Plancher	80	60	4 800
Mur étage	108	60	6 480
Mur RDC	108	60	6 480
		Total :	25 827

Tableau 15 : charges d'exploitation et de neige

Charges variables (neige et exploitation)		
Surface	**Charge (kg/m²)**	**Charge totale (kg)**
Toiture 92,4	31	2 864
Plancher 80	150	12 000

La géométrie de la maison est précisée sur le schéma 9.

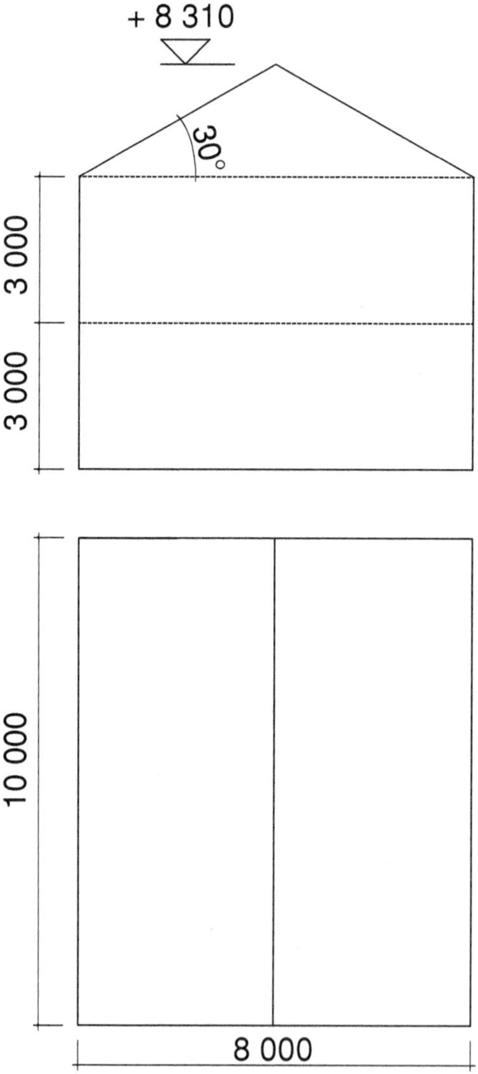

Schéma 9 : géométrie de la maison

6.1 Collecte des données

Les données sont rassemblées dans le tableau 16.

Tableau 16 : collecte des données

Données	Source	Valeur
Zone de sismicité	Figure 3	3, modérée
Accélération maximale de référence	Tableau 6	$1,1 \text{ m/s}^2$
Type de sol	Tableau 9	C
Catégorie d'importance du bâtiment	Tableau 1	II
coefficient d'importance γ_I	Tableau 5	1
coefficient de comportement de la structure	Tableau 7	3

6.2 Vérifications pour appliquer la méthode d'analyse par forces latérales

La construction est régulière en élévation car les panneaux contreventent le rez-de-chaussée et l'étage.

Elle est également régulière en plan car :

- la raideur latérale et la distribution de la masse du bâtiment est approximativement symétrique en plan ;
- la forme de la maison vue en plan est un rectangle ;
- les plancher sont en OSB formant un diaphragme ;
- le rapport de la longueur dur la largeur du bâtiment est inférieur à 4 (10/8 = 1,25 < 4).

Calcul de la période fondamentale de l'ouvrage

Calcul de T_1 :

$T_1 = 0,05 \times H^{3/4} = 0,05 \times 8,31^{3/4} = 0,24 \text{ s}$

H : hauteur du bâtiment en m.

Vérification des valeurs limites pour appliquer la méthode des forces latérales :

$T_1 \leq 4 \times T_C$ **et** $T_1 \leq 2 \times S$

$T_1 \leq 4 \times 0,4 = 1,6$ **et** $T_1 \leq 2 \times 1,5 = 3$

$T_C = 0,4 \text{ s}$ limite supérieure des périodes correspondant au palier d'accélération spectrale constante (tableau 10) ;

S = 1,5 paramètre du sol (tableau 9) ;

T_1, période fondamentale de vibration.

Les conditions sont réunies pour appliquer la méthode d'analyse par forces latérales.

6.3 Calcul de l'effort tranchant à la base de la structure et à chaque niveau de la structure

6.3.1 Accélération horizontale de calcul pour un sol donné, a_g

L'accélération horizontale de calcul dépend du sol et du type de bâtiment. Elle est précisée par la formule :

$a_g = \gamma_I \times a_{gr} = 1 \times 1,1 = 1,1 \text{ m/s}^2$

a_g : accélération horizontale de calcul ;

$\gamma_I = 1$, coefficient d'importance du bâtiment (tableau 5) ;

$a_{gr} = 1{,}1\,m/s^2$, accélération maximale de référence (tableau 6).

6.3.2 Ordonnée maximale du spectre de réponse élastique de calcul pour la période T_1, $S_d(T)$

Ce calcul consiste à définir l'accélération S_d horizontale de l'action sismique. L'équation de calcul dépend de la valeur de la période fondamentale de vibration T_1. Pour un sol de classe C :

$T_B \leq T_1 \leq T_C$: $0{,}06 < 0{,}24 < 0{,}4$

Donc :

$$S_d(T_1) = a_g \times S \times \frac{2{,}5}{q} = 1{,}1 \times 1{,}5\ \frac{2{,}5}{3} = 1{,}375\ m/s^2$$

$S_d(T_1)$: spectre de calcul ou accélération horizontale de calcul pour le sol du bâtiment en m/s^2 ;

$a_g = 1{,}1\ m/s^2$: accélération de calcul pour un sol de classe A (tableau 6) ;

$T_B = 0{,}06\ s$: limite inférieure des périodes correspondant au palier d'accélération spectrale constante (tableau 10) ;

$T_C = 0{,}4\ s$: limite supérieure des périodes correspondant au palier d'accélération spectrale constante (tableau 10) ;

$S = 1{,}5$: paramètre du sol (tableau 9) ;

$Q = 3$: le coefficient de comportement (clause 8.3(1) de l'annexe nationale).

6.3.3 Calcul de la masse du bâtiment

La masse du bâtiment prise en compte pour le calcul comprend les charges provoquées par la structure et les charges quasi permanentes des charges variables. Elle est obtenue par l'équation :

$$m = \sum_{i=0}^{n} G_i + \sum_{i=0}^{n} \varphi \cdot \Psi_{2,i} \cdot Q_i$$

$= 25\ 827 + 1 \times 0{,}2 \times 2\ 864 + 0{,}5 \times 0{,}3 \times 12\ 000 = 28\ 200\ kg$

G_i : masse de la structure en kg ;

Q_i : masse variable en kg ;

φ : coefficient de combinaison pour le calcul des effets des actions sismiques (tableau 13) ;

$\Psi_{2,i}$: coefficient définissant la charge quasi permanente de l'action variable (tableau 12).

6.3.4 Effort tranchant à la base de la structure F_B

L'effort tranchant de la structure est donnée par la formule :

$F_B = S_d(T1) \times m \times \lambda = 1{,}375 \times 28\ 200 \times 1 = 38\ 775\ N$

F_B : effort tranchant à la base de la structure, en N ;

$S_d(T) = 1{,}375\ m/s^2$: accélération horizontale de calcul pour le sol du bâtiment ;

$m = 28\ 200\ kg$: masse totale du bâtiment au-dessus des fondations ;

$\lambda = 1$ car le bâtiment a un étage.

6.3.5 Force horizontale pour chaque niveau

La force horizontale à chaque niveau est obtenue par la formule :

$$\mathrm{Fi} = \mathrm{F_B} \times \frac{z_i \times m_i}{\sum (z_i \times m_i)}$$

$$(4.11)$$

$\mathrm{F_B}$: effort tranchant à la base de la structure en N ;

$\mathrm{F_i}$: force horizontale au niveau i en N ;

m_i : masse d'un niveau i en kg ;

z_i : hauteur d'un niveau i ou du centre de gravité de la paroi considérée.

Détermination des hauteurs des centres de gravité des murs, plancher et toiture

Le schéma 10 précise les altitudes des centres de gravité des murs, plancher et toiture de la maison.

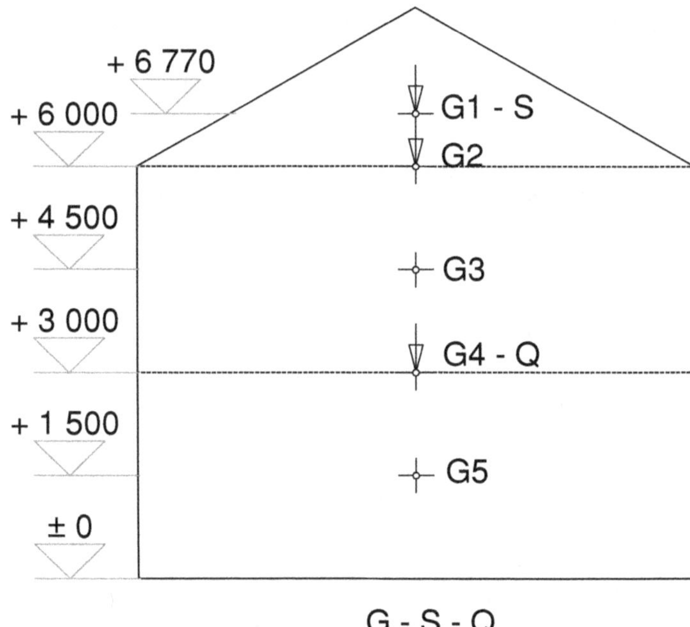

Schéma 10 : altitudes des centres de gravité des murs, plancher et toiture de la maison

Le tableau 17 présente le calcul de la force horizontale pour chaque niveau.

Tableau 17 : calcul de la force horizontale pour chaque niveau

Niveau	Repère	Hauteur (Zi)	m(Q)	ϕ_i	ψ_2	m(Q) calcul	m(G)	m calcul	z(i) x m	$\mathrm{F_I}$	$\mathrm{F_{i\ cumulé}}$
Centre de gravité de la toiture	1	6,77	2 864	1,0	0,2	573	6 467	7 040	47 659	15 939	15 939
Plafond	2	6		0,0		0	1 600	1 600	9 600	3 211	19 150
Centre de gravité des murs de l'étage	3	4,5		0,0		0	6 480	6 480	29 160	9 752	28 902
Plancher	4	3	12 000	0,5	0,3	1 800	4 800	6 600	19 800	6 622	35 524
Centre de gravité des murs du RDC	5	1,5		0,0		0	6 480	6 480	9 720	3 251	38 775
						2 373		28 200	115 939		

Z_i : hauteur du centre de gravité de la masse en m, ;

m_Q : masse de la charge variable, neige pour la toiture ou exploitation pour le plancher en kg ;

φ_i : coefficient de combinaison pour le calcul des effets des actions sismiques (tableau 13) ;

$\psi_{2,i}$: coefficient définissant la charge quasi permanente de l'action variable (tableau 12) ;

$m_{Q,calcul} = m_Q \times \psi_{2,i}$;

m_G : masse de la charge de structure en kg ;

$m_{calcul} : m_{Q,calcul} + m_G$;

$$F_i = F_B \times \frac{z_i \times m_i}{\sum (z_i \times m_i)} \text{ , avec } F_B = 38\ 775 \text{ N (voir 6.3.4) ;}$$

F_i cumulé (sans prise en compte de l'effet de torsion) : les murs du premier étage devront équilibrer un effort de 28 902 N et les murs du rez-de-chaussée devront équilibrer un effort de 38 775 N. Ces chargements seront appliqués dans les deux directions de la construction, parallèle au long pan et parallèle au pignon.

6.3.6   Effets de la torsion

Lorsque la répartition de la raideur latérale et de la masse est symétrique, les effets de torsion accidentels peuvent être pris en compte en multipliant les effets des actions sismiques dans chaque élément de contreventement par le coefficient δ donné par (exemple pour les actions sismiques sur les murs pignons) :

$$\delta = 1 + 0{,}6 \times \frac{x}{L_e} = 1 - 0{,}6 \times \frac{5\ 000}{10\ 000}$$

$$(4.12)$$

x est la distance en plan de l'élément considéré au centre de masse du bâtiment en plan, mesurée perpendiculairement à la direction de l'action sismique considérée ;

L_e est la distance entre les deux éléments de contreventement extrêmes, mesurée perpendiculairement à la direction de l'action sismique considérée.

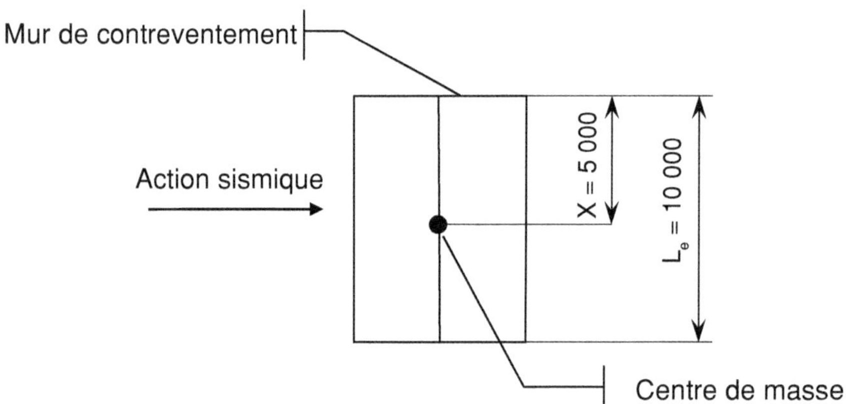

Schéma 11 : Prise en compte des effets de torsion accidentelle

Dans le cas simple de cette exemple (contreventement par les murs de long-pan et de pignon), la prise en compte de l'effet de torsion se traduit pour chaque mur par :

- étage : 28 902 × 1,3/2 = 18 786 N ;
- rez-de-chaussée : 38 775 × 1,3/2 = 25 204 N.

7. Glossaire

Aléa sismique : l'aléa est une estimation de la probabilité qu'un événement naturel survienne dans une région donnée et dans un intervalle de temps donné. L'aléa sismique est donc la probabilité, pour un site, d'être exposé à une secousse tellurique de caractéristiques données. L'évaluation de l'aléa sismique intègre la magnitude, l'ampleur et la période de retour des séismes.

Approche déterministe : dans cette méthode, le séisme maximum historiquement connu qui s'est produit à l'intérieur d'une zone sismotectonique est supposé pouvoir se reproduire en tout point de la zone. On ne fait donc pas appel à des notions de période de retour. C'est ce type de zonage qui est actuellement utilisé pour l'application des normes parasismiques des installations à risque spécial et des installations nucléaires de base.

Approche probabiliste : dans cette méthode, un catalogue de sismicité le plus complet possible est utilisé pour estimer la probabilité d'occurrence de différents niveaux d'agression sismique, en général exprimée par l'accélération du sol. Le principe de base est que, dans une zone sismotectonique donnée, il existe une relation linéaire entre le nombre de séismes dépassant une certaine magnitude et cette magnitude. Utilisant cette relation et des calculs d'atténuation du mouvement sismique avec la distance, il est possible de calculer en tout point du territoire les accélérations maximales du sol associées à différentes périodes de retour.

Effets de site : modification des mouvements sismiques du fait de la résonance des ondes sismiques produite par la topographie du relief (effets de sites dits topographiques) ou par la présence de formations géologiques superficielles meubles (effets de sites dits géologiques). Le plus souvent, les effets de site conduisent à une amplification des mouvements sismiques.

Effets induits : phénomènes naturels provoqués ou induits par les séismes, et dont les effets s'ajoutent à ceux liés aux mouvements du sol. Les principaux effets induits sont les mouvements de terrain, le phénomène de liquéfaction des sols et les tsunamis.

Intensité : classification de sévérité de la secousse au sol en fonction des effets observés (personnes, objets, bâtiments…) dans une zone donnée. Les deux principales échelles utilisées en France (MSK64 et EMS-98) comportent 12 degrés (notés en chiffres romains). Le degré I correspond à une secousse imperceptible (même dans des circonstances favorables), les dégâts aux bâtiments commencent au degré V et deviennent importants (destructions de bâtiments) à partir de VIII. Le degré XII caractérise une catastrophe généralisée, les effets atteignant le maximum concevable. L'échelle EMS-98 constitue aujourd'hui l'échelle de référence en Europe.

Isoséiste : courbe reliant les lieux ayant subi la même intensité sismique.

Liquéfaction : la liquéfaction des sols désigne le phénomène physique de passage des sols d'un état solide à un état liquide. Ce changement d'état s'observe dans le cas de forts mouvements sismiques appliqués à des sols granulaires (sables) saturés en eau.

Magnitude/échelle de Richter : la magnitude représente l'énergie libérée par une source sismique sous forme d'onde pendant un séisme, elle est estimée à partir de l'enregistrement du mouvement du sol pendant un séisme par des sismomètres. C'est une valeur caractéristique de la « puissance » d'un séisme. L'échelle de Richter mesure la magnitude des séismes. Elle n'a, par définition, aucune limite théorique (ni inférieure ni supérieure). En se fondant sur des critères physiques (taille maximale d'une secousse tellurique et énergie rayonnée correspondante), on estime néanmoins qu'une valeur limite doit exister : la magnitude des plus violents séismes connus à ce jour ne dépasse pas 9,5. À partir d'une magnitude 5,5 un séisme dont le foyer est peu profond peut causer des dégâts notables aux constructions.

Onde sismique : onde élastique se propageant à l'intérieur de la terre, engendrée généralement par un séisme ou par une explosion.

Période de retour : durée moyenne entre deux événements de même ampleur.

Séisme/tremblement de terre/secousse tellurique : ce sont des vibrations de l'écorce terrestre provoquées par des ondes sismiques qui rayonnent à partir d'une source d'énergie élastique créée par la rupture brutale des roches de la lithosphère (partie la plus externe de la terre).

Sismicité : distribution géographique des séismes en fonction du temps.

Sismogramme : représentation graphique de l'enregistrement d'une onde sismique, réalisé au moyen d'un sismomètre.

Spectre de réponse élastique : c'est une courbe donnant l'accélération en fonction de la période. Le spectre correspond à l'accélération maximale d'un oscillateur simple en fonction de sa période propre et de son amortissement critique. Il dimensionne le mouvement sismique à prendre en compte dans les règles de construction.

Zone sismotectonique : zones géographiques dans lesquelles la probabilité d'occurrence d'un séisme de caractéristiques données (magnitude, profondeur focale) peut être considérée homogène en tout point : ces zones s'articulent en général autour d'une même faille ou d'une même structure tectonique.

11   Tableaux de synthèse

1.   Les actions appliquées aux structures

Tableau 1 : textes réglementaires des différents types d'actions

Symbole	Type	Désignation		Norme – reglement
G	Actions permanentes	Poids propre de la structure		NF EN 1991-1-1 de mars 2003
		Poids propre des équipements		
Q	Actions variables	Charges d'exploitation	Q	NF EN 1991-1-1 de mars 2003
		Charges climatiques de neige	S	NF EN 1991-1-3 de mars 2007
		Charges climatiques de vent	W	NF EN 1991-1-4 de novembre 2005 ou NF EN 1991-4 (à paraître) ou DTU P 06-002 d'avril 2000 x 1,2 en période transitoire
A	Actions accidentelles	Explosions, chocs, incendie		
		Actions sismiques	AE	NF EN 1998 en plusieurs parties

1.1   Charges d'exploitations

Tableau 2 : valeurs des charges d'exploitation en fonction de l'usage du bâtiment

Catégorie	q_k (kN/m²)	Q_k (kN)
A Logements		
Plancher	1,5	2
Balcon	2,5	2
Escalier	3,5	2
B Bureaux		
Bureaux	2,5	4
C Locaux publics		
C1 Locaux avec tables (écoles, restaurants…)	2,5	3
C2 Locaux avec sièges fixes (théâtres, cinémas…)	4	4
C3 Locaux sans obstacles à la circulation (musées, salles d'exposition)	4	4
C4 Locaux pour activités physiques (dancings, salles de gymnastique…)	5	7
C5 Locaux susceptibles d'être surpeuplés (salles de concert, terrasses…)	5	4,5

Catégorie	q_k (kN/m²)	Q_k (kN)
D Commerces		
D1 Commerces de détails courants	5	5
D2 Grands magasins	5	7
E Aires de stockage et locaux industriels		
E1 Surfaces de stockage (entrepôts, bibliothèques…)	7,5	7
E2 Usage industriel	Cf. CCTP	
H Toitures		
Si pente ≤ 15 % + étanchéité	0,8*	1,5
Autres toitures	0	1,5
I Toitures accessibles		
Pour les usages des catégories A à D	Charges identiques à la catégorie de l'usage	
Si aménagement paysager	≥ 3	

q : charge uniformément répartie.

Q : charge ponctuelle.

* q_k sur une surface rectangulaire projetée (A × B) de 10 m² telle que 0,5 ≤ A/B ≤ 2.

1.2   Charges de neige

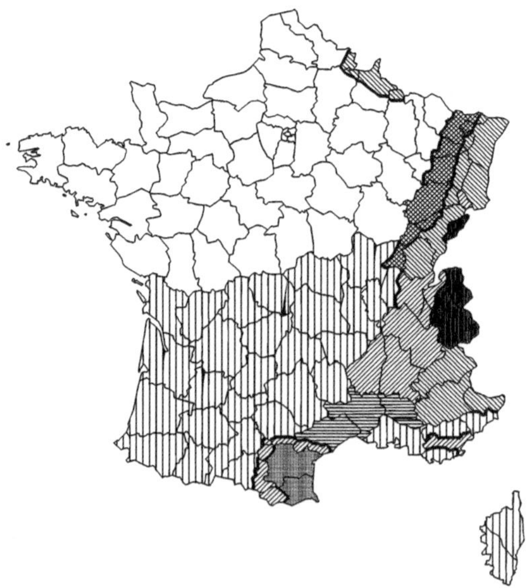

Schéma 1 : répartition des différentes zones de neige en France

**Tableau 3 : valeurs de charge neige pour une altitude inférieure ou égale à 200 m
et valeurs de charge neige accidentelle**

Régions :	A1	A2	B1	B2	C1	C2	D	E
Valeur caractéristique (S_k) de la charge de neige sur le sol à une altitude inférieure à 200 m :	0,45	0,45	0,55	0,55	0,65	0,65	0,90	1,40
Valeur de calcul (S_{Ad}) de la charge exceptionnelle de neige sur le sol :	—	1,00	1,00	1,35	—	1,35	1,80	—
Loi de variation de la charge caractéristique pour une altitude supérieure à 200 :	Δs_1							Δs_2

La charge de neige sur le sol à une altitude A (en m) est déterminée par le calcul.

Toutes les zones sauf le Jura et le nord des Alpes :

$$- s_k = s_{k200} + 0{,}1 \; \frac{A}{1000} - 20 \;\text{ pour } 200\text{ m} < A \leq 500\text{ m ;}$$

$$- s_k = s_{k200} + \frac{1{,}5\,A}{1000} - 0{,}45 \;\text{ pour } 500\text{ m} < A \leq 1\,000\text{ m ;}$$

$$- s_k = s_{k200} + \frac{3{,}5\,A}{1000} - 2{,}45 \;\text{ pour } 1\,000\text{ m} < A \leq 2\,000\text{ m.}$$

Jura et Nord des Alpes :

$$- s_k = s_{k200} + \frac{1{,}5\,A}{1000} - 0{,}30 \;\text{ pour } 200\text{ m} < A \leq 500\text{ m ;}$$

$$- s_k = s_{k200} + \frac{3{,}5\,A}{1000} - 1{,}30 \;\text{ pour } 500\text{ m} < A \leq 1\,000\text{ m ;}$$

$$- s_k = s_{k200} + \frac{7\,A}{1000} - 4{,}80 \;\text{ pour } 1\,000\text{ m} < A \leq 2\,000\text{ m.}$$

► Coefficient de forme μ_i

Tableau 4 : calcul des coefficients μ_i pour une toiture à deux versants sans dispositif de retenue de la neige

Angle du toit (degré)	$0 < \alpha \leq 30$	$30 < \alpha \leq 60$	$\alpha \geq 60$
μ_1 (toiture à 1 ou 2 versants)	0,8	$0{,}8(60 - \alpha)/30$*	0
μ_2 (toiture à versants multiples)	$0{,}8+(0{,}8\alpha/30)$	1,6	—

* μ_1 ne sera pas diminué s'il y a des éléments qui empêchent la neige de glisser (barres à neige, acrotères…).

2. Combinaisons d'actions appliquées aux structures

▶ ELU

Pour les combinaisons SRT et EQU (sauf ELU STR et EQU en situation accidentelle)

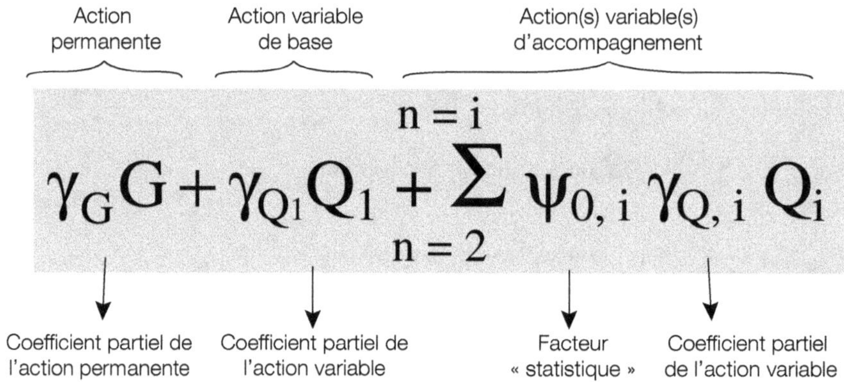

$$\gamma_G G + \gamma_{Q1} Q_1 + \sum_{n=2}^{n=i} \psi_{0,i}\, \gamma_{Q,i}\, Q_i$$

▶ ELS

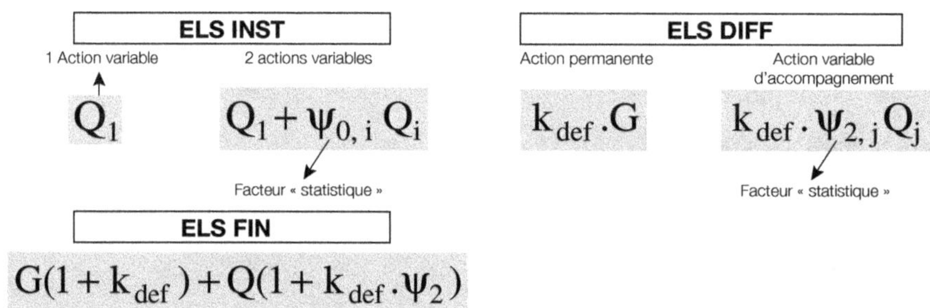

ELS INST :
$$Q_1 \qquad Q_1 + \psi_{0,i}\, Q_i$$

ELS DIFF :
$$k_{def} \cdot G \qquad k_{def} \cdot \psi_{2,j}\, Q_j$$

ELS FIN :
$$G(1 + k_{def}) + Q(1 + k_{def} \cdot \psi_2)$$

► Composantes des combinaisons

Tableau 5 : combinaisons de sollicitations en fonction de l'approche effectuée

État limite vérifié	Action permanente (G_k)	Action variable de base (Q_k)	Actions variables d'accompagnement (Q_k)	Action accidentelle $(\gamma_A A_k)$
ELU (STR : résistance de la structure)	$\gamma_{G,sup} G_k$	$\gamma_{Q,1} Q_{k,1}$	$\psi_{0,i} \gamma_{Q,i} Q_{k,i}$	
Exemple	Poids de la structure	Neige	Vent (pression*)	
ELU (STR : résistance de la structure au soulèvement)	$\gamma_{G,inf} G_k$	$\gamma_{Q,1} Q_{k,1}$		
Exemple	Poids de la structure	Vent (dépression*)		
ELU (EQU : risque de soulèvement au vent)	$\gamma_{G,inf} G_k$	$\gamma_{Q,1} Q_{k,1}$		
Exemple	Poids de la structure	Vent (dépression*)		
ELU (STR et EQU en situation accidentelle)	G_k	$\boldsymbol{\psi_{2,1} Q_{k,1}}, \boldsymbol{\psi_{1,1} Q_{k,1}}$	$\boldsymbol{\psi_{2,i} Q_{k,i}}$	$\gamma_A A_{dk}$
Exemple	Poids de la structure	Charge d'exploitation	Vent (pression*)	neige accidentelle
ELS (INST) caractéristique	G_k	$Q_{k,1}$	$\psi_{0,i} Q_{k,i}$	
Exemple	Poids de la structure	Charge d'exploitation (exemple : comble habitable)	Neige	
ELS (DIF) quasi permanente	G_k	$\psi_{2,1} Q_{k,1}$		
Exemple	Poids de la structure	Charge d'exploitation		

Tableau 6 : valeurs des coefficients partiels

Coefficients partiels en fonction du type d'action	Bâtiment usuel
Durée indicative d'utilisation du bâtiment	50 ans
Action permanente (STR) : $\gamma_{G,sup}$	1,35
Action permanente (STR) : $\gamma_{G,inf}$	1
Action permanente (EQU) : $\gamma_{G,inf}$	0,9
Action variable (STR) : γ_Q	1,5

Tableau 7 : valeurs des facteurs ψ_1

Action Variable	ψ_0 Action variable d'accompagnement	ψ_1 Combinaison accidentelle (incendie)	ψ_2 Fluage et Combinaison accidentelle
Charges d'exploitation des bâtiments			
Catégorie A : habitations résidentielles	0,7	0,5	0,3
Catégorie B : bureaux	0,7	0,5	0,3
Catégorie C : lieux de réunion	0,7	0,7	0,6
Catégorie D : commerce	0,7	0,7	0,6
Catégorie E : stockaqe	1	0,9	0,8
Catégorie H : toits	0	0	0
Charges de neige			
Altitude > 1 000 m	0,7	0,5	0,2
Altitude ≤ 1 000 m	0,5	0,3	0
Action du vent			
	0,6	0,2	0

3. Classes de résistance du bois massif et du bois lamellé-collé

Tableau 8 : valeurs caractéristiques des bois massifs résineux

Symbole	Désignation	Unité	C14	C16	C18	C22	C24	C27	C30	C35	C40
$f_{m,k11}$	Contrainte de flexion	N/mm^2	14	16	18	22	24	27	30	35	40
$f_{t,0,k}$	Contrainte de traction axiale	N/mm^2	8	10	11	13	14	16	18	21	24
$f_{t,90,k}$	Contrainte de traction perpendiculaire	N/mm^2	0,4	0,4	0,4	0,4	0,4	0,4	0,4	0,4	0,4
$f_{c,0,k}$	Contrainte de compression axiale	N/mm^2	16	17	18	20	21	22	23	25	26
$f_{c,90,k}$	Contrainte de compression perpendiculaire	N/mm^2	2,0	2,2	2,2	2,4	2,5	2,6	2,7	2,8	2,9
$f_{v,k}$	Contrainte de cisaillement	N/mm^2	3,0	3,2	3,4	3,8	4,0	4,0	4,0	4,0	4,0
$E_{0,mean}$	Module moyen axial	kN/mm^2	7	8	9	10	11	11,5	12	13	14
$E_{0,05}$	Module axial au 5e pourcentile	kN/mm^2	4,7	5,4	6,0	6,7	7,4	7,7	8,0	8,7	9,4
$E_{90,mean}$	Module moyen transversal	kN/mm^2	0,23	0,27	0,30	0,33	0,37	0,38	0,40	0,43	0,47
G_{mean}	Module de cisaillement	kN/mm^2	0,44	0,50	0,56	0,63	0,69	0,72	0,75	0,81	0,88
ρ_k	Masse volumique caractéristique	kg/m^3	290	310	320	340	350	370	380	400	420
ρ_{meam}	Masse volumique moyenne	kg/m^3	350	370	380	410	420	450	460	480	500

Tableau 9 : valeurs caractéristiques des bois massifs feuillus

Symbole	Désignation	Unité	D30	D35	D40	D50	D60	D70
$f_{m,k}$	Contrainte de flexion	N/mm^2	30	35	40	50	60	70
$f_{t,0,k}$	Contrainte de traction axiale	N/mm^2	18	21	24	30	36	42
$f_{t,90,k}$	Contrainte de traction perpendiculaire	N/mm^2	0,6	0,6	0,6	0,6	0,6	0,6
$f_{c,0,k}$	Contrainte de compression axiale	N/mm^2	23	25	26	29	32	34
$f_{c,90,k}$	Contrainte de compression perpendiculaire	N/mm^2	8,0	8,4	8,8	9,7	10,5	13,5
$f_{v,k}$	Contrainte de cisaillement	N/mm^2	3,0	3,4	3,8	4,6	5,3	6,0
$E_{0,mean}$	Module moyen axial	kN/mm^2	10	10	11	14	17	20
$E_{0,05}$	Module axial au 5e pourcentile	kN/mm^2	8,0	8,7	9,4	11,8	14,3	16,8
$E_{90,mean}$	Module moyen transversal	kN/mm^2	0,64	0,69	0,75	0,93	1,13	1,33
G_{mean}	Module de cisaillement	kN/mm^2	0,60	0,65	0,70	0,88	1,06	1,25
ρ_k	Masse volumique caractéristique	kg/m^3	530	560	590	650	700	900
ρ_{meam}	Masse volumique moyenne	kg/m^3	640	670	700	780	840	1080

Tableau 10 : valeurs caractéristiques des bois lamellés

Propriété	Symbole	GL 20h	GL 22h	GL 24h	GL 26h	GL 28h	GL 30h	GL 32h
		Classe de résistance au sol						
Résistance à la flexion	$f_{m,g,k}$	20	22	24	26	28	30	32
Résistance à la traction	$f_{t,0,g,k}$	16	17,6	19,2	20,8	22,4	24	25,6
Résistance à la compression	$f_{t,90,g,k}$	0,5						
Résistance à la compression	$f_{c,0,g,k}$	20	22	24	26	28	30	32
	$f_{c,90,g,k}$	2,5						
Résistance au cisaillement (cisaillement et torsion)	$f_{v,g,k}$	3,5						
Résistance au cisaillement roulant	$f_{r,g,k}$	1,2						
Module d'élasticité	$E_{0,g,moyen}$	8 400	10 500	11 500	12 100	12 600	13 600	14 200
	$E_{0,g,05}$	7 000	8 800	9 600	10 100	10 500	11 300	11 800
	$E_{90,g,moyen}$	300						
	$E_{90,g,05}$	250						
Module de cisaillement	$G_{g,moyen}$	650						
	$G_{g,05}$	540						
Module de cisaillement roulant	$G_{r,g,moyen}$	65						
	$G_{r,g,05}$	54						
Masse volumique	$\rho_{g,k}$	340	370	385	405	425	430	440
	$\rho_{g,moyen}$	370	410	420	445	460	480	490

Tableau 11 : classement des lamelles constituant les poutres en bois lamellé-collé combiné

Classe du bois lamellé-collé	GL 36	GL 32	GL 28	GL 24
Bois des lamelles de lamellé-collé homogène	C40	C35	C 30	C24
Bois des lamelles de lamellé-collé panaché ou combiné Bois des lamelles extérieures Bois des lamelles intérieures sur deux tiers de la hauteur	– –	C40 C30	C30 C24	C24 C18

4. Recherche des valeurs des résistances du bois

Tableau 12 : valeur de k_{mod} du bois massif, du lamellé-collé, du lamibois (LVL) et du contreplaqué

Durée de chargement		Classe de service		
Classe de durée	Type de charge	1 Hbois < 13% (local chauffé)	2 13 % < Hbois < 20 % (sous abris)	3 Hbois > 20 % (extérieur)
permanente (> 10 ans)	Charge de structure	0,6	0,6	0,5
long terme (6 mois à 10 ans)	Stockage	0,7	0,7	0,55
moyen terme (1 semaine à 6 mois)	Charges d'exploitation Neige Altitude > 1 000 m	0,8	0,8	0,65
court terme (< 1 semaine)	Neige Altitude ≥ 1 000 m	0,9	0,9	0,7
Instantanée	Vent Situation accidentelle Neige exceptionnelle	1,1	1,1	0,9

Les matériaux doivent être conformes aux normes suivantes :

- bois massif : NF EN 14081-1 de mai 2006 ;
- bois lamellé : NF EN 14080 de décembre 2005 ;
- lamibois (LVL) : NF EN 14374 de mars 2005, NF EN 14279 de juin 2005 ;
- contreplaqué : NF EN 636 de décembre 2003.

Tableau 13 : valeur du k_{mod} des panneaux de lamelles minces, longues et orientées (OSB)

Matériau	Norme	Classe de service	Classe de durée de chargement				
			Action permanente	Action long terme	Action moyen terme	Action court terme	Action instantanée
OSB	EN 300						
	OSB/2	1	0,30	0,45	0,65	0,85	1,10
	OSB/3, OSB/4	1	0,40	0,50	0,70	0,90	1,10
	OSB/3, OSB/4	2	0,30	0,40	0,55	0,70	0,90
Panneau de particules	EN 312						
	Type P4, Type P5	1	0,30	0,45	0,65	0,85	1,10
	Type P5	2	0,20	0,30	0,45	0,60	0,80
	Type P6, Type P7	1	0,40	0,50	0,70	0,90	1,10
	Type P7	2	0,30	0,40	0,55	0,70	0,90
Panneau de fibres, dur	EN 622-2						
	HB.LA, HB.HLA ou 2	1	0,30	0,45	0,65	0,85	1,10
	HB.HLA1 ou 2	2	0,20	0,30	0,45	0,60	0,80
Panneau de fibres, semi-dur	EN 622-3						
	MBH.LA1 ou 2	1	0,20	0,40	0,60	0,80	1,10
	MBH.HLS1 ou 2	1	0,20	0,40	0,60	0,80	1,10
	MBH.HLS1 ou 2	2	—	—	—	0,45	0,80
Panneau de fibres, MDF	EN 622-5						
	MDF.LA, MDF.HLS	1	0,20	0,40	0,60	0,80	1,10
	MDF.HLS	2	—	—	—	0,45	0,80

L'OSB doit être conforme à la norme NF EN 300 d'octobre 2006.

▶ Coefficient γ_M

Tableau 14 : valeur du γ_M en fonction de la dispersion du matériau

États limites ultimes		
Combinaisons fondamentales		
Matériaux	Bois	1,3
	Lamellé-collé	1,25
	Lamibois (LVL), OSB	1,2
Assemblages		1,3
Combinaisons accidentelles		1,0
États limites de service		1,0

5. Valeurs limites de flèches

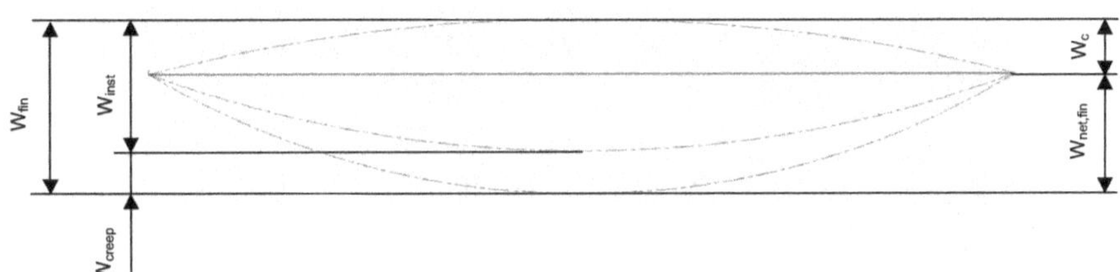

Schéma 2 : la flèche résultante finale ($W_{net,fin}$) est mesurée sous les appuis

Tableau 15 : valeurs limites pour les flèches verticales et horizontales

	Bâtiments courants			Bâtiments agricoles et similaires		
	$W_{inst}(Q)$	$W_{net,fin}$	W_{fin}	$W_{inst}(Q)$	$W_{net,fin}$	W_{fin}
Chevrons	–	L/150	L/150	–	L/150	L/150
Éléments structuraux	L/300	L/200	L/125	L/200	L/150	L/100

Consoles et porte-à-faux : la valeur limite sera doublée. La valeur limite minimum est 5 mm.

Panneaux de planchers ou supports de toiture : $W_{net,fin} < L/250$.

Flèche horizontale : L/200 pour les éléments individuels soumis au vent. Pour les autres applications, elles sont identiques aux valeurs limites verticales des éléments structuraux.

Tableau 16 : valeur de K_{def} (fluage)

Matériau	Norme	Classe de service		
		1	2	3
Bois massif	EN 14081-1	0,60	0,80	2,00
Bois lamellé collé	EN 14080	0,60	0,80	2,00
LVL	EN 14374, EN 14279	0,60	0,80	2,00
Contreplaqué	EN 636			
	Type EN 636-1	0,80	—	—
	Type EN 636-2	0,80	1,00	—
	Type EN 636-3	0,80	1,00	2,50
OSB	EN 300			
	OSB/2	2,25	—	—
	OSB/3, OSB/4	1,50	2,25	—
Panneau de particules	EN 312			
	Type P4	2,25	—	—
	Type P5	2,25	3,00	—
	Type P6	1,50	—	—
	Type P7	1,50	2,25	—
Panneau de fibres, dur	EN 622-2			
	HB.LA	2,25	—	—
	HB.HLA1, HB.HLA2	2,25	3,00	—
Panneau de fibres, semi-dur	EN 622-3			
	MBH.LA1, MBH.LA2	3,00	—	—
	MBH.HLS1, MBH.HLS2	3,00	4,00	—
Panneau de fibres, MDF	EN 622-5			
	MDF.LA	2,25	—	—
	MDF.HLS	2,25	3,00	—

Lorsque le bois massif est mis en œuvre à un taux d'huminidé égal ou proche du point de saturation des fibres, et qu'il est susceptible de sécher sous charge, les valeurs de K_{def} sont augmentées de 1.

6. Traction, flexion, coefficient k_h

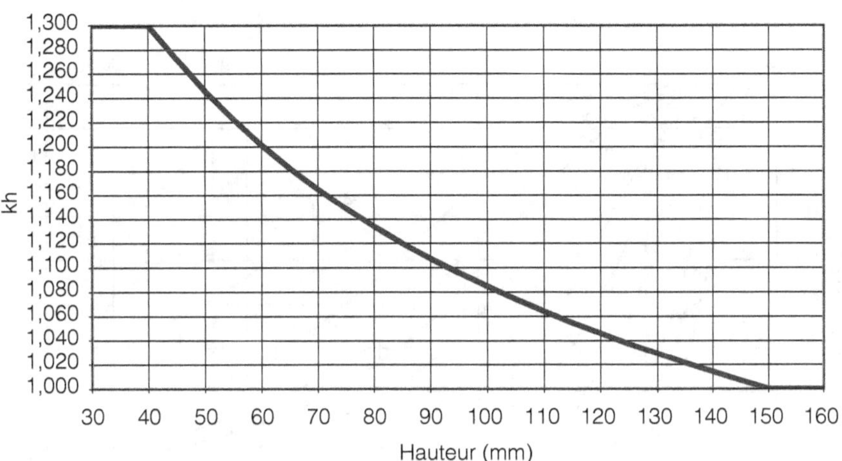

Pièce de bois massif travaillant en flexion ou en traction

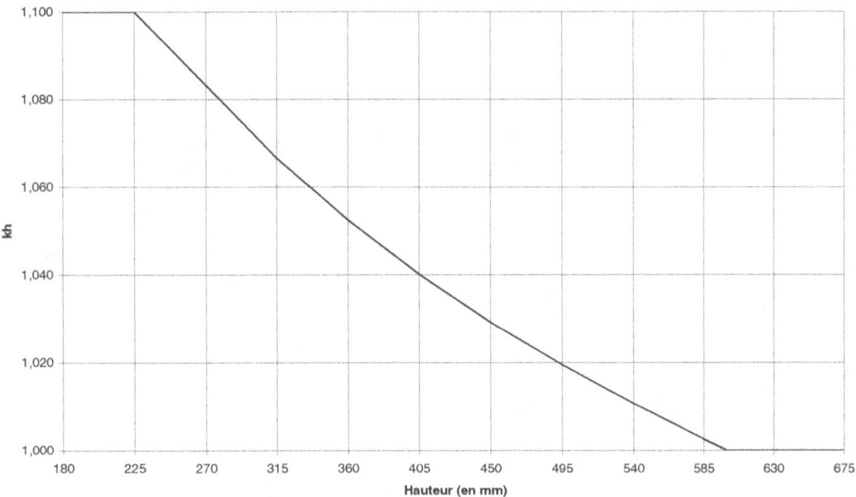

Pièce en bois lamellé collé travaillant en flexion ou en traction coefficient de hauteur

7. Flambage, coefficient $k_{c,y}$ ou $k_{c,z}$

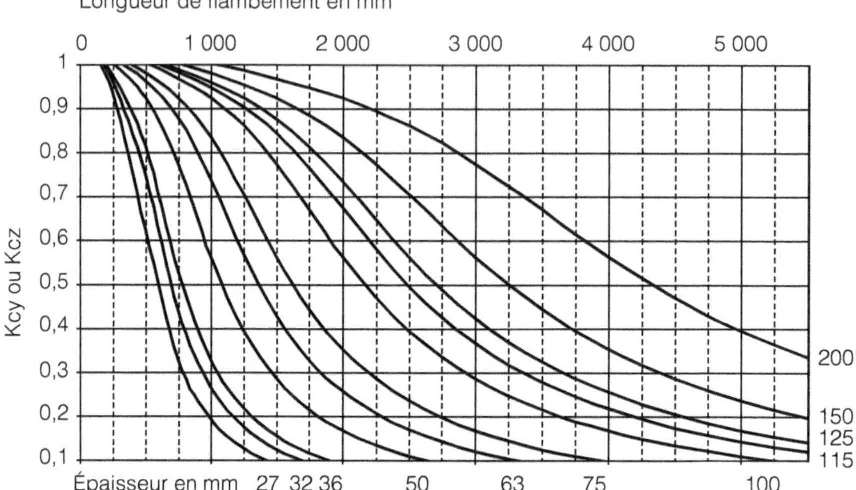

Détermination de kcy ou kcz pour du bois massif C24 en fonction de l'épaisseur

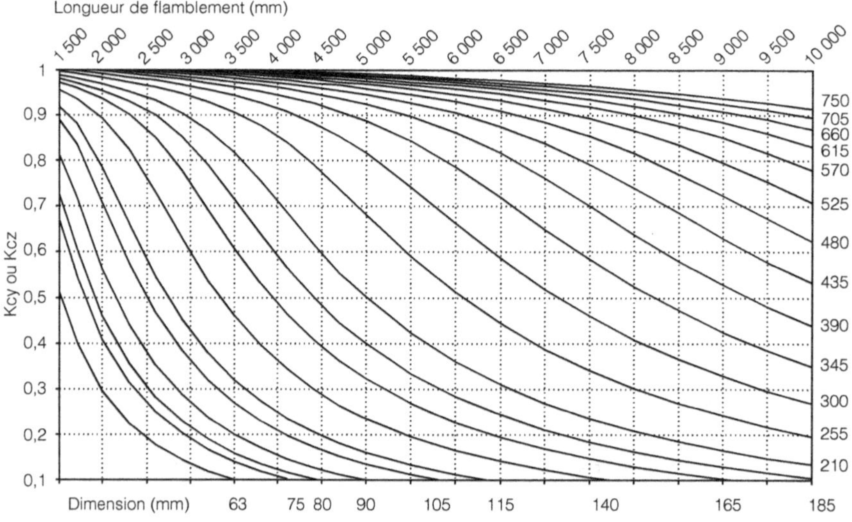

Détermination de Kcy ou Kcz pour du bois lamellé collé GL28h

8.   Compression oblique

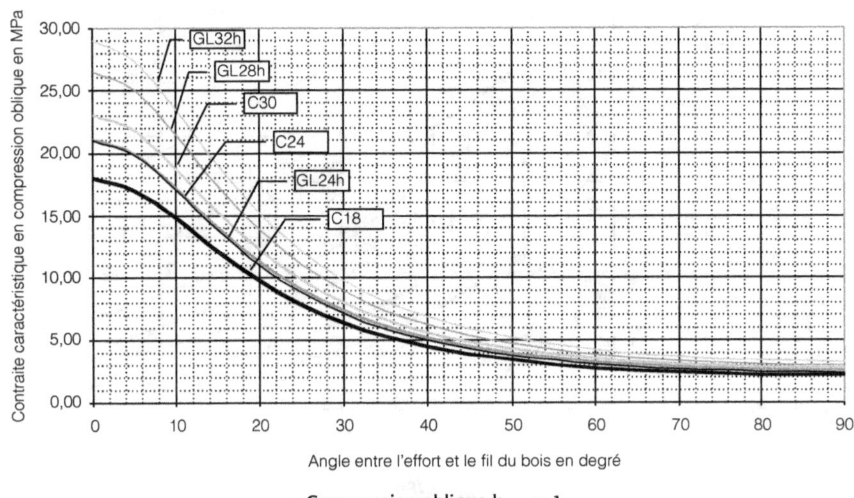

Compression oblique $k_{c,90} = 1$

9.   Déversement, coefficient k_{crit}

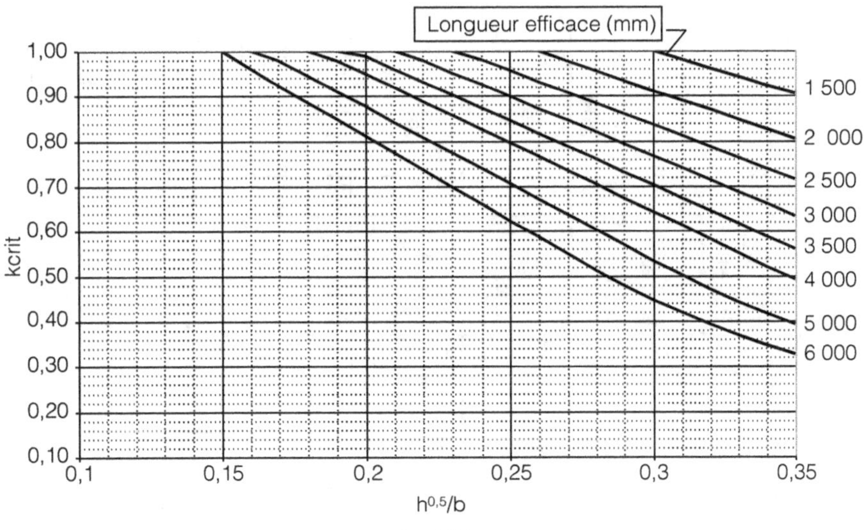

K_{crit} C24

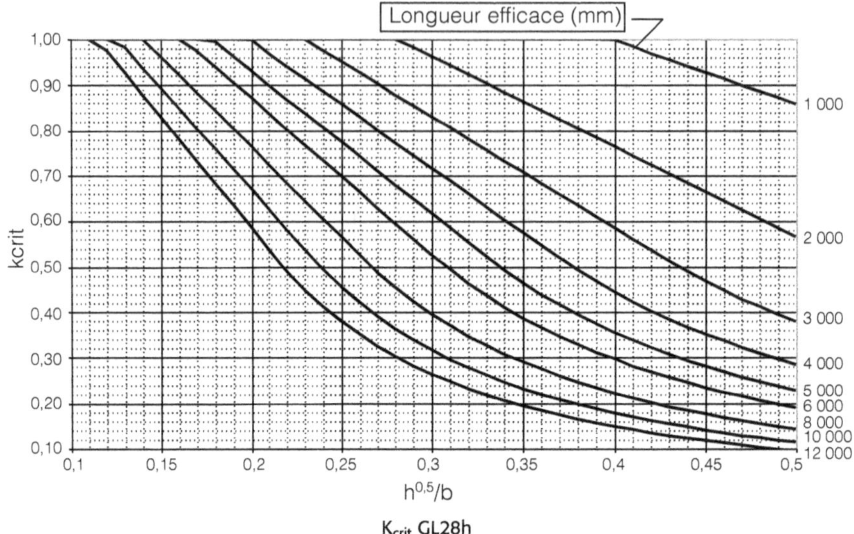

K_{crit} GL28h

10. Entaillage dans du bois massif, coefficient k_v

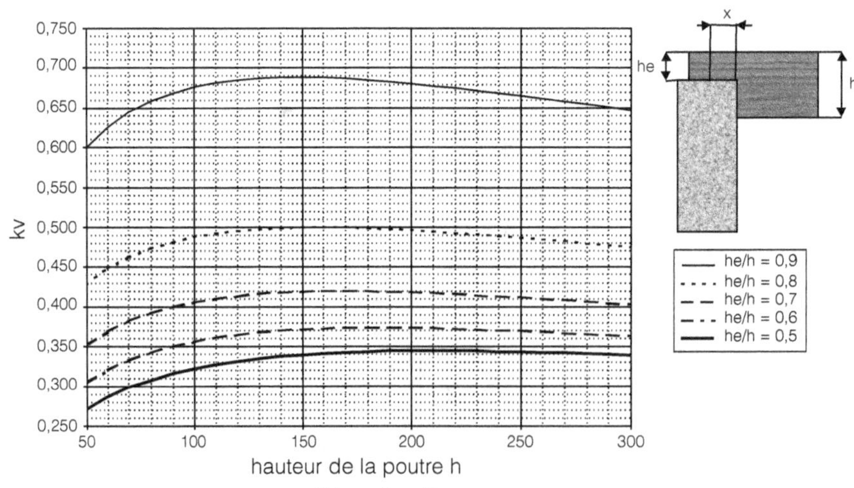

Coefficient d'entaillage pour $x = 100$

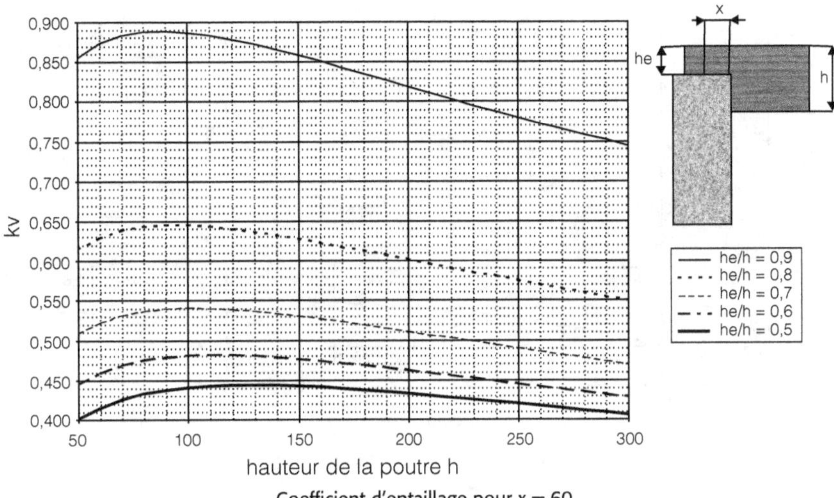

hauteur de la poutre h

Coefficient d'entaillage pour $x = 60$

11. Entaillage dans du bois lamellé-collé, coefficient k_v

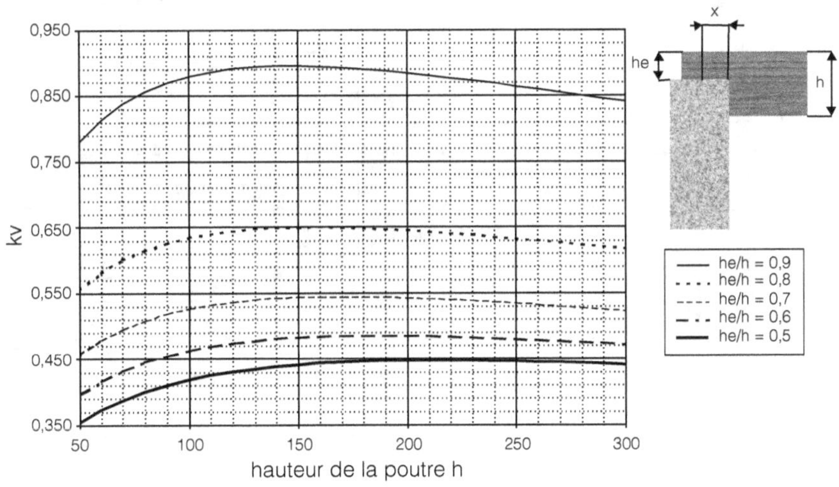

hauteur de la poutre h

Coefficient d'entaillage pour $x = 100$

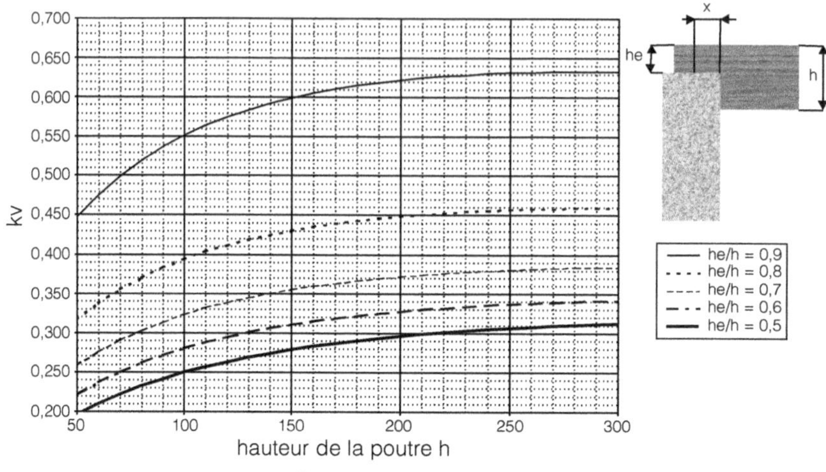

Coefficient d'entaillage pour x = 200

12. Assemblage par boulons, résistance caractéristique

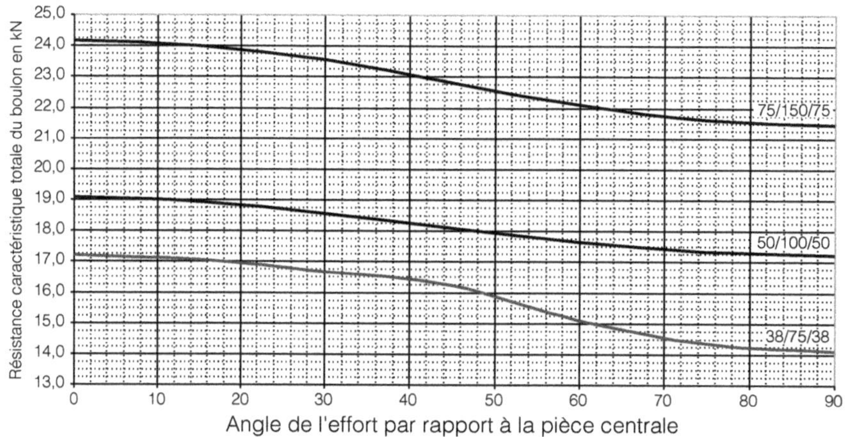

Résistance caractéristique d'un boulon de classe 4.6, de 16 mm de diamètre pour un assemblage moisé en C24

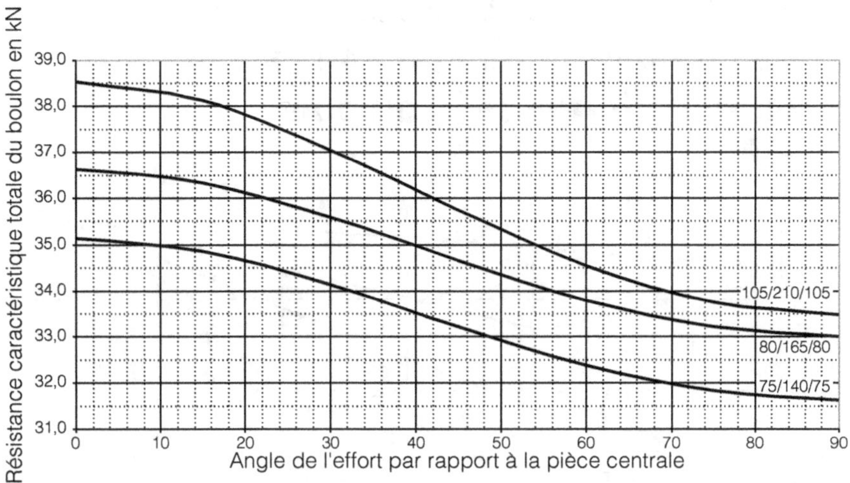

Résistance caractéristique d'un boulon de classe 4.6, de 20 mm de diamètre pour un assemblage moisé en GL28h

13. Assemblage par boulons, nombre efficace de boulons dans une file

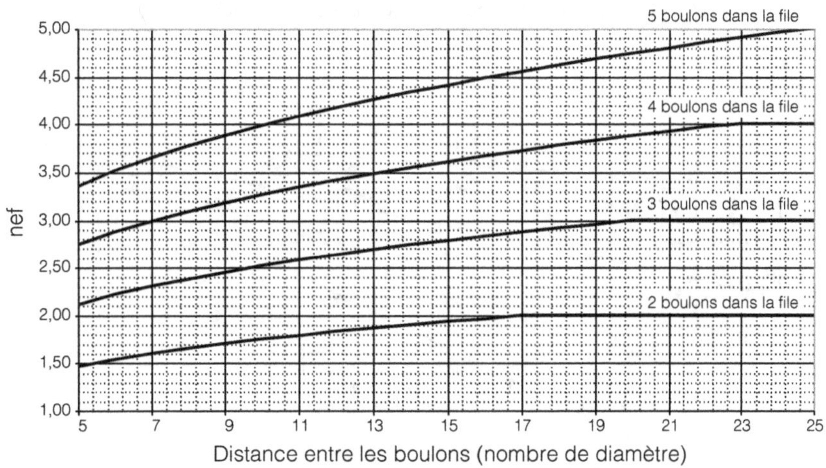

Nombre efficace de boulons dans une file de n boulons

14. Assemblage par boulons, nombre efficace de boulons en fonction de l'angle entre l'effort et le fil du bois

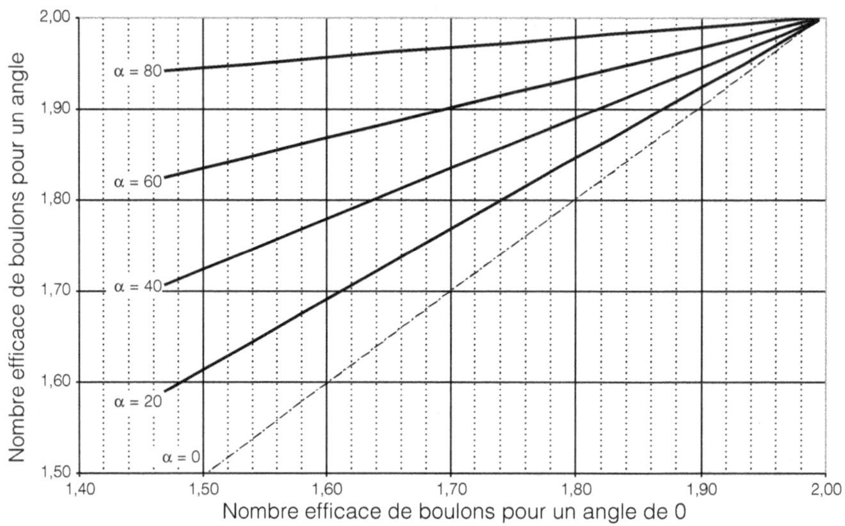

Nombre efficace de boulons dans une file de 2 boulons

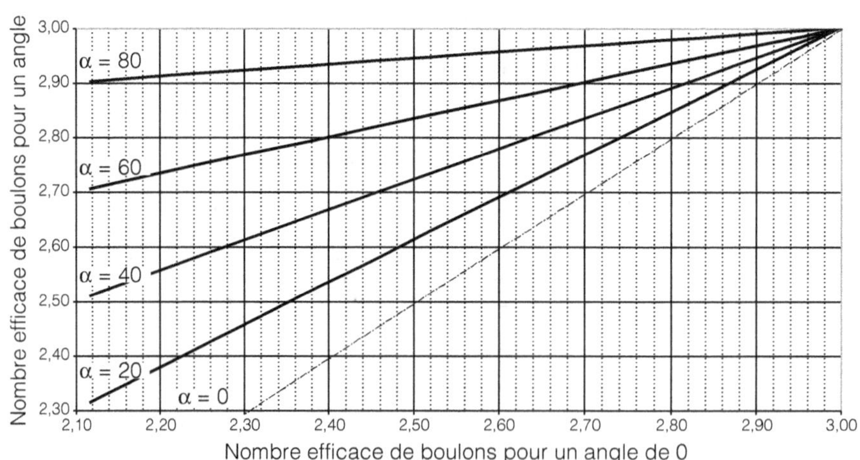

Nombre efficace de boulons dans une file de 3 boulons

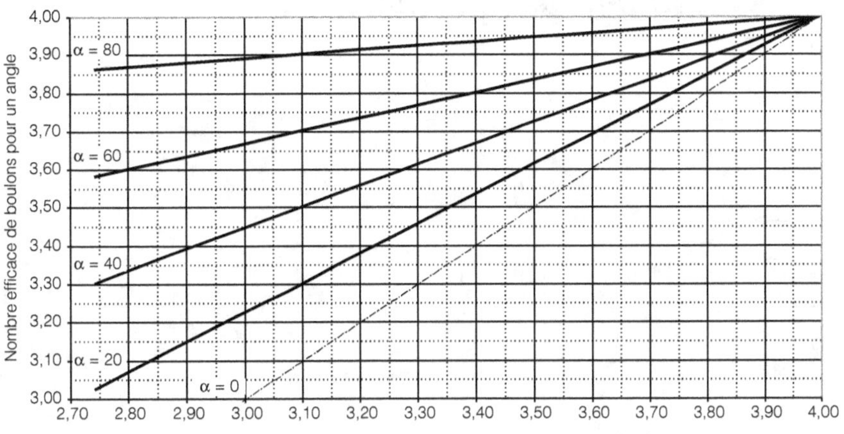

Nombre efficace de boulons dans une file de 4 boulons

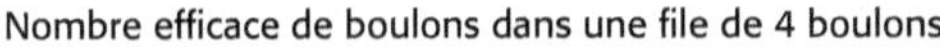

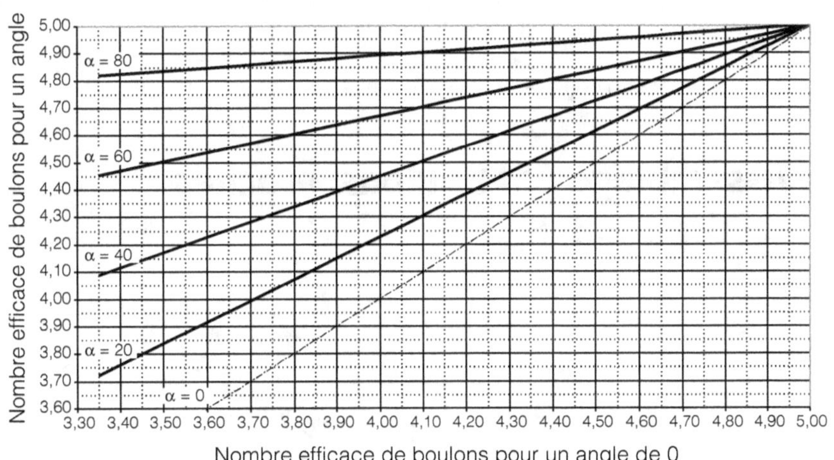

Nombre efficace de boulons dans une file de 5 boulons

15. Assemblage par pointes, K_{ser}

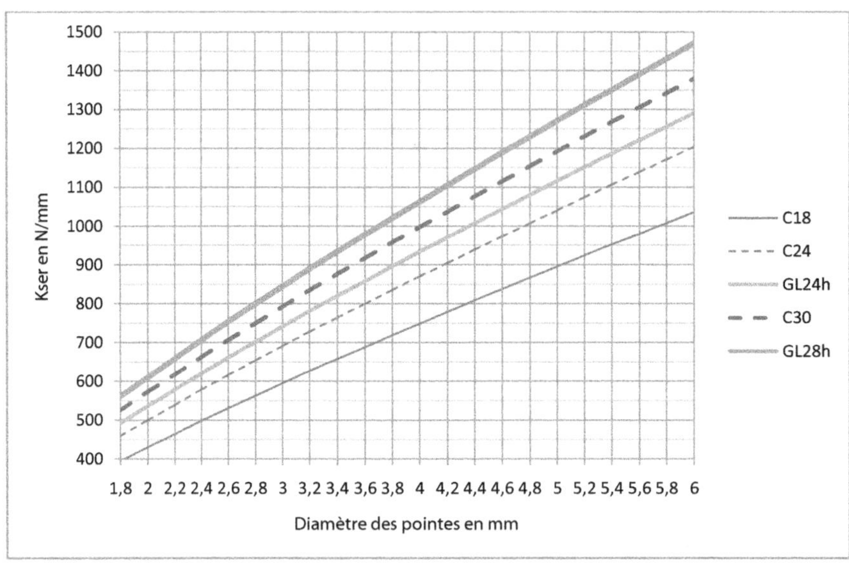

Valeur de K_{ser} par pointe (sans avant trous) et par plan de cisaillement

16. Assemblage par boulons, broches ou tire-fond, K_{ser}

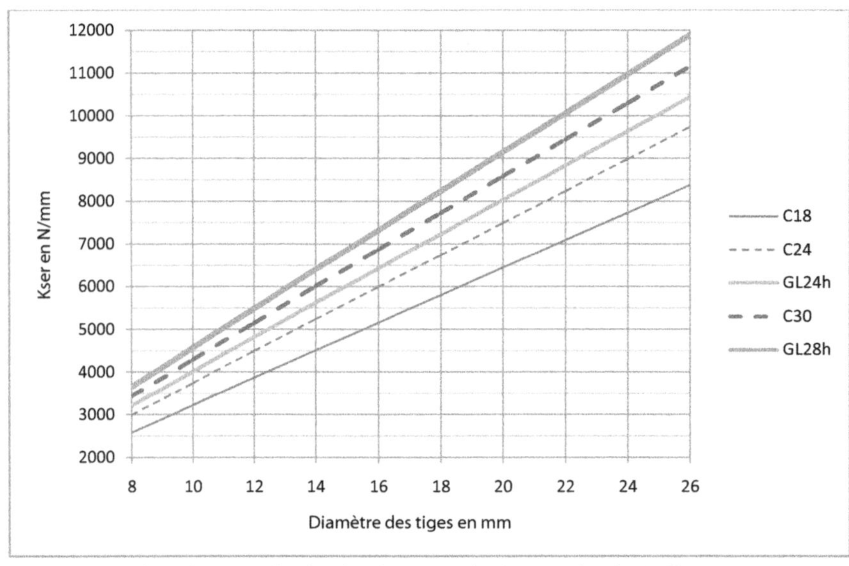

Valeur de K_{ser} par boulon, broche ou tire-fond et par plan de cisaillement

Dépôt légal : mai 2014
Imprimé en Allemagne par BoD

Également aux éditions Eyrolles

Sur le même sujet (sélection)

AIESB (Association des ingénieurs de l'École supérieure du bois), *Manuel de l'ingénierie bois (Pense Précis Bois)*, 700 p.

W. Andres, *Construire sa terrasse en bois*, 144 p.

M. Burie, *180 modèles de lucarnes*, 126 p.

J. et L. Coignet, *La maison ancienne : construction, diagnostic, interventions*, 3ᵉ éd., 152 p.

J. Crochemore, *Tous les assemblages du bois et leurs utilisations*, 2ᵉ éd., 96 p.

A. Engel, *Construction d'escaliers en bois*, 234 p.

M. Euchner, *Manuel des traits de charpentes*, 208 p.

P. Farcy, *Construire sa maison en bois*, 156 p.

Th. Gallauziaux & D. Fedullo, *La menuiserie*, 238 p.

R. Gazel, *La charpente en bois : fermes classiques, fermes légères*, 122 p.

M. Gerner, *Les assemblages des ossatures et charpentes en bois*, 192 p.

V. Gibert I Armenol, J. Lopez, E. Pascual, *Ateliers bois*, 240 p.

Groupe de coordination des textes techniques, *Règles de calcul et de conception des charpentes en bois*, 6ᵉ éd., 196 p.

Ph. Irons, *Tournage sur bois*, 2ᵉ éd., 128 p.

L. Lemaitre, *Mise en œuvre et emploi des matériaux de construction*, 270 p.

L. Lemaitre, *Les propriétés physico-chimiques des matériaux de construction*, 132 p.

W. Mannes, *Construction artisanale d'escaliers en bois*, 178 p.

W. Mannes, *Technique de construction des escaliers*, 112 p.

V. McLeod, *50 projets d'architecture en bois*, 224 p.

R. Newman, *La construction à ossature traditionnelle en chêne*, 192 p.

T. Noll, *Assemblages en bois*, 2ᵉ éd., 192 p.

M. Ramuz, *Encyclopédie du travail du bois*, 2ᵉ éd., 512 p.

J. Repiquet, L. Duca, *Construire en bois aujourd'hui*, 142 p.

R. Roy, *Escaliers en bois*, 7ᵉ éd., 80 p.

A. Standing, *20 objets à fabriquer à partir d'une seule planche*, 176 p.

J.-L. Valentin, *La charpente, mode d'emploi*, 96 p.

J.-L. Valentin, *Le colombage, mode d'emploi*, 70 p.

J. Zerlauth, *L'autoconstruction en bois*, 84 p.

Collectif, *Les escaliers*, « Best of *Système D* », 64 p.

Collectif, *Les menuiseries*, « Best of *Système D* », 64 p.

Et des dizaines d'autres livres de construction, d'architecture, de BTP et de génie civil sur **www.editions-eyrolles.com**